二级造价工程师职业资格考试培训教材

建设工程计量与计价实务
（水利工程）

二级造价工程师职业资格考试培训教材编审委员会　组织编写
王永强　苗兴皓　主　编

中国建材工业出版社

图书在版编目（CIP）数据

建设工程计量与计价实务．水利工程/二级造价工程师职业资格考试培训教材编审委员会组织编写；王永强，苗兴皓主编，--北京：中国建材工业出版社，2020.6（2025.2重印）

二级造价工程师职业资格考试培训教材

ISBN 978-7-5160-2868-1

Ⅰ.①建… Ⅱ.①二… ②王… ③苗… Ⅲ.①水利工程—建筑造价管理—资格考试—自学参考资料 Ⅳ.①TU723.3

中国版本图书馆 CIP 数据核字（2020）第 054352 号

建设工程计量与计价实务（水利工程）

Jianshe Gongcheng Jiliang yu Jijia Shiwu（Shuili Gongcheng）

二级造价工程师职业资格考试培训教材编审委员会　组织编写

王永强　苗兴皓　主编

出版发行：中国建材工业出版社

地　　址：北京市西城区白纸坊东街2号院6号楼

邮　　编：100054

经　　销：全国各地新华书店

印　　刷：北京印刷集团有限责任公司

开　　本：787mm×1092mm　1/16

印　　张：24.75

字　　数：600 千字

版　　次：2020 年 6 月第 1 版

印　　次：2025 年 2 月第 10 次

定　　价：90.00 元

本社网址：www.jskjcbs.com，微信公众号：zgjskjcbs

《建设工程计量与计价实务（水利工程）》编委会

主　编：王永强　山东省水利勘测设计院
　　　　苗兴皓　山东大学
副主编：李振佳　山东大学
　　　　刘松海　山东省水利勘测设计院
　　　　王艳玲　山东大学
　　　　王东升　中国海洋大学
　　　　龚　晶　山东省水利勘测设计院
　　　　黄丽丽　山东省建设文化传媒有限公司

前　言

为进一步完善造价工程师职业资格制度，提高造价从业人员的职业素养和业务水平，2018 年 7 月 20 日住房城乡建设部、交通运输部、水利部、人力资源社会保障部印发关于《造价工程师职业资格制度规定》和《造价工程师职业资格考试实施办法》的通知（建人〔2018〕67 号），明确国家设置造价工程师准入类职业资格，工程造价咨询企业应配备造价工程师，工程建设活动中有关工程造价管理岗位应按需要配备造价工程师。

根据《造价工程师职业资格制度规定》和《造价工程师职业资格考试实施办法》，造价工程师分为一级造价工程师和二级造价工程师。二级造价工程师主要协助一级造价工程师开展相关工作，可独立开展建设工程工料分析、计划、组织与成本管理，施工图预算、设计概算、建设工程量清单、最高投标限价，投标报价，建设工程合同价款、结算价款和竣工决算价款的编制等工作。

为更好地贯彻国家工程造价管理有关方针政策，帮助造价从业人员学习、掌握二级造价工程师职业资格考试的内容和要求，我们组织有关专家成立二级造价工程师职业资格考试培训教材编审委员会，依据《全国建设工程二级造价工程师职业资格考试大纲》编写了二级造价工程师职业资格考试培训教材《建设工程计量与计价实务（水利工程）》。

在教材编写中，充分吸收了最新颁布的有关工程造价管理的法规、规章、政策，力求体现行业最新发展水平和二级造价工程师职业资格考试的特点。同时，注重理论与实践相结合，对备考人员应当掌握的工程造价基本理论、法律法规政策、专业技术知识以及计量与计价实务操作进行了系统全面的介绍，以帮助备考人员深入理解，通过考试。

教材在编写和审定过程中，得到了山东省工程建设标准造价协会、山东大学、山东省水利勘测设计院、中国海洋大学、山东建筑大学、山东科技大学、山东省建设文化传媒有限公司等单位诸多专家的参与和支持。在此，对各支持单位及各位领导、专家表示衷心感谢。因工程造价管理工作涉及面广，专业技术性强，现正处于一个较大的变革期，且为首次编写二级造价工程师职业资格考试培训教材，难免有不足和疏漏之处，还望读者提出宝贵意见和建议。

编审委员会
2020 年 5 月

目　　录

第一章　专业基础知识

第一节　水文与工程地质

一、工程水文的基本知识

地球表层可供人类利用的水称为水资源。水资源具备多种功能，如饮用、灌溉、养殖、航运、发电、生态、景观等。

地球表面约有70％以上的面积为海洋所覆盖，其余约占地球表面积30％的陆地也存在水体。地球表层的总水量约13.86亿km^3，其中，海洋水量占总水量的96.54％，陆地水量占总水量的3.46％；全球淡水占总水量的2.53％。

淡水资源与人们的关系最密切，但全球淡水储量中绝大部分为冰川、永久雪盖、内陆湖沼和历史年代储存的深层地下水等水体，它们的更新速率很慢，一旦被大量利用，很难恢复。陆地上大气降水、河流、土壤水、浅层地下水等水体的循环交替周期较短，易于恢复，是人类可用的主要淡水资源。因此，在一般情况下，水资源是指陆地上每年能够得到恢复和补充并可供人们利用的淡水，是陆地上由大气降水补给的各种地表和地下淡水水体的动态水。水循环示意图，见图1-1-1。

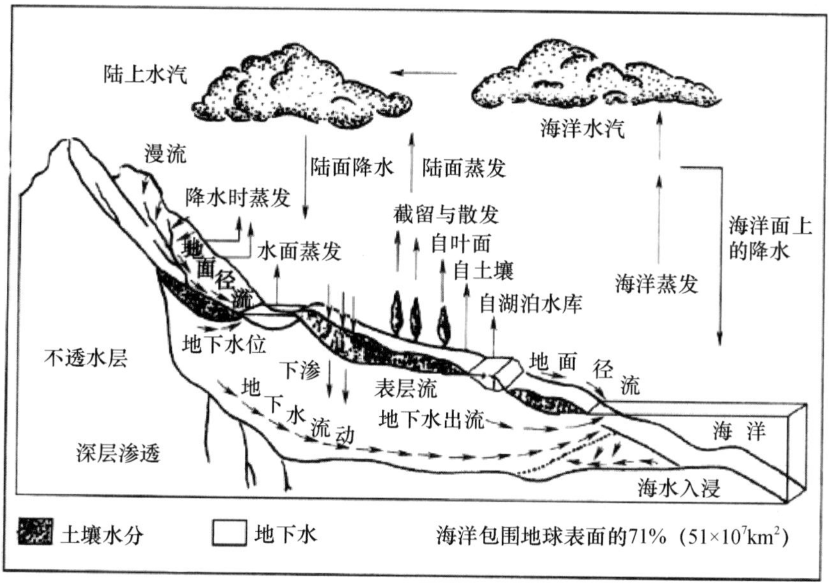

图1-1-1　水循环示意图

我国水资源总量仅次于巴西、俄罗斯、加拿大、美国和印尼，居世界第六位，但由于人口众多，人均水资源占有量约 2200m^3，仅为世界人均占有量的 1/4，排在世界第 109 位。我国水资源分布的趋势是由东南向西北递减，空间分布十分悬殊。长江流域及其以南地区国土面积占全国的 36.5%，而水资源量却占全国的 81%，人均水资源量约为全国平均值的 1.6 倍，平均每公顷耕地的水资源占有量则为全国平均值的 2.2 倍。淮河流域及其以北地区的国土面积占全国的 63.5%，其水资源量仅占全国水资源总量的 19%，人均水资源占有量约为全国平均值的 19%，平均每公顷耕地占有的水资源量则为全国平均值的 15%。我国水资源在年内年际分配也存在分布不匀的状况，大部分地区年内连续 4 个月降水量占全年的 70%以上，连续丰水年或连续枯水年也较常见。

由于天然来水时空分布不均，不能满足人们正常生活和发展的要求，因此会造成一些地区的洪水、干旱等自然灾害。另一方面，人类社会发展对水资源的过度开发和利用，尤其是人类某些活动对水生态环境的不利影响，会进一步加剧水灾害的程度，甚至造成新的水灾害。洪水是由于暴雨、融雪、风暴潮、水库溃坝等引起江河流量迅速增加、水位急剧上涨的现象。洪水会淹没堤岸滩涂，甚至漫堤泛滥成灾，造成人员伤亡和重大经济损失。

干旱是指水分的收与支或供与求不平衡形成的水分短缺现象，干旱引起水资源短缺会造成工农业减产，影响人们正常生活。我国是一个水资源严重不足的国家，水资源时空分布不均造成干旱灾害的频发，它是对我国工农业生产影响最严重的气象灾害。

（一）水文现象

水文现象是一种自然现象，它的发生和发展往往既具有必然性也具有偶然性。

水文现象的必然性是由于造成水文现象过程的某些因素具有确定性规律，即人们可以认知的成因规律。例如，河流具有以年为周期的丰枯水周期，融雪补给型河流流量变化则以日为周期，其基本原因是地球公转和自转的周期性变化；流域内的暴雨会造成下游河流的洪水过程，洪水量的大小与暴雨总量和强度存在着因果关系；一些水文特征值会随地理位置变化，这主要是由海陆位置、地形地貌、气象条件所确定。

水文现象的偶然性是众多成因规律未被人们认识造成的，而水文随机现象是具备统计规律的。例如，河流某断面各年最大洪峰流量或最高洪水位的大小和出现时间是不定的，但通过长期观测资料可以发现，其多年平均值则是一个趋于稳定的数值，大洪水和小洪水出现概率是相对稳定的。

（二）工程水文学的研究方法

由于水文现象具备确定性规律、地理分布规律和统计规律，其研究方法相应地分为成因分析法、地理综合法和数理统计法。

成因分析法根据水文过程形成的机理，定量分析水文现象与其影响因素之间的成因关系，并建立相应的数学物理方程。

地理综合法依据水文现象所具有的地区性和地带性分布特征，综合气候、地质、地貌、土壤、植被等自然地理要素，分析水文要素的地理分布规律，利用已有的水文资料建立地区性经验公式，绘制水文特征等值线图。

数理统计法以概率论和统计学为基础，通过分析大量历史资料，揭示水文现象的统计规律，从概率的角度定量预估设计地点未来可能的水文情势。

（三）河流流域

1. 河流

（1）河流的形成和分段。降落到地面的雨水，除下渗、蒸发等损失外，在重力作用下沿着一定的方向和路径流动，这种水流称为地面径流。地面径流长期侵蚀地面，冲成沟壑，形成溪流，最后汇集成河流。河流流经的谷地称为河谷，河谷底部有水流的部分称为河床或河槽。面向下游，左边的河岸称为左岸，右边的河岸称为右岸。

一条河流沿水流方向，自高向低分为河源、上游、中游、下游和河口五段。

（2）河流基本特征：

① 河流的长度。自河源沿主河道至河口的距离称为河流的长度，简称河长，记为 L，以 km 计。可在适当比例尺的地形图上量得。

② 河流的平面形态。河流的平面形态可用地形图表示。山区河流平面形态极其复杂，河岸陡峭曲折不齐，多急弯卡口，宽窄相间。河底多为岩石，常有巨石凸出，或深潭跌水，等深线变化很大。平原河流平面形态有微弯型、分叉型、蜿蜒型和散乱型。

③ 河流断面。河流断面分为横断面、纵断面。垂直水流方向的剖面称为横断面，简称断面。断面内自由水面高出某一水准基面的高程称为水位。枯水期水流所占部分为基本河床，或称为主槽。洪水泛滥所及部分为洪水河床，或称为滩地。只有主槽而无滩地的断面称为单式断面，既有主槽又有滩地的断面称为复式断面。河流横断面能表明河床的横向变化。断面内通过水流的部分称为过水断面，其面积称为过水断面面积，记为 A，以 m^2 计，它的大小随断面形状和水位而变。

河槽中沿水流方向各断面最大水深点的连线，称为中视线或溪线。沿中视线的剖面称为河流的纵断面。河流纵断面能反映河床的沿程变化。

④ 河道纵比降。任一河段两端的高差 ΔZ 称为落差，单位河长的落差称为河道纵比降，简称比降。工程中常用的比降有水面比降和河底比降。水面比降随水位的变化而变化，河底比降则比较稳定。河流沿程各河段的比降都不相同，一般自上游向下游逐渐变小。

2. 水系

河流的溪涧、小沟、支流、干流和湖泊等构成的脉络相连的系统称为水系或河系。水系中直接流入海洋或湖泊的河流称为干流，流入干流的称为支流。为了区别干流和支流，常用斯特拉勒（Strahler）河流分级法进行分级。该法表述如下：

（1）直接发源于河源的小河流为一级河流。

（2）两条同级别的河流汇合而成的河流的级别比原来高一级。

（3）两条不同级别的河流汇合而成的河流的级别为两条河流中级别较高的。依此类推至干流，干流是水系中最高级别的河流。

3. 流域

汇集地表水和地下水的区域称为流域，也就是分水线包围的区域。分水线有地面分水线和地下分水线。当地面分水线和地下分水线相重合，称为闭合流域，否则为不闭合流域。在实际工作中，除了喀斯特地貌等特殊地质构造的地区外，对一般的流域，当所论的问题无太大影响时，多按闭合流域考虑。

流域是相对某一出口断面而言的，当不指明断面时，流域即指河口断面以上区域。

（1）流域面积。流域分水线包围区域的平面投影面积，称为流域面积，记为 F，以 km^2 计。可在适当比例尺的地形图上勾绘出流域分水线，量算出流域面积。

（2）河网密度。流域内河流干支流的总长度与流域面积的比值称为河网密度，以 km/km^2 计。

（3）流域的长度和平均宽度。流域的长度也称为流域的轴长。以流域出口断面为圆心，向河源方向作一组不同半径的圆弧，在每条弧与流域分水线相交的两点处作弦线，各条弦线中点的连线的长度即为流域的长度，以 km 计。流域面积与流域长度的比值称为流域的平均宽度，以 km 计。

（4）流域形状系数。流域平均宽度与流域长度的比值称为流域形状系数。流域形状系数是以定量的方式表示流域的形状，一般扇形流域的形状系数较大，狭长形流域的形状系数则较小。

（5）流域的平均高度和平均坡度。将流域的地形图划分为 100 个以上的正方格，依次定出每个方格交叉点上的高程以及与等高线正交方向的坡度，取其平均值即为流域的平均高度和平均坡度。

（6）流域的自然地理特征。流域的自然地理特征包括流域的地理位置、流域的气候特征、流域的下垫面条件及人类活动类型和程度。

（四）降水

降水是指液态或固态水汽凝结物从云中降落到地面的现象，如雨、雪、霰、雹、露、霜等，其中以雨、雪为主。降水是水文循环中最活跃的因子。我国大部分地区一年内降水以雨水为主，雪仅占少部分，所以这里的降水主要指降雨。

降水常用几个基本要素来表示，如降水量、降水历时、降水强度、降水面积和暴雨中心等。降水量指一定时段内降落在某一面积上的总水量，用降落在地面上相应的水层深度表示，以 mm 计。降水量一般分为 7 个等级，见表 1-1-1。

表 1-1-1　降水量等级表

24h 雨量（mm）	＜0.1	0.1～10	10～25	25～50	50～100	100～200	＞200
等　　级	微量	小雨	中雨	大雨	暴雨	大暴雨	特大暴雨

降水是发生在对流层内的一种自然现象。对流层是地球大气中最低的一层，高度为 8～18km。云、雾、雨、雪等主要天气现象都出现在这一层。对流层有以下 3 个主要特征。

（1）气温随高度的增加而降低。

（2）对流层主要从地面获得热能，使它具有强烈的上升和下降的气流，即气流的对流运动。对流运动的强弱，因纬度和季节的不同而不同，一般低纬度较强，高纬度较弱；夏季较强，冬季较弱。

（3）由于地表性质差异很大，所以深受地表影响的对流层中的温度、湿度的水平分布不均匀，彼此相邻的各团空气之间，冷、暖、干、湿差异很大。

（五）下渗

地表水、土壤水、地下水是陆地上普遍存在的 3 种水体。在水文循环过程中，地表土层对降雨起着再分配的作用。降雨落到地表之后，一部分渗入土壤中，另一部分形成地表水。渗入土层的雨水，一部分被土壤吸收成为土壤水，然后通过蒸发或植物散发直接返回大气；另一部分渗入地下补给地下水，再以地下水的形式汇入河流。下渗和土壤水的运动是径流形成的重要环节，它们的变化直接影响径流的形成过程。

1. 饱和带和包气带

地表土层为多孔介质，能吸收、储存和向任何方向输送水分。以地下水面为界，土层可为两个不同的土壤含水带。在地下水面以下，土壤处于饱和含水状态，是土壤颗粒和水分组成的二相系统，称为饱和带或饱水带；在地下水面以上部分，土壤含水量未达到饱和，是土壤颗粒、水分和空气组成的三相系统，称为包气带或通气层。在包气带中，水压力 P 小于大气压，在饱和带中，水压力则大于大气压；在地下水面处，水压力等于大气压。

水文学中常把储存于包气带中的水称为土壤水，而将饱和带中的水称为地下水。包气带的上界直接与大气接触，它既是大气降水的承受面，又是土壤蒸散发的逸出面。

2. 土壤水

土壤水是指吸附于土壤颗粒和存在于土壤孔隙中的水分。当水分进入土壤后，在分子力、毛管力和重力的作用下，形成不同类型的土壤水。

(1) 吸湿水。土壤颗粒表面的分子对水分子的吸引力称为分子力。由分子力所吸附的水分子称为吸湿水。吸湿水被紧紧地束缚在土壤颗粒表面，不能流动也不能被植物吸收。

(2) 薄膜水。由土壤颗粒剩余分子力所吸附在吸温水层外的水膜称为薄膜水。薄膜水受分子吸力作用，不受重力影响，但能从水膜厚的土壤颗粒（分子引力小）向水膜薄的土壤颗粒（分子引力大）缓慢移动。

(3) 毛管水。土壤孔隙中由毛管力所持有的水分称为毛管水。毛管水又分为支持毛管水和毛管悬着水。

(4) 重力水。当土壤含水量超过土壤颗粒分子力和毛管力作用范围而不能被土壤所保持时，在重力作用下沿着土壤孔隙流动，这部分水称为重力水。

3. 地下水

广义的地下水指埋藏在地表以下各种状态下的水。若以地下水埋藏条件为依据，地下水可划分为 3 个基本类型：包气带水、潜水和承压水。

(1) 包气带水。包气带水指埋藏于地表以下、地下水面以上包气带中的水分，即土壤水。包气带水包括吸湿水、薄膜水、毛管水、重力水等。

(2) 潜水。潜水指埋藏于饱和带中，处于土层中第一个不透水层上，具有自由水面的地下水，水文学中称为浅层地下水。

潜水具有自由水面，通过包气带与大气连通。潜水面与地面之间的距离为潜水埋藏的深度，潜水面与第一个不透水层层顶之间的间距称为潜水含水层厚度。潜水埋藏的深度及储量取决于地质、地貌、土壤、气候等条件，一般山区潜水埋藏较深，平原区埋藏较浅。

潜水补给的主要来源是大气降水和地表水，干旱地区还可能有凝结水补给。当大河下游水位高于潜水位时，河水也可能成为潜水的补给源。干旱地区冲积、洪积平原中的潜水，主要靠山前河流补给，河水通过透水性强的河床垂直下渗大量补给潜水，有时水量较小的溪流甚至可全部潜入地下。潜水排泄有侧向和垂向两种方式，侧向排泄是指潜水在重力作用下沿水力坡度方向补给河流或其他水体，或者露出地表成为泉水；垂向排泄主要指潜水蒸发。

（3）承压水。承压水指埋藏于饱和带中，处于两个不透水层之间，具有压力水头的地下水，水文学中称为深层地下水。

承压水的主要特点是处于两个不透水层之间，具有压力水头，一般不直接受气象、水文因素的影响，具有动态变化较稳定的特点。承压水的水质不易遭受污染，水量较稳定，是河川枯水期水量的主要来源。

承压水含水层按水文地质特征分为 3 个组成部分：补给区、承压区和排泄区。含水层出露于地表较高的部分为补给区，直接承受大气降水和地表水的补给。另一部分含水层位置较低，出露地表，为排泄区。在这两区之间的含水层为承压区，该区是指含水层被其上的岩石隔水层覆盖的区段，其主要特征是承受静水压力，具有压力水头。承压水含水层的储量主要与承压区分布的范围、含水层的厚度和透水性、补给区大小及补给量的多少有关。

（六）蒸散发

蒸散发是水文循环中自降水到达地面后由液态或固态转化为水汽返回大气的过程。陆地上 1 年的降水约 66％通过蒸散发返回大气，由此可见蒸散发是水文循环的重要环节。而对径流形成来说，蒸散发则是一种损失。

蒸散发是发生在具有水分子的物体表面上的一种分子运动现象。具有水分子的物体表面称为蒸发面。蒸发面为水面时，发生在这一蒸发面上的蒸发称为水面蒸发；蒸发面为土壤表面时称为土壤蒸发；蒸发面是植物茎叶时则称为植物散发等。植物是生长在土壤中的，植物散发和土壤蒸发总是同时并存的，通常将两者合并称为陆面蒸发。如果把流域作为一个整体，则发生在这一蒸发面上的蒸发称为流域总蒸发或流域蒸散发，它是流域内各类蒸发的总和。

蒸发量用蒸发面上蒸发的水层深度来表示，记为 E，以 mm 计。蒸发面通常分为充分供水和不充分供水两种情况。在充分供水条件下，某一蒸发面的蒸发量，就是在同一气候条件下可能达到的最大蒸发量，称为可能最大蒸发量或蒸发能力，记为 EM。一般情况下，蒸发面上的蒸发量只能小于或等于蒸发能力。

（七）径流

径流是指降水形成的沿着流域地面和地下向河川、湖泊、水库、洼地等处流动的水流。其中，沿着地面流动的水流称为地面径流，或称地表径流；沿着土壤、岩石孔隙流动的水流称为地下径流。水流汇集到河流后，在重力作用下沿着河道流动的水流称为河川径流。河川径流的来源是大气降水，降水分为降雨和降雪两种主要形式，所以河川径流分为降雨径流和融雪径流。我国大部分河流为降雨径流。

流域内自降雨开始到水流汇集到流域出口断面整个物理过程称为径流的形成过程。径流的形成是一个相当复杂的过程，为了便于分析，一般把它概括为产流过程和汇流过程两个阶段。

降落到流域内的雨水，除了少量直接降落到河面上成为径流外，一部分雨水会滞留在植物的枝叶上，称为植物截留，植物截留的雨量最终消耗于蒸发。落到地面的雨水，首先向土中下渗。当降雨强度小于下渗强度时，雨水全部渗入土中；当降雨强度大于下渗强度时，雨水按下渗能力下渗，超出下渗能力的雨水称为超渗雨。

超渗雨会形成地面积水，积蓄于地面上大大小小的坑洼，称为填洼。填洼的雨水最终消耗于下渗和蒸发。随着降雨的继续，满足填洼的地方开始产生地面径流。下渗到土中的雨水，首先被土壤颗粒吸收，成为包气带土壤水，并使土壤含水量不断增加，当土壤含水量达到田间持水量后，下渗趋于稳定，继续下渗的雨水，将沿着土壤的孔隙流动，一部分会从坡侧土壤孔隙渗出，注入河槽，这部分水流称为表层流径流或壤中流；另一部分雨水会继续向深处下渗，补给地下水，使地下水面升高，并沿水力坡度方向补给河流，或以泉水露出地表，形成地下径流。径流形成过程示意图，见图 1-1-2。

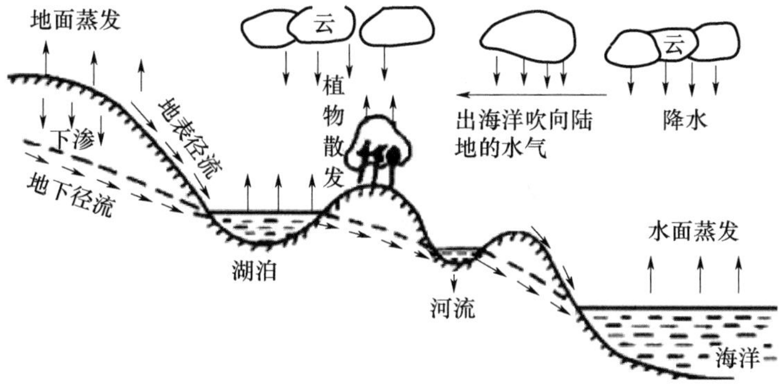

图 1-1-2　径流形成过程示意图

流域产流过程实际上是降雨扣除损失的过程，降雨量扣除损失后的雨量就是净雨量。显然，净雨和它形成的径流在数量上是相等的，即净雨量等于径流量，但两者的过程却完全不同，净雨是径流的来源，而径流则是净雨汇流的结果；净雨在降雨结束时就停止了，而径流却要延续很长时间。

净雨沿坡面从地面和地下汇入河网，然后沿河网汇集到流域出口断面，这一过程称为流域的汇流过程。前者称为坡地汇流，后者称为河网汇流。

河川径流一年内和多年期间的变化特性，称为径流情势，前者称为径流的年内变化或年内分配，后者称为年际变化。河川径流情势，常用流量、径流量、径流深、流量模数和径流系数来表示。

单位时间内通过河流某一断面的水量称为流量，记为 Q，以 m^3/s 计。流量随时间的变化过程，用流量过程线表示，记为 $Q \sim t$。流量过程线上升部分为涨水段，下降部分为退水段，最高点的流量值称为洪峰流量，简称洪峰，记为 Q_m。

工程水文中常用的流量有年最大洪峰流量、日平均流量、旬平均流量、月平均流量、季平均流量、年平均流量、多年平均流量和指定时段的平均流量等。

径流量：时段 T 内通过河流某一断面的总水量称为径流量，记为 W，以 m^3、万 m^3 或亿 m^3 计。

径流深：将径流量 W 平铺在整个流域面积 F 上所得的水层深度称为径流深，记为 R，以 mm 计。

流量模数：流域出口断面流量 Q 与流域面积 F 的比值称为流量模数，记为 M，以 L/（s·km^2）计。

径流系数：某时段径流深 R 与形成该径流深相应的流域平均降水量 P 的比值称为径流系数，记为 α。

二、工程地质的基本知识

（一）岩石的分类与特性

覆盖在地球上的坚固部分称为岩石。岩石是在各种不同的地质作用下产生的，是由一种或多种矿物有规律地组合而成的矿物集合体。矿物是存在于地壳中具有一定化学成分合物理性质的自然元素和化合物。目前，自然界中已发现的矿物有 3300 多种，但常见的只有五六十种，而构成岩石主要成分的不过二三十种。

1. 造岩矿物

构成岩石的矿物，称为造岩矿物。造岩矿物明显影响岩石性质，对鉴定岩石类型起重要作用。

矿物的物理性质是鉴定矿物的主要依据。矿物的物理性质主要有以下几个方面：

（1）形态。矿物的形态是指固态矿物单个晶体或集合体的状态，常见的晶体有柱状、针状、片状、板状等。矿物集合体的形状有纤维状、粒状、放射状、鳞片状、晶簇等。非晶质矿物可具块状、土状、钟乳状、豆状、结核状等。

（2）颜色。颜色是矿物对不同波长可见光吸收程度的反映，是矿物最明显、最直观的物理性质。根据成因可分为自色、他色和假色。自色是矿物本身固有的成分、结构所具有的颜色；他色是某些透明矿物混有不同杂质或其他原因引起的；假色是由于某种物理或化学原因而产生的颜色。

（3）条痕。矿物在条痕板上擦划而留下的粉末的颜色称为条痕。

（4）光泽。矿物表面对光线的反射能力称为光泽，可分为金属光泽、半金属光泽和非金属光泽。造岩矿物一般呈非金属光泽，有玻璃光泽、油脂光泽、珍珠光泽、丝绢光泽等。

（5）解理。矿物晶体或晶粒在外力打击下，能沿一定方向发生破裂并产生光滑平面的性质称为解理，开裂平面称为解理面。解理可能有一个或几个方向。

（6）断口。矿物受外力打击出现的破裂面呈各种凹凸不平的形状称为断口。如锯齿状（自然铜）、贝壳状（石英）、参差状（黄铁矿）等。

（7）硬度。矿物抵抗外力作用（如刻划、压入、研磨）的能力称为硬度。常用摩氏硬度计来表示矿物的相对硬度，见表 1-1-2。

表 1-1-2　摩氏硬度计

硬度等级	1	2	3	4	5	6	7	8	9	10
标准矿物	滑石	石膏	方解石	萤石	磷灰石	长石	石英	黄玉	刚玉	金刚石

（8）其他。如磁性（磁铁）、弹性（云母）、滑感（滑石）、咸味（岩盐）、比重（重晶石）、臭味（硫黄）等物理性质，对鉴定某些矿物具有重要意义。

2. 岩石的基本类型。

（1）岩浆岩（火成岩）。岩浆岩是岩浆活动的产物，即地下深处的岩浆侵入地壳或喷出地表冷固形成的岩石。岩浆在地下深处（通常距地表 3km 以下）冷固形成的岩石称为深成岩，如花岗岩、正长岩、闪长岩、辉长岩等；在浅处（通常距地表 3km 以内）冷固形成的岩石称为浅成岩，如花岗斑岩、闪长玢岩、辉绿岩、脉岩等。深成岩与浅成岩统称为侵入岩。喷出地表的岩浆冷固或堆积而成的岩石，称为喷出岩，常见流纹岩、粗面岩、安山岩、玄武岩、火山碎屑岩等。

（2）沉积岩。沉积岩是由风化产物、有机物质和某些火山作用产生的物质，经风化、搬运、沉积和成岩等一系列地质作用而形成的层状岩石。沉积岩的形成过程是一个长期而复杂的地质作用过程，一般分为风化破坏阶段、搬运作用阶段、沉积作用阶段和成岩作用阶段。根据岩石成分的颗粒形态、大小及胶结的特性，常见沉积岩结构类型有碎屑结构、泥质结构、结晶状结构和生物结构。根据沉积岩的组成成分、结构、构造和形成条件，可分为碎屑岩（如砾岩、砂岩、粉砂岩）、黏土岩（如泥岩、页岩）、化学岩及生物化学岩（如石灰岩、白云岩、泥灰岩等）。

（3）变质岩。地壳中原已形成的岩石（火成岩、沉积岩、早成变质岩）由于地壳运动和岩浆活动等所造成的物理、化学条件的变化，使原来岩石的成分、结构、构造发生一系列改变而形成的新岩石，称为变质岩。这种促使岩石发生变化的作用，称为变质作用。引起岩石变质作用的因素，主要有温度、压力，以及化学活动性流体。变质岩的结构主要有变余结构、变晶结构、碎裂结构。常见变质岩有大理岩、石英岩等。

（4）三大岩类的属性比较。三大岩类的属性比较见表 1-1-3。

表 1-1-3　三大岩类的属性比较

属性	岩浆岩	沉积岩	变质岩
成因	岩浆冷却凝固形成	风化作用、生物作用、火山作用产物经搬运、沉积而成	已成岩石在高温、高压及化学活动物质的作用下变质而成
产状	岩基、岩株、岩盘、岩床、熔岩被、熔岩流等	层状产出	多随变质前的岩石产状
矿物成分	直接由岩浆生产的原生矿物：石英、长石、角闪石、辉石、橄榄石、云母等	除石英、长石外，富含黏土矿物、方解石、白云石、有机质等	除石英、长石、云母、角闪石、辉石等外，常含变质矿物，如石榴子石、滑石、硅辉石、红柱石、十字石等
结构	大部分为结晶的岩石，具有粒状、似斑状、斑状结构。部分为隐晶质、玻璃质结构	碎屑结构、泥质结构、化学岩结构	多为变晶结构，少数为变余结构和破裂结构
构造	气孔状、杏仁状、流纹状、块状等	各种层理构造；水平层理、斜层理、交错层理；化石、结核、雨痕、波痕等	大部分为片理构造；片麻状、片状、千枚状、板状；部分为块状构造

（5）岩石的工程地质评述。

① 岩浆岩。一般来说，岩浆岩的力学强度较高，可作为各类建筑物良好地基及天然建筑材料，但这类岩石抗风化能力较弱，易风化破碎形成风化层带而影响岩石的工程性能。因此，岩石的风化问题通常是岩浆岩地区进行工程建设遇到的主要地质问题，应注意对岩石风化程度和深度的调查研究。岩浆岩中各类岩石的工程地质性质有所差异，分述如下：

深成岩具有全晶质结构，晶粒粗大均匀，孔隙率小，裂隙不发育，岩石整体稳定性好，新鲜的岩石是良好的建筑物地基，但此类岩石中的矿物抗风化能力弱，特别是含铁、镁质的基性岩，更易风化，形成风化层带，影响岩石的工程性质。

因为浅成岩常是斑状结构、细晶隐晶质结构，所以这类岩石力学强度各不相同，一般情况下，中细晶质和隐晶质结构的岩石透水性弱，抗风化能力较深成岩强；斑状结构岩石的透水性和力学强度变化大，特别是脉岩类，岩体小，且穿插于不同的岩石中，易蚀变风化，使得强度和变形性能降低，透水性增大。

喷出岩由于结构和构造多种多样，岩性不均一，产状也不规则，厚度变化大，所以其强度、变形及透水性能相差很大。喷出岩常具有气孔构造、流纹构造及发育原生裂隙，透水性较大，且多呈流纹产出，岩相变化大，岩体厚度小，对地基的均一性和整体稳定性影响大。

② 沉积岩。沉积岩具有成层分布规律，存在着各向异性特征，且层的厚度变化大，在水利工程建设中应注重其成层构造的研究。

碎屑岩包括砾岩、砂岩、粉砂岩，工程地质性质一般较好，但其胶结物的成分和胶结类型影响显著，如硅质基底或胶结的岩石比泥质接触式胶结的岩石强度高、孔隙率小、透水性低、抗风化能力强。碎屑岩的成分、粒度、级配对岩石工程地质性质也有一定影响，如石英质的砂岩比长石质的砂岩好。

黏土岩主要由黏土矿物组成，常见黏土矿物有高岭石、蒙脱石、水云母等。黏土岩和页岩的性质相近，抗压强度和抗剪强度低，浸水后易软化和泥化。尤其是含蒙脱石成分的岩石，遇水后具有膨胀、崩解性质，不适合作为大型水工建筑物的地基。

化学岩和生物化学岩抗水性弱，常表现出不同程度的可溶性。碳酸盐类岩石具有中等强度，一般能满足水利工程设计的要求，但其中存在着各种喀斯特现象，如溶蚀裂隙、洞穴、地下暗河等，往往成为集中渗漏通道。易溶的石膏、岩盐等化学岩，往往以夹层形式存在于其他沉积岩中，质软，浸水易溶解，常导致地基和边坡失稳。影响水工建筑物安全的主要工程地质问题有渗漏、塌陷等。

此外，砂岩、砾岩、石灰岩的孔隙率较大，往往储存有较丰富的地下水资源，一些水量较大的泉流，大多位于石灰岩分布区域边缘部位，是重要的水源地。

③ 变质岩。变质岩的工程地质与原岩密切相关，往往与原岩的性质相似或相近。一般情况下由于原岩矿物成分在高温高压下重结晶的缘故，岩石的力学强度较变质前相对增高，但是，如果在变质过程中形成某些变质矿物，如滑石、绿泥石、绢云母等，则其力学强度会相对降低，抗风化能力较弱。动力变质作用形成的变质岩，其岩石性质取决于碎屑矿物成分、粒径大小和胶结程度。通常胶结得不好，孔隙、裂隙发育、强度低，抗水性差。变质岩的片理构造（包括板状、千枚状、片状及片麻状构造）会

使岩石具有各向异性的特征，水工建筑中应注意研究其在垂直及平行于片理构造方向上工程性质的变化。变质岩中往往裂隙发育，在裂隙发育部位或较大断裂带部位，常常形成裂隙含水带，这样的地区可以作为小规模的地下水源地。

3. 地质构造

地质构造是指在漫长的地质发展过程中，地壳在内外力地质作用下，不断运动演变，所遗留下来的各种构造形态，如地壳中岩体的位置、产状及其相互关系等。地质构造的规模有大有小，但即使是大型复杂的地质构造，也是由一些基本构造形态组合而成的，常见的如产状、褶皱和断裂。

（1）产状。地质构造（或岩层）在空间的位置称为地质构造面或岩层层面的产状。产状有三个要素，即走向、倾向和倾角，如图 1-1-3 所示。

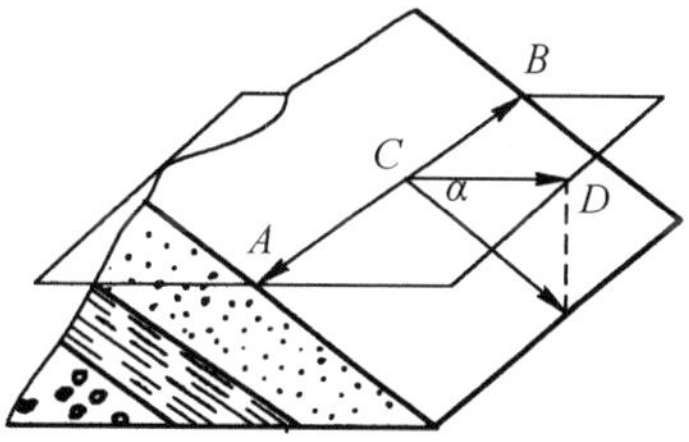

图 1-1-3　岩层产状要素

AB—走向；*CD*—倾向；α—倾角

① 走向。走向是指地质构造面或倾斜面或倾斜岩层层面与水平面的交线的两端的延伸方向，它表示地质构造或岩层在空间的水平延伸方向。

② 倾向。倾向是指垂直于走向线的地质构造面或岩层倾斜方向线在水平面上的投影，即地质构造面或岩层层面的倾斜方向，倾向与走向正交。

③ 倾角。倾角指地质构造面或倾斜岩层层面与水平面之间所夹的锐角。

产状要素可以用地质罗盘测得，测量结果以倾向的方位角（从正北开始顺时针方向量至倾斜线）和倾角表示出来，如 150∠60 表示：倾向为 150°（即南偏东 30°），倾角为 60°。

（2）褶皱构造。褶皱构造是指组成地壳的岩层受水平构造应力作用，使原始为水平产状的岩层产生塑性变形，形成一系列波状弯曲而未丧失其连续性的构造，如图 1-1-4 所示。

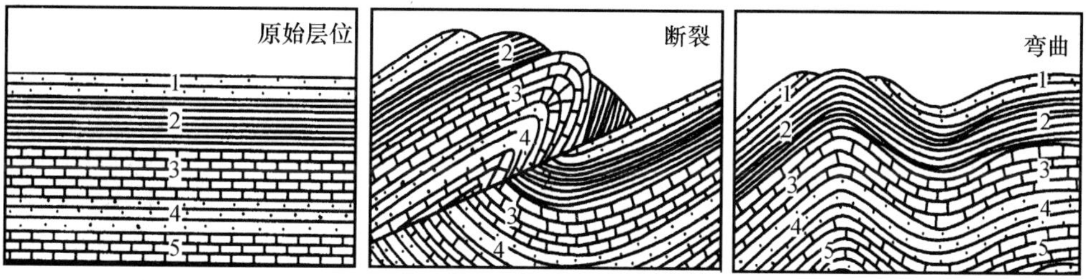

图 1-1-4　地壳水平运动过程

1、4—砂岩；2—页岩；3、5—石灰岩

（3）断裂构造。断裂构造是指岩体在地壳运动的作用下，受力发生变形达一定程度后，在其内部产生了许多断裂面，使岩石丧失了原有的连续完整性而形成的地质构造。断裂构造可分为节理和断层两种类型。

① 节理。节理也称裂隙，是沿断裂面两侧的岩层未发生位移或仅有微小错动的断裂构造。

② 断层。断层指岩体受力断裂后，在断裂层两侧的岩块发生了显著位移。处于断

层面两侧相互错动的两个断块中位于断层面之上的称为上盘，位于断层面之下的称为下盘。如按断块之间的相对错动的方向来划分，上盘下降，下盘上升的断层，称正断层；反之，上盘上升，下盘下降的断层称逆断层；如两断块水平互错，则称为平移断层。如图 1-1-5 所示。

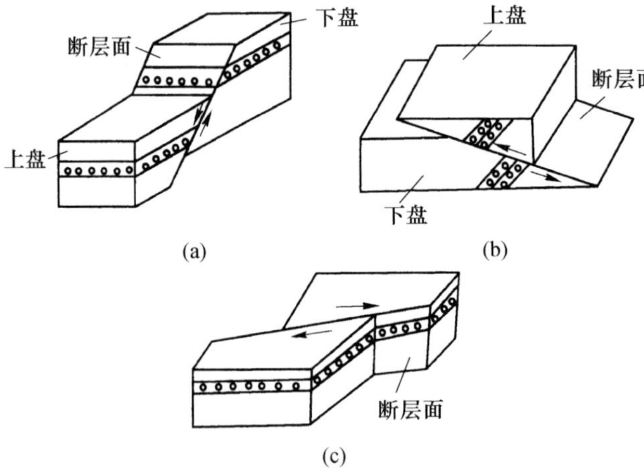

图 1-1-5　断层类型

（a）正断层；（b）逆断层；（c）平移断层

断层面往往是有一定宽度的断层带。断层破碎带和层间错动破碎带均易风化、软化，其力学性质较差，属于构造软弱带。工程设计原则上应避免将建筑物跨放在断层带上，尤其要注意避开近期活动的断层带。

不同的构造形态，对水工建筑物的影响是不同的，如岩层的断裂，破坏了岩体的完整性，降低了岩体的稳定性，增大了岩体的透水性，故对水工建筑物产生了不良影响。而褶皱构造，使岩层层面的倾斜方向和倾角发生变化，从而改变了岩体的稳定条件和渗漏条件。

（二）土的分类与特性

土是由地壳表层的岩石长期受自然界的风化（物理、化学、生物风化）作用后，再经其他各种外力的地质作用（如搬运、沉积）形成的大小、形状和成分都不相同的松散矿物颗粒的集合体。广义的土包含岩石和一般意义的土，本节的内容主要是广义的土。

1. 土的工程地质分类

土的种类繁多，其分类方法也很多。不同的工程将岩土用于不同的目的，如建筑物将岩土作为地基，隧道将岩土作为环境，堤坝将岩土作为材料。不同的目的，对土的评价的侧重面有所不同，也就形成了不同行业的不同分类习惯和分类标准。

目前国内最基本的土的工程分类法有：《岩土工程勘察规范（2009 年版）》（GB 50021—2001）和《建筑地基基础设计规范》（GB 50007—2011）分类法。

《岩土工程勘察规范（2009 年版）》（GB 50021—2001）按照颗粒级配和塑性指数将土分为碎石土、砂土、粉土、黏性土。

《建筑地基基础设计规范》（GB 50007—2011）把作为建筑地基的这一部分土（包括岩石）分为六大类，即岩石、碎石土、砂土、粉土、黏性土和人工填土。

在水利工程施工概预算中，对一个水利工程建设项目要系统地逐级划分为若干个各级项目和费用项目，因此需要对施工工程土类和岩石进行专门的分级。

（1）《建筑地基基础设计规范》（GB 50007—2011）中的分类方法如下：

① 岩石。岩石指颗粒间牢固联结，呈整体或具有节理裂隙的岩体。岩石的坚硬程度应根据岩块的饱和单轴抗压强度 f_{rk} 按规范分为坚硬岩、较硬岩、较软岩、软岩和极软岩。

岩石的风化程度可分为未风化、微风化、中风化、强风化和全风化。岩体完整程度应根据完整性指数（岩体纵波波速与岩块纵波波速之比的平方）划分为完整、较完整、较破碎、破碎和极破碎。

② 碎石土。碎石土为粒径大于 2mm 的颗粒质量超过土壤颗粒总质量 50%的土。碎石土可根据颗粒形状和粒组含量分为漂石、块石、卵石、碎石、圆砾和角砾。碎石土的密实度，可根据重型圆锥动力触探锤击数分为松散、稍密、中密和密实。

③ 砂土。砂土为粒径大于 2mm 的颗粒质量不超过土壤颗粒总质量的 50%、粒径大于 0.075mm 的颗粒质量超过土壤颗粒总质量 50%的土。砂土可根据粒组含量按规范表分为砾砂、粗砂、中砂、细砂和粉砂。砂土的密实度，可根据标准贯入试验锤击数按规范分为松散、稍密、中密和密实。

④ 黏性土。黏性土为塑性指数 $I_P>10$ 的土，当 $I_P>17$ 时为黏土，当 $10<I_P\leqslant17$ 时为粉质黏土。黏性土的状态，可根据液性指数按规范表分为坚硬、硬塑、可塑、软塑和流塑。

⑤ 粉土。粉土介于砂土与黏性土之间，塑性指数 $I_P\leqslant10$、粒径大于 0.075mm 且颗粒含量不超过土壤颗粒总质量 50%的土。

⑥ 人工填土。通常人工填土的工程性质不良，强度低，压缩性大且不均匀，其中压实填土相对较好。杂填土因成分复杂，平面与立面分布很不均匀、无规律性，工程性质最差。在工程建设中所遇到的人工填土，往往各地都不一样。

（2）《水利建筑工程概算定额》里水利施工工程中的土（岩）类分级如下：

在水利工程施工工程量计算中，涉及土方开挖工程、石方开挖工程和土石方回填工程，需要对施工工程土类和岩石进行专门的分级（见表 1-1-4 和表 1-1-5）。其中土质的级别分为 4 级，岩石的级别分为 12 级。

表 1-1-4　一般工程土类分级表

土质级别	土质名称	坚固系数 f	自然湿容重（kN/m^3）	外形特征	鉴别方法
Ⅰ	1. 砂土 2. 种植土	0.5～0.6	16.19～17.17	疏松，黏着力差或易透水，略有黏性	用锹或略加脚踩开挖
Ⅱ	1. 壤土 2. 淤泥 3. 含壤种植土	0.6～0.8	17.17～18.15	开挖时能成块，并易打碎	用锹需用脚踩开挖

续表

土质级别	土质名称	坚固系数 f	自然湿容重（kN/m³）	外形特征	鉴别方法
Ⅲ	1. 黏土 2. 干燥黄土 3. 干淤泥 4. 含少量砾石黏土	0.8～1.0	17.66～19.13	黏手，看不见砂粒或干硬	用锹需用力加脚踩开挖
Ⅳ	1. 坚硬黏土 2. 砾质黏土 3. 含卵石黏土	1.0～1.5	18.64～20.60	土壤结构坚硬，将土分裂后成块状或含黏粒砾石较多	用镐、三齿耙撬挖

表 1-1-5　一般岩石类别分级表

岩石级别	岩石名称	实体岩石自然湿度时的平均容重（kN/m³）	净钻时间（min/m） 用直径 30mm 合金钻头，凿岩机打眼（工作气压为 4.6×10⁵Pa）	极限抗压强度（10⁷Pa）	坚固系数 f
Ⅴ	1. 砂藻土及软的白垩岩	14.72	≤3.5（淬火钻头）	≤1.96	1.5～2
	2. 石炭纪硬黏土	19.13			
	3. 胶结不紧的砾岩	18.64～21.58			
	4. 各种不坚实的页岩	19.62			
Ⅵ	1. 软的、有孔隙的、节理多的石灰岩及贝壳石灰岩	21.58	4（3.5～4.5）（淬火钻头）	1.96～3.92	2～4
	2. 密实的白垩岩	25.51			
	3. 中等坚实的页岩	26.49			
	4. 中等坚实的泥灰岩	22.56			
Ⅶ	1. 水成岩卵石经石灰质胶结而成的砾岩	21.58	6（4.5～7）（淬火钻头）	3.92～5.88	4～6
	2. 风化的、节理多的黏土质砂岩	21.58			
	3. 坚硬的泥质页岩	27.47			
	4. 坚实的泥灰岩	24.53			
Ⅷ	1. 角砾状花岗岩	22.56	6.8（5.7～7.7）	5.88～7.85	6～8
	2. 泥灰质石灰岩	22.56			
	3. 黏土质砂岩	21.58			
	4. 云母页岩及砂质岩石	22.56			
	5. 硬石膏	28.45			

续表

岩石级别	岩石名称	实体岩石自然湿度时的平均容重（kN/m^3）	净钻时间（min/m）用直径 30mm 合金钻头，凿岩机打眼（工作气压为 4.6×10^5Pa）	极限抗压强度（10^7Pa）	坚固系数 f
Ⅸ	1. 软的、风化较甚的、花岗岩、片麻岩及正长岩	24.53	8.5 （7.8～9.2）	7.85～9.81	8～10
	2. 滑石质的蛇纹岩	23.54			
	3. 密实的石灰岩	24.53			
	4. 水成岩卵石经硅质胶结的砾岩	24.53			
	5. 砂岩	24.53			
	6. 砂质石灰质的页岩	24.53			
Ⅹ	1. 白云岩	26.49	10 （9.3～10.8）	9.81～11.77	10～12
	2. 坚实的石灰岩	26.49			
	3. 大理石	26.49			
	4. 石灰质胶结的质密的砂岩	25.51			
	5. 坚硬的砂质页岩	25.51			
Ⅺ	1. 粗粒花岗岩	27.47	11.2 （10.9～11.5）	11.77～13.73	12～14
	2. 特别坚实的白云岩	28.45			
	3. 蛇纹岩	25.51			
	4. 火成岩卵石经石灰质胶结的砾岩	27.47			
	5. 石灰质胶结的坚实的砂岩	26.49			
	6. 粗粒正长岩	26.49			
Ⅻ	1. 有风化痕迹的安山岩及玄武岩	26.49	12.2 （11.6～13.3）	13.73～15.69	14～16
	2. 片麻岩、粗面岩	25.51			
	3. 特别坚实的石灰岩	28.45			
	4. 火成岩卵石经硅质胶结的砾岩	25.51			
XIII	1. 中粒花岗岩	30.41	14.1 （13.1～14.8）	15.69～17.65	16～18
	2. 坚实的片麻岩	27.47			
	3. 辉绿岩	26.49			
	4. 玢岩	24.53			
	5. 坚实的粗面岩	27.47			
	6. 中粒正长岩	27.47			

续表

<table>
<tr><th rowspan="2">岩石级别</th><th rowspan="2">岩石名称</th><th rowspan="2">实体岩石自然湿度时的平均容重（kN/m³）</th><th>净钻时间（min/m）</th><th rowspan="2">极限抗压强度（10⁷Pa）</th><th rowspan="2">坚固系数 f</th></tr>
<tr><th>用直径 30mm 合金钻头，凿岩机打眼（工作气压为 4.6×10⁵Pa）</th></tr>
<tr><td rowspan="5">XIV</td><td>1. 特别坚实的细粒花岗岩</td><td>32.37</td><td rowspan="5">15.5
（14.9～18.2）</td><td rowspan="5">17.65～19.61</td><td rowspan="5">18～20</td></tr>
<tr><td>2. 花岗片麻岩</td><td>28.45</td></tr>
<tr><td>3. 闪长岩</td><td>28.45</td></tr>
<tr><td>4. 最坚实的石灰岩</td><td>30.41</td></tr>
<tr><td>5. 坚实的玢岩</td><td>26.49</td></tr>
<tr><td rowspan="3">XV</td><td>1. 安山岩、玄武岩、坚实的角闪岩</td><td>30.41</td><td rowspan="3">20
（18.3～24）</td><td rowspan="3">19.61～24.52</td><td rowspan="3">20～25</td></tr>
<tr><td>2. 最坚实的辉绿岩及闪长岩</td><td>28.45</td></tr>
<tr><td>3. 坚实的辉长岩及石灰岩</td><td>27.47</td></tr>
<tr><td rowspan="2">XVI</td><td>1. 钙钠长石质橄榄石质玄武岩</td><td>32.37</td><td rowspan="2">>24</td><td rowspan="2">>24.52</td><td rowspan="2">>25</td></tr>
<tr><td>2. 特别坚实的辉长岩、辉绿岩、石英岩及玢岩</td><td>29.43</td></tr>
</table>

2. 土的一般特性

1）土的组成

疏松的土壤微粒组合起来，形成充满孔隙的土壤。这些孔隙中含有溶液（液体）和空气（气体），因此土是由固体颗粒（固相）、液体（液相）和空气（气相）组成的三相体，这三种成分混合分布。如果土中的孔隙全部被水所充满时，称为饱和土；如果孔隙全部被气体所充满时，称为干土；如果孔隙中同时存在水和空气时，称为湿土。饱和土和干土都是二相系，湿土为三相系。这些组成部分的相互作用和它们在数量上的比例关系，决定了土的物理力学性质。

（1）土的固相。固相，即土的颗粒，由矿物颗粒或有机质组成，它的矿物成分、颗粒大小、形状与级配影响土的物理力学性质。

土的粒组，将土中颗粒按粒径范围进行分组，使各组内土粒大小、性质大体相近。划分粒组的分界尺寸，称为界限粒径。我国按界限粒径 200mm、20mm、2mm、0.05mm 和 0.005mm 把土粒分为六组：漂石（块石）、卵石、圆砾、砂粒、粉粒和黏粒。

土的矿物成分可以分为原生矿物和次生矿物两大类。原生矿物常见的有石英、长石和云母等，由岩石物理风化成土粒，通常由一种或者几种原生矿物组成。次生矿物是由原生矿物经过化学风化生成的新矿物，它的成分与母岩完全不同，主要是黏土矿物，即高岭石、伊利石和蒙脱石。

土的级配，即土中各粒组的相对含量（各粒组质量占全部粒组质量的百分比），可通过颗粒分析试验测得，用级配累计曲线表示。利用级配曲线可求得不均匀系数 C_u、曲率系数 C_c 以判断土的级配情况。

不均匀系数
$$C_u=\frac{d_{60}}{d_{10}} \tag{1-1-1}$$

曲率系数
$$C_c=\frac{d_{30}^2}{d_{60}d_{10}} \tag{1-1-2}$$

式中　d_{10}、d_{30}、d_{60}——累计百分比含量为10%、30%和60%的对应粒径。

通常把d_{10}称为有效粒径，d_{60}称为限制粒径。

其中若$C_u>10$，称为级配良好的土，宜作为良好地基；$C_u<5$，称为均粒土，其级配不好，不宜作为地基，可作为反滤料。但实际上仅用单独一个指标C_u来确定土的级配情况是不够的，还必须兼顾曲率系数C_c值。当同时满足不均匀系数$C_u>5$和曲率系数C_c为1～3这两个条件时，土为级配良好的土；如不能同时满足，则土为级配不良的土。

土的结构指土粒及其集合体的大小、形状、相互排列与联结等综合特征。土的结构分为三种：单粒结构（颗粒较大），如砂粒、碎石；蜂窝结构（颗粒较细），如粉粒；絮状结构（颗粒极细），如黏粒。

土的构造指物质成分和颗粒大小等相近的各部分土层之间的相互联系特点。土的构造主要有层理构造（分水平、交错两种）、裂隙构造和分散构造。

（2）土的液相。液相，即土中水，可以呈固态（冰）、液态（水）、气态（水蒸气）。从水膜理论的角度来看，水的分类如下：

① 结合水是指受电分子吸引力吸附于土粒表面的土中水。结合水可分为强结合水和弱结合水。强结合水（吸着水），可塑状态黏土仅含此水时呈固态；弱结合水（薄膜水），可塑状态黏土多含此水，对黏性土的性质影响特别大。

② 自由水是存在于土粒表面电场影响范围以外的水。自由水可分为重力水和毛细水。重力水指地下水位以下透水层中的水；毛细水指孔隙中的自由水，也能在地下水位以上存在。

（3）土的气相。气相即土中气，可分为通畅气和封闭气。通畅气与大气相连，常存在于粗粒土中；封闭气封闭于孔隙中，常存在于细粒土中。

2）土的三相比例指标

（1）由试验直接测定的基本指标。

① 土的重度（重力密度）γ：可用环刀法、灌砂法测定。

天然状态下单位体积土的重力称为天然重度（kN/m^3），$W=mg$，而

$$\gamma=\frac{W}{V} \tag{1-1-3}$$

式中　V——土的总体积。

土的重度与土的矿物成分、孔隙大小、含水多少等有关，γ一般为16～22kN/m^3。

② 土的含水率w：可用烘干法、酒精燃烧法测定。

土中水的重力与土粒重力之比，称为含水率，常用百分比表示：

$$w=\frac{W_w}{W_s} \tag{1-1-4}$$

式中　W_w——水的重力；

　　　W_s——土粒重力。

含水率反映土的干湿程度。含水率越大土越湿越软，地基土承载力越低，我国沿海软黏土含水量常接近 50%，高者达 60%～70%，地基土容许承载力仅 50～80kPa。

③ 土粒相对密度（旧称“比重”）d_s，可用比重瓶法测定。

土粒重力与同体积 4℃时水的重力之比称为土粒相对密度，即

$$d_s = \frac{W_s}{V_s \gamma_w} \tag{1-1-5}$$

式中 V_s——4℃时水的体积；

γ_w——4℃时水的重度，近似取 10 kN/m³。

其大小随土粒矿物成分而异。砂土为 2.65～2.69，黏土为 2.72～2.76。土中含大量有机质时，土粒相对密度则显著减少。

（2）换算的物理性质指标。

① 饱和重度 γ_{sat}。土的孔隙全部被水充满时的重度，称为饱和重度 γ_{sat}（kN/m³），即

$$\gamma_{sat} = \frac{W_s + V_v \gamma_w}{V} \tag{1-1-6}$$

式中 V_v——土中孔隙体积。

② 浮重度（有效重度）γ'。一般从地下水位以下取出的土，其天然重度，可作为饱和重度。当土处于地下水位以下时，则受到水的浮力作用，单位土体积中颗粒的有效重力，由单位土体积中土颗粒的重力扣除浮力后的重度称为土的浮重度 γ'，即

$$\gamma' = \frac{W_s - V_s \gamma_w}{V} = \gamma_{sat} - \gamma_w (\gamma_w \approx 10\text{kN/m}^3) \tag{1-1-7}$$

③ 干重度（干重力密度）。单位土体积中固体颗粒的重力称为土的干重度 γ_d（kN/m³），即

$$\gamma_d = \frac{W_s}{V} \tag{1-1-8}$$

土的干重度反映土颗粒排列的紧密程度，工程上用 γ_d 作为人工填土压实质量的控制指标。一般 γ_d 达到 16kN/m³ 以上时，土就比较密实。

④ 孔隙比 e。土中孔隙体积与土的颗粒体积之比称为孔隙比，即

$$e = \frac{V_v}{V_s} \tag{1-1-9}$$

e 表明土的密实程度，建筑物的沉降与土的孔隙比有着密切的关系。天然状态的黏性土，一般当 $e<0.6$ 时，土密实、压缩性低；当 $e>1.0$ 时，土是松软的。高压缩性的淤泥质土、淤泥的 e 值则高达 1.5 以上。地基土层中含有 $e>1.0$ 的黏性土时，建筑物的沉降量较大。

⑤ 饱和度 S_r。土中水的体积 V_w 与孔隙体积 V_v 之比称为饱和度 S_r，以百分数表示，即

$$S_r = \frac{V_w}{V_v} \tag{1-1-10}$$

S_r 表示土的潮湿程度，如 $S_r=100\%$，表明土孔隙中充满水，土是完全饱和的；$S_r=0$，土是完全干燥的。砂土的含水饱和程度对其工程性质影响较大，如饱和粉细砂土在动荷载作用下会发生液化。根据饱和度 S_r 的数值，砂土可分为稍湿（$S_r \leqslant 50\%$）、

很湿（50%<S_r≤80%）和饱和（S_r>80%）三种湿度状态。

3）黏性土的物理状态指标

（1）黏性土的状态与界限含水率。

① 界限含水率。黏性土由某一状态转入另一状态时的分界含水率，称为土的界限含水率。

② 液限和塑限，在国际上称为阿太堡界限，它们是黏性土的重要物理特性指标。

液限：土由流动状态变成可塑状态的界限含水率称为液限，以符号 w_L 表示。

塑限：土由可塑状态变化到半固体状态的界限含水率称为塑限，以符号 w_P 表示。

缩限：土由半固体状态变化到固体状态的界限含水率称为缩限，以符号 w_S 表示。

③ 塑性指数。

$$I_P = w_L - w_P \tag{1-1-11}$$

液限与塑限之差值（省去%）反映可塑状态下的含水率范围。此值可作为黏性土分类的指标。

④ 液性指数。

液性指数即天然含水率和塑限之差与塑性指数的比值，反映土在天然条件下所处的状态。

$$I_L = \frac{w - w_P}{w_L - w_P} \tag{1-1-12}$$

土中多含自由水时，处于流动状态；土中多含弱结合水时，处于可塑状态；弱结合水减少，水膜变薄，土向半固态转化，土中为强结合水时处于固态。

（2）无黏性土的密实度。

砂土的密实度对地基土的工程性质有很大影响。如密实的天然砂层是良好的天然地基。

疏松的砂，尤其是饱和的粉细砂，在动力作用下结构常处于不稳定状态，对土建工程很不利。

① 相对密实度。土的孔隙比一般可以用来描述土的密实程度，但砂土的密实程度不仅取决于孔隙比，在很大程度上还取决于土的级配情况。粒径级配不同的砂土即使具有相同的孔隙比，但由于颗粒大小不同、排列不同，所处的密实状态也会不同。为了同时考虑孔隙比和级配的影响，引入砂土相对密实度的概念。

当砂土处于最密实状态时，其孔隙比称为最小孔隙比 e_{min}；而砂土处于最疏松状态时的孔隙比则称为最大孔隙比 e_{max}。试验标准规定了一定的方法测定砂土的最小孔隙比和最大孔隙比，然后可按式（1-1-13）计算砂土的相对密实度 D_r。

$$D_r = \frac{e_{max} - e}{e_{max} - e_{min}} \tag{1-1-13}$$

从式（1-1-13）可以看出，当砂土的天然孔隙比接近于最小孔隙比时，相对密实度 D_r 接近于 1，表明砂土接近于最密实的状态；而当天然孔隙比接近于最大孔隙比则表明砂土处于最松散的状态，其相对密实度接近于 0。根据砂土的相对密实度，砂土可划分为密实、中密和松散三种（见表 1-1-6）。

表 1-1-6　砂土密实度划分标准

密实度	密实	中密	松散
相对密实度	＞0.67	≥0.33，≤0.67	＜0.33

② 标准贯入试验。目前常用测定砂土密实度的方法是标准贯入试验，它是将带有刃口的厚壁管状的标准贯入器，在规定的锤重（63.5kg）和落距（76cm）的条件下击入土中，测定贯入量为30cm所需要的锤击数 N，称为标准贯入锤击数，以此确定砂土层的密实度，见表 1-1-7。

表 1-1-7　标准贯入试验判定砂土密实度

密实度	松散	稍密	中密	密实
锤击数 N	≤10	$10<N\leqslant 15$	$15<N\leqslant 30$	＞30

4）土的压实性

有时建筑物建筑在填土上，为了提高填土的强度，增加土的密实度和均匀性，降低其透水性和压缩性，通常用分层压实的办法来处理地基。

实践经验表明，对过湿的土进行夯实或碾压时就会出现软弹现象（俗称“橡皮土”），此时土的密实度是不会增大的。对很干的土进行夯实或碾压，显然也不能把土充分压实。所以，要使土的压实效果最好，其含水率一定要适当。在一定的压实能量下使土最容易压实，并能达到最大密实度时的含水率，称为土的最优含水率（或称最佳含水率），相对应的干重度称为最大干重度。另外，在同类土中，土的颗粒级配对土的压实效果影响很大，颗粒级配不均匀的容易压实，均匀的则不易压实。

同时必须指出，室内击实试验与现场夯实或碾压的最优含水率是不一样的。所谓最优含水率，是针对某一种土，在一定的压实机械、压实能量和填土分层厚度等条件下测得的。如果这些条件改变，就会得出不同的最优含水率。因此，要指导现场施工，还应该进行现场试验。

3. 特殊土的工程地质特性

我国幅员辽阔，从沿海到内陆，从山区到平原，经、纬度跨度大，土类分布多种多样，因此还存在区域性特殊土，如淤泥类土、膨胀土、红黏土、黄土类土等。

（1）淤泥类土。淤泥类土为在静或缓慢的流水环境沉积，并经生物化学作用形成，其天然含水率大于液限而天然孔隙比不小于 1.5 的黏性土。当天然含水率大于液限而天然孔隙比小于 1.5 但不小于 1.0 的黏性土或粉土为淤泥质土。含有大量未分解的腐殖质，有机质含量大于 60%的土为泥炭，有机质含量不小于 10%且不大于 60%的土为泥炭质土。淤泥类土压缩性高、强度低、透水性低，为不良地基。

（2）膨胀土。膨胀土为土中黏粒成分主要由亲水性矿物组成，同时具有显著的吸水膨胀和失水收缩特性，其自由膨胀率不小于 40%的黏性土。膨胀岩土分布地区易发生浅层滑坡、地裂、新开挖的基槽及路堑边坡坍塌等不良地质现象。

（3）红黏土。红黏土为碳酸盐岩系的岩石经红土化作用形成的高塑性黏土。其液限一般大于 50。红黏土经搬运沉积后仍保留其基本特征，其液限为 45～50 的土为次生红黏土。红黏土和次生红黏土通常强度高、压缩性低。因受基岩起伏影响，厚度不均匀，上硬下软。

（4）黄土类土。黄土类土是我国地域分布最广的一种特殊性土类。它是第四纪的一种特殊堆积物。其主要特征：颜色以黄为主，有灰黄、褐黄等；含有大量粉粒，一般在55%以上；具有肉眼可见的大孔隙，孔隙比在1.0左右；富含碳酸盐类；无层理，垂直节理发育；具有湿陷性和易溶蚀、易冲刷性等。湿陷性黄土地基的设计和施工，除了必须遵循一般地基的设计和施工原则外，还应针对黄土湿陷性这个特点和工程要求，因地制宜采用以地基处理为主的综合措施。

（三）常见水利工程地质问题及其处理

水利工程地质问题是指工程地质条件不能满足水工建筑物稳定和安全的要求时，工程建筑物与工程地质条件之间所存在的矛盾。水利工程主要的工程地质问题包括以下内容：

（1）坝基（肩）以及软基稳定性问题。

（2）边坡稳定性问题。

（3）洞室（隧洞）围岩稳定性问题。

（4）库坝区渗漏、水库淤积、滨库地区浸没、水库诱发地震等问题。

下面主要介绍常见的软基、库坝区渗漏、滑坡体、地下洞室等地质问题及处理。

1. 软基处理

1）软基处理的特点及适用条件

软基处理的目的是使得水工建筑物基础满足沉降和稳定的要求。鉴于软土地基承载力低、压缩性大、透水性差，不易满足建筑物基础设计要求，故需进行工程处理。

2）软基处理的主要方法

对水工建筑物的基础所在区域软土地基进行工程处理，往往成为提高基础的强度和稳定性、缩短建设工期、降低工程造价和确保工程质量的关键因素之一。下面介绍常用的6种软土地基处理方法，包括排水固结法、桩基法、换填法、灌浆法、加筋法和强夯法，见表1-1-8。

表1-1-8 软土地基处理方法

类　别	处理方法	原理及作用	适用范围
排水固结法	塑料排水板法、袋装砂井法和砂柱法	通过在软土地基设置的竖向排水体，转变原有地基的边界条件，增长孔隙水的排除通路，大大缩短了固结时间	适用于处理含水量较大，土层较厚淤泥、淤泥质土和冲填土等饱和黏性软土地基。有效处理深度为12～15m，超过此深度，孔隙水压力消散相当困难和缓慢
桩基法	钢筋混凝土预制桩在预制构件加工厂预制，经过养护，达到设计强度后，运至施工现场，用打桩机打入土中，然后在桩的顶部浇筑承台梁（板）基础。淤土层较厚地基处理还可以采用灌注桩，打灌注桩至硬土层，作承载台	钢筋混凝土预制桩通过挤密淤土层并靠摩擦承载，预制桩还具有抗水闸水压力产生水平荷载，达到水平稳定作用	钢筋混凝土预制桩具有制作简便、强度高、刚度大和可制成各种截面形状的优点，是被广泛采用的一种软基处理桩型。当淤泥软土层较厚，难以大面积进行深处理，可采用打桩办法进行加固处理

续表

类　别	处理方法	原理及作用	适用范围
换填法	通过采用人工、机械等方法，将基底一定深度范围内的软土层予以挖除	通过回填强度较高、稳定性较好的砂砾、碎石等材料，并且分层压实至规定的密实度。提高持力层的承载力，减少沉降量	适用于处理浅层非饱和软弱地基、湿陷性黄土地基、膨胀土地基、季节性冻土地基、素填土和杂填土地基。其特点是简易可行，但仅限于不大于3m的浅层处理
灌浆法	利用气压、液压或电化学原理将能够固化的某些浆液注入地基介质中或建筑物与地基的缝隙部位	灌浆浆液可以是水泥浆、水泥砂浆、黏土水泥浆、黏土浆及各种化学浆材如聚氨酯类、木质素类、硅酸盐类等。通过固化作用填充地基介质中或建筑物与地基的缝隙部位，以提高承载力	灌浆法对加固淤泥软土地基具有明显效果。在水利、建筑、道桥及各种工程领域有着广泛的应用
加筋法	通过在土层中埋设强度较大的土工合成材料、拉筋、受力杆件等，使这种人工复合的土体，可承受抗拉、抗压、抗剪或抗弯作用	通过土体与筋体间的摩擦作用，使筋体承受拉力，而筋间土体则承受压应力及剪应力，进而使加筋土中筋体和土体都能较好发挥其潜能，提高地基稳定性、减小沉降	因加筋法要求土粒能够提供较高的剪切阻力，故一般宜选用摩擦角大于35°且粒径大于0.08mm的土粒不少于总量85%的土体作为加筋土
强夯法	将大质量和一定外形结构规格的夯锤起吊至某一高度后，自由下落，给地基土以强大冲击能量的夯击	通过夯击，使地基土产生强烈的振动和很高的动应力，将夯面以下一定深度地土层夯实，以增大地基的承载力和土体的稳固性，降低压缩性	适用于碎石土、砂土、杂填土、素填土、湿陷性黄土和低饱和度的粉土与黏性土。对于高饱和度的粉土和黏性土，需经试验论证后，方可使用

2. 库坝区渗漏的处理

库坝区渗漏是指库水沿岩石孔隙、裂隙、断层、溶洞等向库盆以外或通过坝基（肩）向下游渗漏水量的现象。水库的作用是蓄水兴利，在一定的地质条件下，水库蓄水期间及蓄水后会产生渗漏。对任何一座水库来说，在未采取有效的工程处理措施的情况下，如果存在严重的渗漏现象，将会直接影响该水库的效益。而库坝区的渗漏，在不少情况下往往导致坝基产生渗透变形，威胁库坝的安全。所以，库坝区渗漏问题是非常重要的工程地质问题，也是常见的问题。

1）库区渗漏地质条件分析

库区渗漏基本上有两种：一种是集中渗漏；另一种是面状渗漏。

（1）地形地貌条件。库区渗漏与不同的地貌单元密切相关。如果库区周围的地形是山峦重叠、峰岭连绵，那么这类地形产生渗漏的可能性就很小。相反，库岸山体单薄，又有邻谷存在且下切较深，库水外渗的可能性就大。若水库修建在基岩山区河谷急剧拐弯处，河弯之间的山脊有的地方可能会很狭窄，这样的地形条件，就有可能产生水库渗漏。平原地区河谷一般切割较浅，库区与邻谷常相距很远，库水若要穿过河间地块向邻谷渗漏，一般是不容易的。但在河曲发育地段，河间地块比较单薄，则属易产生渗漏的地形。

在许多情况下，地质方面大的集中渗漏通道，在地形地貌上总有一定的反映。因此，找出地形对渗漏的不利地段，就可以提供一些相关现象和应该注意的环节，使之能够进一步从地质和水文地质方面去调查产生水库渗漏的可能性。

（2）岩性条件。不同的岩性，对水库渗漏有着决定性的影响。按岩石性质，岩层有透水的和隔水的两大类，在分析库区渗漏问题时，对岩层的透水性能都要着重加以分析，因为强透水层可以导致库区渗漏，隔水层的存在则可以起到防渗作用。

能够起防渗作用的是微弱透水或基本不透水的岩层，如黏土类岩中的黏土岩、页岩和黏土质沉积层，以及完整致密的各种坚硬岩层。如果库盆或库区周围有隔水层存在，就能够起挡水作用，使库水不致向库外渗漏。

基岩一般都比较坚硬致密，孔隙率小。库水如果要通过基岩发生渗漏，主要取决于各种裂隙和溶洞存在情况，以及沉积岩的层面充填情况。在第四纪松散沉积层中，对库区渗漏有重大意义的是未经胶结的砂砾（卵）石层，这些砂砾石、砾石、卵石层，空隙大、透水性强，如果库区存在这些强透水层并沟通库区内外，就可以成为库区渗漏的通道。如果在河间地块存在砂砾石层，水库一岸又毗连另一条河流，且两河之间相距不远，或河间地块比较单薄，当这种河间地块是由强透水的砂砾石层构成，又具备一定的水文地质条件时，则会产生渗漏。库水沿砂砾石层渗漏，大多发生在平原地区的水库。

（3）地质构造。与库区渗漏有密切关系的地质构造，主要有断层破碎带或断层交会带，裂隙密集带，背斜及向斜构造、岩层产状等。

断层的存在，特别是未胶结或胶结不完全的断层破碎带，都是库区渗漏的主要通道。有的断层贯通库坝上下游，造成库区渗漏。

（4）水文地质条件。库区的水文地质条件是库区能否发生渗漏的重要条件之一，尤其是库岸有无地下水分水岭，以及地下水分水岭的高程，对库区的渗漏具有决定性的意义。

不少库区的漏水，会在渗漏的排泄出水点形成泉水。根据所产生的泉水，可以分析库区水漏失的去向。但有的库区渗漏，其排泄出水点很明显，而有的则不明显。这种差别与库区地质和水文地质特征有关。

2）坝区渗漏地质条件分析

坝区裂隙岩体的渗漏条件除岩体的岩性特征外，起主导作用的是岩体中各种成因类型结构面的发育程度和溶蚀空隙（洞）及其开启性、充填情况、连通情况。河谷地貌特征也是影响透水性强弱和入渗、排泄条件的重要因素。

（1）岩性及地质结构特征。

裂隙岩体在形成和演化过程中，受岩性、构造变动和表生地质作用等的控制和影响，结构面网络的发育往往错综复杂，致使其渗透性呈现非均一性和各向异性。

一般地说，厚层、坚硬性脆的岩石，受各种应力作用易产生破裂结构面，裂隙延伸长而张开性较好，故透水性较强，如石灰岩、石英砂岩和某些岩浆岩；薄层、塑性较强的软岩石所产生的破裂结构面往往短而闭合，透水性较弱，如泥页岩、凝灰岩等；

可溶盐岩类的各类结构面又控制了岩溶发育，使岩体透水性更为强烈，且非均一性和各向异性更为显著。

不同成因类型的结构面其透水性也不相同。未充填、胶结的张性构造结构面，喷出岩的成岩节理，风化裂隙、卸荷裂隙等次生结构面，透水性较强；岩浆岩与围岩的接触面有时也能形成强透水带。而一般的成岩结构面和压性、扭性的构造结构面，透水性往往较弱。

当岩体的裂隙发育均匀，张开和连通条件较好，且未被充填、胶结时其充水和透水性较好；反之则较差，同一岩层中由于裂隙发育不均匀、透水性差别很大，且不同的裂隙体系间无水力联系，无统一的地下水面。

（2）河谷地貌条件。

河谷地貌对坝基渗漏的影响，主要表现在岩层产状与河谷方向的关系方面。在倾斜层状岩层区，纵谷、斜谷和横谷具有不同的入渗和排泄条件，它们主要影响渗径的长短。

① 纵谷，坝址处的河段沿岩层走向发育，沿岩层层面渗漏的途径最短，当上下游有沟谷垂直岩层走向发育时，更有利于库水的入渗和排泄。横剖面上，一岸入渗条件较好，排泄条件则较差，另一岸相反。因此，在纵谷中建坝，较易产生渗漏。

② 斜谷，河流与岩层走向斜交。在河谷纵剖面上沿层面渗径较长、岩层倾向下游时，对库水入渗和排泄均有利；倾角较陡倾时，则入渗有利，而向下游对排泄不利。当岩层倾向上游时；对入渗和排泄均不利。在横剖面上，与纵谷相似。

③ 横谷，坝址处河段与岩层走向垂直。而上下游沟谷多与岩层走向平行。在河谷纵剖面上渗径很长，故入渗和排泄条件均较纵谷和斜谷差，对防渗有利。尤其当岩层倾向上游时，更不利于坝基渗漏。横剖面上，两岸的入渗和排泄条件相同。因此，大多数坝址选择在横谷河段上，这是其重要原因之一。若河谷中覆盖层分布稳定，具有一定厚度的黏性土时，可起到天然铺盖作用，对坝区防渗有利。因此在施工过程中一定要保护好天然铺盖。

④ 总之，裂隙岩体的岩性及各类结构面，是控制坝区渗漏的主导因素，其次是河谷地貌和覆盖条件。

3）水库岩溶渗漏和各种防渗措施

（1）岩溶地区水库漏水分析的关键。

① 查清该区地形、地层、岩性、构造和水文地质等情况。

② 在以上基础上进一步查清岩溶发育程度和岩溶形态的延伸分布规律。

单层岩溶地层区（即分水岭全由岩溶地层组成，隔水层在河谷下很深处）和多层岩溶地层区（即岩溶岩层与非岩溶岩层交互的地层区）情况有差别，但岩溶发育规律有共同之处。现以单层岩溶地层区为主，适当涉及多层岩溶地层区予以分析。

（2）岩溶渗漏防渗措施。

① 灌浆。灌浆是岩溶地基处理常用的方法。对岩溶不太发育的地基或有隔水层与帷幕相衔接时效果较好。当无隔水层且岩溶较发育时，应结合封堵综合处理。

② 铺盖。铺盖是处理表面状或带状分散性裂隙岩溶渗流通道，特别是水库渗漏经常采用的方法。一般使用黏土铺盖防渗，局部基岩裸露的地段也可以采用混凝土盖板

护面防渗。当水库区采用黏土铺盖防渗时，铺盖层的厚度要求与前述相同，但最大厚度通常不超过10m。铺盖的长度应根据作用水头及地质条件而定，一般不小于作用水头的5～6倍。水库的天然淤积和水下抛土也可起到一定的防渗作用。当采用黏土铺盖防渗时，除表部清理外，应注意有无集中渗漏处，防止蓄水后因渗水引起铺盖塌陷造成大量漏水。铺盖下面如有集中渗漏洞穴，宜另做专门防漏处理。

③ 截水墙。在地下岩溶管道集中渗漏处或比较狭窄的渗漏段修建截水墙，以截断渗流通道。当岩溶浅埋且下部有隔水层时，可将截水墙与隔水层衔接。对于沿构造破碎带发育的岩溶通道，当难以对岩溶通道进行个别处理时，用截水墙办法也较适宜。

④ 堵洞。选择集中漏水的洞口用适当的建材堵塞，是防止岩溶通道渗漏的有效方法。对裸露基岩中的漏水洞，只要清除其充填物和洞壁的风化松软物质，然后用混凝土封堵，即可获得良好的效果。在覆盖型岩溶河段，由于基岩中岩溶管道埋藏于覆盖层之下，要消除覆盖层，应找到基岩中岩溶管道的入口，加以封堵。如因覆盖层太厚，彻底清除确有困难，也应尽可能深挖扩大，清除其中的松软物质，然后加以堵塞。一般的堵洞结构是下部做反滤层，上部以混凝土封堵，再以黏土回填。在覆盖层中堵洞，有时需进行多次才能成功。

国内外的经验表明，堵洞后封存在溶洞中的空气在水位变动时会产生不利的影响。当地下水位迅速上升时，空洞的空气压力升高，高压气体可能突破管道的薄弱部分或堵洞工程，向外排气。随后，这一排气洞可能成为水库的漏水洞。而当地下水位迅速下降时，被封闭的溶洞又成为负压区，也可能导致上部盖层或堵洞工程的破坏，成为漏水洞。因此堵洞时，应留有高出水库水面的排气孔、排气管或排气活门。

3. 滑坡体的处理

1）滑坡的形态要素

滑坡有明显的边界和地形特征，在野外是可以识别的。滑坡地区常形成一种特殊的滑坡地形，即在较平整的坡面上出现低于周围原始坡面的环谷状洼地，后缘顶部有围椅状陡崖的滑坡后壁；洼地中往往坡状起伏，裂隙、错台等普遍分布；前部则有稍微隆起且缓坡向前延伸的滑坡舌。它可使河流阶地变位，阶面突陷、错断，甚至将河流弯曲、逼向对岸。滑坡体的两侧常形成冲沟，它们呈现“双沟同源”的现象。此外，滑坡体上还会出现醉汉林、马刀树；常有地下水大片出露而成为沼泽、池塘。这些现象可作为判定滑坡的存在及其周界位置的依据。

2）滑坡的处理原则

边坡失稳的发生与发展多属综合因素的作用结果。但在复杂的多种因素中，应该找出影响边坡稳定的主要因素，采取适当的处理措施，以确保施工与运行中的安全。在勘测与设计过程中，必须贯穿以防为主的原则。对坝址、引水线路、泄水建筑物等的选定，尽可能避开难以处理、规模巨大的不稳定边坡，以免造成工程在施工、运行期间的被动局面。对难以避开的不稳定边坡，除勘测过程中进行必要的勘探、试验与稳定分析外，还应做好以下工作：

（1）加强观测、及时预报。对于地质条件复杂，一时难以摸清或直接威胁工程安全的边坡，在勘测过程中，应进行长期观测，掌握边坡变形规律与促发因素，以便制定恰当的处理措施，及时防治，不留后患。

（2）合理施工、避免恶化。采取合理的施工方法，可以避免边坡的不利因素恶化，如疏导施工用水，严格防止地表水渗入，严禁掏坡挖脚、放大炮等。

（3）一次根除、消除隐患。建筑物选定后，对影响施工和运行安全的不稳定边坡，应及时研究经济合理、安全可靠的处理方案，消除隐患。

3）滑坡的处理方法

其处理方法一般可分为三个方面：① 排除不利外因，如地面水入渗等；② 改善力学条件，如削坡减重、支撑、排水；③ 提高或保持滑动面的力学强度，如锚固。各种处理方法应综合应用，具体体现在以下几个方面：

（1）减载与反压。减载与反压是常用的简易处理方法，对于一般方量不大的岩质或土质滑坡、坍方、蠕动等各种类型的边坡均可使用。减载的作用在于降低滑动体的下滑力，其主要方法是将滑坡体后部的岩土体削去一部分。但是单纯的减载不能起到阻滑的作用，应与反压结合起来进行。反压是在坡脚之外和坡脚之上等抗滑地段堆筑岩土体，起到反压作用，提高阻滑力。把减载削下的土石堆于下部的阻滑部位，使之起反压作用，两者很好地结合，共同达到降低下滑力，增加抗滑力，使边坡达到稳定的效果。这一方法也可称为削头补足。

（2）排水。地面排水，无论是岩质边坡还是土质边坡，地面排水对边坡稳定都起着重要作用。地面排水的设置原则，一方面是截断外部流入的沟泉水源和施工水源；另一方面是疏导坡面上的降水，使其尽快入沟排出，防止渗入边坡内部。排水沟应予以衬砌，同时对边坡较大的裂缝应进行堵塞；靠近建筑物附近的，有时用喷浆护面。顺坡排水沟间距一般为 50～60m。

地下排水，降低或保持边坡中的地下水位，以避免水库或周围岩体地下水渗入，对边坡稳定意义很大。在有软弱夹层组成的滑动面，可防止长期浸水恶化，降低抗剪强度。排除地下水，可使坡体含水量及其中的孔隙水压力降低，增加抗滑力，提高边坡的稳定性。其防治办法很多，主要有截水沟、盲沟、集水井、水平钻孔等。

（3）锚固。锚固是用锚杆或锚索将滑动面两侧的岩体联系起来，以增强滑动面的抗滑力，借以稳定边坡，对于防治崩塌和滑坡均有很好的效果。锚索或钢缆可以更好地施加预应力，以提高滑动面上的正应力，对增加抗滑力更为显著。锚固是先进行钻孔，再将锚杆或锚索（端部散开）插入钻孔，并施以预应力，然后向孔内进行水泥灌浆。可以用若干个平行的锚杆组成锚杆系统。

在用锚杆加固边坡时常与挡墙连接起来成为“锚杆挡墙”，具体由三部分组成，即锚杆、肋柱和挡板，如图 1-1-6 所示。滑坡推力作用在挡板上，由挡板传到肋柱，再由肋柱传到锚杆上，最后通过锚杆传到滑动面以下的稳定地层中，靠锚杆的锚固力来维持整个结构的稳定性。

（4）抗滑工程。

① 抗滑挡墙也称为挡土墙，是目前较普遍使用的一种抗滑工程。它位于滑体的前缘，借助于自身的重量以支挡滑体的下滑力，且与排水措施联合使用。按建筑材料和结构形式不同，有抗滑片石垛、抗滑片石竹笼、浆砌石抗滑挡墙、混凝土或钢筋混凝土抗滑挡墙等。挡墙的优点是结构比较简单，可以就地取材，而且能够较快地起到稳

定滑坡的作用。但一定要把挡墙的基础设置于最低滑动面之下的稳固层中，墙体中应预留泄水孔，并与墙后的盲沟连接起来。

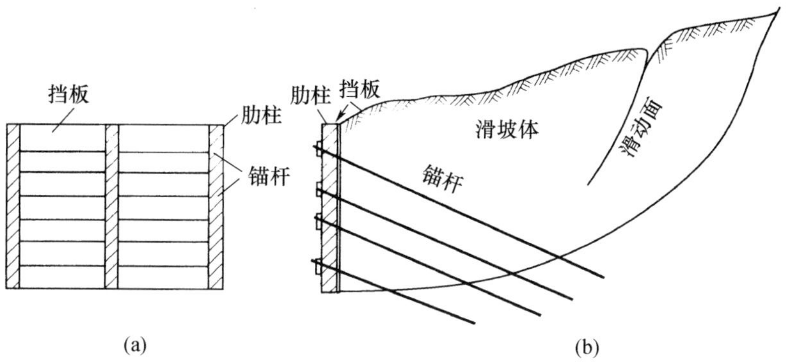

图 1-1-6　锚杆挡墙结构

(a) 挡板正视图；(b) 剖面图

② 抗滑桩是用以支挡滑体的下滑力，使之固定于滑床的桩柱。它的优点是施工安全、方便、省时、省工、省料，且对坡体的扰动少，所以也是国内外广泛应用的一种支挡工程。它的材料有木、钢、混凝土及钢筋混凝土等。施工时可灌注，也可锤击贯入。抗滑桩一般集中设置在滑坡的前缘部位，且将桩身全长的 1/4～1/3 埋置于滑坡面以下的稳固层中（见图 1-1-7）。

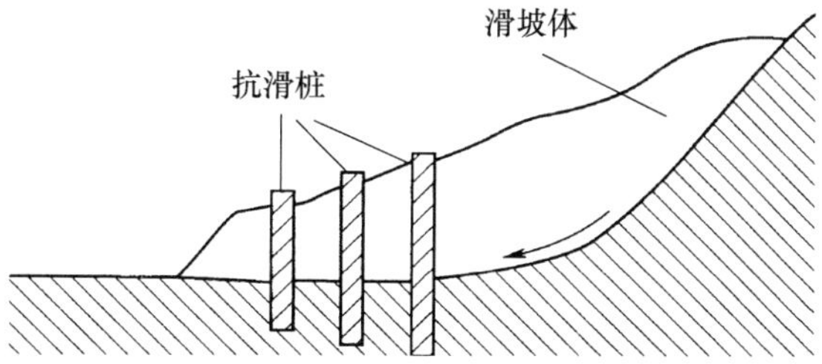

图 1-1-7　抗滑桩设置位置

(5) 其他措施。其他措施指护坡、改善岩土性质、防御绕避等措施。

护坡是为了防止水流对边坡的冲刷或浪蚀，也可以防止坡面的风化。为了防止河水冲刷或海、湖、水库水的波浪冲蚀，一般修筑挡水防护工程（如挡水墙、防波堤、砌石及抛石护坡等）和导水工程（如导流堤、丁坝、导水边墙等）。为了防止易风化岩石所组成的边坡表面的风化剥蚀，可采用喷浆、灰浆抹面和浆砌片石等护坡措施。改善岩土性质的目的是为了提高岩土体的抗滑能力，也是为了防治边坡变形破坏。常用的方法有化学灌浆法、电渗排水法和焙烧法等。它们主要用于土体性质的改善，也可用于岩体中软弱夹层的加固处理。

4. 地下洞室

人工开挖或天然存在于岩土体中作为各种用途的构筑物，统称为地下建筑。按其用途可分为交通隧道、水工隧道、矿山巷道、地下厂房、地下仓库及地下军事工程等类型；按其内壁是否有内水压力作用可分为无压洞室和有压洞室两类。

1）地下洞室围岩应力的重分布及变形破坏特征

（1）应力重分布特征。

地下洞室开挖前，岩体内的应力状态称为初始应力状态，即地应力状态，此时岩体内的地应力处于静止平衡状态。开挖后，由于洞室周围岩体失去了原有支撑，围岩将向洞内产生松胀位移，从而引起洞周围一定范围内岩体的应力重新调整（应力大小和主应力方向发生变化），直至达到新的平衡，这种现象称为应力的重分布。这种应力重分布只限于洞室周围的岩体，通常将洞室周围发生应力重分布的这一部分岩体称为围岩，而把重分布后的应力状态称为围岩应力状态或二次应力状态。

直接影响围岩稳定的是二次应力状态，它与岩体的初始应力状态、洞室断面形状及岩体特性等因素有关。

洞室开挖后围岩的稳定性，取决于二次应力状态与围岩强度之间的关系。如果洞室周边应力小于岩体的强度，围岩稳定。否则，周边岩石将产生破坏或较大的塑性变形。地下洞室开挖后洞壁的切向应力集中最大，当围岩应力超过了岩体的屈服极限时，围岩就由弹性状态转化为塑性状态，形成一个塑性松动圈。但是，这种塑性松动圈不会无限扩大，因为随着距洞壁距离的增大，应力状态由洞壁的单向应力状态逐渐转化为双向应力状态，围岩也就由塑性状态转化为弹性状态，最终在围岩中形成塑性松动圈和弹性承载圈。塑性松动圈的出现，使圈内应力释放明显降低，被称为应力降低区；而最大应力集中由原来的洞壁转移至塑性松动圈与弹性承载圈的交界处，使弹性区的应力明显升高，该区称为应力升高区。

（2）洞室围岩变形与破坏的类型和特点。由于岩体在强度和结构方面的差异，洞室围岩变形与破坏的形式多种多样，主要的形式有以下几种：

① 坚硬完整岩体的脆性破裂和岩爆。这类岩体本身具有很高的力学强度和抗变形能力，并存在有较稀疏且延伸较长的结构面，含有极少量的裂隙水。在力学属性上可视为均质、各向同性的连续介质，应力与应变呈直线关系。在坚硬完整的岩体中开挖地下洞室，围岩一般是稳定的。其主要破坏方式有脆性破裂和岩爆。

脆性破裂：脆性破裂常出现在拉应力集中部位，如洞顶或岩柱中。

岩爆：岩爆是在高地应力地区，由于开挖后围岩中高应力集中，围岩产生突发性破坏的现象。随着岩爆的产生，常伴随岩块弹射、声响及气浪产生，对地下开挖及建筑物产生危害。

② 块状结构岩体的滑移掉块。块状滑移是块状岩体中常见的破坏形式之一。这种破坏常以结构面组合交切形成不同形状的块体滑移、塌落等形式出现。其破坏规模与形态受结构面的分布、组合形式及其与开挖面的相对关系控制。分离块体的稳定性取决于块体的形状、有无临空条件、结构面的光滑程度及是否夹泥等。

③ 层状结构岩体的弯折和拱曲。这类岩体常呈软硬岩层相间的互层形式出现。岩体中的结构面以层理面为主，并有层间错动及泥化夹层等软弱结构面发育。层状岩体的变形破坏主要受岩层产状及岩层组合等因素控制。其破坏形式主要有沿层面张裂、折断塌落、弯曲内鼓等（见图 1-1-8）。

④ 碎裂结构岩体的松动解脱。碎裂结构岩体在张力和振动力作用下容易松动、解脱，在洞顶则产生大块岩石冒落或滑落，在边墙上则表现为滑塌或碎块的坍塌。碎裂

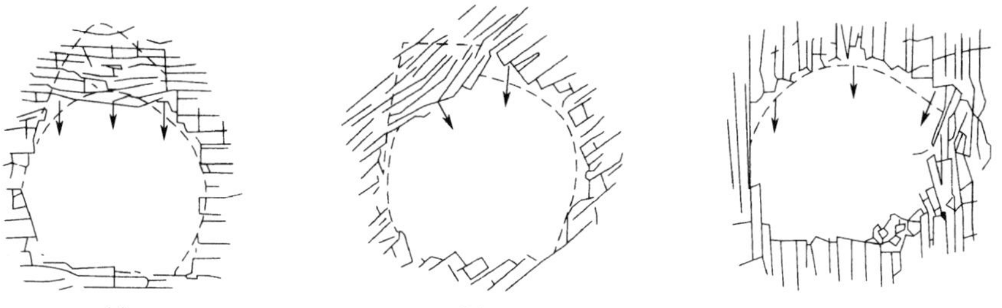

图 1-1-8 层状围岩变形与破坏特征

（a）水平层状围岩；（b）倾斜状层状围岩；（c）直立层状围岩

岩体的结构特征比较复杂，有不规则块状的、砌块状的和破碎状的几种类型。不规则块状结构围岩的稳定性，取决于岩块分离体的形状、结构面性质及岩块间咬合的程度、含泥量多少。当结构面间夹泥量很高时，由于岩块间失去刚性接触，则易产生大的塌方，如不及时支护，将产生大的冒顶。

⑤ 散体结构岩体的塑性变形和破坏。散体结构围岩主要为断层破碎带、剧烈风化带及泥化夹层、岩浆岩侵入接触破碎带或新近堆积的松散土体等，其主要特征是岩体极为破碎，常呈片状、碎屑状、颗粒状及碎块状，其间经常大量夹泥。这类围岩的力学属性表现为弹塑性、塑性或流变性，在重力、围岩应力和地下水作用下常产生冒落及塑性变形。因此，这类围岩整体强度低，极易变形，在有地下水参与时极易塌方，甚至冒顶，其破坏方式以塌方、滑动、塑性挤入等形式表现出来（见图 1-1-9）。

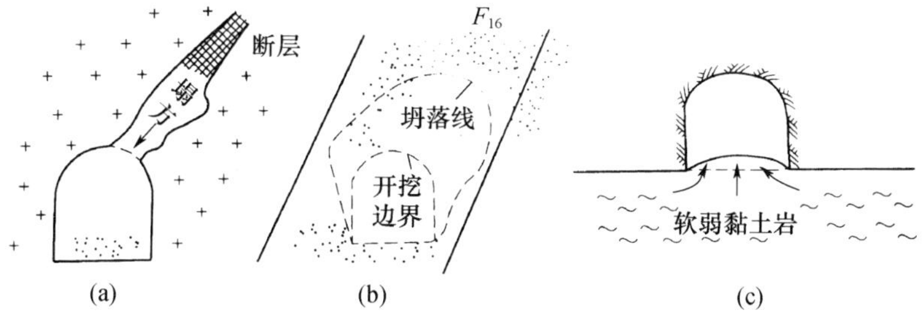

图 1-1-9 散体结构围岩变形与破坏形式

（a）塌方；（b）滑动；（c）塑性挤入

2）地下洞室选线（址）的地质要求

地下洞室位置的选择除取决于工程目的要求外，主要受地形、岩石性质、地质构造、地下水及地应力等工程地质条件的控制。

（1）地形地质条件。地下洞室的位置要求地形完整，山体稳定，无冲沟、山洼等地形的切割破坏，无滑坡、塌方等不良地质现象。水工隧洞进出口地段要有稳定的洞脸边坡，洞口岩石宜直接出露或覆盖层较薄，岩层宜倾向山里并有较厚的岩层作为顶板。此外，洞室的围岩应有一定的厚度，洞室围岩最小厚度的确定与洞径大小、岩体完整性及岩石强度有关。

抽水蓄能电站地下洞室对上覆岩体、侧向岩体厚度的基本要求：能承受高水头作用下隧洞岔管地段巨大的内水压力而不发生岩体破裂，满足上抬理论。

（2）岩石性质条件。岩石性质是地下洞室围岩稳定、掘进、支撑和衬砌的重要因素，也是决定工程工期和造价的主要条件之一。在坚硬岩石中开挖地下洞室，围岩稳定性好，便于施工；在软弱岩层、破碎岩层和松散岩层中开挖地下洞室，围岩稳定性差，施工困难。因此，地下洞室应尽量避开岩石性质条件差的围岩，使洞身置于坚硬完整的岩层中。

（3）地质构造条件。地质构造条件对洞室围岩稳定性有重要的影响。洞室应选在岩体结构完整、地质构造简单的地段，尽量避开大的构造破碎带。洞室轴线宜与构造线、岩层走向垂直或大角度相交。

（4）地下水条件。地下水对洞室的不良影响主要表现为静水压力对洞室衬砌的作用、动水压力对松散或破碎岩层的渗透变形，以及施工开挖的突然涌水等。因此，应尽量将洞室置于非含水岩层中或地下水位以上，或采取地下排水措施，避免或减少渗透压力对围岩稳定的影响。

（5）地应力条件。岩体中的初始应力状态对洞室围岩的稳定性有重要的影响。理论与实践研究表明当天然应力比值系数较小时，洞室的顶板和边墙容易变形破裂；当洞室处于大致均匀的应力状态时，围岩稳定性较好。因此，要重视岩体初始应力状态对洞室围岩稳定性的影响。当岩体中的水平应力值较大时，洞室轴线最好平行最大主应力方向或与其小角度布置。

抽水蓄能电站地下岔管段要求最小主应力要大于岔管处的内水压力至少1～2倍，满足最小主应力理论。

3）隧洞施工的工程地质问题及提高围岩稳定性的措施

为保证地下洞室施工的安全和正常运行，应针对岩体的不同条件，对隧洞施工的工程地质问题进行分析，采取一定的工程技术措施和相应的施工方法，提高围岩的稳定条件。

（1）隧洞施工的工程地质问题。影响隧洞施工的不良地质条件除了前述的围岩变形与破坏引起的塌方和岩爆以外，还有地下涌水和突泥、有害气体的冒出、高温等。

地下工程施工中，在一定水压力作用下，沿透水岩体（带）以及无（少）泥沙充填的洞穴，突然发生大量出水的现象称为涌水。在一定水压力作用下，沿松散（软）岩带或充填性溶洞，突然大量涌出水、泥、沙等混杂物的现象称为突泥。

形成涌水与突泥的因素很多，但最主要的是岩石性质、地质构造、岩体风化卸荷状态、地下水和施工方法。在硬质岩内可能发育透水（含水）结构面；在碳酸盐岩内常形成透水或充水、充泥的溶蚀裂隙或洞穴；软质岩中的断层带、软质岩与硬质岩的接触带岩石往往松软破碎，是突泥的物源。在向斜构造的轴部，断层破碎带及断层交会带、胶结不良或松弛的层面以及裂隙密集带易形成地下水汇聚的储水构造，也是岩溶发育的控制条件，属易发生涌水、突泥的构造。岩体的全、强风化带及风化夹层、岩体卸荷带也是容易产生涌水、突泥的地质环境。地下水有一定的水压力是形成涌水与突泥的必需条件，流动的地下水是突泥的载体，正确的施工方法是采取防止涌水、突泥地质灾害的必要措施，即使存在发生涌水与突泥的条件，只要采取超前勘探、提前疏干、排水等措施，就可减轻甚至防止涌水、突泥等灾害的发生。

为防止涌水和突泥而采取排水措施时，应充分研究其形成的水文地质条件，防止大范围改变水文地质条件，以免引起供水水源被疏干、地面塌陷等新的地质环境问题。

隧洞穿过煤系地层、石油地层及火山岩地层地区有时会出现沼气、二氧化碳、一氧化碳及硫化氢等有害气体。特别是沼气在空气中含5%～6%以上就会发生“瓦斯爆炸”，其他气体超过一定含量（如硫化氢超过0.1%）就能使人中毒死亡。

在高山地区，由于地热，隧洞随深度增温（一般在常温层以下每深33m增加1℃），洞内温度会很高，如日本的黑部川第三发电站尾水隧洞，岩层温度达175℃，在火山地区还会出现热泉。在这种情况下不仅工人无法施工，而且高温爆破及混凝土施工也相当困难。

（2）隧洞施工监控、信息反馈和超前预报。施工阶段的地质工作，不仅应做好地质编录工作，还应协助设计及施工人员做好施工监控和信息反馈工作。施工监控和信息反馈，指在施工过程中及时发现地质问题，并根据新测试的地质数据，验证原设计方案是否符合当地的地质条件，如不符合则应修改设计，并采取有效的施工措施，及时解决工程地质问题。在施工地质监控工作中应注意如下几点：

① 开挖中应观测围岩的变形量、变形速率及加速度，以判别围岩的稳定性，预报险情。

② 确定围岩松动圈范围，找出不稳定的部位，提出支护及补强措施，这就需要及时做好地质记录及编绘工作、岩体物理力学性质的试验工作，以及声波量测工作等，为设计及施工提供地质参数或信息指标。

③ 监控量测工作应紧跟施工工作面进行，并注意尽量减少与施工的干扰。明确监控工作实际上也是施工程序中不可缺少的组成部分。

④ 超前预报，是施工阶段施工地质工作的重要环节，应在地下洞室地质勘察的基础上，选用合适的方法实施适时的地质超前预报。在长大复杂的隧洞（特别是岩溶隧洞）施工地质预报工作中，应坚持洞内探测与洞外地质勘探相结合、地质方法与物探方法相结合、多种物探方法相结合、地球物理方法与超前水平钻探相结合、隧洞施工方法与地质超前预报方法相结合，开展多层次、多手段的超前地质预报，并贯穿整个施工过程中。

（3）围岩加固措施。

① 支撑。支撑是在开挖过程中，为防止围岩塌方而进行的临时性措施，过去通常采用木支撑、钢支撑及混凝土预制构件支撑等。在不太稳定的岩体中开挖时，应考虑及时设置支撑，以防止围岩早期松动。支撑的结构和强度必须与可能产生的围压大小和性质相适应。

② 衬砌。衬砌是维护隧洞围岩稳定的永久性结构，用以承受山岩压力和内、外水压力。衬砌厚度往往取决于岩石的性质，如对于坚硬类岩石一般要求20～30cm即可，特别坚固或裂隙稀少的岩石甚至可不加衬砌，中等坚硬岩石一般40～50cm，软弱岩石及松散土层则要求50～150cm或更厚的混凝土衬砌。

③ 喷锚支护。当地下洞室开挖后，围岩总是逐渐地向洞内变形。喷锚支护就是在洞室开挖后，及时地向围岩表面喷薄层混凝土（一般厚度为5～20cm），有时再增加一些锚杆，从而部分地阻止围岩向洞内变形，以达到支护的目的。

④ 固结灌浆。在裂隙严重切割的岩体中和极不稳定的第四系松散堆积物中开挖洞

室，常需要加固，以增大围岩的稳定性，降低其渗水性。最常用的加固方法就是水泥灌浆，其次还有沥青灌浆、水玻璃（硅酸性）灌浆及冻结法等。通过这些方法，可在围岩中大体形成一圆柱形或球形的固结层。

（4）合理施工。围岩的稳定程度不同，应选择不同的施工方法。施工方法的合理选择，对保护围岩稳定性具有重要的意义。合理施工遵循的原则：一是循序渐进；二是开挖后及时支护或衬砌，以尽可能防止围岩早期松动破坏或把松动范围限制在最小范围内。

① 导洞分部开挖。导洞分部开挖适用于断面较大而岩体又不太稳定的情况。为了缩小开挖断面，采取分部开挖、分部衬砌、逐步扩大断面的方法。其又可分为如下三种方法：

上导洞先拱后墙法：适用于洞顶不太稳定的洞室。开挖和衬砌顺序是，先在洞顶部开挖导洞后立即支撑，掘进一定长度后，扩大上部断面，做洞顶衬砌。再扩大断面，做边墙衬砌。这种方法对维护围岩原有稳定性很有效，但施工条件较差。

上下导洞先拱后墙法：适用于上下导洞同时开挖，衬砌顺序为先拱后墙。施工时出渣轨道在下导洞内，上下导洞以竖井相连，便于出渣。

侧导洞先墙后拱法：适用于围岩很不稳定，不仅洞顶易塌方、侧墙也不稳定的情况。这时可先在设计断面两侧开挖导洞，由下向上逐段开挖和衬砌，到一定高度后，再开挖顶部导洞，做好顶拱衬砌，最后挖除残留岩体。

② 导洞全面开挖法。若围岩较稳定，可采用导洞全面开挖、连续衬砌的方法施工，或上下双导洞全面开挖，或下导洞全面开挖，或中央导洞全面开挖，将整个断面挖成后，再由边墙到顶拱一次衬砌。这样，施工速度快，衬砌质量高。

③ 全断面开挖法。若围岩稳定、无塌方掉块危险或断面尺寸较小时，可全断面一次开挖成型，然后衬砌。此法施工速度快，施工场地开阔、出渣方便。

（5）新奥法、TBM 法和盾构法在隧洞施工中的应用。

① 新奥法。新奥法是一种喷锚支衬的隧洞施工方法，既适合于坚硬岩石，也适合于软弱岩石，特别适合于破碎、变质、易变形的施工困难段，因此在国内外得到广泛的应用。喷射混凝土、锚杆和现场量测，称为新奥法的三大支柱，有效地提高了围岩的承载能力。采取光面爆破、掘进机全断面开挖及根据顶拱和边墙的不同地质条件采用分部开挖等施工方法，也有利于围岩的稳定。

新奥法隧洞掘进的施工工序一般为开挖、一次被覆、构筑防水层和二次被覆等。

为了充分利用围岩天然承载力，开挖应采用光面爆破或机械开挖，并尽量采用全断面法开挖。只有地质条件较差时，才采用台阶式等方式开挖。一次开挖的长度应根据岩质条件和开挖方式确定。

一次被覆作业包括一次喷混凝土、打锚杆、设金属网、立钢拱架和二次喷混凝土等工序。为保护围岩不发生早期松动，一次被覆作业要及时进行，常与开挖作业同时交叉进行。为了达到支护围岩的目的，一次被覆作业的完成时间非常重要，一般情况下应在开挖后 1/2 围岩自稳时间内完成。一次被覆又称喷锚支护，是形成隧道支承环结构的重要工序，以后也不再拆除。喷锚结构设计是新奥法支衬设计的重要内容。

防水层的设置在一次被覆后、临近二次被覆前进行。常用带有锥形孔的聚酯隔水板或金属薄板构筑在一次被覆与二次被覆之间。防水层中的水可通过集水排水管排出。

二次被覆在一次被覆3～6个月后进行。能否进行二次被覆作业，要根据一次被覆完成后围岩位移是否稳定来确定。二次被覆结构不应承受围岩位移引起的荷载，只起修饰和提高安全度的作用。因此，围岩位移不稳定时一般不能构筑二次被覆。

喷锚支护所遵循的原则：支护要适时；支护结构要有柔性并有一定的强度；在不出现有害松动的条件下，允许围岩产生一定的变形，而把握支护时机和正确选择支护种类是很重要的。

新奥法喷锚支护结构的种类有喷射混凝土、锚杆加固及锚喷联合支护等。应根据不同的围岩类别和隧洞的跨度，来确定喷锚支护类型和有关的设计参数。

② TBM法。TBM的全文是Tunnel Boring Machine，即“全断面隧洞掘进机”方法。TBM法的优点：在条件合适的情况下，掘进速度很快，如果岩石不是十分坚硬，岩爆现象不严重，地质构造不复杂，围岩基本稳定，采用TBM法可比钻爆法加快50%以上，同时通风设备要低于钻爆法，可以单头掘进10～12m，可节省支洞，节省工程量，缩短工期；洞壁开挖光滑，断面可大大减小，衬砌工程量也大为减小，故造价低并减小糙率；TBM法是用大型旋转钻头钻进、电瓶车出渣，无爆炸烟尘，无废气及内燃机废气污染，对工人施工安全度高。

TBM法的缺点：设备比较复杂，安装费时，因此洞较短时使用不经济，一般3～4m洞径隧洞不宜短于2～3km，4～7m洞径不宜短于4～5km；TBM法的洞径不能变化太大，弯道半径不能太小（一般半径不小于150～450m）；坚硬多裂隙岩体，对TBM法施工不利，如石灰岩、钙质页岩等岩石，比花岗岩、石英岩的开挖速度相差10倍以上。

据施工经验，TBM法宜开凿断面较小的长隧洞，经济而快速、安全，对于直径较大的隧洞（超过10m）宜用钻爆法，也可先用小直径TBM法打通全洞，实际上是一个地质探洞，待掌握隧洞全线的地质条件后，再进行扩洞，或全断面开挖。

③ 盾构法。盾构法也是用特制机器开挖隧洞的施工技术，与TBM法基本相似，主要用于第四系松软土层掘进成洞，是一项先进的高度机械化、自动化施工技术。其优点是避开干扰，不影响地面建筑和环境，可充分开发地下空间。在施工中能把掘进、出渣、支护和衬砌融为一体。施工安全、可靠、准确，能缩短工期、提高工效、节约资金。

第二节 常用材料的分类、基本性能及用途

一、建筑材料的类型与特性

（一）建筑材料的分类

建筑材料的分类方法很多，常按材料的化学成分、来源、功能用途进行分类。

1. 按材料的化学成分分类

（1）无机材料。

① 金属材料，包括黑色金属，如合金钢、碳钢、铁等；有色金属，如铝、锌等及其合金。

② 非金属材料，如天然石材、烧土制品、玻璃及其制品、水泥、石灰、混凝土、砂浆等。

（2）有机材料。

① 植物材料，如木材、竹材、植物纤维及其制品等。

② 合成高分子材料，如塑料、涂料、胶粘剂等。

③ 沥青材料，如石油沥青及煤沥青、沥青制品。

（3）复合材料。复合材料是指两种或两种以上不同性质的材料经适当组合为一体的材料。复合材料可以克服单一材料的弱点，发挥其综合特性。

① 无机非金属材料与有机材料复合，如玻璃纤维增强塑料、聚合物混凝土、沥青混凝土、水泥刨花板等。

② 金属材料与非金属材料复合，如钢筋混凝土、钢丝网混凝土、塑铝混凝土等。

③ 其他复合材料，如水泥石棉制品、不锈钢包覆钢板、人造大理石、人造花岗岩等。

2. 按其材料来源分类

（1）天然建筑材料，如土料、砂石料、木材等。

（2）人工材料，如石灰、水泥、金属材料、土工合成材料、高分子聚合物等。

3. 按材料功能用途分类

（1）结构材料，如混凝土、型钢、木材等。

（2）防水材料，如防水砂浆、防水混凝土、紫铜止水片、膨胀水泥防水混凝土等。

（3）胶凝材料，如石膏、石灰、水玻璃、水泥、沥青等。

（4）装饰材料，如天然石材、建筑陶瓷制品、装饰玻璃制品、装饰砂浆、装饰水泥、塑料制品等。

（5）防护材料，如钢材覆面、码头护木等。

（6）隔热保温材料，如石棉板、矿渣棉、泡沫混凝土、泡沫玻璃、纤维板等。

（二）建筑材料的基本性质

1. 表观密度和堆积密度

（1）表观密度。表观密度是指材料在自然状态下单位体积的质量。

材料在自然状态下的体积是指包含材料内部孔隙在内的表观体积。当材料内部的孔隙内含有水分不同时，其质量和体积均将有所变化，故测定表观密度时，应注明含水率。在烘干状态下的表观密度，称为干表观密度。

（2）堆积密度。堆积密度是指粉状、颗粒状或纤维状材料在堆积状态下单位体积的质量。

材料在堆积状态下的体积不但包括材料的表观体积，还包括颗粒间的空隙体积，其值的大小与材料颗粒的表观密度、堆积的密实程度、材料的含水状态有关。

2. 密实度和孔隙率

（1）密实度。密实度是指材料体积内被固体物质所充实的程度，其值为材料在绝对密实状态下的体积与自然状态下的体积的百分比。

（2）孔隙率。孔隙率是指材料中孔隙体积所占的百分比。建筑材料的许多工程性质，如强度、吸水性、抗渗性、抗冻性、导热性、吸声性等都与材料的致密程度有关。

3. 填充率与空隙率

（1）填充率。填充率是指粉状或颗粒状材料在某堆积体积内，被其颗粒填充的程度。

（2）空隙率。空隙率是指粉状或颗粒状材料在某堆积体积内，颗粒之间的空隙体积所占的比例。

4. 与水有关的性质

（1）亲水性与憎水性。材料与水接触时，根据其是否能被水润湿，分为亲水性和憎水性材料两大类。亲水性材料包括砖、混凝土等；憎水性材料如沥青等。

（2）吸水性。材料在水中吸收水分的性质称为吸水性。吸水性的大小用吸水率表示。吸水率有质量吸水率和体积吸水率之分。质量吸水率是指材料吸入水的质量与材料干燥质量的百分比；体积吸水率是指材料吸水饱和时吸收水分的体积占干燥材料自然体积的比值。

（3）吸湿性。材料在潮湿的空气中吸收空气中水分的性质称为吸湿性。吸湿性的大小用含水率表示。材料含水后，可使材料的质量增加，强度降低，绝热性能下降，抗冻性能变差，有时还会发生明显的体积膨胀。

（4）耐水性。材料长期在饱和水作用下不破坏，其强度也不显著降低的性质称为耐水性，但材料因含水会减弱其内部的结合力，因此其强度都会有不同程度的降低。

（5）抗渗性。材料抵抗压力水渗透的性质称为抗渗性（或称不透水性），用渗透系数 K 表示，K 值越大，表示其抗渗性能越差；对于混凝土和砂浆材料，其抗渗性常用抗渗等级 W 表示，如材料的抗渗等级为 W4、W10，分别表示试件抵抗静水水压力的能力为 0.4MPa 和 1MPa。

（6）抗冻性。材料在饱和水的作用下，能经受多次冻融循环的作用而不被破坏，强度不显著降低，且其质量也不显著减小的性质称为抗冻性。用抗冻等级 F 表示，如 F25、F50，分别表示材料抵抗 25 次、50 次冻融循环，而强度损失未超过规定值。抗冻性常是评价材料耐久性的重要指标。

5. 材料的耐久性

在使用过程中，材料受各种内外因素或腐蚀介质的作用而不破坏，保持其原有性能的性质，称为材料耐久性。材料耐久性是一项综合性质，一般包括抗渗性、抗冻性、耐化学腐蚀性、耐磨性、抗老化性等。

二、混凝土

混凝土指的是由胶凝材料与骨料，按照适当的比例配合，加水拌和成混合物，经凝结硬化而形成的较坚硬的固体材料。

（一）混凝土骨料的分类和质量要求

在混凝土中的砂、石起骨架作用，故称为骨料。其中砂称为细骨料，其粒径为 0.15～4.75mm；石称为粗骨料，其粒径大于 4.75mm。

1. 细骨料

（1）砂的分类。

① 砂按其产源不同可分为河砂、湖砂、海砂和山砂。工程中一般采用河砂作细

骨料。

② 砂按技术要求分为Ⅰ类、Ⅱ类、Ⅲ类。Ⅰ类宜用于强度等级大于 C60 的混凝土；Ⅱ类宜用于强度等级为 C30～C60 及有抗冻性、抗渗性或其他要求的混凝土；Ⅲ类宜用于强度等级小于 C30 的混凝土和砂浆配制。

③ 砂按粗细程度不同可分为粗砂、中砂和细砂。

（2）砂的主要质量要求。

① 有害杂质。配制混凝土用砂要求洁净，不含杂质，且砂中云母、硫化物、硫酸盐、氯盐和有机杂质等的含量应符合规范规定，见表 1-2-1 和表 1-2-2。

表 1-2-1　砂中含泥量和泥块含量规定

项　　目	级　　别		
	Ⅰ类	Ⅱ类	Ⅲ类
含泥量（wt%）	＜1.0	＜3.0	＜5.0
泥块含量（wt%）	0	＜1.0	＜2.0

表 1-2-2　砂中有害物质含量规定

项　　目	级　　别		
	Ⅰ类	Ⅱ类	Ⅲ类
云母（wt%）	＜1.0	＜2.0	＜2.0
轻物质（wt%）	＜1.0	＜1.0	＜1.0
有机物（比色法）	合格	合格	合格
硫化物及硫酸盐（按 SO_3 质量）（%）	＜0.5	＜0.5	＜0.5
氯化物（按氯离子质量）（%）	＜0.01	＜0.02	＜0.06

② 砂的颗粒级配和粗细程度。砂的颗粒级配和粗细程度常用筛分析的方法进行测定。用级配区表示砂的颗粒级配，用细度模数表示砂的粗细程度。筛分析的方法是用一套孔径为 9.5mm、4.75mm、2.36mm、1.18mm、0.6mm、0.3mm、0.15mm 的标准筛（方孔筛），将 500g 的干砂试样由粗到细依次过筛，然后称量留在各筛上的砂量（不包括孔径为 9.5mm 筛），并计算出各筛上的筛余量占砂样总质量的百分率 a_1、a_2、a_3、a_4、a_5、a_6 及累计筛余百分率 A_1、A_2、A_3、A_4、A_5、A_6，则：

$$A_1 = a_1$$

$$A_2 = a_1 + a_2$$

$$A_3 = a_1 + a_2 + a_3$$

$$A_4 = a_1 + a_2 + a_3 + a_4$$

$$A_5 = a_1 + a_2 + a_3 + a_4 + a_5$$

$$A_6 = a_1 + a_2 + a_3 + a_4 + a_5 + a_6$$

砂的粗细程度用细度模数（M_x）表示为：

$$M_x = \frac{(A_2 + A_3 + A_4 + A_5 + A_6) - 5A_1}{100 - A_1} \tag{1-2-1}$$

M_x 越大，表示砂越粗。M_x 在 3.7～3.1 为粗砂，M_x 在 3.0～2.3 为中砂，M_x 在 2.2～1.6 为细砂，M_x 在 1.5～0.7 为特细砂。

③ 砂的坚固性。砂的坚固性是指砂在自然风化和其他外界物理化学因素作用下抵抗破裂的能力。

2. 粗骨料

(1) 粗骨料的分类。普通混凝土常用的粗骨料有碎石和卵石（砾石）。碎石是由天然岩石或大卵石经破碎、筛分而得的粒径大于 4.75mm 的岩石颗粒。卵石是由天然岩石经自然风化、水流搬运和分选、堆积形成的粒径大于 4.75mm 的岩石颗粒，按其产源可分为河卵石、海卵石、山卵石等几种。

按卵石、碎石的技术要求分为Ⅰ类、Ⅱ类、Ⅲ类。Ⅰ类宜用于强度等级大于 C60 的混凝土；Ⅱ类宜用于强度等级为 C30～C60 及抗冻性、抗渗性或有其他要求的混凝土；Ⅲ类宜用于强度等级小于 C30 的混凝土。

(2) 粗骨料的主要质量要求。

① 有害杂质。粗骨料中常含有一些有害杂质，如黏土、淤泥、细屑、硫酸盐、硫化物和有机杂质。它们的危害作用与在细骨料中相同。其含量应符合表 1-2-3 的规定。

表 1-2-3　碎石或卵石中有害物质含量

项　　目	质量标准
硫化物和硫酸盐折算为 SO_3（wt%）	＜1
卵石中有机物质含量（比色法试验）	颜色应不深于标准色，否则应与混凝土进行强度对比试验，加以复核

② 颗粒形状及表面特征。粗骨料的颗粒形状及表面特征会影响其对水泥的粘结性和混凝土的和易性。碎石有棱角、表面粗糙，具有吸收水泥浆的孔隙特性，与水泥的粘结性较好；卵石多为圆形，表面光滑且少棱角，与水泥的粘结性较差，但混凝土拌合物的工作性较好。

针、片状颗粒不仅在受力时容易折断，影响混凝土的强度，而且其架空作用会增大骨料的空隙率，使混凝土拌合物的工作性变差。针、片状颗粒含量应符合表 1-2-4 的规定。

表 1-2-4　针状片状颗粒的含量及含泥量

混凝土强度等级	≥C30	＜C30
针状片状颗粒含量（wt%）	＜15	＜25
含泥量（wt%）	＜1.0	＜2.0

③ 最大粒径及颗粒级配。粗骨料公称粒径的上限值，称为骨料最大粒径（D_M）。粗骨料最大粒径增大时，骨料的空隙率及表面积都减小，在水灰比及混凝土流动性相同的条件下，可使水泥用量减少，且有助于提高混凝土的密实性、减少混凝土的发热量及混凝土的收缩，这对大体积混凝土颇为有利。实践证明，当 D_M 在 80mm 以下变动时，D_M 增大，水泥用量显著减小，节约水泥效果明显；当 D_M 超过 150mm 时，D_M 增大，水泥用量不再显著减小。粗骨料粒径的选用取决于构件截面尺寸和配筋的疏密。

根据《混凝土结构工程施工质量验收规范》（GB 50204—2015）的规定，最大颗粒尺寸不得超过结构截面最小尺寸的1/4，同时不得大于钢筋最小净间距的3/4，对板类构件不得超过板厚的1/2。

卵石、碎石级配的判断是通过筛分试验，计算分计筛余百分率和累计筛余百分率确定的，要求各筛上的累计筛余百分率应符合表1-2-5的要求。若石子级配不能满足表1-2-5的要求，应采取措施。例如，分级过筛重新组合，或不用同级配的骨料经过试验取得结果确能保证工程质量的，可以考虑使用。

表1-2-5　碎石或卵石的颗粒级配范围

级配情况	公称粒级（mm）	累计筛余（wt%）											
		筛孔尺寸（圆孔筛）（mm）											
		2.5	5.0	10.0	16.0	20.0	25.0	31.5	40.0	50.0	63.0	80.0	100.0
连续粒级	5～10	95～100	80～100	0～15	0								
	5～15	95～100	90～100	30～60	0～10	0							
	5～20	95～100	90～100	40～70	—	0～10	0						
	5～25	95～100	90～100	—	30～70		0～5	0					
	5～31.5	95～100	90～100	70～90	—	15～45		0～5	0				
	5～40	—	95～100	75～90	—	30～65			0～5	0			
单粒级	10～20	—	95～100	85～100	—	0～15	0						
	16～31.5	—	95～100	—	85～100			0～10	0				
	20～40	—		95～100	—	80～100			0～10	0			
	31.5～63	—			95～100			75～100	45～75	1	0～10	0	
	40～80	—			—	95～100			70～100		30～60	0～10	0

④ 骨料的强度。为保证混凝土强度的要求，粗骨料都必须是质地坚实、具有足够的强度。碎石或卵石的强度可采用岩石立方体强度和压碎指标两种方法来检验。

压碎指标表示粗骨料抵抗受压破坏的能力，其值越小，表示抵抗压碎的能力越强。

⑤ 骨料体积稳定性。骨科体积稳定性是指骨料因干湿或冻融交替等作用不致引起体积变化而导致混凝土破坏的性质。可用硫酸钠溶液浸渍法来检验其坚固性。

⑥ 骨料的含水状态。骨料的含水状态可分为干燥状态、气干状态、饱和面干状态和湿润状态等四种。计算普通混凝土配合比时，一般以干燥状态的骨料为基准，而大型水利工程常以饱和面干状态的骨料为基准。

（二）混凝土的分类和质量要求

1. 混凝土的分类

按所用胶凝材料的不同可分为石膏混凝土、水泥混凝土、沥青混凝土及树脂混凝土等。

按所用骨料的不同可分为矿渣混凝土、碎石混凝土及卵石混凝土等。

按表观密度的大小可分为重混凝土（干表观密度大于2800kg/m^3）、普通混凝土（干表观密度为2000～2800kg/m^3）及轻混凝土（干表观密度小于2000kg/m^3）。重混凝土可用作防辐射材料；普通混凝土广泛应用于各种建筑工程中；轻混凝土分为轻骨料混凝土、多孔混凝土及大孔混凝土，常用作保温隔热材料。

按使用功能的不同可分为结构混凝土、水工混凝土、道路混凝土及特种混凝土等。

按施工方法不同可分为普通浇筑混凝土、离心成型混凝土、喷射混凝土及泵送混凝土等。

按配筋情况不同可分为素混凝土、钢筋混凝土、纤维混凝土、钢丝混凝土及预应力混凝土等。

2. 混凝土的主要质量要求

水泥混凝土的质量要求主要表现在以下几个方面：

1）和易性

和易性是指混凝土拌合物在一定施工条件下，便于操作并能获得质量均匀而密实的混凝土的性能。和易性良好的混凝土在施工操作过程中应具有流动性好、不易产生分层离析或泌水现象等性能。和易性是一项综合性指标，包括流动性、黏聚性及保水性三个方面的含义。

流动性是指新拌混凝土在自重或机械振捣力的作用下，能产生流动并均匀密实地充满模板的性能。

黏聚性是指混凝土拌合物中各种组成材料之间有较好的黏聚力，在运输和浇筑过程中，不致产生分层离析，使混凝土保持整体均匀的性能。黏聚性差的拌合物中水泥浆或砂浆与石子易分离，混凝土硬化后会出现蜂窝、麻面、空洞等不密实现象。

保水性是指混凝土拌合物保持水分，不易产生泌水的性能。

（1）和易性的指标及测定方法。

一般常用坍落度定量地表示拌合物流动性的大小。根据经验，通过对试验或现场的观察，定性地判断或评定混凝土拌合物黏聚性及保水性。坍落度的测定是将混凝土拌合物按规定的方法装入标准截头圆锥筒（坍落度筒）内，将筒垂直提起后，拌合物在自身质量作用下会产生坍落现象，坍落的高度（以 mm 计）称为坍落度。坍落度越大，表明流动性越大。按坍落度大小，将混凝土拌合物分为低塑性混凝土（坍落度为10～40mm）、塑性混凝土（坍落度为 50～90mm）、流动性混凝土（坍落度为 100～150mm）、大流动性混凝土（坍落度≥160mm）。

在测定坍落度的同时，应检查混凝土的黏聚性及保水性。黏聚性的检查方法是用捣棒在已坍落的拌合物锥体一侧轻打，若轻打时锥体渐渐下沉，表示黏聚性良好；如果锥体突然倒塌、部分崩裂或发生石子离析，则表示黏聚性不好。保水性以混凝土拌合物中稀浆析出的程度评定，提起坍落度度筒后，如有较多稀浆从底部析出，拌合物锥体因失浆而骨料外露，表示拌合物的保水性不好。如提起坍落度度筒后，无稀浆析出或仅有少量稀浆在底部析出，混凝土锥体含浆饱满，则表示混凝土拌合物保水性良好。

对于干硬性混凝土拌合物（坍落度小于 10mm），采用维勃稠度（VB）作为其和易性指标。

（2）影响混凝土拌合物和易性的因素。影响拌合物和易性的因素很多，主要有水泥浆含量、含砂率的大小、水泥浆的稀稠、原材料的种类以及外加剂等。

① 水泥浆含量的影响。在混凝土的水胶比保持不变的情况下，单位体积混凝土内水泥浆含量越多，拌合物的流动性越大；但若水泥浆过多，骨料不能将水泥浆很好地保持在拌合物内，混凝土拌合物将会出现流浆、泌水现象，使拌合物的黏聚性及保水性变差。因此，混凝土内水泥浆的含量，以使混凝土拌合物达到要求的流动性为准，不应任意加大。

② 含砂率的影响。混凝土含砂率（简称砂率）是指砂的用量占砂、石总用量（按质量计）的百分数。混凝土中的砂浆应包裹石子颗粒并填满石子空隙。砂率过小，砂浆量不足，不能在石子周围形成足够的砂浆润滑层，将降低拌合物的流动性，严重影响混凝土拌合物的黏聚性及保水性，使石子分离、水泥浆流失，甚至出现溃散现象；砂率过大，石子含量相对过少，骨料的空隙及总表面积都较大，在水胶比及水泥用量一定的条件下，混凝土拌合物显得干稠，流动性显著降低；在保持混凝土流动性不变的条件下，会使混凝土的水泥浆用量显著增大。因此，混凝土含砂率应合理。合理砂率是在水胶比及水泥用量一定的条件下，使混凝土拌合物保持良好的黏聚性和保水性，并获得最大流动性的含砂率。即在水胶比一定的条件下，当混凝土拌合物达到要求的流动性，而且具有良好的黏聚性及保水性时，水泥用量最省的含砂率，即最佳砂率。

③ 水泥浆稀稠的影响。在水泥品种一定的条件下，水泥浆的稀稠取决于水胶比的大小。当水胶比较小时，水泥浆较稠，拌合物的黏聚性较好，泌水较少，但流动性较小，相反，水胶比较大时，拌合物流动性较大但黏聚性较差，泌水较多。普通混凝土常用水胶比一般在 0.40～0.75 范围内。

④ 其他因素的影响。除上述影响因素外，拌合物和易性还受水泥品种、掺合料品种及掺量、骨料种类、粒形及级配、混凝土外加剂以及混凝土搅拌工艺和环境温度等条件的影响。

2）强度

混凝土的强度包括抗压强度、抗拉强度、抗弯强度和抗剪强度等。

（1）抗压强度。

① 混凝土的立方体抗压强度。按照《混凝土物理力学性能试验方法标准》（GB/T 50081—2019）的规定，制作边长为 150mm 的立方体试件，在标准养护［温度(20±2)℃、相对湿度 95%以上］条件下，养护至 28d 龄期，用标准试验方法测得的极限抗压强度，称为混凝土标准立方体抗压强度，以 $f_{cu,k}$表示。按《混凝土结构设计规范（2015 年版）》（GB 50010—2010）的规定，在立方体极限抗压强度总体分布中，具有 95%强度保证率的立方体试件抗压强度，称为混凝土立方体抗压强度标准值（以 MPa 计），以 $f_{cu,k}$表示。

混凝土强度等级按混凝土立方体抗压强度标准值划分为 C15、C20、C25、C30、C35、C40、C45、C50、C55、C60、C65、C70、C75、C80 等 14 个等级。例如，强度等级为 C25 的混凝土，是指 25MPa$\leqslant f_{cu,k}<$30MPa 的混凝土。预应力混凝土结构的混凝土强度等级不小于 C30。

测定混凝土立方体试件抗压强度，也可以按粗骨料最大粒径的尺寸选用不同的试件尺寸。但在计算其抗压强度时，应乘以换算系数。选用边长为 100mm 的立方体试件，换算系数为 0.95；选用边长为 200mm 的立方体试件，换算系数为 1.05。

② 混凝土棱柱体的抗压强度。按棱柱体抗压强度的标准试验方法，制成边长为150mm×150mm×300mm的标准试件，在标准条件下养护28d，测其抗压强度，即为棱柱体的抗压强度（f_{ck}），通过实验分析，$f_{ck}\approx 0.6f_{cu,k}$。

(2) 抗拉强度。混凝土在直接受拉时，很小的变形就会开裂，它在断裂前没有残余变形，是一种脆性破坏。混凝土的抗拉强度一般为抗压强度的1/10～1/20。我国采用立方体的劈裂抗拉试验来测定混凝土的抗拉强度，称为劈裂抗拉强度。抗拉强度对于开裂现象有重要意义，在结构设计中抗拉强度是确定混凝土抗裂度的重要指标。对于某些工程（如混凝土渡槽、拱坝等），在对混凝土提出抗压强度要求的同时，还应提出抗拉强度要求。

3）变形

混凝土在硬化后和使用过程中，受各种因素影响而产生变形，主要有化学收缩、干湿变形、温度变形及荷载作用下的变形等。这些变形是使混凝土产生裂缝的重要原因之一，直接影响混凝土的强度和耐久性。

4）耐久性

硬化后的混凝土除了具有设计要求的强度外，还应具有与所处环境相适应的耐久性，混凝土的耐久性是指混凝土抵抗环境条件的长期作用，并保持其稳定良好的使用性能和外观完整性，从而维持混凝土结构安全、正常使用的能力。

混凝土的耐久性是一个综合性概念，包括抗渗性、抗冻性、抗侵蚀性、抗碳化性、抗磨性等性能。

(1) 抗渗性。抗渗性是指混凝土抵抗压力水、油等液体渗透的性能。混凝土的抗渗性主要与其密实性及内部孔隙的大小和构造有关。

混凝土的抗渗性用抗渗等级（W）表示，即以28d龄期的标准试件，按标准试验方法进行试验所能承受的最大水压力（MPa）来确定。混凝土的抗渗等级可划分为W2、W4、W6、W8、W10、W126个等级，相应表示混凝土抗渗试验时一组6个试件中4个试件未出现渗水时的最大水压力分别为0.2MPa、0.4MPa、0.6MPa、0.8MPa、1.0MPa、1.2MPa。

提高混凝土抗渗性能的措施：提高混凝土的密实度，改善孔隙构造，减少渗水通道；减小水胶比；掺加引气剂；选用适当品种的水泥；注意振捣密实、养护充分等。

(2) 抗冻性。混凝土的抗冻性是指混凝土在含水饱和状态下能经受多次冻融循环而不被破坏，同时强度不严重降低的性能。混凝土的抗冻性以抗冻等级（F）表示。抗冻等级按28d龄期的试件用快冻试验方法测定，分为F50、F100、F150、F200、F250、F300、F400 7个等级，相应表示混凝土抗冻性试验能经受50、100、150、200、250、300、400次的冻融循环。

影响混凝土抗冻性能的因素主要有水泥品种、强度等级、水胶比、骨料的品质等。提高混凝土抗冻性最主要的措施：提高混凝土密实度；减小水胶比；掺和外加剂；严格控制施工质量，注意捣实，加强养护等。

(3) 混凝土的碳化。空气中的CO_2通过混凝土中的毛细孔隙，由表及里地向内部扩散，在有水分存在的条件下，与水泥石中的$Ca(OH)_2$反应生成$CaCO_3$，使混凝土中$Ca(OH)_2$浓度下降，称为碳化（或中性化）。碳化还会引起混凝土收缩，使混凝土表层产生微细裂缝。混凝土碳化严重时将影响钢筋混凝土结构的使用寿命。

使用硅酸盐水泥或普通水泥，采用较小的水灰比及较多的水泥用量，掺用引气剂或减水剂，采用密实的砂、石骨料以及严格控制混凝土施工质量，使混凝土均匀密实，均可提高混凝土抗碳化能力。混凝土中掺入粉煤灰以及采用蒸气养护，会加速混凝土碳化。

（4）提高混凝土耐久性的主要措施。

① 严格控制水胶比。水胶比的大小是影响混凝土密实性的主要因素，为保证混凝土耐久性，必须严格控制水胶比。

② 混凝土所用材料的品质，应符合有关规范的要求。

③ 合理选择骨料级配。可使混凝土在保证和易性要求的条件下，减少水泥用量，并有较好的密实性。这样不仅有利于混凝土耐久性也较经济。

④ 掺用减水剂及引气剂。可减少混凝土用水量及水泥用量，改善混凝土孔隙构造。这是提高混凝土抗冻性及抗渗性的有力措施。

⑤ 保证混凝土施工质量。在混凝土施工中，应做到搅拌透彻、浇筑均匀、振捣密实、加强养护，以保证混凝土耐久性。

（三）外加剂的分类和应用

1. 外加剂的分类

混凝土外加剂种类繁多，按其主要功能分为以下四类：

（1）改善混凝土拌合物流动性能的外加剂。其包括各种减水剂、引气剂和泵送剂等。

（2）调节混凝土凝结时间、硬化性能的外加剂。其包括缓凝剂、早强剂和泵送剂等。

（3）改善混凝土耐久性的外加剂。其包括引气剂、防水剂和阻锈剂等。

（4）改善混凝土其他性能的外加剂。其包括引气剂、膨胀剂、防冻剂、着色剂等。

2. 工程中常用的外加剂

目前在工程中常用的外加剂主要有减水剂、早强剂、引气剂、缓凝剂、防冻剂、速凝剂、膨胀剂等。

（1）减水剂。减水剂是在混凝土坍落度基本相同的条件下，能显著减少混凝土拌合水量的外加剂。

在混凝土中加入减水剂后，根据使用目的的不同，一般可取得以下效果：在用水量及水胶比不变时，混凝土坍落度可增大100～200mm，且不影响混凝土的强度，增加流动性；在保持流动性及水泥用量不变的条件下，可减少拌合水量10%～15%，从而降低了水胶比，使混凝土强度提高15%～20%，特别是早期强度提高更为显著；在保持流动性及水胶比不变的条件下，可以在减少拌合水量的同时，相应减少水泥用量，即在保持混凝土强度不变时，可节约水泥用量10%～15%；掺入减水剂能显著改善混凝土的孔隙结构，使混凝土的密实度提高，透水性可降低40%～80%，从而可提高抗渗性、抗冻性、抗化学腐蚀及抗锈蚀等能力，改善混凝土的耐久性。此外，掺用减水剂后，还可以改善混凝土拌合物的泌水、离析现象，延缓混凝土拌合物的凝结时间，减慢水泥水化放热速度和可配制特种混凝土。

(2) 早强剂。早强剂是指能加速混凝土早期强度发展的外加剂。早强剂可促进水泥的水化和硬化进程，加快施工进度，提高模板周转率，特别适用于冬期施工或紧急抢修工程。目前广泛使用的混凝土早强剂有三类，即氯化物（如 $CaCl_2$、NaCl 等)、硫酸盐系（如 Na_2SO_4等）和三乙醇胺系，但使用更多的是以它们为基材的复合早强剂。其中氯化物对钢筋有锈蚀作用，常与阻锈剂共同使用。

(3) 引气剂。引气剂是指搅拌混凝土过程中能引入大量均匀分布、稳定而封闭的微小气泡的外加剂。引气剂能使混凝土的某些性能得到明显的改善或改变：改善混凝土拌合物的和易性，显著提高混凝土的抗渗性、抗冻性，但混凝土强度略有降低。引气剂可用于抗渗混凝土、抗冻混凝土、抗硫酸侵蚀混凝土、泌水严重的混凝土、轻混凝土以及对饰面有要求的混凝土等，但引气剂不宜用于蒸养混凝土及预应力钢筋混凝土。引气剂的掺用量通常为水泥质量的 0.005%～0.015%（以引气剂的干物质计算）。

(4) 缓凝剂。缓凝剂是指能延缓混凝土凝结时间，并对混凝土后期强度发展无不利影响的外加剂。缓凝剂主要有四类：糖类，如糖蜜；木质素磺酸盐类，如木钙、木钠；羟基羧酸及其盐类，如柠檬酸、石酸；无机盐类，如锌盐、硼酸盐等。常用的缓凝剂是木钙和糖蜜，其中糖蜜的缓凝效果最好，糖蜜缓凝剂是制糖下脚料经石灰处理而成，糖蜜的适宜掺量为 0.1%～0.3%，混凝土凝结时间可延长 2～4h，掺量过大会使混凝土长期不硬，强度严重下降。

缓凝剂具有缓凝、减水和降低水化热等的作用，对钢筋也无锈蚀作用。缓凝剂主要适用于大体积混凝土、炎热气候下施工的混凝土，以及需长时间停放或长距离运输的混凝土。缓凝剂不宜用在日最低气温 5℃以下施工的混凝土，也不宜单独用于有早强要求的混凝土及蒸养混凝土。

(5) 防冻剂。防冻剂是指在规定温度下，能显著降低混凝土的冰点，使混凝土液相不冻结或仅部分冻结，以保证水泥的水化作用，并在一定的时间内获得预期强度的外加剂。常用的防冻剂有氯盐类（氯化钙、氯化钠)；氯盐阻锈类（以氯盐与亚硝酸钠阻锈剂复合而成)；无氯盐类（以硝酸盐、亚硝酸盐、碳酸盐、乙酸钠或尿素复合而成)。

氯盐类防冻剂适用于无筋混凝土；氯盐阻锈类防冻剂适用于钢筋混凝土；无氯盐类防冻剂用于钢筋混凝土工程和预应力钢筋混凝土工程。硝酸盐、亚硝酸盐、碳酸盐易引起钢筋的腐蚀，故不适用于预应力钢筋混凝土以及与镀锌钢材或与铝铁相接触部位的钢筋混凝土结构。

防冻剂用于负温条件下施工的混凝土。目前，国产防冻剂品种适用于 0℃～－15℃的气温，当在更低气温下施工时，应增加其他混凝土冬期施工的措施，如暖棚法、原料（砂、石、水）预热法等。

(6) 速凝剂。速凝剂是指能使混凝土迅速凝结硬化的外加剂。速凝剂主要有无机盐类和有机物类两类。我国常用的速凝剂是无机盐类，主要型号有红星Ⅰ型、7Ⅱ型、728 型、8604 型等。

红星Ⅰ型速凝剂是由铝氧熟料（主要成分为铝酸钠)、碳酸钠、生石灰按质量1∶1∶0.5的比例配制而成的一种粉状物，适宜掺量为水泥质量的 2.5%～4.0。7Ⅱ型速凝剂是铝氧熟料与无水石膏按质量比 3：1 配合粉磨而成，适宜掺量为水泥质量的

3%～5%。

速凝剂掺入混凝土后，能使混凝土在5min内初凝，10min内终凝，1h就可产生强度，1d强度提高2～3倍，但后期强度会下降，28d强度为不掺时的80%～90%。速凝剂主要用于矿山井巷、铁路隧道、引水涵洞、地下工程。

（7）膨胀剂。膨胀剂是使混凝土产生一定体积膨胀的外加剂，如硫铝酸钙类、氧化钙类、氧化镁类等。掺入适量的膨胀剂可提高混凝土的抗渗性和抗裂性，而对混凝土的力学性能不会带来大的改变。

3. 外加剂的选择和使用。在混凝土中掺入外加剂，可明显改善混凝土的技术性能，取得显著的技术经济效果。若选择和使用不当，会造成事故。因此，在选择和使用外加剂时，应注意以下几点：

（1）外加剂品种选择。外加剂品种、品牌很多，效果各异，特别是对于不同品种的水泥效果不同。使用时应根据工程需要和现场的材料条件，参考有关资料并通过试验确定。

（2）外加剂掺量确定。混凝土外加剂均有适宜掺量，掺量过小，往往达不到预期效果；掺量过大，则会影响混凝土质量，甚至造成质量事故，应通过试验试配确定最佳掺量。

（3）外加剂掺加方法。外加剂掺量很少，必须保证其均匀度，一般不能直接加入混凝土搅拌机内；对于可溶水的外加剂，应先配成一定浓度的水溶液，随水加入搅拌机；对不溶于水的外加剂，应与适量水泥或砂混合均匀后加入搅拌机内。另外，外加剂的掺入时间、方式对其效果的发挥也有很大影响，如为保证减水剂的减水效果，减水剂有同掺法、后掺法、分次掺入法三种方法。

（四）碾压混凝土

碾压混凝土是20世纪70年代末发展起来的一种混凝土，由于使用碾压方式施工而得名。自80年代以后，碾压混凝土筑坝由于可加快工程建设速度和具有巨大经济效益而得到迅速发展，碾压混凝土材料也在研究和应用过程中得到不断改善。这里着重介绍碾压混凝土的概念、对原材料的要求、碾压混凝土的主要技术性质及其应用。

1. 碾压混凝土的概念

以适宜干稠的混凝土拌合物，薄层铺筑，用振动碾碾压密实的混凝土，称为碾压混凝土。

筑坝用碾压混凝土有以下三种主要类型：

（1）超贫碾压混凝土（也称水泥固结砂、石碾压混凝土）。这类碾压混凝土中，胶凝材料总量不大于110kg/m^3，其中粉煤灰或其他掺合料用量大多不超过胶凝材料总量的30%。此类混凝土胶凝材料用量少，水胶比大（一般达到0.9～1.5），混凝土孔隙率大，强度低，多用于建筑物的基础或坝体的内部，而坝体的防渗则由其他混凝土或防渗材料承担。

（2）干贫碾压混凝土。该类混凝土中胶凝材料用量120～130kg/m^3，其中掺合料占胶凝材料总量的25%～30%，水胶比一般为0.7～0.9。

（3）高掺合料碾压混凝土。这类碾压混凝土中胶凝材料用量140～250kg/m^3，其中掺合料占胶凝材料质量的50%～75%。这类混凝土具有较好的密实性及较高抗压强度和抗渗性，水胶比为0.45～0.7。

筑坝用碾压混凝土的配合比参数是水胶比、掺合料比例、砂率及浆砂比。配合比设计时，除应考虑混凝土的强度、耐久性、可碾性及经济性外，还应使混凝土拌合物具有较好的抗粗骨料分离的能力以及使混凝土具有较低的发热量。碾压混凝土中一般应掺缓凝减水剂，必要时还掺入引气剂，实验室碾压混凝土配合比一般需经过现场试碾压，经调整后才用于正式施工。

2. 碾压混凝土的原材料

碾压混凝土是由水泥、掺合料、水、砂、石子及外加剂等6种材料组成。

（1）水泥。碾压混凝土中使用的水泥，其主要技术指标应符合现行国家标准。从原则上说，凡适用于水工常态混凝土使用的水泥均可用于配制碾压混凝土。重要的大体积建筑物的内部混凝土，应该使用强度等级32.5级及以上的低热（或中热）硅酸盐水泥或普通硅酸盐水泥。一般建筑物及临时工程的内部混凝土，可选用掺混合材料的32.5级的水泥。我国已建水工碾压混凝土工程大多使用强度等级为32.5级或42.5级的普通硅酸盐水泥或硅酸盐水泥。

（2）掺合料。碾压混凝土所用的掺合料一般应选用活性掺合料，如粉煤灰、粒化高炉矿渣以及火山灰或其他火山灰质材料等。当缺乏活性掺合料时，经试验论证，也可以掺用适量的非活性掺合料。掺合料的细度应与水泥细度相似或更细，以改善拌合物的工作性。

碾压混凝土掺入掺合料的品种及掺量，应考虑所用水泥中已掺有混合材料的状况。

（3）骨料。用于碾压混凝土的骨料包括细骨料（砂）和粗骨料（石子），其主要技术要求与前文所述基本相同。由于干硬的碾压混凝土拌合物易发生粗骨料分离，为提高拌合物的抗分离性，粗骨料最大粒径一般不超过80mm，并应适当降低最大粒径级在粗骨料中所占的比例。砂中含有一定量的微细颗粒（小于0.16mm的颗粒）可改善拌合物的工作性，增进混凝土的密实性，提高混凝土的强度、抗渗性，改善施工层面的胶结性能和减少胶凝材料用量。根据《水工碾压混凝土施工规范》（DL/T 5112—2009）的规定，人工砂中微细颗粒含量宜达到10%～22%，最佳含量应通过试验确定。

（4）外加剂。碾压混凝土中一般都掺适量的缓凝减水剂。在严寒地区使用的碾压混凝土，还应考虑掺用引气剂，以提高混凝土的抗冻性。碾压混凝土中掺有较多的掺合料且拌合物较干硬，会使引气剂的引气效果下降，同时施工方法也造成部分气泡破灭，故碾压混凝土中达到相同含气量时，常须掺入较常态混凝土多的引气剂。例如，掺入松香热聚物类引气剂时，其掺量（占胶凝材料质量百分数）达0.015%～0.020%才能使碾压混凝土含气量达到4%～5%。

3. 碾压混凝土的主要技术性质

1）碾压混凝土拌合物的工作性

（1）工作性的含义。碾压混凝土拌合物的工作性包括工作度、可塑性、易密性及稳定性几方面。

① 工作度是指混凝土拌合物的干硬程度。

② 可塑性是指拌合物在外力作用下能够发生塑性流动，并充满模型的性质。

③ 易密性是指在振动碾等压实机械作用下，混凝土拌合物中的空气易于排出，使

混凝土充分密实的性质。

④ 稳定性是指混凝土拌合物不易发生粗骨料分离和泌水的性质。碾压混凝土拌合物工作度用 V_C 值表示，即在规定振动频率、振幅及压强条件下，拌合物从开始振动至表面泛浆所需时间的秒数。V_C 值越大，拌合物越干硬。V_C 值的大小还与可塑性、易密性和稳定性密切相关。V_C 值越大，拌合物的可塑性越差；反之则越好。V_C 值过大，拌合物过于干硬，混凝土拌合物不易被碾实，空气含量很多，且不易排出，施工过程中粗骨料易发生分离；V_C 值过小，拌合物透气性较差，在碾压过程中气泡不易通过碾压层排出，拌合物也不易碾压密实且碾压完毕后混凝土易发生泌水。因此，V_C 值过大或过小均不利于拌合物的易密性和稳定性。

碾压混凝土拌合物 V_C 值的选择应与振动碾的能量、施工现场温湿度等条件相适应，过大或过小都是不利的。根据已有经验，施工现场混凝土拌合物的 V_C 值一般选5～12s较合适。从拌合机口到现场摊铺完毕，V_C 值增大 2～5s。

（2）影响拌合物工作度的主要因素。碾压混凝土拌合物的 V_C 值受多种因素的影响，主要有水胶比及单位用水量、粗细骨料的特性及用量、掺合料的品种及掺量、外加剂、拌合物的停置时间等。若其他条件不变，V_C 值随水胶比的增大而降低；在水胶比不变的情况下，随单位用水量的增大，拌合物 V_C 值减小；在水胶比和单位用水量不变的情况下，随着砂率的增大，V_C 值增大，但若砂率过小，V_C 值反而增大；在其他条件不变时，适当增加砂中微细颗粒含量，拌合物的 V_C 值减小；用碎石代替卵石将使拌合物的 V_C 值增大。当掺合料需水量比小于 100％时，掺合料的掺入可降低拌合物的 V_C 值；相反则增大 V_C 值。掺入减水剂或引气剂，可以使拌合物的 V_C 值降低。随着拌合物停置时间的延长 V_C 值增大。

2）硬化碾压混凝土的特性

（1）碾压混凝土的强度特性。碾压混凝土的强度与普通混凝土的强度有很多相似之处，如影响普通混凝土强度的因素无一例外地影响碾压混凝土强度，拉压强度比基本相同。但是，不同类型碾压混凝土的强度特性有不同的特点。超贫及干贫碾压混凝土的强度受胶凝材料用量的影响；高掺合料碾压混凝土的强度明显受掺合料的品质及掺量的影响。由于碾压混凝土中掺用大量掺合料，且一般都掺有缓凝剂，因此碾压混凝土的早期强度较低，28d 以后强度发展较快，90d 以后其强度仍显著增长。工程中碾压混凝土强度设计龄期都不短于 90d。

（2）碾压混凝土的受力变形特性。试验表明，强度等级相同的碾压混凝土和普通混凝土的弹性模量没有明显不同，但碾压混凝土早期强度增长比普通混凝土慢，故碾压混凝土的早期弹性模量低于普通混凝土。

碾压混凝土的极限拉伸值与碾压混凝土类型有关。超贫或干贫碾压混凝土的极限拉伸值小于普通混凝土；高掺合料碾压混凝土的极限拉伸值与普通混凝土相当，且随其龄期延长而明显增长。当碾压混凝土与普通混凝土强度等级相近时，碾压混凝土的徐变值较小，但早期加荷时，其徐变值大于普通混凝土。

（3）碾压混凝土的物理性能及耐久性。当混凝土的主要原材料相同时，碾压混凝土的导温系数、导热系数、比热及温度变形系数等与普通混凝土没有明显的差别。碾压混凝土的绝热温升明显低于普通混凝土，干缩率及自生体积变形明显小于普通混凝土。设计合理的碾压混凝土，其90d龄期的抗渗等级可达W8以上。通过加大引气剂的掺量可使碾压混凝土拌合物的含气量达4%～5%，此时混凝土的抗冻等级可达到F200～F300，胶凝材料用量相同且掺合料比例相同时，碾压混凝土的抗冲磨强度较普通混凝土高。

碾压混凝土是薄层摊铺、碾压法施工的混凝土，其层与层之间的结合可能是混凝土的薄弱区域。碾压混凝土层面结合状况，既取决于混凝土拌合物的工作性，又与施工工艺及施工质量密切相关。

（五）塑性混凝土

塑性混凝土是指水泥用量较低，并掺加较多的膨润土、黏土等材料的大流动性混凝土，具有低强度、低弹模和大应变等特性。由于其变形能力强、抗渗性能好、易于施工，因此极适宜应用于防渗墙工程。

按抗压强度和弹性模量，防渗墙混凝土可以分为刚性和塑性两类。刚性混凝土的抗压强度一般大于5MPa，弹性模量大于2000MPa；塑性混凝土的抗压强度一般小于5MPa，弹性模量小于2000MPa。工程实践表明，刚性混凝土防渗墙存在弹性模量高、极限应变小，其弹性模量比周围土层的弹性模量高出数百倍，致使在荷载作用下，防渗墙顶部和周围土层的沉陷差和变位差很大，从而使防渗墙墙顶受到巨大压力，两个侧面受到很大的摩擦力，导致刚性混凝土防渗墙的应力较混凝土的设计强度高出很多，其应变也比混凝土极限应变高很多，因而墙体易出现裂缝，降低了防渗效果，严重的会使防渗设施遭到破坏，威胁大坝的安全。

（六）高性能混凝土

高性能混凝土是指具有好的工作性、匀质性好、早期强度高而后期强度不倒缩、韧性好、体积稳定性好、在恶劣的使用环境条件下寿命长的混凝土。

高性能混凝土一般既是高强混凝土（C60～C100），也是流态混凝土（坍落度大于200mm）。因为高强混凝土强度高、耐久性好、变形小；流态混凝土具有大的流动性、混凝土拌合物不离析、施工方便。高性能混凝土也可以是满足某些特殊性能要求的匀质性混凝土。

高性能混凝土是水泥混凝土的发展方向之一。它将广泛地被用于桥梁工程、高层建筑、工业厂房结构、港口及海洋工程、水工结构等工程中。

（七）水下浇筑（灌注）混凝土

在陆上拌制在水下浇筑（灌注）和凝结硬化的混凝土，称为水下浇筑混凝土，分为普通水下浇筑混凝土和水下不分散混凝土两种。

普通水下浇筑混凝土是将普通混凝土以水下灌注工艺浇筑混凝土。其施工方法可用导管法、泵压法、开底容器法、装袋叠层法及倾注法等。水下不分散混凝土是一种新型混凝土，其混凝土拌合物具有水下抗分散性。将其直接倾倒于水中，当穿过水层时，很少出现由于水洗作用而出现的材料分离现象。

（八）喷射混凝土

喷射混凝土是用压缩空气喷射施工的混凝土。喷射方法有干式喷射法、湿式喷射法、半湿喷射法及水泥裹砂喷射法等。喷射混凝土施工时，将水泥、砂、石子及速凝剂按比例加入喷射机中，经喷射机拌匀、以一定压力送至喷嘴处加水后喷至受喷射部位形成混凝土。

在喷射过程中，水泥与骨料被剧烈搅拌，在高压下被反复冲击和击实，所采用的水灰比又较小（常为0.40～0.45），因此混凝土较密实，强度也较高。同时，混凝土与岩石、砖、钢材及老混凝土等具有很高的黏结强度，可以在黏结面上传递一定的拉应力和剪应力，使其与被加固材料一起承担荷载。

喷射混凝土广泛应用于地下工程、边坡及基坑的加固、结构物维修、耐热工程、防护工程等。在高空或施工场所狭小的工程中，喷射混凝土更有明显的优越性。

（九）纤维混凝土

纤维混凝土是以混凝土（或砂浆）为基材，掺入纤维而组成的水泥基复合材料。

纤维混凝土能够成为复合材料，需具备：① 纤维材料与基体材料之间有良好的黏结力，受荷后具有整体性；② 在纤维混凝土搅拌施工过程中，能够把足够数量的一定长度的纤维，充分均匀地分散到基材中，纤维在搅拌过程中不结团，振实后纤维在混凝土中呈乱向均匀分布。

根据所掺纤维的不同，纤维混凝土分为① 纤维增强混凝土，这种混凝土采用高强高弹性模量的纤维，如钢纤维、碳纤维等；② 纤维增韧防裂混凝土，这种混凝土采用低弹性模量高塑性纤维，如尼龙纤维、聚丙烯纤维、聚丙烯腈纤维、聚氯乙烯纤维等。

纤维在纤维混凝土中的主要作用在于限制在外力作用下水泥基料中裂缝的扩展。在受荷（拉、弯）初期，当配料合适并掺有适宜的高效减水剂时，水泥基料与纤维共同承受外力，而前者是外力的主要承受者；当基料发生开裂后，横跨裂缝的纤维成为外力的主要承受者。

在水利工程中纤维混凝土广泛应用于抗冲磨结构，如溢洪道、泄洪隧洞等，也常用于结构修复。

（十）防辐射混凝土

随着原子能工业的发展，在国防和国民经济各部门，对射线的防护问题已成了一个重要课题。

防辐射混凝土也称为防护混凝土、屏蔽混凝土或重混凝土。它能屏蔽α、β、γ、χ射线和中子流的辐射，是常用的防护材料。

防辐射混凝土要求表观密度大、结合水多、质量均匀、收缩小，不允许存在空洞、裂缝等缺陷，同时要有一定结构强度及耐久性。

（十一）耐热混凝土（耐火混凝土）

耐热混凝土是在长期高温下能保持所需物理力学性能的特种混凝土。它是由适当的胶凝材料、耐热粗细骨料和水按一定比例配制而成的。水泥石中的氢氧化钙及骨料中的石灰岩在长期高温作用下会分解，石英晶体受高温后体积膨胀，它们是使混凝土不耐热的根源。因此，耐热混凝土的骨料可采用重矿渣、红砖及耐火砖碎块、安山岩、玄武岩、烧结镁砂、铬铁矿等。根据所用胶凝材料的不同，耐热混凝土可划分为黏土耐热混凝土、硅酸盐水泥耐热混凝土、铝酸盐水泥耐热混凝土、水玻璃耐热混凝土和磷酸盐耐热混凝土等，多用于冶金、化工、建材、发电等工业窑炉及热工设备。

（十二）耐酸混凝土

耐酸混凝土是由水玻璃作胶凝材料，氟硅酸钠为固化剂，与耐酸骨料及掺料按一定比例配制而成的。它能抵抗各种酸（如 H_2SO_4、HCl、HNO_3、CH_3COOH、HCOOH 及 HOOCCOOH 等）和大部分侵蚀气体（Cl_2、SO_2、H_2S 等），但不耐氢氟酸、3000℃以上的热磷酸、高级脂肪酸和油酸。

常用的水玻璃有钾水玻璃和钠水玻璃。耐酸骨料和掺料有石英砂粉、瓷粉、辉绿岩铸石骨料及铸石粉、安山岩骨料及石粉等。

水玻璃耐酸混凝土一般要在温暖（10℃以上）和干燥环境中硬化（禁止浇水），其3d抗压强度为11～12MPa，28d抗压强度不小于15MPa。

（十三）生态混凝土

生态混凝土又名“植被混凝土”。生态混凝土是能够适应绿色植物生长、又具有一定的防护功能的混凝土及其制品，具有一定强度，而其表面又可繁衍花草，它由作为主体的植被与其载体的被面、被床、床絮和床基等有机结合而成。

可在高陡边坡生态防护以及河道、库区护岸等工程中进行广泛使用。生态混凝土护坡是在基材中加入常规硬性凝结材料水泥，从而使基材强度更高、抗冲刷性更强，适用于坡度为50°～80°的各类坡面的生态修复。

（十四）硅粉混凝土

硅粉是冶炼硅铁合金或工业硅时的副产品，平均粒径为0.1μm左右，密度为2.2～2.5g/cm^3，其主要成分为无定型二氧化硅。混凝土掺入硅粉即称为硅粉混凝土。硅粉混凝土具有早强、耐久性好、抗冲磨等优点，已广泛应用于泵送混凝土，水下混凝土，高强度、高性能混凝土，喷射混凝土和水工耐磨蚀混凝土等。

通过加入硅粉，新拌混凝土黏性提高、坍落度变小，拌合物不易产生离析，可泵性得到改善。硬化后的混凝土早期强度提高较快，抗冻性、抗渗性较好，抗化学腐蚀能力高。掺入硅粉的喷射混凝土可以增加强度，降低水泥用量，且可减少回弹量。

硅粉混凝土须掺入高效减水剂。采用硅粉、粉煤灰或其他掺合料共掺和的方案，可减少水泥用量并降低水化热。耐久性硅粉混凝土的配置需要根据使用条件通过试验确定。为防止氯离子扩散破坏钢筋钝化膜，水泥用量不宜低于300kg/m^3，硅粉掺量在水泥用量的6%～12%范围内选定，外加剂掺量及品种要通过试验优化。

三、胶凝材料

能够通过自身的物理化学作用，从浆体（液态和半固态）变成坚硬的固体，并能把散粒材料（如砂、石）或块状材料（如砖和石块）胶结成整体材料的物质称为胶凝材料。

胶凝材料根据其化学组成可分为有机胶凝材料和无机胶凝材料；无机胶凝材料按硬化条件差异又分为气硬性胶凝材料和水硬性胶凝材料。气硬性胶凝材料只能在空气中硬化、保持或发展强度，适用于干燥环境，如石灰、水玻璃等；水硬性胶凝材料不仅能在空气中硬化，而且能更好地在潮湿环境或水中硬化、保持并继续发展其强度，如水泥。沥青属于有机胶凝材料。

（一）石灰

1. 石灰的原料及生产

石灰是工程中常用的胶凝材料之一，其原料石灰石主要成分是碳酸钙（$CaCO_3$），石灰石经高温煅烧分解产生以 CaO 为主要成分（少量 MgO）的生石灰。

2. 石灰的熟化

石灰的熟化又称消解，是指生石灰与水（H_2O）发生反应，生成 $Ca(OH)_2$ 的过程。生石灰的熟化过程伴随剧烈的放热与体积膨胀现象（1.5～3.5 倍）。

3. 石灰的特点

（1）可塑性好。生石灰消解为石灰浆时，其颗粒极微细，呈胶体状态，比表面积大，表面吸附了一层较厚的水膜，因而保水性能好，同时水膜层也降低了颗粒间的摩擦力，可塑性增强。

（2）强度低。石灰硬化缓慢、强度较低，通常 1∶3 的石灰砂浆，其 28d 抗压强度只有 0.2～0.5MPa。

（3）耐水性差。在石灰硬化体中存在着大量尚未碳化的 $Ca(OH)_2$，而 $Ca(OH)_2$ 易溶于水，所以石灰的耐水性较差，故石灰不宜用于潮湿环境中。

（4）体积收缩大。石灰在硬化过程中蒸发大量的水分，引起体积显著收缩，易产生裂纹。

因此，石灰一般不宜单独使用，通常掺入一定量的骨料（砂）或纤维材料（纸筋、麻刀等）或水泥以提高抗拉强度，抵抗收缩引起的开裂。

（二）水玻璃

水玻璃是一种碱金属硅酸盐水溶液，俗称“泡花碱”。根据碱金属氧化物的不同，分为硅酸钠水玻璃和硅酸钾水玻璃等。常用的是硅酸钠（$Na_2O \cdot \eta SiO_2$）水玻璃的水溶液，硅酸钠中氧化硅与氧化钠的分子比“η”称为水玻璃模数。

1. 水玻璃的性质

水玻璃通常为青灰色或黄灰色黏稠液体，具有较强的粘结力，其模数越大，粘结力越强。同一模数的水玻璃溶液，浓度越大，密度越大；黏度越大，粘结力越强。

水玻璃硬化时析出的硅酸凝胶，可堵塞材料的毛细孔隙，具有一定的防渗作用；能抵抗多数无机酸、有机酸的腐蚀，具有很强的耐酸腐蚀性；还有着良好的耐热性，在高温下不分解、强度不降低甚至有所增加。

2. 水玻璃的用途

（1）灌浆材料。常用于加固地基，水玻璃和氯化钙溶液交替灌入地基中，两种溶液发生化学反应，析出硅酸胶体，起胶结和填充土壤空隙的作用，增加了土的密实度和强度。

（2）涂料。天然石材、混凝土硅酸盐制品等表面涂上一层水玻璃，可提高其防水性和抗风化性；用水玻璃涂刷钢筋混凝土中的钢筋，可起一定的阻锈作用。

（3）防水剂。水玻璃还可以与多种矾配制成防水剂，用于防水砂浆和防水混凝土。

（4）耐酸材料。水玻璃与促硬剂、耐酸粉、耐酸骨料配合可制得耐酸砂浆和耐酸混凝土，对于硫酸、盐酸、硝酸等无机酸具有较好的耐腐蚀能力，常用于防腐工程。

(5) 耐热材料。利用水玻璃的耐热性可配制耐热砂浆和耐热混凝土。

(6) 粘合剂。液体水玻璃、粒化高炉矿渣、砂和氟硅酸钠按一定的比例配合可制得水玻璃矿渣砂浆，用于块材裂缝的修补、轻型内墙的粘结等。

(三) 水泥

凡磨细成粉末状，加入适量水后能成为塑性浆体，既能在空气中硬化，又能在水中硬化，并能将砂、石等材料牢固地胶结成整体材料的水硬性胶凝材料，通称为水泥。

1. 水泥的分类

(1) 水泥按其化学组成分为硅酸盐水泥、铝酸盐水泥、硫铝酸盐水泥、铁铝酸盐水泥、氟铝酸盐水泥等系列。

(2) 水泥按其用途和性能，又可分为通用水泥、专用水泥、特性水泥三大类。

2. 水泥的组成

(1) 硅酸盐水泥熟料。由水泥原料经配比后煅烧得到的块状料即为水泥熟料，是水泥的主要组成部分。水泥的性能主要决定于熟料质量，优质熟料应该具有合适的矿物组成和良好的岩相结构。水泥熟料的组成成分可分为化学成分和矿物成分两类。

硅酸盐水泥熟料的化学成分主要是 CaO、SiO_2、Al_2O_3、Fe_2O_3 四种氧化物，这四种成分占熟料质量的 94%左右。其中，CaO 占 60%～67%，SiO_2 占 20%～24%，Al_2O_3 占 4%～9%，Fe_2O_3 占 2.5%～6%。这几种氧化物经过高温煅烧后，反应生成多种具有水硬性的矿物，称为水泥熟料。硅酸盐水泥熟料的主要矿物成分见表 1-2-6。

表 1-2-6 硅酸盐水泥熟料的主要矿物成分

矿物名称	简称	占比
硅酸三钙 ($3CaO \cdot SiO_2$)	C_3S	50%～60%
硅酸二钙 ($2CaO \cdot SiO_2$)	C_2S	15%～37%
铝酸三钙 ($3CaO \cdot Al_2O_3$)	C_3A	7%～15%
铁铝酸四钙 ($4CaO \cdot Al_2O_3 \cdot Fe_2O_3$)	C_4AF	10%～18%

(2) 水泥混合材料。水泥混合材料分为活性混合材料和非活性混合材料。水泥中常用的活性混合材料有粒化高炉矿渣、火山灰质混合材料及粉煤灰三种。非活性混合材料有磨细的石英砂、石灰石、慢冷矿渣等，可以提高水泥产量，降低水泥生产成本，降低强度等级，减少水化热，改善和易性等作用，其加入量一般较少。

3. 通用水泥

通用水泥是指大量用于一般土木建筑工程的水泥，包括硅酸盐水泥、普通硅酸盐水泥（简称普通水泥）、矿渣硅酸盐水泥（简称矿渣水泥）、火山灰质硅酸盐水泥（简称火山灰水泥）、粉煤灰硅酸盐水泥（简称粉煤灰水泥）和复合硅酸盐水泥（简称复合水泥）。

(1) 通用硅酸盐水泥的特性及其用途。

① 硅酸盐水泥（P·Ⅰ和 P·Ⅱ）与普通硅酸盐水泥（P·O）。硅酸盐水泥与普通硅酸盐水泥标号较高，主要用于重要结构的高强混凝土和预应力混凝土工程。因为水泥凝结硬化较快，抗冻性好，适用于要求早期强度高、凝结快的工程，以及有抗冻融

要求和冬季施工的工程。另外，硅酸盐水泥水化热量大，不宜用于大体积混凝土工程。

② 矿渣水泥（P·S）。矿渣水泥中熟料含量比硅酸盐水泥少，而且混合材料在常温下水化反应比较缓慢，因此凝结硬化较慢。早期（3d、7d）强度低，但在硬化后期（28d 以后）由于水化产物增多，使水泥强度不断增长，甚至超过同标号普通水泥强度。矿渣水泥石中氢氧化钙较少，水化产物碱度低，抗碳化能力较差，但抗淡水、海水和硫酸盐侵蚀能力较强，宜用于水工和海港工程。矿渣水泥具有一定的耐热性，可用于耐热混凝土工程。

③ 火山灰水泥（P·P）。火山灰水泥强度发展与矿渣水泥相似，水化热低，早期发展慢，后期发展较快。养护温度对其强度发展影响显著，环境温度低，硬化显著变慢，所以不宜冬季施工，采用蒸汽养护或湿热处理时，硬化加速。与矿渣水泥相似，火山灰水泥石 $Ca(OH)_2$ 含量低，也具有较高的抗硫酸盐侵蚀的性能。但在酸性水中，特别是碳酸水中，火山灰水泥的抗蚀性较差，在大气中的 CO_2 长期作用下水化产物会分解，而使水泥石结构遭到破坏，因而这种水泥的抗大气稳定性较差。

④ 粉煤灰水泥（P·F）。与火山灰水泥相似，粉煤灰水泥水化硬化较慢，早期强度较低，但后期强度可以赶上甚至超过普通水泥，因此对于后期才承受荷载的工程，使用粉煤灰水泥很合适。粉煤灰水泥水化热较小，适用于大体积混凝土工程。粉煤灰水泥抗硫酸盐侵蚀能力较强，但次于矿渣水泥，适用于水工和海港工程。粉煤灰水泥抗碳化能力差，抗冻性较差。

⑤ 复合水泥（P·C）。复合水泥的特性取决于其所掺两种或者两种以上混合材料的种类、掺量及相对比例，它们在水泥中不是每种混合材料作用的简单叠加，而是相互补充，这样可以更好地发挥混合材料各自的优良特性，使水泥性能得到全面改善。

以上各种通用硅酸盐水泥的技术性质要求见表 1-2-7，性能比较见表 1-2-8。

表 1-2-7　通用硅酸盐水泥的技术性质要求

项　目	硅酸盐水泥		普通水泥 P·O	矿渣水泥 P·S	火山灰水泥 P1P 粉煤灰水泥 P·F 复合水泥 P·C
	P·Ⅰ	P·Ⅱ			
不溶物含量	≤0.75%	≤1.50%			
烧失量	≤3.0%	≤3.5%	≤5.0%		
细度	比表面积＞$300m^2/kg$		80μm 方孔筛的筛余量＜10%		
初凝时间	＞45min				
终凝时间	＜390min		＜10h		
MgO 含量	水泥中，≤5.0%，蒸压安定性试验合格≤6.0% 熟料中，≤5.0%，蒸压安定性试验合格≤6.0%				
SO_3 含量	≤3.5%		≤4.0%		≤3.5%
安定性	沸煮法合格				
强度	各强度等级水泥的各龄期强度不得低于各标准规定的数值				
碱含量	≤0.60%或商定		商定		

表 1-2-8 硅酸盐水泥的性能比较

<table>
<tr><td>项目</td><td>硅酸盐水泥</td><td>普通水泥</td><td>矿渣水泥</td><td>火山灰水泥</td><td>粉煤灰水泥</td><td>复合水泥</td></tr>
<tr><td>组成</td><td>熟料、0～5%混合材料、石膏</td><td>熟料、5%～20%混合材料、石膏</td><td>熟料、20%～70%矿渣、石膏</td><td>熟料、20%～40%火山灰、石膏</td><td>熟料、20%～40%粉煤灰、石膏</td><td>熟料、20%～50%混合材料、石膏</td></tr>
<tr><td rowspan="2">区别</td><td rowspan="2">无或很少混合材料</td><td rowspan="2">少量混合材料</td><td colspan="3">多量活性混合材料</td><td>多量混合材料</td></tr>
<tr><td>矿渣</td><td>火山灰</td><td>粉煤灰</td><td>两种或两种以上</td></tr>
<tr><td rowspan="3">性能</td><td rowspan="3">凝结硬化快；早期、后期强度高；水化热大、放热快；抗冻性好；耐磨性好；抗碳化性好；干缩小；耐腐蚀性差；耐热性差</td><td rowspan="3">基本同硅酸盐水泥。早期强度、水化热、抗冻性、耐磨性和抗碳化性略有降低，耐腐蚀性、耐热性略有提高</td><td colspan="3">凝结硬化较慢，早期强度低，后期强度高</td><td>早期强度较高</td></tr>
<tr><td colspan="4">温度敏感性好、水化热低、耐腐蚀性好、抗冻性差、耐磨性差、抗碳化性差</td></tr>
<tr><td>耐热性好；泌水性大；抗渗性差；干缩较大</td><td>保水性好；抗渗性好；干缩大</td><td>干缩小；抗裂性好；泌水性大；抗渗性较好</td><td>与掺入种类比例有关</td></tr>
</table>

根据水泥的特性、工程特点及所处环境条件，一般可按表 1-2-9 选用水泥。

表 1-2-9 水泥的选用

<table>
<tr><td colspan="2">工程特点及所处环境条件</td><td>优先选用</td><td>可以选用</td><td>不宜选用</td></tr>
<tr><td rowspan="4">普通混凝土</td><td>一般气候环境</td><td>普通水泥</td><td>矿渣水泥、火山灰水泥、粉煤灰水泥、复合水泥</td><td></td></tr>
<tr><td>干燥环境</td><td>普通水泥</td><td>矿渣水泥</td><td>火山灰水泥、粉煤灰水泥</td></tr>
<tr><td>高温或长期处于水中</td><td rowspan="2">矿渣水泥、火山灰水泥、粉煤灰水泥、复合水泥</td><td></td><td></td></tr>
<tr><td>厚大体积</td><td></td><td>硅酸盐水泥、普通水泥</td></tr>
<tr><td rowspan="7">有特殊要求的混凝土</td><td>要求快硬、高强（＞C40）、预应力</td><td>硅酸盐水泥</td><td rowspan="3">普通水泥</td><td rowspan="3">矿渣水泥、火山灰水泥、粉煤灰水泥、复合水泥</td></tr>
<tr><td>严寒地区冻融条件</td><td>硅酸盐水泥</td></tr>
<tr><td>严寒地区水位升降范围</td><td>普通水泥、强度等级＞42.5</td></tr>
<tr><td>蒸气养护</td><td>矿渣水泥、火山灰水泥、粉煤灰水泥、复合水泥</td><td></td><td>硅酸盐水泥普通水泥</td></tr>
<tr><td>有耐热要求</td><td>矿渣水泥</td><td></td><td></td></tr>
<tr><td>有抗渗要求</td><td>火山灰水泥普通水泥</td><td></td><td>矿渣水泥</td></tr>
<tr><td>受腐蚀作用</td><td>矿渣水泥、火山灰水泥、粉煤灰水泥、复合水泥</td><td></td><td>硅酸盐水泥普通水泥</td></tr>
</table>

（2）常用水泥的包装及标志。水泥有散装或袋装，袋装水泥每袋净质量 50kg，且应不少于标准质量的 99%；随机抽取 20 袋，总质量（含包装袋）应不少于 1000kg。水泥包装袋上应清楚标明执行标准、水泥品种、代号、强度等级、生产者名称、生产许可证标志（QS）及编号、出厂编号、包装日期、净含量。包装袋两侧应根据水泥的品种采用不同的颜色印刷水泥名称和强度等级，硅酸盐水泥和普通硅酸盐水泥采用红色，矿渣硅酸盐水泥采用绿色，火山灰质硅酸盐水泥、粉煤灰硅酸盐水泥和复合硅酸盐水泥采用黑色或蓝色。散装发运时应提交与袋装标志相同内容的卡片。

4. 专用水泥

专用水泥是指有专门用途的水泥。下面介绍水利工程中常用的大坝水泥和低热微膨胀水泥。

大坝水泥包括中热和低热水泥。以适当成分的硅酸盐水泥熟料，加入适量石膏，磨细制成的具有中等水化热的水硬性胶凝材料，称为中热硅酸盐水泥，简称中热水泥；以适当成分的硅酸盐水泥熟料，加入适量矿渣、石膏，磨细制成的具有低等水化热的水硬性胶凝材料，称为低热硅酸盐水泥，简称低热水泥。低热、中热水泥适用于大坝工程及大型构筑物等大体积混凝土工程。

低热微膨胀水泥（LHEC）是指以粒化高炉矿渣为主要组分，加入适量硅酸盐水泥熟料和石膏，磨细制成的具有低水化热和微膨胀性能的水硬性胶凝材料。低热微膨胀水泥由于水化热低，并且具有微膨胀的性能，对防止大体积混凝土的干缩开裂有重要作用。适用于要求低热和补偿收缩的混凝土、大体积混凝土、要求抗渗和抗硫酸盐侵蚀的工程。

5. 特性水泥

特性水泥是指其某种性能比较突出的一类水泥，如快硬硅酸盐水泥、快凝快硬硅酸盐水泥、抗硫酸盐硅酸盐水泥、白色硅酸盐水泥、自应力铝酸盐水泥、膨胀硫酸盐水泥等。

（1）快硬硅酸盐水泥是指以硅酸盐水泥熟料和适量石膏磨细制成，以 3d 抗压强度表示强度等级的水硬性胶凝材料，简称快硬水泥。快硬水泥初凝不得早于 45min，终凝不得迟于 10h。

（2）快凝快硬硅酸盐水泥是指以硅酸三钙、氟铝酸钙为主的熟料，加入适量的硬石膏、粒化高炉矿渣、无水硫酸钠，经过磨细制成的凝结快、强度增长快的水硬性胶凝材料，简称双快水泥。双快水泥初凝不得早于 10min，终凝不得迟于 60min。双快水泥主要用于紧急抢修工程，以及冬期施工、堵漏等工程。施工时不得与其他水泥混合使用。

（3）抗硫酸盐硅酸盐水泥是指以硅酸钙为主的特定矿物组成的熟料，加入适量石膏，磨细制成的具有一定抗硫酸盐侵蚀性能的水硬性胶凝材料。抗硫酸盐水泥适用于受硫酸盐侵蚀的海港、水利、地下隧涵等工程。

（4）白色硅酸盐水泥是指以白色硅酸盐水泥熟料加入适量石膏磨细制成的水硬性胶凝材料。

（5）铝酸盐水泥是以铝酸钙为主要成分的各种水泥的总称。其主要品种有高铝水泥、低钙铝酸盐水泥、铝酸盐自应力水泥等。工程中常用的高铝水泥特点是早期强度递增快、强度高、水化热高，主要用于紧急抢修和早强要求的特殊工程，适用于冬期施工；其主要缺点是后期强度倒缩，在使用 3～5 年后高铝水泥混凝土的强度只有早期强度的 1/2 左右，抗冻渗和耐蚀等性能也随之降低。高铝水泥不宜用于结构工程；使用温度不宜超过 30℃；不得与其他水泥混合使用。

（四）灌浆所用水泥的技术要求

1. 一般规定

灌浆工程所采用的水泥品种，应根据灌浆目的、地质条件和环境水的侵蚀作用等因素确定，通常可采用硅酸盐水泥、普通硅酸盐或复合硅酸盐水泥。当有抗侵蚀或其他要求时，应使用特种水泥。使用矿渣硅酸盐水泥或火山灰质硅酸盐水泥灌浆时，浆液水胶比不宜大于1。灌浆水泥应妥善保存，严格防潮并缩短存放时间；不得使用受潮结块的水泥。

回填灌浆、固结灌浆和帷幕灌浆所用水泥的强度等级应不低于32.5级，坝体接缝灌浆、各类接触灌浆所用水泥的强度等级应不低于42.5级。

帷幕灌浆、坝体接缝灌浆和各类接触灌浆所用水泥的细度宜为通过80μm方孔筛的筛余量不大于5%。

水泥灌浆宜使用纯水泥浆液。在特殊地质条件下或有特殊要求时，根据需要通过现场灌浆试验论证，可使用下列类型的浆液：

（1）细水泥浆液：是指超细水泥浆液、干磨细水泥浆液或湿磨水泥浆液。

（2）稳定浆液：是指掺有稳定剂，2h析水率不大于5%的水泥浆液。

（3）水泥基混合浆液：是指掺有掺合料的水泥浆液，包括黏土水泥浆、粉煤灰水泥浆、水泥砂浆等。

（4）膏状浆液：是指以水泥、黏土为主要材料的初始塑性屈服强度大于50Pa的混合浆液。

（5）其他浆液。

2. 掺合料

根据灌浆需要，可在水泥浆液中加入下列掺合料：

（1）砂：质地坚硬的天然砂或人工砂，粒径不宜大于1.5mm。

（2）膨润土或黏性土：膨润土品质应符合《钻井液材料规范》（GB/T 5005—2010）的有关规定，黏性土的塑性指数不宜小于14，黏粒（粒径小于0.005mm）含量不宜小于25%，含砂量不宜大于5%，有机物含量不宜大于3%。

（3）粉煤灰：品质指标应符合《水工混凝土掺用粉煤灰技术规范》（DL/T 5055—2007）的规定。

（4）水玻璃：模数宜为2.4～3.0，浓度宜为30～45波美度。

（5）其他掺合料。

3. 外加剂

根据灌浆需要，可在水泥浆液中加入下列外加剂：

（1）速凝剂：水玻璃、氯化钙等。

（2）减水剂：木质素磺酸盐类减水剂、萘系高效减水剂、聚羧酸类高效减水剂等。

（3）稳定剂：膨润土及其他高塑性黏土等。

（4）其他外加剂。

4. 相关试验

各类浆液中加入掺合料和外加剂的品种、性能及数量，应根据工程情况和灌浆目的，通过室内浆材试验和现场灌浆试验确定。外加剂凡能溶于水的，应以水溶液状态加入。

普通纯水泥浆液可不进行室内试验。其他类型浆液应根据设计要求和工程需要，有选择地进行下列性能试验：

（1）掺合料（或细水泥）的细度和颗分曲线。

（2）浆液的流动性或流变参数。

（3）浆液的析水率。

（4）浆液的凝结时间或丧失流动性时间。

（5）浆液结石的密度、抗压强度、抗拉强度、弹性模量和渗透系数、渗透破坏比降。

（6）其他试验。

灌浆浆液在施工现场应定期进行温度、密度、析水率和漏斗黏度等性能的检测，发现浆液性能偏离规定指标较大时，应查明原因，及时处理。

（五）掺合料

在制备混凝土拌合物时，为节省水泥、改善混凝土性能等而加入的天然或人工的细粉矿物材料，其遇水本身无（或有轻微）硬化，但与水泥混合加水拌和后，不但能在空气中硬化，而且能在水中继续硬化的，称为活性矿物掺合料。

混凝土用活性矿物掺合料与硅酸盐水泥混合加水搅拌后，会通过水化作用、火山灰效应或两者共同作用对混凝土的性能起到改善和优化作用。

掺用活性矿物掺合料与高效减水剂制备高性能混凝土，目前得以广泛的应用。

混凝土用活性矿物掺合料，多为其他工业过程的弃品或副产品，它们的广泛应用，对环保、节约能源和改善混凝土性能都具有十分重大的意义。

水工混凝土掺合料可选粉煤灰、矿渣粉、硅粉、火山灰等。掺合料可单掺也可复掺，其品种和掺量应根据工程的技术要求、掺合料品质和资源条件，经试验确定。其中粉煤灰宜选用F类I级或E级粉煤灰。

1. 粉煤灰

粉煤灰曾是火力发电厂磨细煤粉燃烧后的废弃物，是混凝土中应用最广泛的掺合料。粉煤灰的化学组成和基本物理特性见表1-2-10和表1-2-11。

表1-2-10　我国电厂粉煤灰的化学组成

成分	SiO_2	Al_2O_3	Fe_2O_3	CaO	MgO	Na_2O	K_2O	SO_3	烧失量
范围（%）	33.9～59.7	16.5～35.1	1.5～19.7	0.8～10.4	0.7～1.9	0.2～1.1	0.6～2.9	0～1.1	1.2～23.6
均值（%）	50.6	27.1	7.1	2.8	1.2	0.5	1.3	0.3	8.2

表1-2-11　粉煤灰的基本物理特性

项目	密度（g/cm^3）	堆积密度（g/cm^3）	比表面积（cm^2/g）	原灰标准稠度（%）	需水量比（%）
范围	1.77～2.43	1.04～1.43	3000～5000	27.3～66.7	89～130

粉煤灰对混凝土性能的影响如下：

（1）工作性。粉煤灰可改善混凝土拌合物的工作性能。掺入粉煤灰可延长混凝土的可操作时间，减少混凝土的用水量，减少泌水和离析。

（2）节省水泥。同时掺入粉煤灰和高效减水剂，可使得拌合物的浆体数量增大，等量取代10%～15%水泥。

（3）强度。掺入粉煤灰可明显提高混凝土的强度。掺入一定量粉煤灰对于强度的提高与增加等量水泥的效果相比较，以前者更加明显。

掺入粉煤灰混凝土的早期强度略低，但以后各龄期的强度较对比混凝土均有明显提高。

（4）水化热。用粉煤灰取代等量或超量的水泥，可有效降低混凝土的水化热，粉煤灰的缓凝作用也可降低混凝土的水化热温度升高。

（5）耐久性。粉煤灰细度高、比表面积大，掺入混凝土中可减少其空隙，可提高其抗渗性和抗化学腐蚀的能力，降低干缩变形。

2. 粒化高炉矿渣粉

在冶炼生铁的过程中，高炉中的氧化铁矿石被焦炭还原成金属铁，而一些硅、铝组分与石灰、氧化镁等形成炉渣，经水和空气急冷而成细小颗粒状的粒化矿渣。将粒化矿渣干燥、磨细达到相应细度并具有符合要求活性的粉状材料即为粒化高炉矿渣粉。

粒化高炉矿渣粉的主要化学成分和技术指标见表 1-2-12 和表 1-2-13。

表 1-2-12　粒化高炉矿渣粉的主要化学成分

成分	Al_2O_3	CaO	SiO_2	MgO	MnS	TiO_2
范围（%）	7～20	30～50	30～40	1～18	<2	<10

表 1-2-13　粒化高炉矿渣粉的技术指标

密度（g/cm^3）	比表面积（m^2/kg）	活性指数 28d（%）	流动度比（%）	含水率（%）	氯离子（%）	烧失量（%）
≥2.8	≥300～500	≥75～105	≥95	≤1.0	≤0.06	≤3.0

注：1. 粒化高炉矿渣粉的磨细度不小于 4000cm^2/g。
2. 用硅酸盐水泥拌制混凝土，掺量不小于胶凝材料质量的 50%；用普通硅酸盐水泥拌制混凝土，掺量不小于胶凝材料质量的 40%。

粒化高炉矿渣粉对混凝土性能的影响如下：

（1）改善混凝土的流动性。粒化高炉矿渣粉对混凝土有显著的流化增强效应。掺入混凝土中的磨细矿渣粉，其极微细的磨细颗粒对水泥颗粒间和水泥的絮凝体间的填充置换作用，释放出了其间的水分，增大浆体的流动性；当磨细矿渣粉与高效减水剂共同作用时，磨细矿渣粉微粒及吸附在颗粒上的高效减水剂粒子呈现有强烈的分散作用，打散水泥絮凝体，释放出被吸附和包裹的水，增大流动性。

（2）提高混凝土的强度。一方面由于磨细工艺提高了混凝土胶凝材料的水化反应活性，另一方面由于微观充填置换的致密效应和减水降低水胶比，提高混凝土的强度。

（3）改善混凝土的耐久性。磨细矿渣粉的微细颗粒改善了混凝土的微观结构。使其更加致密，提高了混凝土包括抗渗性、抗蚀性、抗冻融循环破坏作用等在内的耐久性以及抑制碱集料反应的性能。

3. 硅灰

硅灰是钢厂和铁合金厂生产硅钢和硅铁时产生的一种烟尘的灰色沉积物。其主要成分是 SiO_2，其含量在 90%以上。颗粒呈极微细的玻璃球体状，粒径为 0.1～0.3μm，是水泥颗粒粒径的 1/50～1/100。

硅灰的主要化学成分及技术指标见表 1-2-14 和表 1-2-15。

表 1-2-14　我国铁合金硅灰的主要化学成分

项目 成分	范围（%）	上海	唐山
SiO_2	87.10～96.78	91.04	90.34
Al_2O_3	0.12～0.76	0.51	0.36
Fe_2O_3	0.20～0.97	0.60	0.6
MgO	0.20～0.70	1.26	1.10
CaO	0.13～0.67	0.47	0.98
SO_3	0.22～0.46	1.37	0.77
烧失量	0.71～9.64	2.38	3.03

表 1-2-15　硅灰的技术指标

项目	SiO_2（%）	含水率（%）	烧失量（%）	火山灰活性指数（%）
指标	≥85	≤3	≤6	≥90

注：1. 细度：45μm 筛余量≤10%；比表面积≥15m^2/g；
2. 均匀性：密度指标与其均值的偏差≤5%；细度筛余量与其均值的偏差≤5%。

硅灰对混凝土性能的影响如下：

（1）显著提高混凝土的强度。掺入 5%～10%的硅灰或取代部分水泥，都能显著提高混凝土的强度，尤其是同时复合使用高效减水剂时强度提高更多。28d 和 91d 的强度可提高 60%以上。

（2）提高耐久性。掺加适量的硅灰提高了水泥的水化度，特别是硅灰与 $Ca(OH)_2$ 的二次水化，增加了混凝土的凝胶体数量，改善了胶凝材料与骨料界面的结合性能。掺加硅灰后水泥浆体的毛细孔数量减少，直径大于 0.1μm 的大孔在 28d 龄期时接近于 0，而不掺硅灰的水泥浆体中大孔的体积相应为 0.225mL/g，从而使混凝土的抗冻性、抗渗性等耐久性得到提高，如掺入硅灰和高效减水剂的引气混凝土的耐冻融循环次数可以从 300～400 次提高到 1000 次以上。

活性矿物掺合料是配制高性能混凝土的关键条件之一。

配制高性能混凝土的活性矿物掺合料适宜的掺量见表 1-2-16。

表 1-2-16　活性矿物掺合料适宜的掺量

单掺时的品种	粒化高炉磨细矿渣粉	粉煤灰	硅灰
适宜的掺量（占胶凝材料的%）	50～80	25～50	5～10

注：配制高性能混凝土时，掺粒化高炉磨细矿渣粉或粉煤灰时可同时掺用 2%～4%的硅灰。

（六）石油沥青

沥青是一种有机胶结材料，是由一些极其复杂的高分子碳氢化合物及碳氢化合物与氧、氮、硫的衍生物所组成的混合物。沥青在常温下呈固体、半固体或液体状态，颜色为褐色或黑褐色。沥青不溶于水，能溶于二硫化碳、四氯化碳、三氯甲烷、三氯乙烯，工程中常用的沥青材料主要是石油沥青和煤沥青，石油沥青的技术性能优于煤沥青。

石油沥青按原油的成分分为石蜡基沥青、沥青基沥青和混合基沥青；按加工方法不同分为直馏沥青、氧化沥青、裂化沥青等；按沥青用途不同分为道路石油沥青、建筑石油沥青、专用石油沥青（如防水防潮石油沥青）和普通石油沥青。其中建筑石油沥青黏性较大，耐热性较好，但塑性较小，除主要用来制造油毡、油纸、防水涂料和沥青胶外，还主要用于屋面及地下防水、沟槽防水、工程防腐等。

四、钢材

（一）钢筋的分类

1. 按化学成分分类

钢筋按化学成分不同可分为碳素结构钢和普通低合金钢两类。

（1）碳素结构钢。根据含碳量的不同又可分为低碳钢（含碳量小于 0.25%），如Ⅰ级钢；中碳钢（含碳量 0.25%～0.60%）；高碳钢（含碳量 0.60%～1.40%），如碳素钢丝、钢绞线等。随着含碳量的增加，钢材的强度提高，塑性降低。

（2）普通低合金钢（合金元素总含量小于 5%）。除含碳素结构钢各种元素外，还加入少量的合金元素，如锰、硅、钒、钛等，使钢筋强度显著提高，塑性与可焊性能也可得到改善，如Ⅱ级、Ⅲ级和Ⅳ级钢筋都是普通低合金钢。

2. 按生产加工工艺分类

钢筋按生产加工工艺不同可分为热轧钢筋、热处理钢筋、冷拉钢筋和钢丝（直径不大于 5mm）四类。热轧钢筋由冶金厂直接热轧制成，按强度不同分为Ⅰ、Ⅱ、Ⅲ和Ⅳ级，随着级别增大，钢筋的强度提高，塑性降低，其中Ⅲ级和Ⅳ级钢筋即为高强钢筋。热处理钢筋是由强度大致相当于Ⅳ级的某些特定钢号钢筋经淬火和回火处理后制成，钢筋强度能得到较大幅度的提高，但其塑性降低并不多。冷拉钢筋由热轧钢筋经冷加工而成，其屈服强度高于相应等级的热轧钢筋，但塑性降低。钢丝包括光面钢丝、刻痕钢丝、冷拔低碳钢丝和钢绞线等。

3. 按其外形分类

钢筋按其外形不同可分为光面钢筋和变形钢筋两种。变形钢筋有螺纹、人字纹和月牙纹，月牙纹钢筋最常用。通常变形钢筋直径不小于 10mm，光面钢筋的直径不小于 6mm。

4. 按力学性能分类

钢筋按力学性能不同可分为有物理屈服点的钢筋和无物理屈服点的钢筋。前者包括热轧钢筋和冷拉热轧钢筋；后者包括钢丝和热处理钢筋。

（二）钢筋的主要力学性能

1. 应力-应变曲线

（1）有物理屈服点钢筋的典型应力-应变曲线如图 1-2-1（a）所示。

（2）无物理屈服点钢筋的应力-应变曲线如图 1-2-1（b）所示。这类钢筋的抗拉强度一般都很高，但变形很小，也没有明显的屈服点，通常取相应于残余应变 $\varepsilon=0.2\%$

时的应力，作为名义屈服点，即条件屈服强度或条件流限，其值约相当于 0.8 倍的抗拉强度。

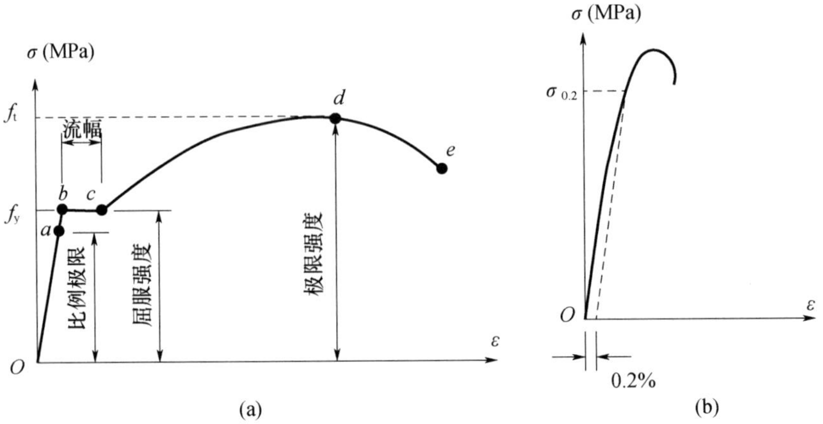

图 1-2-1　钢筋的应力-应变曲线

（a）有物理屈服点钢筋的 σ—ε 图；（b）无物理屈服点钢筋的 σ—ε 图

2. 强度和变形指标

有物理屈服点的钢筋的屈服强度是钢筋强度的设计依据。另外，钢筋的屈强比（屈服强度与极限抗拉强度之比）表示结构可靠性的潜力，抗震结构要求钢筋屈强比不大于 0.8，因而钢筋的极限强度是检验钢筋质量的另一强度指标。无物理屈服点的钢筋由于其条件屈服点不容易测定，因此这类钢筋的质量检验以极限强度作为主要强度指标。

反映钢筋塑性性能的基本指标是伸长率和冷弯性能。伸长率 δ_5 或 δ_{10} 是钢筋试件拉断后的伸长值与原长的比值，它反映了钢筋拉断前的变形能力。伸长率大的钢筋（如有物理屈服点的钢筋）在拉断前有足够的预兆，属于延性破坏。伸长率小的钢筋（如无物理屈服点的钢筋）塑性差，拉断前变形小，破坏突然，属于脆性破坏。

钢筋的冷弯性能是钢筋在常温下承受弯曲变形的能力。在达到规定的冷弯角度时钢筋应不出现裂纹或断裂。因此，冷弯性能可间接地反映钢筋的塑性性能和内在质量。

屈服强度、极限强度、伸长率和冷弯性能是有物理屈服点钢筋进行质量检验的四项主要指标，而对无物理屈服点的钢筋则只测定后三项。

（三）混凝土结构用钢材

1. 热轧钢筋

热轧钢筋按表面形状分为热轧光圆钢筋和热轧带肋钢筋。

根据现行国家标准《钢筋混凝土用钢 第 1 部分：热轧光圆钢筋》（GB/T 1499.1—2017）和《钢筋混凝土用钢 第 2 部分：热轧带肋钢筋》（GB/T 1499.2—2018）的相关规定，热轧光圆钢筋为 HPB300 一种牌号，普通热轧钢筋有 HRB400、HRB500、HRB600、HRB400E、HRB500E 五种牌号，细晶粒热轧钢筋有 HRBF400、HRBF500、HRBF400E、HRBF500E 四种牌号。热轧钢筋的技术要求见表 1-2-17。表中所列的强度值和伸长率均为要求的最小值。

表 1-2-17 热轧钢筋的技术要求

<table>
<tr><th>表面形状</th><th>牌号</th><th>公称直径
(mm)</th><th>下屈服强度
(MPa)</th><th>抗拉强度
(MPa)</th><th>断后伸长率
(%)</th><th>冷弯试验</th></tr>
<tr><td>热轧光圆钢筋</td><td>HPB300</td><td>6～22</td><td>300</td><td>420</td><td>25</td><td>180°，$d=a$</td></tr>
<tr><td rowspan="9">热轧带肋钢筋</td><td>HRB400</td><td rowspan="4">6～25
28～40
>40～50</td><td>400</td><td>540</td><td>16</td><td rowspan="4">180°，$d=4a$
180°，$d=5a$
180°，$d=6a$</td></tr>
<tr><td>HRBF400</td><td>400</td><td>540</td><td>16</td></tr>
<tr><td>HRB400E</td><td>400</td><td>540</td><td></td></tr>
<tr><td>HRBF400E</td><td>400</td><td>540</td><td></td></tr>
<tr><td>HRB500</td><td rowspan="4">6～25
28～40
>40～50</td><td>500</td><td>630</td><td>15</td><td rowspan="4">180°，$d=6a$
180°，$d=7a$
180°，$d=8a$</td></tr>
<tr><td>HRBF500</td><td>500</td><td>630</td><td>15</td></tr>
<tr><td>HRB500E</td><td>500</td><td>630</td><td></td></tr>
<tr><td>HRBF500E</td><td>500</td><td>630</td><td></td></tr>
<tr><td>HRB600</td><td>6～25
28～40
>40～50</td><td>600</td><td>730</td><td>14</td><td>180°，$d=6a$
180°，$d=7a$
180°，$d=8a$</td></tr>
</table>

注：d 为弯心直径；a 为公称直径。

由表 1-2-17 可知，随钢筋级别的提高，其屈服强度和极限强度逐渐增加，而其塑性则逐渐下降。

综合钢筋的强度、塑性、工艺性和经济性等因素，非预应力钢筋混凝土可选用 HPB300、HRB400 钢筋，而预应力钢筋混凝土则宜选用 HRB600、HRB500 和 HRB400 钢筋。

2. 冷拉热轧钢筋

为了提高强度以节约钢筋，工程中常按施工规程对热轧钢筋进行冷拉。

冷拉Ⅰ级钢筋适用于非预应力受拉钢筋，冷拉Ⅱ、Ⅲ、Ⅳ级钢筋强度较高，可用做预应力混凝土结构的预应力筋。由于冷拉钢筋的塑性、韧性较差，易发生脆断，因此，冷拉钢筋不宜用于负温度、受冲击或重复荷载作用的结构。

3. 冷轧带肋钢筋

冷轧带肋钢筋是以普通低碳钢或低合金钢热轧圆盘条为母材，经冷拉或冷拔减径后，在其表面轧成具有三面或两面月牙形横肋的冷轧带肋钢筋。其牌号由 CRB 和钢筋的抗拉强度最小值构成，C、R、B 分别为冷轧、带肋、钢筋三个词的英文首位字母。根据现行国家标准《冷轧带肋钢筋》(GB/T 13788—2017) 的规定，冷轧带肋钢筋分为 CRB550、CRB650、CRB800、CRB600H、CRB680H、CRB800H 六个牌号。CRB550、CRB600H 为普通混凝土用钢，CRB650、CRB800、CRB800H 用于预应力钢筋混凝土，CRB680H 既可作为普通混凝土用钢，也可作为预应力钢筋混凝土用钢。

4. 冷轧扭钢筋

冷轧扭钢筋由低碳钢热轧圆盘条经专用钢筋冷轧扭机调直、冷轧并冷扭一次成型，具有规定截面形状和节距的连续螺旋状钢筋。按其截面形状不同分为Ⅰ型（矩形截面）和Ⅱ型（菱形截面）两种类型。代号为 CTB。冷轧扭钢筋可适用于钢筋混凝土构件。冷轧扭钢筋与混凝土的握裹力与其螺距大小有直接关系。螺距越小，握裹力越大，但加工难度也越大，因此应选择适宜的螺距。冷轧扭钢筋在拉伸时无明显屈服台阶，为安全起见，其抗拉设计强度采用 0.8σ_b。

5. 预应力混凝土用钢丝和钢绞线

预应力钢丝按交货状态分为冷拉钢丝及消除应力钢丝两种，按外形分为光面钢丝、刻痕钢丝、螺旋钢丝三种。按松弛能力分为Ⅰ级松弛和Ⅱ级松弛两级。其代号为 RCD（冷拉钢丝）、S（消除应力钢丝）、SI（消除应力刻痕钢丝）、SH（消除应力螺旋肋钢丝）。

预应力钢绞线按捻制结构分为三类：用两根钢丝捻制的钢绞线［表示为（1×2）］、用三根钢丝捻制的钢绞线［表示为（1×3）］、用七根钢丝捻制的钢绞线［表示为（1×7）］。按应力松弛能力分为Ⅰ级松弛和Ⅱ级松弛两种。

6. 高强钢筋

高强钢筋在水利工程建设中通常用于钢筋混凝土或预应力混凝土结构中，其横截面为圆形，有时为带有圆角的方形，包括光圆钢筋、带肋钢筋、扭转钢筋。常见的高强钢筋有以下几种类型：

（1）微合金热轧带肋钢筋。通过添加钒、铌等合金元素，以提高钢筋屈服强度和极限强度的热轧带肋钢筋。如 HRB400、HRB500 就分别代表微合金化的屈服强度标准值为 400MPa 和 500MPa 的热轧带肋钢筋。

（2）高延性冷轧带肋钢筋。热轧圆盘条经冷轧成型及回火热处理获得的具有较高延性的冷轧带肋钢筋。如 CRB600H 高延性冷轧带肋钢筋，就是国内近年来研制开发的新型高强带肋钢筋，生产工艺增加了回火热处理过程，钢筋强度和伸长率均有显著提高，其抗拉强度标准值达 600MPa。

（3）余热处理钢筋。通过轧钢时进行淬水处理并利用芯部的余热对钢筋的表层实现回火，以提高强度避免脆性的成品钢筋。如 RRB400 就代表通过余热处理的屈服强度标准值为 400MPa 的热轧带肋钢筋。

（4）细晶粒热轧带肋钢筋。轧钢时采用特殊的控扎和控冷工艺，使钢筋组织晶粒细化、强度提高。该工艺既能提高强度又保持了较好的延性，达到了混凝土结构中使用高强钢筋的要求。如 HRBF400、HRBF500 就分别代表细晶粒化的屈服强度标准值为 400MPa 和 500MPa 的热轧带肋钢筋。

（5）牌号带后缀“E”的热轧带肋钢筋。有较高抗振性能的热轧带肋钢筋，如 HRB400E、HRB500E、HRBF400E 和 HRBF500E 等。其抗拉强度实测值与屈服强度实测值的比值不小于 1.25，屈服强度实测值与屈服强度标准值的比值不大于 1.3，且钢筋在最大应力下的总伸长率（均匀伸长率）实测值不小于 9%。

五、土工合成材料

土工合成材料是土木工程应用的合成材料的总称。土工合成材料作为一种土木工程材料，是以人工合成的聚合物（如塑料、化纤、合成橡胶等）为原料，制成各种类型的产品，置于土体内部、表面或各种土体之间，发挥加强或保护土体的作用。因为它们主要用于岩土工程，所以冠以“土工”两字，称为“土工合成材料”，以区别于天然材料。

根据《土工合成材料应用技术规范》（GB/T 50290—2014）的规定，把土工合成材料分为土工织物、土工膜、土工复合材料和土工特种材料四大类。

1. 土工织物

土工织物又称土工布，是由聚合物纤维制成的透水性土工合成材料。按制造方法不同，土工织物可分为织造型（有纺）与非织造型（无纺）土工织物两大类。

土工布可以代替传统粒料建造反滤层和排水体，用无纺土工织物作为反滤材料其单位面积质量和厚度应符合工程要求，遇往复水流时，应采用较厚织物。采用的无纺土工织物排水能力不足时可用其他复合排水材料。

水利工程中长丝土工布能替代传统的工程材料及施工方法，施工更安全，并有助于环境保护，能更经济、有效、持久地解决工程建设中的基本问题，特别是与土工膜热合成复合土工膜时更具优势。长丝土工布具有以下特点：

（1）强度高。同等克重规格下，各向拉伸强度均高于其他针刺无纺布。

（2）抗紫外线光照优。具有极高的抗紫外线能力。

（3）耐极高温性能优。耐高温达 230℃，高温下仍保持结构完整及原有的物理性能。

（4）渗透性及平面排水性优。长丝土工布较厚且是针刺成型的，具有良好的平面排水和垂直透水性，多年后仍能保持此性能。

（5）耐蠕变性强。其耐蠕变性优于其他土工布，因此长效性好，它能耐土中常见化学物质的侵蚀以及耐汽油、柴油等的腐蚀。

（6）优良的延展性。长丝土工布在一定应力下有很好的延伸率，使之能适应凹凸不平的不规则基面。

2. 土工膜

土工膜是透水性极低的土工合成材料。其按制作方法不同，可分为现场制作和工厂预制两大类；按原材料不同，可分为聚合物和沥青两大类，聚合物膜在工厂制造，而沥青膜则大多在现场制造；为满足不同强度和变形需要，又有加筋和不加筋之分。

大量工程实践表明，土工膜的不透水性很好，弹性和适应变形的能力很强，能适用不同的施工条件和工作应力，具有良好的耐老化能力，处于水下和土中的土工膜的耐久性尤为突出。土工膜具有突出的防渗和防水性能。

3. 土工复合材料

土工复合材料是为满足工程特定需要把两种或两种以上的土工合成材料组合在一起的制品。

（1）复合土工膜。复合土工膜是将土工膜和土工织物复合在一起的产品，在水利工程建设中被广泛应用。

（2）塑料排水带。由不同凹凸截面形状并形成连续排水槽的带状塑料心材，外包非织造土工织物（滤膜）构成的排水材料。在码头、水闸等软基加固工程中被广泛应用。

（3）软式排水管，又称为渗水软管。它由支撑骨架和管壁包裹材料两部分构成，如图 1-2-2 所示。支撑骨架由高强度钢丝圈构成，高强钢丝由钢线经磷酸防锈处理，外包一层 PVC 材料，使其与空气、水隔绝，避免氧化生锈。管壁包裹材料有三层：内层为透水层，由高强度尼龙纱作为经纱，特殊材料为纬纱制成；中层为非织造土工织物过滤层；外层为与内层材料相同的被覆层，具有反滤、透水、保护作用。在支撑体和管壁外裹材料间、外裹各层之间都采用了强力粘结剂粘合牢固，以确保软式排水管的复合整体性。软式排水管可用于各种排水工程中。

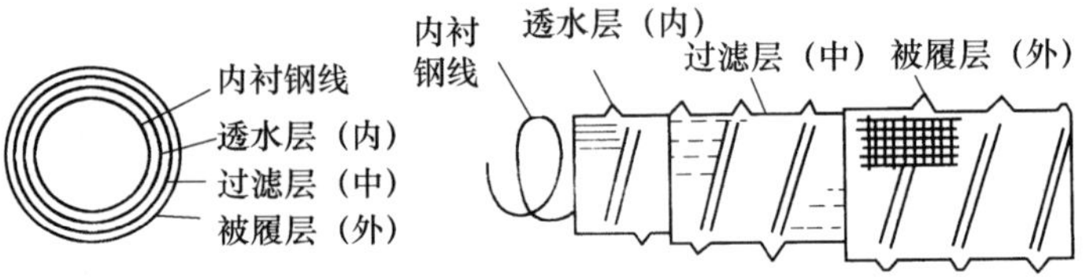

图 1-2-2　软式排水管构造示意

4. 土工特种材料

土工特种材料是为工程特定需要而生产的产品。常见的有以下几种：

（1）土工格栅。在聚丙烯或高密度聚乙烯板材上先冲孔，然后进行拉伸而成的带长方形孔的板材。按拉伸方向不同，可分为单向拉伸（孔近矩形）和双向拉伸（孔近方形）两种，如图 1-2-3 所示。土工格栅埋在土内，与周围土之间不仅有摩擦作用，而且由于土石料嵌入其开孔中，还有较高的啮合力，它与土的摩擦系数高达 0.8～1.0。土工格栅强度高、延伸率低，常用作加筋土结构的筋材或复合材料的筋材等。土工格栅分为塑料土工格栅、钢塑土工格栅、玻璃纤维土工格栅和玻纤聚酯土工格栅四大类。

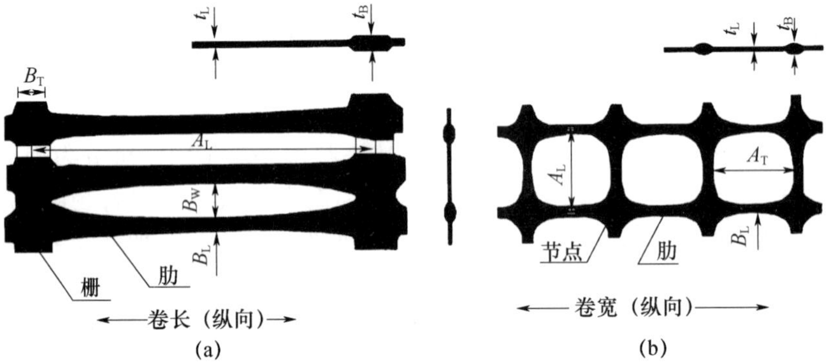

图 1-2-3　土工格栅

（a）单向格栅；（b）双向格栅

（2）土工网。由聚合物经挤塑成网或由粗股条编织或由合成树脂压制而成的具有较大孔眼和一定刚度的平面网状结构材料，如图 1-2-4 所示。一般土工网的抗拉强度都较低，延伸率较高。土工网常用于坡面防护、植草、软基加固垫层和制造复合排水材料。

（3）土工模袋。由上下两层土工织物制成的大面积连续袋状材料，袋内充填混凝土或水泥砂浆，凝固后形成整体混凝土板，适用于护坡。模袋上下两层之间用一定长度的尼龙绳拉接，用以控制填充时的厚度。按加工工艺不同，模袋可分为工厂生产的机织模袋和手工缝制的简易模袋两类。

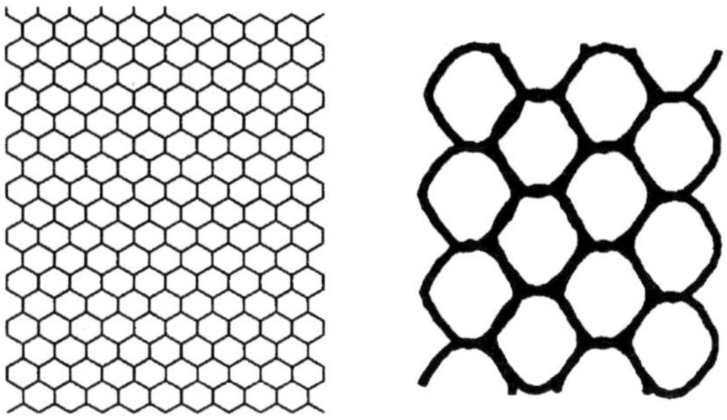

图 1-2-4　土工网

（4）土工格室。由强化的高密度聚乙烯宽带，每隔一定间距以强力焊接而形成的网状格室结构。其闭合和张开时的形状如图 1-2-5 所示。格室张开后，可填土料，由于格室对土的侧向位移的限制，可大大提高土体的刚度和强度。土工格室可用于处理软弱地基，增大其承载力；沙漠地带可用于固沙；也可用于护坡等。

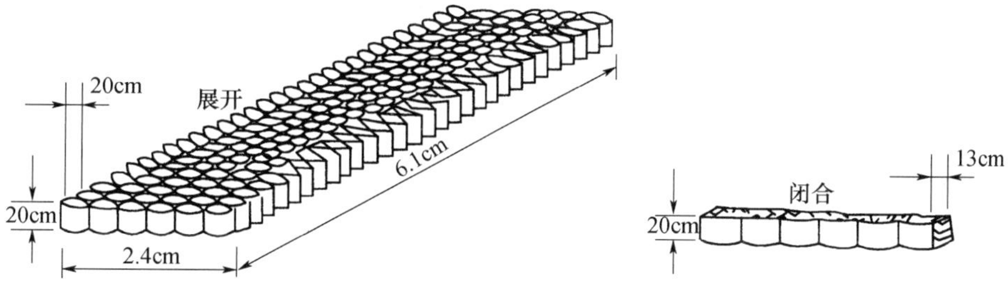

图 1-2-5　土工格室

（5）土工管、土工包。用经防老化处理的高强度土工织物制成的大型管袋及包裹体，可用于护岸、崩岸抢险和堆筑堤防。

（6）土工合成材料黏土垫层。由两层或多层土工织物或土工膜中间夹一层膨润土粉末（或其他低渗透性材料）以针刺（缝合或粘结）而成的一种复合材料。其优点是体积小、质量轻、柔性好、密封性良好、抗剪强度较高、施工简便，适应不均匀沉降，比压实黏土垫层更优越，可代替一般的黏土密封层，用于水利或土木工程建设中的防渗或密封设计。

上述土工合成材料在土建工程中应用时，不同的部位应使用不同的材料，其功能主要可归纳为六类，即反滤、排水、隔离、防渗、防护和加筋。

六、土石料

土石坝筑坝材料来源于当地，就地取材是土石坝的一个突出优点。坝址附近拥有各种天然土石料，除沼泽土、斑脱土、地表土及含有未完全分解的有机质土料以外，原则上均可用作筑坝材料，或经适当处理后用于筑坝的不同部位。因此，各种天然土石料的种类、性质、储量和分布以及枢纽中其他建筑物开挖渣料的性质和可利用数量等，都是选择土石坝筑坝材料的重要依据。

砂石料是指黄砂、卵（砾）石、碎石、块石、条石等材料，其中黄砂、卵（砾）石和碎石统称为骨料。骨料根据料源情况分为天然骨料和人工骨料。天然骨料是指开采砂砾料经筛分、冲洗加工而成，通常是由天然岩石经自然条件作用而形成的卵（砾）石和砂，有河砂、海砂、湖砂、山砂、河卵石、海卵石等。人工骨料是指用爆破方法开采岩石作为原料（块石、片石统称为碎石原料），经过机械破碎、碾磨而成的碎石和机制砂。砂石料是水利工程中混凝土和堆砌石等构筑物的主要建筑材料。

（一）土料

防渗体是土石坝的重要组成部分，其作用是利用低透水性的材料将渗流控制在允许范围内。防渗体除具有防渗性能外，还应具有一定的抗剪强度和低压缩性。因此，对防渗体土料的要求：渗透性低；较高的抗剪强度；良好的压实性能，压缩性小，且要有一定的塑性，以能适应坝壳和坝基变形而不致产生裂缝；有良好的抗冲蚀能力，以免发生渗透破坏等。

用作心墙、斜墙和铺盖的防渗土料，一般要求渗透系数 k 不大于 10^{-5}cm/s。用作均质坝的土料渗透系数 k 宜小于 10^{-4}cm/s。黏粒含量为 15%～30%或塑性指数为 10～17 的中壤土、重壤土及黏粒含量为 30%～40%或塑性指数为 17～20 的黏土都较适宜。黏粒含量大于 40%的黏土不宜使用，因为它易于干裂且难压实。塑性指数大于 20 和液限大于 40%的冲积黏土、浸水后膨胀软化较大的黏土、开挖压实困难的干硬性黏土、分散性土和冻土应尽量不用。

防渗体对杂质含量的要求比对坝壳材料的要求高。一般要求水溶盐含量（指易溶盐和中溶盐的总量，按质量计）不大于 3%；有机质含量（按质量计）对均质坝不大于 5%，对心墙或斜墙不大于 2%，特殊情况下经充分论证后可适当提高。

目前国内已建的土石坝，防渗体大多仍采用纯黏性土填筑。在高坝建设中，由于施工时可采用大型的压实和运输工具，当土料充足时可适当加大防渗体尺寸，因此对防渗体土料的要求有所放宽。有些工程采用砾质黏土或人工加砾黏土（含有一定量 $d>$ 5mm 的粗粒的黏性土）做防渗体。当粗粒含量不超过 50%，其孔隙全被细粒所填充，且有足够的抗渗性和抗渗稳定性时，也是良好的防渗材料。由于含有粗粒，压缩性小，与坝壳的变形比较协调，因此用于高坝心墙的下部较为合适，但其组成常是不均匀的，施工时要注意粗粒绝不能集中，以免形成渗漏通道。粗粒最大粒径不宜大于 150mm 或铺土厚的 2/3，0.075mm 以下的颗粒含量应不小于 15%，填筑时不得发生粗料集中架空的现象。

我国南方地区的棕、黄、红色残积、坡积土，虽然黏粒含量高、天然容重低、压实性差，但在填筑干容重较低和填筑含水量较高的条件下，仍具有较高的强度、较低的压缩性和较小的渗透性，可用于填筑均质坝和多种土质坝的防渗体。西北地区的湿陷性黄土及黄土类土也是填筑均质坝和防渗体的良好材料，但要注意控制适当的填筑含水量与压实度。

风化料几乎每个坝址都有，有的数量还较大。为减少取土和弃土工程量，提高经济效益，可利用风化料做防渗体，如中国鲁布革土石坝即用风化料做防渗体。但应注意风化料性能差异很大，其强度不如一般砂卵石均衡稳定。有些风化料（特别是母岩软弱或棱角尖锐的风化石渣等）浸水后其强度可能有明显的变化；有的会产生较大的湿陷；有的则因粒径不均匀、级配不连续，较易发生渗透破坏等。因此，为用好风化料，应尽可能将风化料配置在坝的干燥区域，或适当提高填筑标准或降低采用的计算强度指标，加强反滤排水等。对重要的工程采用风化料，应进行专门的研究论证。

（二）堆石料

堆石料是天然筑坝材料的一种。堆石料原岩的适用性应根据质量技术指标、设计要求及工程经验等进行综合评价，质量技术指标宜符合表 1-2-18 的规定。

上游堆石区硬质岩料压实后宜有良好的颗粒级配，最大粒径应不超过压实层厚度，小于 5mm 的颗粒含量不宜超过 20%，小于 0.075mm 的颗粒含量不宜超过 50%，并具有低压缩性、高抗剪强度和自由排水性能。

表 1-2-18　堆石料原岩质量技术指标

序号	项目	指标	备注
1	饱和抗压强度	>30MPa	可视地域、设计要求调整
2	软化系数	>0.75	
3	冻融损失率（质量）	<1%	
4	干密度	>2.4g/cm³	

排水区应用坚硬、抗风化能力强、软化系数高的堆石料，并应控制小于 0.075mm 的颗粒含量不超过 50%，压实后应能自由排水。下游水位以上的下游堆石区，对堆石料的要求可适当降低。

软岩堆石料可用于高坝坝轴线下游的干燥部位，压实后其变形特性应与上游堆石区的变形特性相适应，中低坝也可用于上游堆石区。

用砂砾石料筑坝时，砂砾石料中小于 0.075mm 颗粒含量超过 80%时，宜用在坝内干燥区。

（三）砂石料

1. 黄砂

黄砂主要作为细骨料，粒径为 0.15～5mm，与胶凝材料（包括水泥、石灰、石膏）配制成砂浆和混凝土使用。

砂的密度一般为 2600～2700kg/m³；干燥状态下，砂的堆积密度一般为 1500～1600kg/m³；砂的孔隙率，干燥状态下一般为 35%～45%。

黄砂的外观体积随着黄砂的湿度变化而变化。当黄砂的含水率为 5%～7%时，砂堆的体积最大，比干松状态下的体积增大 30%～35%；含水率再增加时，体积便开始逐渐减小，当含水率增到 17%时，体积将缩至与干松状态下相同；当黄砂完全被水浸之后，其密度反而超过干砂，体积可较原来干松体积缩小 7%～8%。因此，在设计混凝土和各种砂浆配合比时，均应以经过加工筛分筛除杂质后的干松状态下的黄砂为标准进行计算。

2. 卵石、碎石

卵石、碎石在水利工程中用量很大，颗粒粒径均大于 5mm，称为粗骨料。卵石是天然岩石经自然风化后，因受水流的不断冲击，互相摩擦成圆卵形，故称卵石。卵石也与砂一样，依产地和环境不同，可分为河卵石、海卵石和山卵石。山卵石通常掺杂较多的杂质，一般颗粒较锐，海卵石中则常混有贝壳，河卵石比较洁净。碎石是把各种硬质岩石（花岗岩、砂岩、石英岩、玄武岩、辉绿岩、石灰岩等），经人工或机械加工破碎而成。

卵石是天然生成的，不需加工，且卵石表面光滑，制成的混凝土和易性好，易捣固密实，孔隙较少，不透水性比碎石好，但卵石与水泥浆的黏结力较碎石差。卵石颗粒的坚硬程度不一致，片状针状颗粒较多，含杂质也较多。

3. 块石、条石

天然石材在建筑工程中常用的品种还有块石和条石。块石是指由岩石爆破采掘直接获得的天然石块，故又称毛石；条石是以人工或机械开采出的较规则的六面体石料，经人工凿琢加工成长方形的石块。块石和条石的质量要求、用途及规格见表1-2-19。

表1-2-19　块石和条石的质量要求、用途及规格

品　　种	质量要求	用　　途	常用参考规格
块石（又名毛石或片石）	以质地硬为合格。颜色纯青的称全青块石，混合色的是花青块石，黄色的是黄块石；质地以全青块石最好，黄块石最差。验收时，应注意不能有风化石，并且不许掺有杂质	用于砌筑基础、勒角、墙身、堤坝、桥墩、涵洞、道路基层以及用于大体积混凝土中	块石形状不规则，石块厚度大于20cm，长宽各为厚度的2～3倍，上、下两面大致平行且平整，无尖角、薄边，单块质量不超过150kg
条石（又名料石）	外观上石质一致，无裂纹、风化等现象，并以四棱方正、表面平整、尺寸符合为合格	用于砌筑墙身、柱头、踏步、地坪、纪念碑等	分为毛条石和精条石，毛条石为人力开采，锲裂而得的长条形毛坯料，长为60～120cm，宽高均为30～40cm，四棱方正的石料，表面凸凹不超过30mm。精条石则在毛条石基础上进行精细加工而成

（四）垫层料与过渡料

垫层料应具有良好的级配、内部结构稳定或自反滤稳定要求。其最大粒径为80～100mm，小于5mm的颗粒含量宜为35%～55%，小于0.075mm的颗粒含量宜为4%～8%；压实后具有低压缩性、高抗剪强度，渗透系数宜为$i\times(10^{-4}\sim10^{-3})$ cm/s，并具有良好的施工特性。中低坝可适当降低对垫层料的要求。

寒冷地区及抽水蓄能电站的垫层料的渗透系数宜为$1\times10^{-3}\sim1\times10^{-2}$cm/s。

垫层料可采用轧制砂石料、砂砾石料，或两者的掺配料。轧制砂石料应采用坚硬和抗风化能力强的岩石加工。

特殊垫层区应采用最大粒径不超过40mm，级配连续，对粉煤灰、粉细砂或堵缝泥浆有自愈作用的反滤料。

过渡料对垫层料应具有反滤保护作用。采用连续级配，最大粒径宜为300mm。压实后应具有低压缩性和高抗剪强度，并具有自由排水性。

过渡料可用洞室开挖石料或采用专门开采的细堆石料、经筛分加工的天然砂砾石料。

（五）排水体、护坡料

排水体和砌石护坡所用石料，应具有足够的强度，且不易被溶蚀，还应具有较高的抗水性，其软化系数（饱和抗压强度与干抗压强度之比）不小于0.75～0.85，同时还要能抗冻融和风化。块石料的饱和抗压强度不小于40～50MPa，其孔隙率不大于3%，吸水率（按孔隙体积比计算）不大于0.8，重度应大于22kN/m^3。除块石外，碎石、卵石也可应用，但不宜使用风化岩石。

砌石料原岩的适用性应根据质量技术指标、设计要求及工程经验等进行综合评价，并宜符合下列规定：首先，砌石料岩体结构面间距宜符合砌石块度和质量要求；其次，质量技术指标宜符合表1-2-20的规定。

表1-2-20　砌石料原岩质量技术指标

序　号	项　目	指　标	备　注
1	饱和抗压强度	>30MPa	可视地域、设计要求调整
2	软化系数	>0.75	
3	吸水率	<10%	
4	冻融损失率（质量）	<1%	
5	干密度	>2.4g/cm^3	
6	硫酸盐及硫化物含量（换算成SO_3）	<1%	

（六）反滤料

铺筑反滤层用的砂砾石和卵石称为反滤料，需具备下列条件：

（1）未经风化与溶蚀，且坚硬、密实、耐风化以及不易被水溶解。

（2）透水性很大，要求其渗透系数至少应大于被保护土渗透系数的50～100倍。

（3）具有一定的抗剪强度。

（4）没有塑性。

（5）反滤层用的砂砾石、卵石中有机混合物含量的限度与坝体土料的要求相同。

（6）因砾石、卵石应具有高度的抗水性和抗冻性，故砾石的孔隙率不超过40%，宜采用岩浆岩石料。

（7）反滤层所用的砂及砾石中，粒径小于0.1mm的颗粒含量（即含泥量）应不大于5%（按质量计），也不应含有大量粒径小于0.05mm的粉土和黏土颗粒。对于心墙两侧的过渡层，经过充分的试验论证，其含泥量可以适当放宽。

也可用角砾及碎石代替砂砾石和卵石，但角砾及碎石有棱角，在施工时由于碰擦容易产生石粉，从而淤塞反滤层，故对高坝或重要性很高的中、低坝的滤水坝趾反滤料，不宜采用角砾和碎石。坝面护坡的反滤料要求较低，可以采用角砾和碎石。

七、木材

木材作为承重结构用材、施工用木支撑、木模板等材料，在建筑工程中占有重要而独特的地位。

（一）木材的分类

木材从外形上分为针叶树和阔叶树两大类。针叶树纹理平直、材质均匀、木质较软、易加工、变形小，建筑上广泛用作承重构件和装修材料，如杉树、松树等。阔叶树质密、木质较硬、加工较难、易翘裂、纹理美观，适用于室内装修，如水曲柳、枫木等。

建筑用木材，通常以如下 3 种材型供货：

（1）原木。原木为砍伐后经修枝并截成一定长度的木材。

（2）板材。板材为宽度是厚度的 3 倍或 3 倍以上的型材。

（3）枋材。枋材为宽度不及厚度 3 倍的型材。

根据国家对木材材质的标准，按木材缺陷情况，将木材分为一、二、三、四等级。

（二）木材的构造

木材是非均质材料，其宏观构造可从树干的三个主要切面来剖析：横切面、径切面、弦切面。从横切面来观察，树木由树皮、木质部、年轮、髓心和髓线组成。髓心位于树的中心，由最早生成的细胞所构成。木质部位于髓心和树皮之间的部分，是建筑材料使用的主要部分。

微观结构上，木材是由无数管状细胞紧密结合而成，它们绝大部分沿树干的纵向排列。每一个细胞分为细胞壁和细胞腔两部分。细胞壁由纤维素、半纤维素和木质素组成，大多数纤维素沿细胞长轴成束排列，纤维素束由无定型的木质素将其黏结而构成细胞壁。木材的细胞壁越厚，腔越小，木材越密实，强度也越大，但胀缩也大。

（三）木材的物理性质

1. 密度与表观密度

木材的密度是指构成木材细胞壁物质的密度。密度具有变异性，即从髓心到树皮或早材与晚材及树根部到树梢的密度变化规律，随木材种类不同有较大的不同，平均为 $1.50 \sim 1.56 g/cm^3$，表观密度为 $0.37 \sim 0.82 g/cm^3$。

2. 吸湿性与含水率

木材的含水率是木材中水分质量占干燥木材质量的百分比。木材中的水分按其与木材结合形式和存在的位置，可分为自由水、吸附水和化学结合水。

自由水是存在于木材细胞腔和细胞间隙中的水，它影响着木材的表观密度、抗腐蚀性、干燥性和燃烧性。吸附水是被吸附在细胞壁内纤维之间的水，吸附水的变化则影响木材强度和木材胀缩变形性能。化学结合水即为木材中的化合水，因其它在常温下不变化，故其对木材的性质无影响。

当木材中无自由水，而细胞壁内吸附水达到饱和时，这时的木材含水率称为纤维饱和点。木材中所含的水分随着环境的温度和湿度的变化而改变。当木材长时间处于一定温度和湿度的环境中时，木材中的含水量最后会达到与周围环境湿度相平衡，这时木材的含水率称为木材平衡含水率。

3. 湿胀干缩性

木材具有显著的湿胀干缩性。当木材从潮湿状态干燥至纤维饱和点时，自由水蒸发不改变其尺寸；继续干燥，细胞壁中吸附水蒸发，细胞壁基体收缩，从而引起木材体积收缩。反之，吸湿膨胀，直到纤维饱和点时为止。细胞壁越厚，则胀缩越大。

由于木材构造不均匀，各方向、各部位胀缩也不同，其中弦向最大，径向次之，纵向最小。边材胀缩大于心材。

（四）木材的力学性质

木材的组织结构决定了它的许多性质为各向异性，在力学性质上尤为突出。木材的抗拉、抗压、抗剪、抗弯四种强度均具有明显的方向性。

（1）抗拉强度。顺纹方向最大，横纹方向最小。

（2）抗压强度。顺纹方向最大，横纹方向只有顺纹的10％～20％。

（3）抗剪强度。顺纹方向最小，横纹方向达到顺纹方向的4～5倍。

（4）抗弯强度。木材的抗弯性很好，在使用时绝大多数为顺纹情况，可视弯曲上方为顺纹抗压，弯曲下方为顺纹抗拉的复合情况。

（五）影响木材强度的因素

1. 含水率

木材的含水率在纤维饱和点以内变化时，含水量增加使细胞壁中的木纤维之间的联结力减弱、细胞壁软化，故强度降低；当水分减少使细胞壁比较紧密时，强度增高。含水率的变化对各强度的影响是不一样的。对顺纹抗压强度和抗弯强度的影响较大，对顺纹抗拉强度和顺纹抗剪强度影响较小。

2. 环境温度

木材随环境温度升高强度会降低。尤其当温度超过140℃时，木材中的纤维素发生热裂解，色渐变黑，强度明显下降，长期处于高温的建筑物，不宜采用木结构。

3. 负荷时间

木材的长期承载能力远低于暂时承载能力。这是因为在长期承载情况下，木材会发生纤维蠕滑，累积后产生较大变形而降低了承载能力的结果。木材在长期荷载作用下不致引起破坏的最大强度，称为持久强度。木材的持久强度比其极限强度小得多，一般为极限强度的50％～60％。

4. 疵病

木材在生长、采伐及保存过程中，会产生内部和外部的缺陷，这些缺陷统称为疵病。木材的疵病主要有木节、斜纹、腐朽及虫害等，这些疵病将影响木材的力学性质，降低木材的使用价值。

（六）木材在水利工程中的应用

（1）在水利工程施工过程中使用的柱桩、模板、支撑等。

（2）在厂房等结构中的应用，主要用于构架、屋顶、梁柱、门窗、地板、护墙板、木花格、木制装饰等。

八、管材

（一）铸铁管

铸铁管具有较高的机械强度及承压能力，有较强的耐腐蚀性，接口方便，易于施工。其缺点在于不能承受较大的动荷载及质脆。按制造材料分为普通灰口铸铁管和球墨铸铁管，较为常用的为球墨铸铁管。

球墨铸铁管是在铸造铁水经添加球化剂后，经过离心机高速离心铸造成的低压力管材，一般应用管材直径可达3000mm。其机械性能得到了较好的改善，具有铁的本质、钢的性能，但价格比钢材便宜得多。防腐性能优异、延展性能好，安装简易，主要用于输水、输气，输油等。

目前我国球墨铸铁管具备一定生产规模的厂家一般都有专业化生产线，产品数量及质量性能稳定，其刚度好，耐腐蚀性好，使用寿命长，承受压力较高。如果用T型橡胶接口，其柔性好，对地基适应性强，现场施工方便，施工条件要求不高；其缺点是价格较高。

1. 球墨铸铁管分类

按其制造方法不同可分为砂型离心承插直管、连续铸铁直管及砂型铁管。按其所用的材质不同可分为灰口铁管、球墨铸铁管及高硅铁管。铸铁管多用于给水、排水和煤气等管道工程。

2. 接口形式

承插式铸铁管刚性接口抗应变性能差，受外力作用时，无塔供水设备接口填料容易碎裂而渗水，尤其在弱地基、沉降不均匀地区和地震区接口的破坏率较高。因此，应尽量采取柔性接口。

目前采用的柔性接口形式有滑入式橡胶圈接口、T形橡胶圈接口、柔性机械式接口A型及柔性机械式接口K型。

（二）钢管

钢管的应用历史较长，范围较广。其优点是管径可随需要加工，承受压力高、耐振动、薄而轻及管节长而接口少，接口形式灵活，单位管长质量轻、渗漏小，节省管件，适合较复杂地形穿越，可现场焊接，运输方便等。其缺点是易锈蚀影响使用寿命、价格较高，故需做严格防腐绝缘处理。钢管一般用于管径要求大、受水压力高，及穿越铁路、河谷和地震区等管段。

在输水工程中一般选用螺旋焊缝与直缝焊接钢管。螺旋焊接钢管采用卷板，利用螺旋管焊接生产线一次成型。螺旋焊管受加工工艺影响，管材存在较大残余应力，这部分残余应力与管道运行期间工作应力组合后，降低管道承受内压的能力。另外，螺旋焊接管的焊缝较直缝焊管的焊缝长，这就意味着薄弱环节多，可靠性差。但由于输水工程管道内压一般不算太高，即使螺旋焊接管存在上述问题也不影响其应用。

（三）玻璃钢管

玻璃钢管也称玻璃纤维缠绕夹砂管（RPM管）。玻璃钢管主要以玻璃纤维及其制品为增强材料，以高分子成分的不饱和聚脂树脂、环氧树脂等为基本材料，以石英砂及碳酸钙等无机非金属颗粒材料为填料作为主要原料。管的标准有效长度为6m和12m，其制作方法有定长缠绕工艺、离心浇筑工艺以及连续缠绕工艺三种。

玻璃钢管的优点是管道糙率低，一般按 $n=0.0084$ 计算时其选用管径较球墨铸铁管或钢管小一级，可降低工程造价，且管道自重轻，运输方便，施工强度低，材质卫生，对水质无污染，耐腐蚀性能好。其缺点是管道本身承受外压能力差，对施工技术要求高，生产中人工因素较多，如管道管件、三通、弯头生产，必须有严格的质量保证措施。

玻璃钢管特点如下：

（1）耐腐蚀性好，对水质无影响。玻璃钢管道能抵抗酸、碱、盐、海水、未经处理的污水、腐蚀性土壤或地下水及众多化学流体的侵蚀。比传统管材的使用寿命长，其设计使用寿命一般为50年以上。

（2）耐热性、抗冻性好。在－30℃状态下，仍具有良好的韧性和极高的强度，可在－50℃～80℃的范围内长期使用。

（3）自重轻、强度高，运输安装方便。采用纤维缠绕生产的夹砂玻璃钢管道，其比重在1.65～2.0，环向拉伸强度为180～300MPa，轴向拉伸强度为60～150MPa。

（4）摩擦阻力小，输水水头损失小。内壁光滑，糙率和摩阻力很小。糙率系数可达0.0084，能显著减少沿程的流体压力损失，提高输水能力。

（5）耐磨性好。

（四）塑料管

塑料管一般是以塑料树脂为原料，加入稳定剂、润滑剂等经熔融而成的制品。由于它具有质量轻、耐腐蚀、外形美观、无不良气味、加工容易、施工方便等特点，在建筑工程中获得了越来越广泛的应用。

1. 塑料管管材特性

塑料管的主要优点是具有表面光滑、输送流体阻力小，耐蚀性能好、质量轻、成型方便、加工容易；缺点是强度较低，耐热性差。

2. 塑料管管材分类

塑料管有热塑性塑料管和热固性塑料管两大类。热塑性塑料管采用的主要树脂有聚氯乙烯树脂（PVC）、聚乙烯树脂（PE）、聚丙烯树脂（PP）、聚苯乙烯树脂（PS）、丙烯腈-丁二烯-苯乙烯树脂（ABS）、聚丁烯树脂（PB）等；热固性塑料采用的主要树脂有不饱和聚酯树脂、环氧树脂、呋喃树脂、酚醛树脂等。

3. 常用塑料管性能及优缺点

（1）硬聚氯乙烯（PVC-U）。化学腐蚀性好，不生锈；具有自熄性和阻燃性；耐老化性好，可在－15℃～60℃使用20～50年；密度小，质量轻，易扩口、粘接、弯曲、焊接、安装工作量仅为钢管的1/2，劳动强度低、工期短；水力性能好，内壁光滑，内壁表面张力，很难形成水垢，流体输送能力比铸铁管高3.7倍；阻电性能良好，体积电阻1～3×10^5Ω·cm，击穿电压23～2kV/mm；节约金属能源。

但其韧性低，线膨胀系数大，使用温度范围窄；力学性能差，抗冲击性不佳，刚性差，平直性也差，因而管卡及吊架设置密度高；燃烧时热分解，会释放出有毒气体和烟雾。

（2）无规共聚聚丙烯管（PP-R）。PP-R在原料生产、制品加工、使用及废弃全过程均不会对人体及环境造成不利影响，与交联聚乙烯管材同被称为绿色建材。其除具有一般塑料管管材质量轻、强度好、耐腐蚀、使用寿命长等优点外，还有无毒卫生，符合国家卫生标准要求；耐热保温；连接安装简单可靠；弹性好、防冻裂。但其线膨胀系数较大，为0.14～0.16mm/m・k；抗紫外线性能差，在阳光的长期直接照射下容易老化。

材料特性如下：

① 可热熔连接，系统密封性好且安装便捷。

② 在70℃的工作条件下可连续工作，寿命可达50年，短期工作温度可达95℃。

③ 不结垢，流阻小。

④ 经济性好。

（3）PE管。PE管材料（聚乙烯）由于其强度高、耐高温、抗腐蚀、无毒等特点，被广泛应用于给水管制造领域。因为它不会生锈，所以是替代部分普通铁给水管的理想管材。

PE管特点如下：

① 对水质无污染。PE管加工时不添加重金属盐稳定剂，材质无毒性，无结垢层，不滋生细菌，很好地解决了城市饮用水的二次污染。

② 耐腐蚀性能较好。除少数强氧化剂外，可耐多种化学介质的侵蚀；无电化学腐蚀。

③ 耐老化，使用寿命长。在额定温度、压力状况下，PE管道可安全使用50年以上。

④ 内壁水流摩擦系数小，输水时水头阻力损失小。

⑤ 韧性好。耐冲击强度高，重物直接压过管道，不会导致管道破裂。

⑥ 连接方便可靠。PE管热熔或电熔接口的强度高于管材本体，接缝不会由于土壤移动或活荷载的作用断开。

⑦ 施工简单。管道质量轻，焊接工艺简单，施工方便，工程综合造价低。

（4）高密度聚乙烯管（HDPE）。高密度聚乙烯管（HDPE）双壁波纹管是一种用料省、刚性高、弯曲性优良，具有波纹状外壁、光滑内壁的管材。双壁波纹管较同规格同强度的普通管可省料40%，具有高抗冲、高抗压的特性。

基本特性：高密度聚乙烯是一种不透明白色腊状材料，比重为0.941～0.960，柔软而且有韧性，但比LDPE略硬，也略能伸长，无毒、无味。易燃，离火后能继续燃烧，火焰上端呈黄色，下端呈蓝色，燃烧时会熔融，有液体滴落，无黑烟冒出，同时，散发出石蜡燃烧时发出的气味。

主要优点：耐酸碱，耐有机溶剂，电绝缘性优良，低温时，仍能保持一定的韧性。表面硬度、拉伸强度、刚性等机械强度都高于LDPE，接近于PP，比PP韧，但表面光洁度不如PP。

主要缺点：机械性能差，透气差，易变形，易老化，易发脆，脆性低于PP，易应力开裂，表面硬度低，易刮伤。难印刷，印刷时，需进行表面放电处理，不能电镀，表面无光泽。

（5）塑料波纹管。塑料波纹管根据成型方法的不同可分为单壁波纹管、双壁波纹管。其特点刚柔兼备，既具有足够的力学性能，又兼备优异的柔韧性；质量轻、省材料、降能耗、价格便宜；内壁光滑的波纹管能减少液体在管内流动阻力，进一步提高输送能力；耐化学腐蚀性强，可承受土壤中酸碱的影响；波纹形状能加强管道对土壤的负荷抵抗力，又不增加它的曲挠性，以便于连续敷设在凹凸不平的地面上；接口方便且密封性能好，搬运容易，安装方便，减轻劳动强度，缩短工期；使用温度范围广、阻燃、自熄、使用安全；电气绝缘性能好，是电线套管的理想材料。

（五）混凝土管

混凝土管分为素混凝土管、普通钢筋混凝土管、自应力钢筋混凝土管和预应力混凝土管四类。按混凝土管内径的不同，可分为小直径管（内径 400mm 以下）、中直径管（400～1400mm）和大直径管（1400mm 以上）。按管子承受水压能力的不同，可分为低压管和压力管，压力管的工作压力一般有 0.4、0.6、0.8、1.0、1.2MPa 等。混凝土管与钢管比较，按管子接头形式的不同，又可分为平口式管、承插式管和企口式管。其接口形式有水泥砂浆抹带接口、钢丝网水泥砂浆抹带接口、水泥砂浆承插和橡胶圈承插等。

其成型方法有离心法、振动法、滚压法、真空作业法以及滚压、离心和振动联合作用的方法。预应力管配有纵向和环向预应力钢筋，因此具有较高的抗裂和抗渗能力。20 世纪 80 年代，我国和其他一些国家发展了自应力钢筋混凝土管，其主要特点是利用自应力水泥在硬化过程中的膨胀作用产生预应力，简化了制造工艺。混凝土管与钢管比较，可以大量节约钢材，延长使用寿命，且建厂投资少，铺设安装方便，已在工厂、矿山、油田、港口、城市建设和农田水利工程中得到广泛的应用。

混凝土管的优点是抗渗性和耐久性能好，不会腐蚀及腐烂，内壁不结垢等；缺点是质地较脆易碰损、铺设时要求沟底平整，且需做管道基础及管座，常用于大型水利工程。

在输水工程中，管材的选择根据工程的具体情况，要做技术、经济、安全、工期等方面分析比较，综合平衡后再确定。

九、砌体

（一）砖

1. 烧结砖

（1）烧结普通砖，按主要原料分为黏土砖（N）、页岩砖（Y）、煤矸石砖（M）、粉煤灰砖（F）、建筑渣土砖（Z）、淤泥砖（U）、固体废弃物砖（G）等。

① 基本参数。砖为直角六面体，其标准尺寸为 240mm×115mm×53mm，吸水率为 16％～18％。

② 外观质量。烧结普通砖的优等品颜色应基本一致，合格品对颜色无要求。外观质量包括对尺寸偏差、弯曲程度、杂质凸出高度、缺棱掉角、裂纹长度和完整面的要求。

③ 强度等级。烧结普通砖的强度等级分为 MU30、MU25、MU20、MU15、MU10。

④ 耐久性。耐久性包括抗风化性、泛霜和石灰爆裂等指标。抗风化性通常以其抗冻性、吸水率及饱和系数等来进行判别。而泛霜与石灰爆裂均与砖中石灰夹杂有关，这些石灰夹杂可能由于原料中含有石灰石，在砖的焙烧过程中相伴产生，也可能是由生石灰被直接带入。当砖砌筑完毕后，石灰吸水熟化，造成体积膨胀，导致砖开裂，称为石灰爆裂。同时，使砌体表面产生一层白色结晶，即为泛霜。它们将不仅影响砖

砌体外在观感，而且会造成砌体表面粉刷脱落。

根据《烧结普通砖》（GB/T 5101—2017）的规定，根据其尺寸偏差、外观质量、强度等级、密度等级和耐久性等指标，将空心砖的质量分为合格和不合格两个质量等级。

烧结普通砖是传统的墙体材料，具有较高的强度，良好的绝热性、耐久性、透气性和稳定性，且原料广泛，生产工艺简单，因而可用作墙体材料，砌筑柱、拱、窑炉、烟囱、沟道及基础等。

烧结普通砖中的黏土砖因其毁田取土，消耗大、施工效率低，砌体自重大，抗振性差等缺点，在我国主要大、中城市及地区已被禁止使用。

（2）烧结多孔砖。烧结多孔砖是以黏土、页岩、煤矸石、粉煤灰、淤泥其他固体废弃物等主要原料烧制的主要用于结构承重的多孔砖。多孔砖大面有孔，孔多而小，孔洞垂直于大面（即受压面），孔洞率不小于35%。砖的外型一般为直角六面体，在与砂浆的结合面上应设有增加结合力的粉刷槽和砌筑砂浆槽。

根据《烧结多孔砖和多孔砌块》（GB/T 13544—2011）的规定，按抗压强度分为MU30、MU25、MU20、MU15、MU10 5个强度等级，按表观密度分为1000、1100、1200、13004个等级。烧结多孔砖主要用于6层以下建筑物的承重墙体。

（3）烧结空心砖。烧结空心砖是以黏土、页岩、煤矸石、粉煤灰、淤泥、建筑渣土、其他固体废弃物等为主要原料烧制的主要用于非承重部位的空心砖。其顶面有孔、孔大而少，孔洞为矩形条孔或其他孔形，孔洞率大于40%。由于其孔洞平行于大面和条面，垂直于顶面，使用时大面承压，承压面与孔洞平行，所以这种砖强度不高，而且自重较轻，因此多用于非承重墙。如多层建筑内隔墙或框架结构的填充墙等。

根据《烧结空心砖和空心砌块》（GB/T 13545—2014）的规定，烧结空心砖的长度规格尺寸（mm）：390，290，240，190，180（175），140；宽度规格尺寸（mm）：190，180（175），140，115；高度规格尺寸（mm）：180（175），140，115，90。按抗压强度分为MU10、MU7.5、MU5.0、MU3.5 4个强度等级。按体积密度把空心砖分为800、900、1000、1100 4个等级。根据其孔洞及排数、尺寸偏差、外观质量、强度等级、密度等级和耐久性等指标，将空心砖的质量分为合格和不合格两个质量等级。

2. 蒸养（压）砖

蒸养（压）砖属于硅酸盐制品，是以石灰和含硅原料（砂、粉煤灰、炉渣、矿渣、煤矸石等）加水拌和，经成型、蒸养（压）而制成的。目前使用的主要有粉煤灰砖、灰砂砖和炉渣砖。现以灰砂砖为例作简单介绍。

蒸压灰砂砖以石灰和砂为原料，经制坯成型、蒸压养护而成。这种砖与烧结普通砖尺寸规格相同。按抗压、抗折强度值可划分为MU25、MU20、MU15、MU10 4个强度等级。MU15及以上的可用于基础及其他建筑部位。MU10砖可用于防潮层以上的建筑部位。这种砖均不得用于长期经受200℃高温、急冷急热或有酸性介质侵蚀的建筑部位。

（二）砌块

砌块是一种比黏土砖体型大的块状建筑制品。其原材料来源广、品种多，可就地取材，价格便宜。按尺寸大小分为大型、中型、小型三类。目前，我国以生产中小型砌块为主。块高为 380～940mm 的为中型；块高小于 380mm 的为小型。按材料分为混凝土、水泥砂浆、加气混凝土、粉煤灰硅酸盐、煤矸石、人工陶粒、矿渣废料等砌块。按结构构造砌块分为密实的和空心的两种，空心的又有圆孔、方孔、椭圆孔、单排孔、多排孔等空心砌块。密实的或空心的砌块，都能作承重墙和隔断用。

1. 粉煤灰砌块

粉煤灰石切块是以粉煤灰、石灰、石膏为原料，经加水搅拌、振动成型、蒸气养护制成。

2. 中型空心砌块

中型空心砌块按胶结材料不同分为水泥混凝土型及煤矸石硅酸盐型两种。其空心率不小于 25%。

3. 混凝土小型空心砌块

混凝土小型空心砌块以水泥或无熟料水泥为胶结料，配以砂、石或轻骨料（浮石、陶粒等），经搅拌、成型、养护而成。

4. 蒸压加气混凝土砌块

蒸压加气混凝土砌块以钙质或硅质材料，如水泥、石灰、矿渣、粉煤灰等为基本材料，以铝粉为发气剂，经蒸压养护而成，是一种多孔轻质的块状砌块。

混凝土砌块常用于水利工程护坡。

（三）砌筑砂浆

1. 材料要求

砌筑砂浆根据组成材料的不同，分为水泥砂浆、石灰砂浆、水泥石灰混合砂浆等。一般砌筑基础采用水泥砂浆；砌筑主体及砖柱常采用水泥石灰混合砂浆；石灰砂浆有时用于砌筑简易工程。水泥砂浆及预拌砂浆的强度等级可分为 M5、M7.5、M10、M15、M20、M25、M30；水泥石灰混合砂浆的强度等级可分为 M5、M7.5、M10、M15。工程中应根据具体强度要求选择使用。

水泥宜采用通用硅酸盐水泥或砌筑水泥。水泥强度等级应根据砂浆品种及强度等级的要求进行选择。M15 及以下强度等级的砌筑砂浆宜选用 32.5 级的通用硅酸盐水泥或砌筑水泥；M15 以上强度等级的砌筑砂浆宜选用 42.5 级通用硅酸盐水泥。

砂宜选用中砂，并应符合现行行业标准规定，且应全部通过 4.75mm 的筛孔。

石灰膏在水泥石灰混合砂浆中起增加砂浆和易性的作用。生石灰熟化成石灰膏时，应用孔径不大于 3mm×3mm 的筛网过滤，熟化时间不得少于 7d；磨细生石灰粉的熟化时间不得少于 2d。严禁使用脱水硬化的石灰膏，这种硬化石灰膏既起不到塑化作用，又影响砂浆的强度。除石灰膏外，在水泥石灰混合砂浆中适当掺入电石膏和粉煤灰也能增加砂浆的和易性。

拌制砂浆的水应是不含有害物质的洁净水，饮用水可用来拌制各类砂浆。若用工业废水和矿泉水时，须经化验合格后才能使用。

2. 砂浆制备与使用

砂浆的配合比应经试配确定，试配时应采用工程中实际使用的材料。根据《砌筑砂浆配合比设计规程》（JGJ/T 98—2010）的规定，水泥砂浆材料用量可按表 1-2-21 选用。

表 1-2-21　水泥砂浆材料用量（kg/m³）

强度等级	水泥用量	砂子用量	砂浆用量
M5	200～230	砂子的堆积密度值	270～330
M7.5	230～260		
M10	260～290		
M15	290～330		
M20	340～400		
M25	360～410		
M30	430～480		

注：1. M15 及以下强度等级水泥砂浆，水泥强度等级为 32.5 级；M15 以上强度等级水泥砂浆，水泥强度等级为 42.5 级。

2. 当采用细砂或粗砂时，用水量分别取上限或下限。

3. 稠度小于 70mm 时，用水量可小于下限。

4. 施工现场气候炎热或干燥季节，可酌量增加用水量。

砌筑砂浆现场配料，应采用重量计量。水泥、有机塑化剂、外加剂等材料的配料精度应控制在±2%以内；砂、石灰膏、电石膏、粉煤灰等材料的配料精度应控制在±5%以内。

3. 预拌砂浆

预拌砂浆是指由专业化厂家生产的，用于建设工程中的各种砂浆拌合物。按生产方式，可将预拌砂浆分为湿拌砂浆和干混砂浆两大类。

湿拌砂浆是指将水泥、细骨料、矿物掺合料、外加剂、添加剂和水，按一定比例，在搅拌站经计量、拌制后，运至使用地点，并在规定时间内使用的拌合物。湿拌砂浆按用途可分为湿拌砌筑砂浆、湿拌抹灰砂浆、湿拌地面砂浆和湿拌防水砂浆。因为特种用途的砂浆黏度较大，无法采用湿拌的形式生产，所以湿拌砂浆中仅包括普通砂浆。

干混砂浆是将水泥、干燥骨料或粉料、添加剂以及根据性能确定的其他组分，按一定比例，在专业生产厂计量、混合而成的混合物，在使用地点按规定比例加水或配套组分拌和使用。按用途分为干混砌筑砂浆、干混抹灰砂浆、干混地面砂浆、干混普通防水砂浆、干混陶瓷砖黏结砂浆、干混界面砂浆、干混保温板黏结砂浆、干混保温板抹面砂浆、干混聚合物水泥防水砂浆、干混自流平砂浆、干混耐磨地坪砂浆和干混饰面砂浆，其既有普通干混砂浆又有特种干混砂浆。普通干混砂浆主要用于砌筑、抹灰、地面及普通防水工程；特种干混砂浆是指具有特种性能要求的砂浆。

十、灌浆材料

（一）概述

为减少基础渗漏，改善裂隙岩体的物理力学性质，修补病险建筑物，增加建筑物和地基的整体稳定性，提高其抗渗性、强度、耐久性，在水利工程中广泛应用了各种形式的压力灌浆。按其使用目的不同可分为帷幕灌浆、固结灌浆、接触灌浆、回填灌浆、接缝灌浆及各种建筑物的补强灌浆。压力灌浆按灌浆材料不同可分为以下三类。

（1）水泥、石灰、黏土类灌浆。该类灌浆分为纯水泥灌浆、水泥砂浆灌浆、黏土灌浆、石灰灌浆、水泥黏土灌浆等。

(2) 沥青灌浆。适用于半岩性黏土，胶结性较差的砂岩或岩性不坚、有集中渗漏裂隙之处。

(3) 化学灌浆。我国水利工程中多使用水泥、黏土和各种高分子化学灌浆，一般情况下 0.5mm 以上的缝隙可用水泥、黏土类灌浆，如裂缝很小，同时地下水流速较大，水泥浆灌入困难时，可采用化学灌浆。化学灌浆材料能成功地灌入缝宽 0.15mm 以下的细裂缝，具有较高的黏结强度，并能灵活调节凝结时间，其在我国早已被研究推广使用。

（二）化学灌浆材料

(1) 水玻璃灌浆。水玻璃灌浆多用于地基加固和水流速度较大的止水灌浆；其缺点是性质较脆，价格较贵。为改善性能和降低成本，可在水玻璃中掺入水泥、水泥砂浆、矿渣粉，并掺加少量缓凝剂、掺合剂等。

(2) 铬木质素灌浆。铬木质素灌浆是利用亚硫酸盐纸浆废液（木素液）和重铬酸钾为主要聚合材料的一种单液灌浆。可提高被灌体的抗变形和抗破坏能力，起到加固基础和防渗堵漏的作用。

(3) 环氧灌浆。环氧灌浆黏结强度高，稳定性好，施工不复杂，但灌入性差，同时施工受水和温度影响较大，因此适用于具有较宽和较干燥裂缝的混凝土及岩石的补强和固结灌浆，混凝土坝的纵缝或接缝灌浆，混凝土结构物的补强或黏结。

环氧灌浆材料按其稀释剂的种类分为三类，即非活性稀释剂体系环氧树脂灌浆材料、活性稀释剂体系环氧树脂灌浆材料，以及糠醛-丙酮稀释剂体系环氧树脂灌浆材料等。

① 甲凝灌浆。甲凝是以甲基丙烯酸甲酯为主要成分，加入引发剂等组成的一种低黏度的灌浆材料。其渗透性很强，可灌入 0.05～0.1mm 的细微裂缝，在一定的压力下，还可渗入无缝混凝土中一定深度，聚合后的强度和黏结力很高，具有较好的稳定性。因此，在大坝混凝土裂缝的补强中得到极为广泛的应用。

② 丙凝灌浆。丙凝是以丙烯酰胺为主剂的一种堵水和防渗灌浆材料，是以丙烯酰胺与甲撑双丙烯酰胺的水溶性混凝土为主剂，通过引发剂等作用产生凝胶，达到使地基不透水的效果。由于丙凝浆液黏度低，灌入好，可灌入细砂和细裂缝，尤其是它的亲水性特别好，从而可以快速堵住大量和较大流速的涌水，在水利工程中得到广泛的应用，有“止水堵漏冠军”之称。

此外，化学灌浆材料常用的还有聚氨酯灌浆材料，是一种防渗堵漏能力较强，固结强度较高的防渗固结材料。丙强灌浆材料是脲醛树脂与丙凝混合而成的灌浆材料，其弥补了脲醛树脂的抗渗性能差和丙凝强度低的缺陷，具有防渗和加固的双重作用。

十一、建筑物缝面止水材料

水工建筑物的缝面保护和缝面止水是增强建筑物面板牢固度和不渗水性，发挥其使用功能的一项重要工程措施。建筑物封缝止水材料要求不透水、不透气、耐久性好，而且还要具有隔热、抗冻、抗裂、防震等性能。在水利工程中，如大坝、水闸，各种引水交叉建筑物、水工隧洞等，均设置伸缩缝、沉陷缝，通常采用砂浆、沥青、砂柱、铜片、铁片、铝片、塑料片、橡皮、环氧树脂玻璃布以及沥青油毛毡、沥青等止水材料。近年来，沥青类缝面止水材料、聚氯乙烯胶泥和其他缝面止水材料，获得了长足的发展。

1. 金属止水片材料

采用金属板止水带，可改变水的渗透路径，延长水的渗透路线。在渗漏水可能含有腐蚀成分的施工环境中，金属板止水带能起到一定的抗腐蚀作用。其材质包括铜片、铁片、铝片等。

2. 沥青类缝面止水材料

沥青类缝面止水材料除沥青类砂浆和沥青混凝土外，还有沥青油膏、沥青橡胶油膏、沥青树脂油膏、沥青密封膏和非油膏类沥青等。

（1）沥青油膏。沥青油膏是以石油沥青为基材，添加软化剂、成膜剂和填充剂配制而成的油膏，这类油膏均在现场配制，施工方便，在水利工程中应用广泛。

（2）沥青橡胶油膏。沥青橡胶油膏是以橡胶改性的石油沥青油膏，这类油膏在低温下有较好的延伸性、黏结性，而在高温下又不流淌，耐候性较好，属弹塑性油膏。

（3）沥青树脂油膏。沥青树脂油膏是在沥青油膏中掺入树脂改性材料，以改善沥青油膏的塑性和黏结性。其中沥青环氧树脂封缝膏应用最为普遍。

（4）沥青密封膏。沥青密封膏常作为大板密封接缝或其他结构密封之用，弹塑性差，有一定的柔韧性，密封性能较高，因而能适应较小的结构变形。

（5）沥青类其他止水填料还有锯末沥青板、沥青橡胶、沥青麻等。

3. 聚氯乙烯塑料止水带

这种材料具有较好的弹性、黏结性和耐热性，低温时延伸率大、容重小、防水性能好，抗老化性能好，在－25℃～80℃均能正常工作，施工也较为方便，因而在水利工程中得到广泛应用。

4. 橡胶止水带

橡胶止水带是采用天然橡胶与各种合成橡胶为主要原料，掺加各种助剂及填充料，经塑炼、混炼、压制成型，其品种规格较多，有桥型、山型、P 型、R 型、U 型、Z 型、T 型、H 型、E 型、Q 型等。该止水材料具有良好的弹性、耐磨性、耐老化性和抗撕裂性能，适应变形能力强、防水性能好，温度使用范围为－45℃～＋60℃。

5. 其他填缝止水材料

除了上述介绍的填缝止水材料外，还有木屑水泥、石棉水泥、嵌缝油膏等。

十二、火工材料

火工材料是指装有火炸药的较敏感的小型起爆装置，能在外加较小的初始冲能作用下，发生燃烧、爆炸等化学反应，并以其所释放的能量去获得某种化学、物理或机械效应的材料。其特点是能量密度大，可靠性高，尺寸小，瞬时释放能量大。

火工材料在搬运装卸时，必须轻拿轻放，不得抛掷。

（一）炸药

炸药就是可以非常快速地燃烧或分解的物质，能在短时间内产生大量的热量和气体。典型的炸药包含爆炸物、引爆装置。

1. 炸药分类

（1）按炸药的用途分类。按炸药的用途分类可以将炸药分为起爆药、猛炸药和发射药几大类。

（2）按使用条件分类。按使用条件分类可以将工业炸药分为以下三类。

第一类为准许在地下和露天爆破工程中使用的炸药，包括沼气和矿尘爆炸危险的作业面。

第二类为准许在地下和露天爆破工程中使用的炸药，但不包括沼气和矿尘爆炸危险的作业面。

第三类为只准许在露天爆破工程中使用的炸药。

（3）按炸药的主要化学成分分类。

① 硝铵类炸药，以硝酸铵为主要成分，加入适量的可燃剂、敏化剂及其他添加剂的混合炸药，是目前国内外爆破工程中用量最大、品种最多的一大类混合炸药。现应用较为广泛的乳化炸药（含粉状乳化炸药）、铵油炸药、水胶炸药、浆状炸药及膨化硝铵炸药均属此类。

② 硝化甘油类炸药，以硝化甘油为主要爆炸成分，加入硝酸钾、硝酸铵作氧化剂，硝化棉为吸收剂，木粉为疏松剂，多种组分混合而成的混合炸药。就其外观来说，有粉状和胶状之分。硝化甘油类炸药具有爆炸威力大、感度高、装药密度大等特点，适用于小直径炮孔、坚硬矿岩和水下爆破作业，但其安全性较差，炸药有毒，爆后生成的有毒气体量大，不易加工，且生产成本较高。

③ 芳香族硝基化合物类炸药，主要是苯及其同系物的硝基化合物，如 TNT、黑索金等。这类炸药在我国工程爆破中用量不大。

2. 炸药的性能

炸药的爆炸性能主要有感度、威力、猛度、殉爆、安定性等。

（1）感度。炸药的感度是指炸药在外界能量（如热能、电能、光能、机械能及爆能等）的作用下发生爆炸变化的难易程度，是衡量爆炸稳定性的一个重要标志。通常以引起爆炸变化的最小外界能量来表示，这个最小的外界能量习惯上称为引爆冲能。引爆冲能越小，其感度越高；反之则越低。影响炸药的感度的因素很多，主要有以下几种：

① 温度。随着温度的升高，炸药的各种感度指标都升高。

② 密度。随着炸药密度的增大，其感度通常是降低的。

③ 杂质。它对炸药的感度有很大的影响，不同的杂质有不同的影响。一般来说，固体杂质，特别是硬度大、有尖棱和高熔点的杂质，如砂子、玻璃屑和某些金属粉末等，能增加炸药的感度。

（2）威力。威力是指炸药爆炸时做功的能力，亦即对周围介质的破坏能力。爆炸产生的热量越大，气态产物生成物越多，爆温越高，其威力也就越大。

（3）猛度。猛度是炸药在爆炸后爆轰产物对周围物体破坏的猛烈程度，用来衡量炸药的局部破坏能力。猛度越大，则表示该炸药对周围介质的粉碎破坏程度越大。

（4）殉爆。殉爆是指当一个炸药药包爆炸时，可以使位于一定距离处，与其没有什么联系的另一个炸药药包也发生爆炸的现象。起始爆炸的药包称为主发药包，受其爆炸影响而爆炸的药包称为被发药包。因主发药包爆炸而能引起被发药包爆炸的最大距离，称为殉爆距离。引起殉爆的主要原因是主发药包爆炸而引起的冲击波的传播作用。离药包的爆炸点越近，冲击波的强度越高；反之，则冲击波的强度越弱。

（5）安定性。安定性是指炸药在一定储存期间内不改变其物理性质、化学性质和爆炸性质的能力。

3. 炸药的用途

炸药因其具有成本低廉、节省人力，并能加快工程建设的优点，和在特殊环境下做功的特性，广泛应用于水利工程建设中。炸药用于修筑水坝、疏通河道、平整土地，开凿隧道、洞室等；炸药还大量用于开采各种石料。

（二）电雷管

电雷管是爆破工程的主要起爆材料，电雷管有瞬发电雷管、秒延期电雷管、毫秒延期电雷管、抗杂散电流电雷管四种。

（三）导电线

导电线是引爆电雷管的导线，外包聚氯乙烯绝缘。

水利工程主要采用乳化炸药、电雷管、导电线等火工材料。

十三、油料

油料大致分为四大类：液体燃料（汽油、煤油、柴油等）、润滑油（发动机润滑油、工业用润滑油等）、润滑脂（减磨用脂、防护用脂等）、特种油（液压油、传动油等）。水利工程建设中的工程机械、运输设备所需油料为液体燃料，即汽油和柴油，也用到润滑油及特种油，这里重点介绍汽油和柴油。

（一）汽油

汽油是指一种具有挥发性、可燃的烃类混合物液体，通常是由天然气和石油制品组成的混合物（如天然汽油、直馏汽油、裂化汽油、烷基化合物），也可用其他原料（如由煤气或水煤气氢化）混以抗爆剂、抗氧剂或其他添加剂而成。

带化油器发动机的汽车、摩托车、拖车泵以及装有汽油机的各种地面机械和水面船艇均使用车用汽油，简称为汽油。汽油是轻质石油产品的一大类，沸点范围40℃～200℃，主要成分为四碳至十二碳烃类，由天然石油和人造石油经分馏或由石油重质馏分经裂化而制得。

1. 汽油的种类和牌号

汽油是直馏汽油馏分、二次加工汽油馏分及其混合物组成。不同加工过程的汽油辛烷值不同，直馏汽油辛烷值最低，一般为40～50，催化裂化汽油、重整汽油为70～80，根据《车用汽油》（GB 17930—2016）的规定，车用汽油（Ⅳ）按研究法辛烷值分为90号、93号和97号三个牌号；车用汽油（Ⅴ）、车用汽油（ⅥA）和车用汽油（ⅥB）按研究法辛烷值分为89号、92号、95号和98号四个牌号。

2. 汽油的使用

发动机选用何种牌号汽油作燃料，主要应考虑发动机压缩比的大小。压缩比大的发动机应选用辛烷值高的汽油，压缩比小的发动机应选用辛烷值低的汽油。压缩比为

7.0以下的发动机使用66号或70号汽油，如水利工程一般的载重汽车、北京吉普等；压缩比为7.0～8.0的发动机，应选用90号车用无铅汽油，如面包车、小轿车等；压缩比为8.0以上的发动机应使用93号或97号车用无铅汽油。各种车辆只有选用辛烷值适当的汽油，才能充分发挥车辆的动力性能，并节约油料。高原空气稀薄，大气压力很低，发动机吸入空气量减少，压缩压力也随着降低，因而使用辛烷值较低的汽油也不易产生爆震。因此，当某一水利工程需要使用大量汽油时，应根据工程所在地区海拔高程，不同的汽车型号，不同的压缩比，选用不同牌号的汽油，有利于控制工程造价。

（二）柴油

柴油是一种轻质石油产品，复杂烃类（碳原子数为10～22）混合物。其主要由原油蒸馏、催化裂化、热裂化、加氢裂化、石油焦化等过程生产的柴油馏分调配而成；也可由页岩油加工和煤液化制取。

1. 柴油的种类和牌号

柴油分为重柴油（沸点范围为350℃～410℃）、轻柴油（沸点范围为180℃～370℃）和农用柴油三大类。水利工程施工所需的工程机械及运输设备大部分采用轻柴油，少量也可用重柴油作为燃料。

重柴油为比重较大的一类柴油，由天然石油、人造石油等经分馏或裂化而得，与轻柴油相比，质量要求较宽、黏度较大、凝固点较高。

轻柴油是比重较轻的一类柴油，由天然石油、人造石油、页岩油等经分馏而得，有时也加入一部分裂化产物，与重柴油相比，质量要求较严，十六烷值较高，黏度较小，凝固点较低。目前，我国生产三种质量级别的轻柴油，即优级品、一级品和合格品。每个质量级别又按凝点的不同分为10号、0号、－10号、－20号、－35号、－50号六个牌号。

农用柴油是用于拖拉机和排灌柴油机的柴油。由石油直馏馏分或二次加工馏出油调和而成，十六烷值与轻柴油相仿，凝固点较高。

2. 柴油的使用

柴油发动机应根据其构造性能、工作状态及周围气温，选用不同牌号的柴油。柴油的选用首先取决于发动机转速的高低，转速越高就要选用十六烷值较高而馏分较轻的柴油。转速在1000r/min以上的高速柴油机以及转速为500～1000r/min的中速柴油机一般均应使用轻柴油；转速在500r/min以下的可选用重柴油。此外，柴油的选用要考虑使用地区气温变化情况。选用柴油通常以浊点和凝点作为依据，如规定柴油的浊点必须低于气温3℃～5℃，才可以避免析出结晶造成堵塞油路的不良影响；对于在凝点前不发生浑浊的柴油，则柴油的凝点必须比周围气温低7℃左右，方能保证发动机正常工作。

水利工程中常用的自卸汽车、水下疏浚船舶以及工程机械多属高速柴油机，均采用轻柴油。柴油的选用以保证在最低气温下不凝固为原则，一般可按照下列情况分别选用：10号轻柴油适合于有预热设备的高速柴油机使用；0号轻柴油适合于风险率为10%的最低气温在4℃以上地区使用；－10号轻柴油适合于风险率为10%的最低气温在－5℃以上地区使用；－20号轻柴油适合于风险率为10%的最低气温在－14℃～

－5℃的地区使用；－35号轻柴油适合于风险率为10%的最低气温在－29℃～－14℃的地区使用；－50号轻柴油适合于风险率为10%的最低气温在－44℃～－29℃的地区使用。

某月风险率为10%的最低气温值，表示该月中最低气温低于该值的概率为0.1。国际石油工业界推荐风险率为10%的最低气温用来估计使用地区的最低操作温度，这对柴油机在低温操作时的正常设备防寒，燃油系统的设计，柴油的生产、供销、采购以及使用，提供了可靠的气温数据。柴油在水利工程建设中用量较大，特别是采用当地建筑材料筑坝时用量更大，往往是构成工程造价的一个关键因素，因此，应根据所用工程机械和运输设备的特点，特别是工程所在地区气温状况，正确选择柴油品牌，既要保证质量及安全，同时又要有利于控制工程造价。

第三节　工程等别与水工建筑物级别

一、水利水电工程级别

水利水电工程等级划分，既关系工程自身的安全，也关系其下游人民生命财产、工矿企业和设施的安全，对工程效益的正常发挥、工程造价和建设速度有直接影响。根据《水利水电工程等级划分及洪水标准》（SL 252—2017）的规定，水利水电工程按其工程规模、效益及在国民经济中的重要性，划分为Ⅰ、Ⅱ、Ⅲ、Ⅳ、Ⅴ五等，适用于不同地区、不同条件下建设的防洪、灌溉、发电、供水和治涝等水利水电工程，按表1-3-1确定。

表1-3-1　水利水电工程分等指标

工程等别	工程规模	水库总库容（亿m^3）	防洪			治涝	灌溉	供水		发电
			保护人口（万人）	保护农田（万亩）	保护区当量经济规模（万人）	治涝面积（万亩）	灌溉面积（万亩）	供水对象重要性	年引水量（亿m^3）	发电装机容量（MW）
Ⅰ	大(一)型	≥10	≥150	≥500	≥300	＞200	≥150	特别重要	≥10	≥1200
Ⅱ	大(二)型	＜10，≥1.0	＜150，≥50	＜500，≥100	＜300，≥100	＜200，≥60	＜150，≥50	重要	＜10，≥3	＜1200，≥300
Ⅲ	中型	＜1.0，≥0.1	＜50，≥20	＜100，≥30	＜100，≥40	＜60，≥15	＜50，≥5	中等	＜3，≥1	＜300，≥50
Ⅳ	小(一)型	＜0.1，≥0.01	＜20，≥5	＜30，≥5	＜40，≥10	＜15，≥3	＜5，≥0.5	一般	＜1，≥0.3	＜50，≥10
Ⅴ	小(二)型	＜0.01，≥0.001	＜5	＜5	＜10	＜3	＜0.5		＜0.3	＜10

注：1. 水库总库容指水库最高洪水位以下的静库容；治涝面积和灌溉面积均指设计面积；年引水量指供水工程渠首设计年均引（取）水量。

2. 保护区当量经济规模指标仅限于城市保护区；防洪、供水中的多项指标满足1项即可。

3. 按供水对象的重要性确定工程等别时，该工程应为供水对象的主要水源。

对于综合利用的水利工程，如按各综合利用项目的分等指标确定的等别不同时，其工程等别应按其中的最高等别确定。

二、水工建筑物级别

水工建筑物级别划分的一般规定如下：

（1）水利工程永久性水工建筑物的级别，应根据工程的等别或永久性水工建筑物的分级指标综合分析确定。

（2）综合利用水利工程中承担单一功能的单项建筑物的级别，应按其功能、规模确定；承担多项功能的建筑物级别，应按规模指标较高的确定。

（3）失事后损失巨大或影响十分严重的2～5级主要永久性水工建筑物，经过论证并报主管部门批准，可提高一级；失事后造成损失不大的1～4级主要永久性水工建筑物，经过论证并报主管部门批准，可降低一级。

（4）对2～5级的高填方渠道、大跨度或高排架渡槽、高水头倒虹吸等永久性水工建筑物，经论证后建筑物级别可提高一级，但洪水标准不予提高。

（5）当永久性水工建筑物采用新型结构或其基础的工程地质条件特别复杂时，对2～5级建筑物可提高一级设计，但洪水标准不予提高。

（6）穿越堤防、渠道的永久性水工建筑物的级别，应不低于相应堤防、渠道的级别。

（一）永久性水工建筑物级别

（1）水库及水电站的永久性水工建筑物的级别，根据建筑物所在工程的等别和永久性水工建筑物的重要性划分为5级，按表1-3-2确定。

表1-3-2 永久性水工建筑物级别

工程等别	主要建筑物级别	次要建筑物级别
Ⅰ	1	3
Ⅱ	2	3
Ⅲ	3	4
Ⅳ	4	5
Ⅴ	5	5

（2）水库大坝按表1-3-2规定为2级、3级的永久性水工建筑物，如坝高超过表1-3-3指标，其级别可提高一级，但洪水标准不可提高。

表1-3-3 水库大坝建筑物分级指标

级别	坝型	坝高（m）
2	土石坝	90
	混凝土坝、浆砌石坝	130
3	土石坝	70
	混凝土坝、浆砌石坝	100

（3）水库工程中最大高度超过200m的大坝建筑物，其级别应为1级，其设计标准应专门研究论证，并报上级主管部门审查批准。

（4）当水电站厂房永久性水工建筑物与水库工程挡水建筑物共同挡水时，其建筑物级别应与挡水建筑物的级别一致，按表1-3-2确定。当水电站厂房永久性水工建筑物不承担挡水任务、失事后不影响挡水建筑物安全时，其建筑物级别应根据水电站装机容量按表1-3-4确定。

表1-3-4　水电站厂房永久性水工建筑物级别

发电装机容量（MW）	主要建筑物级别	次要建筑物级别
≥1200	1	3
<1200，≥300	2	3
<300，≥50	3	4
<50，≥10	4	5
<10	5	5

（二）拦河闸永久性水工建筑物级别

（1）拦河闸永久性水工建筑物的级别，应根据其所属工程的级别按表1-3-2确定。

（2）拦河闸永久性水工建筑物按表1-3-2确定为2级、3级，其校核洪水过闸流量分别大于5000m^3/s、1000m^3/s时，其建筑物级别可提高一级，但洪水标准可不提高。

（三）防洪工程永久性水工建筑物级别

（1）防洪工程中堤防永久性水工建筑物的级别应根据其保护对象的防洪标准按表1-3-5确定。当经批准的流域、区域防洪规划另有规定时，应按其规定执行。

表1-3-5　堤防工程的级别

防洪标准［重现期（年）］	≥100	<100，≥50	<50，≥30	<30，≥20	<20，≥10
堤防工程级别	1	2	3	4	5

（2）涉及保护堤防的河道整治工程永久性水工建筑物级别，应根据堤防级别并考虑损毁后的影响程度综合确定，但不宜高于其所影响的堤防级别。

（3）蓄滞洪区围堤永久性水工建筑物的级别，应根据蓄滞洪区类别、堤防在防洪体系中的地位和堤段的具体情况，按批准的流域防洪规划、区域防洪规划的要求确定。

（4）蓄滞洪区安全区的堤防永久性水工建筑物级别宜为2级。对于安置人口大于10万人的安全区，经论证后堤防永久性水工建筑物级别可提高为1级。

（5）分洪道（渠）、分洪与退洪控制闸永久性水工建筑物级别，应不低于所在堤防永久性水工建筑物级别。

（四）治涝、排水工程永久性水工建筑物级别

（1）治涝、排水工程中的排水渠（沟）永久性水工建筑物级别，应根据设计流量

按表 1-3-6 确定。

表 1-3-6　排水渠（沟）永久性水工建筑物级别

设计流量（m^3/s）	主要建筑物级别	次要建筑物级别
≥500	1	3
<500，≥200	2	3
<200，≥50	3	4
<50，≥10	4	5
<10	5	5

（2）治涝、排水工程中的水闸、渡槽、倒虹吸、管道、涵洞、隧洞、跌水与陡坡等永久性水工建筑物级别，应根据设计流量按表 1-3-7 确定。

表 1-3-7　排水渠系永久性水工建筑物级别

设计流量（m^3/s）	主要建筑物级别	次要建筑物级别
≥300	1	3
<300，≥100	2	3
<100，≥20	3	4
<20，≥5	4	5
<5	5	5

注：设计流量指建筑物所在断面的设计流量。

（3）治涝、排水工程中的泵站永久性水工建筑物级别，应根据设计流量及装机功率按表 1-3-8 确定。

表 1-3-8　泵站永久性水工建筑物级别

设计流量（m^3/s）	装机功率（MW）	主要建筑物级别	次要建筑物级别
≥200	≥30	1	3
<200，≥50	<30，≥10	2	3
<50，≥10	<10，≥1	3	4
<10，≥2	<1，≥0.1	4	5
<2	<0.1	5	5

注：1. 设计流量指建筑物所在断面的设计流量。
2. 装机功率指泵站包括备用机组在内的单站装机功率。
3. 当泵站按分级指标分属两个不同级别时，按级别高的确定。
4. 由连续多级泵站串联组成的泵站系统，其级别可按系统总装机功率确定。

（五）灌溉工程永久性水工建筑物级别

（1）灌溉工程中的渠道及渠系永久性水工建筑物级别，应根据设计灌溉流量按表 1-3-9确定。

（2）灌溉工程中的泵站永久性水工建筑物级别，应根据设计流量及装机功率按表1-3-8确定。

表1-3-9　灌溉渠道及渠系永久性水工建筑物级别

设计流量（m^3/s）	主要建筑物级别	次要建筑物级别
≥300	1	3
<300，≥100	2	3
<100，≥20	3	4
<20，≥5	4	5
<5	5	5

（六）供水工程永久性水工建筑物级别

（1）供水工程永久性水工建筑物级别，应根据设计流量按表1-3-10确定。供水工程中的泵站永久性水工建筑物级别，应根据设计流量及装机功率按表1-3-8确定。

（2）承担县级市及以上城市主要供水任务的供水工程永久性水工建筑级别不宜低于3级；承担建制镇主要供水任务的供水工程永久性水工建筑物级别不宜低于4级。

表1-3-10　供水工程永久性水工建筑物级别

设计流量（m^3/s）	装机功率（MW）	主要建筑物级别	次要建筑物级别
≥50	≥30	1	3
<50，≥10	<30，≥10	2	3
<10，≥3	<10，≥1	3	4
<3，≥1	<1，≥0.1	4	5
<1	<0.1	5	5

注：1. 设计流量指建筑物所在断面的设计流量。
2. 装机功率指泵站包括备用机组在内的单站装机功率。
3. 泵站建筑物按分级指标分属两个不同级别时，按级别高的确定。
4. 由连续多级泵站串联组成的泵站系统，其级别可按系统总装机功率确定。

（七）临时性水工建筑物级别

（1）水利工程施工期使用的临时性挡水、泄水等水工建筑物的级别，应根据保护对象的重要性、失事造成的后果、使用年限和临时建筑物的规模按表1-3-11确定。

（2）当临时性水工建筑物根据表1-3-11指标同时分属于不同级别时，其级别应按照其中最高级别确定。但对于3级临时性水工建筑物，符合该级别规定的指标不得少于两项。

（3）利用临时性水工建筑物挡水发电、通航时，经过技术经济论证，临时性水工建筑物的级别可提高一级。

（4）失事后造成损失不大的3、4级临时性水工建筑物，其级别论证后可适当降低。

表 1-3-11　临时性水工建筑物级别

级别	保护对象	失事后果	使用年限（年）	临时性水工建筑物规模	
				高度（m）	库容（亿 m^3）
3	有特殊要求的 1 级永久性水工建筑物	淹没重要城镇、工矿企业、交通干线或推迟总工期及第一台（批）机组发电，造成重大灾害和损失	>3	>50	>1.0
4	1、2 级永久性水工建筑物	淹没一般城镇、工矿企业、交通干线或影响工程总工期及第一台（批）机组发电而造成较大经济损失	≤3，≥1.5	≤50，≥15	≤1.0，≥0.1
5	3、4 级永久性水工建筑物	淹没基坑、但对总工期及第一台（批）机组发电影响不大，经济损失较小	<1.5	<15	<0.1

三、建筑物耐久性

《中华人民共和国建筑法》《建设工程质量管理条例》《建设工程勘察设计管理规定》以及原建设部《关于设计单位执行有关建设工程合理使用年限问题的通知》等文件中都明确规定：在设计文件中应注明工程或建筑物的合理使用年限。2014 年水利部发布的《水利水电工程合理使用年限及耐久性设计规范》（SL 654—2014），要求水利水电工程各设计阶段的设计文件中均应注明工程及其水工建筑物的合理使用年限。

水利水电工程及其水工建筑物合理使用年限是指，水利水电工程及其水工建筑物建成投入运行后，在正常运行使用和规定的维修条件下，能按设计功能安全使用的最低要求年限。

建筑物耐久性是指，在设计确定的环境作用和规定的维修、使用条件下，建筑物在合理使用年限内保持其适用性和安全性的能力。

水利水电工程施工、运行管理应满足工程耐久性设计要求。

当水利水电工程及其水工建筑物达到合理使用年限后，如需继续使用，应进行全面安全鉴定，必要时应采取补强加固措施，重新确定继续使用年限。

（一）工程合理使用年限

水利水电工程合理使用年限，应根据工程类别和等别按表 1-3-12 确定。对综合利用的水利水电工程，当按各综合利用项目确定的合理使用年限不同时，其合理使用年限应按其中最高的年限确定。

表 1-3-12　水利水电工程合理使用年限（单位：年）

工程等别	工程类别					
	水库	防洪	治涝	灌溉	供水	发电
Ⅰ	150	100	50	50	100	100
Ⅱ	100	50	50	50	100	100

续表

工程等别	工程类别					
	水库	防洪	治涝	灌溉	供水	发电
Ⅲ	50	50	50	50	50	50
Ⅳ	50	30	30	30	30	30
Ⅴ	50	30	30	30		30

注：工程类别中水库、防洪、治涝、灌溉、供水、发电分别根据水库库容、保护目标重要性和保护农田面积、治涝面积、灌溉面积、供水对象重要性、发电装机容量来确定工程等别。

水利水电工程各类永久性水工建筑物的合理使用年限，应根据其所在工程的建筑物类别和级别按表1-3-13的规定确定，且不应超过工程的合理使用年限。当永久性水工建筑物级别提高或降低时，其合理使用年限应不变。

表1-3-13　水利水电工程各类永久性水工建筑物的合理使用年限（单位：年）

建筑物类别	建筑物级别				
	1	2	3	4	5
水库壅水建筑物	150	100	50	50	50
水库泄洪建筑物	150	100	50	50	50
调（输）水建筑物	100	100	50	30	30
发电建筑物	100	100	50	30	30
防洪（潮）、供水水闸	100	100	50	30	30
供水泵站	100	100	50	30	30
堤防	100	50	50	30	20
灌排建筑物	50	50	50	30	20
灌溉渠道	50	50	50	30	20

注：水库壅水建筑物不包括定向爆破坝、橡胶坝。

1级、2级永久性水工建筑物中闸门的合理使用年限应为50年，其他级别的永久性水工建筑物中闸门的合理使用年限应为30年。

（二）耐久性设计要求

水利水电工程及其水工建筑物耐久性设计应包括下列内容：①明确工程及其水工建筑物的合理使用年限；②确定建筑物所处的环境条件；③提出有利于减轻环境影响的结构构造措施及材料的耐久性要求；④明确钢筋的混凝土保护层厚度、混凝土裂缝控制等要求；⑤提出结构的防冰冻、防腐蚀等措施；⑥提出解决水库泥沙淤积的措施；⑦提出耐久性所需的施工技术要求和施工质量验收要求；⑧提出正常运用原则和管理过程中需要进行正常维修、检测的要求。

1. 水工建筑物所处的侵蚀环境条件

水工建筑物所处的侵蚀环境条件可按表1-3-14分为五个类别。

表 1-3-14　水工建筑物所处的侵蚀环境类别

环境类别	环境条件
一	室内正常环境
二	室内潮湿环境；露天环境；长期处于水下或地下的环境
三	淡水水位变化区；有轻度化学侵蚀性地下水的地下环境；海水水下区
四	海上大气区；轻度盐雾作用区；海水水位变化区；中度化学侵蚀性环境
五	使用除冰盐的环境；海水浪溅区；重度盐雾作用区；严重化学侵蚀性环境

注：1. 海上大气区与浪溅区的分界线为设计最高水位加 1.5m；浪溅区与水位变化区的分界线为设计最高水位减 1.0m；水位变化区与水下区的分界线为设计最低水位减 1.0m；重度盐雾作用区为高涨潮岸线 50m 内的陆上室外环境；轻度盐雾作用区为离涨潮岸线 50～500m 内的陆上室外环境。

2. 冻融比较严重的二类、三类、四类环境条件下的建筑物，可将其环境类别分别提高为三类、四类、五类。

2. 混凝土保护层厚度的要求

保证水利水电工程结构耐久性的必要构造要求应包括下列措施：①应隔绝或减轻环境因素对混凝土、钢结构、水工金属结构、土石结构等的作用。②应控制混凝土结构、土石结构的裂缝和结构构造缝、间隙。③应为钢筋提供足够厚度的混凝土保护层，为钢结构、水工金属结构提供足够厚度的防腐层和合适的防腐蚀措施。

在钢筋与模板之间应设置强度不低于该部位混凝土强度的垫块，垫块的高度与净保护层厚度相同，应均匀分散布置，固定牢固。

混凝土结构在不同环境条件下钢筋主筋、箍筋和分布筋的混凝土保护层厚度应满足钢筋防锈、耐火以及与混凝土之间黏结力传递的要求，且混凝土保护层厚度设计值应不小于钢筋的公称直径，同时也应不小于粗骨料最大粒径的 1.25 倍。钢筋的混凝土保护层厚度是指，从混凝土表面到钢筋（包括纵向钢筋、箍筋和分布钢筋）公称直径外边沿之间的最小距离；对后张法预应力筋，为套管或孔道外边沿到混凝土表面的距离。

合理使用年限为 50 年的水工结构钢筋的混凝土保护层厚度应不小于表 1-3-15 所列值。合理使用年限为 20 年、30 年时，其保护层厚度应比表 1-3-15 所列值适当降低；合理使用年限为 100 年时，其保护层厚度应比表 1-3-15 所列值适当增加；合理使用年限为 150 年时，其保护层厚度应专门研究确定。

表 1-3-15　混凝土保护层最小厚度（mm）

项次	构件类别	环境类别				
		一	二	三	四	五
1	板、墙	20	25	30	45	50
2	梁、柱、墩	30	35	45	55	60
3	截面厚度不小于 2.5m 的底板及墩墙		40	50	60	65

注：1. 直接与地基接触的结构底层钢筋或无检修条件的结构，保护层厚度应适当增大。

2. 有抗冲耐磨要求的结构面层钢筋，保护层厚度应适当增大。

3. 混凝土强度等级不低于 C30 且浇筑质量有保证的预制构件或薄板，保护层厚度可按表中数值减小 5mm。

4. 钢筋表面涂塑或结构外表面敷设永久性涂料或面层时，保护层厚度可适当减小。

5. 严寒和寒冷地区受冰冻的部位，保护层厚度还应符合现行《水工建筑物抗冰冻设计规范》（GB/T 50662—2011）的规定。

3. 混凝土抗冻等级的要求

合理使用年限为50年的水工建筑物结构和构件的混凝土抗冻等级应根据气候分区、冻融循环次数、表面局部小气候条件、水分饱和程度、结构构件重要性和检修条件等按表1-3-16选定。在不利因素较多时，其抗冻等级可提高一级。当合理使用年限大于或小于50年时，应根据水工结构的环境条件、混凝土强度等级、混凝土保护层厚度等因素综合确定混凝土抗冻等级。

表1-3-16 混凝土抗冻等级

项次	气候分区	严寒		寒冷		温和
	年冻融循环次数（次）	≥100	<100	≥100	<100	
1	结构重要、受冻严重且难以检修的部位： （1）水电站尾水部位、闸门槽二期混凝土、轨道基础； （2）坝厚小于混凝土最大冻深2倍的薄拱坝、不封闭支墩坝的外露面、面板堆石坝水位变化区及其以上部位的面板和趾座； （3）冬季通航或受电站尾水位影响的不通航船闸的水位变化区的构件、二期混凝土； （4）流速大于25m/s、过冰、多砂或多推移质的溢流坝、深孔或其他输水部位的过水面及二期混凝土； （5）冬季有水的露天钢筋混凝土压力水管、渡槽、薄壁充水闸门井	F400	F300	F300	F200	F100
2	受冻严重但有检修条件的部位： （1）混凝土坝上游面冬季水位变化区； （2）水电站或船闸的尾水渠，引航道的挡墙、护坡； （3）流速小于25m/s的溢洪道、输水洞（孔）、引水系统的过水面； （4）易积雪、结霜或饱和的路面、平台栏杆、挑檐、墙、板、梁、柱、墩、廊道或竖井的单薄墙壁	F300	F250	F200	F150	F50
3	受冻较重部位： （1）混凝土坝外露的阴面部位； （2）冬季有水或易长期积雪结冰的渠系建筑物	F250	F200	F150	F150	F50
4	受冻较轻部位： （1）混凝土坝外露的阳面部位； （2）冬季无水干燥的渠系建筑物； （3）水下薄壁构件； （4）水下流速大于25m/s的过水面	F200	F150	F100	F100	F50
5	表面不结冰和水下、土中、大体积内部的混凝土	F50				

注：1. 年冻融循环次数分别按一年内气温从+3℃以上降至−3℃以下，然后回升到+3℃以上的交替次数和一年中日平均气温低于−3℃期间设计预定水位的涨落次数统计，并取其中的大值。

2. 气候分区划分标准如下：
严寒地区——累年最冷月平均气温低于－10℃的地区；
寒冷地区——累年最冷月平均气温高于或等于－10℃、低于或等于－3℃的地区；
温和地区——累年最冷月平均气温高于－3℃的地区。
3. 冬季水位变化区指运行期内可能遇到的冬季最低水位以下0.5～1m至冬季最高水位以上1m（阳面）、2m（阴面）、4m（水电站尾水区）的区域。
4. 阳面指冬季大多为晴天，平均每天有4h阳光照射，不受山体或建筑物遮挡的表面。当不满足条件时，均为阴面。
5. 累年最冷月平均气温低于－25℃地区的混凝土抗冻等级根据具体情况研究确定。

4. 有关材料要求

水利水电工程建筑物材料应根据其所处的环境条件和合理使用年限确定。在满足稳定、强度、变形、渗流等要求外，还应符合耐久性要求。

对于合理使用年限为50年的水工结构，配筋混凝土耐久性的基本要求宜符合表1-3-17的要求。

对于合理使用年限为100年的水工结构，混凝土耐久性基本要求除应满足表1-3-17的规定外，尚应符合下列要求：

（1）混凝土强度等级宜按表1-3-17的规定提高一级，并符合抗冻等级要求。

（2）混凝土中的氯离子含量应不大于0.06%。

（3）未经论证，混凝土不应采用碱活性骨料。

（4）在使用过程中，应定期维护。

合理使用年限为20年、30年的水工结构混凝土强度等级宜与合理使用年限为50年的水工结构一致。合理使用年限为150年的水工结构混凝土强度等级应做专门论证。

表1-3-17　配筋混凝土耐久性基本要求

环境类别	混凝土最低强度等级	最小水泥用量（kg/m³）	最大水胶比	最大氯离子含量（%）	最大碱含量（kg/m³）
一	C20	220	0.60	1.0	不限制
二	C25	260	0.55	0.3	3.0
三	C25	300	0.50	0.2	3.0
四	C30	340	0.45	0.1	2.5
五	C35	360	0.40	0.06	2.5

注：1. 配置钢丝、钢绞丝的预应力混凝土构件的混凝土最低强度等级不宜小于C40；最小水泥用量不宜小于300kg/m³。
2. 当混凝土中加入优质活性掺合料或能提高耐久性的外加剂时，可适当减少最小水泥用量。
3. 桥梁上部结构及处于露天环境的梁、柱构件，混凝土强度等级不宜低于C25。
4. 预应力混凝土构件中的氯离子含量不宜大于0.06%。
5. 水工混凝土结构的水下部分，不宜采用碱活性骨料。
6. 有抗冻要求的结构构件，混凝土的最大水胶比应按现行《水工建筑物抗冰冻设计规范》（GB/T 50662—2011）的规定执行。
7. 炎热地区的海水水位变化区和浪溅区，混凝土的各项耐久性基本要求宜按表中的规定适当从严。

混凝土坝、碾压混凝土坝等大体积混凝土材料应满足下列要求：

（1）应采用合适的混凝土原材料，提高混凝土的密实性，改善混凝土性能。应优先选用中热硅酸盐水泥或发热量较低的硅酸盐水泥。

（2）混凝土水胶比根据混凝土分区或部位宜按表 1-3-18 确定。碾压混凝土的水胶比应小于 0.70。

表 1-3-18　大坝混凝土最大水胶比

气候分区	大坝混凝土分区或部位				
	水上	水位变化区	水下	基础	抗冲
严寒和寒冷区	0.55	0.45	0.50	0.50	0.45
温和区	0.60	0.50	0.55	0.55	0.45

（3）基础混凝土强度等级应不低于 C15，过流表面混凝土强度等级应不低于 C30。碾压混凝土坝表层混凝土强度等级应不低于 $C_{180}15$，上游面防渗层混凝土强度等级应不低于 $C_{180}20$ 且宜优先采用二级配碾压混凝土。

对可能发生碱骨料反应的混凝土，宜采用掺加活性掺合料作为抑制措施。掺合料的种类、掺量应通过抑制试验确定，宜采用大掺量矿物掺合料。单掺磨细矿渣粉的掺量不宜少于 50%，单掺粉煤灰掺量不宜少于 20%，并应降低水泥和矿物掺合料中的碱含量和粉煤灰中的游离氯化钙含量。

四、洪水标准

在水利水电工程设计中不同等级的建筑物所采用的按某种频率或重现期表示的洪水（包括洪峰流量、洪水总量及洪水过程）称为洪水标准。

设计永久性水工建筑物所采用的洪水标准分为设计洪水标准（正常运用）和校核洪水标准（非常运用）两种。正常运用的洪水标准较低（即出现概率较大），此标准的洪水称为设计洪水，用它来决定水利水电枢纽工程的设计洪水位、设计泄洪流量等，工程遇到设计洪水时应能保持正常运用。当工程遇到校核标准的洪水时，主要建筑物不得破坏，只是允许一些次要建筑物（如导流堤、工作桥、护岸等）损毁或失效，这种情况称为“非常运用”情况。校核洪水大于设计洪水。

临时性水工建筑物的洪水标准，应根据建筑物的结构类型和级别，结合风险度综合分析，合理选择，对失事后果严重的，应考虑超标准洪水的应急措施。各类水利水电工程的洪水标准应按《水利水电工程等级划分及洪水标准》（SL 252—2017）确定。

1. 永久性水工建筑物的洪水标准

水利水电工程永久性水工建筑物的洪水标准，应按山区、丘陵区和平原、滨海区分别确定。

当山区、丘陵区的水利水电工程永久性水工建筑物的挡水高度低于 15m，且上下游最大水头差小于 10m 时，其洪水标准宜按平原、滨海区标准确定；当平原区、滨海区的水利水电工程永久性水工建筑物的挡水高度高于 15m，且上下游最大水头差大于 10m 时，其洪水标准宜按山区、丘陵区标准确定。

江河采取梯级开发方式，在确定各梯级水利水电工程的永久性水工建筑物的设计洪水与校核洪水标准时，还应结合江河治理和开发利用规划，统筹研究，相互协调。

2. 临时性水工建筑物洪水标准

临时性水工建筑物洪水标准，应根据建筑物的结构类型和级别，在表 1-3-19 规定的幅度内，结合风险度综合分析，合理选用。对失事后果严重的，应考虑遇超标准洪水的应急措施。

施工期拦洪度汛标准及坝体封堵蓄水后的洪水标准分别见表 1-3-20 和表 1-3-21。

表 1-3-19　临时性水工建筑物洪水标准［重现期（年）］

临时性建筑物类型	临时性水工建筑物级别		
	3	4	5
土石结构	50～20	20～10	10～5
混凝土、浆砌石结构	20～10	10～5	5～3

表 1-3-20　坝体施工期临时度汛洪水标准［重现期（年）］

坝　型	拦洪库容（亿 m^3）			
	≥10	＜10，≥1.0	＜1.0，≥0.1	＜0.1
土石坝	≥200	200～100	100～50	50～20
混凝土坝、浆砌石坝	≥100	100～50	50～20	20～10

表 1-3-21　导流泄水建筑物封堵后坝体度汛洪水标准［重现期（年）］

坝　　型		大坝级别		
		1	2	3
土石坝	设计	500～200	200～100	100～50
	校核	1000～500	500～200	200～100
混凝土坝、浆砌石坝	设计	200～100	100～50	50～20
	校核	500～200	200～100	100～50

导流建筑物的设计洪水标准，应根据其保护对象的结构特点、导流方式、工期长短、使用要求、淹没影响及河流水文特性等不同情况，在表 1-3-19 规定的幅度内分析确定临时性水工建筑物的洪水标准。必要时还应考虑可能遭遇超标准洪水的紧急措施。

在工程设计标准中区分山丘区和平原区，是由于这两类地区的河流水文特性有很大差异。山丘区暴雨洪水来势猛、传播快、破坏力强、对工程的安全施工威胁性较大，所以洪水标准应该高一些；平原区洪水来势缓、传播时间较长、暴雨之后尚有一定间隔时间进行水文预报，以便采取临时应急措施，因此平原地区临时性工程的洪水标准可略低一些。

3. 导流设计洪水标准

导流设计洪水标准选择，应结合工程具体情况进行分析、论证，提出推荐意见，经上级主管部门审查确定。在比较选择中，一般根据下列情况酌情采用规范的上限或下限，提高或降低标准。

（1）临时性建筑物的级别，是按被围护的永久性建筑物的等级确定。根据永久性建筑物级别在等级划分中的上限或下限，相应的临时性建筑物洪水标准，可酌情采用上限或下限，也可提高或降低等级。

（2）当河流水文实测系列较长，洪水规律性明显时，可根据洪水规律性适当选择标准；若水文实测系列较短，或资料不可靠时，需从不利情况出发，留有余地。

（3）围堰的高低及其形成库容的大小。库容越大，一旦失事对下游的危害也大，其标准可适当提高。

（4）保护对象的结构特点。对于土石坝，临时坝面一般不允许过水，根据具体情况及其他条件，其标准可用上限；对于混凝土或浆砌石重力式结构，临时坝面允许过水时，可酌情采用下限。

（5）基坑施工期的长短。临时性工程的洪水标准与施工工期有直接关系，工期越长，遭遇较大洪水的机遇越大，洪水标准宜稍高一些；反之工期越短，其洪水标准可稍低一些。如仅使用一个枯水期，其标准应比经过汛期的低，经过一个汛期的应比经过两个汛期的低。当坝体施工能在一个枯、中水期达到拦洪或安全度汛高程时，围堰就不需要挡御全年洪水，可采用某一时段的洪水标准，同时应进行施工时段的选择。

（6）围堰结构为土石围堰，且不允许过水时，其标准应高于混凝土或浆砌石重力围堰。

（7）导流泄水建筑物采用封闭式结构（如隧洞、涵管）时，其超泄能力比开敞式结构小，失事后修复也较开敞式结构困难，选用标准时要适当严一些。

（8）若导流泄水建筑物参与后期导流，其设计标准应考虑后期导流的洪水标准。

（9）当导流建筑物与永久水工建筑物结合时，其结合部分应采用永久建筑物的设计标准。

导流标准的选择方法，除按频率法外，也可采用典型年法。当水文实测系列较长时，可用实测系列的最大值或系列中某一典型值。在实际应用中，往往两者结合考虑。

导流标准的选择受众多随机因素的影响。如果标准太低，不能保证施工安全；反之，则使导流工程设计规模过大，不仅增加导流费用，而且可能因其规模太大以致无法按期完成，造成工程施工的被动局面。因此，大型工程导流标准的确定，应结合风险度的分析，使所选标准更加经济合理。

五、水库与堤防的特征水位

1. 水库的特征水位

（1）校核洪水位。水库遇大坝的校核洪水时在坝前达到的最高水位。

（2）设计洪水位。水库遇大坝的设计洪水时在坝前达到的最高水位。

（3）防洪高水位。水库遇下游保护对象的设计洪水时在坝前达到的最高水位。

（4）正常蓄水位（正常高水位、设计蓄水位、兴利水位）。水库在正常运用的情况下，为满足设计的兴利要求在供水期开始时应蓄到的最高水位。

（5）防洪限制水位（汛前限制水位）。水库在汛期允许兴利的上限水位，也是水库汛期防洪运用时的起调水位。

（6）死水位。水库在正常运用的情况下，允许消落到的最低水位。它在取水口之上并保证取水口有一定的淹没深度。

水库特征水位和相应库容关系如图 1-3-1 所示。

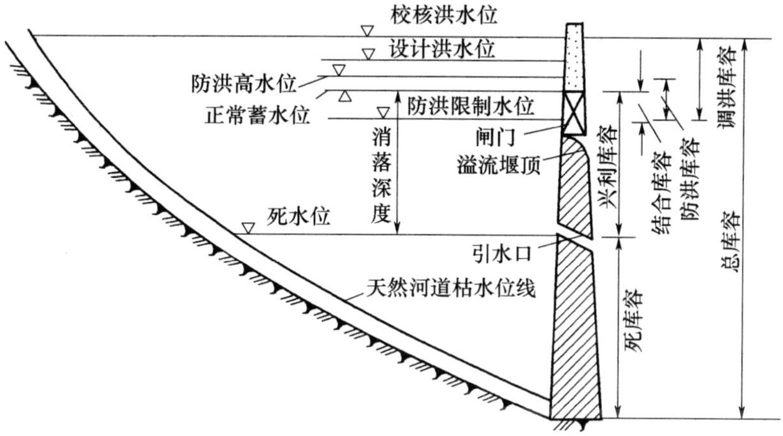

图 1-3-1　水库特征水位和相应库容示意图

2. 堤防工程特征水位

（1）设防（防汛）水位。开始组织人员防汛的水位。

（2）警戒水位。当水位达到设防水位后继续上升到某一水位时，防洪堤随时可能出险，防汛人员必须迅速开赴防汛前线，准备抢险，这一水位称警戒水位。

（3）保证水位。即堤防的设计洪水位，河道遇堤防的设计洪水时在堤前达到的最高水位。

第四节　水工建筑物分类及基本类型

水工建筑物是指治理控制水流或开发利用水资源而修建并承受水作用的建筑物。

1. 水工建筑物的分类

水工建筑物一般按其功能和使用期限等进行分类。

1）按功能分类

水工建筑物按用途分为一般性水工建筑物和专门性水工建筑物。

（1）一般性水工建筑物。一般性水工建筑物按照功能分为以下五类：

① 挡水建筑物。挡水建筑物是用于拦截水流、壅高水位、调蓄水量的各种水工建筑物，如各种坝、闸和堤防等。

② 泄水建筑物。泄水建筑物是用于控制或无控制地宣泄具有势能水流的各种水工建筑物，如溢洪道、泄洪隧洞、泄流坝段等。

③ 取水建筑物。取水建筑物是用于从水源引水或取水的各种水工建筑物，如进水闸、电站引水系统（坝身引水或管道引水）、引水隧洞等。

④ 输水建筑物。输水建筑物是用于将水流输送到用水地点的各种水工建筑物，如渠道、隧洞、涵洞、管道、渡槽、倒虹吸等。

⑤ 整治建筑物。为改善水流状态，防止水道冲淤破坏的各种水工建筑物，如护岸工程、导流堤、丁坝、防浪堤等。

（2）专门性水工建筑物。专门性水工建筑物只实现其特定的用途。专门性水工建筑物又分为水力发电建筑物、航运建筑物、农田水利建筑物、给水排水建筑物、防洪建筑物、过鱼建筑物等。

2）按使用期限分类

按建筑物的使用期限分类可分为永久性建筑物和临时性建筑物。

（1）永久性建筑物。永久性建筑物是指运行期间长期使用的建筑物。依其重要性分为主要建筑物和次要建筑物。工程的主要建筑物是指其失事将造成灾害或严重影响工程效益，如挡水坝（闸）、泄洪建筑物、取水建筑物及电站厂房等；次要建筑物是指其失事后不致造成灾害或对工程效益影响不大、易于修复的附属建筑物，如挡土墙、分流墩及护岸等。

（2）临时性建筑物。临时性建筑物是指工程施工期间临时使用的建筑物，如施工围堰、导流建筑物、临时房屋等。其主要作用是为永久性建筑物的施工创造必要的条件。

2. 水工建筑物的特点

（1）工作条件的复杂性。水工建筑物工作条件复杂，如挡水建筑物要承受相当大的水压力，由渗流产生的渗透压力；泄水建筑物泄水时，对河床和岸坡具有强烈的冲刷作用等。

（2）设计造型的独特性。水工建筑物受所处地形、地质、水文等自然条件约束，需因地制宜地根据具体条件进行设计。

（3）施工条件的艰巨性。水工建筑物施工难度大，江河中兴建的水利工程，需要妥善解决施工导流、截流和施工期度汛；此外，复杂地基的处理以及地下工程、水下工程等的施工技术都较复杂。

（4）失事后果的严重性。大型水利工程的挡水建筑物失事将会给下游带来巨大灾难或严重影响工程效益。

一、大坝

（一）土石坝

土石坝是由土、石料等当地材料填筑而成的坝，是历史最为悠久的一种坝型。

1. 土石坝的类型

土石坝一般按坝高、施工方法或筑坝材料等进行分类。

（1）按坝高分类。土石坝按坝高可分为低坝、中坝和高坝。根据《碾压式土石坝设计规范》（SL 274—2001）的规定：高度在30m以下的为低坝；高度在30（含30m）～70m（含70m）的为中坝；高度超过70m的为高坝。

（2）按施工方法分类。土石坝按施工方法可分为碾压式土石坝、水力冲填坝、定向爆破堆石坝等。应用最为广泛的是碾压式土石坝，它是用适当的土料分层堆筑，并逐层加以压实（碾压）而成的坝。

按照土料在坝身的配置和防渗体所用的材料种类，碾压式土石坝又可分为以下三种：

① 均质坝。坝体断面不分防渗体和坝壳，坝体基本上是由均一的黏性土料（壤土、砂壤土）筑成，如图1-4-1（a）所示。

② 土质防渗体分区坝。土质防渗体分区坎包括黏土心墙坝和黏土斜墙坝，即用透

水性较大的土料做坝的主体，用透水性较小的黏土做防渗体的坝。防渗体设在坝体中央的或稍向上游且略为倾斜的坝称为黏土心墙坝，防渗体设在坝体上游部位且倾斜的坝称为黏土斜墙坝，是高、中坝中最常用的坝型，如图 1-4-1（b）、(c)、(d) 所示。

③ 非土料防渗体坝。以沥青混凝土、钢筋混凝土或其他人工材料（如土工膜）为防渗体的坝。按其位置也可分为心墙坝和面板坝两种，如图 1-4-1（e）、(f) 所示。

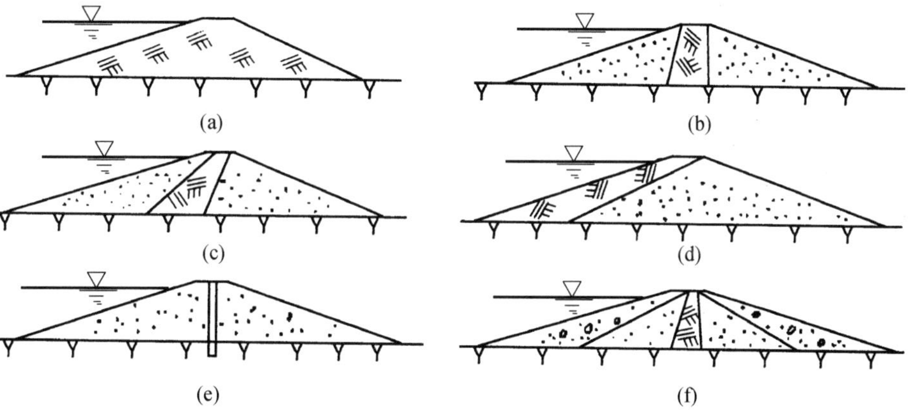

图 1-4-1　土石坝的类型

(a) 均质坝；(b)(c) 黏土心墙坝；(d) 黏土斜墙坝；(e) 非土料防渗体坝（混凝土坝）；(f) 非土料防渗体坝

2. 土石坝的构造及作用

土石坝的基本剖面是梯形，主要由坝顶、防渗体、上下游坝坡、坝体排水、地基处理等部分组成。

1）坝顶构造（如图 1-4-2 所示）

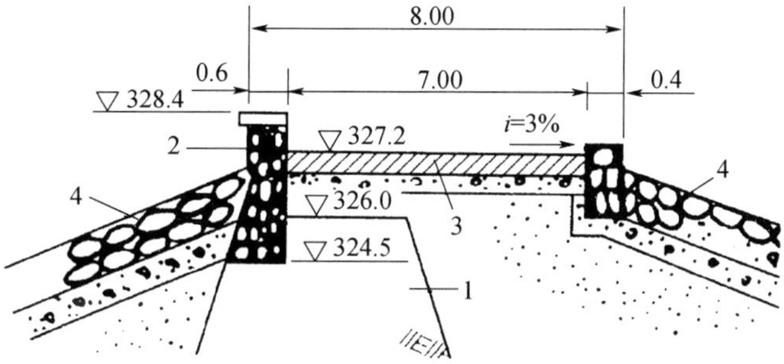

图 1-4-2　土坝坝顶构造

1—防渗体；2—防浪墙；3—路面；4—护面（尺寸单位：m）

（1）坝顶宽度。坝顶宽度应根据构造、施工、运行和抗震等因素确定。如无特殊要求，高坝可选用 10～15m，中、低坝可选用 5～10m。同时，坝顶宽度必须充分考虑心墙或斜墙顶部及反滤层、保护层的构造需要。如有公路交通要求，还应满足公路路面的有关规定。其作用是保护坝顶不受破坏。为了排除雨水，坝顶应做成向一侧或两侧倾斜的横向坡度，坡度宜采用 2%～3%。对于有防浪墙的坝顶，则宜采用仅向下游倾斜的横坡。

（2）护面。护面的材料可采用碎石、砌石、沥青或混凝土，Ⅳ级以下的坝下游也可以采用草皮护面。

（3）防浪墙。坝顶上游侧常设混凝土或浆砌石修建的不透水的防浪墙，墙基要与坝体防渗体可靠地连接起来，以防高水位时漏水，防浪墙的高度一般为1.0～1.2m（指露出坝顶部分）。

2）防渗体

土坝防渗体主要有心墙、斜墙、铺盖、截水墙等形式，设置防渗体的作用：减少通过坝体和坝基的渗流量；降低浸润线，增加下游坝坡的稳定性；降低渗透坡降，防止渗透变形。

（1）均质坝。整个坝体就是一个大的防渗体，它由透水性较小的黏性土筑成。

（2）黏性土心墙和斜墙。心墙一般布置在坝体中部，有时稍偏上游并略为倾斜；斜墙布置在坝体的上游，以便与上游铺盖及坝顶的防浪墙相连接。

黏性土心墙和斜墙顶部水平厚度一般不小于3m，以便机械化施工。防渗体顶与坝顶之间应设有保护层，厚度不小于该地区的冰冻或干燥深度，同时按结构要求不宜小于1m。

（3）非土料防渗体。非土料防渗体有钢筋混凝土、沥青混凝土、木板、钢板、浆砌块石和塑料薄膜等，较常用的是沥青混凝土和钢筋混凝土。

3）土石坝的护坡与坝坡排水

（1）护坡。土石坝的护坡形式有草皮、抛石、干砌石、浆砌石、混凝土或钢筋混凝土、沥青混凝土或水泥土等。其作用是防止波浪淘刷、顺坝水流冲刷、冰冻和其他形式的破坏。

（2）坝坡排水。除干砌石或堆石护面外，均必须设坝面排水。为了防止雨水冲刷下游坝坡，常设纵横向连通的排水沟。与岸坡的结合处，也应设置排水沟以拦截山坡上的雨水。坝面上的纵向排水沟沿马道内侧布置，用浆砌石或混凝土板铺设成矩形或梯形。坝较长时，则应沿坝轴线方向每隔50～100m设一横向排水沟，以便排除雨水。

4）坝体排水

（1）排水设施。排水设施形式有贴坡排水、棱体排水、褥垫排水、管式排水和综合式排水。坝体排水的作用是降低坝体浸润线及孔隙水压力，防止坝坡土冻胀破坏。在排水设施与坝体、土基接合处，都应设置反滤层，其中贴坡排水和棱体排水最常用。

① 贴坡排水。紧贴下游坝坡的表面设置，它由1～2层堆石或砌石筑成，如图1-4-3所示。贴坡排水顶部应高于坝体浸润线的逸出点，保证坝体浸润线位于冰冻深度以下。

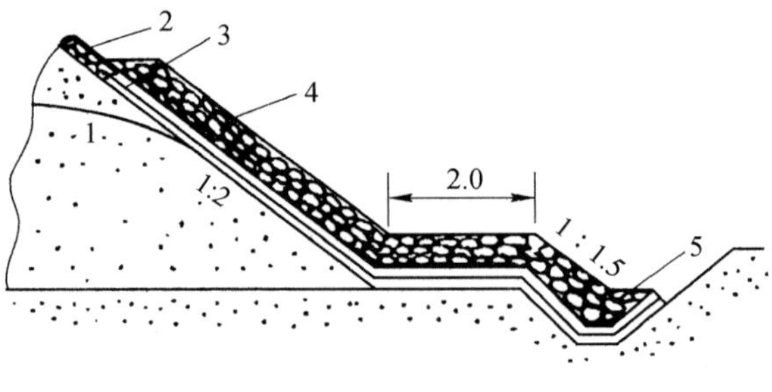

图1-4-3　贴坡排水

1—浸润线；2—护坡；3—反滤层；4—排水体；5—排水沟

贴坡排水构造简单、节省材料、便于维修，但不能降低浸润线，且易因冰冻而失效，常用于中小型工程下游无水的均质坝或浸润线较低的中等高度坝。

② 棱体排水。在下游坝脚处用块石堆成棱体，顶部高程应超出下游最高水位，超出高度应大于波浪沿坡面的爬高，并使坝体浸润线距坝坡的距离大于冰冻深度。应避免棱体排水上游坡脚出现锐角，顶宽应根据施工条件及检查观测需要确定，但不得小于 1.0m，如图 1-4-4 所示。

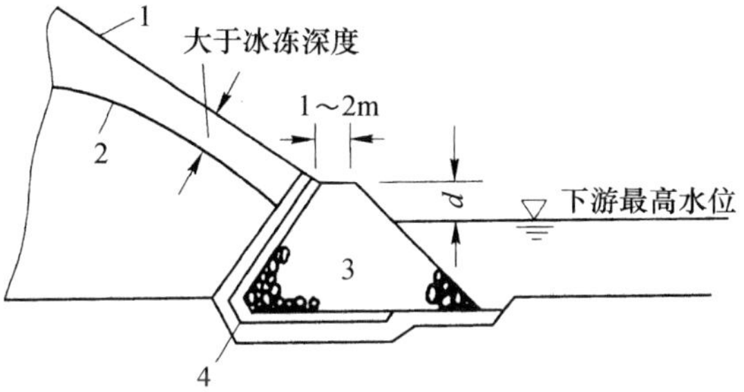

图 1-4-4　堆石棱体排水

1—下游坝坡；2—浸润线；3—棱体排水；4—反滤层

棱体排水可降低浸润线，防止坝坡冻胀和渗透变形，保护下游坝脚不受尾水淘刷，多用于河床部分（有水）的下游坝脚处。

（2）反滤层。为避免因渗透系数和材料级配的突变而引起渗透变形，在防渗体与坝壳、坝壳与排水体之间都要设置 2～3 层粒径不同的砂石料作为反滤层。材料粒径沿渗流方向由小到大排列。

（二）混凝土坝

混凝土坝的主要类型有重力坝、拱坝和支墩坝三种，它们的结构特点和类型如下。

1. 重力坝的结构特点和类型

（1）重力坝的结构特点。重力坝主要依靠坝体自重产生的抗滑力来满足稳定性要求；同时依靠坝体自重产生的压应力来抵消由于水压力所引起的拉应力以满足强度要求。重力坝的基本剖面呈三角形，筑坝材料为混凝土或浆砌石。在平面上，坝轴线一般为直线，也可为折线或曲率不大的向上游的拱形。坝体内设置排水管幕，设置各种廊道；坝基内设置防渗帷幕、排水孔幕。沿坝轴线用横缝将坝体分成若干独立坝段，如图 1-4-5 所示。

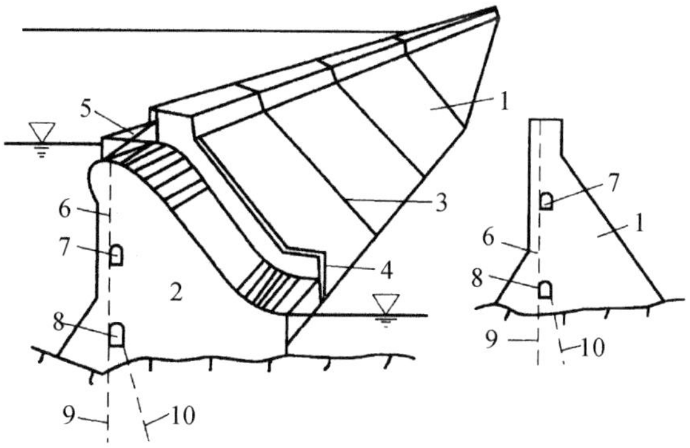

图 1-4-5　重力坝示意图

1—非溢流重力坝；2—溢流重力坝；3—横缝；4—导墙；5—闸门；6—坝内排水管；7—检修、排水廊道；8—基础灌浆廊道；9—防渗帷幕；10—坝基排水孔

（2）重力坝的类型。

① 按坝体高度分为高坝、中坝和低坝。坝高大于 70m 的为高坝，小于 30m 的为低坝，介于两者之间的为中坝。

② 按筑坝材料分为混凝土重力坝和浆砌石重力坝。重要的重力坝及高坝大多用混凝土浇筑，中低坝可用浆砌块石砌筑。

③ 按泄水条件分为溢流重力坝和非溢流重力坝段。

④ 按坝体的结构分为实体重力坝、空腹重力坝和宽缝重力坝。

⑤ 按施工方法分为浇筑混凝土重力坝和碾压混凝土重力坝。

2. 重力坝的构造及作用

（1）坝顶构造，如图 1-4-6 所示。

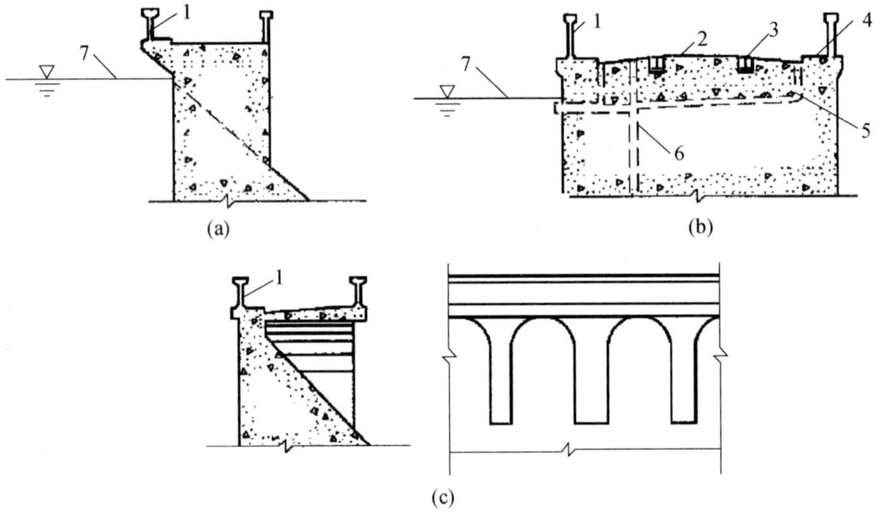

图 1-4-6　坝顶结构布置图

1—防浪墙；2—公路；3—起重机轨道；4—人行道；5—坝顶排水管；6—坝体排水管；7—最高水位

① 坝顶应高于校核洪水位，坝顶上游防浪墙顶的高程应高于波浪顶高程，其与正常蓄水位或校核洪水位的高差，应按式 1-4-1 计算确定，选择两者中防浪墙顶高程高的作为选定高程。

$$\Delta h = h_{1\%} + h_z + h_c \qquad (1\text{-}4\text{-}1)$$

式中 Δh——防浪墙顶至正常蓄水位或校核洪水位的高差（m）；

$h_{1\%}$——波高（m）；

h_z——波浪中心线至正常蓄水位或校核洪水位的高差（m）；

h_c——安全超高，按表 1-4-1 采用。

表 1-4-1　重力坝坝顶安全超高 h_c（m）

相应水位	坝的级别		
	1	2	3
正常蓄水位	0.7	0.5	0.4
校核洪水位	0.5	0.4	0.3

② 防浪墙宜采用与坝体连成整体的钢筋混凝土结构，墙身有足够的厚度以抵抗波浪及漂浮物的冲击，在坝体横缝处应留伸缩缝，并设止水，墙身高度可取 1.2m。坝顶下游侧应设置栏杆。

③ 非溢流坝段的坝顶宽度应根据剖面设计、运行要求确定，不宜小于 3.0m。坝顶路面应具有横向坡度和排水设施，严寒地区横向坡度应适当加大。

④ 溢流坝顶应结合闸门、启闭设备布置、操作检修、交通和观测等要求设置坝顶工作桥、交通桥。坝顶上的桥梁可采用装配式钢筋混凝土结构或预应力钢筋混凝土结构，桥下应有足够的净空。

⑤ 坝顶用作公路时，公路两侧的人行道宜高出坝顶路面 30cm。

(2) 重力坝的防渗和排水设施。在混凝土重力坝坝体上游面和下游面水位以下部分，多采用一层具有防渗、抗冻和抗侵蚀的混凝土，作为坝体的防渗设施。防渗层厚度一般为 1/20～1/10 水头，但不小于 2m。

为了减小坝体的渗透压力，靠近上游坝面设置排水管幕，排水管幕与上游坝面的距离一般为作用水头的 1/25～1/15，且不小于 2m。排水管间距为 2～3m。

(3) 重力坝的分缝与止水。为了满足施工要求，防止由于温度变化和地基不均匀沉降导致坝体裂缝，在坝内需要进行分缝。

① 横缝。横缝与坝轴线垂直，有永久性和临时性两种。将坝体分成若干个坝段，横缝间距一般为 15～20m。永久性横缝可兼作沉降缝和温度缝，缝面常为平面。当不均匀沉降较大时，需留缝宽 1～2cm，缝间用沥青油毡隔开，缝内须设置专门的止水；临时性横缝缝面设置键槽，埋设灌浆系统。

② 纵缝。纵缝是平行于坝轴线方向的缝，其作用是为了适应混凝土的浇筑能力、散热和减小施工期的温度应力。纵缝按其布置形式可分为铅直缝、斜缝和错缝三种，其中铅直缝的间距为 15～30m，缝面应设置三角形键槽。

为了保证坝段的整体性，沿缝面应布设灌浆系统。待坝体温度冷却到稳定温度，缝宽达到 0.5mm 以上时再进行灌浆。一般进浆管的灌浆压力可控制在 0.35～0.45MPa，回浆管的压力可控制在 0.2～0.25MPa。

③ 水平施工缝。水平施工缝是新老混凝土的水平结合面。每层浇筑块的厚度为 1.5～4.0m，基岩表面 0.75～1.0m，以利散热。同一坝段相邻浇筑块水平施工缝的高程应错开，上、下浇筑块之间常间歇 3～7d。混凝土浇筑前，必须清除老混凝土面浮渣，并凿毛，用压力水冲洗，再铺一层 2～3cm 的水泥砂浆，然后浇筑。

(4) 坝内廊道。为了满足帷幕灌浆、排水、观测和检修坝体的需要，须在坝内设置各种廊道和竖井，构成廊道系统。廊道内应设置通风和照明设备。

① 基础灌浆廊道。基础灌浆廊道设置在上游坝踵处。廊道上游侧距上游坝面的距离为 0.05～0.1 倍水头，且不小于 4～5m，廊道底面距基岩面不小于 1.5 倍廊道宽度，廊道断面一般采用城门洞形，其宽度一般为 2.5～3.0m，高度一般为 3.0～3.5m。当廊道低于下游水位时，应设集水井及抽排设施。

② 坝体检修和排水廊道。为了便于检查坝体和排除坝体渗水，在靠近坝体上游面沿高度每隔 15～30m 设一检查兼作排水用的廊道。廊道断面形式多为城门洞形，廊道最小宽度为 1.2m，高度为 2.2m。各层廊道在左、右两岸至少应各有一个通向下游的

出口，各层廊道之间用竖井连通。如设有电梯井时，则各层廊道均应与电梯井相通。

3. 重力坝的荷载与作用

重力坝承受的荷载与作用主要有：①自重（包括固定设备重量）；②静水压力；③扬压力；④动水压力；⑤波浪压力；⑥泥沙压力；⑦冰压力；⑧ 土压力；⑨温度作用；⑩风作用；⑪地震作用等。

（1）自重。重力坝的自重包括重力坝坝体重量及固定设备重量等，建筑物的重量可以较准确地算出，材料容重应实地量测或参考荷载规范定出。

（2）静水压力。静水压力随上、下游水位而定。重力坝静水压力计算简图如图 1-4-7 所示。

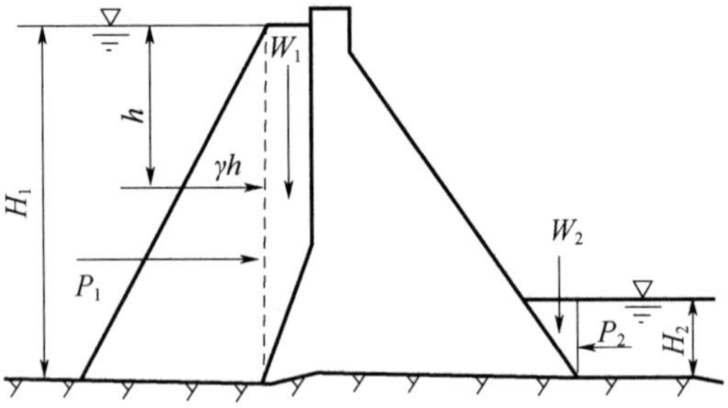

图 1-4-7　重力坝静水压力计算简图

（3）扬压力。扬压力包括上浮力及渗流压力。上浮力是由坝体下游水深产生的浮托力；渗流压力是在上、下游水位差作用下，水流通过基岩节理、裂隙而产生的向上的静水压力。重力坝扬压力计算简图如图 1-4-8 所示。

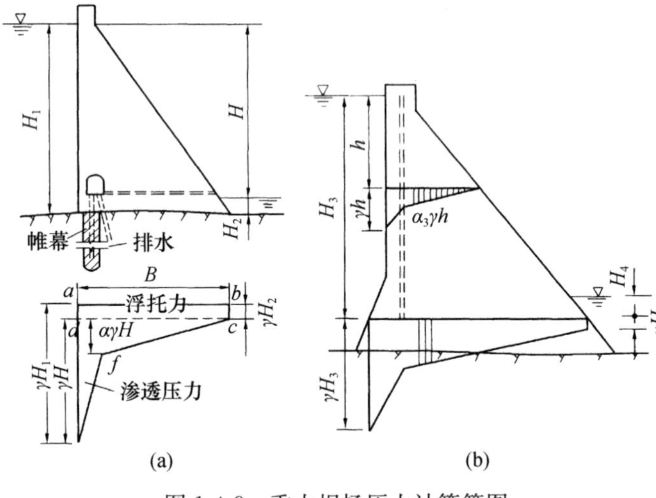

图 1-4-8　重力坝扬压力计算简图

（a）坝底扬压力分布；（b）坝体水平截面上扬压力分布

（4）动水压力。当水流流经曲面（如溢流坝面或泄水孔洞或泄水孔洞的反弧段），由于流向改变，在该处产生动水压力。动水压力的合理作用点可近似地取在反弧中点。

（5）波浪压力。波浪作用使重力坝承受波浪压力，而波浪压力与波浪要素和坝前水深等有关。波态情况不同，波浪压力分布也不同，波浪压力计算分为浅水波及深水波，重力坝波浪压力分布图如图 1-4-9 所示。

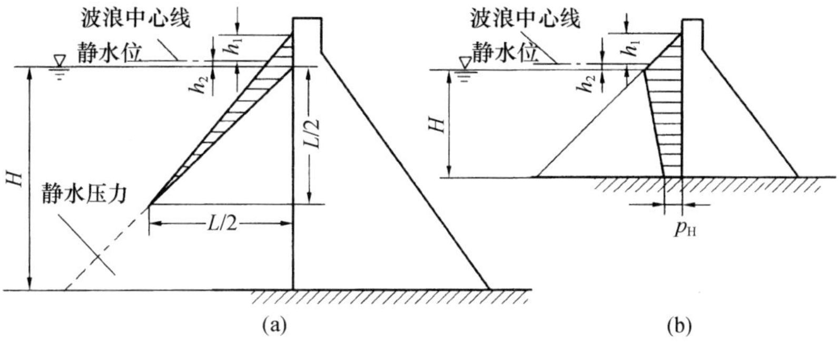

图 1-4-9　重力坝浪压力分布图

(a) 深水波；(b) 浅水波

(6) 土压力及泥沙压力。当建筑物背后有填土或淤沙时，随建筑物相对土体的位移状况，将受到不同的土压力作用。建筑物向前侧移动时，承受主动土压力；向后侧移动时，承受被动土压力；不移动时，承受静止土压力。

水库淤积（包括坝前泥沙淤积）是河床泥沙冲淤演变的产物，其分布情况与河流的水沙情况、枢纽组成及布置、坝前水流流态及水库运用方式关系密切。

淤沙的密度及内摩擦角与淤积物的颗粒组成及沉淀过程有关。淤沙逐渐固结，密度与内摩擦角也逐年变化，而且各层不同，使得泥沙压力不易准确算出，一般按经验公式计算。

(7) 冰压力。冰压力分为静冰压力和动冰压力两种。当气温升高时，冰层膨胀，对建筑物产生的压力称为静冰压力；冰块垂直或接近垂直撞击在坝面时产生的压力称为动冰压力。

(8) 温度作用。坝体混凝土温度变化会产生膨胀或收缩，当变形受到约束时，将会产生温度应力。结构由于温度变化产生的应力、变形、位移等，称为温度作用效应。

(9) 风作用在建筑物表面产生风压力。迎风面为正压，在背风面或角隅还可能产生负压，一般情况下可以不计风压，但对高耸孤立的水工建筑物则应予考虑。

(10) 地震作用。地震引发地层表面做随机运动，能使水工建筑物产生严重破坏。破坏情况取决于地震过程特点和建筑物的动态反应特性。地震作用主要包括地震惯性力、地震动水压力、地震动土压力等。

4. 拱坝的结构特点和类型

(1) 拱坝的结构特点。拱坝是固接于基岩的空间壳体结构，在平面上呈凸向上游的拱形，其拱冠剖面呈竖直的或向上游凸出的曲线形，坝体结构既有拱作用又有梁作用，其所承受的水平荷载一部分通过拱的作用压向两岸，另一部分通过竖直梁的作用传到坝底基岩。坝体的稳定主要依靠两岸拱端的反力作用，并不全靠坝体自重来维持。由于拱是一种主要承受轴向压力的推力结构，拱内弯矩较小，应力分布较均匀，有利于发挥材料的强度。拱的作用利用得越充分，材料抗压强度高的特点就越能充分发挥，从而坝体厚度可以减薄，节省工程量。拱坝的体积比同一高度的重力坝可节省 1/3～2/3，从经济意义上讲，拱坝是一种很优越的坝型。

拱坝属于高次超静定结构，当外荷增大或坝的某一部位发生局部开裂时，坝体的拱和梁作用将会自行调整，使坝体应力重新分配。

由于拱坝坝身不设永久伸缩缝，因此温度变化和基岩变形对坝体应力的影响比较显著；设计时，必须考虑基岩变形，并将温度作用列为一项主要荷载。

实践证明，拱坝不仅可以安全溢流，而且可以在坝身设置单层或多层大孔口泄水。

由于拱坝剖面较薄，坝体几何形状复杂，因此对于施工质量、筑坝材料强度和防渗要求等都较重力坝严格。

（2）拱坝的类型。

① 定圆心等半径拱坝。圆心的平面位置和外半径都不变的一种拱坝。

② 等中心角变半径拱坝。拱坝坝面自上而下中心角不变而半径逐渐减小。

③ 变圆心变半径双曲拱坝。圆心的平面位置、外半径和中心角均随高程而变的坝体形式。

5. 支墩坝的结构特点和类型

支墩坝是由一系列顺水流方向的支墩和支承在墩子上游的挡水面板所组成，如图 1-4-10所示。按挡水面板的形式，支墩坝可分为平板坝、连拱坝和大头坝，其结构特点如下：

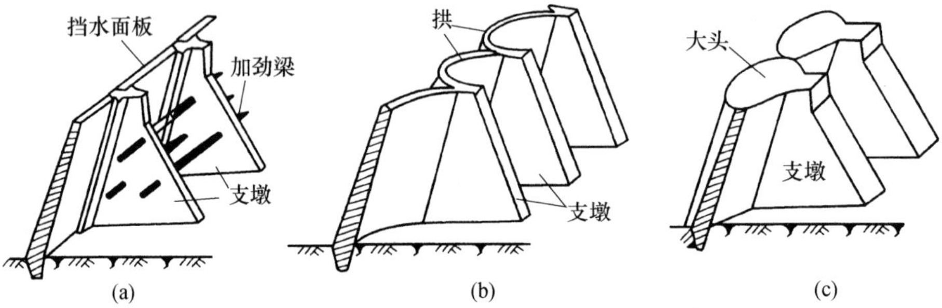

图 1-4-10　支墩坝的形式

（a）平板坝；（b）连拱坝；（c）大头坝

（1）平板坝是支墩坝中最简单的形式，其上游挡水面板为钢筋混凝土平板，并常以简支的形式与支墩连接，适用于 40m 以下的中低坝。支墩多采用单支墩，为了提高支墩的刚度，也有做空腹式双支墩。

（2）连拱坝是由支承在支墩上连续的拱形挡水面板（拱筒）承担水压力的一种轻型坝体。支墩有单支墩和双支墩两种，拱筒和支墩之间刚性连接，形成超静定结构，温度变化和地基的变形对坝体的应力影响较大，因此其适用于气候温和的地区和良好的基岩上。

（3）大头坝是通过扩大支墩的头部而起挡水作用的，其体积较平板坝和连拱坝大，也称大体积支墩坝，它能充分利用混凝土材料的强度，坝体用筋量少；大头和支墩共同组成单独的受力单元，对地基的适应性好，受气候条件影响小。

二、水闸

水闸是一种低水头的水工建筑物，它具有挡水和泄水的双重作用，用以调节水位、控制流量。

（一）水闸的类型

水闸有不同的分类方法。既可按其承担的任务分类，也可按其结构形式、规模等分类。

1. 按水闸承担的任务分类

水闸按其所承担的任务，可分为六种，如图 1-4-11 所示。

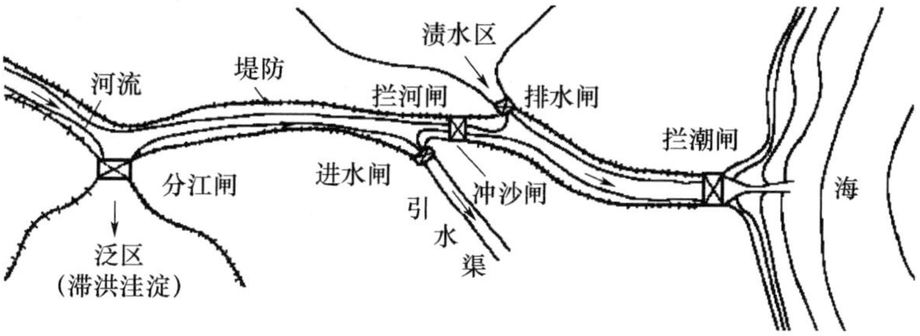

图 1-4-11 水闸的类型及位置示意图

(1) 拦河闸。拦河闸建于河道或干流上，拦截河流。拦河闸控制河道下泄流量，又称为节制闸。枯水期拦截河道，抬高水位，以满足取水或航运的需要，洪水期则提闸泄洪，控制下泄流量。

(2) 进水闸。进水闸建在河道、水库或湖泊的岸边，用来控制引水流量。这种水闸有开敞式及涵洞式两种，常建在渠首。进水闸又称取水闸或渠首闸。

(3) 分洪闸。分洪闸常建于河道的一侧，用以分泄天然河道不能容纳的多余洪水进入湖泊、洼地，以削减洪峰，确保下游安全。分洪闸的特点是泄水能力很大，而经常没有水的作用。

(4) 排水闸。排水闸常建于江河沿岸，防江河洪水倒灌；河水退落时又可开闸排洪。排水闸双向均可能泄水，所以前后都可能承受水压力。

(5) 挡潮闸。挡潮闸建在入海河口附近，涨潮时关闸防止海水倒灌，退潮时开闸泄水，具有双向挡水的特点。

(6) 冲沙闸。冲沙闸建在多泥沙河流上，用于排除进水闸、节制闸前或渠系中沉积的泥沙，减少引水水流的含沙量，防止渠道和闸前河道淤积。

2. 按闸室结构形式分类

水闸按闸室结构形式可分为开敞式、胸墙式及涵洞式等，如图 1-4-12 所示。

(1) 开敞式。过闸水流表面不受阻挡，泄流能力大。

(2) 胸墙式。闸门上方设有胸墙，可以减少挡水时闸门上的力，增加挡水变幅。

(3) 涵洞式。闸门后为有压或无压洞身，洞顶有填土覆盖。涵洞式多用于小型水闸及穿堤取水情况。

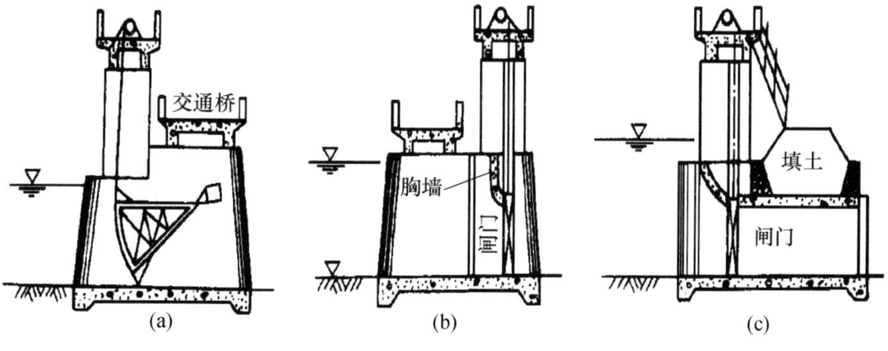

图 1-4-12 闸室结构型式

(a) 开敞式；(b) 胸墙式；(c) 涵洞式

（二）水闸的组成

水闸一般由闸室段、上游连接段和下游连接段三部分组成，如图 1-4-13 所示。

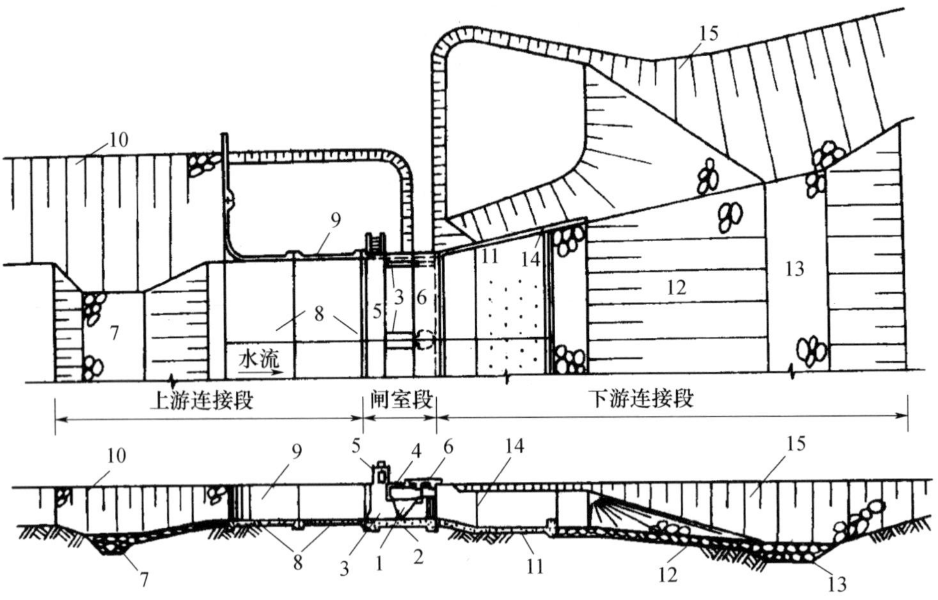

图 1-4-13　水闸组成图

1—闸门；2—底板；3—闸墩；4—胸墙；5—工作桥；6—交通桥；7—上游防冲槽；8—铺盖；9—上游翼墙；10—上游护坡；11—护坦（消力池）；12—海漫；13—下游防冲槽；14—下游翼墙；15—下游两岸护坡

1. 闸室段

闸室是水闸的主体部分，其作用是控制水位和流量，兼有防渗防冲作用。闸室段结构包括闸门、闸墩、底板、胸墙、工作桥、交通桥、启闭机等。

闸门用来挡水和控制过闸流量。闸墩用来分隔闸孔和支承闸门、胸墙、工作桥、交通桥等。闸墩将闸门、胸墙以及闸墩本身挡水所承受的水压力传递给底板。胸墙设于工作闸门上部，帮助闸门挡水。

底板是闸室段的基础，它将闸室上部结构的重量及荷载传至地基。建在软基上的闸室主要由底板与地基间的摩擦力来维持稳定。底板还有防渗和防冲的作用。

工作桥和交通桥用来安装启闭设备、操作闸门和联系两岸交通。

2. 上游连接段

上游连接段处于水流行进区，主要作用是引导水流从河道平稳地进入闸室，保护两岸及河床免遭冲刷，同时有防冲、防渗的作用。其一般包括上游翼墙、铺盖、上游防冲槽和上游两岸护坡等。

上游翼墙的作用是导引水流，使之平顺地流入闸孔；抵御两岸填土压力，保护闸前河岸不受冲刷；并有侧向防渗的作用。

铺盖主要起防渗作用，其表面还应进行保护，以满足防冲要求。

上游两岸要适当进行护坡，其目的是保护河床两岸不受冲刷。

3. 下游连接段

下游连接段的作用是消除过闸水流的剩余能量，引导出闸水流均匀扩散，调整流速分布和减缓流速，防止水流出闸后对下游的冲刷。

下游连接段包括护坦（消力池）、海漫、下游防冲槽、下游翼墙、下游两岸护坡等。下游翼墙和护坡的基本结构和作用同上游。

（三）水闸的防渗

水闸建成后，由于上、下游水位差，在闸基及边墩和翼墙的背水一侧产生渗流。渗流对建筑物的不利影响，主要表现为：①降低闸室的抗滑稳定性及两岸翼墙和边墩的侧向稳定性；②可能引起地基的渗透变形，严重的渗透变形会使地基受到破坏，甚至失事；③损失水量；④使地基内的可溶物质加速溶解。

1. 地下轮廓线布置

地下轮廓线是指水闸上游铺盖和闸底板等不透水部分和地基的接触线。地下轮廓线的布置原则是“上防下排”，即在闸基靠近上游侧以防渗为主，采取水平防渗或垂直防渗措施，阻截渗水，消耗水头。在下游侧以排水为主，尽快排除渗水、降低渗压。

地下轮廓布置与地基土质有密切关系，分述如下：

（1）黏性土地基地下轮廓线布置。黏性土壤具有凝聚力，不易产生管涌，但摩擦系数较小。因此，布置地下轮廓线，主要考虑降低渗透压力，以提高闸室稳定性。闸室上游宜设置水平钢筋混凝土或黏土铺盖，或土工膜防渗铺盖，闸室下游护坦底部应设滤层，下游排水可延伸到闸底板下，如图 1-4-14 所示。

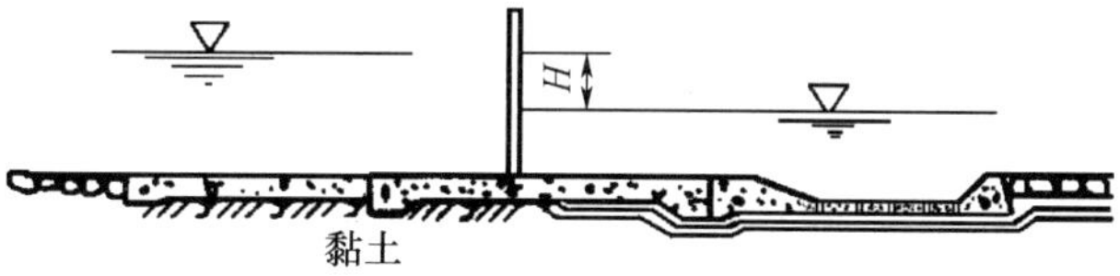

图 1-4-14 黏性土地基的地下轮廓线布置

（2）砂性土地基地下轮廓线布置。砂性土地基正好与黏性土地基相反，底板与地基之间摩擦系数较大，有利于闸室稳定，但土壤颗粒之间无黏着力或黏着力很小，易产生管涌，故地下轮廓线布置的控制因素是如何防止渗透变形。

当地基砂层很厚时，一般采用铺盖加板桩的形式来延长渗径，以达到降低渗透坡降和渗透流速。板桩多设在底板上游一侧的齿墙下端。如设置一道板桩不能满足渗径要求时，可在铺盖前端增设一道短板桩，以加长渗径，如图 1-4-15（a）所示。

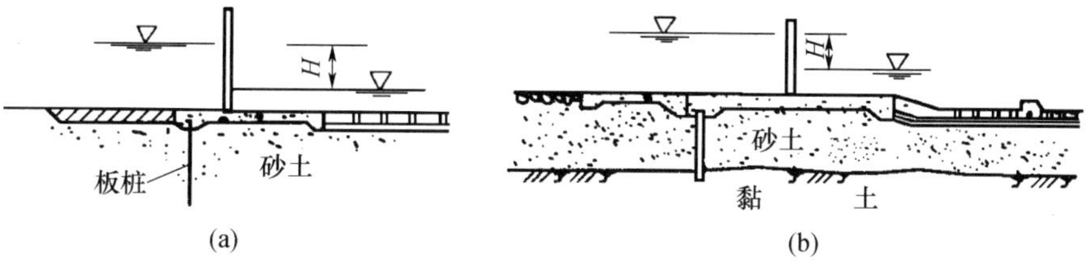

图 1-4-15 砂性地基上地下轮廓线布置

（a）砂层厚度较深时；（b）砂层厚度较浅时

2. 防渗排水设施

防渗设施是指构成地下轮廓的铺盖、板桩及齿墙，而排水设施指铺设在护坦、浆砌石海漫底部或闸底板下游段起导渗作用的砂砾石层。排水常与反滤结合使用。

水闸的防渗有水平防渗和垂直防渗两种。水平防渗措施为铺盖，垂直防渗措施有板桩、灌浆帷幕、齿墙和混凝土防渗墙等。

（1）铺盖。铺盖有黏土和黏壤土铺盖、沥青混凝土铺盖、钢筋混凝土铺盖等。

① 黏土和黏壤土铺盖。铺盖与底板连接处为一薄弱部位，通常是在该处将铺盖加厚；将底板前端做成倾斜面，使黏土能借自重及其上的荷载与底板紧贴；在连接处铺设油毛毡等止水材料，一端用螺栓固定在斜面上，另一端埋入黏土中，为了防止铺盖在施工期遭受破坏和运行期间被水流冲刷，应在其表面铺砂层，然后在砂层上铺设单层或双层块石护面。

② 沥青混凝土铺盖。沥青混凝土铺盖的厚度一般为 5～10cm，在与闸室底板连接处应适当加厚，接缝多为搭接形式。为提高铺盖与底板间的黏结力，可在底板混凝土面先涂一层稀释的沥青乳胶，再涂一层较厚的纯沥青。沥青混凝土铺盖可以不分缝，但要分层浇筑和压实，各层的浇筑缝要错开。

③ 钢筋混凝土铺盖。钢筋混凝土铺盖的厚度不宜小于 0.4m，在与底板连接处应加厚至 0.8～1.0m，并用沉降缝分开，缝中设止水。在顺水流和垂直水流流向均应设沉降缝，间距不宜超过 15～20m，在接缝处局部加厚，并设止水。用作阻滑板的钢筋混凝土铺盖，在垂直水流流向仅有施工缝，不设沉降缝。

（2）板桩。板桩长度视地基透水层的厚度而定。当透水层较薄时，可用板桩截断，并至少插入不透水层 1.0m；若不透水层埋藏很深，则板桩的深度一般采用 0.6～1.0 倍水头。用作板桩的材料有木材、钢筋混凝土及钢材三种。

板桩与闸室底板的连接形式有两种，一种是把板桩紧靠底板前缘，顶部嵌入黏土铺盖一定深度，如图 1-4-16（a）所示；另一种是把板桩顶部嵌入底板底面特设的凹槽内，桩顶填塞可塑性较大的不透水材料，如图 1-4-16（b）所示。前者适用于闸室沉降量较大，而板桩桩尖已插入坚实土层的情况；后者则适用于闸室沉降量小，而板桩桩尖未达到坚实土层的情况。

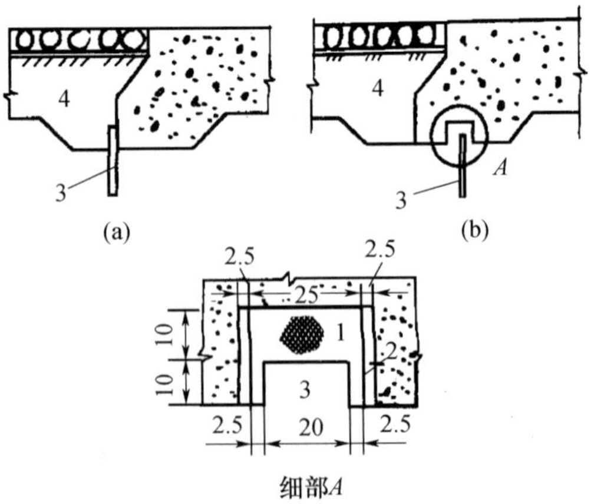

图 1-4-16　板桩与底板的连接（单位：cm）

1—沥青；2—预制挡板；3—板桩；4—铺盖

（3）齿墙。闸底板的上、下游端一般均设有浅齿墙，用来增强闸室的抗滑稳定，并可延长渗径。齿墙深一般在 1.0m 左右。

（4）其他防渗设施。近年来，垂直防渗设施在我国有较大进展，就地浇筑混凝土防渗墙、灌注式水泥砂浆帷幕以及用高压旋喷法构筑防渗墙等方法已成功用于水闸建设。

（5）排水及反滤层。排水一般采用粒径 1～2cm 的卵石、砾石或碎石平铺在护坦和浆砌石海漫的底部，或伸入底板下游齿墙稍前方，厚 0.2～0.3m。在排水与地基接触处（即渗流出口附近）容易发生渗透变形，应做好反滤层。

（四）水闸的消能防冲设施与布置

水闸泄水时，部分势能转为动能，流速增大，而土质河床抗冲能力低，所以闸下冲刷是一个普遍的现象。为了防止下泄水流对河床的有害冲刷，除了加强运行管理外，还必须采取必要的消能、防冲等工程措施。水闸的消能防冲设施有下列主要形式。

1. 底流消能工

平原地区的水闸，由于水头低，下游水位变幅大，一般都采用底流式消能。消力池是水闸的主要消能区域。

底流消能工的作用是通过在闸下产生一定淹没度的水跃来保护水跃范围内的河床免遭冲刷。

当尾水深度不能满足要求时，可采取：降低护坦高程；在护坦末端设消力坎；既降低护坦高程又建消力坎等措施形成消力池。有时还可在护坦上设消力墩等辅助消能工。

消力池布置在闸室之后，池底与闸室底板之间，用 1∶3～1∶4 的斜坡连接。为防止产生波状水跃，可在闸室之后留一水平段，并在其末端设置一道小槛，如图 1-4-17（a）所示；为防止产生折冲水流，还可在消力池前端设置散流墩，如图 1-4-17（b）所示。如果消力池深度不大（1.0m 左右），常把闸门后的闸室底板用 1∶3 的坡度降至消力池底的高程，作为消力池的一部分。

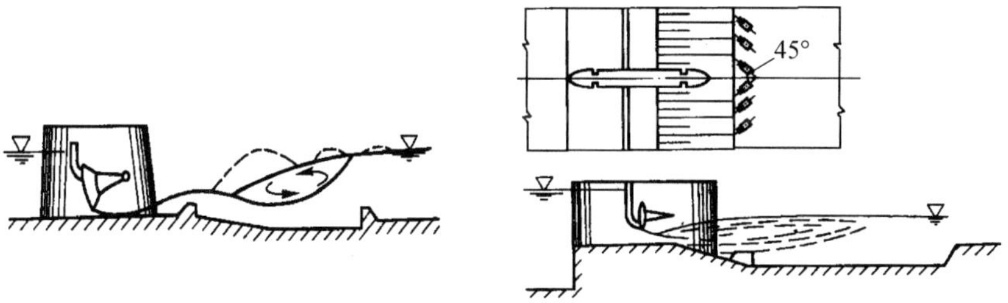

图 1-4-17 小槛及散流墩布置示意图
（a）小槛布置图；（b）散流墩布置图

消力池末端一般布置尾槛，用以调整流速分布，减小出池水流的底部流速，且可在槛后产生小横轴旋滚，防止在尾槛后发生冲刷，并有利于平面扩散和消减下游边侧回流，如图 1-4-18 所示。

在消力池中除尾坎外，有时还设有消力墩等辅助消能工，用以使水流受阻，给水流以反力，在墩后形成涡流，加强水跃中的紊流扩散，从而达到稳定水跃，减小和缩短消力池深度和长度的作用，如图 1-4-19 所示。

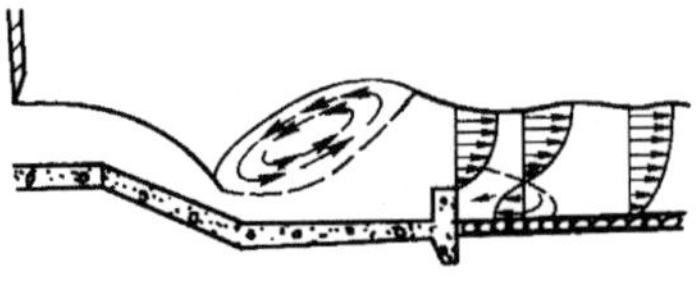

图 1-4-18 消力池尾槛后的流速分布

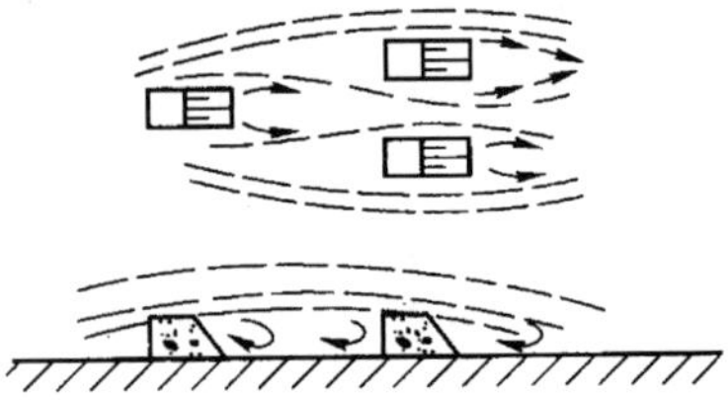

图 1-4-19 辅助消能工对水流的紊动作用

消力墩可设在消力池的前部或后部，但消能作用不同。消力墩可做成矩形或梯形，设两排或三排交错排列，墩顶应有足够的淹没水深，墩高为跃后水深的 1/5～1/3。在出闸水流流速较高的情况下，宜采用设在后部的消力墩。

2. 海漫

护坦后设置海漫等防冲加固设施，以使水流均匀扩散，并将流速分布逐步调整到接近天然河道的水流形态（见图 1-4-20）。

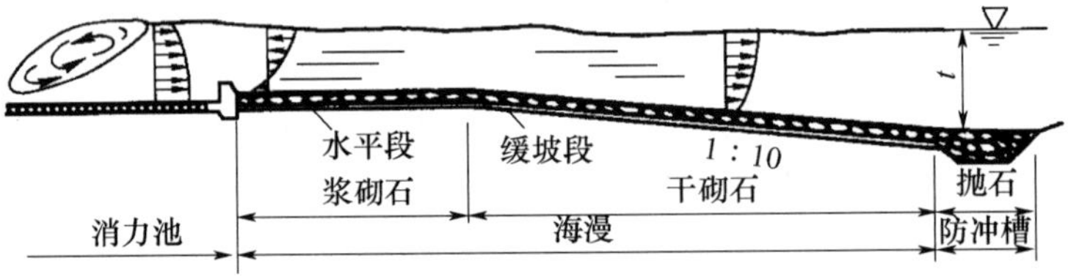

图 1-4-20 海漫布置及其流速分布示意图

一般在海漫起始段做 5～10m 长的水平段，其顶面高程可与护坦齐平或在消力池尾坎顶以下 0.5m 左右，水平段后做成不陡于 1∶10 的斜坡，以使水流均匀扩散，调整流速分布，保护河床不受冲刷。

对海漫的要求：表面有一定的粗糙度，以利于进一步消除余能；具有一定的透水性，以便使渗水自由排出，降低扬压力；具有一定的柔性，以适应下游河床可能的冲刷变形。

常用的海漫结构有干砌石海漫、浆砌石海漫、混凝土板海漫、钢丝石笼海漫及其他形式海漫。

3. 防冲槽及末端加固

为保证安全和节省工程量，常在海漫末端设置防冲槽、防冲墙或采用其他加固设施。

（1）防冲槽。在海漫末端预留足够的粒径大于 30cm 的石块，当水流冲刷河床，冲刷坑向预计的深度逐渐发展时，预留在海漫末端的石块将沿冲刷坑的斜坡陆续滚下，散铺在冲坑的上游斜坡上，自动形成护面，使冲刷不再向上扩展，如图 1-4-21 所示。

（2）防冲墙。防冲墙有齿墙、板桩、沉井等形式。齿墙的深度一般为 1～2m，适用于冲坑深度较小的工程。如果冲深较大，河床为粉、细砂时，则采用板桩、井柱或沉井。

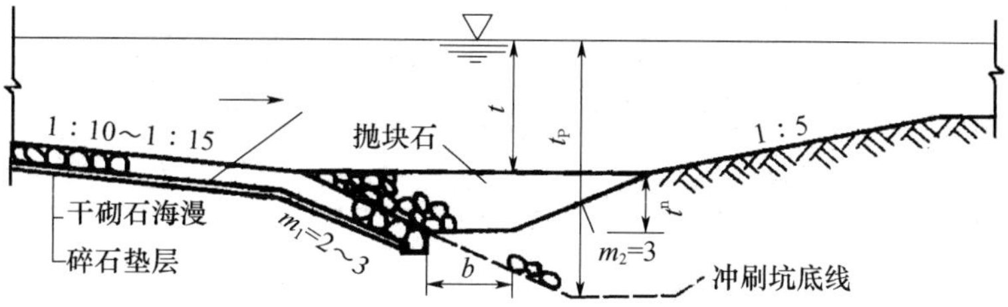

图 1-4-21　防冲槽

4. 翼墙与护坡

在与翼墙连接的一段河岸，由于水流流速较大和回流漩涡，需加做护坡。护坡在靠近翼墙处常做成浆砌石，然后接以干砌石，保护范围稍长于海漫，包括预计冲刷坑的侧坡。干砌石护坡每隔 6～10m 设置混凝土埂或浆砌石梗一道，其断面尺寸为 30cm×60cm。在护坡的坡脚以及护坡与河岸土坡交接处应做深为 0.5m 的齿墙，以防回流淘刷和保护坡顶。护坡下面需要铺设厚度各为 10cm 的卵石及粗砂垫层。

（五）闸室的布置和构造

闸室由底板、闸墩、闸门、胸墙、交通桥及工作桥等组成。其布置应考虑分缝及止水。

1. 底板

常用的闸室底板有水平底板和反拱底板两种类型。

对多孔水闸，为适应地基不均匀沉降和减小底板内的温度应力，需要沿水流方向用横缝（温度沉降缝）将闸室分成若干段，每个闸段可为单孔、两孔或三孔，如图 1-4-22（a）所示。

横缝设在闸墩中间，闸墩与底板连在一起的，称为整体式底板。整体式底板闸孔两侧闸墩之间不会出现过大的不均匀沉降，对闸门启闭有利，用得较多。整体式底板常用实心结构；当地基承载力较差，如只有 30～40kPa 时，则需考虑采用刚度大、质量轻的箱式底板。

在坚硬、紧密或中等坚硬、紧密的地基上，单孔底板上设双缝，将底板与闸墩分开的，称为分离式底板，如图 1-4-22（b）所示。分离式底板闸室上部结构的质量将直接由闸墩或连同部分底板传给地基。底板可用混凝土或浆砌块石建造，当采用浆砌块石时，应在块石表面再浇一层约 15cm 厚、强度等级为 C15 的混凝土或加筋混凝土，以使底板表面平整并具有良好的防冲性能。

如地基较好，相邻闸墩之间不致出现不均匀沉降的情况下，还可将横缝设在闸孔底板中间，如图 1-4-22（c）所示。

2. 闸墩

如闸墩采用浆砌块石，为保证墩头的外形轮廓，并加快施工进度，可采用预制构件。大、中型水闸因沉降缝常设在闸墩中间，故墩头多采用半圆形，有时也采用流线形闸墩。

近年来，我国有些地区采用框架式闸墩，如图 1-4-23 所示。这种形式既可节约钢材，又可降低造价。

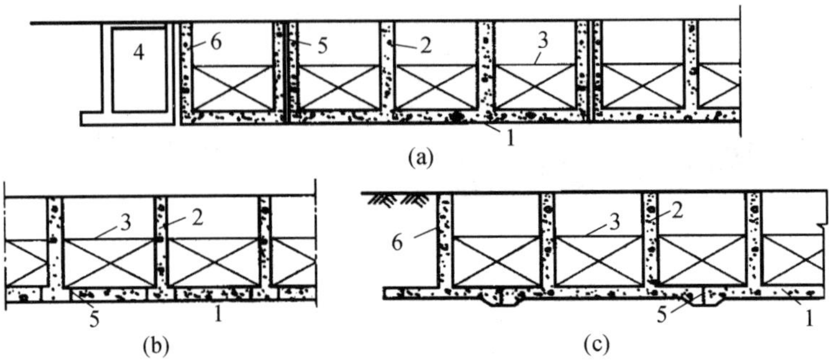

图 1-4-22　水平底板

（a）整体式底板；（b）分离式底板（小底板）；（c）分离式底板

1—底板；2—闸墩；3—闸门；4—空箱式岸墙；5—温度沉降缝；6—边墩

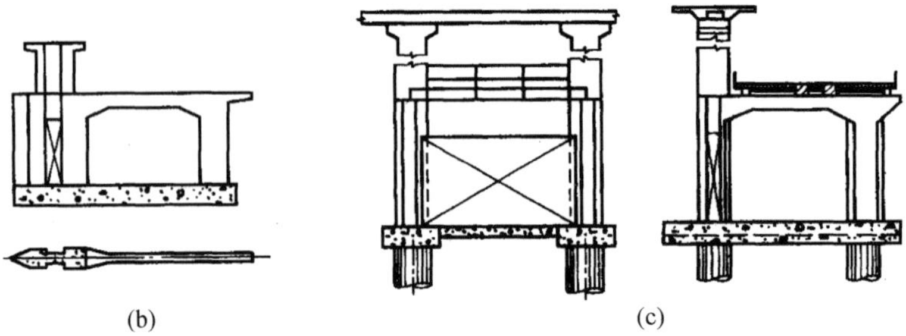

图 1-4-23　框架式闸墩

3. 闸门

闸门在闸室中的位置与闸室稳定，闸墩和地基应力，以及上部结构的布置有关。平面闸门一般设在靠上游侧，有时为了充分利用水重，也可移向下游侧。弧形闸门为不使闸墩过长，需要靠上游侧布置。

平面闸门的门槽深度决定闸门的支承形式，检修门槽与工作门槽之间应留有 1.0～3.0m 净距，以便检修。

4. 胸墙

胸墙一般做成板式或梁板式，如图 1-4-24 所示。板式胸墙适用于跨度小于 5.0m 的水闸，墙板可做成上薄下厚的楔形板［见图 1-4-24（a)]。跨度大于 5.0m 的水闸可采用梁板式，由墙板、顶梁和底梁组成［见图 1-4-24（b)]。当胸墙高度大于 5.0m，且跨度较大时，可增设中梁及竖梁构成肋形结构［见图 1-4-24（c)]。

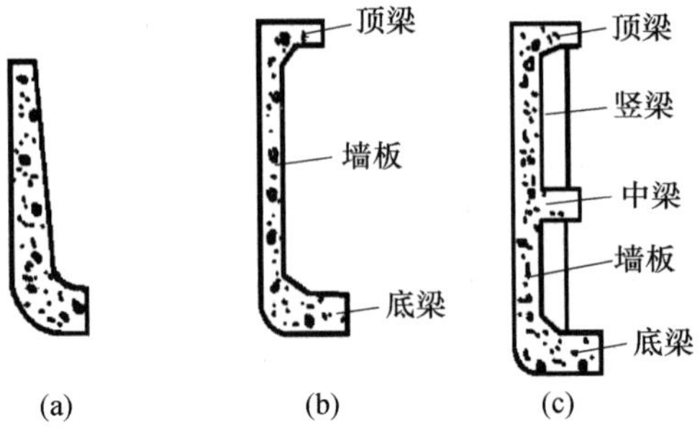

图 1-4-24　胸墙形式

胸墙的支承形式分为简支式和固结式两种，见图 1-4-25。简支胸墙与闸墩分开浇筑，缝间涂沥青；也可将预制墙体插入闸墩预留槽内，做成活动胸墙。固结式胸墙与闸墩同期浇筑，胸墙钢筋伸入闸墩内，形成刚性连接，截面尺寸较小，可以增强闸室的整体性，但受温度变化和闸墩变位影响，容易在胸墙支点附近的迎水面产生裂缝。整体式底板可用固结式，分离式底板多用简支式。

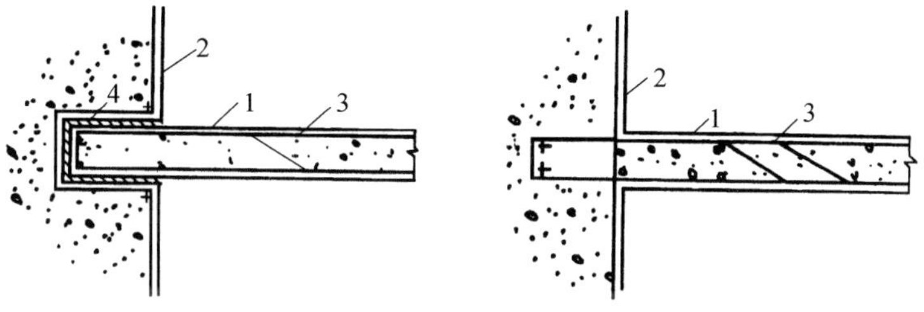

图 1-4-25　胸墙的支承形式

（a）简支式；（b）固结式

1—胸墙；2—闸墩；3—钢筋；4—涂沥青

5. 交通桥及工作桥

交通桥一般设在水闸下游一侧，可采用板式、梁板式或拱形结构。为了安装闸门启闭机和便于操作管理，需要在闸墩上设置工作桥。小型水闸的工作桥一般采用板式结构；大、中型水闸多采用装配式梁板结构。

6. 分缝方式及止水设备

（1）分缝方式与布置。为了防止和减少由于地基不均匀沉降、温度变化和混凝土干缩引起底板断裂和裂缝，对于多孔水闸需要沿轴线每隔一定距离设置永久缝。缝距不宜过大或过小。

整体式底板的温度沉降缝设在闸墩中间，一孔、二孔或三孔成为一个独立单元。靠近岸边，为了减轻墙后填土对闸室的不利影响，特别是当地质条件较差时，宜采用单孔，再接二孔或三孔的闸室。若地基条件较好，也可将缝设在底板中间或在单孔底板上设双缝。

为避免相邻结构由于荷重相差悬殊产生不均匀沉降，也要设缝分开，如铺盖与底板、消力池与底板以及铺盖、消力池与翼墙等连接处都要分别设缝。此外，混凝土铺盖及消力池本身也需设缝分段、分块。

（2）止水设备。止水分铅直止水和水平止水两种。前者设在闸墩中间，边墩与翼墙间以及上游翼墙本身；后者设在铺盖、消力池与底板和翼墙、底板与闸墩间以及混凝土铺盖及消力池本身的温度沉降缝内。

（六）水闸与两岸的连接建筑物的形式和布置

水闸与两岸的连接建筑物主要包括边墩（或边墩和岸墙）、上游翼墙、下游翼墙和防渗刺墙，其布置应考虑防渗、排水设施。

1. 边墩和岸墙

建在较为坚实地基上、高度不大的水闸，可用边墩直接与两岸或土坝连接。边墩与闸底板的连接，可以是整体式或分离式的，视地基条件而定。边墩可做成重力式、悬臂式或扶壁式。

在闸身较高且地基软弱的条件下，如用边墩直接挡土，由于边墩与闸身地基所受的荷载相差悬殊，可能产生较大的不均匀沉降，影响闸门启闭，在底板内引起较大的应力，甚至产生裂缝。此时，可在边墩背面设置岸墙。边墩与岸墙之间用缝分开，边墩只起支承闸门及上部结构的作用，而土压力则全部由岸墙承担。岸墙可做成悬臂式、扶壁式、空箱式或连拱式。

2. 翼墙

上游翼墙的平面布置要与上游进水条件和防渗设施相协调，上端插入岸坡，墙顶要超出最高水位至少 0.5～1.0m。当泄洪过闸落差很小，流速不大时，为减小翼墙工程量，墙顶也可淹没在水下。如铺盖前端设有板桩，还应将板桩顺翼墙底延伸到翼墙的上游端。

根据地基条件，翼墙可做成重力式、悬臂式、扶臂式或空箱式等形式。在松软地基上，为减小边荷载对闸室底板的影响，在靠近边墩的一段，宜用空箱式。

常用的翼墙布置有曲线式［见图 1-4-26（a）、（b）］、扭曲面式［见图 1-4-26（c）］、斜降式［见图 1-4-26（d）］等几种形式。

对边墩不挡土的水闸，也可不设翼墙，采用引桥与两岸连接，在岸坡与引桥桥墩间设固定的挡水墙。在靠近闸室附近的上、下游两侧岸坡采用钢筋混凝土、混凝土或浆砌块石护坡，再向上、下游延伸接块石护坡。

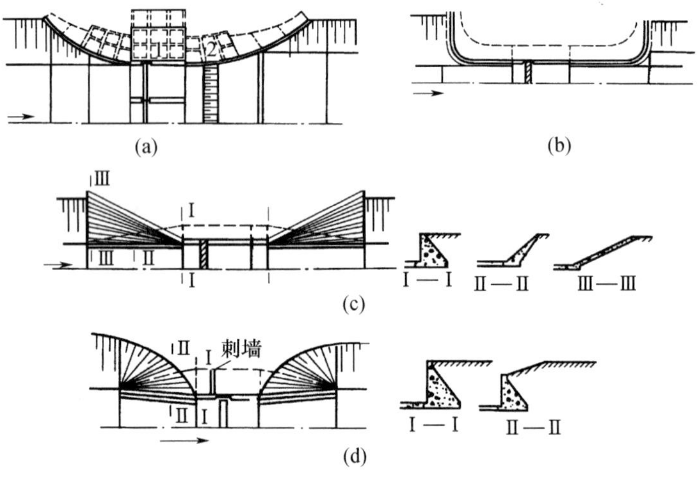

图 1-4-26　翼墙形式

（a）曲线式翼墙；（b）曲线式翼墙；（c）扭曲面式翼墙；（d）斜降式翼墙

3. 刺墙

当侧向防渗长度难以满足要求时，可在边墩后设置插入岸坡的防渗刺墙。有时为防止在填土与边墩、翼墙接触面间产生集中渗流，也可作一些短的刺墙。

4. 防渗、排水设施

两岸防渗布置必须与闸底地下轮廓线的布置相协调。要求上游翼墙与铺盖以及翼墙插入岸坡部分的防渗布置，在空间上连成一体。若铺盖长于翼墙，在岸坡上也应设铺盖，或在伸出翼墙范围的铺盖侧部加设垂直防渗设施。

在下游翼墙的墙身上设置排水设施，形式有排水孔、连续排水垫层。

三、泵站

（一）泵站枢纽布置

泵站的枢纽布置是根据泵站的性质和任务，综合考虑现时条件和远景发展的需要，选择确定泵站主体工程建筑物和附属建筑物的种类和形式，并根据工程安全、运行管理方便的原则合理布置各建筑物的位置。

泵站主体建筑物一般包括取水建筑物（取水口）、引水建筑物（引水渠或涵、管、隧洞）；进水建筑物（前池）、进水池、进水流道（管道）；泵房（包括主、副厂房）；出水流道（管道）；出水建筑物等。附属建筑物一般是与主体工程配套的各种用途的节制闸、变电站、修配厂以及办公、生活用房等。

泵站工程按建站目的不同，可分为灌溉泵站、排涝泵站、排灌结合泵站、城镇给水泵站以及工业给水泵站、城镇排水泵站以及工业排水泵站、农村集中供水泵站、加压泵站、跨流域调水泵站、蓄能泵站等。不同类型的泵站，其布置形式也不同，其中灌溉泵站、排涝泵站、排灌结合泵站是水利工程最常用的泵站。

1. 灌溉泵站

（1）有引水建筑物的布置形式。水源中的水通过引水建筑物引到泵站前池，再由水泵提到出水池并送入灌溉渠道进行灌溉。

① 引水建筑物为引水渠的布置形式。如图 1-4-27 所示，这种布置方式多用在水源岸边坡度较缓，且水源与灌区相距较远的场合。当水源水位变幅不大时，可不设进水闸控制；当水源水位变幅较大时，则应在引水渠渠首建进水闸。这种布置方式在平原和丘陵地区从河流、渠道或湖泊取水的泵站中采用较多。

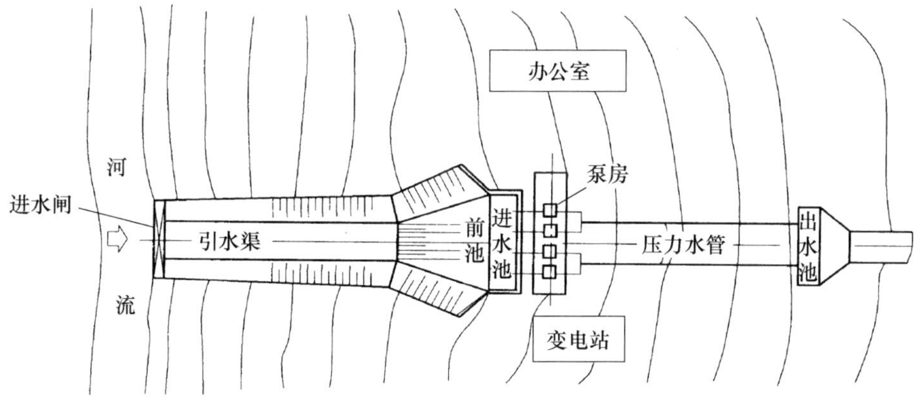

图 1-4-27　引水建筑物为引水渠的灌溉泵站布置

② 引水建筑物为压力管道的布置形式。这种布置方式多用在水源为水位变幅较大的河流，且主流离岸边较远，又无法开挖引水渠的场合。通常在主流河床中设置取水头部，取水头部与泵站进水建筑物通过引水压力管道相连。

（2）无引水建筑物的布置形式。

① 岸边式泵站的布置形式。如图 1-4-28 所示，这种布置形式多用在水源水位变幅较大，水源岸坡陡峻，且供水点与水源之间的距离较近的场合。这种布置形式将泵房修建在水源岸边或将泵房部分或全部淹没在水中（如常见的井筒式泵房、淹没式泵房），直接从水源中取水。泵房受水源水位变化的影响大，泵房挡水的要求高，施工难度较大，工程造价较高，因此当泵站流量较小时常采用泵船或泵车方案。

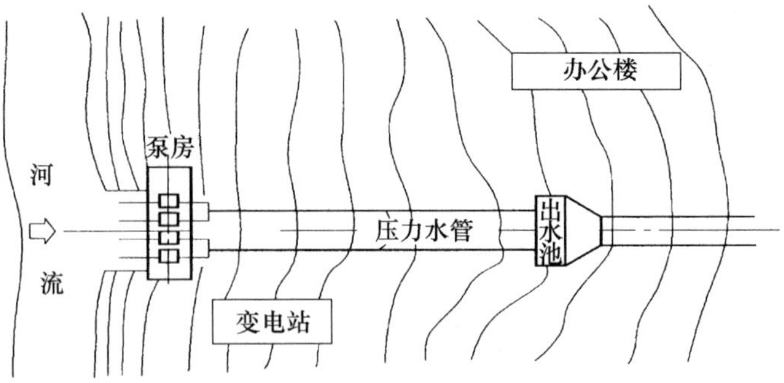

图 1-4-28　岸边泵站枢纽布置

② 井泵泵站。井灌区使用最多的两种井泵是长轴深井泵和潜水电泵。长轴深井泵的动力机一般安装在井上，其泵体浸没在井中地下水面以下，动力机轴与水泵轴通过长传动轴相连。潜水泵则是把水泵轴和电动机轴直联或同轴组装成一个整体安装在水源水面以下运行。

2. 排涝泵站

排水区的排水多采用以自排为主，自排与抽排相结合的方式。按照自流排水建筑物与泵房的关系，排水泵站的枢纽布置可分为自流排水闸与泵房合建和分建两种型式。

在具有部分自排条件的地点建排水泵站时，如果自排闸尚未修建，应优先考虑闸站合建的方式，以简化工程布置，降低工程造价，方便工程管理；如果建站地点已有自排闸，可考虑将排水泵站与自排闸分建，以方便施工。

3. 排灌结合泵站

对于既有灌溉任务，又有排涝任务的泵站工程，可利用一套机电提水设备，使之兼有灌溉和排涝功能，这类泵站就称为排灌结合泵站。布置上应以泵房为主体，充分发挥附属建筑物的配合作用，以达到排灌的多目标结合。

我国已建成的排灌结合泵站多数采用单向流道的泵房布置，另建配套涵闸的分建式布置形式。这种布置形式适用于水位变化幅度较大或扬程较高的情况，只要布置得当，即可达到灵活运用的要求。但这种布置形式的主要缺点是建筑物多而分散，占用土地较多，工程量和投资也大，加上控制闸门和启闭机太多，操作、维修管理麻烦。

为避免分建式排灌结合泵站的缺陷，对水位变化幅度不大或扬程较低的泵站，可考虑采用双向流道的泵房与配套涵闸合建的闸站合建式布置形式。这种布置形式的突出优点是不需另建配套涵闸；缺点是泵站装置效率较低，使耗电量增多，年运行费用增大。

对于以排水为主兼顾提灌的泵站，还可以采用在出水流道上设置压力水箱或直接开岔的方法来解决排灌结合的问题。

（二）泵站进出水建筑物

泵站进出水建筑物一般包括引水建筑物、沉砂及冲砂建筑物、前池、进水池、进水流道、出水管道、出水池、出水流道或压力水箱等。

（1）引水建筑物。泵房与水源之间，常设置引水建筑物，将水从水源引至泵站的前池和进水池或直接引向水泵进口，以保证水泵的正常工作。引水建筑物的主要结构形式有管式、涵洞式和明渠式。明渠式引水建筑物也称引水渠，引水渠分为有自动调节能力和无自动调节能力两种。

（2）沉砂及冲砂建筑物。当水源（河流）含砂量较大时，除在进水口前设置拦砂设施外，还应增设沉砂池，以及冲砂口门，以减少高速含砂水流对水泵和管道的磨损和破坏。

（3）前池。连接引渠和进水池的建筑物。根据水流方向，前池分为正向进水前池和侧向进水前池。

（4）进水池。泵站中专门为水泵或其吸水管道抽水而修建的水池称为进水池，进水池的边壁形式主要有矩形、多边形、半圆形、圆形和蜗壳形等。

（5）进水流道。为了保证水泵的进水流态，大型立式水泵通常需要进水流道将进水池中的水流平顺地引向水泵进口。进水流道按进水方向可分为单向进水流道和双向进水流道；按流道形状可分为肘形进水流道、钟形进水流道和簸箕形进水流道。

（6）出水管道。泵房至出水池之间的压力管道称为出水管道。

（7）出水池。出水池是衔接出水管路与灌溉（或排水）干渠（或容泄区）的建筑物。根据池中水流方向，出水池可分为正向出水池和侧向出水池两种类型；根据出水管出流方式，出水池可分为淹没式出流出水池、自由式出流出水池和虹吸式出流出水池。

（8）出水流道。对立式安装的大型水泵，出水流道是指从水泵导叶出口到出水池之间的过流通道。出水流道的前段为水泵出水室，常见的有弯管型、蜗壳型和蘑菇型等几种。出水流道后段为连接出水室与出水池的出水管道，其形式可分为虹吸式、直管式、双向出水式、屈膝式、猫背式等几种。

（9）压力水箱。压力水箱多用于堤后式排水泵站，且外河水位变幅较大的情况下，它是将数台水泵的出水管汇集于一个压力水箱中，再经压力涵管排入外河的一种泵站出水形式。这种出水形式不但可以减少穿堤涵管的数量，确保大堤安全，减小工程量，还可以很好地解决排灌结合的问题。压力水箱按水流方向，有正向出水和侧向出水两种。

（三）泵房的结构类型

泵房是装设水泵主机组、辅助设备、电气设备及其他设备的建筑物，主要作用是为机电设备及其运行管理人员提供良好的工作条件。

泵房结构类型的确定取决于泵站性质（永久性还是过渡性）；所选水泵类型（立式还是卧式；大型还是小型；水泵吸上能力的高低；比转数的高低等）；水源或进水池水

位变幅；建站处的地基条件等因素。

泵房根据其是否可以移动分为固定式和移动式两大类。固定式泵房又可根据所采用的基础结构形式的不同，通常分为分基型、干室型、湿室型、块基型四种；移动式泵房分为浮船型及缆车型两种。

1. 分基型泵房

分基型泵房和一般动力厂房相似，其主要特征是没有水下结构和每套水泵机组均有各自单独的基础，并且与泵房墙基础分离。这种泵房一般为圬工或框架结构，结构简单，施工方便、容易，造价低廉。

分基型泵房适用以下场合：

（1）单泵流量不大的中、小型卧式水泵机组。

（2）泵站工作期间，水源或进水池水位变幅小于水泵的有效吸上高度，水泵的有效吸上高度即水泵的允许吸上高度减去泵轴线至泵房地坪的高度。

（3）建站处地基比较稳定。

2. 干室型泵房

对于流量较大的水泵，由于水泵机组的重量较大，为了减小作用于地基单位面积上的重量，避免单位面积地基上所承受的重量超过其承载能力，就需要扩大机组的基础面积，使各水泵机组的基础以及泵房底板与泵房墙基础连成一体。另外，对于水源水位变幅大于水泵的有效吸上高度的泵站，为了防止外水（包括地下水）渗入泵房，也需要将泵房底板与侧墙基础连成一体，浇筑成一个封闭的干室，于是就形成了干室型泵房。

干室型泵房通常由地上和地下两部分组成，地上结构与分基型泵房基本相同，地下结构为封闭的干室，主机组安装在干室内，其基础与干室底板用钢筋混凝土浇筑成整体。

干室型泵房的结构形式众多，按其平面形状可分为矩形和圆形两种基本类型。

3. 湿室型泵房

为了克服干室型泵房存在的泵房采光、通风较差，室内潮湿以及所受浮托力较大，不利于泵房稳定的缺点，工程上常采用湿室型泵房的形式，这种泵房的下部为一与前池相通并充水的地下湿室。

根据湿室结构的不同，湿室型泵房又可分为墩墙式、排架式、圆筒式和箱式四种。

4. 块基型泵房

对于口径较大的水泵，为满足水泵进水流态的要求，通常需要采用专门的进水流道。为了增大泵房的整体稳定性，常将进水流道、机组基础以及泵房基础浇筑成一个整体，作为整个泵房的基础，这种结构形式的泵房称为块基型泵房。由于块基型泵房整体重量大，故抗浮和抗滑性好，能够抵挡较大的外水压力。同时，由于该种泵房结构整体性好，可以适应包括软基在内的各种地基条件。

按泵房与大堤的相对位置，分为堤身式和堤后式。

安装立式机组的块基型泵房立面上从高到低可分为电动机层、联轴器层、水泵层、进水流道层，如图 1-4-29 所示。

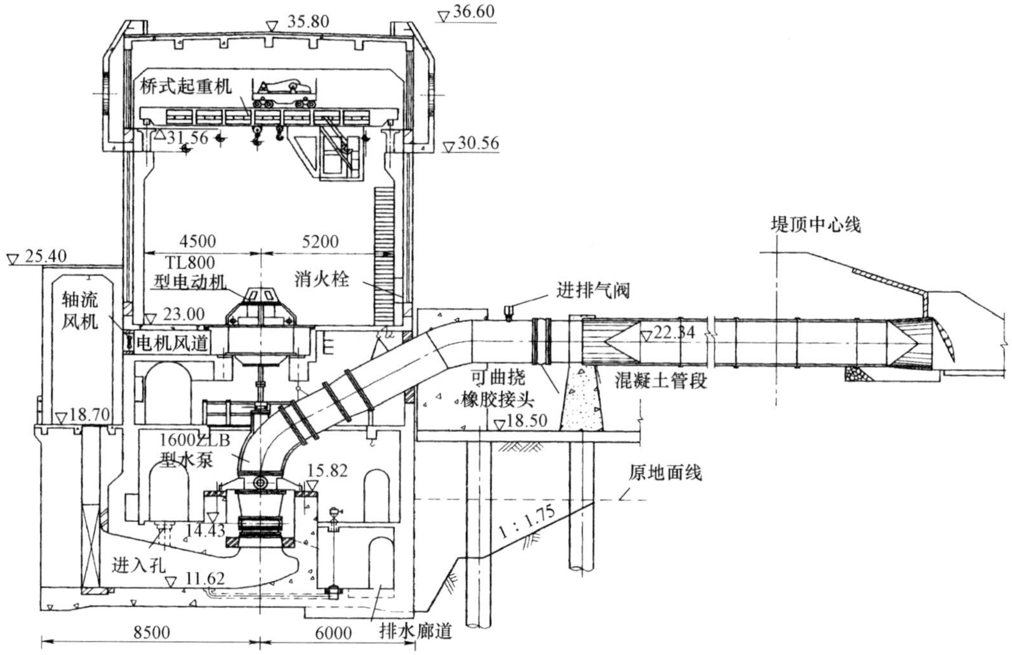

图 1-4-29　堤后式块基型泵房（尺寸单位：mm，高程单位：m）

5. 移动式泵房

在水源水位变幅较大，水位涨落速度较小，河岸稳定，建固定式泵站投资大，工期长，施工困难的场合建站，可考虑建移动式泵站。因为它们具有较大的灵活性和适应性，没有构造复杂的水下建筑结构，所以施工容易，建设周期短，投资少，但运行管理比较麻烦。

移动式泵房可分为浮船型泵房和缆车型泵房，浮船型泵房和缆车型泵房又可称为泵船和泵车。

泵船是将水泵机组安装在近岸的趸船上。泵车是将水泵机组安装在用卷扬机及缆绳拖动，沿轨道升降的缆车上。

移动式泵站水泵的出水管道和电缆均需要有活动装置，以便随着水源水位的升降进行调节。

四、水电站

（一）水电站枢纽建筑物的布置

水电站的分类方式很多，按工作水头分为低水头、中水头和高水头水电站；按水库的调节能力分为无调节（径流式）和有调节（日调节、年调节和多年调节）水电站；按在电力系统中的作用分为基荷、腰荷及峰荷水电站等；按水电站的组成建筑物及其特征，可以分为坝式、河床式及引水式水电站。

水电站的典型布置形式主要有坝式水电站、河床式水电站及引水式水电站三种。

1. 坝式水电站

坝式水电站是利用拦河坝使河道水位壅高，以集中水头。常建于河流中、上游的高山狭谷中，一般为中、高水头水电站。

最常见的布置方式是水电站厂房位于非溢流坝坝趾处，即坝后式水电站，如图 1-4-30 及图 1-4-31 所示的湖北丹江口水电站。

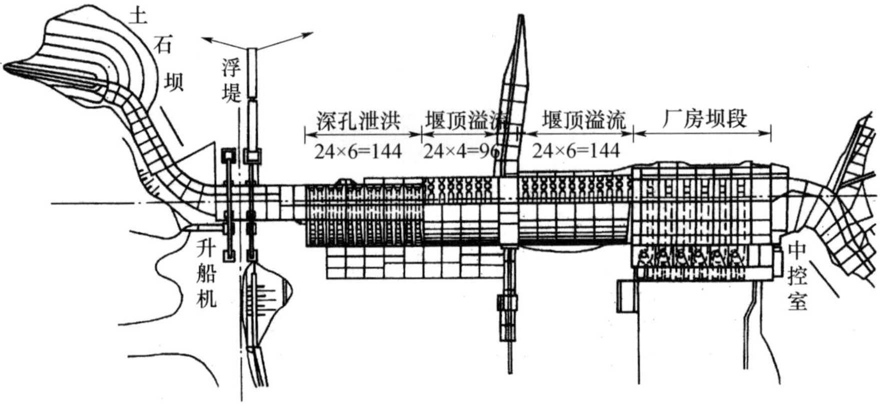

图 1-4-30　湖北丹江口（坝后式）水电站枢纽布置图（单位：m）

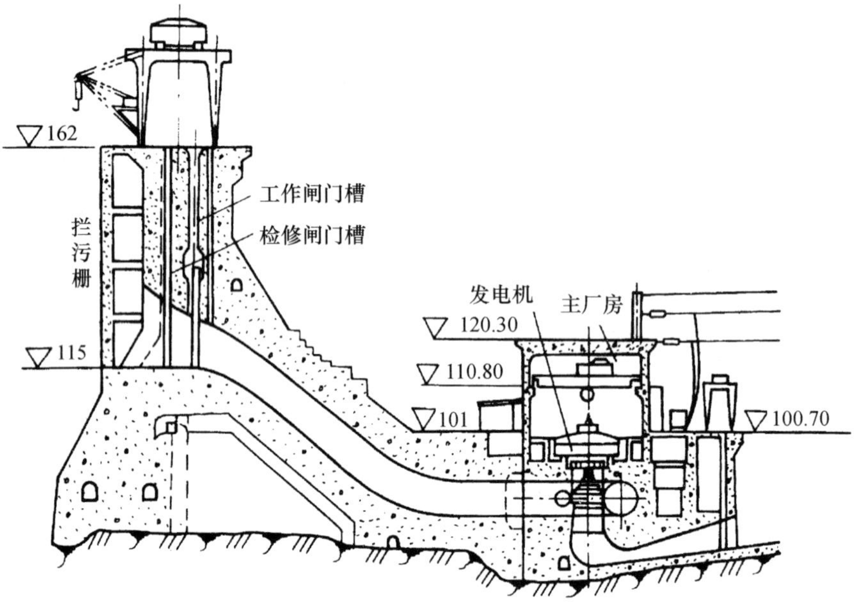

图 1-4-31　湖北丹江口（坝后式）水电站厂房横剖面图（单位：m）

当河谷较窄，溢流坝和厂房并排布置困难时，将厂房布置在溢流坝下游，溢流水舌挑越厂房顶泄入下游河道或厂房顶兼作溢洪道宣泄洪水。前者即挑越式水电站，后者即厂房顶溢流式水电站。当坝体足够大时，还可将厂房布置在坝体空腹内，即坝内式水电站。

采用当地材料坝时，厂房可布置在坝趾，由穿过坝基的引水道供水；或布置在坝下游河岸上，由穿过坝肩山体的引水隧洞供水。采用轻型坝时，厂房位置可因坝型、地形的不同而异，布置更为灵活。

2. 河床式水电站

河床式水电站是将厂房本身作为挡水建筑物。常建于河流中、下游，一般为低水头的水电站，如图 1-4-32 所示的广西西津水电站。

最常见的布置方式是泄水闸（或溢流坝）在河床中部，厂房及船闸分踞两岸，厂房与泄水闸之间用导流隔墙隔开，以防泄洪影响发电。

当泄水闸和厂房均较长，布置上有困难时，可将厂房机组段分散于泄水闸闸墩内而成为闸墩式厂房；或通过厂房宣泄部分洪水而成为泄水式厂房（也称混合式厂房）。这两种布置方式在泄洪时还可因射流而获得增加落差的效益。

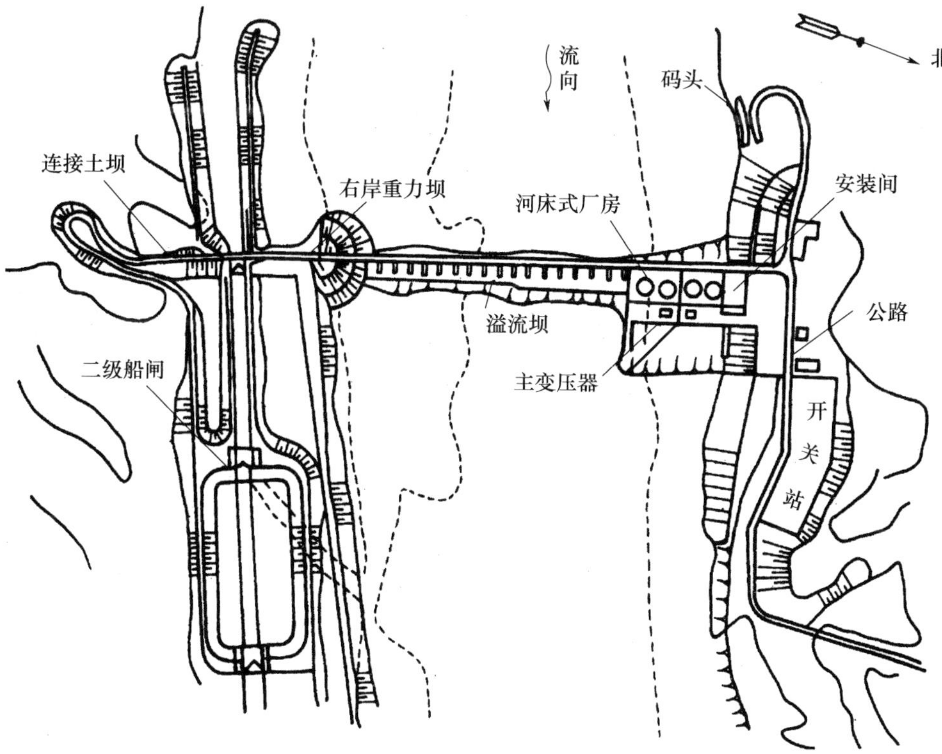

图 1-4-32　广西西津（河床式）水电站枢纽布置图

3. 引水式水电站

引水式水电站的引水道较长，并用来集中水电站的全部或相当大一部分水头。常建于流量小、河道纵坡降大的河流中、上游。

引水式水电站的布置应根据地形、地质等条件来选择引水线路和厂房位置。因引水道中的水流有压流或明流，故其可分为有压引水式水电站及无压引水式水电站。对于引水道采用有压式的，通常还需布置调压室；对于引水道采用无压式的，在无压引水道与压力管道连接处常布置压力前池。

图 1-4-33 为有压引水式水电站示意图。该水电站的建筑物包括水库、拦河坝、泄水道、水电站进水口、有压引水道（压力隧洞）、调压室、压力管道、厂房枢纽（含变电、配电建筑物）以及尾水渠。

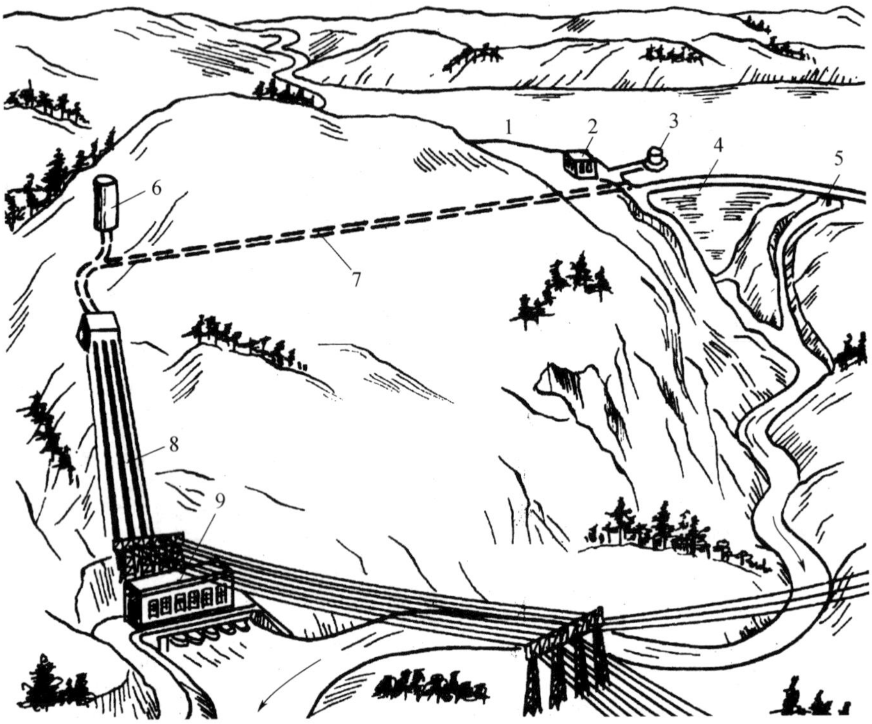

图 1-4-33　有压引水式水电站示意图

1—水库；2—闸门室；3—进水口；4—坝；5—泄水道；6—调压室；7—压力隧洞；8—压力管道；9—厂房；10—尾水渠

坝式、河床式及引水式水电站虽各具特点，但有时它们之间却难以明确划分。从水电站建筑物及其特征的观点出发，一般把引水式开发及筑坝引水混合式开发的水电站统称为引水式水电站。此外，某些坝式水电站也可能将厂房布置在下游河岸上，通过在山体中开凿的引水道供水，这时水电站建筑物及其特征与引水式水电站相似。

（二）水电站枢纽建筑物的组成

水电站枢纽工程主要建筑物包括：挡水建筑物，泄水建筑物，水电站进水建筑物，水电站引水及尾水建筑物，水电站平水建筑物，发电、变电和配电建筑物等。

1. 挡水建筑物

挡水建筑物是用来拦截河流，集中落差，形成水库，如坝、闸等。

2. 泄水建筑物

泄水建筑物是用来宣泄洪水，或放水供下游使用，或放水以降低水库水位，如溢洪道、泄洪隧洞、放水底孔等。

3. 水电站进水建筑物

水电站进水建筑物是用来将水引入引水道，如有压的深孔和浅孔式进水口或无压的开敞式进水口。

无压进水口内流道水流为明流，进水口后一般接无压引水道。无压进水口一般设拦污栅或浮排等拦污设施以拦截漂浮物，同时进水口前后设拦沙坎、沉沙池等设施以防止大粒径的有害泥沙进入引水道。

有压进水口流道淹没于水中，并始终保持满流状态，进水口后接有压引水道。根据运用条件设置拦污设备、闸门及启闭设备、通气孔以及充水阀等主要设备。有压进水口通常由进口段、闸门段及渐变段组成。按照它们的结构特点，有压进水口可分为洞式、墙式、塔式及坝式四种类型。

（1）洞式进水口。洞式进水口的进口段和闸门井均布置于山体中，如图 1-4-34 所示。进口段开挖成喇叭形，以使入水平顺。闸门段经渐变段与引水隧洞衔接。这种进水口适用于地质条件较好、地形坡度适中的隧洞进口。

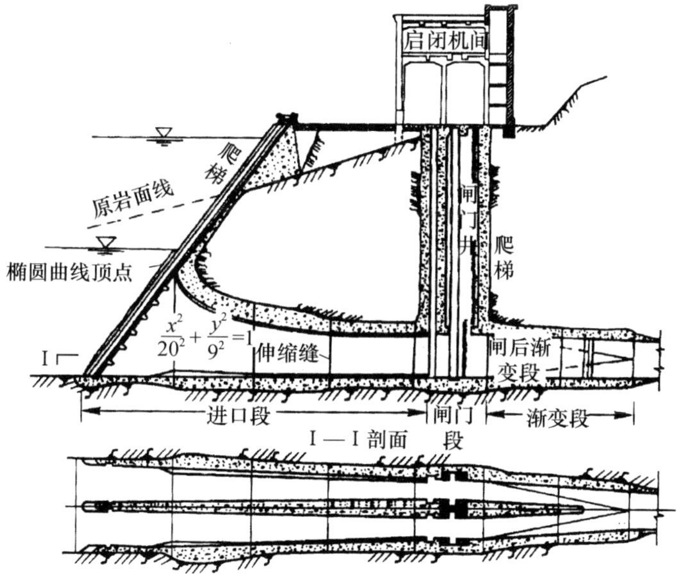

图 1-4-34　洞式进水口

（2）墙式进水口。墙式进水口的进口段和闸门段均布置在山体之外，形成一个背靠在山岩上的塔形建筑物，如图 1-4-35 所示。这种进水口适用于洞口附近地质条件较差或地形陡峻因而不宜采用洞式进水口时。

（3）塔式进水口。塔式进水口的进口段和闸门段组成一个竖立于水库边的塔式结构，通过工作桥与岸边相连，如图 1-4-36 所示。这种进水口适用于洞口附近地质条件较差或地形平缓从而不宜采用洞式进水口的情况。当地材料坝的坝下涵管也常采用塔式进水口。

（4）坝式进水口。坝式进水口的基本特征是进水口依附在坝体上，进口段和闸门段常合二为一，渐变段衔接紧凑以缩短进水口长度，如图 1-4-37 所示的重力坝坝式进水口。坝式进水口的布置应与坝协调一致，其形状也随坝型不同而异。

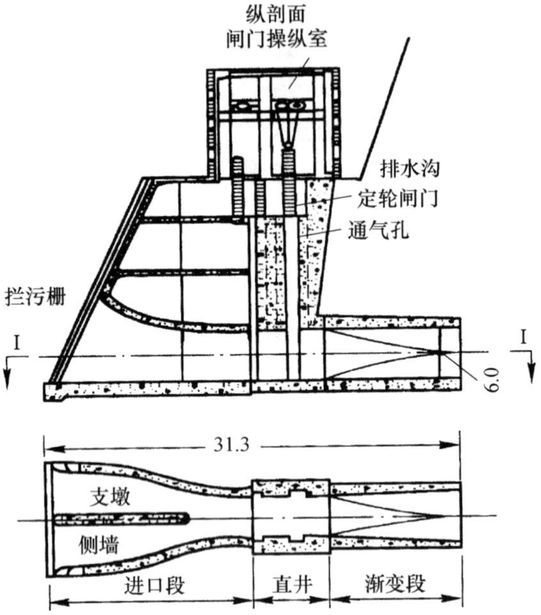

图 1-4-35　墙式进水口

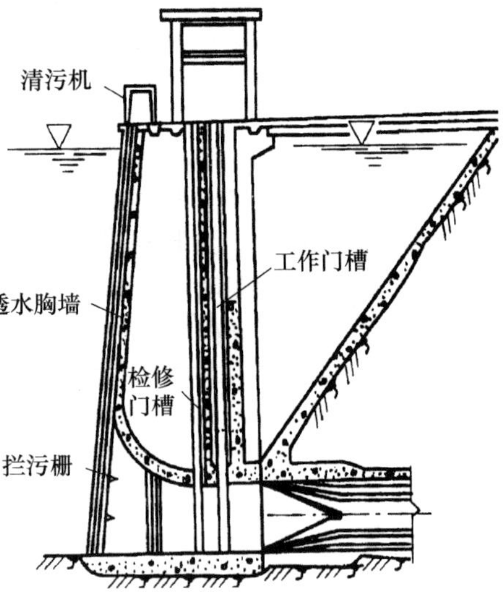

图 1-4-36　塔式进水口

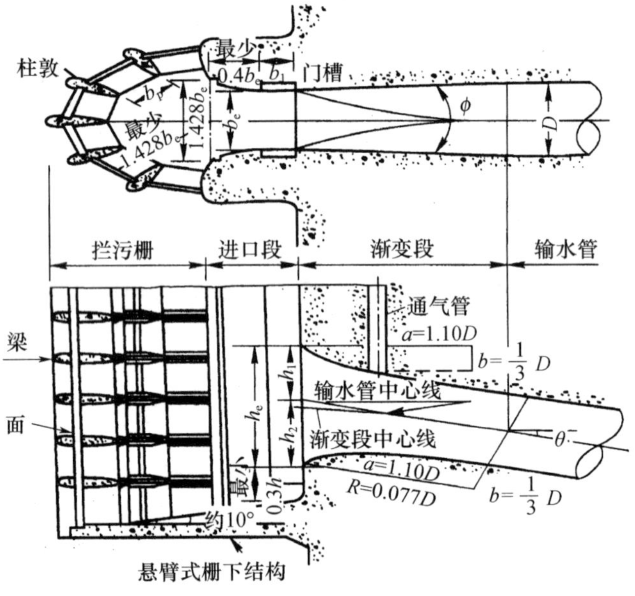

图 1-4-37　坝式进水口

4. 水电站引水建筑物

水电站引水建筑物将发电用水自水库输送给水轮机发电机组。常见的引水建筑物有渠道、隧洞、压力管道等，也包括渡槽、涵洞、倒虹吸等交叉建筑物。

(1) 渠道。水电站渠道分非自动调节渠道和自动调节渠道两种。非自动调节渠道渠顶与渠底基本平行，不能调节流量，末端压力前池处（或接近渠末处）设溢流堰等泄水建筑物；自动调节渠道渠顶是水平的，能调节流量，但工程量较大，渠末不设溢流堰，进口可只设检修闸门。

（2）引水隧洞。隧洞按水力特性，分为无压隧洞和有压隧洞。常见的隧洞断面形式有圆形、方圆形（城门洞形）、马蹄形及高拱形四类。有压隧洞常采用圆形断面。对于无压隧洞，地质条件良好时通常为方圆形，洞顶和两侧围岩不稳时采用马蹄形，洞顶岩石很不稳定时采用高拱形。

（3）压力管道。压力管道按材料可分为钢管、钢筋混凝土管和钢衬钢筋混凝土管三种。

水电站的机组往往不止一台，压力管道可能有一根或数根，压力管道向机组的供水方式分为三类：每台机组由一根专用管道供水的单元供水方式；全部机组集中由一根管道供水的集中供水方式；采用数根管道，每根管道向几台机组供水的分组供水方式。

明钢管宜做成分段式，设有镇墩和支墩，一般在进口设置闸门而在末端设置阀门，附件有伸缩节、通气孔及充水阀、进人孔及排水设备。

地下埋管指埋设于岩体中并在管道和岩壁间充填混凝土的钢管，有竖井、斜井和平洞三种布置形式。施工时对破碎的岩层进行固结灌浆；平洞、斜井的拱顶要进行回填灌浆；钢衬钢筋混凝土管需在钢衬与混凝土、混凝土与围岩之间进行接缝灌浆。

5. 水电站平水建筑物

水电站平水建筑物用来平稳由于水电站负荷变化在引水或尾水建筑物中造成的流量及压力（水深）变化，如有压引水道中的调压室、无压引水道末端的压力前池等。

（1）压力前池。压力前池设在无压引水的末端，是水电站的无压引水系统与压力管道的连接建筑物。压力前池由前室、进水室及其设备、泄水建筑物、放水及冲砂设备、拦冰及排冰设备组成。

（2）调压室。调压室常建在有压引水隧洞（或水管）与压力管道衔接处，用来反射水击波以缩短压力管道的长度、改善机组在负荷变化时的运行条件及系统供电质量。调压室的大部分或全部设置在地面以上的称为调压塔，调压室大部分埋在地面之下的，则称为调压井。

① 调压室的基本要求。尽量靠近厂房以缩短压力管道的长度；有自由水面和足够的底面积以充分反射水击波；有足够的断面积使调压室水体的波动迅速衰减以保证工作稳定；正常运行时水流经过调压室底部造成的水头损失要小。

② 调压室的基本类型。调压室的基本结构形式有简单式调压室、阻抗式调压室、双室式调压室、溢流式调压室、差动式调压室及气垫式调压室等，如图 1-4-38 所示。

6. 厂房枢纽

（1）厂房的组成。厂房枢纽包括主厂房、副厂房、主变压器场、高压开关站等，是发电、变电和配电的场所。

① 主厂房，由机组段和安装间组成。安装间是安装和检修水轮发电机组的地方，要能容纳发电机转子、上机架、水轮机机盖和转轮四大部件；机组段是水轮发电机组把水能变成电能的场所，由下而上分蜗壳尾水管层、水轮机层和发电机层。在施工中，蜗壳外围混凝土、机墩和发电机风罩等为二期混凝土，其他为一期混凝土。

② 副厂房，由机修间、蓄电池室、中央控制室等组成。

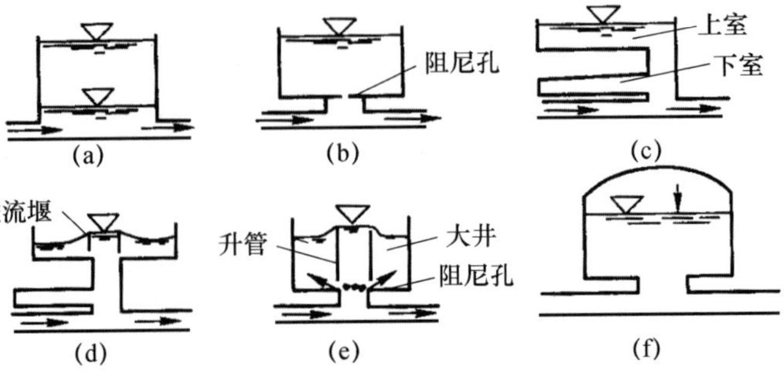

图 1-4-38　调压室的基本结构形式

（a）简单式调压室；（b）阻抗式调压室；（c）双室式调压室；

（d）溢流式调压室；（e）差动式调压室；（f）气势式调压室

③ 主变压器场，要尽量靠近主厂房，并有检修通道。

④ 高压开关站，是配送电能的场所，要有足够的面积。

（2）厂房的类型。根据厂房在水电站枢纽工程中的位置及其结构特征，水电站厂房可分为坝后式厂房、河床式厂房、引水式厂房等基本类型。

① 坝后式厂房。厂房位于拦河坝下游坝趾处，厂房与坝直接接触或相连，发电用水由引水道直接穿过坝体引入厂房。当厂房位于溢流坝坝趾处，溢流水舌挑越厂房顶泄入下游河道，则成为挑越式厂房。当厂房位于溢流坝坝趾处，厂房顶结构兼作溢洪道，则成为溢流式厂房。厂房移入坝体空腹内时则成为坝内式厂房。

② 河床式厂房。厂房位于河床中，本身也起挡水作用。若厂房机组段内还布置有泄水道，则成为泄水式厂房（或称混合式厂房）。当上、下游水位差较小时而采用贯流式机组的称为贯流式厂房。

③ 引水式厂房。厂房与坝不直接相连，发电用水由引水建筑物引入厂房。当厂房设在河岸处时称为引水式地面厂房。当河道地形条件狭窄，而地质条件较好或引水压力隧洞较长时，可在引水道的首部、中部或尾部布置地下式厂房。

此外，水电站按厂房上部结构的特点分为露天式、半露天式和封闭式厂房；或按水电站资源的性质分为河川电站（常规水电站）厂房、潮汐电站厂房以及抽水蓄能电站厂房等。

7. 其他建筑物

其他建筑物如过船、过木、过鱼、拦沙、冲沙等建筑物。

五、橡胶坝

橡胶坝是水利工程应用较为广泛的河道挡水建筑物，是用高强度合成纤维织物做受力骨架，内外涂敷橡胶作保护层，加工成胶布，再将其锚固于底板上成封闭状的坝袋，通过充排管路用水（气）将其充胀形成的袋式挡水坝。坝顶可以溢流，并可根据需要调节坝高，控制上游水位，以发挥灌溉、发电、航运、防洪、挡潮等效益。在应用时以水或气充胀坝袋，形成挡水坝。不需要挡水时，泄空坝内的水或气，恢复原有河渠的过流断面，在行洪河道的水或气应进行强排，以满足河道行洪在时间上的要求。

1. 橡胶坝的类型

橡胶坝分袋式、帆式及钢柔混合结构式三种坝型，比较常用的是袋式坝型。坝袋按充胀介质可分为充水式、充气式和气水混合式；按锚固方式可分锚固坝和无锚固坝，锚固坝又分单线锚固和双线锚固等。

橡胶坝按岸墙的结构形式可分为直墙式和斜坡式。直墙式橡胶坝的所有锚固均在底板上，橡胶坝坝袋采用堵头式，这种形式结构简单、适应面广，但充坝时在坝袋和岸墙结合部位出现拥肩现象，引起局部溢流，这就要求坝袋和岸墙结合部位尽可能光滑。斜坡式橡胶坝的端锚固设在岸墙上，这种形式坝袋在岸墙和底板的连接处易形成褶皱，在护坡式的河道中，与上下游的连接容易处理。

2. 橡胶坝的组成部分及其作用

橡胶坝由坝袋段和上、下游连接段三部分组成，如图 1-4-39 所示。

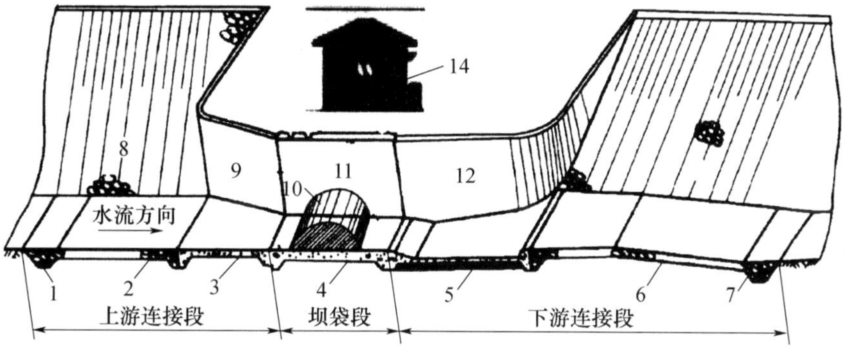

图 1-4-39 橡胶坝的组成部分

1—上游防冲槽；2—上游护底；3—铺盖；4—坝底板；5—护坦（消力池）；6—海漫；7—下游防冲槽；8—上游护坡；9—上游翼墙；10—坝袋；11—边墩（岸墙）；12—上游翼墙；13—下游边坡；14—控制室

坝袋段是橡胶坝的主体，起挡水、调节坝上水位及过坝水流的作用。它包括底板、坝袋、边墩和中墩等。

（1）底板。橡胶坝底板形式与坝型有关，一般多采用平底板。枕式坝为减小坝肩，在每跨底板端头一定范围内做成斜坡。端头锚固坝一般都要求底板面平直。对于较大跨度的单个坝段，底板在垂直水流方向上设沉降缝，缝距根据《水闸设计规范》(SL 265—2016)中的规定确定。

（2）中墩。中墩的作用主要是分隔坝段，安放溢流管道，支承枕式坝两端堵头。

（3）边墩。边墩的作用主要是挡土，安放溢流管道，支承枕式坝端部堵头。

（4）坝袋。用高强合成纤维织物做受力骨架，内外涂上合成橡胶作粘结保护层的胶布，锚固在混凝土基础底板上，成封闭袋形，用水（气）的压力充胀，形成柔性挡水坝。其主要作用是挡水，并通过充坍坝来控制坝上水位及过坝流量。橡胶坝主要依靠坝袋内的胶布（多采用锦纶帆布）来承受拉力，橡胶保护胶布免受外力的损害。根据坝高不同，坝袋可以选择一布二胶、二布三胶、三布四胶，采用最多的是二布三胶。一般夹层胶 0.3～0.5mm 厚，内层覆盖胶大于 2.0mm，外层覆盖胶大于 2.5mm。坝袋表面上涂刷耐老化涂料。

橡胶坝上、下游连接段的组成及作用与水闸基本一致。

橡胶坝控制和安全观测系统包括充胀和坍落坝体的充排设备、安全及检测装置。

六、渠系建筑物

在渠道上修建的建筑物称为渠道系统中的水工建筑物，简称渠系建筑物，它使渠水跨过河流、山谷、堤防、公路等。

（一）渠系建筑物的分类及特点

1. 渠系建筑物的分类

渠系建筑物按其作用可分为以下几种：

（1）渠道。渠道是指为农田灌溉、水力发电、工业及生活输水用的、具有自由水面的人工水道。

（2）调节及配水建筑物。用以调节水位和分配流量，如节制闸、分水闸等。

（3）交叉建筑物。渠道与山谷、河流、道路、山岭等相交时所修建的建筑物，如渡槽、倒虹吸管、涵洞等。

（4）落差建筑物。在渠道落差集中处修建的建筑物，如跌水、陡坡等。

（5）泄水建筑物。为保护渠道及建筑物安全或进行维修，用以放空渠水的建筑物，如泄水闸、虹吸泄洪道等。

（6）冲沙和沉沙建筑物。为防止和减少渠道淤积，在渠首或渠系中设置的冲沙和沉沙设施，如冲沙闸、沉沙池等。

（7）量水建筑物。用以计量输配水量的设施，如量水堰等。

2. 渠系建筑物的特点

（1）面广量大、总投资多。渠系中的建筑物，一般规模不大，但数量多，总的工程量和造价在整个工程中所占比重较大。

（2）同一类型建筑物的工作条件、结构形式、构造尺寸较为近似。同一类型的渠系建筑物的工作条件一般较为近似，因此，在一个灌区内可以较多地采用一样的结构形式和施工方法，广泛采用定型设计和预制装配式结构。

（二）渠系建筑物的组成及作用

1. 渠道

（1）渠道的分类。渠道按用途可分为灌溉渠道、动力渠道（引水发电用）、供水渠道、通航渠道和排水渠道等。

（2）渠道的横断面。渠道横断面的形状，在土基上多采用梯形，两侧边坡根据土质情况和开挖深度或填筑高度确定，一般用1∶1～1∶2，在岩基上接近矩形。

断面尺寸取决于设计流量和不冲不淤流速，可根据给定的设计流量、纵坡等用明渠均匀流公式计算确定。

（3）渠道防渗。实践证明，对渠道进行砌护防渗，不仅可以消除渗漏带来的危害，还能减小渠道糙率，提高输水能力和抗冲能力，进而可以减少渠道断面及渠系建筑物的尺寸。

为减小渗漏量和降低渠床糙率，一般均需在渠床加做护面，护面材料主要有砌石、黏土、灰土、混凝土以及防渗膜等。

2. 渡槽

（1）渡槽的作用和组成。渡槽是渠道跨越河、沟、路或洼地时修建的过水桥。它由进口段、槽身、支承结构、基础和出口段等部分组成。

渡槽与倒虹吸管相比具有水头损失小，便于运行管理等优点，在渠道绕线或高填方方案不经济时，往往优先考虑渡槽方案，渡槽是渠系建筑物中应用最广的交叉建筑物之一。

渡槽除输送渠水外，还用于排洪和导流等方面。当挖方渠道与冲沟相交时，为防止山洪及泥沙入渠，在渠道上修建排洪渡槽。当在流量较小的河道上进行施工导流时，可在基坑上修建渡槽，以使上游来水通过渡槽泄向下游。

（2）渡槽的形式。渡槽根据支承结构形式可分为梁式渡槽和拱式渡槽两大类，如图 1-4-40 所示。

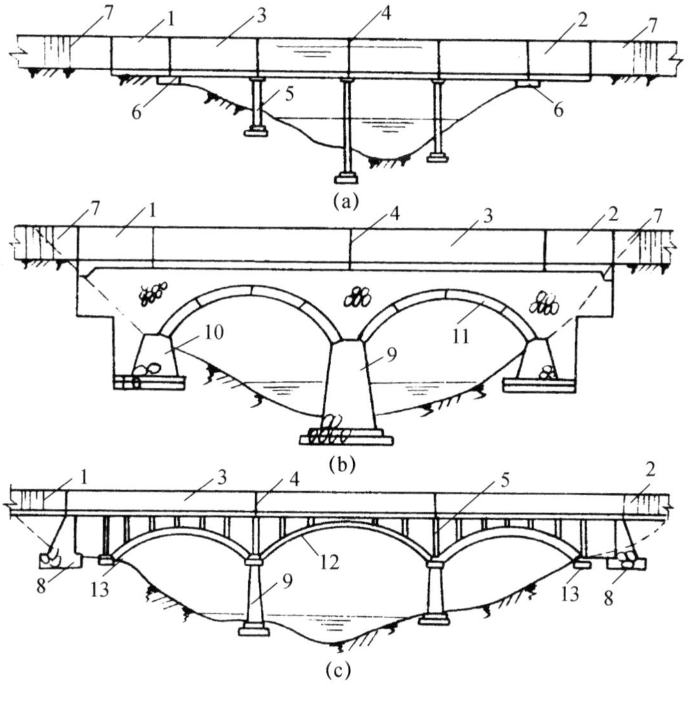

图 1-4-40 各式渡槽

（a）梁式渡槽；（b）板拱渡槽；（c）肋拱渡槽

1—进口段；2—出口段；3—槽身；4—伸缩缝；5—排架；6—支墩；7—渠道；8—重力式槽台；9—槽墩；10—边墩；11—砌石板拱；12—肋拱；13—拱座

① 梁式渡槽。梁式渡槽的槽身搁置在槽墩或槽架上，槽身在纵向起梁的作用。梁式渡槽又分成简支梁式、双悬臂梁式、单悬臂梁式和连续梁式。槽身按断面形状有矩形和 U 形，矩形槽身可用浆砌石或钢筋混凝土建造。简支矩形槽身适应跨度为 8～15m，U 形槽身适应跨度为 15～20m。小型渡槽一般采用简支梁式结构，截面采用矩形。

对无通航要求的渡槽，为增强侧墙稳定性和改善槽身的横向受力条件，可沿槽身在槽顶每隔 1～2m 设置拉杆。如有通航要求，可适当增加侧墙厚度或沿槽长每隔一定距离加肋，如图 1-4-41 所示。

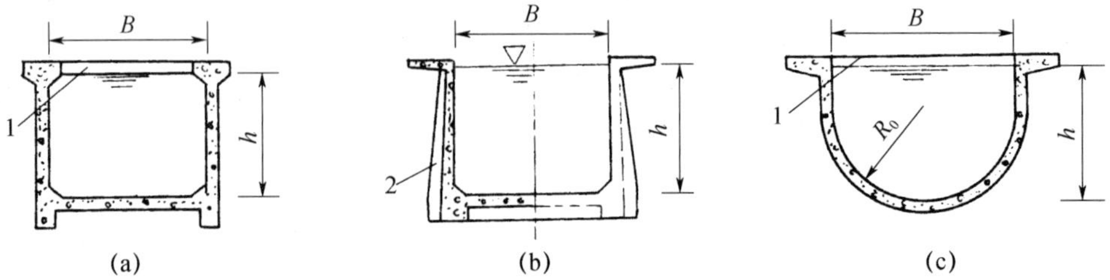

图 1-4-41　矩形及 U 形槽身横断面

（a）设拉杆的矩形槽；（b）设肋的矩形槽；（c）设拉杆的 U 形槽

1—拉杆；2—肋

U 形槽身是在半圆形的上方加一直段构成，常用钢筋混凝土或预应力钢筋混凝土建造。为改善槽身的受力条件，可将底部弧形段加厚。与矩形槽身一样，可在槽顶加设横向拉杆。

渡槽的进出口建筑物由翼墙、护底、铺盖和消能设施组成，把矩形或 U 形槽身和梯形渠道连接起来，起改善水流条件、防冲及挡土作用。

② 拱式渡槽。当槽身支承在拱式支承结构上时，称为拱式渡槽。其支撑结构由槽墩、主拱圈、拱上结构组成。主拱圈是拱式渡槽的主要承重结构，常用的主拱圈有板拱和肋拱两种形式。主拱圈以承受轴向压力为主，拱内弯矩较小，可用抗拉强度小而抗压强度大的材料（如石料、混凝土等）建造，并可用于大跨度，跨度可以达百米以上。但拱脚的约束条件和拱脚变位对拱圈内力及稳定影响较大，因此，拱式渡槽一般建在岩基上，或者采用桩基础或沉井基础。

为使槽内水流与渠道平顺衔接，在渡槽的进、出口需要设置渐变段。

3. 倒虹吸管

倒虹吸管是当渠道横跨山谷、河流、道路时，为连接渠道而设置的压力管道，其形状如倒置的虹吸管。它与渡槽相比较，具有造价低、施工方便的优点，但水头损失较大，运行管理不如渡槽方便。它应用于修建渡槽困难，或需要高填方建渠道的场合；在渠道水位与所跨越的河流或路面高程接近时，也常用倒虹吸方案。

倒虹吸管的布置形式有竖井式、斜管式、曲线式和桥式等。对高差不大的小倒虹吸管，常用斜管式和竖井式；对高差较大的倒虹吸管，当跨越山沟时，管路一般沿地面敷设；当穿过深河谷时，可在深槽部分建桥，如图 1-4-42 所示。

倒虹吸管由进口段、管身和出口段三部分组成。

（1）进口段。进口段包括渐变段、闸门、拦污栅，有的工程还设有沉沙池。进口段应与渠道平顺衔接，以减少水头损失。渐变段可以做成扭曲面或八字墙等形式。闸门用于管内清淤和检修。不设闸门的小型倒虹吸管，可在进口侧墙上预留检修门槽，需要时临时插板挡水。拦污栅用于拦污和防止人畜落入渠内被吸进倒虹吸管。

在多泥沙河流上，为防止渠道水流携带的粗颗粒泥沙进入倒虹吸管，可在闸门与拦污栅前设置沉沙池。

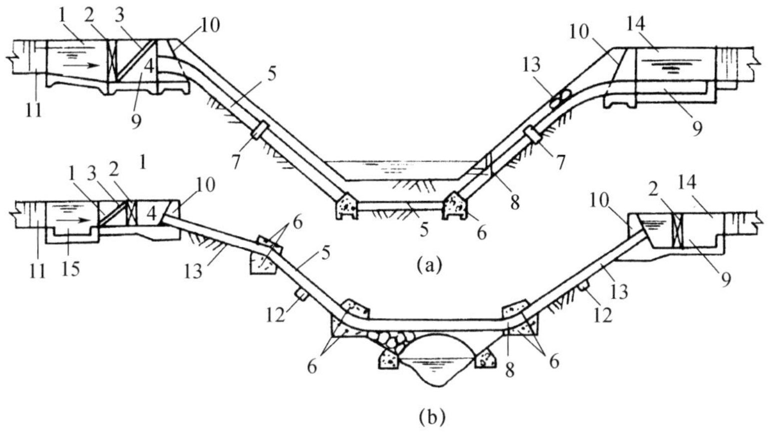

图 1-4-42　倒虹吸管的布置

（a）埋设于地面以下的倒虹吸管；（b）桥式倒虹吸管

1—进口渐变段；2—闸门；3—拦污栅；4—进水口；5—管身；6—镇墩；7—伸缩接头；8—冲沙放水孔；9—消力池；10—挡水墙；11—进水渠道；12—中间支墩；13—原地面线；14—出口段；15—沉沙池

（2）出口段。出口段的布置形式与进口段基本相同。单管可不设闸门；若为多管，可在出口段侧墙上预留检修门槽。出口渐变段比进口渐变段稍长。

（3）管身。管身断面可为圆形或矩形。圆形管因水力条件和受力条件较好，大、中型工程多采用这种形式。矩形管仅用于水头较低的中、小型工程。根据流量大小和运用要求，倒虹吸管可以设计成单管、双管或多管。水头较低的管身采用混凝土（水头在 4～6m 以内）或钢筋混凝土（水头在 30m 左右），水头较高的管身采用铸铁或钢管（水头在 30m 以上）。为了防止管道因地基不均匀沉降和温度变化而破坏，管身应设置沉降缝，内设止水。现浇钢筋混凝土管在土基上缝距 15～20m，在岩基上缝距 10～15m。为了便于检修，在管段上应设置冲砂放水孔兼作进人孔。为改善路下平洞的受力条件，管顶应埋设在路面以下 1.0m 左右。

（4）镇墩与支墩。在管身的变坡及转弯处或较长管身的中间应设置镇墩，以连接和固定管道。镇墩附近的伸缩缝一般设在下游侧。在镇墩中间要设置支墩，以承受水荷载及管道自重的法向分量。

4. 涵洞

涵洞是渠道与溪谷、道路等相交叉时，为宣泄溪谷来水或输送渠水，在填方渠道或道路下修建的交叉建筑物。

涵洞由进口段、洞身和出口段三部分组成。其顶部往往有填土。进口、出口段是洞身与渠道或沟溪的连接部分，其形式选择应使水流平顺地进出洞身，以减小水头损失。

小型涵洞的进、出口段都用浆砌石建造。大、中型工程可采用混凝土或钢筋混凝土结构。为适应不均匀沉降，常用沉降缝与洞身分开，缝间设止水。

由于水流状态的不同，涵洞可能是无压的、有压的或半有压的。有压涵洞的特点是工作时水流充满整个洞身断面，洞内水流自进口至出口均处于有压流状态；无压涵洞是渠道上输水涵洞的主要形式，其特点是洞内水流具有自由表面，自进口至出口始终保持无压流状态；半有压涵洞的特点是进口洞顶水流封闭，但洞内的水流仍具有自由表面。

按洞身断面形状，涵洞可以作成圆管涵、盖板涵、拱涵或箱涵。圆管涵因水力条件和受力条件较好，且有压、无压均可，是普遍采用的一种形式，管材多用混凝土或钢筋混凝土。盖板涵的断面呈矩形，其底板、侧墙可用浆砌石或混凝土，盖板多为钢筋混凝土结构，当跨度小时，也可用条石，适用于洞顶铅直荷载较小、跨度较小的无压涵洞。拱涵由拱圈、侧墙及底板组成，可用浆砌石或混凝土建造，适用于填土高度大、跨度较大的无压涵洞。箱涵为四周封闭的矩形钢筋混凝土结构，适用于填土高度大、跨度大和地形较差的无压或低压涵洞。当洞身较长，为适应地基的不均匀沉降，应设沉降缝，间距不大于 10m，且不小于 2～3 倍洞高，缝间设止水。

5. 跌水及陡坡

当渠道通过地面坡度较陡的地段时，为了保持渠道的设计比降，避免高填方或深挖方，往往将水流落差集中，修建建筑物连接上下游渠道，这种建筑物称为跌水或陡坡。使渠道上游水流自由跌落到下游渠道的落差建筑物称为跌水；使上游渠道沿陡槽下泄到下游渠道的落差建筑物称为陡坡。

（1）跌水。根据地面坡度大小和上下游渠道落差的大小，可采用单级跌水或多级跌水。两者构造基本相同。跌水的上下游渠底高差称为跌差，一般单级跌水落差小于 5.0m，落差超过 5.0m 宜采用多级跌水。

单级跌水一般由进口连接段、跌水口、跌水墙、侧墙、消力池和出口连接段组成，如图 1-4-43 所示。

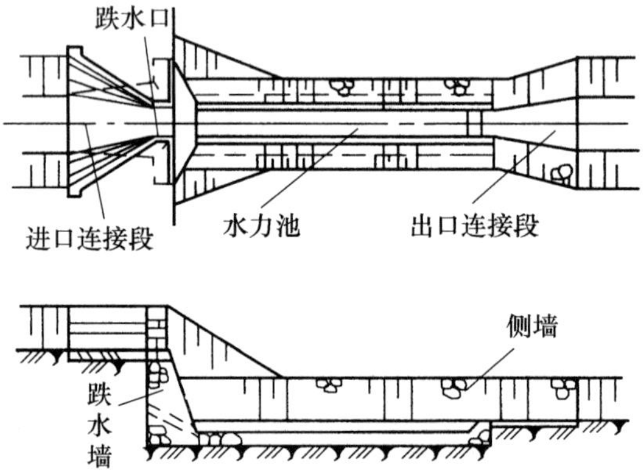

图 1-4-43　单级跌水构造示意图

多级跌水的组成和构造与单级跌水相同，只是将消力池做成几个阶梯，各级落差和消力池长度都相等，使每级具有相同的工作条件，并便于施工，如图 1-4-44 所示。

（2）陡坡。陡坡与跌水的主要区别在于陡坡是以斜坡代替跌水墙。陡坡主要由进口连接段、控制堰口、陡坡段、消力池和出口连接段组成。

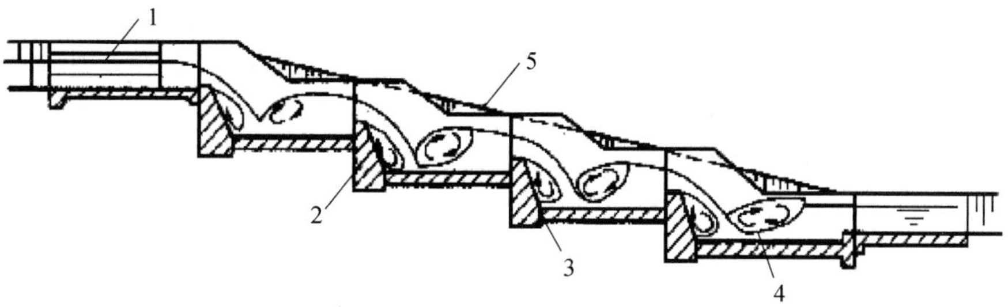

图 1-4-44　多级跌水构造示意图

1—进口连接段；2—跌水墙；3—沉降缝；4—消力池；5—原地面

七、过坝（闸）建筑物

过坝（闸）建筑物是指为通航、过木、过鱼而设置的建筑物。其中，过鱼建筑物指鱼道、鱼闸等，在已往应用中，难以按设计要求将鱼引入鱼道或鱼闸，因而如今多采用其他鱼类过坝（闸）设施。

（一）通航建筑物

通航建筑物分为船闸和升船机两大类：船闸是利用水力将船队（舶）浮送过坝，通过能力大，应用最广；升船机是利用机械力将船舶升送过坝，耗水量少，一次提升高度大。

1. 船闸

1）船闸的组成

船闸由闸室、闸首和引航道三个基本部分组成，如图 1-4-45 所示。

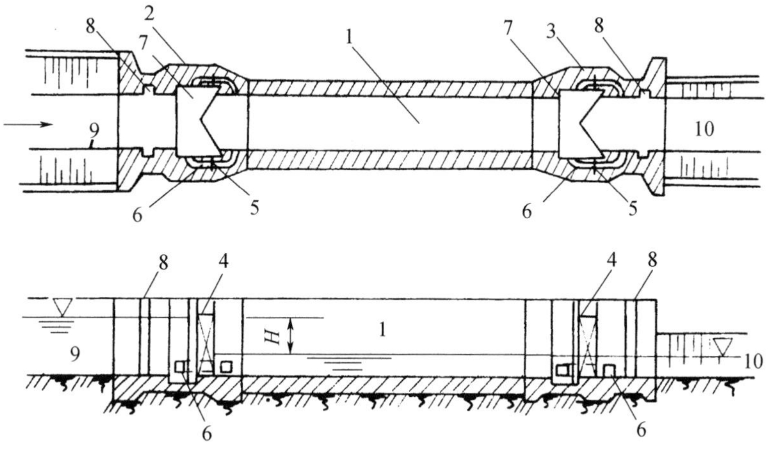

图 1-4-45　船闸示意图

1—闸室；2—上闸首；3—下闸首；4—闸门；5—阀门；6—输水廊道；
7—门龛；8—检修门槽；9—上游引航道；10—下游引航道

（1）闸室。闸室是介于船闸上、下闸首及两侧边墙间一个供过坝（闸）船队（舶）临时停泊的场所。为了保证闸室充水或泄水时船队（舶）的稳定，在闸墙上设有系船柱和系船环。

（2）闸首。闸首的作用在于将闸室与上、下游引航道隔开，使闸室内维持上游或下游水位，以便船队（舶）通过。位于上游端的称为上闸首；位于下游端的称为下闸首。在闸首内设有工作闸门、检修闸门、输水系统、阀门及启闭机系统。此外，在闸首内还设有交通桥及其他辅助设备。

（3）引航道。它是连接船闸闸首与主航道的一段航道，设有导航及靠船建筑。其作用在于保证船队（舶）顺利地进、出船闸，并为等待过闸的船队（舶）提供临时的停泊场所。与上闸首相接的称为上游引航道，与下闸首相接的称为下游引航道。

2）船闸的类型

（1）按船闸的级数分为单级船闸和多级船闸。

① 单级船闸。只有一级闸室的船闸称为单级船闸。这种形式的船闸过闸时间短、船队（舶）周转快、通过能力较大、建筑物及设备集中、管理方便。当水头不超过15～20m（在岩基上不超过30m）时，宜采用这种形式。

② 多级船闸。当水头较高时，若仍采用单级船闸，不仅过闸用水量大，灌、泄水时进入闸室或引航道的水流流速较高，对船队（舶）停泊及输水系统的工作条件不利，而且还将使闸室及闸门的结构复杂化。为此，可沿船闸轴线将水头分为若干级，建造多级船闸。

（2）按船闸的线数分为单线船闸和多线船闸。

① 单线船闸。在一个枢纽内只建有一条通航线路的船闸称为单线船闸。

② 多线船闸。在一个枢纽内建有两条或两条以上通航线路的船闸称为多线船闸。船闸的线数取决于货运量和船闸的通过能力，当货运量较大而单线船闸的通过能力无法满足要求，或船闸所处河段的航运对国民经济具有特殊重要意义，不允许因船闸检修而停航时，需要修建多线船闸。

（3）按闸室形式分为广厢船闸、具有中间闸首的船闸和井式船闸。

① 广厢船闸。在通过以小型船队（舶）为主的小型船闸上，可采用广厢船闸。其特点是闸首口门的宽度小于闸室宽度，闸门尺寸缩窄，可降低造价；但船队（舶）进出闸室需要横向移动，使操作复杂化，延长过闸时间。

② 具有中间闸首的船闸。当过闸船队（舶）不均一，为了节省单船过闸时的用水量及过闸时间，有时在上、下闸首之间增设一个中间闸首，将闸室分为前后门两部分。当通过单船时，只用前闸室（用上、中闸首），而将下闸首的闸门打开，这时，后闸室就成为下游引航道的一部分；当通过船队时，不用中闸首，将前后两个闸室作为一个闸室使用。这样既可节省过闸用水量，又可减少过闸时间。

③ 井式船闸。当水头较高，且地基良好时，为减小下游闸门的高度，可选用井式船闸。在下闸首建胸墙，胸墙下留有过闸船队（舶）所必须的通航净空，采用平面提升式闸门。

2. 升船机

1）升船机的组成

升船机由以下几个主要部分组成：

（1）承船厢。用于装载船舶，其上、下游端部均设有厢门。

（2）垂直支架或斜坡道。垂直支架用于垂直升船机的支承并起导向作用，斜坡道用作斜面升船机的运行轨道。

（3）闸首。用于衔接承船厢与上、下游引航道，闸首内设有工作闸门和拉紧（将承船厢与闸首锁紧）、密封等装置。

（4）机械传动机构。用于驱动承船厢升降和启闭承船厢的厢门。

（5）事故装置。当发生事故时，用于制动并固定承船厢。

（6）电气控制系统。用于操纵升船机的运行。

2）升船机的类型

按承船厢的运行路线可分为垂直升船机和斜面升船机两大类。

（1）垂直升船机。垂直升船机有提升式、平衡重式和浮筒式等形式。

① 提升式升船机。类似于桥式起重机，船舶开进承船厢后，用起重机提升过坝。由于提升动力大，只适用于提升中、小型船舶。

② 平衡重式升船机。利用平衡重来平衡承船厢的重量，运行原理与电梯相似。其优点是过坝历时短，通过能力较大，运行安全可靠，耗电量小。其缺点是工程技术复杂，钢材用量多。

③ 浮筒式升船机。将金属浮筒浸在充满水的竖井中，利用浮筒的浮力来平衡升船机活动部分的重量，电动机仅用来克服运动系统的阻力和惯性力。这种升船机工作可靠，支承平衡系统简单，但提升高度不能太大，且浮筒井及一部分设备经常处于水下，不便于检修。

（2）斜面升船机。斜面升船机是将船舶置于承船厢内，沿着铺在斜面上的轨道升降，运送船舶过坝。

斜面升船机由承船厢、斜坡轨道及卷扬机设备等部分组成。

3. 通航建筑物在水利枢纽中的布置

通航建筑物在水利枢纽中的布置，主要取决于地形、地质条件、航运要求以及通航建筑物与枢纽中其他水工建筑物的相互关系。在平面布置上应注意以下几点：

（1）通航建筑物一般靠岸边布置，与溢流坝、泄水闸、电站之间应有足够长的导水墙，以便船队（舶）停靠和进、出引航道。

（2）船闸宜布置在稳定、顺直河段，上游引航道进口附近无横向水流，下游引航道入口应布置在离泄水建筑物相当远、河道水流平稳的区域，避免因水位波动过大，影响船队（舶）航行。此外，还应注意河床冲刷堆积物不得淤积在下游引航道入口处，以免堵塞航道。

（3）闸室一般布置在坝（闸）轴线的下游，这样对闸室的受力条件较为有利。

（4）对平原地区的低水头枢纽，应当考虑河床变迁及泥沙淤积对航道进、出口的影响。

（二）过木建筑物

在有运送木材任务的河道上兴建水利枢纽，为解决木材过坝问题，需要在枢纽中修建过木建筑物（设施）。常用的过木建筑物（设施）有筏道、漂木道和过木机。

1. 筏道

筏道是一种用于浮运木排（筏）的过木建筑物，主要由进口段、槽身段和出口段组成。

（1）进口段。筏道的进口段应能适应水库的水位变化，准确调节流量，以达到节省水量和安全过筏的目的。

（2）槽身段。槽身是一个宽浅顺直的陡槽，槽宽稍大于木排的宽度，常用4～8m。

（3）出口段。为顺利流放木排，出口宜靠近河道主流，槽身斜坡末端以后做成消力池，使出口水流呈波状水跃或面流衔接。如出口远离河道，还需设下游引筏道。

2. 漂木道

漂木道也称放木道，是一种用于浮运散漂原木的过木建筑物，多用于中、低水头且上游水位变幅不大的水利枢纽。与筏道类似，漂木道由进口段、槽身段和出口段组成。

3. 过木机

木材传送机是一种较常采用的过木机。按传送木材的方向与木材长度方向的相对位置，木材传送机可分为两种：传送方向与木材长度方向一致的，称为纵向木材传送机；传送方向与木材长度方向相互垂直的，称为横向木材传送机。

一般通用机械，如门式起重机、塔式起重机、桅杆式起重机等均可作为过木机运送木排或木捆过坝。

4. 过木建筑物在水利枢纽中的布置

在水利枢纽中最好将过木建筑物布置在靠近岸边处，并与船闸和水电站厂房分开。进口前应设导漂装置，以便引导原木或木排进入过木通道。筏道和漂木道应布置成直线，上、下游引筏道可根据地形条件布置成直线或曲线形。下游出口要求水流顺直，以便木材顺河下行，不致随回流停滞。如采用机械运送木材过坝，在布置上要使进口位置与岸边的地形相适应。

第五节　机电、金属结构设备类型及主要技术参数

一、机电设备类型及主要技术参数

（一）水轮机

1. 水轮机的分类

按水流能量的转换特征不同，水轮机分为反击式和冲击式两大类。完全利用水流动能工作的水轮机称为冲击式水轮机，同时利用水流动能和势能工作的水轮机称为反击式水轮机。而每一大类根据其转轮区内水流的流动特征和转轮的结构特征又可分成多种形式。

（1）反击式水轮机。反击式水轮机按转轮区内水流相对于主轴流动方向的不同又可分为混流式、轴流式、斜流式和贯流式四种。

① 混流式水轮机。混流式水轮机的水流从四周沿径向进入转轮，然后近似以轴向流出转轮。混流式水轮机应用水头范围广，为20～700m；结构简单、运行稳定且效率高，是现代应用最广泛的一种水轮机。

② 轴流式水轮机。轴流式水轮机水流在导叶与转轮之间由径向流动转变为轴向流动，而在转轮区内水流保持轴向流动。轴流式水轮机的应用水头为3～80m。轴流式水轮机在中低水头、大流量水电站中得到广泛应用。

根据其转轮叶片在运行中能否转动，又可分为定桨式、转桨式和调桨式三种。

③ 斜流式水轮机。斜流式水轮机水流在转轮区内沿着与主轴呈某一角度的方向流动。斜流式水轮机的转轮叶片大多做成可转动的形式，具有较宽的高效率区，适用水头为40～200m。其结构形式及性能特征与轴流转桨式水轮机类似，但由于其倾斜桨叶操作机构的结构特别复杂，加工工艺要求和造价均较高，一般较少使用。

④ 贯流式水轮机。贯流式水轮机是一种流道近似为直筒状的卧轴式水轮机，它不设引水蜗壳，适用水头为1～25m。它是低水头、大流量水电站的一种专用机型。由于其卧轴式布置及流道形式简单，所以土建工程量少，施工简便，因此在开发平原地区河道和沿海地区潮汐等水力资源中得到较为广泛的应用。

按转轮叶片在运行中能否转动的情况可分为定桨式、转桨式和调桨式三种。根据其发电机装置形式的不同可分为全贯流式和半贯流式两类。半贯流式水轮机又分为轴伸式、竖井式和灯泡式水轮机。

全贯流式水轮机的优点是水力损失小，过流量大，结构紧凑，但由于转子外缘线速度过大，而且密封十分困难，因此应用较少。

轴伸式和竖井式结构简单，发电机的安装、运行和检修都较方便，但由于应用水头较低，效率也低，机组容量不大，因此多应用于小型水电站中。

灯泡贯流式结构紧凑，流道平直，过流量大，多适用于较大容量的机组。

（2）冲击式水轮机。冲击式水轮机按射流冲击转轮的方式不同可分为水斗式、斜击式和双击式三种。

① 水斗式水轮机。从喷嘴出来的自由射流沿圆周切线方向冲击转轮上的水斗而做功，因此也称为切击式水轮机，它的适用水头范围为40～2000m。

② 斜击式水轮机。从喷嘴出来的自由射流沿着与转轮旋转平面呈一角度的方向，从转轮的一侧进入轮叶再从另一侧流出轮叶。与水斗式相比，其过流量较大，但效率较低，因此这种水轮机一般多用于中小型水电站，适用水头一般为20～300m。

③ 双击式水轮机。从喷嘴出来的射流先后两次冲击转轮叶片。这种水轮机结构简单，制作方便，但效率低、转轮叶片强度差，仅适用于单机出力不超过1000kW的小型水电站。其适用水头一般为5～100m。

可逆式水轮机又称为水泵水轮机，是抽水蓄能电站的动力设备。水泵水轮机通常有混流式、斜流式、轴流式和贯流式，应用最广泛的是混流式水泵水轮机。

2. 水轮机的性能参数

水轮机在不同工作状况（以下简称工况）下的性能，通常是用水轮机的工作水头（H，单位为m）、流量（Q，单位为m^3/s）、出力（P，单位为kW）、效率（η，单位为%）、工作力矩（M，单位为N·m）及转速（n，单位为r/min）等参数以及这些参数之间的关系来表示。

对大中型水轮发电机组，水轮机的主轴和发电机轴都是用法兰和螺栓直接刚性连接的，所以水轮机的转速和发电机的转速相同并符合标准同步转速，即应满足下列关系式：

$$f=\frac{pn}{60} \tag{1-5-1}$$

式中　f——电流频率，我国规定为 50Hz；

p——发电机的磁极对数。

对一定的发电机，其磁极对数也一定，因此为了保证供电质量，使电流频率保持 50Hz 不变，在正常情况下，机组的转速也应保持为相应的固定转速，此转速称为水轮机或机组的额定转速。

3. 水轮机的型号

根据《水轮机、蓄能泵和水泵水轮机型号编制方法》（GB/T 28528—2012）的规定，水轮机、蓄能泵和水泵水轮机产品型号由三部分或四部分代号组成，第四部分仅用于蓄能泵和水泵水轮机，各部分之间用“-”（其长度相当于半个汉字宽）隔开。

1）型号的第一部分代号的意义

（1）水轮机型号的第一部分由水轮机型式和转轮的代号组成。

水轮机型式用汉语拼音字母表示，其代号规定见表 1-5-1。

对于一根轴上有两个或多个转轮的水斗式水轮机，在水斗式水轮型号前加上与转轮个数相同的阿拉伯数字表示。

转轮代号采用模型转轮编号和/或水轮机原型额定工况比转速表示，模型转轮编号与比转速之间采用“/”符号分隔。比转速代号用阿拉伯数字表示，单位为米千瓦(m・kW)。

表 1-5-1　水轮机、蓄能泵和水泵水轮机型式的代号

类　别	型　式	代　号
反击式水轮机	混流式	HL
	轴流转桨式	ZZ
	轴流调桨式	ZT
	轴流定桨式	ZD
	斜流式	XL
	贯流转桨式	GZ
	贯流调桨式	GT
	贯流定桨式	GD
冲击式水轮机	冲击（水斗）式	CJ
	斜击式	XJ
	双击式	SJ
蓄能泵	混流式	BHL
	轴流转桨式	BZZ
	轴流定桨式	BZD
	斜流式	BXL

续表

类　别	型　式	代　号
水泵水轮机	混流式	NHL
	轴流转桨式	NZZ
	轴流定桨式	NZD
	斜流式	NXL
	贯流转桨式	NGZ
	贯流定桨式	NGD

(2) 蓄能泵型号的第一部分由蓄能泵型式及叶轮的代号组成

蓄能泵型式用字母“B”及汉语拼音字母表示，其代号规定见表 1-5-1。

对于两级或多级蓄能泵，在蓄能泵型号前加上与级数相同的阿拉伯数字表示。

叶轮代号采用模型叶轮编号和/或蓄能泵原型额定工况比转速表示，模型叶轮编号与比转速之间采用“/”符号分隔。比转速代号用阿拉伯数字表示，单位为米千瓦（m·kW）。

(3) 水泵水轮机型号的第一部分由水泵水轮机型式及转轮或与叶轮的代号组成

① 可逆式水泵水轮机。可逆式水泵水轮机型式用字母“N”及汉语拼音字母表示，其代号规定见表 1-5-1。

对于两级或多级可逆式水泵水轮机，在各型式的可逆式水泵水轮机前加上与级数相同的阿拉伯数字表示。

转轮代号采用模型转轮编号和/或水轮机原型额定工况比转速表示，模型转轮编号与比转速之间采用“/”符号分隔。比转速代号用阿拉伯数字表示，单位为米千瓦（m·kW）。

② 组合式水泵水轮机。组合式水泵水轮机用“水轮机型式代号/蓄能泵型式代号”表示。

对于两级或多级组合式水泵水轮机，在水轮机型号前以及在水泵型号前加上与级数相同的阿拉伯数字表示。

水轮机转轮代号以及水泵叶轮代号分别采用：模型转轮编号和/或水轮机原型额定工况比转速以及水泵模型叶轮编号和/或水泵真机额定工况比转速表示，各代号之间采用“/”符号分隔。比转速代号用阿拉伯数字表示，单位为米千瓦（m·kW）。

2) 型号的第二部分代号的意义

型号的第二部分由水轮机、蓄能泵和水泵水轮机的主轴布置形式和结构特征的代号组成。

主轴布置形式用汉语拼音字母表示，其代号规定：立轴用字母“L”表示；卧轴用字母“W”表示；斜轴用字母“X”表示。

结构特征用汉语拼音字母表示，其代号规定见表 1-5-2。

表 1-5-2　水轮机、蓄能泵和水泵水轮机结构特征的代号

结构特征	金属蜗壳	混凝土蜗壳	明槽式引水	有压明槽式	罐式	全贯流式	灯泡式	轴伸式	竖井式	虹吸式
代号	J	H	M	M_y	G	Q	P	Z	S	X

3）型号的第三部分代号的意义

型号的第三部分由水轮机转轮直径 D_1（以厘米为单位）或转轮直径和其他参数组成，用阿拉伯数字表示；或由水泵叶轮直径 D_1（以厘米为单位）表示（适用于蓄能泵）；或同时由水轮机转轮直径 D_1 及水泵叶轮直径 D_1（以厘米为单位）表示（适用于组合式水泵水轮机）。

对于水斗和斜击式水轮机，型号的第三部分用下列方式表示：转轮直径/喷嘴数目×射流直径。

对于双击式水轮机，型号的第三部分用下列方式表示：转轮直径/转轮宽度。

4）型号的第四部分代号的意义

型号的第四部分由原型水泵在电站实质使用范围内的最高扬程（m）及最大流量（m^3/s）值表示。

对于蓄能泵，在电站实质使用范围内的最高扬程用阿拉伯数字及单位（m）表示，在电站实质使用范围内的最大流量用阿拉伯数字及单位（m^3/s）表示。

对于可逆式水泵水轮机，只用水泵在电站实质使用范围内的最高扬程（m）及最大流量（m^3/s）值表示。

对于组合式水泵水轮机，只用水泵在电站实质使用范围内的最高扬程（m）及最大流量（m^3/s）值表示。

4. 水轮机的主要过流部件

水轮机一般由引水机构（引水室）、导水机构（导水叶）、转动机构（转轮）和泄水机构（尾水管）四大机构组成。以下主要介绍常用的反击式（混流式、轴流式）水轮机的四个过流部件。

1）引水机构（引水室）

引水机构是水流进入水轮机所经过的第一个部件，通过它将水引向导水机构，然后进入转轮。

对反击式机组，其引水机构即蜗壳，大中型水轮机多数采用蜗壳式引水室（贯流式机组是直通式流道、机组上游侧的流道即引水道）。蜗壳进口端与压力管道相连，由进口端向末端断面面积逐渐减小，并将导水机构包在里面。由于水轮机的应用水头不同，水流作用在蜗壳上的水压力也不同。水头高时水压力大，一般用金属蜗壳；水头低时水压力小，一般用钢筋混凝土蜗壳。

对冲击式机组而言，其引水机构即配水管。

2）导水机构（导水叶及其操作机构）

导水机构的作用是引导来自引水机构的水流沿一定的方向进入转轮，当外界负荷变化时，调节进入转轮的流量，使它与外界负荷相适应；正常与事故停机时，关闭导水机构，截住水流，使机组停止转动。

3）转动机构（转轮）

转动机构指的就是转轮，它是水轮机的核心部件。一般所说的水轮机的型式，实际上就是指该水轮机转轮的型式。

（1）混流式转轮。由上冠、叶片和下环组成，三者连成整体。上冠装有减少漏水的止漏环，它的上法兰面用螺栓与主轴连接。它的下部中心装有泄水锥，用来引导水流以免水流从轮叶流道流出后相互撞击，以保证水轮机的效率。叶片按圆周均匀分布固定于上冠和下环，叶片呈三向扭曲形，上部扭曲较缓，下部扭曲较剧，叶片的断面为机翼型，叶片数目为10～20片，通常为14～15片。下环也设有止漏装置。

(2) 轴流式转轮。由轮毂、轮叶和泄水锥等部件组成。轴流转桨式转轮的轮叶可以随着外界负荷的变化与导水机构导叶协同动作，始终保持一定的组合关系。因此，对负荷变化的适应性较好，运行区域宽，平均效率高。轮叶数目为3～8片，水头高时，轮叶多。轴流定桨式转轮的叶片固定在轮毂周围，不随外界负荷的变化而改变轮叶的角度。运行稳定性较差，运行区域窄，低负荷运行时效率低。

4) 泄水机构（尾水管）

尾水管的形式基本上可分为两类，即直锥形和弯肘形，大中型竖轴装置的水轮机多采用弯肘形尾水管，它由进口直锥段、弯头（肘管）以及出口扩散段三个部分组成。

进口直锥段为垂直的圆锥形扩散管。此扩散管常用钢板焊接拼装而成。在上部设有进人门、测压管路、十字架补气管（有Y形、十字形、单管形）、排水管等。肘管是90°的弯管，其断面由圆形过渡到矩形。在此段最低处设有放空阀，用水泵抽出尾水，以便机组检修。

出口段是向上翘的矩形断面扩散管。

5) 其他构件

其他构件包括大轴、轴承、底环、座环、顶盖、基础环、机坑里衬、接力器里衬及转轮室等。

5. 水轮机主要部件安装工序

1) 埋设部分

(1) 尾水管安装。潮湿部位应使用不大于24V的照明设备和灯具，尾水管里衬内应使用不大于12V的照明设备和灯具，不应将行灯变压器带入尾水管内使用。尾水管里衬防腐涂漆时，应使用不大于12V的照明设备和灯具，现场严禁有明火作业。

(2) 基础环。

① 清扫组合。设备清扫时，应根据设备特点，选择合适的清扫工具及清洗溶剂。清扫现场应进行隔离，15m范围内不得动火（及打磨）作业；清扫现场应配备足够数量的灭火器。

② 与座环组合（与座环整体安装）。组合分瓣大件时，应先将一瓣调平垫稳，支点不得少于3点。组合第二瓣时，应防止碰撞。应对称拧紧组合螺栓，位置均匀对称分布且不得少于4只，设备垫稳后，方可松开吊钩。设备翻身时，设备下方应设置方木或软质垫层予以保护，翻身副钩起吊能力不低于设备本身重量的1.2倍。

(3) 座环。

① 清扫、组合、点弧形板。

② 焊接。需要进行焊接作业时，应有防止焊接电流通过钢丝绳的措施。

③ 安装。分瓣座环组装时，组装支墩应稳定。首瓣座环就位调平后，应采取防倾覆措施。第二瓣就位后应先调平、固定。其余瓣应按照同样方法就位。采用双机台吊或土法等非常规手段吊装座环时，应编制起重专项方案。专项方案应按程序经审批后实施。

（4）凑合节安装（指基础环与尾水管之间的连接）。

（5）蜗壳安装。

① 挂装。安装蜗壳时，焊在蜗壳环节上的吊环位置应合适，吊环应采用双面焊接且强度满足起吊要求。

② 焊接。蜗壳各焊缝的压板等调整工具，应焊接牢固。

③ 蝶形边及筋板焊接，装排水槽钢。

（6）机坑里衬与接力器里衬安装。机坑里衬焊后应按设计要求进行无损探伤。机坑里衬内支撑应固定牢靠，防止浇筑混凝土时里衬发生变形或位移。

2）本体部分

（1）导水机构预拼。

① 底环组合预装。机坑清扫、测定和导水机构预装时，机坑内应搭设牢固的工作平台。

② 导叶安装。导叶吊装时，作业人员注意力应集中，严禁站在固定导叶与活动导叶之间，防止挤伤。

③ 顶盖组合吊装。吊装顶盖等大件前，组合面应清扫干净、磨平高点，吊至安装位置 0.4～0.5m 处，再次检查清扫安装面。

④ 轴套安装。

⑤ 拐臂安装。导叶轴套、拐臂安装时，头、手严禁伸入轴套、拐臂下方。调整导叶端部间隙时，导叶处与水轮机室应有可靠的信号联系。转轮四周应设置防护网，人员通道应规范畅通。

⑥ 端盖安装（打分瓣键）整体吊出。

⑦ 磨导叶间隙。导叶工作高度超过 2m 时，研磨立面间隙和安装导叶密封应在牢固的工作平台上进行。

（2）下固定迷宫环组合安装。

（3）水轮机导轴瓦研刮。导轴瓦进行研刮时，导轴承、轴颈摩擦面应用无水酒精擦拭干净。

（4）转轮组合焊接。

① 清扫、组合。分瓣转轮组装时，应预先将支墩调平固定。

② 刚度试验。分瓣转轮刚度试验时，应有专门的通风排烟及消防措施。

③ 焊接准备。

④ 焊接（包括裂纹处理）。在专用临时棚内焊接分瓣转轮时，应有专门的通风排烟及消防措施。当连续焊接超过 8h 时，作业人员应轮流休息。

⑤ 大轴与转轮连接。转轮与主轴连接前，转轮应固定并处于水平位置。转轮与主轴连接时，转轮应设置可靠支撑。

⑥ 装、拆车圆架并车圆、磨圆。

（5）水轮机大件吊装。

① 转轮吊装。大型水轮机转轮在机坑内调整，宜采用桥机辅助和专用工具进行调整的方法，应避免强制顶靠或锤击造成设备的损伤，甚至损坏。

② 导水机构整体吊装。

③ 密封装置安装，轴承装置吊装。导轴承油槽做煤油渗漏试验时，应有防漏、防火的安全措施。轴瓦吊装方法应稳妥可靠，单块瓦重 40kg 以上应采用手拉葫芦等机械方法吊运。

④ 调速环吊装。

(6) 接力器安装。接力器安装时，吊装应平衡，不得碰撞。

(7) 调速系统安装（包括调速器、油压装置及事故配压阀、回复机构）。

(8) 调速系统调速试验。调速器无水调试完成后，应投入机械锁定，关闭系统主供油阀，并悬挂“禁止操作，有人工作”的标志牌。

(9) 大轴连接。

6. 机组自动化元件简介

机组的动力设备、电气设备和辅助设备必须是自动化装置。机组的启动、正常停机、事故停机的操作以及整个机组的运行、维护都要达到无人值班或少人值守。

自动化元件的任务就是按生产过程的要求，将由前一元件所接受的动作或信号，在性质上或数量上自动加以适当变换后传递给另一元件。例如，电磁配压阀，它可以把电流信号通过电磁作用力操作配压阀，而配压阀的动作经过液压能源的放大，就可以自动开启或关闭管道阀门。而控制信号可以是非电量（如压力、流量、温度、水位等）的变化，也可以是电流、电压的变化。

常用的自动化元件有转速信号器、温度信号器、压力信号器、液位信号器、流量信号器、剪断信号器、位置信号器、位移信号器、电磁阀和配压阀等。

（二）水轮发电机

由水轮机驱动，将机械能转换成电能的交流同步电动机称为水轮发电机。它发出的电能通过变压器升压输送到电力系统中。水轮机和水轮发电机合称为水轮发电机组（或主机组）。

在抽水蓄能电站中使用的一种三相凸极同步电动机，称为发电电动机。发电电动机既可以用于水库放水时，由水轮机带动发电机运行，把水库中水的位能转化成电能供给电网，又可以作为电动机运行，带动水泵水轮机把下游的水抽入水库。

1. 水轮发电机的类型

1）卧式与立式。按照转轴的布置方式可分为卧式与立式。卧式水轮发电机一般适用于小型混流式及冲击式机组和贯流式机组；立式水轮发电机适用于大中型混流式机组、轴流式机组和冲击式机组。

2）悬式和伞式。根据推力轴承位置划分，立式水轮发电机可分为悬式和伞式。

(1) 悬式水轮发电机的结构特点是推力轴承位于转子上方，把整个转动部分悬吊起来，通常用于较高转速机组。大容量悬式水轮发电机装有两部导轴承，上部导轴承位于上机架内，下部导轴承位于下机架内；也有取消下部导轴承只有上部导轴承的。其优点是推力轴承损耗较小，装配方便，运转稳定，转速一般在 100r/min 以上；缺点是机组较大，消耗钢材多。

(2) 伞式水轮发电机的结构特点是推力轴承位于转子下方，通常用于较低转速机组。导轴承有一个或两个，有上导轴承而无下导轴承时称为半伞式水轮发电机；无上导轴承而有下导轴承时称为全伞式水轮发电机；上、下导轴承都有为普通伞式水轮发电机。伞式水轮发电机的转速一般在150r/min以下。其优点是上机架轻便，可降低机组及厂房高度，节省钢材；缺点是推力轴承直径较大，设计制造困难，安装维护不方便。

3）空气冷却式和内冷却式。按冷却方式可分为空气冷却式和内冷却式。

（1）空气冷却式。将发电机内部产生的热量，利用循环空气冷却。一般采用封闭自循环式，经冷却后又加热的空气，再强迫通过经水冷却的空气冷却器冷却，参加重复循环。

（2）内冷却式。当发电机容量太大，空气冷却无法达到预期效果时，对发电机就要采用内冷却。将经过水质处理的冷却水或冷却介质，直接通入定子绕组进行冷却或蒸发冷却。定子、转子均直接通入冷却水冷却时，则称为全水内冷式水轮发电机。转子励磁绕组与铁芯仍用空气冷却时，则称为半水内冷式水轮发电机。

2. 水轮发电机的型号

水轮发电机的型号，由代号、功率、磁极个数及定子铁芯外径等数据组成。其中，SF代表水轮发电机，SFS代表水冷水轮发电机，L代表立式竖轴，W代表卧式横轴。如SF190-40/10800水轮发电机，表示功率为190MW，有40个磁极，定子铁芯外径为10.8m（定子机座号为10800）。

励磁机（包括副励磁机）是指供给转子励磁电流的立式直流发电机。如ZLS380/44-24型式中，Z代表直流，L代表励磁机，S代表与水轮发电机配套用，380表示电枢外径为380cm，44表示电枢长度为44cm，24表示有24个磁极。

永磁发电机是用来供水轮机调速器的转速频率信号及机械型调速器飞摆电动机的电源（永磁机本身有两套绕组）。如TY136/13-48型式中，T代表同步，Y代表永磁发电机，136表示定子铁芯外径为136cm，13表示定子铁芯长度为13cm，48表示有48个磁极。

感应式永磁发电机的作用同永磁发电机，如YFC423/2×10-40型式中，423表示定子铁芯外径为423cm，2×10表示2段铁芯，每段铁芯长10cm，40表示有40个磁极。

3. 水轮发电机的基本部件

立式水轮发电机一般由转子、定子、上机架与下机架、推力轴承、导轴承、空气冷却器、励磁机（或励磁装置）及永磁发电机等部件组成。而大型水轮发电机一般没有励磁机、永磁机。

转子和定子是水轮发电机的主要部件，其他部件仅起支持或辅助作用。发电机转动部分的主轴，一般用法兰盘与水轮机轴直接连接，由水轮机带动发电机的转子旋转。

转子的磁极绕组通入励磁电流产生磁场，由于转子的旋转，使定子绕组的导体因切割磁力线产生感应而发出电流。

1）转子

发电机转子由主轴、转子支架、磁轭和磁极等部件组成。

2）定子

定子由机座、铁芯和绕组等部分组成。

3）上机架与下机架

由于机组的型式不同，上机架与下机架可分为荷重机架及非荷重机架两种。悬式发电机的荷重机架即为安装在定子上部的上机架；伞式发电机的荷重机架即为安装在定子下部基础上的下机架。

4）推力轴承

它是发电机最主要的部件之一，水轮发电机组能否安全运行，很大程度上取决于推力轴承的可靠性，推力轴承需承受水轮发电机组转动部分的重量及水推力，并把这些力传递给荷重机架。如三峡水利枢纽左岸电厂机组推力负荷达 5.5×10^4kN。

按支承结构分，推力轴承可分为刚性支承、弹性油箱支承、平衡块支承、双托盘弹性梁支承、弹簧束支承等。一般由推力头、镜板、推力瓦、轴承座及油槽等部件组成。

5）空气冷却器

机组运行时，发电机定子、转子绕组，铁芯及磁轭将产生大量的热，为使其温度不致太高，密闭循环空冷式发电机就必须安装空气冷却器，用以冷却机组。

6）励磁机或励磁装置

供水轮发电机转子励磁电流的励磁机，是专门设计的立式直流发电机。根据水轮发电机容量的大小及励磁特性的要求，既有采用一台励磁机的，也有采用主、副两台励磁机的。目前，大型发电机大部分不是用主、副励磁机，而是用晶闸管自并励的励磁装置。励磁装置主要由励磁变压器、可控硅整流装置（采用三相全控桥式接线）、灭磁装置、励磁调节器、起励保护与信号设备组成。

7）永磁发电机

在励磁机或副励磁机上部装设永磁发电机。其定子有两套绕组，一套供给水轮机调速器的转速频率信号，另一套供给机械型调速器的飞摆电动机电源。根据机组自动化的要求，永磁发电机电源还用于转速继电器，实行自动并网、停机及机组制动等。永磁发电机用永久磁钢（或铁淦氧）作磁极，故其磁场是固定不变的，其频率及电压直接与同轴水轮发电机转速呈正比。

4．水轮发电机的安装

水轮发电机的安装程序随机组型式、土建工程进度、设备到货情况、场地布置及起吊设备的能力不同而有所变化，但基本原则是一致的。在一般施工组织设计中，应尽量考虑与土建工程及水轮机安装进度的平行交叉作业，尽量做到少占直线工期，充分利用现有场地及施工设备进行大件预组装。把已组装好的大件，按顺序分别吊入机坑进行总装，从而保证质量，加快施工进度。

1）悬式水轮发电机的安装程序

（1）预埋下部风洞盖板、下部机架及定子的基础垫板。

（2）在定子机坑内组装定子并下线、安装空气冷却器。为了减少与土建工程及水轮机安装的相互干扰，也可以在安装间进行定子组装、下线；待下机架吊装后，将定子整体吊入找正。

（3）等水轮机大件吊入机坑后，吊装下部风洞盖板，根据水轮机主轴中心进行找正固定。

（4）把已组装好的下部机架吊入就位，根据水轮机的主轴中心找正固定，浇捣基础混凝土，并按组装要求调整制动器（风闸）顶部高程。

（5）将上机架按图纸要求吊入预装，以主轴中心为准，找正机架中心和标高、水平，与定子机座一起钻铰销钉孔，再将上机架吊出。

（6）在安装间装配转子，将装配好的转子吊入定子内，按水轮机主轴中心、标高、水平进行调整。

（7）检查发电机定、转子之间的间隙。必要时以转子为基准，校核定子中心，然后浇捣基础混凝土。

（8）将已预装好的上部机架吊放于定子上基座的上面，按定位销孔位置将机架固定。

（9）装配推力轴承，将转子落到推力轴承上，进行发电机轴线调整。

（10）连接发电机与水轮机主轴，进行机组总轴线的测量和调整。

（11）调整推力瓦受力，并按水轮机迷宫环间隙确定转动部分中心。

（12）安装导轴承、油槽等，配装油、水、气管路。

（13）安装励磁机和永磁机。

（14）安装其他零部件。

（15）进行全面清理检查、喷漆、干燥、耐压。

（16）启动试运转。

2）伞式水轮发电机的安装程序

（1）带轴组装转子。

① 预埋下机架及定子基础垫板。

② 在机坑内进行定子的组装和下线，安装空气冷却器。若场地允许，也可以在机坑外进行定子的组装和下线，然后把它整体吊入找正。

③ 把已组装好的下部机架吊入机坑，按水轮机主轴找正固定。浇捣基础混凝土。

④ 将装配好的转子吊入定子内，直接放在下部机架的推力轴承上，并按水轮机主轴调整转子中心、水平、标高，然后与水轮机主轴连接。

⑤ 检查发电机定子、转子之间的空气间隙。必要时调整定子的中心，然后浇捣定子基础混凝土。

⑥ 把组装好的上部机架吊放于定子上机座的上面，按发电机的主轴找正固定。

⑦ 安装上导瓦、下导瓦，盘车测量液压推力轴承镜板的轴向波动，必要时刮推力头绝缘垫。同时测量液压推力轴承弹性箱的弹缩值，并做必要的调整。

⑧ 根据水轮机迷宫环的间隙，调整转动部分的中心。

⑨ 调整导轴瓦间隙，装推力轴承及导轴承的油槽，配内部油、水、气管路。

⑩ 安装励磁机及永磁机。

⑪ 安装其他零部件。

⑫ 全面清扫、喷漆、干燥。

⑬ 启动试运转。

（2）不带轴组装转子：

① 预埋下机架及定子基础垫板。

② 在机坑内进行定子的组装和下线，安装空气冷却器。若场地允许，也可以在机坑外进行定子的组装和下线，然后把它整体吊入找正。

③ 把已组装好的下部机架及推力轴吊入机坑找正固定。

④ 在装配场上进行轮毂烧嵌，然后把主轴吊入机坑，落于下部机架推力轴承上，按水轮机主轴找正发电机主轴。

⑤ 连接发电机与水轮机主轴，盘车测量并调整总轴线。

⑥ 吊入已装好的发电机转子，并与主轴轮毂连接。

⑦ 检查发电机的空气间隙，并做定子中心的校核，浇捣基础混凝土。

⑧ 吊装上部机架，测量并调整液压推力轴承弹性箱的弹缩值。

⑨ 以水轮机迷宫环为准，调整转动部分中心。

⑩ 调整导轴瓦间隙，装推力油槽及导轴承油槽。

⑪ 安装励磁机及永磁发电机。

⑫ 安装其他零部件。

⑬ 全面清扫、喷漆、干燥。

⑭ 启动试运转。

3）卧式水轮发电机的安装程序

（1）大型分瓣定子：

① 基础埋设。

② 轴瓦研刮后，将轴承座吊入基础。

③ 在安装间进行分瓣定子下线。

④ 把已下线的下瓣定子吊入基础。

⑤ 用钢琴线法同时测量并调整轴承座及下瓣定子的中心。

⑥ 将上瓣定子吊入和下瓣定子组合，进行绕组接头的连接。

⑦ 在安装间组装转子或对整体转子进行检查试验，然后将整体转子吊放在轴承座上。

⑧ 以水轮机主轴法兰为基准，进一步调整轴承座，使发电机主轴法兰同心及平行，并以盘车方式检查和精刮轴瓦。

⑨ 盘车测量和调整机组轴线，并进行主轴连接。

⑩ 测量发电机空气间隙，校核定子中心，固定基础螺栓。

⑪ 轴承间隙调整。

⑫ 定子端盖安装。

⑬ 励磁机、永磁机及其他零部件安装。

（2）小型整体定子：

① 基础埋设。

② 轴瓦研刮后，将轴承座吊入基础找正。

③ 在安装间把定子套入转子后，一起吊入基础找正。

其他程序同分瓣定子的安装。

机组带额定负荷连续运行时间为 72h。

（三）调速系统

1. 调速器

水轮机调速器的主要功能是检测机组转速偏差，并将它按一定的特性转换成接力器的行程差，借以调整机组功率，使机组在给定的负荷下以给定的转速稳定运行。给定的转速范围与额定转速的差为±（0.2～±0.3）%。

第一代调速器采用的是机械液压式调速器，控制调节系统均由机械元件组成，称作机械式调速器。第二代调速器是以集成电路作为控制调节系统核心，称作电气液压式调速器。目前广泛使用的是第三代调速器，其核心控制及调节系统核心部件采用可编程控制器（PLC）或工业计算机，称作微机式调速器。

只对导叶进行调节的调速器，称作单调型调速器（如混流式、轴流定桨式机组采用的调速器）；对导叶和桨叶均要进行调节的调速器，称作双调型调速器（如轴流转桨式、贯流转桨式机组采用的调速器），导叶和桨叶按水轮机厂给出的协联曲线进行同步协联调节。冲击式机组也有两个需要调节的部件，一个是喷针（相当于反击式机组的导叶），一个是折向器。折向器的调节相对简单，只在停机时调节，且一律从全开位置调到全关位置。

调速器系统的操作油压，早期多用 2.5MPa 压力，随着液压元件及密封技术水平的提高，压力逐步提到了 4.0MPa、6.3MPa，单调型调速器有些采用 12MPa 油压等级，采用 12MPa 油压等级的调速器又称高油压调速器。

小型机组调速器，通常不需要主配压阀加以放大，型号划分直接以调速器的调速功作为划分依据，常用的等级有 1800kg·m、3000kg·m、5000kg·m、7500kg·m、10000kg·m，如 GT-1800，表示调速功为 1800kg·m 的高油压调速器（液压站集成在调速器上，型号不单独列出）。

较大型机组的调速器调速功大，不能直接采用电液转换元件对导叶进行操作，需要主配压阀进行液压放大后才能操作导叶。这类调速器需要配有专门的油压装置（如 YZ 型和 HYZ 型），因而采用导叶的主配压阀直径作为型号划分的依据，常用的主配直径等级有 50mm、80mm、100mm、150mm、200mm、250mm、300mm，如 WT-100，表示微机型单调，主配压阀直径 100mm；如 WST-150，表示微机型双调，主配压阀直径 150mm（桨叶主配压阀直径略小于导叶主配压阀直径）。

冲击式机组调速器调速功相对较小，以调节的喷嘴数和折向器个数来划分，如 CJT－4/4，表示调节 4 个喷嘴和 4 个折向器的调速器（液压站集成在调速器上，型号不单独列出）。

2. 油压装置

1）油压装置的工作原理

水轮机调速系统的油压装置是为调速系统提供操作用压力油的装置，利用气体的可压缩性，在压力油罐中油的容积变化时可以保持调节系统所需要的一定压力，让压力波动在较小范围内，使调节系统和控制机构可靠运行。其保持压力的模式可分为两种，一种是以压缩空气作为保压介质的传统型油压装置（YZ 型和 HYZ 型），另一种是以充氮皮囊作为保压介质的蓄能罐式液压站。

水轮机调速系统的油压装置也可作为进水阀、调压阀以及液压操作元件的压力油源。

中小型调速器的油压装置与调速柜组成一个整体，大型调速器的油压装置是单独的。

2）油压装置的组成

（1）油压装置由压力油罐、集油箱、油泵和其他附件组成。

（2）油压装置形式与型号。大中型油压装置的压力油罐和集油箱采用分离式布置，型号以 YZ 开头；小型油压装置的压力油罐装在集油箱之上，称组合式油压装置，型号以 HYZ 开头。

3）蓄能罐式液压站

蓄能罐式液压站一般与调速器集成，采用充氮皮囊作为保压介质，充氮皮囊的初始压力一般为 9MPa，充油后的液压站额定压力通常为 12MPa，这类液压站常用于高油压调速器。冲击式机组的调速器也多用蓄能罐式液压站，由于操作功很小，为了减小密封件的压力，常将充氮皮囊降压后使用，系统额定压力为 6.3MPa 或 4MPa。

（四）水泵机组

泵是把原动机的机械能或其他外加的能量，转换成流经其内部的液体的动能和势能的流体机械。

泵的种类很多，按其作用原理可分为叶片泵、容积泵和其他类型泵三大类。叶片泵是指通过工作叶轮的高速旋转运动，将能量传递给流经其内部的液体，使液体能量增加的泵，如离心泵、轴流泵、混流泵等；容积泵是指通过泵体工作室容积的周期性变化，将能量传递给流经其内部的液体，使液体能量增加的泵，如活塞泵、齿轮泵、螺杆泵等；其他类型泵是指除叶片泵和容积泵以外的其他特殊类型泵，如射流泵、气升泵、水锤泵、水轮泵、螺旋泵、漩涡泵等。

叶片泵是应用最广泛的泵类，在水利工程中所采用的绝大多数是叶片泵，以下重点介绍叶片泵的分类、性能及安装。

1. 叶片泵的分类

（1）按工作原理可分为离心泵、混流泵和轴流泵。

（2）按泵轴的工作位置可分为卧式泵、立式泵和斜式泵。

（3）按泵壳压出室的型式可分为蜗壳式泵和导叶式泵。

（4）按叶轮的吸入方式可分为单吸式泵和双吸式泵。

（5）按叶轮的个（级）数可分为单级泵和多级泵。

2. 叶片泵的性能参数

叶片泵性能参数包括流量（Q，单位为 m^3/s）、扬程（H，单位为 m）、功率（P，单位为 W 或 kW）、效率（η，单位为%）、转速（n，单位为 r/min）、允许吸上真空高度（Hs，单位为 m）或必需汽蚀余量（［NPSH］或［Δh］，单位为 m）。

3. 叶片泵的型号

在水泵样本及使用说明书中，均有对该泵型号的组成及含义的说明。目前我国大多数泵的结构形式及特征，在泵型号中均是用汉语拼音字母表示的，表 1-5-3 给出了部分泵型号中某些字母通常所代表的含义。

表 1-5-3 常用泵型中汉语拼音字母及其意义

字　母	表示的结构形式	字　母	表示的结构形式
B	单级单吸悬臂式离心泵	S	单级双吸卧式离心泵
D	节段式多级离心泵	DL	立式多级节段式离心泵
R	热水泵	WG	高扬程卧式污水泵
F	耐腐蚀泵	ZB	自吸式离心泵
Y	油泵	YG	管道式离心泵
ZLB	立式半调节式轴流泵	ZWB	卧式半调节式轴流泵
ZLQ	立式全调节式轴流泵	ZWQ	卧式全调节式轴流泵
HD	导叶式混流泵	HW	蜗壳式混流泵
HL	立式混流泵	QJ	井用潜水泵

但有些按国际标准设计或从国外引进的泵，其型号除少数为汉语拼音字母外，一般为该泵某些特征的外文缩略语。例如，IS 表示符合有关国际标准（ISO）规定的单级单吸悬臂式清水离心泵；IH 表示符合有关国际标准规定的单级单吸化工泵。

4. 水利工程中常用的叶片泵

1）离心泵

通常在扬程大于 25m 时宜选用离心泵。离心泵的典型结构型式有单级单吸式、单级双吸式和多级式三种。

（1）单级单吸式离心泵是指泵轴上装有一个叶轮，叶轮的前盖板中间有一个进水口的泵。因为泵轴的两个支承轴承都位于泵轴的同一侧，装有叶轮的泵轴处于自由悬臂状态，故把这种具有悬臂式结构的泵称为悬臂式泵。单级单吸泵的特点是流量较小，通常小于 400m^3/h；扬程较高，为 20～125m。

（2）单级双吸式离心泵是指泵轴上装有一个叶轮，叶轮的前、后盖板中间各有一个进水口的泵。单级双吸泵是侧向吸入和压出的，并采用水平中开式的泵壳，泵的进口和出口均与泵体铸为一体。单级双吸泵的特点是流量较大，通常为 160～1800m^3/h，扬程较高，为 12～125m。

（3）多级离心泵是指泵轴上串装两个及两个以上叶轮的泵，叶轮个数即为泵的级数，如提取深层地下水的深井多级泵（也称长轴井泵）及用于向锅炉供给高压高温水的锅炉给水泵等。多级泵的特点是流量较小，一般为 6～450m^3/h，扬程则特别高，一般都在数十米至数百米范围内，高压多级泵甚至高达数千米。

2）轴流泵

轴流泵是一种低扬程、大流量的泵型。通常在扬程小于 10m 时选用轴流泵，特别是 6m 以下扬程的泵站更为合适。

（1）根据轴流泵泵轴的工作位置可分为卧式、斜式和立式三种结构型式。

（2）根据轴流泵叶轮的叶片角度是否可以调节，通常将轴流泵分为固定式、半调节式和全调节式三种结构型式。全调节式的轴流泵设有专门的叶片调节机构，调节机构的操作架的位移，一般采用油压操作和电动机械操作两种方式。

3）混流泵

混流泵通常用于扬程为6～25m的场合。混流泵的结构形式可分为蜗壳型和导叶型两种。混流泵也有卧式与立式之分。按其叶片能否调节的状况，又分为固定式、半调节式和全调节式三种形式。

4）潜水泵

潜水泵是水泵和电动机与轴联成一体并潜入水下工作的抽水装置。根据叶轮型式的不同，潜水泵有潜水离心泵、潜水轴流泵和潜水混流泵。

潜水泵常用的安装型式有井筒式、导轨式和自动耦合式等几种。井筒式安装有悬吊式、弯管式和封闭进水流道式三种安装形式。

5）贯流泵

贯流泵是指水流沿泵轴通过泵内流道，没有明显转弯的轴流泵和混流泵。贯流泵没有蜗壳，流道由圆锥形管组成。通常采用卧轴式布置，从流道进口到尾水管出口，水流沿轴向几乎呈直线流动，避免了水流拐弯形成的流速分布不均导致的水流损失和流态变坏，水流平顺，水力损失小，水力效率高。

贯流泵主要有三种型式，即灯泡贯流式、轴伸贯流式和竖井贯流式。其流道水力损失灯泡贯流式最小，其次为轴伸贯流式。

目前使用最多的是灯泡贯流式，其水泵叶轮可以是叶片固定式，也可以是叶片可调式。灯泡贯流泵有两种结构形式，一是机电一体结构，电动机装于叶轮后方的灯泡形泵体内，电动机与叶轮直联；二是机电分体结构，电动机安装在泵体外，采用锥齿轮正交传动机构与叶轮相连，因此，电动机可采用普通立式电动机，泵内结构紧凑，密封和防渗漏问题易于解决，检修方便，运行可靠。

6）蓄能泵

蓄能泵是特指在抽水蓄能泵站或抽水蓄能电站中将水从下游水库提升至上游水库，从而达到蓄能目的的水泵。蓄能泵的水力设计理论和基本结构与普通水泵大致相同。按蓄能泵主轴的工作位置可分为立式和卧式；按主轴上串联的叶轮个数可分为单级式和多级式；按叶轮型式可分为混流式、轴流定桨式、轴流转桨式、斜流式等不同型式；按叶轮的进水形式可分为单吸式和双吸式。

5. 水泵机组

泵和动力机及其传动设备称为主机组；为主机组服务的设备称为辅助设备。辅助设备包括为水泵启动前充水用的充水设备，为主机组的轴承、油箱、轴封等部位提供冷却水、润滑水和密封水的供水设备，为排除泵房内部积水用的排水设备，为大功率机组提供高、低压气源的空气压缩设备，为主机提供润滑油和燃料油的供油设备以及通风、采暖、照明、启动、变配电设备等。

目前水泵机组最常用的传动方式有直接传动、齿轮传动和皮带传动等。随着机电排灌和机械工业的发展，水泵机组将向高速化和自动化方向发展，液力传动和电磁传动将被广泛应用。

泵站主泵通常采用三相交流电动机作为动力机。当功率小于100kW时，一般选用Y系列普通鼠笼型异步电动机，额定电压是220/380V（或500V）。当功率在100～300kW时，可选用YS、YC或YR系列的异步电动机，S、C和R分别表示双鼠笼型转子、深槽鼠笼型转子和绕线型转子，额定电压是220/380V、3kV、6kV或10kV。当功率大于300kW时，可以采用JSQ、JRQ系列的异步电动机或T系列的同步电动机，Q表示特别加强绝缘，T表示同步，额定电压是3kV、6kV和10kV。

6. 常用水泵的安装

1）卧式机组的安装

卧式机组分为有底座和无底座两种，小型机组的水泵和电动机一般多采用直接传动，其底座是共用的。安装前应对水泵各部件进行检查，各组合面应无毛刺、伤痕，加工面应光洁，各部件无缺陷，并配合正确。

（1）有底座机组安装。先将底座放于浇筑好的基础上，套上地脚螺栓和螺帽，调整位置，使底座的纵横中心位置和浇筑基础时所定的纵横中心线一致。若由于地脚螺栓的限制，不能调整好位置时，其误差不能超过±5mm。然后调水平，拧紧地脚螺母。机座安好后，再将水泵安装在机座上。最后安装动力机（电动机），当采用直接传动时，在动力机固定之前，应先进行同心度量测和调整，再进行轴向间隙量测和调整，两者反复进行，直到满足规定要求为止。最后固定动力机。

（2）无底座的大型水泵安装。先将水泵吊到基础上，与基础上的地脚螺栓对正并穿入泵体地脚螺孔使水泵就位。然后在水泵底脚的四角各垫一块楔形垫片，进行水泵的中心线校正、水平校正及标高校正。反复校正好后，再用水泥砂浆从缝口填塞进基础与泵体底脚间的空隙内。灌浆时为不使水泥砂浆流出，四周应用木板挡住，并保证内部不得存有空隙。待砂浆凝固后，拧紧地脚螺母。动力机的安装与水泵安装基本相同，即先将动力机吊到基础上就位，再采用与水泵相同的调整方法反复进行同心度和轴向间隙的量测与调整，最后进行灌浆固定。

无底座直接传动的卧式机组安装流程是吊水泵、中心线校正、水平校正、标高校正、拧紧地脚螺栓、水泵安装、动力机安装，最后验收。其他类型的卧式机组安装可参考应用。

2）立式机组安装

立式机组的安装与卧式机组有所不同，其水泵是安装在专设的水泵梁上，动力机安装在水泵上方的电机梁上。中小型立式轴流泵机组安装流程是安装前准备、泵体就位、电机座就位、水平校正、同心校正、固定地脚螺栓、泵轴和叶轮安装、传动轴安装、电动机吊装、验收。

水平校正以电机座的轴承座平面为校准面，泵体以出水弯管上橡胶轴承座平面为校准面。一般是将方形水平仪放在校准面上，按水平要求调整机座下的垫片，直至水平。同心校正是校正电机座上传动轴孔与水泵弯管上泵轴孔的同心度，施工中通常称为找正或找平校正。

测量与调整传动轴、泵轴摆度，目的是使机组轴线各部位的最大摆度在规定的允许范围内。当测算出的摆度值不满足规定要求时，通常是采用刮磨推力盘底面的方法进行调整。

3）灯泡贯流水泵安装

叶轮与主轴连接后，组合面应无间隙，用0.05mm塞尺检查，应不能塞入。泵体与流道进口与出口之间的伸缩节安装，应有足够的伸缩距离，插入管（套管）与底座应同心，四周间隙应均匀，密封填料压紧程度应适当，不应漏水。

灯泡贯流泵机组电动机顶罩与定子组合面应配合良好，并应测量及记录由于灯泡质量引起定子进水侧的下沉值。总体安装完毕后，灯泡体应按设计要求进行严密性耐压试验。

4）潜水泵安装

潜水泵安装前应对外观进行检查。若表面防腐涂层受到损坏和锈蚀，应按规定进行修补处理。立式潜水泵泵座圆度偏差应不大于 1.5mm，平面度偏差应不大于 0.5mm，中心偏差应不大于 3mm，高程偏差应不超过±3mm，水平偏差应不大于 0.2mm/m。井筒座与泵座垂直同轴度偏差应不大于 2mm，井筒座水平偏差应不大于 0.5mm/m。潜水泵吊装就位，与底座之间宜采用 O 形橡胶圈密封，且应配合密封良好。

电缆应随潜水泵移动，并保护电缆，不得将电缆用作起重绳索或用力拉拽。安装后应将电缆理直并用软绳将其捆绑在起重绳索上，捆绑间距应为 300～500mm。

5）机组试运行

泵站每台机组投入运行前，应进行机组启动验收。机组启动验收或首（末）台机组启动验收前，应进行机组启动试运行。单台机组试运行时间应在 7d 内累计运行时间为 48h 或连续运行 24h（均含全站机组联合运行小时数）。全站机组联合运行时间宜为 6h，且机组无故障停机 3 次，每次无故障停机时间不宜超过 1h。

（五）阀门

阀门一般由阀体、阀瓣、阀盖、阀杆及手轮等部件组成。水利工程中常见的阀门种类有蝶阀、球阀、闸阀、锥形阀、截止阀等。

1. 阀门的类型

1）蝶阀

蝶阀组成部件包括阀体、阀轴、活门、轴承及密封装置、操作机构（指接力器、转臂等）。蝶阀阀板可绕水平轴或垂直轴旋转，即立轴和卧轴两种型式。卧轴的接力器位于蝶阀一侧，立轴的接力器位于阀上部。

蝶阀操作方式包括手动、电动及液压操作。其中，手动和手动电动两用操作主要用于小型蝶阀，液压操作常用于大中型蝶阀。蝶阀的优点是启闭力小、体积小、质量轻、操作方便迅速、维护简单；缺点是阀全开时水头损失大、全关时易漏水。

2）球阀

球阀组成部件主要包括阀体、阀轴、活门、轴承、密封装置和操作机构。球阀的名义直径等于压力钢管的直径。其优点为水头损失小，止水严密；缺点为体积太大且重，价格较高。

球阀的操作方式有手动、手动电动两用和液压操作，分立轴和卧轴两种。立轴球阀因结构复杂，运行中存在积沙、易卡等缺点，基本上被淘汰。卧轴球阀有单面密封和双面密封两种，双面密封可在不放空压力钢管的情况下对球阀的工作密封等进行检修。

偏心半球阀是一种比较新型的球阀类别，它有着自身结构所独有的一些优越性，如开关无摩擦、密封不易磨损、启闭力矩小等。

3）闸阀

闸阀又称闸门阀或闸板阀，它是利用闸板升降控制开闭的阀门，流体通过阀门时流向不变，因此阻力小。闸阀密封性能好，流体阻力小，开启、关闭力较小，也有调节流量的作用，并且能从阀杆的升降高低看出阀的开度大小，主要用在一些大口径管道上。

4）锥形阀

锥形阀由阀体、套筒、执行机构、连接管等部件组成。执行机构有螺杆式、液压式、电动推杆式等种类。锥形阀通过执行机构驱动外套筒来实现开启或关闭。锥形阀安装于压力管道出口处，通过调节开度来控制泄水流量。出口方式有空中泄流与淹没出流两种形式，空中泄流时喷出水舌应为喇叭状，空中扩散掺气；淹没出流则在水下消能，是需要消能且下泄流量较大时的理想控制设备。

固定锥形阀是水利工程中重要的管道控制设备，在高水头、大流量、高流速的工况下使用，常用于水库、拦河坝的蓄水排放、农田灌溉及水轮机的旁通排水系统，固定锥形阀可安装在管道中部，起截止、减压、调节流量等作用，也可安装在管道末端，起排放、泄压、水位控制等作用。

2. 进水阀

水力发电工程用的阀门一般称为进水阀（也称主阀），装设在水轮机输水管道的进水口及水轮机前，以便在需要时截断水流。目前常采用的进水阀有蝶阀、球阀、闸阀等，进水阀一般不做调节流量用。

进水阀包括以下附件：

1）伸缩节

伸缩节的作用是使钢管沿轴线自由伸缩，以补偿温度应力，用于分段式管道中。为了使进水阀方便地安装和拆卸，在阀门的上游侧或下游侧装有伸缩节。

2）旁通阀

旁通阀装于阀门两侧压力钢管上，其作用是在进水阀正常开启前，先打开旁通阀，将进水阀活门上游侧的压力水引入阀门下游侧。接近平压后，再开启进水阀。旁通阀的过水能力应大于导叶的漏水量，旁通阀和旁通管的直径一般可近似按 1/10 的进水阀直径选取。

3）空气阀

空气阀位于进水阀下游侧伸缩节或压力钢管的顶部，当开启旁通阀向下游侧充水时或打开排水阀放空压力钢管和蜗壳内的积水时，空气阀自动开启以排气或充气，使压力钢管内真空消失，保护压力钢管不被外压破坏。

4）排水阀

排水阀在压力钢管最低点设置。排除管内积水，便于检修。

（六）水力机械辅助设备

在此主要介绍油系统设备、压气系统设备、水系统设备以及相应的管路及其安装。

1. 油系统设备

1）功能及组成

油系统由一整套设备、管路、控制元件等组成，用来完成用油设备的给油、排油、添油及净化处理等工作。

油系统的任务是用油罐来接收新油、储备净油；用油泵给设备充油、添油、排出污油；用滤油机烘箱来净化油、处理污油。油净化设备主要包括压力滤油机、真空净油机、透平油净油机。

油主要分为透平油和绝缘油，两种油的功能不同，成分有差异，因此两套油系统必须分开设置。透平油用于水轮机和发电机，透平油的作用是润滑、散热以及对液压设备进行操作，以传递能量；绝缘油主要用于变压器等，其作用是绝缘、散热和消除电弧。

一个电站的油系统可以独立设置，也可以与邻近电站共用。若几个电站相距不远，油系统可考虑联合设置，以节省投资。

2）油系统的安装

（1）透平油系统。

主要安装内容如下：

① 油泵、压力滤油机、离心滤油机、真空滤油机、移动式滤油设备等。

② 透平油桶、油罐、油箱及油池。

③ 烘箱、油再生设备。

④ 管路（明设、暗设）及其附件（弯头、三通、渐变管、管路的支吊架等）。油系统管路焊接宜采用氩弧焊封底，手工电弧焊盖面。

⑤ 阀门。

⑥ 设备、油桶、油罐、油箱的基础，设备安装吊环和设备支架。

⑦ 管网测量控制元件（温度计、液位信号、示流信号器、油混水信号器等）。

（2）绝缘油系统。

主要安装内容如下：

① 油泵、滤油机等设备。

② 绝缘油桶、油罐。

③ 阀门。

④ 管路（明设、暗设）、管路附件、管路支吊架。油系统管路焊接宜采用氩弧焊封底，手工电弧焊盖面。

⑤ 设备、绝缘油桶基础、设备安装吊环等。

2. 压气系统设备

1）功能及组成

水力发电工程所用的压缩空气通常有两个压力等级，一个是低压气系统，用于发电机制动系统、风动工具、吹扫等，压力等级为 0.8MPa；另一个是高压系统，用于给传统油压装置供气，常用的有 4MPa（对应于油压装置压力 4MPa）和 6.3MPa（对应于油压装置压力 6.3MPa）。

每个压力等级压缩空气系统独立运行，都由空气压缩机、储气罐、管道、阀门及相关自动化元件组成，对压缩空气含水率有较高要求的，在空气压缩机与储气罐间还设有冷冻干燥机。低压气系统的空气压缩机一般采用螺杆式压缩机，适用于大产气量的系统，但是压力不能高于 2MPa；高压气系统的空气压缩机一般采用活塞式压缩机。

水力发电工程的空气压缩机，通常采用风冷型压缩机，特殊情况下才需使用水冷压缩机。

2）压气系统的安装

主要安装内容如下：

（1）压气机（空冷、水冷）等设备。

（2）储气罐。

（3）各种阀门。

（4）管路（明设、暗设）、管路附件、管路的支吊架。

（5）设备、储气罐的基础，设备安装用吊环。

（6）单机调试、压气系统的调试等。

3. 水系统设备

1）功能及组成

水系统包括技术供水系统、消防供水系统、渗漏排水系统、检修排水系统、室外排水系统。

（1）技术供水系统。为机组提供冷却水及密封压力水，为机组的运行服务，适用水头低于40m。该系统对水质有较高要求，因此需对原水进行过滤，通常采用旋转滤水器，可以在线清污（清污时不中断供水）。

（2）消防供水系统。为全厂的消防系统提供压力水，该系统与技术供水系统相比，水质要求略低，压力略高。供水方式有自流供水（没有水泵，配有滤水器）、自流加压供水（水泵和滤水器都有）、尾水取水供水（水泵和滤水器都有）、减压供水（没有水泵，有滤水器和减压阀）。

（3）其他系统。渗漏排水系统用于排除厂房及大坝内所有渗漏水、冷凝水；检修排水系统用于机组检修时排除流道积水；室外排水系统用于排除厂区积雨范围内无法自流排除的水体。

2）技术供排水系统的安装

（1）供水系统。其主要安装内容如下：

① 水泵、射流泵、滤水器等设备。

② 阀门。

③ 管路吸、排水口（明设、暗设）、管路附件、管路的支吊架。

④ 自动化元件。

⑤ 设备基础、设备安装用吊环等。

⑥ 单机调试、供水系统的调试。

（2）排水系统。其主要安装内容：

① 离心水泵、深井泵、射流泵，泥浆泵，潜水泵等设备。

② 阀门。

③ 管路吸、排水口（明设、暗设）、管路附件、管路的支吊架。

④ 自动化元件。

⑤ 设备基础、设备安装用吊环等。

⑥ 单机调试、排水系统的调试。

4. 管路

水系统管路多用镀锌钢管，DN15 以下的管道一般采用不锈钢无缝管。

油系统、压气系统管路采用无缝钢管或者不锈钢无缝管。

油、水、气管件的耐压试验：所有油、水、气管路及附件在安装完成后均应进行耐压和严密性试验，耐压试验压力为 1.5 倍额定工作压力，保持 10min 无渗漏及裂纹等异常现象发生。

（七）通风空调

1. 空气调节系统

空调机组设备的种类很多，大致可分为整体式空调器（窗式空调器、冷风机、恒温恒湿空调器、除湿机）和冷源集中而可分散安装的风机——盘管空调器。

2. 通风机

通风机按气体进入叶轮后的流动方向可分为离心式风机、轴流式风机、混流式（又称斜流式）风机和贯流式（又称横流式）风机等类型；按使用材质可分为铁壳风机、铝风机、不锈钢风机、玻璃钢风机、塑料风机等类型；按照加压的形式也可以分单级风机、双级风机或者多级加压风机；按压力大小可分为低压风机、中压风机、高压风机；按用途可分为防烟通风机、排烟通风机、射流通风机、防腐通风机、防爆通风机等类型。

3. 风管

风管是通风空调系统的重要构件，是连接各种设备的管道。水利工程中常用的有镀锌钢板风管、不锈钢板风管、玻璃钢风管等。

（八）电气设备

水利工程电气设备主要分为一次设备和二次设备。

1. 一次设备

直接生产和分配电能的设备称为一次设备，包括发电机、变压器、断路器、隔离开关、电压互感器、电流互感器、避雷器、电抗器、熔断器、自动空气开关、接触器、厂用电系统设备、接地系统等。

1）一次设备的分类

（1）按工作性质分类。

① 进行生产和能量转换的设备，包括发电机、变压器、电动机等。

② 对电路进行接通或断开的设备，包括各种断路器、隔离开关、自动空气开关、接触器等。

③ 限制过电流的设备，包括限制故障电流的电抗器、限制启动电流的启动补偿器、小容量电路进行过载或短路保护的熔断器、补偿小电流接地系统接地时电容电流的消弧线圈等。

④ 防止过电压的设备，如限制雷电和操作过电压的避雷器。

⑤ 对一次设备工作参数进行测量的设备，包括电压互感器、电流互感器。

（2）按配电装置类型分类。

① 发电机电压设备，指发电机主母线引出口到主变压器低压套管间所布置的各种

电气设备。电压等级通常为0.4～24kV，且具有额定电流和短路开断电流大、动稳定和热稳定性要求高的共同特点，主要包括断路器（包括发电机专用断路器）、隔离开关、电流互感器、电压互感器、避雷器、发电机中性点接地用消弧线圈（接地变压器或接地电阻）、发电机停机用的电制动装置和大电流母线等。

② 升压变电站设备，指从主变压器到输电线路连接端之间（即从主变压器低压套管起，到变电站最终出线构架的跳线止）电路中所连接的各种类型电器，主要包括主变压器、断路器、隔离开关、电流和电压互感器、避雷器、接地开关、并联和串联电抗器、变压器中性点接地装置和母线、架空导线、电力电缆及一次拉线和金具等。

③ 厂用电设备，包括从厂用变压器到辅助生产设备的各类电动机和电器，其电压等级高压为6kV、10kV或13.8kV，低压为0.4kV。其主要设备包括厂用变压器、高压开关柜、低压开关柜、动力配电箱、低压电器（磁力启动器、自动空气开关、闸刀开关、熔断器、控制器、接触器、电阻器、变阻器、调压器、电磁铁等）。

2）一次设备简介

（1）水轮发电机。详见前述“（二）水轮发电机”部分。

（2）变压器。利用电磁感应原理将一种电压等级的交流电变为另一种电压等级交流电的设备称为变压器。主变压器是将水轮发电机发出的电能由低电压转化为高电压传输至电力系统的变电设备，采用高压输电可减少电力远距离输送的损耗。当机组停机时，主变压器也可作为电力系统与电站的联络设备，作为降压变压器使用，将系统的电能反供给电站的厂用负荷使用。

① 变压器的分类。变压器按使用功能可分为升压、降压、配电、联络和厂用变压器等；按绕组结构分为双绕组、三绕组、多绕组和自耦变压器；按相数分为单相和三相变压器；按铁芯结构分为芯式和壳式。冷却方式有自然冷却、强迫油循环风冷却、强迫油循环导向水冷却或空冷及强迫油循环集中冷却几种形式。

② 变压器的主要部件。其主要部件包括铁芯和绕组、油箱和底座、套管和引线、分接开关、散热器、保护和测量部件。

（3）变频启动装置。在抽水蓄能电站中，蓄能机组目前主要以静止变频器（Static Frequency Converter，SFC）作为主要启动方式，并以同步对拖，即以一台机组为拖动机，另一台为被拖动机以组背靠背启动方式作为备用启动方案。

SFC启动系统主回路一般连接到发电机的出口端，其回路包括进线电抗器、进线断路器、谐波滤波器、输入侧隔离变压器、静止变频器、输出侧升压变压器、多机切换开关、发电机侧隔离开关。

（4）断路器。能承载、关合和开断运行线路的正常工作电流，也能在规定时间内承载、关合和开断规定的异常电流（如短路电流）的开关设备，称为断路器，是电力系统中保护和操作的重要电气装置。

根据安装位置不同，断路器可分为户内式和户外式。

根据所使用的灭弧介质和绝缘介质的不同，断路器可分为油断路器（包括少油断路器和多油断路器）、真空断路器、六氟化硫（SF_6）断路器、高压空气断路器等。其中，多油式断路器和高压空气断路器已逐步被淘汰。

发电机出口专用断路器，分真空断路器和SF_6断路器两种。真空断路器体积较小，可装在开关柜里。而 SF_6 断路器体积较大，一般布置在机端主回路上。

一般来讲，根据目前断路器的技术水平，3～35kV 系统采用真空或 SF_6 断路器，110kV 及以上采用 SF_6 断路器。

（5）隔离开关。隔离开关也称隔离刀闸，是一种在分闸位置时其触头之间有符合规定的绝缘距离和可见断口，在合闸位置时能承载正常工作电流及短路电流的开关设备。

按其结构和刀闸的运行方式，可将隔离开关分为旋转式、伸缩式、折叠式和移动式；按安装位置可分为屋内式、屋外式；按极数可分为单极式和三极式；按操动机构可分为手动式、气动式、液压式、电动式；按绝缘支柱的数量可分为单柱式、双柱式、三柱式；按有无接地刀闸可分为无接地刀闸和有接地刀闸。

（6）电压互感器。电力系统中将一次侧交流高电压转换成可供测量、保护或控制等仪器仪表或继电保护装置使用的二次侧低电压的变压设备称为电压互感器。电压互感器和电流互感器是一次系统和二次系统间的联络元件，它可将量电仪表、继电器和自动调整器间接接入大电流、高电压装置。

（7）电流互感器。电力系统中将一次侧交流大电流转换成可供测量、保护或控制等仪器仪表或继电保护装置使用的二次侧小电流的变流设备称为电流互感器。

按原绕组的匝数划分，电流互感器可分为单匝式（芯柱式、母线型、电缆型、套管型）、复匝式（线圈形、线环形、6 字形）；按绝缘介质可分为油浸式、环氧树脂浇筑式、干式、SF_6 气体绝缘；按安装方法为支持式和穿墙式。

（8）避雷器。避雷器是一种能释放过电压能量、限制过电压幅值的保护设备。电力系统遭雷击时，强大的雷电流会在电气设备上或输电线路上产生直击雷过电压或感应雷过电压，此时避雷器就起作用，从而保护了室内外电气设备，使其免受大气过电压的破坏。

另外，电力系统中的故障和操作导致的电磁振荡，会引起过渡过程过电压（称为操作过电压），此时，避雷器也会动作，从而保护了设备。

（9）接地系统。接地装置是用来保护人身和设备安全的，可分为保护接地、工作接地、防雷接地和防静电接地 4 种。对水力发电工程而言，接地系统由两部分组成：一部分是用于直击雷电流扩散的“主接地”系统。它可将厂房顶部的避雷带或变电站避雷针上的直击雷电流迅速扩散到土壤或水中。主接地系统的安装要求较高。另一部分是“安全接地”，即把厂内、外所有设备的外壳和支架通过接地线互相连接，形成安全接地网。两部分接地网之间可互联，形成完整的接地系统。

（10）高压熔断器。利用串联于电路中的一个或多个熔体，在过负荷电流或短路电流的作用下，一定的持续时间内熔断以切断电路，保护电气设备的电器称为熔断器。

电压在 1kV 以上的熔断器称为高压熔断器。高压熔断器分限流型和非限流型两种。

（11）电抗器。电力系统中作为限制短路电流、稳定电压、无功补偿和移相等使用的电感元件。可以装在线路上，也可以装在母线上。根据用途它可分为限流电抗器、并联电抗器、消弧线圈、中性点电抗器等。

（12）高频阻波器。在高频电力载波通信系统中要使用高频阻波器。此设备已逐步被淘汰，但在一些特殊系统中仍存在。

(13) 母线。发电厂和变电站用来连接各种电气设备，汇集、传送和分配电能的金属导线称为母线。其类型有硬母线和软母线，硬母线又分为圆形母线、矩形母线、管形母线、槽形母线、共箱母线、离相封闭母线等类型。软母线和管形母线一般用在开关站，其他则一般用在发电机电压母线和电气主回路上。

(14) 电气主接线。电气主接线是指在发电厂、变电所、电力系统中，为满足预定的功率传送和运行等要求而设计的、表明高压电气设备之间相互连接关系的传送电能的电路。电气主接线以电源进线和引出线为基本环节，以母线为中间环节构成的电能输配电路。

(15) 电缆。电缆是外加绝缘层的导线，有的还带有金属外皮护套并加以接地。按用途划分，电缆可分为电力电缆、控制电缆、通信电缆、计算机屏蔽电缆等；按绝缘介质又可分为油浸纸绝缘电缆、挤包绝缘电缆两大类。

挤包绝缘电力电缆的绝缘介质主要为聚乙烯塑料，有交联聚乙烯（简称 XLPE）和低密度聚乙烯（简称 LDPE）两种。

(16) 气体绝缘封闭式组合电气设备。将开关站的电气元件组合在充有有压绝缘气体的密闭金属容器内的成套装置称为气体绝缘封闭式组合电气设备（GIS）。组合的电气元件一般包括用相同绝缘气体做灭弧介质的断路器、隔离开关、电流互感器、电压互感器、接地开关、避雷器、母线、电缆终端和引线套管等。广泛使用的绝缘气体为六氟化硫（SF_6），根据灭弧性能和绝缘性能的要求，确定绝缘气体的压力。

整体设备基本上在制造厂装成，现场安装工作量很小。整套装置运行安全可靠，受环境的影响较小，多年才需检查一次。

2. 二次设备

1) 二次设备的分类

对一次设备的工作进行测量、检查、控制、监视、保护及操作的设备称为二次设备，包括继电器、仪表、自动控制设备、各种保护屏（柜、盘）、直流系统设备、通信系统设备等。

(1) 计算机监控系统。计算机监控系统是利用计算机对生产过程进行实时监视和控制的系统。计算机监控系统应采用分层分布结构，分别设置。

① 发电厂控制级。计算机监控系统中负责全厂集中监控的全厂控制级，其设备通常布置在中控室和计算机室。

② 现地控制级。计算机监控系统中负责以机组、开关站、公用设备和厂用电等设备实施监控的控制级，其设备通常布置在被监控设备的近旁。

计算机监控系统网络的配置一般采用工业级以太网交换机构成的交换式以太网。

(2) 继电保护系统。发电厂中的电力设备、联络线及短引线和近区及厂用线路，应装置短路故障和异常运行的保护装置。

短路故障的保护应有主保护和后备保护，必要时可增设辅助保护。

继电保护系统应优先选用具有成熟运行经验的数字式保护装置，应满足可靠性、选择性、灵敏性和速动性的要求。对仅配置一套主保护的设备，应采用主保护与后备保护相互独立的装置。

(3) 直流电源系统。发电厂、变电站内应设置向控制负荷和动力负荷等供电的直流电源。直流电源由蓄电池组、充电设备、直流配电柜、馈电网络等直流设备组成，是给发电厂、变电站提供直流电源的系统。

（4）工业电视系统。工业电视系统是指利用视频探测技术监视水力发电厂生产过程、设备运行场所及安全设防区域，实时显示，记录现场图像的系统。工业电视系统应由前端设备、传输设备、处理（控制）设备以及记录（显示）设备四个主要部分构成。

（5）自动化系统。自动化系统一般分为水力发电厂自动化系统、泵站自动化系统和闸门自动化系统。

（6）通信系统。通信系统包括生产管理通信设备、生产调度通信设备等。

（7）信息化系统。水利工程信息化系统应包括信息采集、数据传输、信息存储及综合应用等内容。

2）二次设备的安装和调试

二次设备安装归纳起来有立盘、配线、继电器和元器件的整定、调试。

（1）盘用基础槽钢埋设、二期混凝土浇筑、抹平。

（2）立盘（屏、柜）。垂直、水平、屏间的距离、边屏、基础接地等均应按相关规范和设计要求施工。

（3）盘上所有器具、元件、继电器全部由试验人员校验、整定及率定合格。主要包含各种继电器元件、信号灯、按钮、光字牌、电阻、熔丝、盘顶小母线等。

（4）端子排安装，应注意安装单位的编号和标志。

（5）将电缆头做好，注意芯线预留的长度要同盘顶一样高，对线及编号应按图纸配线，电缆与屏内设备连接必须通过端子排。

（6）按原理图对线、盘内少量改线（3～5 级）器具或单元进行试验、调试、整个回路调试、整体调试。

二、金属结构设备类型及主要技术参数

（一）起重设备

起重设备是安装、运行和检修各种设备的起吊工具。主厂房内机电设备安装和检修时的起吊工作是由桥式、门式或半门式起重机来完成的。各种启闭机用于闸门和拦污栅的启闭工作。

常用的启闭机有桥式起重机、门式起重机、液压启闭机、卷扬式启闭机、螺杆式启闭机等。

关于辅助生产车间的电动葫芦，猫头小车，手动电动单、双梁桥式起重机等设备，在初设阶段常漏项，须注意。

1. 桥式起重机

所谓桥式起重机，即它的外形像一座桥，故称为桥式起重机。在主厂房内的起重设备一般均采用桥式起重机。

桥式起重机大车架靠两端的两排轮子沿厂房牛腿大梁上的轨道来回移动，只能同厂房平行移动。

小车架上有起重设备，包括主钩和副钩。有些还有小电动葫芦（10t 左右的起重

量），固定在桥式起重机大梁下面。桥式起重机的起重量是指主钩的起重量。

桥式起重机按其结构特点与操作方式的不同，分为 3 种形式，见表 1-5-4。

表 1-5-4　桥式起重机型式

形式	重量（t）	跨度（m）
电动单梁式	5～50	8～17
电动双梁桥式	10～450	10～25
电动双梁双小车式	2×50～2×300	14～25

主钩是为吊运发电机转子、定子、主变压器等大型较重部件而设计的，它的升降速度较慢；而其他设备通常用副钩吊运及安装，可提高其升降速度。

1）桥式起重机的基本参数

（1）桥式起重机的起重量。其起重量应按最重起吊部件确定。一般情况下，按发电机的转子连轴再加平衡梁、起重吊具钢丝绳等总重来考虑桥式起重机起重量。但有些工程采用扩大单元电气主接线时，还要考虑起吊主变压器这个因素。

（2）桥式起重机的台数。主厂房内安装 1～4 台水轮发电机组时，一般选用 1 台桥式起重机；主厂房内安装 4 台以上水轮发电机组时，一般选用 2 台桥式起重机。

（3）桥式起重机的跨度。桥式起重机大车端梁的车轮中心线的垂直距离，称为跨度。起重机跨度不符合标准尺寸时，可按每隔 0.5m 选取。

（4）起升高度。吊钩上极限位置与下极限位置的距离称为起升高度。

（5）工作速度。

① 起升速度。在提升电动机额定转速下，吊钩提升的速度称为起升速度。一般速度范围：主钩为 0.5～1.5m/min，副钩为 2.0～7.5m/min。当起升量大时，取小值；反之则取大值。

② 运行速度。在电动机额定转速下，桥式起重机的大车架或小车架行走的速度，称为运行速度。一般范围：大车为 20～25m/min，小车为 10～20m/min。

（6）工作制。

工作制＝工作时间/（工作时间＋间歇时间）×100％

根据《起重机设计规范》（GB/T 3811－2008）的规定，按起重机的利用等级和荷载状态，起重机的工作级别分为 Al～A8 共 8 个等级。

轻级、中级：Al～A5，水力发电厂房桥机大多采用此等级。

重级、特重级：A6～A8，适用于冶金、港口等。

2）安装与荷载试验

（1）安装。桥式起重机是主厂房内机电设备安装的主要起重设备，所以大多数工程均是在机组安装前先把桥式起重机安装好。桥式起重机安装的主要工序是把两根大梁顺利吊装就位并与端梁连接好。安装方法有桅杆吊装法、两台大型吊车吊装法、吊环吊装法等。

（2）负荷试验。桥式起重机在安装、大修后在吊装发电机转子之前，按规范要求进行荷载试验。其目的是发现和检验桥式起重机的制造质量和安装质量，检查桥架的铆焊质量、主梁结构强度、电气部分的操作控制质量、提升机构可靠性等，发现问题及时处理。负荷试验前应先进行无负荷试车，荷载试验完全合格后，才允许吊装转子，避免吊装时发生事故。

试验内容及程序：准备→空载→静荷载→动荷载。

按顺序进行，后一个程序一定在前一个程序试验合格后再进行。静载试验的目的是检验启闭机各部件和金属结构的承载能力，动载试验的目的主要是检查机构和制动器的工作性能。

2. 闸门启闭机

闸门启闭机有很多型式，归纳起来有以下几种：

① 按布置方式分为移动式和固定式。

② 按传动方式分为螺杆式、液压式和钢丝绳卷扬式。

③ 按牵引方式分为索式（钢丝绳）、链式和杆式（轴杆、齿杆、活塞杆）。

各种启闭机综合分类如下：

1）固定式启闭机

其特点为一机只吊一扇闸门。一般由机械传动系统和现地电气控制系统组成，其中液压启闭机还包括液压控制系统。

（1）螺杆式启闭机。适用于小型及灌区工程的低水头、中小孔口的闸门。其速度慢，结构简单，既可手动，又可电动，一般启闭能力为25t及以下。

（2）固定卷扬式启闭机。它是靠卷筒的转动，使吊具做垂直运动来开启或关闭闸门。它结构简单，使用方便，适用于平板闸门、人字门、弧形闸门的启闭。

（3）链式启闭机。它用链轮的转动，带动片式链做升降运动来启闭闸门，适用于大跨度较重（的露顶式闸门或有特殊要求的网辊闸门的启闭。

（4）液压启闭机。依靠液压能的传递，做直线或摇摆运动来开启或关闭闸门，适用于平板闸门、弧形闸门、人字门等的启闭。

2）移动式启闭机（一机可吊多扇或多种闸门）

（1）门式起重机。它是一机多用的移动式起重机。它可起吊多孔口、多道数、多品种的闸门和拦污栅。被起吊的闸门或拦污栅根据工作需要可方便地吊出门槽或栅槽外，放于坝顶进行检修。它起吊范围大，有大车运行和小车运行，甚至还有旋转运行。运行的轨道有直线式、弧形式、混合式。

根据水工建筑物的布置和对水工机械设备运行的要求，门式起重机可分为单向门式起重机和双向门式起重机。单向门式起重机是在门架上设置固定的起升机构，门式起重机的起吊范围是一条线；双向门式起重机是在门架上设置小车，门架和小车在互相垂直的方向运动（小车上设有起升机构）。

（2）台车式启闭机。该机型可吊多扇闸门，一个运动方向。将固定的卷扬式启闭机放于一个单向走行的台架上使用。

（3）滑车式启闭机。滑车式启闭机又称为葫芦，是由链轮或绳索滑轮及卷筒所组成的结构简单的一种起重机械，既可电动又可手动，常安装在工字梁上，适用于中小孔口的闸门。

3）转柱式起重机

转柱式起重机是固定旋转式起重机的一种，常与门式起重机配套使用，装在门式起重机门架的侧面，称为回转吊。其起重量一般较小，但灵活性很强，通常用于起吊拦污栅、清污、零星物品等。

4）闸门启闭机安装

（1）固定式。固定式启闭机的特点是一机只吊一个门。固定式启闭机主要包括固定卷扬式启闭机、液压启闭机、螺杆式启闭机、链式启闭机、曲柄连杆式启闭机。

固定式启闭机的一般安装程序：①埋设基础螺栓及支撑垫板。②安装机架。③浇筑基础二期混凝土。④在机架上安装提升机构。⑤安装电气设备和保护元件。⑥连接闸门做启闭机操作试验，使各项技术参数和继电保护值达到设计要求。

（2）移动式。移动式启闭机是一机可吊多扇、多种闸门的启闭机。移动式启闭机主要包括门式起重机、台车式启闭机、滑车式起重机（又称葫芦）。

移动式启闭机的一般安装程序：①轨道安装。②门架安装。③调试与负荷试验。

（二）闸门

闸门一般由活动部分（门叶）和固定部分（埋件）组成。活动部分指关闭或打开孔口的堵水装置；固定部分指埋设在建筑物结构内的构件，它把门叶所承受的荷载、门叶的自重传递给建筑物。

门叶由门叶结构、支承行走部件（定轮、滑块）、止水装置等部件构成；埋件则分为支承行走埋件（如主轨、反轨、侧轨等）、止水埋件和护衬埋件。

1. 闸门的分类

（1）按用途分为工作闸门、事故闸门、检修闸门。

① 工作闸门：可以动水开、闭的闸门。

② 事故闸门：可以动水关闭、静水开启的闸门。

③ 检修闸门：只能在静水中开、闭的闸门。

（2）按闸门在孔口中的位置分为露顶式闸门、潜孔式闸门。

（3）按闸门的材质分为金属闸门、混凝土闸门。

（4）按闸门构造特征分为平板闸门、弧形闸门。

① 平板闸门。其按支承形式分为定轮式和滑动式。

② 弧形闸门（一般用作工作门）。其按主框架分为主横梁式和主纵梁式；按支臂结构分为斜支臂式和直支臂式。

③ 船闸闸门。船闸闸门分为单扇船闸闸门和双扇船闸闸门。单扇船闸闸门又称为人字门，其优点是所需启闭力小，可封闭孔口面积相当大；缺点是检修维护较困难，水头高时，不能在动水中操作，要使用充水廊道等操作。

④ 翻板闸门。广泛用于城市用水、景观建设及环境整治等。

⑤ 一体化智能闸门。一体化智能闸门集成了闸门及埋件、驱动装置、控制系统、传感器、太阳能供电系统和通信系统等，能够进行远程监测流量、闸门控制、闸门及启闭机状态参数以及远程视频监视。闸门及埋件一般采用铝合金材质，可布置在渠道上小闸孔口尺寸的部位。一体化智能闸门主要分为直升式和下卧式。

2. 闸门的安装

1）平板闸门安装

（1）门槽安装。在二期混凝土预留槽内安装门槽。其顺序：底坎→主轨→反轨→

侧轨→顶楣→顶楣上部轨道→锁锭梁轨道。大多数门槽往往不能一次安装到顶，而要随着建筑物升高而不断升高，此时，土建单位和安装单位应共同协商使用一套脚手架，既节约搭、拆的直线工期，又节约搭拆费用。

孔口中心线和门槽中心线一定要测量准确无误，在门槽安装过程中一定要注意保护好。门槽所有构件安装均以它为准，调整构件相对尺寸、位置合格后，反复检查没有问题时，将构件和土建预留的钢筋头焊牢。一定要确保门槽浇筑二期混凝土时不位移、不变形。

（2）门叶安装。如门叶尺寸较小，则在工厂制成整体运至现场，经复测检查合格，装上止水橡皮等附件后，直接吊入门槽。如门叶尺寸较大，由工厂分节制造，运到工地后，再现场组装，然后吊入门槽。

（3）闸门启闭试验。闸门安装完毕后，需做全行程启闭试验，要求门叶启闭灵活无卡阻现象，闸门关闭严密，漏水量不超过允许值。

2）弧形闸门安装

（1）门槽安装。弧形闸门门槽由于与门叶配合较紧密，故安装要求误差要小。安装前首先以孔口中心线和支铰中心的高程为准，定出各埋件的测量控制点。门槽部件安装即以相应点为准，调整合格后进行加固，然后浇筑二期混凝土。

（2）门叶安装。先做好安装前的准备工作，再开始门叶吊装。吊装前先将侧轮装好，然后将门叶由底至顶逐块吊入门槽，再将分块门叶焊成整体，焊接时要对称、均匀、控制变形。门叶焊成整体后即可在迎水面上焊上护面板。待弧形门全部安装完成，并启闭数次后，处于自由状态时才能安装水封。

（3）支铰安装。基础板二期混凝土强度已达要求后，按图纸将支铰组成整体，整体吊装定位，紧固螺栓。

（4）支臂安装。支臂安装属关键工序，其质量直接影响门叶启闭是否灵活，双臂受力是否均衡。支臂制作时在与门叶连接端留出了余量，安装时根据实际需要进行修割，使支臂端面与门叶主梁后翼缘等于连接板厚度，然后插入连接板进行焊接。

3）铸铁闸门安装

铸铁闸门是一种直升直降式闸门，主要靠螺杆启闭机来开启和关闭。铸铁闸门的闸框和闸门是一个整体，必须整体安装。

铸铁闸门安装分为一期混凝土安装方式和二期混凝土安装方式，宜采用二期混凝土方式。二期混凝土安装方式：在一期混凝土中设置闸门安装槽口，槽口尺寸应满足闸门安装调整和二期混凝土浇筑要求；条状钢板在一期混凝土中埋设，埋设位置应与门框和导轨安装位置相对应，且与导轨等高；条状钢板锚筋应与一期混凝土中的钢筋连接牢固；闸门地脚螺栓应与条状钢板埋件焊接牢固。二期混凝土应采用膨胀混凝土，浇筑前应对结合面凿毛处理。采用一期混凝土安装方式时，混凝土浇筑前闸门地脚螺栓应与混凝土中的钢筋连接。

4）翻板闸门安装

翻板闸门能够实现自动控制水位，主要用于水库、河流、蓄水池等处拦截或排泄水流。最常用的翻板闸门是水力自控翻板闸门（简称翻板闸门），此类闸门是借助水力和闸门自重等条件，自主完成闸门的启门、全开、回关动作的闸门。

翻板闸门安装包括支墩、钢构件、支腿、面板、止水埋件等安装内容。支墩和止水埋件安装前，应对止水埋件进行复查；二期混凝土的结合面应凿毛，并清除预留槽中杂物。支墩和止水埋件应定位防止偏移，检查合格后宜立即浇筑二期混凝土。面板拼装完毕，安装止水橡胶的部位应找平抹浆，养护后方可安装止水橡胶。止水橡胶安装后应进行闭门自检，每扇闸门应人工启闭一次，门顶的迎水面应呈一条直线。闸门间隙应均匀，止水橡胶应不透光。分阶段安装的翻板闸门应对已安装闸门拉到全开锁定。

5）闸门埋件安装

埋件安装前，应对埋件各项尺寸进行复验，门槽中的模板等杂物及有油污的地方应清除干净。一、二期混凝土的结合面应凿毛，并冲洗干净。二期混凝土门槽的断面尺寸及预埋锚栓或锚板的位置应复验。埋件安装完并经检查合格后，应在5d内浇筑二期混凝土，如过期或有碰撞，应予复测，复测合格，方可浇筑二期混凝土。二期混凝土一次浇筑高度不宜超过5m，浇筑时，应注意防止撞击埋件和模板，并采取措施捣实混凝土，应防止二期混凝土离析、跑模和漏浆。埋件的二期混凝土强度达到70%以后方可拆模，拆模后应对埋件进行复测，并做好记录。同时检查混凝土尺寸，清除遗留的外露钢筋头和模板等杂物，以免影响闸门启闭。工程挡水前，应对全部检修门槽和共用门槽进行试槽。

6）闸门启闭试验

闸门安装好后，应在无水情况下做全行程启闭试验。试验前应检查挂钩脱钩是否灵活可靠；充水阀在行程范围内的升降是否自如，在最低位置时止水是否严密，同时还须清除门叶上和门槽内所有杂物并检查吊杆的连接情况。启闭时，应在橡胶水封处浇水润滑。有条件时，工作闸门应做动水启闭试验，事故闸门应做动水关闭试验。

3. 防腐蚀

水工金属结构设备防腐蚀措施一般有涂料保护、金属热喷涂保护和牺牲阳极阴极保护等。

（三）拦污栅

拦污栅由栅体和栅槽组成。栅体用来拦截水中杂物，它可以固定在水工建筑物上，也可以为活动的结构，如同闸门门叶一样。栅槽则与平板闸门门槽结构一样。

拦污栅可分为以下几种型式：

（1）固定式。它的支承梁两端埋设在混凝土墩墙中，或用锚栓固定于混凝土墩墙中，但检修维护困难。留在最上面的杂物清理困难。此型式应用较为普遍。

（2）活动式。设有支承行走装置，可将拦污栅体提出栅槽外。便于维护检修和清理。此型式应用普遍。

（3）回转式。它是一种自带清污设施的拦污栅，它既能拦污又能清污。此型式适于小流量的浅式进水口。

拦污栅安装：拦污栅栅体吊入栅槽后，应做升降试验，检查栅槽有无卡滞情况，检查栅体动作和各节的连接是否可靠。使用清污机清污的拦污栅，其栅体结构与栅槽埋件应满足清污机的运行要求。

（四）压力钢管

压力钢管从水库的进水口、压力前池或调压井将水流直接引入水轮机的蜗壳。

1. 压力钢管的布置形式及组成部分

根据发电厂形式不同，钢管的布置形式可分为露天式、隧洞（地下）式和坝内式。

1）露天式

露天式布置在地面，多为引水式地面厂房采用。钢管直接露在大气中，受气温变化影响大，钢管要在一定范围内伸缩移动，且径向也有小变化，因此支承结构比较复杂，应采用伸缩节、摇摆支座等。

2）隧洞（地下）式

压力钢管布置在岩洞混凝土中，常为地面厂房或地下厂房采用。这种布置形式的钢管，因为受到空间的限制，安装困难。

3）坝内式

坝内式是布置在坝体内，多为坝后式及坝内式厂房采用。钢管从进水口直接通入厂房。这种布置形式的钢管安装较方便，一般配合大坝混凝土升高进行安装，可以充分利用混凝土浇筑用起重机械安装。

根据钢管供水方式不同，可分为单独供水（一条钢管只供一台机组用水）和联合供水（一条钢管可供数台机组用水）。

压力钢管的主要构件有主管、叉管、渐变管、伸缩节、支承座、支承环、加劲环、灌浆补强板、丝堵、进人孔、钢管锚固装置等。

2. 压力钢管制作

1）制作前的组织工作

（1）人员组织及资料准备。钢管制作工序多，需要多工种配合，有铆工、焊工、起重工、探伤工、油漆工、电工和空压机工等。应组织人员学习有关规程、规范，熟悉图纸等。

（2）施工机械配备。

① 用于瓦片加工的自动切割机、数控切割机、刨边机、卷板机等。

② 用于钢管组装的电焊机、空压机、液焊台车、探伤设备和除锈喷涂设备等。

③ 用于吊装的起重设备，制作场地有龙门式起重机、门座式起重机、履带起重机、悬臂式扒杆等；车间内有桥式起重机等。它们应能满足钢管厂内的吊运任务，成节钢管出厂时的吊运、装车等。

（3）钢管厂的布置。由于钢管单件体积大、件数多，不宜长途运输，因此应在安装现场就近选择厂址制作钢管为宜。钢管厂的布置应能保证钢管制作的各道工序开展流水作业。

对圆平台用来组装管节，是钢管厂的主要作业场地。在对圆平台上，钢管由瓦片对成整圆、纵缝焊接、矫形、调圆、探伤、上支撑、装加劲环等。因此，对圆平台应有适当的数量。平台一般用型钢、轻轨、钢板、混凝土支墩搭成。

2）钢管制作材料的准备

（1）钢板。钢板应具有良好的机械性能（如强度、冲击韧性等）、可焊性、抗腐蚀性能及较低的时效敏感性。

（2）焊条。

① 酸性焊条。一般用于加劲环、灌浆补强板等次要部位的焊接。

② 低氢型碱性焊条。一般用于管壁的主要焊接部位。

不同钢板的配套电焊条型号不同，且需配套不同的焊丝和焊剂。

3）钢管制作

（1）瓦片制作。把钢板制成需要的弧形板，称为瓦片制作。

① 准备。钢板材质核对、测量尺寸、外观检查，必要时用超声波检查、矫正等。

② 划线。根据工艺设计图进行划线。

③ 切割。将划好线的钢板切去多余部分，留下需要的部分。切割机械有半自动切割机、全自动切割机、数控切割机等。

④ 卷板。常用的为三辊式或四辊对称式卷板机。卷板作业时，如为直管，则钢板中心对准上辊中心，钢板边缘平行下辊轴线，上下辊平行，弧度以上辊升降调节，用样板检查。如为锥管，则上辊根据锥度调成倾斜值，弧锥度用不同直径处的两块样板同时检查。

（2）单节组装。

① 对圆。在专用平台上将卷好的分块瓦片对成整圆。

② 调圆上加劲环。对圆焊接后的钢管，刚性很小，径向尺寸容易变动，上加劲环前一定要调成合格的圆度，合格后再上加劲环。

加劲环的作用主要是增加钢管的刚度和稳定性，防止钢管在运输、吊装过程中失稳变形。加劲环的形式有片形、T 形、角铁和锚筋等。常用的为片形，它安装容易，并且有足够的刚度。

（3）大节组装。为提高工效和缩短工期，在起重和运输条件许可的情况下，钢管在厂内应尽量组装成大节。

4）压力钢管运输（从钢管厂至安装现场的运输）

（1）运输工具。

① 汽车运输。中小型水力发电工程压力钢管直径小、体积小、质量轻，可用载重汽车运输。

② 铁路平板车运输。铁路平板车的面积大，钢管置于其上，绑扎、加固后，即可运输。

③ 钢管直径为 5～6m，在铁路上运输（无隧洞）。采用型钢焊制的特种台车进行运输。

④ 钢管直径为 6～8m，在铁路上运输（无隧洞）。采用特制的凹心式台车进行运输。

⑤ 钢管直径在 10m 以上的运输应根据现场条件，选择适用方式进行。一般公路运输，使用大型平板车、专用运输支架，以水平运输为佳。

（2）运输路线及方式。

① 水平运输。较安全，但速度不宜太快。

② 垂直运输。用现场的起重设备吊运。

③ 斜坡运输。把钢管固定在台车上，台车可沿轨道上行或下行。上行或下行要靠

卷扬机、滑轮组、钢丝绳、地锚有序地组合，安全运行，吊装就位。

④ 空中运输。如需要钢管作特殊跨越，可利用缆索等设备吊运。中小型工程可土法上马，架设走线，空中吊运钢管，可节约工期和资金，但要注意安全。

3. 钢管安装

1）准备工作

（1）支墩埋设。按照施工详图埋设支墩。支墩应有一定强度，因为钢管的重量通过支座（或加劲环）要传至支墩。

（2）加固件埋设。为防止浇筑混凝土过程中钢管位移，需在钢管周围岩石中或两侧混凝土墙上埋设锚筋，固定钢管，使钢管不能向任一方向移动。

（3）测量控制点设置。安装时需检查钢管中心和高程，每管节（或管段）的管口下中心都应设控制点。

（4）人员组织、施工机械设备配备。参加钢管安装的工种主要是起重工、铆工、焊工。人员多少应根据工程量、工期、工作面多少而定。施工机械有电焊机、空压机、起重机、卷扬机等。

2）吊装就位

参见上述“压力钢管的运输线路及方式”中关于吊装就位的内容。

3）钢管的安装顺序及安装方法

安装以钢管大节为宜，大节稳定性好，易于调整。

（1）钢管大节安装。钢管安装的要点是控制中心、高程和环缝间隙。

（2）弯管安装。弯管安装特别要注意管口的中心与定位节重合不得扭转，中心对准后即可用千斤顶和拉紧器调整环缝间隙，随后便可开始由下中心分两个工作面进行压缝，压缝时注意钢板错牙和环缝间隙。

（3）凑和节安装。在环缝全部焊完后开始安装。凑和节大多数是安装在控制里程的部位，如斜管段和上弯的接头处，或伸缩节的旁边。

（4）灌浆孔堵头安装。隧洞式和坝内式压力钢管周围浇筑完混凝土后要进行灌浆。待灌浆结束后，即用丝堵将孔堵上，并予焊牢，以免产生渗漏现象。

4. 伸缩节、岔管、闷头的制作安装

1）伸缩节制作安装

（1）伸缩节的作用和种类。当气温变化或其他原因使钢管产生轴向或径向位移时，伸缩节能适应其变化而自由伸缩，从而使钢管的温度应力和其他应力得到补偿。根据其作用不同，伸缩节可分为两种，一种是单作用伸缩节，它只允许轴向伸缩；另一种是双作用伸缩节，它除了可轴向伸缩外，还可以做微小的径向移动。

目前，使用单作用伸缩节较多。单作用伸缩节又可分为法兰盘式伸缩节和套筒式伸缩节。

（2）伸缩节的组装。它由外套管、内套管、压环、数条止水盘根等组成。伸缩节组装的要点是控制弧度、圆度和周长。

（3）伸缩节的安装。与钢管定位节安装基本相同，还要注意以下几点：一是尽量减小压缝应力，防止变形；二是伸缩节就位时不能依靠已装管节顶内套，而应以支墩上的千斤顶顶住外套的加劲环，以防伸缩节间隙变动。

2）岔管制作安装

（1）岔管的作用和种类。岔管的作用是在联合供水方式布置的钢管中，将主管的水引向两个或两个以上的分支管。

根据岔管结构形式不同，可分为有梁岔管和无梁岔管两种；也可分为贴边岔管、三梁岔管、球形岔管、无梁岔管、月牙形内加强岔管。

（2）岔管制作。管壳制作与锥管制作基本相同，严格按图划线、切割。对肋板制作，由于肋板厚度较大，注意焊接变形，要采取预热和焊后缓冷措施；对导流板制作，下料后在卷板机上稍加弯卷，安装时按实际情况逐段调整弧度。

（3）岔管组装。先将肋板水平置于钢板平台上，两面划出与管壳相贯线，然后在肋板水平放置情况下，管壳与肋板进行预装，检验实际组合线是否与相贯线重合，检查合格后再进行正式组装。

（4）岔管安装。现场安装时先装岔管，后装支管。先设置岔管三个管口中心高程的控制点，再进行安装、调整。

3）闷头制作安装

（1）闷头的作用。其作用是在水压试验时，封闭钢管两端；在某种情况下，当一台机组运行时，封闭需要堵塞的其他支管的下游管口。

（2）闷头的形式。有平板形、锥管形、椭圆形和球形。

（3）闷头的制作安装。常用球形闷头大多数是焊接构件，由多块瓜瓣形瓦片和小段锥管组成。制作时先组装锥管，再在锥管口上由两端开始向中间安装瓜瓣。注意控制弓形高，最后在中间凑和节焊接时先焊瓦片的纵缝，后焊球壳和锥管间的环缝，制作好的闷头垂直吊运至管口位置对好环缝，修好间隙即可进行焊接。

5. 焊缝质量检查

1）外观检查

用肉眼、放大镜和样板检查。

2）内部检查

钢管焊缝内部缺陷检查，主要有以下几种方法：

（1）煤油渗透检查、着色渗透检验、磁粉检验。

（2）在焊缝上钻孔属有损探伤，数量受限制。

（3）γ射线探伤。只在丁字接头或厚板对接缝处拍片，拍片数量有限，且片子清晰度不高。

（4）χ射线探伤。增加了底片清晰度，减少了辐射对人的影响，但χ射线机笨重，环缝还要用γ射线探伤。

（5）超声波探伤仪。国产超声波探伤仪已达到先进、轻便、灵敏、质量比较可靠的地步。使用它既方便简单，费用又低。实际工作中使用较多。薄钢板的探伤，用χ射线机机会多。

6. 压力钢管焊后消除应力热处理

当制作钢管的钢板很厚、拘束度很大和在焊接过程中由于钢管各部位冷却速度不同而造成钢板收缩不均匀，从而产生很大的残余应力时，对现场焊接大直径钢管应做局部热处理（也称焊接后退火或焊后消应）。高强钢的钢管或岔管不宜做焊后消应热处理。

第六节　水利工程常用施工机械类型及应用

结合水利工程施工特点可将常用水利工程施工机械分为以下9类：

① 土石方机械。土石方机械包括挖掘机、装载机、铲运机、推土机、拖拉机、压实机械、凿岩机械、岩石掘进机（TBM）、盾构机等。

② 混凝土机械。混凝土机械包括混凝土搅拌机、混凝土搅拌站、混凝土搅拌楼、混凝土搅拌车、混凝土输送泵、混凝土泵车、混凝土喷射机、塔带机、振捣器、平仓振捣机、切缝机、模板台车等。

③ 运输机械。运输机械包括载重汽车、自卸汽车、机动翻斗车、电瓶机车、斗车、矿车、轨道车、螺旋输送机、胶带输送机等。

④ 起重机械。起重机械包括缆索起重机、塔式起重机、门座式起重机、龙门式起重机、履带起重机、汽车起重机、电动葫芦、卷扬机等。

⑤ 砂石料加工机械。砂石料加工机械包括颚式破碎机、旋回式破碎机、圆锥破碎机、重型振动筛、给料机、堆料机、卸料小车等。

⑥ 钻孔灌浆机械。钻孔灌浆机械包括地质（岩心）钻机、冲击钻机、反循环钻机、泥浆泵、灌浆泵、高喷台车、柴油打桩机等。

⑦ 工程船舶。工程船舶包括绞吸式挖泥船、耙吸式挖泥船、链斗式挖泥船、抓斗式挖泥船、铲斗式挖泥船、水力冲挖机组、吹泥船、起重船、打桩船、混凝土搅拌船、拖轮、油轮等。

⑧ 动力机械。动力机械包括汽油发电机、空压机、柴油发电机等。

⑨ 其他机械。其他机械包括离心水泵、汽油泵、潜水泵、深井泵、通风机、冷凝器、电焊机、钢筋弯曲机、卷板机、滤油机等。

一、土石方机械

（一）挖掘机

挖掘机是用铲斗挖掘高于或低于停机面的物料，并装入运输车辆或卸至堆料场的土石方机械，是工程建设中最重要的工程机械之一。挖掘机挖掘的物料主要包括土壤、泥沙以及预松后的土壤和岩石。

可从不同角度对挖掘机进行分类。

按驱动方式可以分为内燃机驱动（油动）挖掘机和电力驱动（电动）挖掘机，其中电动挖掘机主要应用于高原缺氧气、地下矿井和其他一些易燃易爆的场所。

按规模大小的不同可以分为大型挖掘机、中型挖掘机和小型挖掘机。

按行走方式的不同可以分为履带式挖掘机和轮式挖掘机。

按传动方式不同可以分为液压挖掘机和机械挖掘机。

按用途可以分为通用挖掘机、矿用挖掘机、船用挖掘机、特种挖掘机等。

按斗容量分 $0.5m^3$、$1m^3$、$2m^3$ 等。

按铲斗形式可以分为正铲挖掘机、反铲挖掘机、拉铲挖掘机和抓铲挖掘机。

1. 正铲挖掘机

正铲挖掘机的铲土动作形式特点：前进向上，强制切土。正铲挖掘机挖掘力大，能开挖停机面或地表以上的土，宜用于开挖高度大于 2m 的干燥基坑，但须设置上下坡道。正铲挖掘机的挖斗比同质量的反铲挖掘机的挖斗要大一些，可开挖含水量不大于 27%的Ⅰ～Ⅲ类土，且与自卸汽车配合完成整个挖掘、运输作业，还可以挖掘大型干燥基坑和土丘等。根据开挖路线与运输车辆相对位置的不同，正铲挖掘机的挖土和卸土方式有以下两种：正向挖土，侧向卸土；正向挖土，反向卸土。正铲挖掘机构造图如图 1-6-1 所示。

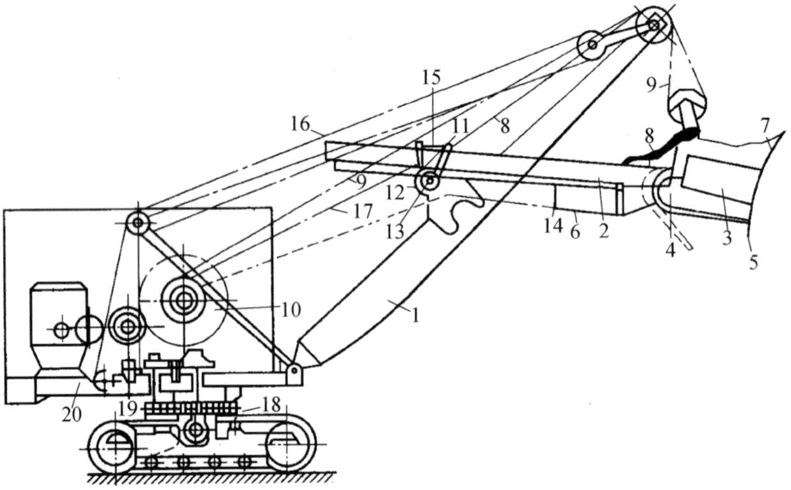

图 1-6-1　正向铲挖掘机构造图

1—支杆；2—斗柄；3—铲斗；4—斗底铰链连接；5—门扣；6—开启斗门索；7—斗齿；8—拉杆；9—提升索；10—绞盘；11—枢轴；12—取土鼓轴；13—齿轮；14—齿杆；15—鞍式轴承；16—支撑索；17—回引索；18—旋转大齿轮；19—旋转小齿轮；20—回转盘

2. 反铲挖掘机

反铲挖掘机是应用最为广泛的土石方挖掘机械，它具有操作灵活、回转速度快等特点，其铲土动作形式特点是向后向下，强制切土。反铲挖掘机可以用于停机作业面或地表以下的挖掘，其基本作业方式有沟端挖掘、沟侧挖掘、直线挖掘、曲线挖掘、保持一定角度挖掘、超深沟挖掘和沟坡挖掘等。液压反向铲挖掘机如图 1-6-2 所示。

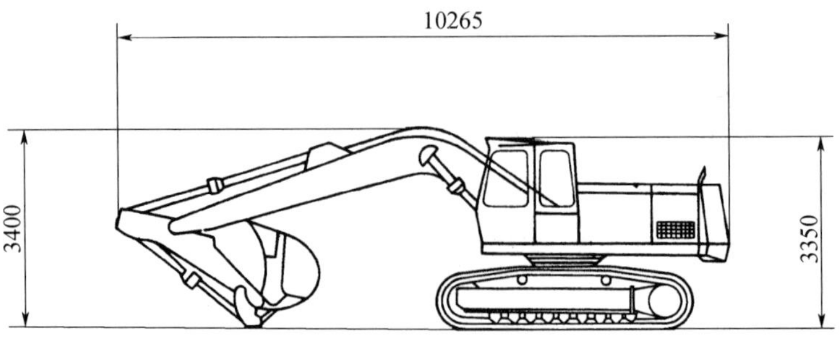

图 1-6-2　液压反向挖掘机

3. 拉铲挖掘机

拉铲挖掘机也称索铲挖掘机，其挖土特点是向后向下，自重切土。其挖土半径和挖土深度较大，宜用于开挖停机面以下的Ⅰ、Ⅱ类土，在软土地区常用于开挖基坑、沉井等，尤其适用于挖深而窄的基坑、疏通旧有渠道以及挖取水中淤泥等，或用于装载碎石等松散料。开挖方式有沟侧开挖和定位开挖两种，如将抓斗做成栅条状，还可用于储木场装载木片、木材等。拉铲挖掘机工作时，利用惯性力将铲斗甩出，开挖距离较远，但不如反铲挖掘机灵活、准确。

4. 抓铲挖掘机

抓铲挖掘机钢丝牵拉灵活性较大，但工效不高，不能挖掘坚硬土，可以装在简易机械上工作，使用方便。其挖土特点是直上直下，自重切土。其宜用于开挖停机面以下的Ⅰ、Ⅱ类土，在软土地区常用于开挖基坑、沉井等，尤其适用于挖深而窄的基坑、疏通旧有渠道以及挖取水中淤泥、码头采砂等，或用于装载碎石等松散料。

（二）装载机

装载机（图 1-6-3）主要用于铲、装、卸、运土和石料类散状物料，也可以对岩石、硬土进行轻度铲掘作业。如果更换不同的工作装置，还可以完成推土、起重、装卸其他物料的工作。由于它具有铲斗容量大、作业速度快、机动性好、操作轻便等优点，因此应用广泛，成为土石方施工中的主要机械。

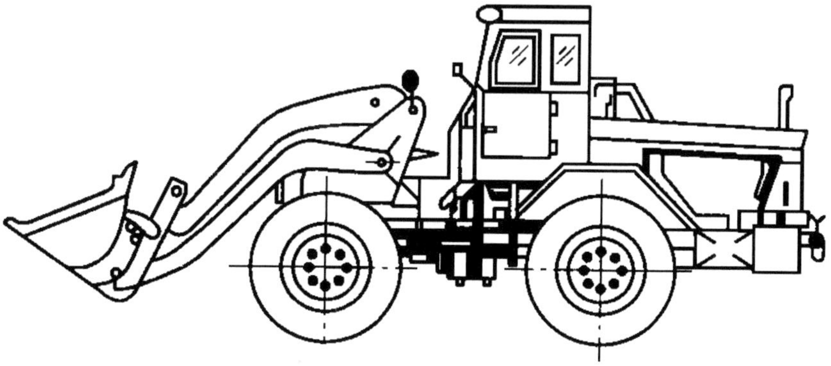

图 1-6-3　装载机

装载机的分类如下：

（1）按工作装置的作业形式不同，可分为单斗式、挖掘装载式和多斗式三种，通常所称的装载机多指单斗式。

（2）按卸载形式的不同，可分为前卸式、侧卸式和回转式三种。

（3）按本身结构特点可分为整体式和铰接式。

（4）按行走装置的不同可分为轮胎式和履带式两种。

（5）按装载质量分为小型（<1t）、轻型（1～3t）、中型（4～8t）和重型（>10t）四种。

目前，使用最多的是四轮驱动铰接转向的轮式装载机，其铲斗多为前卸式，有的兼可侧卸。

（三）铲运机

铲运机是利用装在轮轴之间的铲运斗，在行驶中顺序进行铲削、装载、运输和铺卸土作业的铲土运输机械。它适用于Ⅳ级以下的土壤工作，要求作业地区的土壤不含树根、大石块和过多的杂草。如用于四级以上的土壤或冻土，必须事先预松土壤。链板装载式铲运机适用范围较大，除可装普通土壤外，还可装载砂、砂砾石和小的石渣、卵石等物料。

铲运机的分类如下：

(1) 按行走方式可分为拖式和自行式两种。拖式由履带拖拉机牵引，其铲斗行走装置为双轴轮胎式；自行式由牵引车和铲斗两部分组成，采用铰接式连接。铲运机的经济运距与行驶道路、地面条件、坡度等有关，一般拖式铲运机的经济运距为 500m 以内，自行式轮胎铲运机的经济运距为 800～1500m。图 1-6-4 为铲斗容量 $7m^3$ 的国产 CL7 型自行式铲运机。

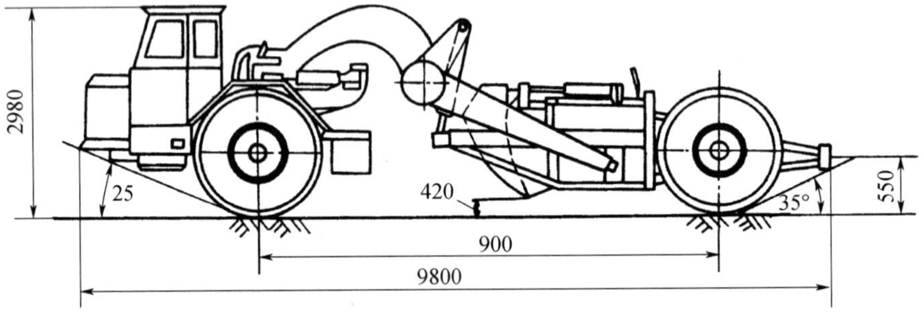

图 1-6-4　CL7 型自行式铲运机

(2) 按操作方式铲运机可分为液压操作和机械操作两种，液压操作因其铲刀切土效果好而逐渐代替依靠自重切土的机械操作。

(3) 按铲运机的卸土方式又可分为强制式、半强制式和自由式三种。强制式是利用多个可移动的铲斗后壁将斗内的土强制推出，效果好，用得最多；半强制式的铲斗后壁与斗底成一整体，能绕前边铰点向前旋转，将土倒出；自由式卸土时将铲斗倾斜，土靠自重倒出，适用于小型铲运机。

(4) 按铲运机的装载方式又可分为普通式和链板式两种，普通式是利用牵引力使土屑挤入铲斗装土；链板式是用链板装载机构将铲刀切下来的土屑送入斗内，其装土阻力比普通式降低 60%，不需助铲，效率高，但造价也高。

(5) 按铲斗容量可分为小、中、大三种，铲斗少于 $6m^3$ 为小型，$6～15m^3$ 为中型，$15m^3$ 以上为大型。

（四）推土机

推土机（图 1-6-5）是土石方施工中的主要机械之一，它以拖拉机或专用牵引车为主机，利用前端推土板，进行短距离的推运土方、石渣等作业。根据工作需要，推土机可配置多种作业装置。例如，裂土器可以破碎Ⅲ、Ⅳ类土壤；除根器可以拔除直径 450mm 以下的树根，并能清除直径 400～2500mm 的石块；除荆器可以切断直径 300mm 以下的树木。推土机的工作距离在 50m 以内时，其经济效果最好。

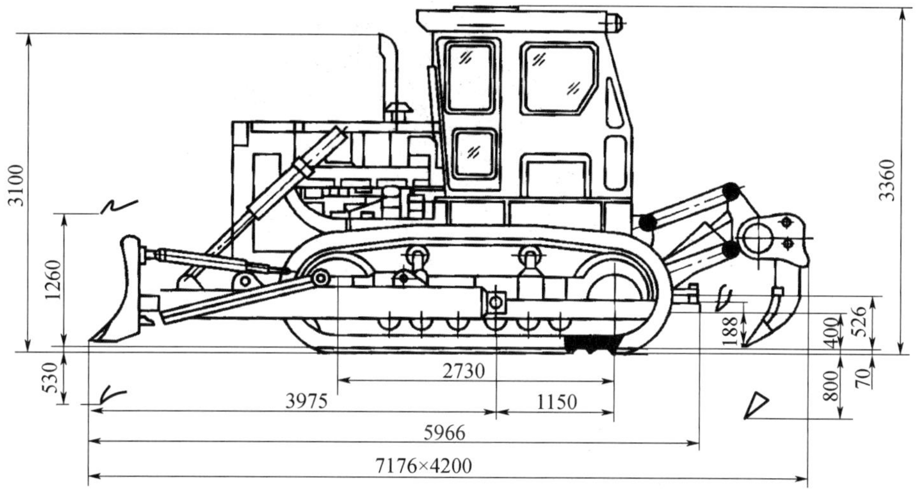

图 1-6-5　推土机

推土机的分类如下：

（1）按行走机构可分为履带式和轮胎式两类，履带式接地比压小，附着牵引性好，在水电工程施工中得到广泛使用。

（2）按传动方式可分为机械式、液力机械式、全液压式三种。目前液力机械传动已逐渐代替机械传动，全液压传动也得到了很大发展。

（3）按用途可分为通用型和专用型两种，专用型用于特定的工况，如采用三角形履带板以降低接地比压的湿地推土机和沼泽地推土机，还有水陆两用、水下、无人驾驶等推土机。

（4）按推土装置形式可分为直铲式和角铲式两种。直铲式的铲刀与地盘的纵向轴线构成直角，铲刀切削角可调，因坚固性和制造的经济性，为一般推土机所采用；角铲式的铲刀除能调节切削角度外，还可在水平方向上回转一定角度，可实现侧向卸土，应用范围广，目前配备这两种工作装置的推土机逐渐增多。

（5）按功率等级可分为轻型、中型、大型和特大型。

（五）压实机械

压实机械主要用于对土石坝、河堤、围堰、建筑物基础和路基的土壤、堆石、砾石、石渣等进行压实，也可用于碾压干硬性混凝土坝、干硬性混凝土道路和道路的沥青铺装层。

压实机械分类如下：

（1）静作用碾压实机械。静作用碾压实机械是利用碾轮的重力作用，使被压层产生永久变形而密实，其碾轮分为光碾、槽碾、羊足碾和轮胎碾等。光碾压路机压实的表面平整光滑，使用最广；槽碾、羊足碾压实机单位压力较大，压实层厚，适用于堤坝的压实；轮胎式压路机压实过程有揉搓作用，使压实层均匀密实，且不伤路面，适用于道路、广场等垫层的压实。羊足碾的外形如图 1-6-6 所示。

图 1-6-6 羊足碾外形图

1—羊足；2—加载孔；3—碾辊筒；4—杠辕框架

（2）冲击式压实机械。依靠机械的冲击力压实土壤，可分为利用二冲程内燃机原理工作的火力夯、利用离心力原理工作的蛙夯和利用连杆结构及弹簧工作的快速冲击夯等，其特点是夯实厚度较大，适用于狭小面积及基坑的夯实。

（3）振动碾压机械。利用机械激振力使材料颗粒在共振中重新排列而密实，如板式振动压实机，其特点是振动频率高，对黏结性低的松散土石（如砂土、碎石等）压实效果较好。

（4）组合式碾压机械。有碾压和振动作用的振动压路机、碾压和冲击作用的冲击式压路机等。

（六）风钻

风钻是以压缩空气为动力的打孔工具，多用于建筑工地、混凝土、岩石等的打孔工作。工作时活塞做高频往复运动，不断地冲击钎尾。在冲击力的作用下，呈尖楔状的钎头将岩石压碎并凿入一定的深度，形成一道凹痕。活塞退回后，钎子转过一定角度，活塞向前运动，再次冲击钎尾时，又形成一道新的凹痕。两道凹痕之间的扇形岩块被由钎头上产生的水平分力剪碎。活塞不断地冲击钎尾，并从钎子的中心孔连续地输入压缩空气，将岩渣排至孔外，即形成一定深度的圆形钻孔。

（七）风镐

风镐是以压缩空气为动力，利用冲击作用破碎坚硬物体的手持施工机具。风镐作业时，镐钎顶住施工面，另一端通入汽缸，推压手柄套筒，使压缩柱塞阀的弹簧接通气路，在汽缸壁的四周有许多纵向气孔，配气阀随即自动配气，汽缸后端装有配气阀箱。

（八）潜孔钻

潜孔钻是爆破工程中用于岩石钻孔的设备，有内燃和电动两种机型。

潜孔钻具由钻杆、球齿钻头及冲击器组成，钻孔时，用两根钻杆接杆钻进。

（九）凿岩台车

凿岩台车通常称为多臂钻车，主要用于工程开挖、破岩、钻岩。

凿岩台车按行走装置可分为轮胎式、履带式和轨轮式三种。轮胎式凿岩台车主要用于缓慢倾斜的各种断面的隧洞、巷道和其他地下工程开挖的钻凿作业；履带式凿岩台车主要用于水平及倾斜较大的各种断面的隧洞、巷道和其他地下工程开挖的钻凿作业；轨轮式凿岩台车主要用于有轨运输条件的各种断面的隧洞、巷道和其他地下工程开挖的钻凿作业。

随着液压凿岩机的发展，实现了凿岩台车的全液压化。全液压凿岩台车主要由底盘、钻臂、推进器、动力及其控制系统、凿岩机和工作平台以及辅助机构等组成。

凿岩台车根据所配的钻臂可分为轻型、中型和重型三种；根据钻臂的数量，可分为单臂、两臂、三臂、四臂等台车。

（十）全断面岩石掘进机（TBM）

全断面岩石掘进机通常称为TBM，由几十个独立的子系统有机地连接成一个完整的大系统。TBM集机械、电子、液压、传感和信息技术于一体，综合了钢结构、机械传动、起重、运输、液压、润滑、通风防尘、减震降温、控制噪声、程控、监控、遥控、超探支护、机械手及激光导向等多学科的技术，结构庞大，技术复杂；集开挖、支护、出渣、通风和排水于一身，是工厂化的隧道生产线。目前TBM根据其结构形式，主要分为以下三种类型，分别适应于不同的地质条件。

（1）敞开式TBM。常用于硬岩，敞开式TBM上配置了钢拱架安装器和喷锚等辅助设备，以适应地质条件的变化。

（2）双护盾TBM。适用于各种地质条件，既能适应软岩，也能适应硬岩和软硬岩交互地层。

（3）护盾TBM。常用于不良地层。

一般情况下，在良好地质中则使用敞开式TBM；双护盾TBM常用于复杂地层的长隧道开挖，对各种不良地质和岩石强度变化有较好适应性，当在严重破碎或软弱地层中掘进时，双护盾TBM便作为单护盾TBM使用；单护盾TBM由于掘进速度慢，目前很少使用。

（十一）盾构机

国际上，广义盾构机既可以用于岩石地层，也可用于软土地层，只是区别于敞开式（非盾构法）隧道掘进机。而在我国，习惯上将用于软土地层的隧道掘进机称为（狭义）盾构机，将用于岩石地层的称为（狭义）TBM。

盾构机的分类：按盾壳数量分，有单护盾、双护盾、三护盾；按控制方式分，有地面遥控和随机控制；按开挖方式分，有人工、半机械、机械；按开挖断面分，有部分断面开挖和全断面开挖；按切割头刀盘形式分，有网格式刀盘和回转刀盘；按掘进方式分，有泥水平衡和土压平衡。

泥水平衡盾构的优点：对地层的扰动小、沉降小；适用于高地下水压的江底、河底、海底隧道施工；适用于大直径化、高速化施工；适用土质范围宽，掘进中盾构机体的摆动小等。其缺点：成本高，排土效率低；地表施工占地面积大且影响交通、市容；不适于在硬黏土层、松散卵石层中掘进等。

土压平衡盾构的优点：成本低，出土效率高，使用地层范围广，目前土压盾构施工几乎对所有地层均可适用。其缺点是掘削扭矩大，地层沉降大，直径不能过大等。

二、混凝土机械

（一）混凝土搅拌机

混凝土搅拌机是把水泥、砂石骨料和水混合并拌制成混凝土混合料的机械，主要由拌筒、加料和卸料机构、供水系统、原动机、传动机构、机架和支承装置等组成。按其工作性质可分为间歇式（分批式）和连续式；按搅拌原理可分为自落式和强制式；按安装方式可分为固定式和移动式；按出料方式可分为倾翻式和非倾翻式；按拌筒结构形式可分为梨式、鼓筒式、双锥式、圆盘立轴式和圆槽卧轴式等。随着混凝土材料和施工工艺的发展，又相继出现了许多新型结构的混凝土搅拌机，如蒸汽加热式搅拌机、超临界转速搅拌机、声波搅拌机、无搅拌叶片的摇摆盘式搅拌机和二次搅拌的混凝土搅拌机等。

图 1-6-7 为倾翻出料混凝土搅拌机，图 1-6-8 为立轴强制式混凝土搅拌机，图 1-6-9 为卧轴强制式混凝土搅拌机。

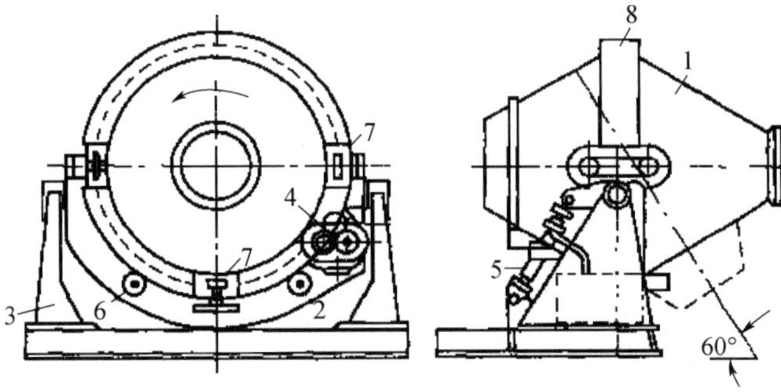

图 1-6-7　倾翻出料混凝土搅拌机

1—搅拌筒；2—曲梁；3—固定机架；4—电动机和减速装置；5—气缸；6—支承滚轮；7—夹持滚轮；8—齿环及轮箍

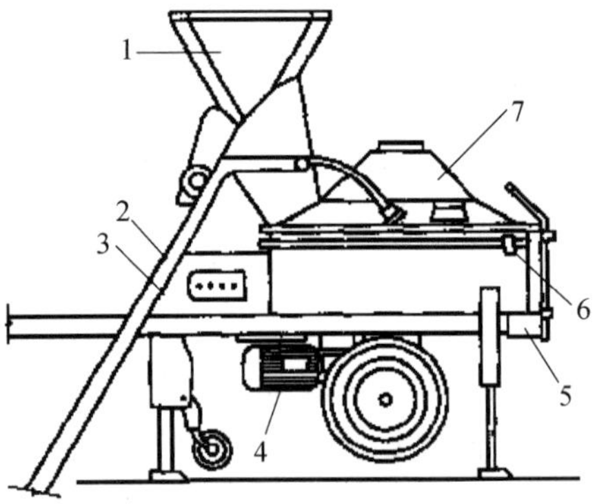

图 1-6-8　立轴强制式混凝土搅拌机

1—上料斗；2—上料轨道；3—开关箱；4—电动机；5—出浆口；6—进水管；7—搅拌筒

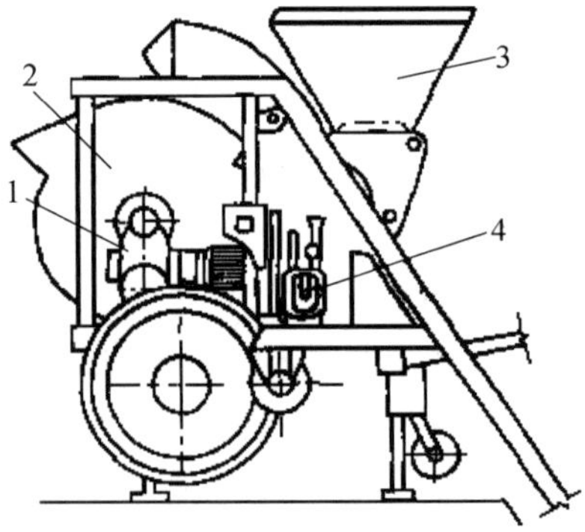

图 1-6-9　卧轴强制式混凝土搅拌机

1—变速装置；2—搅拌筒；3—上料斗；4—水泵

（二）混凝土搅拌楼

混凝土搅拌楼（又称为拌和楼）是一种生产新鲜混凝土的大型机械设备，它能将组成混凝土的组合材料水泥、砂、骨料、外加剂以及掺合料，按一定的配合比，周期地和自动地搅拌成塑性和流态的混凝土，在大、中型水利水电工程中得到广泛使用。混凝土搅拌楼按其布置形式可分为单阶式（垂直式）和双阶式（水平式）；按操作方式可分为手动操作、半自动和全自动操作；按称量方式可分为单独称量、累计称量和组合称量；按装备的混凝土搅拌机可分为倾翻自落式和强制式。

混凝土搅拌楼自上而下一般分为进料层、储料层、配料层、搅拌层及出料层。

混凝土搅拌楼主要由搅拌主机、物料称量系统、物料输送系统、物料储存系统和控制系统等五大系统和其他附属设施组成。与混凝土搅拌站相比，混凝土搅拌楼的骨料计量减少了四个中间环节，并且是垂直下料计量，节约了计量时间，因此大大提高了生产效率。在同型号的情况下，搅拌楼生产效率比搅拌站生产效率提高1/3。

1. 搅拌主机

搅拌主机按其搅拌方式可分为强制式搅拌和自落式搅拌。强制式搅拌机是目前国内外搅拌站使用的主流搅拌机，它可以搅拌流动性、半干硬性和干硬性等多种混凝土。自落式搅拌机主要搅拌流动性混凝土，目前在搅拌楼中很少使用。强制式搅拌机按结构形式可分为单卧轴搅拌机和双卧轴搅拌机，其中以双卧轴搅拌机的综合使用性能最好。

2. 物料称量系统

物料称量系统是影响混凝土质量和混凝土生产成本的关键部件，主要分为骨料称量、粉料称量和液体称量三部分。一般情况下，$20m^3/h$以下的搅拌站采用叠加称量方式，即骨料（砂、石）用一把秤，水泥和粉煤灰用一把秤，水和液体外加剂分别称量，然后将液体外加剂投放到水称斗内预先混合。而在$50m^3/h$以上的搅拌站中，多采用各种物料独立称量的方式，所有称量都采用电子秤及微机控制，骨料称量精度≤2%，水泥、粉料、水及外加剂的称量精度均达到≤1%。

3. 物料输送系统

物料输送由三个部分组成，分别为骨料输送、粉料输送、液体输送。

（1）骨料输送。其有料斗输送和皮带输送两种方式。料斗提升的优点是占地面积小、结构简单。皮带输送的优点是输送距离大、效率高、故障率低。

（2）粉料输送。混凝土可用的粉料主要是水泥、粉煤灰和矿粉。目前普遍采用的粉料输送方式是螺旋输送机输送，大型搅拌楼有采用气动输送和刮板输送的。螺旋输送机输送的优点是结构简单、成本低、使用可靠。

（3）液体输送。液体输送主要指水和液体外加剂的输送，分别由水泵输送。

4. 物料储存系统

混凝土可用的物料储存方式基本相同。骨料一般露天堆放（也有城市大型商品混凝土搅拌站用封闭料仓）；粉料用全封闭钢结构筒仓储存；外加剂用钢结构容器储存。

5. 控制系统

控制系统是整套设备的中枢神经。控制系统根据用户的不同要求和搅拌楼的大小而有不同的功能和配制，一般情况下施工现场可用的小型搅拌站控制系统简单一些，而大型搅拌楼的控制系统相对复杂一些。

6. 外配套设备

外配套设备包括水路、气路、料仓等。

（三）混凝土搅拌车

混凝土搅拌车是在行驶途中对混凝土不断进行搅动或搅拌、防止混凝土分离或初凝的特殊运输车辆，主要用于混凝土搅拌厂和施工现场之间输送混凝土。

混凝土搅拌车的搅拌输送方式主要有三种：① 湿料（预拌混凝土）搅拌输送。湿料搅拌输送是将输送车开至搅拌设备的出料口下，搅拌筒以进料速度运转加料，加料结束后，搅拌筒以低速运转。在运输途中，搅拌筒不断慢速搅动，以防止混凝土产生初凝和离析，到达施工现场后搅拌筒反向快转出料。② 干料搅拌输送。当施工现场离搅拌设备距离较远时，可将按配比称量好的砂、石、水泥等干料装入搅拌筒内进行干料输送，输送车在运输途中以搅拌速度运转对干料进行搅拌，在驶近施工现场时，从输送车的水箱内将水加入搅拌筒，完成混凝土的最终搅拌，供工地使用。③ 半干料搅拌输送。输送车从预拌工厂加装按配比称量后的砂、石、水泥和水，在行驶途中或施工现场完成搅拌作业，以供应现场混凝土。

（四）混凝土输送泵

混凝土输送泵又名混凝土泵，是一种利用压力把混凝土沿管道连续输送的机械，由泵体和输送管组成，主要应用于房建、桥梁及隧道施工。混凝土输送泵分为闸板阀混凝土输送泵和S阀混凝土输送泵，另外，还有一种泵体装在汽车底盘上，装备可伸缩或屈折的布料杆组成泵车。

（五）混凝土泵车

混凝土泵车由臂架、泵送、液压、支撑、电控五部分组成。混凝土泵车电气控制系统的控制方式主要有五种，分别为机械式、液压式、机电式电器控制式、可编程控制器式和逻辑电路控制式。

（六）混凝土喷射机

混凝土喷射机是利用压缩空气将混凝土沿管道连续输送，并喷射到施工面上的机械，分干式喷射机和湿式喷射机两类。平式喷射机由气力输送干拌合料，在喷嘴处与压力水混合后喷出，后者由气力或混凝土泵输送混凝土混合物经喷嘴喷出，广泛用于地下工程、井巷、隧道、涵洞等的衬砌施工。

（七）钢膜台车

在隧洞混凝土衬砌施工中，模板作业是影响施工进度和混凝土施工成本的主要因素。钢模台车是一种为提高隧道衬砌表面光洁度和衬砌速度，并降低劳动强度而设计、制造的专用设备。采用钢模台车浇筑混凝土工效比传统模板高30%，装模、脱模速度快2～3倍，所用的人力是过去的1/5。按钢模板与台车组合方式，钢模台车通常分为平移式钢模台车和穿行式钢模台车。

三、运输机械

（一）载重汽车

载重汽车又称卡车，是运载货物和商品用的一种汽车形式，包括自卸卡车、牵引卡车、非公路和无路地区的越野卡车及各种专为特殊需要制造的卡车等，按承载吨位分为微型卡车、轻型卡车、中型卡车、重型卡车、超重型卡车。

微型卡车总质量小于 1.8t，轻型卡车总质量为 1.8～6t，中型卡车总质量为 6～14t，重型卡车总质量为 14～100t，超重型卡车总质量为 100t 以上。

载重汽车由发动机、底盘、车身和电气系统四部分组成。

（二）自卸汽车

自卸汽车是指利用本车发动机动力驱动液压举升机构，将其车厢倾斜一定角度卸货，并依靠车厢自重使其复位的专用汽车，由发动机、底盘、驾驶室和车厢构成。

自卸汽车按总质量分轻型自卸汽车（总质量在 10t 以下）、重型自卸汽车（总质量为 10～30t）和超重型自卸汽车（总质量在 30t 以上）；按用途分通用自卸汽车、矿用自卸汽车和特种自卸汽车；按动力源分汽油自卸汽车和柴油自卸汽车；按传动方式分机械传动（总质量在 55t 以下）、液力传动（总质量一般为 55～150t）和电传动（总质量在 150t 以上）自卸汽车。按车身结构分刚性自卸汽车和铰接式自卸汽车。

（三）矿车

矿车是矿山中输送煤、矿石和废石等散状物料的窄轨铁路搬运车辆，一般需用机车或绞车牵引。水利工程中，矿车主要用于隧洞开挖过程中的石渣运输等工作。

矿车按结构和卸载方式不同分为固定式矿车、翻斗式矿车、单侧曲轨侧卸式矿车、底（侧）卸式矿车和梭式矿车五大类。我国于 20 世纪 70 年代发展了斗式转载列车，由斗车、升降台和一列矿车组成。

（四）螺旋输送机

螺旋输送机是一种不带挠性牵引构件的连续输送设备，它利用旋转的螺旋将被输送的物料沿固定的机壳内推移而进行输送工作。螺旋输送机在输送形式上分为有轴螺旋输送机和无轴螺旋输送机两种，在外形上分为 U 形螺旋输送机和管式螺旋输送机。

有轴螺旋输送机适用于无黏性的干粉物料和小颗粒物料，而无轴螺旋输送机则适合有黏性的和易缠绕的物料。螺旋输送机一般由输送机主体、进出料口及驱动装置三大部分组成。

螺旋输送机允许稍微倾斜使用，最大倾角不得超过 20°，但管形螺旋输送机，不但可以水平输送，还可以倾斜输送或垂直提升，目前在国内外混凝土搅拌楼上，常用管形螺旋输送机输送水泥、粉煤灰和片冰等散装物料。

螺旋输送机的优点：结构比较简单和维护方便，横断面的外形尺寸不大，便于在若干个位置上进行中间卸载，具有良好的密封性。其缺点是单位动力消耗高，在移动过程中使物料有严重的粉碎，对螺旋和机壳有强烈的的磨损。

（五）胶带输送机

胶带输送机（图 1-6-10）是以胶带作为牵引机构和承载机构的连续型动作设备，又称皮带机或皮带。常用的胶带输送机可分为普通帆布芯胶带输送机、钢绳芯高强度胶带输送机、全防爆下运胶带输送机、难燃型胶带输送机、双速双运胶带输送机、可逆移动式胶带输送机和耐寒胶带输送机等。胶带输送机由加料斗、给料机、传动滚筒、张紧装置、上下托辊、卸料器（中途卸料装置）、张紧滚筒、主动滚筒、卸料槽和胶带等部分构成。

胶带输送机适用于输送粉状、粒状和小块状的低磨琢性物料及袋装物输送堆积密度料，如煤、碎石、砂、水泥、化肥和粮食等。被送物料温度应小于 60℃。其机长及装配形式可根据用户要求确定，传动可用电滚筒，也可用带驱动架的驱动装置。

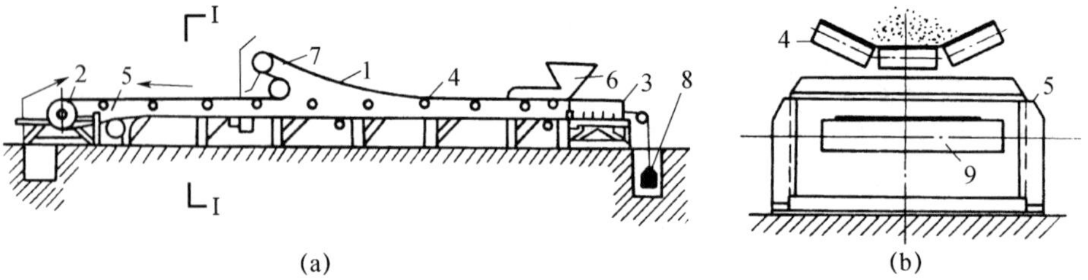

图 1-6-10　胶带运输机构造图

（a）纵剖面图；（b）横剖面图

1—皮带；2—驱动鼓轮；3—张紧鼓轮；4—上托辊；5—机架；6—喂料器；
7—卸料小车；8—张紧重锤；9—下托辊

四、起重机械

（一）缆索起重机

缆索起重机（简称缆机）是一种以柔性钢索作为大跨距支承构件，兼有垂直运输和水平运输功能的特种起重机械。缆机在水利水电工程混凝土大坝施工中常被用作主要的施工设备。此外，在渡槽架设、桥梁建筑、码头施工、森林工业、堆料场装卸、码头搬运等方面也有广泛的用途，还可配用抓斗进行水下开挖。

大中型水利水电工程浇筑大坝混凝土所用的缆机，一般具有以下特点：跨距较大，采用密闭索作主索；工作速度高，采用直流拖动；满载工作频繁。常见的缆索起重机分为以下 4 种基本类型。

1. 固定式缆机

这种缆机主索两端的支点固定不动，其工作的覆盖范围只有一条直线，如图 1-6-11 所示。在大坝施工中，一般只能用于辅助工作，如吊运器材、安装设备、转料及局部浇筑混凝土等，近年来还用于碾压混凝土筑坝。此外，国内外在山区桥梁施工中使用固定式缆机的也很多。固定式缆机由于支承主索的支架不带运行机构，其机房可设置于地面上，因此构造最简单，造价低廉，基础及安装工作量也最少，在工地还可以灵活调度，迅速搬迁，用来解决某些临时吊运工作的需要。

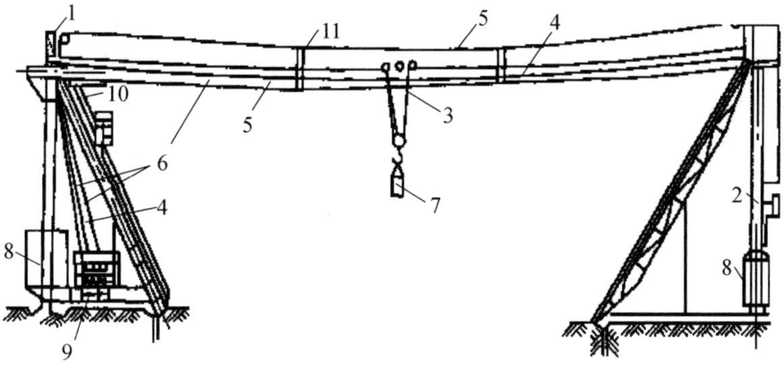

图 1-6-11　缆机构造示意图

1—主塔；2—副塔；3—起重小车；4—承重索；5—牵引索；6—起重索；
7—重物；8—平衡重；9—机房；10—操纵室；11—索夹

2. 摆塔式缆机

这种机型是为了扩大固定式缆机的覆盖范围所做的改进型式，其支承主索的桅杆式高塔根部铰支于地面的球铰支承座上，顶部后侧用固定纤索拉住，而左右两侧通过绞车用活动纤索牵拉，绞车将左右活动纤索同时收放，便可使桅杆塔向两侧摆动。一般多为两岸桅杆塔同步摆动，覆盖范围为狭长矩形，可称为双摆塔式。也可一岸为摆动桅杆塔，另一岸为固定支架，其覆盖范围为狭长梯形，可称为单摆塔式。

摆塔式缆机适用于坝体为狭长条形的大坝施工，有时可以几台并列布置；也有的工程用在工程后期浇筑坝体上部较窄的部位；也可用来浇筑溢洪道；国外也广泛用于桥梁等施工。这种机型在构造复杂程度、造价、基础及安装工作量等方面仅略次于固定式缆机。

3. 平移式缆机

这是各种缆机中应用较广的一种典型构造形式，通常所说的缆机，往往是指这种机型。其支承主索的两支架均带有运行机构，可在河道两岸平行辅设的两组轨道上同步移动，一岸带有工作绞车、电气设备及机房等支架，另一岸的支架称为尾塔或副塔。平移式缆机的覆盖面为矩形，只要加长两岸轨道的长度，便可增大矩形覆盖面的宽度，扩大工作范围，因而可适用于多种坝型；并可根据工程规模，在同组轨道上布置若干台，一般为3～4 台。与辐射式缆机相比，平移式缆机的轨道可较接近岸边布置，从而采用较小的主索跨度。但平移式缆机在各种缆机中基础准备的工程量最大，当两岸地形条件不利时，较难经济地布置。其机房必须设置在移动支架上，构造比较复杂，比其他机型造价要昂贵得多。

4. 辐射式缆机

这种机型可以说一半是固定式，一半是平移式。在一岸设有固定支架，而另一岸设有大致上以固定支架为圆心的弧形轨道上行驶的移动支架。其机房（包括绞车及电气设备等）一般设置在固定支架附近的地面上，各工作索则通过导向滑轮引向固定支架顶部，因此习惯上也称固定支架为主塔而移动支架为副塔。在构造上主塔和固定式缆机支架的不同在于主塔顶部设有可摆动的设施，而副塔和移动式缆机的不同在于副塔的运行台车具有能在弧形轨道上运行的构造。

辐射式缆机的覆盖范围为一扇形面，特别适用于拱坝及狭长条形坝型的施工。为了增加覆盖范围，也为了便于相邻两机能同时浇筑坝肩部位，在相同条件下，辐射式缆机往往要比平移式缆机采用较大的跨距。与平移式缆机相比，辐射式缆机具有布置灵活性大、基础工程量小、造价低、安装及管理方便等优点，故在选用机型时应优先予以考虑。

（二）门座式起重机

门座式起重机作为水利水电工程混凝土大坝施工用的主力设备，针对性很强，就其使用的特点来说，介于建筑塔式起重机与港口装卸起重机或造船起重机之间。图 1-6-12 为常用的 10t 丰满门机。

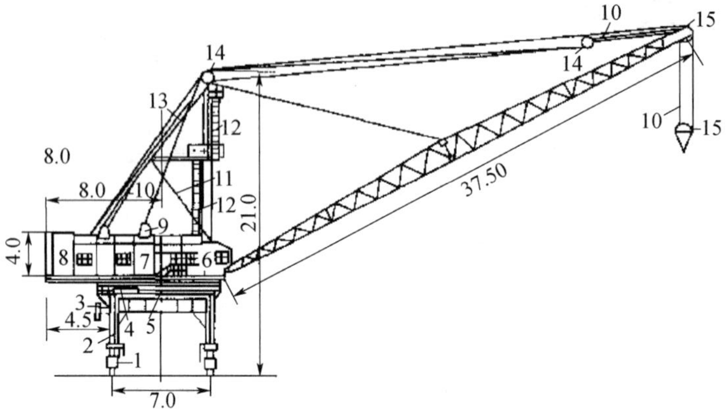

图 1-6-12　10t 丰满门机　（单位：m）

1—车轮；2—门架；3—电缆卷筒；4—回转机构；5—转盘；6—操纵室；7—机器间；8—平衡重；9、14、15—滑轮；10—起重索；11—支架；12—梯；13—臂架升降索

（三）塔式起重机

塔式起重机（图 1-6-13）也称塔机、塔吊，是动臂装在高耸塔身上部的旋转起重机。塔式起重机工作范围大，主要用于多层和高层建筑施工中材料的垂直运输和构件安装。塔式起重机由金属结构、工作机构和电气系统三部分组成。金属结构包括塔身、动臂、底座、附着杆等。工作机构由起升、变幅、回转和行走四部分组成。电气系统包括电动机、控制器、配电框、连接线路、信号及照明装置等。

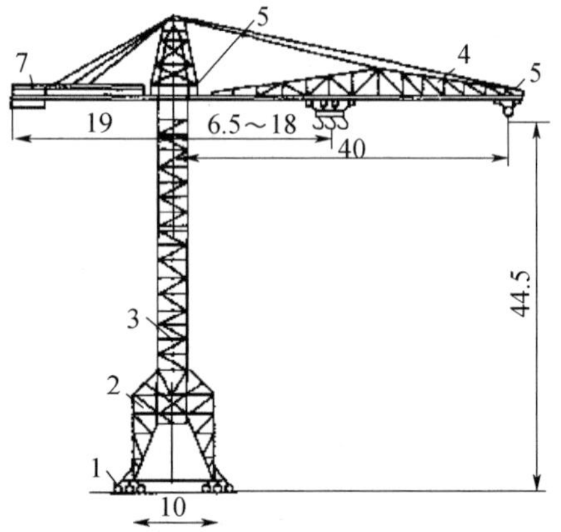

图 1-6-13　10/25t 型塔式起重机（单位：m）

1—车轮；2—门架；3—塔身；4—伸臂；5—起重小车；6—回转塔架；7—平衡重

塔式起重机分上旋转式和下旋转式两类。

（1）上旋转式塔式起重机。塔身不转动，回转支承以上的动臂、平衡臂等，通过回转机构绕塔身中心线做全回转。根据使用要求，又分运行式、固定式、附着式和内爬式。

（2）下旋转式塔式起重机。回转支承装在底座与转台之间，除行走机构外，其他工作机构都布置在转台上一起回转。除轨道式外，还有以履带底盘和轮胎底盘为行走装置的履带式和轮胎式。

（四）汽车式起重机和轮胎式起重机

汽车式起重机和轮胎式起重机统称轮式起重机，是指起重工作装置安装在轮胎底盘上的自行的回转式起重机械，两者在结构、性能和用途方面有很多相同之处。只是汽车起重机采用通用载重汽车底盘或专用汽车底盘，而轮胎式起重机则采用特制的轮胎底盘。汽车式起重机行驶速度高，大多在60km/h以上，可迅速转移作业场地，行驶性能符合公路法规的要求，作业时必须伸出外伸支腿，一般不能吊重行走。轮胎式起重机能在坚实平坦的地面吊重行走，一般行驶速度不高。近年来出现了能高速行驶、全轮驱动、全轮转向的全路面越野轮胎式起重机，是集汽车式起重机和轮胎式起重机的优点于一机的新机种。

（五）履带式起重机

履带式起重机的上车部分装在履带底盘上，其行走轮在自带的无端循环履带链板上行走。履带与地面接触面积大，平均接地比压小，故可在松软、泥泞的路面上行走，适用于在地面情况恶劣的场所进行装卸和安装作业。

近年来小型履带式起重机已逐步被机动灵活的伸缩臂汽车起重机和轮胎式起重机所取代，但起重量大于90t的大型履带式起重机，由于其接地比压小、爬坡能力大、稳定性好，又能带负荷移动，因此仍得到迅速发展。

（六）门式起重机（龙门式起重机）

门式起重机是桥架通过两侧支腿支承在地面轨道或地基上的桥架型起重机。按其结构型式，可分为桁架式、箱形板梁式、管形梁式、混合结构式等。

大型工程施工中所用的门式起重机，主要用于露天组装场和仓库的吊装运卸作业，也是一种一般用途的吊钩式轨道门式起重机。

五、砂石料加工机械

（一）破碎机

破碎机是将开采的岩石或天然砾石按照需要的粒径进行破碎加工的机械，被广泛用于基本建设工程，其类型较多，常用的有旋回式破碎机、圆锥式破碎机、反击式破碎机、颚式破碎机、锤式破碎机、辊式破碎机以及用作人工砂和掺合料或作灌浆磨细用的磨细机等。

在水利水电建设工程中，破碎机通常用来加工各种粒径的砂石料，以作为混凝土骨料之用。

各类破碎机有不同的规格、不同的使用范围。粗碎多用颚式破碎机或旋回圆锥破碎机；中碎采用标准型圆锥破碎机；细碎采用短头型圆锥破碎机。

1. 颚式破碎机

电动机驱动皮带和皮带轮，通过偏心轴使动颚上下运动，当动颚上升时肘板与动颚间夹角变大，从而推动动颚板向固定颚板接近，同时物料被压碎或劈碎，以达到破碎的目的；当动颚下行时，肘板与动颚夹角变小，动颚板在拉杆、弹簧的作用下，离开固定颚板，此时已破碎物料从破碎腔下口排出。随着电动机连续转动而破碎机动颚做周期运动压碎和排泄物料，实现批量生产。颚式破碎机示意图如图1-6-14所示。

2. 旋回式破碎机

旋回式破碎机是利用破碎锥在壳体内锥腔中的旋回运动，对物料产生挤压、劈裂和弯曲作用，粗碎各种硬度的矿石或岩石的大型破碎机械。装有破碎锥主轴的上端支承在横梁中部的衬套内，其下端则置于轴套的偏心孔中。轴套转动时，破碎锥绕机器中心线作偏心旋回运动，由于它的破碎动作是连续进行的，故工作效率高于颚式破碎机。

3. 圆锥式破碎机

在圆锥式破碎机（图 1-6-15）的工作过程中，电动机通过传动装置带动偏心套旋转，动锥在偏心轴套的迫动下做旋转摆动，动锥靠近静锥的区段即成为破碎腔，物料受到动锥和静锥的多次挤压和撞击而破碎。动锥离开该区段时，该处已破碎至要求粒度的物料在自身重力作用下下落，从锥底排出。

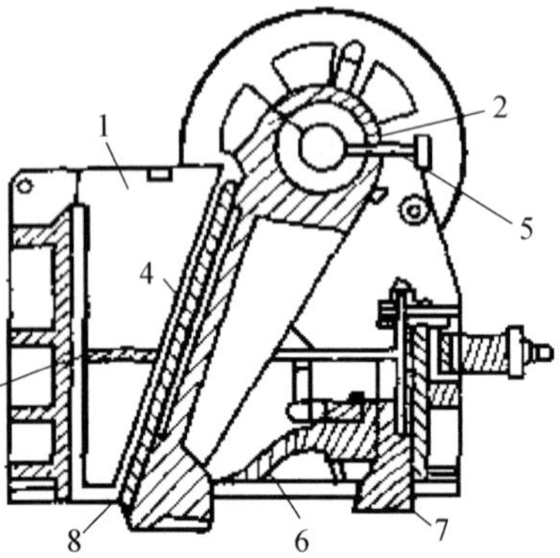

图 1-6-14 颚式破碎机

1—进口；2—偏心轮；3—固定颚板；4—活动颚板；
5—偏心轴；6—撑杆；7—楔形滑块；8—出料口

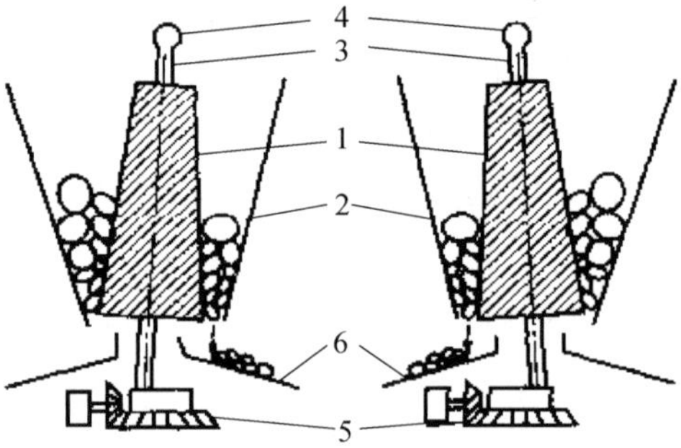

图 1-6-15 圆锥式破碎机工作原理图

1—内锥体；2—破碎室机壳；3—偏心主轴；
4—球形铰；5—伞齿及转动装置；6—出料滑板

4. 锤式破碎机

锤式破碎机是经高速转动的锤体与物料碰撞而破碎物料，它具有结构简单、破碎比大、生产效率高等特点，可做干、湿两种形式破碎。锤式破碎机的工作原理是电动机带动转子在破碎腔内高速旋转，物料自上部给料口给入机内，受高速运动的锤子的打击、冲击、剪切和研磨作用而粉碎。在转子下部设有筛板，粉碎物料中小于筛孔尺寸的粒级通过筛板排出，大于筛孔尺寸的粗粒级阻留在筛板上，继续受到锤子的打击和研磨，最后通过筛板排出机外。

5. 反击式破碎机

反击式破碎机（图 1-6-16）是一种市场占有率比较大的破碎设备。在破碎时，物料经过板锤的作用力后，会与板锤的切线形成一定的角度而做平抛运动，然后被另外的板锤反弹回来继续进行粉碎，直到形成较小的物料时，相对板锤运动做切线运动，直至物料被破碎成理想的粒度，然后被排出机体。反击式破碎机对物料进行破碎时，终极物料的粒度是可以根据需求来自行调节的，因此在使用前一定要先调节好出料系统。

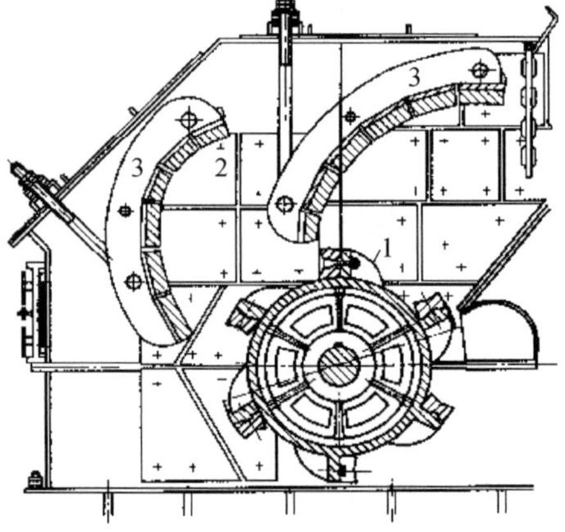

图 1-6-16 反击式破碎机工作原理图

1—转子；2—上机体；3—反击板；4—下机体

（二）球（棒）磨机

球磨机和棒磨机都是筒形磨碎机，由水平的筒体、进出料空心轴及磨头等部分组成。筒体为长的圆筒，用钢板制造，由钢制衬板固定，筒内装有研磨体，研磨体一般为钢制圆球，并根据研磨物料的粒度选择不同直径和比例装入筒中。物料由球磨机进料端空心轴装入筒体内，当球磨机筒体转动时，研磨体由于惯性力、离心力和摩擦力的作用，使物料附在筒体衬板上被筒体带走，当被带到一定高程时，由于其本身的重力作用而被抛落，下落的研磨体像抛射体一样将筒体内的物料击碎。

球（棒）磨机根据作业方式，可分为干式和湿式两种。根据排矿方式不同，可分为格子型和溢流型两种。根据筒体形状可分为短筒球磨机、长筒球磨机、管磨机和圆锥型磨机四种。

棒磨机与球磨机的区别是两者的研磨介质不同，球磨机的研磨介质是钢球，棒磨机的研磨介质是钢棒。

（三）螺旋分级机

螺旋分级机是选矿的设备之一，在水利工程施工过程中，常用于砂石骨料的筛选分级。它利用不同比重的固体颗粒在液体中具有不同沉淀速度的原理进行机械分级，能把磨机内磨出的料粉进行过滤，然后利用螺旋片把粗料旋入磨机进料口，把过滤出的细料从溢流管子排出。螺旋分级机主要有高堰式单螺旋和双螺旋、沉没式单螺旋和双螺旋四种分级机。

（四）振动筛

振动筛工作时筛面产生频率高而振幅较小的振动。由于筛面做强烈的振动，筛面上的物料产生拆离现象，并且物料也不容易堵塞筛孔，因此有较高的生产率和筛分效率，在水利水电工程施工中得到广泛应用。

振动筛的类型很多，按其机械部分运动特性分为惯性振动筛、偏心半振动筛、重型振动筛、自定中心振动筛、直线振动筛、圆振动筛和共振筛，如图 1-6-17 所示为偏心振动筛。

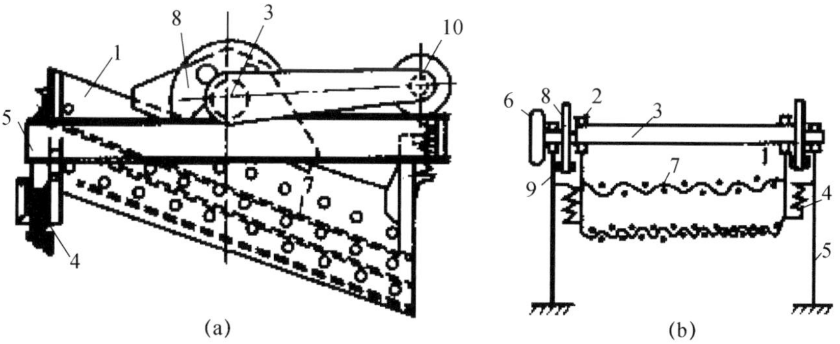

图 1-6-17 偏心振动筛

（a）构造简图；（b）工作原理图

1—活动筛架；2—筛架上的轴承；3—偏心轴；4—弹簧；5—固定机架；6—皮带轮；7—筛网；8—平衡轮；9—平衡块；10—电动机

六、钻孔灌浆机械

（一）岩芯钻机

岩芯钻机是用于岩芯勘探的钻机，典型机型有 TXJ-1600 型，钻进深度为 50 钻杆 1600m，60 钻杆 1200m。岩芯钻机主要用于垂直的和倾斜 45°角以内的地质矿产勘探孔、煤田勘探孔和石油勘探孔，也可用于水源及其他类似的工程钻孔。

THJ-2600 型岩芯钻机，该钻机为 60 钻杆 2600m，73 钻杆 2000m，主要适用于煤田地质、水文地质、金属矿床、非金属矿床和天然气等深孔钻探工程；其实用性、操作性和通用性强。

（二）冲击钻机

冲击钻机是一种利用钻头的冲击力对岩层冲凿钻孔的机械，可分为全液压冲击钻机与气动冲击钻机，都是针对岩石进行钻孔作业的机械设备。冲击钻机是针对普氏硬度 7 级以上岩石钻孔，如石灰石、花岗石、硬质砂岩等。利用冲击器（液压与气动）每分钟高效率的冲击频率将岩石打碎，同时旋转将石头磨成粉末状，再利用气或者水将灰排出，达到钻孔效果。冲击钻机的优点：具有很好的钻孔性能，对较硬的地层都可以有效地进行钻孔作业，适用于硬度较高的岩层、风化的岩层以及各种硬脆的地质环境。其缺点：排屑较困难，且使用于软地质以及黏度较大的土层地质有非常大的难度，使用有一定的局限性。

（三）反循环钻机

反循环钻机靠钻具的回转钻凿地层，洗井除岩屑采用反循环方法，即在钻进时冲洗液自供水池（兼作沉淀和集渣用）通过井口和井内环状空间，以自流方式流入井底，然后夹带岩屑通过钻杆中空返回井口，并经水龙头和排渣管排至供水池，沉淀澄清后重新流入井内循环；其特点是钻进速度快。由于钻杆内冲洗液上升流速高，管路排渣能力强，井内岩屑、卵石可直接抽出井外，因此井底很少集聚岩屑，大大减少了二次重复碾磨和破碎次数。反循环钻进依靠冲洗液的静压和渗透压力保持孔壁稳定，可减轻泥浆对井内含水层的淤堵，因此洗井比较容易，成井后出水量较大。用这种方法不但可连续取岩样，而且适合于在砂层、卵砾石层及软、硬岩层中钻进，但较少应用于坚硬岩石。按照形成钻杆内上升水流的方式，可分为泵吸反循环、压缩空气反循环（也称压气反循环或气举反循环）和射流反循环三种基本形式。

（四）灰浆搅拌机

灰浆搅拌机由搅拌筒、搅拌轴、传动装置和底架等组成。搅拌轴水平安置在槽形搅拌筒内，在轴的径向臂架上装有几组搅拌叶片，随着轴的转动，搅拌筒里的混合料在搅拌叶片的作用下被强行搅拌。

灰浆搅拌机分为小容量灰浆搅拌机和大容量灰浆搅拌机。小容量灰浆搅拌机一般为移动式，依靠人工加料，倾翻搅拌筒出料。大容量灰浆搅拌机有移动式和固定式两种。有的灰浆搅拌机还备有加料装置和水箱。当制备少量灰浆时也可采用立轴式灰浆搅拌机，这种搅拌机的搅拌筒是一个水平放置的圆筒，圆筒中央有一根回转立轴，立轴的臂架上装有几组搅拌叶片，随着立轴的转动，搅拌筒里的混合料受到叶片的强力搅拌，搅拌好的灰浆由搅拌筒底部的卸料门卸出。

（五）泥浆泵

泥浆泵是指在钻探过程中向钻孔里输送泥浆或水等冲洗液的机械。泥浆泵是钻探设备的重要组成部分。在常用的正循环钻探中，它是将地表冲洗介质（清水）、泥浆或聚合物冲洗液在一定的压力下，经过高压软管、水龙头及钻杆柱中心孔直送到钻头的底端，以达到冷却钻头、将切削下来的岩屑清除并输送到地表的目的。

常用的泥浆泵分为活塞式和柱塞式两种，由动力机带动泵的曲轴回转，曲轴通过十字头再带动活塞或柱塞在泵缸中做往复运动。在吸入和排出阀的交替作用下，实现压送与循环冲洗液的目的。

（六）灌浆泵

灌浆泵是一种新型集搅拌系统和灌浆系统于一体，全部系统采用液压传动，动力来源封闭式电动机带动液压泵的机械。其按性能分为三个系统：液压系统、打浆系统和搅拌系统。

（七）高压水泵

使用最广泛的高压水泵是微型高压水泵。因其具有压力高、体积小、方便携带，而且可用车载电瓶带动等特点，常用于清洗、喷雾、喷洒、增压等工作。

七、疏浚机械

（一）疏浚机械的概念

疏浚机械是当需要疏通、挖深或是扩宽河流湖泊等水域时，在水下进行土石方开挖工作的机械设备，包括各种类型的吸砂船、挖泥船、冲塘机、清淤机等。上述设备主要用于开挖新航道、新运河和新港口，以及加宽、加深、清理现有的航道和港口；疏通渠道、河道、水库清淤；开挖船坞、码头、船闸等水工建筑物的基坑；清除水下障碍物等。大型水利疏浚工程主要使用各种类型的挖泥船进行施工。如今疏浚机械除用于上述工程外，还广泛地应用在土地整理工程上，尤其是沿海的填海造地工程和内陆的土地整理工程时，机械疏浚需要与吹填造地，堤防加固等结合进行。

我国对于挖泥船的分类，尚没有统一规定，迄今为止，国内、外所建造的挖泥船，一般是根据工作机构原理和输送方式的不同划分为机械式、水力式和气动式三大类。

1. 机械式挖泥船

机械式挖泥船是通过机械周期切割挖掘、机械提升来完成挖泥任务的作业船。一般是用各种斗或铲挖取疏浚物并从水下提升卸入专用驳船，再自航或用拖轮拖带送至预定排放地点卸空。当排放点为水域且具有一定水深条件时，则将疏浚物直接卸于水中；当排放点为陆地时，对粒径大易脱水的可采用干式输送如使用传送带等；对颗粒小，不易脱水的泥土，可用吹泥设备将稀释泥沙自泥驳中排出。

常用机械式挖泥船有链斗式、抓斗式、铲扬式、反铲式。其中链斗式挖泥船，略加改进即可成为采掘砂石料的采砂船或采矿船。机械式挖泥船已各自成系列设计、建造、施工，应用较广泛。

2. 水力式挖泥船

水力式挖泥船是以水力或机械连续切泥，水力输送来完成挖泥任务的作业船。它用高压喷嘴以高速水流冲刷疏浚物，或由绞刀（包括斗轮、刀轮）或耙头切割、扰动疏浚物，使其与水混合，形成泥浆，然后由离心式或射流式泥泵，经吸排管排放到挖泥船自备的泥舱或挖槽外侧，也可排放到远离挖槽的其他区域。由于该类挖泥船具有吸入或扬出作用，因此又称吸扬式挖泥船。

常用水力式挖泥船有绞吸式、耙吸式、射流式以及冲吸式等。但以绞吸式挖泥船应用最为普遍。

3. 气动式挖泥船

气动式挖泥船主要是利用空气形成的压力差，将水下土层已被松动的泥沙和水的混合体，经过管道的吸入、提升和排出，来达到疏浚的目的。进泥是靠水深产生的负压差，排泥以压缩空气为动力，有别于传统挖泥船的叶轮转动离心泵或机械传动。

挖泥船类型、施工特点及适用条件见表 1-6-1。

表 1-6-1　挖泥船类型、施工特点及适用条件

基本类型	挖泥船类型及名称	施工特点	适用范围	适用土质	不宜施工情况
机械式	链斗式挖泥船	多斗连续作业，效率高； 挖泥能力强，适用规模较大工程； 挖槽规整、平坦； 抗风浪能力强	港口、码头泊位、航道滩地及水工建筑物基槽等规格要求较严的工程	松散沙壤土、砂质黏土、卵石夹砾、淤积土； 可用于挖掘水下砂石料	狭长河道内、泥驳及拖轮不宜靠泊、掉头； 内河水域弃土困难； 开挖黏性土、稀泥、粉尘
	铲扬式挖泥船	挖掘坚硬土、石方能力最强； 抗风浪能力较好； 可装置碎石设备，改做起重船； 单斗挖掘效率低、挖槽不平整	河底清障、拆毁坝基、打捞沉物、排除水下障碍物等工程	珊瑚礁、砾石、卵石、块石、重黏土和胶结紧密的泥土	开挖稀泥、细砂、粉砂
	反铲式挖泥船	泥斗质量轻，切削力大； 操作灵活，适合水下开挖作业	同链斗式、铲扬式	泥土、黏土、砂土、密实砂、碎石、砾石、板砂及风化岩	同铲扬式挖泥船
	抓斗式挖泥船	易调节挖深； 抓斗形式、结构可据土类选择，可抓取较大石块，可改做碎石船、起重船，开挖平整度差、易漏挖	水下基础开挖，码头、泊位、河道疏浚深水打捞、清障	黏土、砾石、卵石、块石、混凝土块等	同铲扬式挖泥船

续表

基本类型	挖泥船类型及名称	施工特点	适用范围	适用土质	不宜施工情况
水力式挖泥船	绞吸式挖泥船	泥水混合、管道输送； 挖泥、运泥、卸泥一次连续完成，效率高	内河、湖泊、沿海、航道、水库、港口、泊位、清淤、疏浚、开挖工程、吹填工程	松散细砂、砂壤土、黏土、淤泥等	超过挖泥船抗风浪等级； 排距、排高超过挖泥船允许值； 土中有砾石、块石及固体障碍物
	耙吸式挖泥船	抗风浪能力强，挖深大，施工时对其他船干扰小； 挖槽底部平整度差，易漏挖、超挖、重挖	沿海、港口航道及海口段清淤、疏浚施工	砂土、砂壤土、淤泥等	狭窄水域、浅水域
	斗轮式挖泥船	挖掘效果好、泄漏少、产量高、切削力较绞刀大	同绞吸式	硬质土、密实砂矿	同绞吸式
	吸盘式挖泥船	泥土强迫进入、泥浆浓度高，纵向开挖			
	射流式挖泥船	射流泵无运动件，寿命长，以水为介质，具有稀释作用取砂效果好； 施工效率低	港口、码头、水工建筑物前水下清淤； 水下挖砂	砂、砂壤土、淤积土	
气动式挖泥船	气动泵式挖泥船	挖深大，泥浆浓度高，适用范围广、施工效率低、功耗大	深水作业；港口、水库清淤	各种土质； 土颗粒径小于排管直径 1/3	浅水域（水深小于 5m）； 杂物多、排距长、排高大

（二）常用挖泥船简介

1. 绞吸式挖泥船

绞吸式挖泥船是吸扬式挖泥船的一种，它适应性最强，应用最广泛，其数量在国内外均居各类挖泥船之首，约占挖泥船总数的 39%。

绞吸式挖泥船按其设计小时生产率一般分为小型（生产率 $80m^3/h$ 以下）、中型（生产率 $200\sim500m^3/h$）、大型（生产率 $50m^3/h$ 以上）。

1）绞吸式挖泥船船型及船体结构

新型绞吸式挖泥船多属于超大型，可在距海岸 20 海里（Ⅲ类航区）范围内开阔海域作业并可挖掘风化岩。大、中型挖泥船适合在沿海港口、干流河道施工；中、小型挖泥船适合在内河、湖泊及水库地区施工；小型挖泥船适合在内陆湖泊、沟渠、市区公园和农林水网地区施工。

整体式船体适用于水路可直达的地区施工和调遣，但易受航道水深、桥梁、架空电缆等限制。组合式船体可通过解体上岸，并由陆上运输转移至施工现场，再组装下水。一般绞吸式挖泥船可以对水面线以上高大建筑物的拆除或放倒。

2）绞吸式挖泥船挖泥装置

绞吸式挖泥船由很多单一机械装置组成，全船的生产效率和开挖质量在很大程度上取决于挖泥装置。挖泥装置主要有绞刀及桥架、泥泵、定位桩及其起落设施、工作绞车等。

2. 链斗式挖泥船

链斗式挖泥船是各类挖泥船中较早使用的一种，是机械式挖泥船较典型的船型。

1）链斗式挖泥船工作原理、应用及分类

链斗式挖泥船挖泥工具是以一定数量的泥斗通过链节串联组成挠性的斗链。斗链支承在斗桥上、下导轮和滚轮上，借助于上导轮的驱动，在斗桥上连续循环转动，使挖斗用斗刃或斗齿在水下切割、挖掘土壤并保留在泥斗中，挖斗提升至斗塔上部后倾卸入泥井，经溜泥槽可装驳运出（此为最常见链斗式挖泥船船型）。斗桥上端横轴连同上导轮安放在斗塔的轴承座上，斗桥下端通过吊索可以升降以改变挖深。挖泥时依靠船上首尾和边铺绞车绞动锚缆收、放，使船体实现横移、前移，从而完成对土壤的挖取。

链斗式挖泥船本身只能完成泥土的挖取过程，泥土转移输送最常用的方法是配备泥驳和拖轮或用自航泥驳来完成。弃土一般选择在深水抛泥区，由泥驳开底卸泥或与吹泥船配合将泥土输送至陆上弃土区。

链斗式挖泥船可用于开挖各类土壤，较适合开挖黏性、砂性壤土，也可挖掘经碎石、爆破后的岩石，挖取建筑用砂石料或用于采矿，但对细、粉砂和淤质土挖取，工效较差。

链斗式挖泥船开挖河槽规则、平整，误差极小，最适合用于港口泊位、航道、水工建筑物基槽等质量要求较严格的工程施工，但其施工占用水域较大，施工时噪声和振动较大，挖泥部件磨损较严重，辅助作业船只多。

链斗式挖泥船一般按生产率划分船型大小，生产率在 120m^3/h 以下的为小型，在 200～500m^3/h 为中型，超过 500m^3/h 为大型。

2）链斗式挖泥船挖掘机构及其他设备

链斗式挖泥船挖掘机构及其他设备主要包括挖斗（泥斗）、斗链、斗桥与上下导轮、甲板辅机、操纵室等。

3）船体结构及设施

链斗式挖泥船形似方驳，主甲板以下船体结构与一般船舶相同。由斗塔、泥井与泥槽、桥槽、斗桥吊架和护舷组成。

3. 抓斗式挖泥船

1）抓斗式挖泥船工作原理及应用

抓斗式挖泥船是较为普遍应用的机械式挖泥船，其主要挖泥设备由吊机、吊杆和抓斗组成。吊机是吊放抓斗的起重机械，安装在可旋转 360o 的转盘上。抓斗依靠吊杆及钢悬挂，挖泥时利用抓斗本身重量、重力的作用，获得一定的贯入力，使抓斗插入泥土中，然后斗索起吊并关闭抓斗，使抓起的泥土提升至水面以上，转动吊机到预定地点（或驳）、开启抓斗卸泥，完成一次挖泥作业。重复上述动作进行循环施工。

抓斗式挖泥船多为非自航式，船配一台或多台挖掘机均设置在船首或船中部，少数抓斗式挖泥船船体设有泥舱，能独立完成自装、自运、自卸等配套设备。

非自航抓斗式挖泥船本身只能完成泥土的挖取过程，泥土输移方式与链斗式挖泥船相同。

抓斗式挖泥船挖深幅度大，从几米到几十米，调整开挖深度方便，故可适应水深变化大的地区施工。由于抓斗垂直起落，很适合在狭窄角隅和水工建筑物前沿施工。抓斗形式和结构可据不同土质选择配置。抓斗式挖泥船主要用于抓取黏土、砾石、卵石和挖掘较大石块以及水下打捞等特殊工程，但挖取细砂、粉砂、淤泥时，因抓斗提升时泄漏较大故一般不宜采用。

根据抓斗式挖泥船构造特点，为简便起见，可将陆用抓斗机配置安装在浮箱式组合船体上或趸船上，其应用效果较好。抓斗吊机换成吊钩即可改作起重船。

2）抓斗式挖泥船挖泥装置

抓斗式挖泥船主要装置及船体包括抓斗、吊杆、吊机和甲板绞车及船体四部分。

4. 铲扬式挖泥船

1）铲扬式挖泥船工作原理、应用及分类

（1）工作原理。铲扬式挖泥船一般为非自航，但可利用抛锚或铲斗与后桩配合来移动船位，铲扬式挖泥船的吊杆顶端装有碎石装置，供破碎岩石挖掘层用，也可改做起重用。

（2）应用范围。铲扬式挖泥船铲斗容积较大，适合直接挖掘胶结紧密的卵石、砾石、重黏土、砂质土，挖掘大石块及其他混合土。在水利水电工程施工中用于完成清理围堰、拆除旧堤、开挖底质坚硬的航道、打捞大型沉物、清理水下障碍物等施工项目。其适用于沿海、港湾、河湖和航道等处施工。

铲扬式挖泥船装机功率较其他类型挖泥船大，但属于单斗、非连续挖掘，其生产率较低。并且由于船体结构及铲扬结构要求坚固，因此整船造价较高。

铲扬式挖泥船挖掘后河床不平整，超挖较多。其铲斗斗门无水密装置，不适用于挖掘细砂和稀泥，也不适用于挖掘黏性土。

铲扬式挖泥船一般以斗容量来划分船型大小。与其他斗式挖泥船类似，只能完成泥土挖掘过程，施工时需有泥驳配合装运输送挖掘料。

2）铲扬式挖泥船主要设备

铲扬式挖泥船主要挖泥装置有主起升、推压、旋回、背度装置、人字架、吊杆、斗柄、定位桩以及铲斗等。

5. 耙吸式挖泥船

耙吸式挖泥船为自航式挖泥船。它在航行过程中借助耙头在水下将泥土挖松、由泥泵通过吸管吸入泥沙，并可排至耙吸式挖泥船自身泥舱。它外形相似于运输货轮，配有航行与挖泥两套系统。

耙吸式挖泥船一般按船体泥舱容积来划分船型大小。常用耙吸式舱容量为500～

4500m³，国内耙吸式舱容量达6500m³，挖深一般为10～26m，在耙吸管水线以下安装潜水泥泵，挖深则可达35m以上。耙吸式挖泥船施工时空载、重载航速为8～15km，挖泥航速与所挖土质有关，一般为3～6km。耙吸式挖泥船在施工期间空载、装舱、重载各阶段吃水变化较大。

耙吸式挖泥船施工特点和适用条件如下：

（1）单船自航作业，挖深大，施工开工展布快，施工辅助船舶少。

（2）施工时与运输船舶干扰较小，基本上不影响航道正常使用。

（3）因耙吸式船型尺度较大，航行作业时抗风浪能力强。

耙吸式挖泥船适合疏浚较长航（河）道。它是航道及开场水域清淤疏浚的首选船型，适合挖取淤泥、壤土、松散泥土等。

第七节　水利工程施工技术

一、施工导流、截流及基坑排水

（一）施工导流

施工导流是指在河床中修筑围堰围护基坑，并将河道中各时期的上游来水量按预定的方式导向下游，以创造干地施工的条件。施工导流贯穿整个工程施工的全过程，是水利水电工程总体设计的重要组成部分，是选定枢纽布置、永久建筑物形式、施工程序和施工总进度的重要因素。

为了解决施工导流问题，必须做好施工导流设计。施工导流设计的任务是分析研究当地的自然条件、工程特性和其他行业对水资源的需求来选择导流方案，划分导流时段，选定导流标准和导流设计流量，确定导流建筑物的形式、布置、构造和尺寸，拟定导流建筑物的修建、拆除、封堵的施工方法，拟定河道截流、拦洪度汛和基坑排水的技术措施，通过技术经济比较，选择一个最经济合理的导流方案。

1. 导流方法

施工导流的基本方法大体上可分为两类：一类是分段围堰法导流，水流通过被束窄的河床、坝体底孔、缺口或明槽等向下游宣泄；另一类是全段围堰法，水流通过河床以外的临时或永久隧洞、明渠或涵管等向下游宣泄。

除了以上两种基本导流型式以外，在实际工程中还有许多其他导流方式。例如，当泄水建筑物不能全部宣泄施工过程中的洪水时，可采用允许基坑被淹的导流方法，在山区性河流上，水位暴涨暴落，采用此种方法可能比较经济；有的工程利用发电厂房导流；在有船闸的枢纽中，利用船闸闸室进行导流；在小型工程中，如果导流设计流量较小，可以穿过基坑架设渡槽来宣泄导流流量等。

1）分段围堰法导流

分段围堰法（也称分期围堰法）：就是用围堰将水工建筑物分段分期围护起来进行施工的方法。所谓分段就是在空间上用围堰将建筑物分成若干施工段进行施工。所谓分期就是在时间上将导流分为若干时期。

如图 1-7-1 所示为两段两期导流的例子。首先在右岸进行第一期工程的施工，河水由左岸束窄的河床向下游宣泄。在修建一期工程时，为使水电站、船闸等早日投入运行发挥效益，满足初期发电和施工的要求。应优先安排水电站、船闸的施工，并在建筑物内预留导流底孔或缺口，以满足后期导流。到第二期工程施工时，河水经过底孔或缺口等向下游宣泄。对于临时底孔，在工程接近完工或需要时要加以封堵。图 1-7-2、1-7-3、1-7-4 为三峡水利枢纽施工导流布置图。

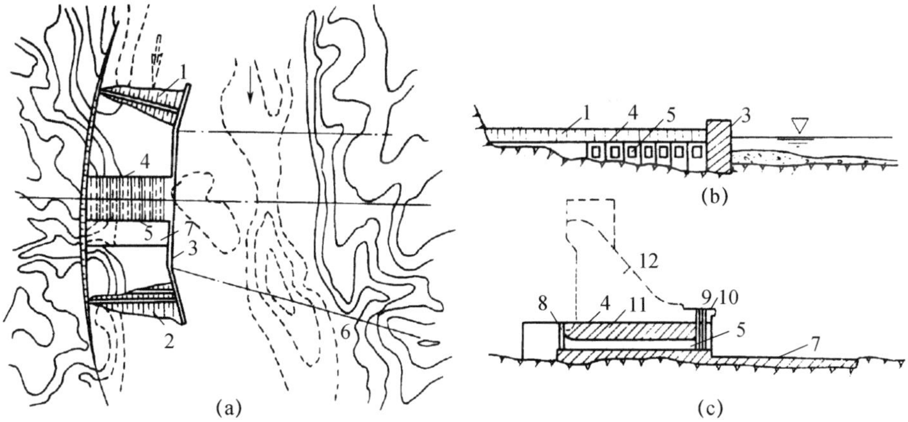

图 1-7-1　分段围堰法导流

（a）平面图　（b）下游立视图　（c）导流底孔纵断面图

1—期上游横向围堰；2——期下游横向围堰；3—一、二期纵向围堰；

4—预留缺口；5—导流底孔；6—二期上下游围堰轴线；7—护坦；

8—封堵闸门槽；9—工作闸门槽；10—事故闸门槽；

11—已浇筑的混凝土坝体；12—未浇筑的混凝土坝体

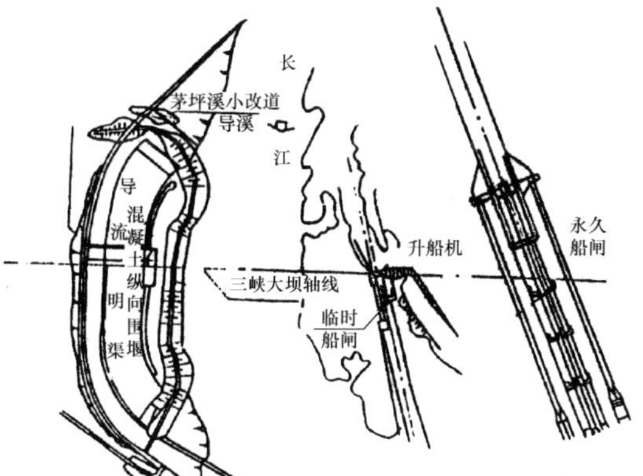

图 1-7-2 三峡水利枢纽一期工程施工导流布置

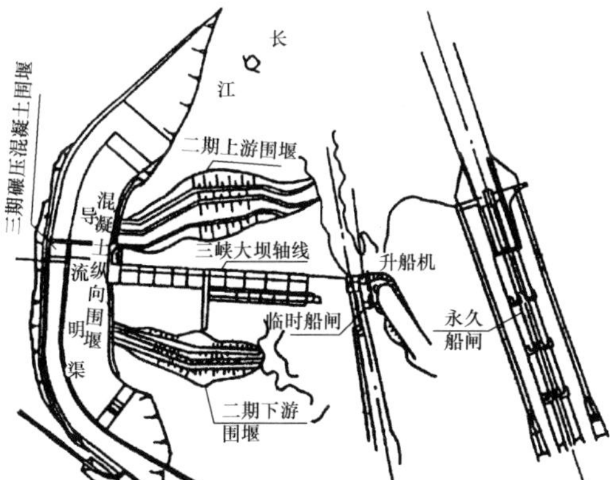

图 1-7-3 三峡水利枢纽二期工程施工导流布置图

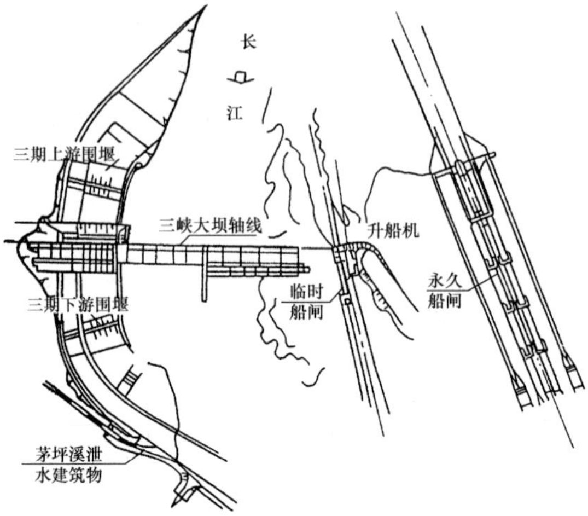

图 1-7-4　三峡水利枢纽三期工程施工导流布置图

根据不同时期泄水道的特点，分期围堰法导流方式中又包括束窄河床导流和通过已建或在建的永久建筑物导流。

（1）束窄河床导流。束窄河床导流是通过束窄后的河床泄流，通常用于导流的前期阶段，特别是一期导流。

（2）通过已完建或未完建的永久建筑物导流。通过建筑物导流的主要方式包括设置在混凝土坝体中的底孔导流，混凝土坝体上预留缺口导流、梳齿孔导流，平原河道上的低水头河床式径流电站可采用厂房导流，个别高、中水头坝后式厂房，通过厂房导流等。这种方式多用于导流的后期阶段。

2）全段围堰法导流

在河床主体工程的上下游各修建一道拦河围堰，使河水经河床以外的临时泄水道或永久泄水建筑物下泄。主体工程建成或接近建成时，再将临时泄水通道封死。

按导流泄水建筑物的类型可分为隧洞导流、明渠导流和涵管导流等。在实际工程中也采用明渠隧洞等组合方式导流。

（1）隧洞导流。隧洞导流是在河岸中开挖隧洞，在基坑上下游修筑围堰，河水经由隧洞下泄。图 1-7-5 所示为青海省龙羊峡水电站隧洞导流。这种导流方法适用于河谷狭窄、两岸地形陡峻、山岩坚实的山区河流。

（2）明渠导流。明渠导流是在河岸上开挖渠道，在基坑上下游修筑围堰，河水经渠道下泄，如图 1-7-6 所示。这种施工导流方法一般适用于岸坡平缓或有一岸具有较宽的台地、垭口或古河道的地形。

（3）涵管导流。涵管导流（图 1-7-7）是利用涵管进行导流，适用于导流流量较小的河流或只用来担负枯水期的导流。一般在修筑土坝、堆石坝等工程中采用。由于涵管过多对坝身结构不利，且使大坝施工受到干扰，因此坝下埋管不宜过多，单管尺寸也不宜过大。涵管应在干地施工，通常涵管布置在河滩上，滩地高程在枯水位以上。

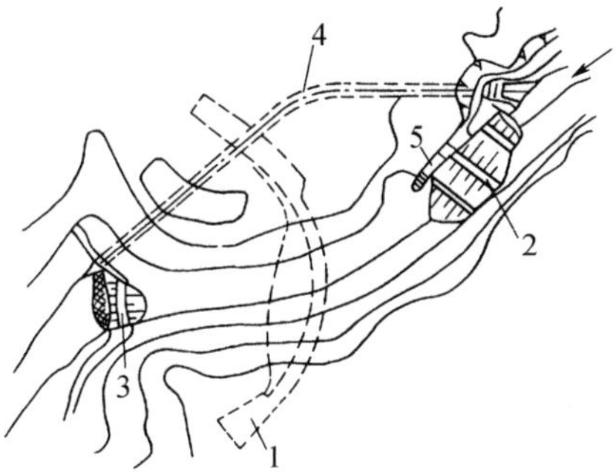

图 1-7-5　青海省龙羊峡水电站隧洞导流

1—混凝土坝；2—上游围堰；3—下游围堰；
4—导流隧道；5—临时溢洪道

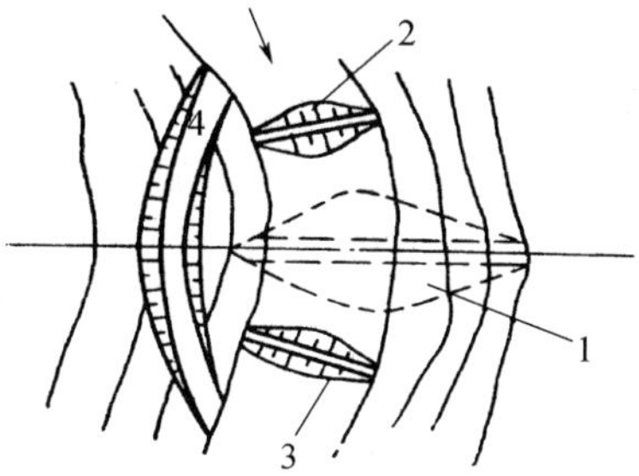

图 1-7-6　明渠导流

1—坝体；2—上游围堰；
3—下游围堰；4—导流明渠

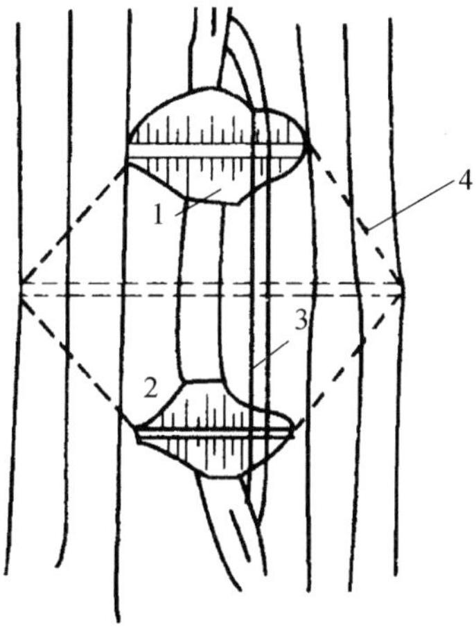

图 1-7-7　涵管导流

1—上游围堰；2—下游围堰；3—涵管；4—坝体

2. 导流设计流量与导流方案

1）导流标准

导流标准是选择导流设计流量进行施工导流设计的标准，导流标准主要包括导流建筑物级别、导流建筑物设计洪水标准、施工期临时度汛洪水标准和导流泄水建筑物封堵后坝体度汛洪水标准等。导流建筑物级别根据其保护对象、失事后果、使用年限和导流建筑物规模等指标划分为 3～5 级。导流建筑物设计洪水标准应根据导流建筑物的级别和类型，并结合风险度分析合理确定；当坝体填筑高程超过围堰顶高程时，坝体临时度汛洪水标准应根据坝型和坝前拦洪库容确定，导流泄水建筑物封堵后，如永久泄洪建筑物尚未具备设计泄洪能力，坝体度汛洪水标准应分析坝体施工和运行要求根据坝型和大坝级别确定，且汛前坝体上升高度应满足拦洪要求，帷幕灌浆及接缝灌浆高程应能满足蓄水要求。

施工期可能遇到的洪水是一个随机事件，如果标准太低，不能保证工程施工安全；反之，则使导流工程设计规模过大，不仅增加导流费用，而且可能因其规模太大以至无法按期完成，造成工程施工的被动局面。因此，导流标准的确定，应结合风险度分析，使所选标准经济合理。

2）导流时段

在工程施工过程中，不同阶段可以采用不同的施工导流方法和挡水、泄水建筑物。不同导流方法组合的顺序，通常称为导流程序。导流时段就是按导流程序所划分的各施工阶段的延续时间，具有实际意义的导流时段，主要是围堰挡水而保证基坑干地施工的时间，所以也称挡水时段。

导流时段的划分与河流的水文特征、水工建筑物的布置和型式、导流方案、施工进度等因素有关。按河流的水文特征可分为枯水期、中水期和洪水期。在不影响主体工程施工的条件下，若导流建筑物只负担枯水期的挡水、泄水任务，显然可大大减少导流建筑物的工程量，改善导流建筑物的工作条件，具有明显的技术经济效果。因此，合理划分导流时段，明确不同时段导流建筑物的工作条件，是既安全又经济地完成导流任务的基本要求。

3）导流设计流量

（1）不过水围堰应根据导流时段来确定。如果围堰挡全年洪水，其导流设计流量就是选定导流标准的年最大流量，导流挡水与泄水建筑物的设计流量相同；如果围堰只挡某一枯水时段，则按该挡水时段内同频率洪水作为围堰和该时段泄水建筑物的设计流量，但确定泄水建筑物总规模的设计流量，应按坝体施工期临时度汛洪水标准决定。

（2）过水围堰允许基坑淹没的导流方案，从围堰工作情况看，有过水期和挡水期之分，显然它们的导流标准应有所不同。

过水期的导流标准应与不过水围堰挡全年洪水时的标准相同。其相应的导流设计流量主要用于围堰过水情况下，加固保护措施的结构设计和稳定分析，也用于校核导流泄水道的过水能力。

挡水期的导流标准应结合水文特点、施工工期及挡水时段，经技术经济比较后选定。当水文系列较长，大于或等于30年时，也可根据实测流量资料分析选用。其相应的导流设计流量主要用于确定堰顶高程、导流泄水建筑物的规模及堰体的稳定分析等。

4）导流方案

水利水电枢纽工程施工，从开工到完建往往不是采用单一的导流方法，而是几种导流方式组合起来配合运用，以取得最佳的技术经济效果。这种不同导流时段、不同导流方式的组合，通常称为导流方案。

导流方案的选择受多种因素的影响。一个合理的导流方案，必须在周密研究各种影响因素的基础上，拟定几个可能的方案，进行技术经济比较，从中选择技术经济指标优越的方案。

3. 围堰工程

围堰是导流工程中的临时挡水建筑物，用来围护施工基坑，保证水工建筑物能在干地施工。在导流任务完成以后，如果围堰对永久建筑物的运行有妨碍或没有考虑作为永久建筑物的一部分时，应予拆除。

1）围堰工程的分类

按使用材料分为土石围堰、混凝土围堰、钢板桩围堰、木笼围堰及草土围堰等。

按与水流的相对位置分为横向围堰（与河流水流方向大致垂直）和纵向围堰（与

河流水流方向大致平行）。

按与坝轴线的相对位置分为上游围堰和下游围堰。

按导流期间是否允许过水分为过水围堰和不过水围堰。

按施工期分为一期围堰、二期围堰等。

按受力条件分为重力式、拱式等。

按防渗结构分为心墙、斜墙、斜心墙等。

2）围堰的基本特点及基本要求

（1）围堰的特点。围堰作为临时性建筑物，除应满足一般挡水建筑物的基本要求外，还具有自身的特点：

① 施工期短，一般要求在一个枯水期内完成，并在当年汛期挡水。

② 一般需进行水下施工，而水下作业质量往往不易保证。

③ 完成挡水任务后，围堰常常需要拆除，尤其是下游围堰。

（2）围堰的基本要求：

① 具有足够的稳定性、防渗性、抗冲性和强度。

② 造价便宜构造简单，修建、维护和拆除方便。

③ 围堰的布置应力求使水流平顺，不发生严重的局部冲刷。

④ 围堰的接头和岸边连接要安全可靠。

⑤ 必要时应设置抵抗冰凌、航筏防冲击和破坏的设施。

3）常用的围堰形式及适用条件

（1）土石围堰。土石围堰由土石填筑而成，多用作上下游横向围堰。它能充分利用当地材料，对基础适应性强，施工工艺简单。土石围堰可做成过水围堰，允许汛期围堰过水，但需做好溢流面、堰址下游基础和两岸接头的防冲保护。例如，上犹江、拓溪、大化等工程的土石过水围堰。土石围堰的防渗结构形式有土质芯墙和斜墙、混凝土芯墙和斜墙、钢板桩芯墙及其他防渗墙结构，如图 1-7-8 所示。

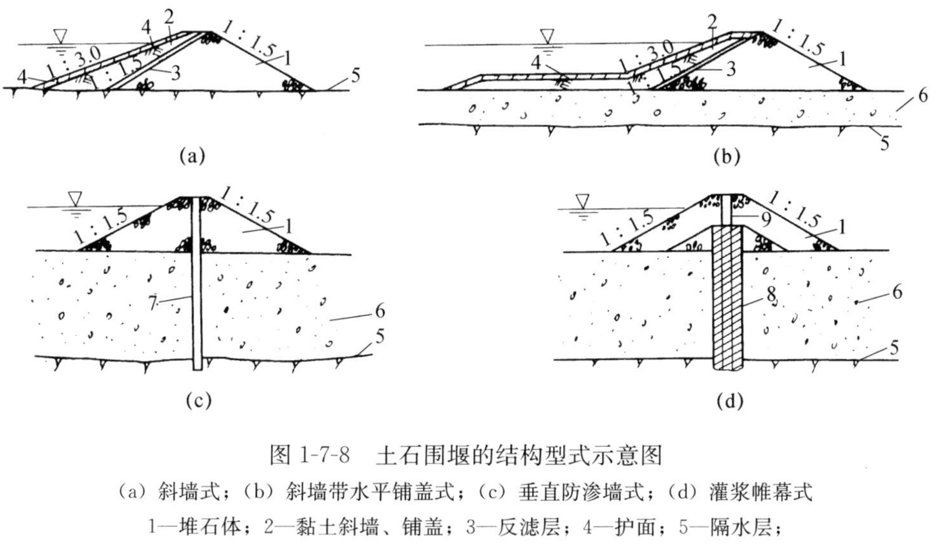

图 1-7-8　土石围堰的结构型式示意图

（a）斜墙式；（b）斜墙带水平铺盖式；（c）垂直防渗墙式；（d）灌浆帷幕式

1—堆石体；2—黏土斜墙、铺盖；3—反滤层；4—护面；5—隔水层；

6—覆盖层；7—垂直防渗墙；8—灌浆帷幕；9—黏土心墙

（2）混凝土围堰。混凝土围堰的抗冲与防渗能力强，挡水水头高，底宽小，易于与永久建筑物相连接，必要时还可以过水，因此应用比较广泛。近年来，由于碾压混凝土（RCC）具有施工速度快，造价低，过水时安全性高等优势而广泛应用。如广西岩滩上下游 RCC 围堰（高 52.3m）、湖北隔河岩上游过水 RCC 拱围堰（高 40m）、云南大朝山上游 RCC 过水拱围堰（高 41m）、福建水口 RCC 纵向导墙、广西龙滩 RCC 重力围堰（高 87.6m）、三峡三期上游 RCC 重力围堰（高 121m，见图 1-7-9）。因此，在有条件时应优先选用 RCC 围堰；当堰址的河谷狭窄且地质条件良好时，可采用 RCC 拱围堰。

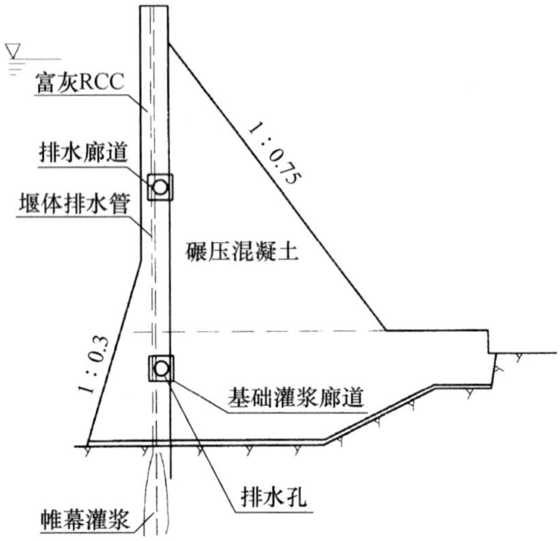

图 1-7-9　三峡三期上游 RCC 重力围堰

① 拱形混凝土围堰。拱形混凝土围堰一般适用于岸坡陡峻、岩石坚实的山区河流。此时常采用隧洞及允许基坑淹没的导流方案。通常，围堰的拱座设在枯水位以上。对围堰的基础处理，当河床的覆盖层较薄时，常进行水下清基；若覆盖层较厚，则可灌注水泥浆防渗加固。堰身的部分混凝土要进行水下施工，因此难度较高。

拱形混凝土围堰，由于利用了混凝土抗压强度较高的特点，与重力式围堰相比，断面较小，可节省混凝土工程量。

有的工程，在堆石体上修建重力式拱形围堰。围堰的修筑，通常从岸边沿围堰轴线向水中抛填砂砾石或石渣进占，出水后进行灌浆，使抛填的砂砾石体或石渣体固结，并使灌浆帷幕穿透覆盖层直至基岩；然后在砂砾石体或石渣体上浇筑重力式拱形混凝土围堰。

② 重力式混凝土围堰。采用分段围堰法导流时，重力式混凝土围堰往往可兼做第一期和第二期纵向围堰，两侧均能挡水，还能作为永久建筑物的一部分，如隔墙、导墙等。

重力式混凝土围堰一般需修建在基岩上，断面可做成实体式，与非溢流重力坝类似，也可做成空心式。为了保证混凝土的施工质量，通常需在土石低水围堰围护下进行干地施工。

（3）钢板桩格型围堰。钢板桩格形围堰是由一系列彼此相连的格体形成外壳，然后在内填以土料或砂料构成。格体是土或砂料和钢板桩的组合结构，由横向拉力强的钢板桩连锁围成一定几何形状的封闭系统。其断面尺寸小，抗冲能力强，可以修建在岩基上或非岩基上，堰顶浇筑混凝土盖板后也可以作过水围堰。修建时可进行干地施工或水下施工，钢板桩的回收率可达70%以上，故在国外得到广泛使用。我国葛洲坝工程采用了圆筒形钢板桩格型围堰作为纵向围堰的一部分。钢板桩格形围堰按挡水高度不同，其平面形式有圆筒形格体、扇形格体、花瓣形格体，应用较多的是圆筒形格体。

（4）竹笼围堰。竹笼围堰是用内填块石的竹笼堆叠而成的挡水建筑物，在迎水面一般用木板、混凝土面板或填黏土阻水。在我国南方盛产南竹地区，是充分利用当地材料的形式之一。如果采用铅丝笼填石代替竹笼也是同一种类型。竹笼的使用年限，一般为1～2年，竹材经防腐处理后可达2～4年。竹笼围堰允许过水，对岩基或软弱地基均能适用。它的断面尺寸较小，具有一定的抗冲能力，可用于纵向围堰，也可用于横向围堰。但竹笼填石施工不易机械化，一般需人工施工。采用竹笼围堰的工程有富春江等。

（5）木笼围堰。它具有断面尺寸小、抗冲能力强、施工速度快等优点。堰顶加混凝土盖板后可以过水。因此，用作纵向围堰具有明显的优越性。我国采用木笼围堰或木笼土石混合围堰的工程有新安江、建溪、西津等。但它的木材耗量大，木材较难回收和重复使用。在当前木材短缺的情况下，使用范围受到限制。如果用预制钢筋混凝土构件代替木笼，也是同一类型。

（6）草土围堰。草土围堰是一种草土混合结构，在西北地区的水利水电工程中广为应用，如青铜峡、盐锅峡、石泉、安康等工程。草土围堰施工简单，速度快，造价低，便于修建和拆除。并具有一定的抗冲防渗能力，对基础沉陷变形适应性好，既可用于软基或岩基，又可作纵向围堰或横向围堰，但堰顶不能过水，一般使用年限为1～2年。

4）围堰的平面布置

围堰的平面布置主要包括围堰外形轮廓布置和确定堰内基坑范围。

外形轮廓不仅与导流泄水建筑物的布置有关，而且取决于围堰种类、地质条件以及对防冲措施的考虑。

堰内基坑范围大小主要取决于主体工程的轮廓和相应的施工方法。当采用全段围堰法导流时，围堰基坑是由上、下游围堰和河床两岸围成的。当采用分期导流时，围堰基坑是纵向围堰与上下游横向围堰围成的。在上述两种情况下，上下游横向围堰的布置，都取决于主体工程的轮廓。通常基坑坡趾距离主体工程轮廓的距离，应不小于20～30m，以便布置排水设施、交通运输道路、堆放材料和模板等（见图1-7-10）。而基坑开挖边坡的大小，则与地质条件有关。

采用分段围堰法导流时，上、下游横向围堰一般不与河床中心线垂直，而多布置成梯形，以保证水流顺畅，同时也便于运输道路的布置和衔接。采用全段围堰法导流时，为了减少工程量，其横向围堰多与主河道垂直。

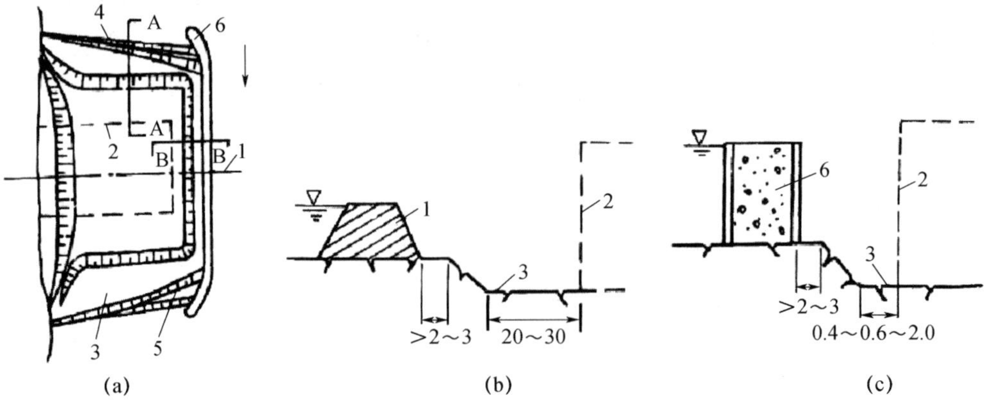

图 1-7-10　围堰布置与基坑范围示意图

(a) 平面图；(b) A—A 剖面；(c) B—B 剖面

1—主体工程轴线；2—主体工程轮廓；3—基坑；4—上游横向围堰；

5—下游横向围堰；6—纵向围堰

5）围堰堰顶高程的确定

围堰堰顶高程的确定，不仅取决于导流设计流量和导流建筑物的形式、尺寸、平面布置、高程和糙率等，还要考虑河流的综合利用和主体工程的工期等因素。

（1）下游围堰的堰顶高程，由河床水位-流量关系曲线，查到通过导流设计流量时的水位，然后加上安全超高，即可得到下游围堰的堰顶高程，见下式

$$H_{下} = h_d + \delta \tag{1-7-1}$$

式中　$H_{下}$——下游围堰堰顶高程，m；

h_d——下游水面高程，m；

δ——安全超高，m，可由规范查到。

（2）上游围堰堰顶高程：

$$H_{上} = h_d + Z + \delta \tag{1-7-2}$$

式中　$H_{上}$——上游围堰堰顶高程，m；

Z——上下游水位差，m；

其余符号意义同前。

围堰拦蓄一部分水流时，堰顶高程应通过调洪演算来确定。纵向围堰的堰顶高程，要与束窄河床中宣泄导流设计流量时的水面线相适应，其上下游端部分别与上下游横向围堰同高，所以其顶面常常做成倾斜状。

6）围堰施工及拆除

（1）土石围堰。围堰的施工有水上、水下两部分。水上部分的施工与一般土石坝相同，采用分层填筑，碾压施工，并适时安排防渗墙施工；水下部分的施工，土料、石渣、堆石体的填筑可采用进占法，也可采用各种驳船抛填水下材料。土石围堰与岸坡的接头，主要通过扩大接触面和嵌入岸坡的方法，以延长塑性防渗体的接触范围，防止集中绕渗破坏。

土石围堰与混凝土纵向围堰的接头，通常采用刺墙形式插入土石围堰的塑性防渗体中，并将接头的防渗体断面扩大，以保证在任一高程处均能满足渗径长度要求。

围堰拆除一般是在使用期的最后一个汛期过后，随上游水位的下降，逐层拆除围堰背水坡和水上部分。土石围堰的拆除可用挖掘机开挖、爆破、挖泥船开挖或人工开挖等。

（2）混凝土围堰。混凝土围堰多为重力式。狭窄河床的上游围堰，在堰肩地质条件允许的情况下，也可采用拱形结构。混凝土围堰的施工与混凝土坝相似。混凝土围堰一般需在低土石围堰保护下干地施工，但也可创造条件在水下浇筑混凝土或预填骨料灌浆。

混凝土围堰的拆除，一般只能用爆破法炸除，但应注意，必须使主体建筑物或其他设施不受爆破危害。

（3）钢板桩格形围堰。钢板桩格形围堰的修建和拆除机械化程度高，钢板桩回收可达70%，边坡垂直、断面小、占地少，安全可靠。钢板桩格形围堰修建工序：定位、打设模架支柱、模架就位、安插打设钢板桩、安装围檩和拉杆、拆除支柱和模架、填充砂砾料至设计高度。

钢板桩围堰的拆除。工程完工后，基坑充水使围堰的两侧水位平衡，围堰内的砂砾料分层挖除，拆除钢拉杆和围檩，用振动锤拔除钢板桩。

（二）截流工程

在施工导流中，截断原河床水流，才能最终把河水引向导流泄水建筑物下泄，在河床中全面开展主体建筑物的施工，这就是截流。截流实际上是在河床中修筑横向围堰工作的一部分。在大江大河中截流是一项难度比较大的工作。

截流施工的一般过程：先在河床的一侧或两侧向河床中填筑截流戗堤，这种向水中筑堤的工作称为进占。戗堤填筑到一定程度，把河床束窄，形成了流速较大的龙口。封堵龙口的工作称为合龙。在合龙开始以前，为了防止龙口河床或戗堤端部被冲毁，须采取防冲措施对龙口加固。合龙以后，龙口部位的戗堤虽已高出水面，但其本身依然漏水，因此须在其迎水面设置防渗设施。在戗堤全线上设置防渗设施的工作称闭气。所以，整个截流过程包括戗堤的进占、龙口范围的加固、合龙和闭气等工作。截流以后，再在这个基础上，对戗堤进行加高培厚，直至达到围堰设计要求。

1. 截流的基本方法

截流的基本方法有立堵法和平堵法两种。

1）立堵法截流

立堵法截流是将截流材料，从龙口一端向另一端或从两端向中间抛投进占，逐渐束窄龙口，直至全部拦断，如图1-7-11和图1-7-12所示。截流材料通常用自卸汽车在进占戗堤的端部直接卸料入水，个别巨大的截流材料也有用起重机、推土机投放入水的。

立堵法截流不需要在龙口架设浮桥或栈桥，准备工作比较简单，费用较低。但截流时龙口的单宽流量较大，出现的最大流速较高，而且流速的分布很不均匀，需用单个质量较大的截流材料。截流时工作前线狭窄，抛投强度受到限制，施工进度受到影响。根据国内外截流工程的实践和理论研究，立堵法截流一般适应流量大、岩基或覆盖层较薄的岩基河床。对软基河床只要护底措施得当，采用立堵法截流同样有效。

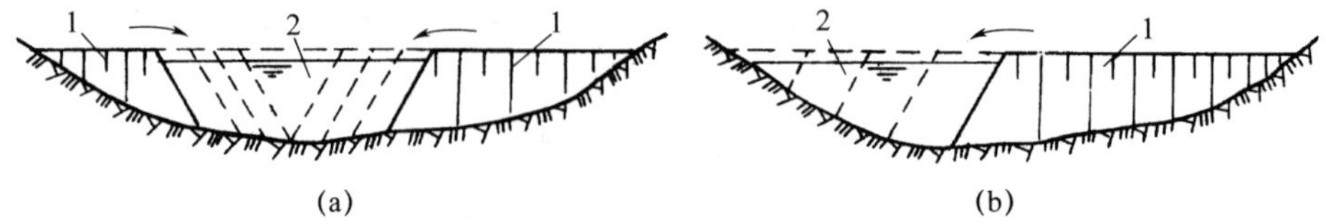

图 1-7-11　立堵法截流

（a）双向进占；（b）单向进占

1—截流戗堤；2—龙口

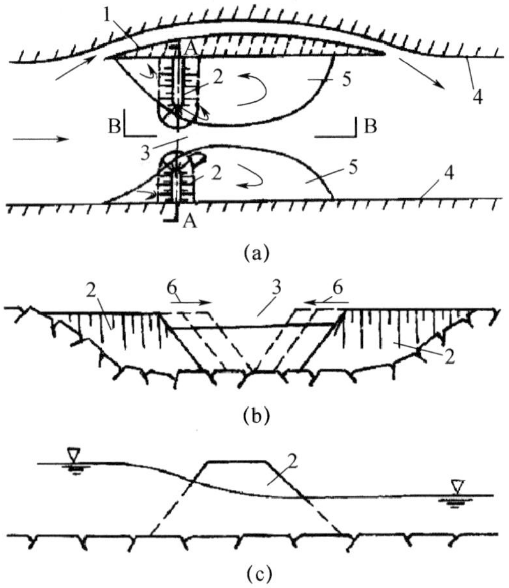

图 1-7-12　立堵截流示意图

（a）平面图；（b）A—A 剖面；（c）B—B 剖面

1—分流建筑物；2—截流戗堤；3—龙口；

4—河岸；5—回流区；6—进占方向

（2）平堵法截流

平堵法截流事先要在龙口架设浮桥或栈桥，用自卸汽车沿龙口全线从浮桥或栈桥上均匀地抛填截流材料直至戗堤高出水面为止，如图 1-7-13 所示。因此，采用平堵法截流时，龙口的单宽流量较小，出现的最大流速较低，且流速分布均匀，截流材料单个重量也较小，截流时工作前线长，抛投量较大，施工进度快。但在通航河道，龙口的浮桥或栈桥会妨碍通航。平堵法截流常用于软基河床上。

截流设计首先应根据施工条件，充分研究两种方法对截流工作的影响，通过试验研究和分析比较来选定。有的工程也有先用立堵法进占，再在小范围龙口内用平堵法截流，这称为立平堵法。严格来说平堵法都先以立堵进占开始，再平堵，类似立平堵法，但立平堵法的龙口较窄。

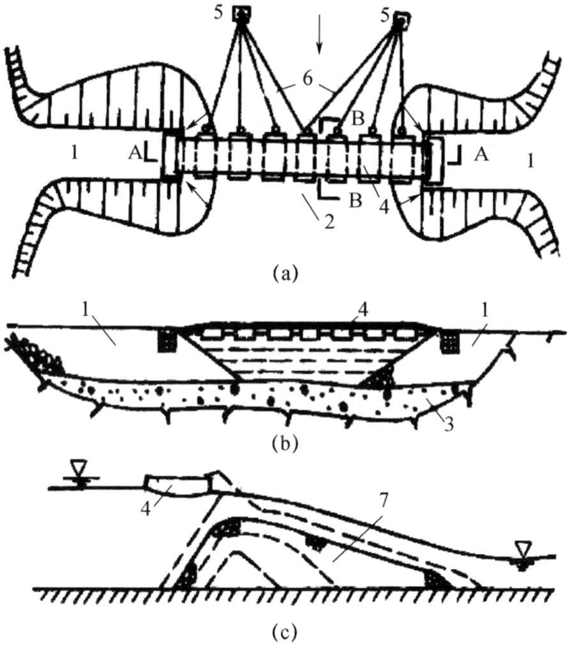

图 1-7-13　平堵截流示意图

(a) 平面图；(b) A—A 剖面；(c) B—B 剖面

1—截流戗堤；2—龙口；3—覆盖层；4—浮桥；5—锚缆；6—钢缆；7—平堵截流抛石

2. 龙口布置和截流材料的选择

1) 龙口位置的选择

龙口位置的选择，对截流工作顺利与否有密切关系。选择龙口位置时要考虑下述一些技术要求：

(1) 一般来说，龙口应设置在河床主流部位，方向力求与主流顺直，使截流前河水能较顺畅地经由龙口下泄。

(2) 龙口应选择在耐冲河床上，以免截流时因流速增大，引起过分冲刷。如果龙口河床覆盖层较薄，则应清除，否则，应进行护底防冲。

(3) 龙口附近应有较宽阔的场地，以便布置截流运输路线和制作、堆放截流材料。

2) 龙口宽度的确定

原则上龙口的宽度应尽可能窄，这样合龙的工程量就小，截流的延续时间也短，但以不引起龙口及其下游河床的冲刷为限。为了提高龙口的抗冲能力，减少合龙的工程量，须对龙口加以保护。龙口的保护包括护底和裹头。龙口宽度及其防护措施，可根据相应的流量及龙口的抗冲流速来确定。

3) 截流材料种类选择

截流时采用当地材料在我国已有悠久的历史，主要有块石、石串、装石竹笼等。此外，当截流水力条件较差时，还须采用混凝土块体。石料密度较大，抗冲能力强，一般工程较易获得，而且通常也比较经济。因此，凡有条件的，均应优先选用石块截流。

在大中型工程截流中，混凝土块体的运用较普遍，如混凝土六面体、四面体、四脚体及钢筋混凝土构架等（图1-7-14）。这种人工制作的块体、使用方便，抗冲能力强，故为许多工程采用（如三峡工程、葛洲坝工程等）。在中小型工程截流中，因受起重运输设备能力限制，所采用的单个石块或混凝土块体的重量不能太大。石笼（如竹笼、铅丝笼、钢筋笼）或石串，一般使用在龙口水力条件不利的情况下。大型工程中除了石笼、石串外，也采用混凝土块体串。某些工程，因缺乏石料，或因河床易受冲刷，也可根据当地条件采用梢捆、草土等材料截流。

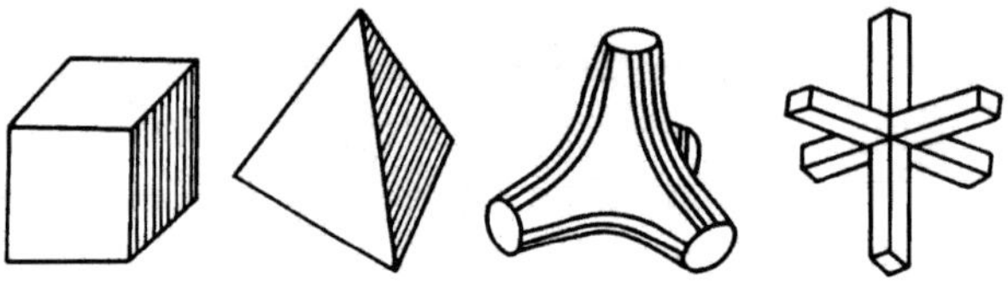

(a)　(b)　(c)　(d)

图1-7-14　截流材料

（a）混凝土六面体；（b）混凝土四面体；
（c）混凝土四脚体；（d）钢筋混凝土构架

4）截流材料尺寸的确定

在截流中，合理选择截流材料的尺寸或质量，对于截流的成败和节省截流费用具有很大意义。尺寸或质量取决于龙口流速。采用块石和混凝土块体截流时，所需材料尺寸可通过水力计算初步确定，也可以按照经验选定，同时综合考虑该工程可能拥有的起重运输设备能力确定。

5）截流材料数量的确定

（1）不同粒径材料数量的确定。无论是平堵截流还是立堵截流，原则上都可以按合龙过程中水力参数的变化来计算相应的材料粒径和数量。常用的方法是将合龙过程按高程（平堵）或宽度（立堵）划分成若干区段，然后按分区最大流速计算出所需材料粒径和数量。实际上，每个区段也不是只用一种粒径材料，所以设计中均参照国内外已有工程经验来决定不同粒径材料的比例。例如，平堵截流时，最大粒径材料数量可按实际使用区段考虑，也可按最大流速出现时起，直到戗堤出水时所用材料总量的70％～80％考虑。又如，立堵截流时，最大粒径材料数量，常按困难区段抛投总量的1/3考虑。

（2）备料量。备料量的计算，以设计戗堤体积为基础，并应考虑各项损失。平堵截流的设计戗堤体积计算比较复杂，需按戗堤不同阶段的轮廓计算。立堵截流戗堤断面为梯形，设计戗堤体积计算比较简单。戗堤顶宽视截流施工需要而定，通常取10～18m，可保证2～3辆汽车同时卸料。

龙口段抛投的大块石、钢筋石笼或混凝土四面体等材料数量考虑一定备用，备用系数宜取1.2～1.3。截流备料总量根据截流物料堆存条件、运输条件、可能流失量及戗堤沉陷等因素综合分析，并留适当备用量，备用系数可取1.2～1.3。

（三）基坑排水

在截流戗堤合龙闭气以后，就要排除基坑中的积水和渗水，随后在开挖基坑和进行基坑内建筑物的施工中，还要经常不断的排除渗入基坑内的渗水和可能遇到的降水，以保证干地施工。在河岸上修建水工建筑物时，如基坑低于地下水位，也要进行基坑排水。

基坑排水工作按排水时间及性质，一般可分为：① 基坑开挖前的初期排水，包括基坑积水、基坑积水排除过程中围堰及基坑的渗水和降水的排除；② 基坑开挖及建筑物施工过程中的经常性排水，包括围堰和基坑的渗水、降水、地基岩石冲洗及混凝土养护用废水的排除等。

1. 初期排水

根据围堰型式计算堰身及地基渗流量，得出基坑内外水位差与渗流量的关系曲线；然后根据基坑允许下降速度，考虑不同高程的基坑面积后计算出基坑排水强度曲线。将上述两条曲线迭加后，便可求得初期排水的强度曲线，其中最大值为初期排水的计算强度。根据基坑水位允许下降速度，确定初期排水时间。以不同基坑水位的抽水强度乘以相应的区间排水时间的总和，便得出初期排水总量。

排水泵站的设置应尽量做到扬程低、管路短、少迁移、基础牢、便于管理、施工干扰少，并尽可能使排水和施工用水相结合。初期排水布置视基坑积水深度不同，有固定式抽水站和移（浮）动式抽水站两种。

在实际施工中，制定措施计划时，还常用试抽法来确定设备容量。

2. 经常性排水

经常性排水包括围堰和基坑的渗水、排水过程中的降水、施工弃水等。

排水系统的布置通常应考虑两种不同的情况：一种是基坑开挖过程中的排水系统布置；另一种是基坑开挖完成后建筑物施工过程的排水系统布置，如图 1-7-15 所示。在具体布置时，宜结合起来考虑，并使排水系统尽可能不影响施工。

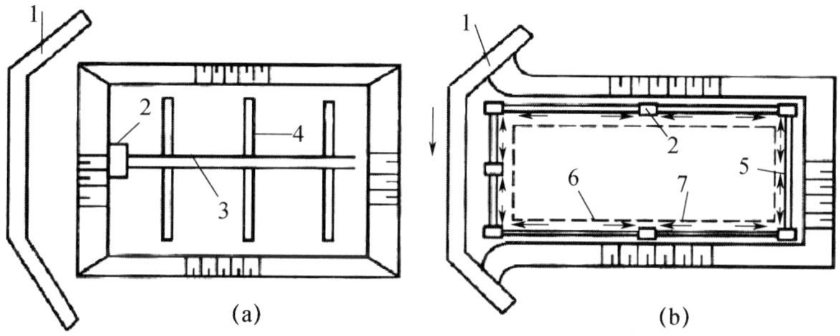

图 1-7-15　经常性排水系统布置示意图

(a) 开挖基坑过程中的排水；(b) 基础施工过程中的排水

1—围堰；2—集水井；3—排水干沟；4—排水支沟；5—排水沟；6—基础轮廓；7—水流方向

在经常性排水过程中，为保证基坑开挖工作始终在干地进行，常常要多次降低排水沟和集水井的高程，变换水泵站的位置，以免影响开挖工作的正常进行。此外，在开挖细沙土、砂壤土一类地基时，随着基坑底面的下降，坑底与地下水位的高差越来越大，在地下水渗透压力作用下，容易产生边坡坍塌、坑底隆起等事故，对开挖带来不利影响。采用人工降低地下水位就可避免上述问题的发生。

人工降低地下水位的方法按排水工作原理来分为管井法和井点法两种。

1）管井法降低地下水位

管井法降低地下水位时，在基坑周围布置一系列管井，管井中放入水泵的吸水管，地下水在重力作用下流入井中，被水泵抽走。管井通常由下沉钢井管而成，在缺乏钢管时也可用预制混凝土管代替。管井中可应用各种抽水设备，但主要是离心式水泵、深井水泵或潜水泵。

2）井点法降低地下水位

井点法和管井法不同，它把井管和水泵的吸水管合二为一，简化了井的构造，便于施工。

井点法降低地下水位的设备，根据其降深能力分轻型井点（浅井点）和深井点等。

(1) 轻型井点。轻型井点是由井管、集水总管、普通离心式水泵、真空泵和集水箱等设备组成的一个排水系统，如图 1-7-16 所示。

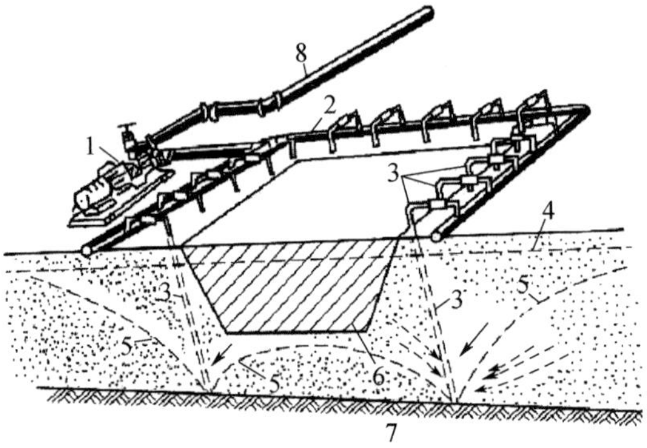

图 1-7-16　轻型井点排水系统布置示意图

1—带真空泵和集水箱的离心式水泵；2—集水总管；3—井管；4—原地下水位；5—排水后水面降落线；6—基坑；7—不透水层；8—排水管

(2) 深井点。深井点与轻型井点不同，它的每一根井管上都装有扬水器（水力扬水器或压气扬水器），因此它不受吸水高度的限制，有较大的降深能力。深井点有喷射井点和压气扬水井点两种。

① 喷射井点。喷射井点由集水池、高压水泵、输水干管和喷射井管等组成。

喷射井点排水的过程：扬程为 6×（10^5～10^6Pa）（6～10 个大气压）的高压水泵将高压水压入内管与外管间的环形空间，经进水孔由喷嘴以 10～50m/s 高速喷出，由此产生负压，使地下水经滤管吸入内管，在混合室中与高速的工作水混合，经喉管和扩散管以后，流速水头转变为压力水头，将水压到地面的集水池中。

高压水泵从集水池中抽水作为工作水，而池中多余的水则任其流走或用低压水泵抽走。通常一台高压水泵能为 30～35 个井点服务，其最适宜的降低水位范围为 5～18m。喷射井点的排水效率不高，一般用于渗透系数为 3～50m/d，渗流量不大的场合。

② 压气扬水井点。压气扬水井点是用压气扬水器进行排水。排水时压缩空气通过输气管，再由喷气装置进入扬水管，于是管内容重较轻的水气混合液，在管外压力的作用下，沿扬水管上升到地面排走。为了达到一定的扬水高度，就必须将扬水管沉入井中足够的潜没深度，使扬水管内外有足够的压力差。压气扬水井点降低地下水最大

可达 40m。

③ 电渗井。在渗透系数小于 0.1m/d 的黏土或淤泥中降低地下水位时，比较有效的方法是电渗井点降水。电渗井点排水时，沿基坑四周布置两列正负电极。正极通常用金属管做成，负极就是井点的排水井，在土中通过电流以后，地下水将从金属管（正极）向井点（负极）移动集中，再由井点系统的水泵抽走。电流由直流发电机提供。

二、基础处理

水工建筑物的基础有岩基和软基两类，其中软基包括土基与砂砾石地基。地基处理的工程种类很多，按处理的方法分为以下几种：

（1）灌浆：有防渗帷幕灌浆、固结灌浆、接触灌浆、回填灌浆及化学灌浆等。

（2）防渗墙：有钢筋混凝土防渗墙、素混凝土防渗墙、黏土混凝土防渗墙、固化水浆防渗墙和泥浆槽防渗墙等。

（3）桩基：主要有钻孔灌注桩、振冲桩和旋喷桩等。

（4）预应力锚固：主要有建筑物地基锚固、挡土边墙锚固及高边坡山体锚固等。

（5）开挖回填：主要有坝基截水槽、防渗竖井、沉箱、混凝土塞和抗滑桩等。

以下仅对水工建筑物常用的地基处理方法：岩基灌浆、混凝土防渗墙及旋喷灌浆等作简要介绍。

（一）岩基灌浆

1. 灌浆材料

灌浆材料可分为两大类，一类是用固体颗粒的灌浆材料（如水泥、黏土或膨润土、砂等）制成的浆液；另一类是用化学灌浆材料（如硅酸盐、环氧树脂、聚氨酯、丙凝等）制成的浆液。水利水电工程中大量常用的浆液主要有水泥浆、水泥黏土浆、黏土浆、水泥黏土砂浆等。

2. 灌浆方式

（1）按浆液的灌注流动方式，灌浆分为纯压式和循环式，如图 1-7-17 所示。

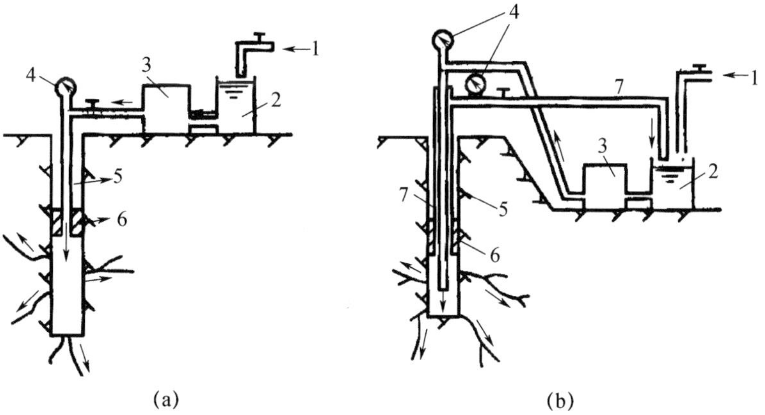

图 1-7-17 压式和循环式灌浆示意图

（a）纯压式；（b）循环式

1—水；2—拌浆桶；3—灌浆泵；4—压力表；5—灌浆管；6—灌浆塞；7—回浆管

① 纯压式灌浆是一次把浆液压入钻孔中，扩散到地基缝隙中，灌注过程中，浆液单向从灌浆机向钻孔流动的一种灌浆方式。

② 循环式灌浆是灌浆时浆液进入钻孔，一部分被压入地基缝隙中，另一部分由回浆管路返回拌浆筒中的一种灌浆方式。

（2）按灌浆孔中灌浆程序，灌浆分为一次灌浆和分段灌浆。

① 一次灌浆是将孔一次钻完，全孔段一次灌浆。在灌浆深度不大，孔内岩性基本不变，裂隙不大而岩层又比较坚固等情况下可采用该方法。

②分段灌浆是将灌浆孔划分为几段，采用自下而上或自上而下的方式进行灌浆。分段灌浆适用浆孔深度较大，孔内岩性又有一定变化而裂隙又大的情况；此外，裂隙大且吸浆量大，灌浆泵不易达到冲洗和灌浆所需的压力等情况下也可采用该方法。

3. 灌浆工艺与技术要求

1）固结灌浆

其目的是提高基岩的整体性与强度，并降低基础的透水性。

（1）灌浆工艺。

① 施工程序。固结灌浆施工程序依次是钻孔、压水试验、灌浆（分序施工）、封孔和质量检查等。

② 钻孔的布置。钻孔的布置有规则布孔和随机布孔两种。规则布孔形式有正方形布孔和梅花形布孔；随机布孔形式为梅花形布孔。

③ 压水试验。灌浆前进行简易压水试验，采用单点法，试验孔数一般不宜少于总孔5%。

④ 灌浆（分序施工）。灌浆分序施工，应严格把握变浆标准及灌浆结束标准。

⑤ 封孔。封孔采用“置换和压力灌浆封孔法”，先将孔内余浆置换成浓浆，再将灌浆塞塞在孔口，进行压力灌浆封孔。

⑥ 质量检查。灌浆施工中应进行压水试验检查、测试孔检查及对灌浆孔、检查孔的封孔质量抽样检查，以保证灌浆施工质量。基础固结灌浆完成后，应当进行灌浆质量和固结效果的检查。不符合要求的，可通过加密钻孔，补充进行灌浆，以达到要求。

（2）主要技术要求。

① 固结灌浆孔应按分序加密，浆液应按先稀后浓的原则进行。

② 固结灌浆压力一般控制在0.3～0.5MPa。

2）帷幕灌浆

帷幕灌浆是布置在靠近建筑物上游迎水面的基岩内，形成一道连续的平行建筑物轴线的防渗幕墙。其目的是减少基岩的渗流量，降低基岩的渗透压力，保证基础的渗透稳定。

（1）主要参数。帷幕灌浆主要参数有防渗标准、深度、厚度、灌浆孔排数和灌浆压力等。

（2）技术要求。

① 浆液浓度的控制。灌浆过程中，必须根据吸浆量的变化情况，适时调整浆液的浓度。开始时用最稀一级浆液，在灌入一定的浆量后若吸浆量没有明显减少时，即改为用较浓的浆液进行灌注，如此进行，逐级变浓直到结束。

② 灌浆压力的控制。灌浆尽可能采用比较高的压力，但应控制在合理范围内。灌浆压力的大小与孔深、岩层性质和灌浆段上有无压重等因素有关，应通过试验来确定，并在施工中进一步检验和调整。

③ 回填封孔。回填材料多用水泥浆或水泥砂浆。回填封孔有机械回填法和人工回填法。

3）化学灌浆

（1）化学浆液的特性。化学灌浆材料有很多品种，每种材料都有其特殊的性能，按灌浆的目的可分为防渗堵漏和补强加固两大类。属于防渗堵漏的有水玻璃、丙凝类、聚氨酯类等，属于补强加固的有环氧树脂类、甲凝类等。化学浆液有以下特性：

① 化学浆液的黏度低，有的接近于水，有的比水还小。其流动性好，可灌性高，可以灌入水泥浆液灌不进去的细微裂隙中。

② 化学浆液的聚合时间可以比较准确地控制，从几秒到几十分钟，有利于机动灵活地进行施工控制。

③ 化学浆液聚合后的聚合体，渗透系数很小，一般为 $10^{-6} \sim 10^{-5}$ cm/s，防渗效果好。

④ 有些化学浆液聚合体本身的强度及粘结强度比较高，可承受高水头。

⑤ 化学灌浆材料聚合体的稳定性和耐久性均较好，能抗酸、碱及微生物的侵蚀。

⑥ 化学灌浆材料都有一定毒性，在配制、施工过程中要十分注意防护，并切实防止对环境的污染。

（2）化学灌浆施工。

① 化学灌浆的工序。化学灌浆的工序依次是钻孔及压水试验，钻孔及裂缝的处理（包括排渣及裂缝干燥处理），埋设注浆嘴和回浆嘴以及封闭、注水和灌浆。

② 化学灌浆方法。按浆液的混合方式分单液法灌浆和双液法灌浆两种。单液法灌浆是在灌浆前，将浆液的各组分先混合均匀一次配成，经过气压或泵压压入孔段内。这种方法的浆液配比比较准确，施工较简单，但余浆不久就会聚合，不能再行使用。双液法灌浆是将预先已配制的两种浆液分盛在各自的容器内不混合，然后用气压或泵压按规定比例送浆，使两液在孔口附近的混合器中混合后送入孔段内。两液混合后即起化学作用，聚合时间一到，浆液即固化成聚合体。这种方法适应性强。

③ 化学灌浆压送浆液的方式。由于化学材料配制成的浆液中不存在固体颗粒灌浆材料那样的沉淀问题，因此化学灌浆都采用纯压式灌浆。化学灌浆压送浆液的方式有两种：一是气压法（即用压缩空气压送浆液）；二是泵压法（即用灌浆泵压送浆液）。

（二）混凝土防渗墙

1. 防渗墙的分类

（1）按结构形式防渗墙可分为桩柱型、槽板型和板桩灌注型等。

（2）按墙体材料防渗墙可分为混凝土、黏土混凝土、钢筋混凝土、自凝灰浆、固化灰浆和少灰混凝土等。

2. 防渗墙的作用与结构特点

防渗墙是一种防渗结构，但其实际的应用已远远超出了防渗的范围，可用来解决防渗、防冲、加固、承重及地下截流等工程问题。其具体的运用主要有如下几个方面：

（1）控制闸、坝基础的渗流。

（2）控制土石围堰及其基础的渗流。

（3）防止泄水建筑物下游基础的冲刷。

（4）加固一些有病害的土石坝及堤防工程。

（5）作为一般水工建筑物基础的承重结构。

（6）拦截地下潜流，抬高地下水位，形成地下水库。

防渗墙的类型较多，但从其构造特点来说，主要有两类：槽孔（板）型防渗墙和桩柱型防渗墙。槽孔（板）型防渗墙是我国水利水电工程中混凝土防渗墙的主要形式。防渗墙是垂直防渗措施，其立面布置有两种形式：封闭式与悬挂式。封闭式防渗墙是指墙体插入基岩或相对不透水层一定深度，以实现全面截断渗流的目的。而悬挂式防渗墙，墙体只深入地层一定深度，仅能加长渗径，无法完全封闭渗流。对于高水头的坝体或重要的围堰，有时设置两道防渗墙，共同作用，按一定比例分担水头。

防渗墙的厚度主要由防渗要求、抗渗耐久性、墙体的应力与强度及施工设备等因素确定。

不同的墙体材料具有不同的抗渗耐久性，其允许水力梯度值也就不同。如普通混凝土防渗墙的允许水力梯度值一般在80～100，而塑性混凝土因其抗化学溶蚀性能较好，可达300，水力梯度值一般在50～60。

3. 防渗墙的墙体材料

防渗墙的墙体材料，按其抗压强度和弹性模量，一般分为刚性材料和柔性材料。

刚性材料包括普通混凝土、黏土混凝土和掺粉煤灰混凝土等，其抗压强度大于5MPa，弹性模量大于10000MPa。柔性材料的抗压强度则小于5MPa，弹性模量小于10000MPa，包括塑性混凝土、自凝灰浆和固化灰浆等。另外，现在有些工程开始使用强度大于25MPa的高强混凝土，以适应高坝深基础对防渗墙的技术要求。

1）普通混凝土

普通混凝土是指其强度在7.5～20MPa，不加其他掺合料的高流动性混凝土。由于防渗墙的混凝土是在泥浆下浇筑，因此要求混凝土能在自重下自行流动，并有抗离析与保持水分的性能。其坍落度一般为18～22cm，扩散度为34～38cm。

2）黏土混凝土

在混凝土中掺入一定量的黏土（一般为总量的12%～20%），不仅可以节省水泥，还可以降低混凝土的弹性模量，改变其变形性能，增加其和易性，改善其易堵性。

3）粉煤灰混凝土

在混凝土中掺加一定比例的粉煤灰，能改善混凝土的和易性，降低混凝土发热量，提高混凝土密实性和抗侵蚀性，并具有较高的后期强度。

4）塑性混凝土

以黏土和（或）膨润土取代普通混凝土中的大部分水泥所形成的一种柔性墙体材料。

塑性混凝土与黏土混凝土有本质区别，因为后者的水泥用量降低并不多，掺黏土的主要目的是改善和易性，并未过多改变弹性模量。塑性混凝土的水泥用量仅为80～100kg/m^3，使得其强度低，特别是弹性模量值低到与周围介质（基础）相接近，这时，墙体适应变形的能力大大提高，几乎不产生拉应力，减少了墙体出现开裂现象的可能性。

5）自凝灰浆

自凝灰浆是在固壁浆液（以膨润土为主）中加入水泥和缓凝剂所制成的一种灰浆，凝固前作为造孔用的固壁泥浆，槽孔造成后则自行凝固成墙。

6）固化灰浆

在槽段造孔完成后，向固壁的泥浆中加入水泥等固化材料，砂子、粉煤灰等掺合料，水玻璃等外加剂，经机械搅拌或压缩空气搅拌后，凝固成墙体。

4. 防渗墙的施工工艺

槽孔（板）型防渗墙，是由一段段槽孔套接而成的地下墙。尽管在应用范围、构造形式和墙体材料等方面存在各种类型的防渗墙，但其施工程序与工艺是类似的。

1）造孔准备

造孔前必须根据防渗墙的设计要求和槽孔长度的划分，做好槽孔的测量定位工作，并在此基础上，设置导向槽。

导向槽的作用是标定防渗墙位置，钻孔导向；锁固槽口，保持泥浆压力，防止坍塌和阻止废浆脏水倒流入槽；以及吊放钢筋笼、安置导管和埋设仪表等的定位支撑。

导向槽可用木料、条石、灰拌土或混凝土制成。导向槽沿防渗墙轴线设在槽孔上方，导向槽的净宽一般等于或略大于防渗墙的设计厚度，高度以 1.5～2.0m 为宜。

导向槽安设好后，在槽侧铺设造孔钻机的轨道，安装钻机，修筑运输道路，架设动力和照明路线以及供水供浆管路，做好排水排浆系统，并向槽内充灌泥浆，保持泥浆液面在槽顶以下 30～50cm。做好这些准备工作以后，就可开始造孔。

2）固壁泥浆和泥浆系统

泥浆固壁的原理是：由于槽孔内的泥浆压力要高于地层的水压力，使泥浆渗入槽壁介质中，其中较细的颗粒进入空隙，较粗的颗粒附在孔壁上，形成泥皮。泥皮对地下水的流动形成阻力，使槽孔内的泥浆与地层被泥皮隔开。泥浆一般具有较大的密度，所产生的侧压力通过泥皮作用在孔壁上，就保证了槽壁的稳定。

泥浆除了固壁作用外，在造孔过程中，还有悬浮和携带岩屑、冷却润滑钻头的作用；成墙以后，渗入孔壁的泥浆和胶结在孔壁的泥皮，还对防渗起辅助作用。

泥浆的制浆材料主要有膨润土、黏土、水以及改善泥浆性能的掺合料，如加重剂、增粘剂、分散剂和堵漏剂等。制浆材料通过搅拌机进行拌制，经筛网过滤后，放入专用储浆池备用。

3）造孔成槽

造孔成槽工序约占防渗墙整个施工工期的 1/2。槽孔的精度直接影响防渗墙的质量。选择合适的造孔机具与挖槽方法对于提高施工质量、加快施工速度至关重要。用于防渗墙开挖槽孔的机具，主要有冲击钻机、回转钻机、钢绳抓斗及液压铣槽机等。对于复杂多样的地层，一般要多种机具配套使用。

进行造孔挖槽时，为了提高工效，通常先划分槽段，然后在一个槽段内，划分主孔和副孔，采用钻劈法、钻抓法或分层钻进等方法成槽。

各种造孔挖槽的方法，都采用泥浆固壁，在泥浆液面下钻挖成槽的。

4）终孔验收和清孔换浆

终孔验收合格后方准进行清孔换浆，清孔换浆的目的是在混凝土浇筑前，对留在孔底的沉渣进行清除，换上新鲜泥浆，以保证混凝土和不透水地层连接的质量。一般要求清孔换浆后4h内开始浇筑混凝土。

5）墙体浇筑

防渗墙的混凝土浇筑与一般混凝土浇筑不同，是在泥浆液面下进行的。泥浆下浇筑混凝土的主要特点如下：

（1）不允许泥浆与混凝土掺混形成泥浆夹层。

（2）确保混凝土与基础以及一、二期混凝土之间的结合。

（3）连续浇筑，一气呵成。

泥浆下浇筑混凝土常用直升导管法。清孔合格后，立即下设钢筋笼、预埋管、导管和观测仪器。每个导管浇筑时，先下入导注塞，并在导管中灌入适量的水泥砂浆，准备好足够数量的混凝土，将导注塞压入导管底部，使管内泥浆挤出管外。然后将导管稍微上提，使导注塞浮出，一举将导管底端被泻出的砂浆和混凝土埋住，保证后续浇筑的混凝土不与泥浆掺混。

在浇筑过程中，应保证连续供料，一气呵成；保持导管埋入混凝土的深度不小于1m；维持全槽混凝土面均衡上升，上升速度应不小于2m/h，高差控制在0.5m范围内。

浇筑过程中应注意观测，做好混凝土面上升的记录，防止堵管、埋管、导管漏浆和泥浆掺混等事故的发生。

5. 防渗墙的质量检查

对混凝土防渗墙的质量检查应按规范及设计要求进行，主要有如下几个方面：

（1）槽孔的检查，包括几何尺寸和位置、钻孔偏斜、入岩深度等。

（2）清孔检查，包括槽段接头、孔底淤积厚度、清孔质量等。

（3）混凝土质量的检查，包括原材料、新拌料的性能、硬化后的物理力学性能等。

（4）墙体的质量检测，主要通过钻孔取芯、超声波及地震透射层析成像（CT）技术等方法全面检查墙体的质量。

（三）高压喷射灌浆

高压喷射灌浆法是利用钻机造孔，然后将带有特制合金喷嘴的灌浆管下到地层预定位置，以高压把浆液或水、气高速喷射到周围地层，对地层介质产生冲切、搅拌和挤压等作用，同时被浆液置换、充填和混合，待浆液凝固后，就在地层中形成一定形状的凝结体。通过各孔凝结体的连接，形成板式或墙式的结构，不仅可以提高基础的承载力，而且成为一种有效的防渗体。高压喷射灌浆适用于砂土、黏性土、淤泥等地基的加固，对砂卵石（最大粒径小于20cm）的防渗也有较好的效果。

1. 高压喷射凝结体的形式

凝结体的形式与高压喷射方式有关。常见有以下三种：

① 喷嘴喷射时，边旋转边垂直提升，简称旋喷，可形成圆柱形凝结体。

② 喷嘴的喷射方向固定，称为定喷，可形成板状凝结体。

③ 喷嘴喷射时，边提升边摆动，简称摆喷，形成哑铃状或扇形凝结体。

2. 高压喷射灌浆的施工方法

目前，高压喷射灌浆的基本方法有单管法、双管法、三管法及多管法等几种。

1）单管法。

采用高压灌浆泵以大于2.0MPa的高压将浆液从喷嘴喷出，冲击、切割周围地层，并产生搅和、充填作用，硬化后形成凝结体。该方法施工简易，但有效范围小。

2）双管法。

有两个管道，分别将浆液和压缩空气直接射入地层，浆压达45～50MPa，气压为1～1.5MPa。由于射浆具有足够的射流强度和比能，易于将地层加压密实。这种方法工效高，效果好，尤其适合处理地下水丰富、含大粒径块石及孔隙率大的地层。

3）三管法。

用水管、气管和浆管组成喷射杆，水、气的喷嘴在上，浆液的喷嘴在下。随着喷射杆的旋转和提升，先有高压水和气的射流冲击扰动地层，再以低压注入浓浆进行掺混搅拌。常用参数为水压38～40MPa，气压0.6～0.8MPa，浆压0.3～0.5MPa。

如果将浆液也改为高压（浆压达20～30MPa）喷射，浆液可对地层进行二次切割、充填，其作用范围就更大。这种方法称为新三管法。

4）多管法。

其喷管包含输送水、气、浆管、泥浆排出管和探头导向管。采用超高压水射流（40MPa）切削地层，所形成的泥浆由管道排出，用探头测出地层中形成的空间，最后由浆液、砂浆、砾石等置换充填。多管法可在地层中形成直径较大的柱状凝结体。

3. 施工程序与工艺

高压喷射灌浆的施工程序主要有造孔、下喷射管、喷射提升（旋转或摆动）、最后成桩或墙。

1）造孔

在软弱透水的地层进行造孔，应采用泥浆固壁或跟管（套管法）的方法确保成孔。造孔机具有回转式钻机、冲击式钻机等。目前，用得较多的是立轴式液压回转钻机。

2）下喷射管

用泥浆固壁的钻孔，可以将喷射管直接下入孔内，直到孔底。用跟管钻进的孔，可在拔管前向套管内注入密度大的塑性泥浆，边拔边注，并保持液面与孔口齐平，直至套管拔出，再将喷射管下到孔底。

将喷嘴对准设计的喷射方向，不偏斜，是确保喷射灌浆成墙的关键。

3）喷射灌浆

根据设计的喷射方法与技术要求，将水、气、浆送入喷射管，喷射1～3min待注入的浆液冒出后，按预定的速度自上而下边喷射边转动、摆动，逐渐提升到设计高度。

进行高压喷射灌浆的设备由造孔、供水、供气、供浆和喷灌等五大系统组成。

4）施工要点

（1）管路、旋转活接头和喷嘴必须拧紧，达到安全密封；高压水泥浆液、高压水和压缩空气各管路系统均应不堵不漏不串。设备系统安装后，必须经过运行试验，试验压力达到工作压力的1.5～2.0倍。

（2）旋喷管进入预定深度后，应先进行试喷，待达到预定压力、流量后，再提升旋喷。中途发生故障，应立即停止提升和旋喷，以防止桩体中断。同时进行检查，排除故障。若发现浆液喷射不足，影响桩体质量时，应进行复喷。施工中应做好详细记录。旋喷水泥浆应严格过滤，防止水泥结块和杂物堵塞喷嘴及管路。

(3) 旋喷结束后要进行压力注浆，以补填桩柱凝结收缩后产生的顶部空穴。每次施工完毕后，必须立即用清水冲洗旋喷机具和管路，检查磨损情况，如有损坏零部件应及时更换。

4. 喷射桩的质量检查

喷射桩的质量检查通常采取钻孔取样、贯入试验、荷载试验或开挖检查等方法。对于防渗的联锁桩、定喷桩，应进行渗透试验。

三、爆破技术

在水利工程施工中，爆破技术广泛地应用于建筑物基础、隧洞与地下厂房的开挖，以及骨料开采、定向爆破筑坝和建筑物拆除等。

（一）爆破的基本方法

钻孔爆破的药室为机具钻出的钻孔，药包形状通常为圆柱形（延长药包）。钻孔爆破又分浅孔爆破和深孔爆破。

1. 浅孔爆破

1）浅孔爆破的特点及应用范围

浅孔爆破是指孔深小于5m，孔径小于75mm的爆破。

浅孔爆破的应用范围：大量应用于地下工程开挖、露天工程的中小型料场开采、水工建筑物薄层基岩开挖、建筑物的改建或拆除，基础的保护层开挖，水下爆破，二次爆破，平整场地以及无法用大型机械工作的部位和需要人工打眼爆破的作业。

优点：施工机械和操作简单，易于掌握与运用，应用广泛灵活，能够保证爆破质量和满足设计要求。

缺点：机械化程度不高，劳动强度大；不适应与之配套的高效作业施工机械；不适应大规模爆破的需要。

2）露天浅孔台阶爆破

钻孔深度大于1.5m时，应采用梯段爆破，可视具体情况布置成单排、多排、垂直炮孔、倾斜炮孔及水平炮孔等。

浅孔梯段爆破炮孔布置示意图如图1-7-18所示，台阶面可利用天然坡面，也可先进行平地拉槽创造新的临空面。

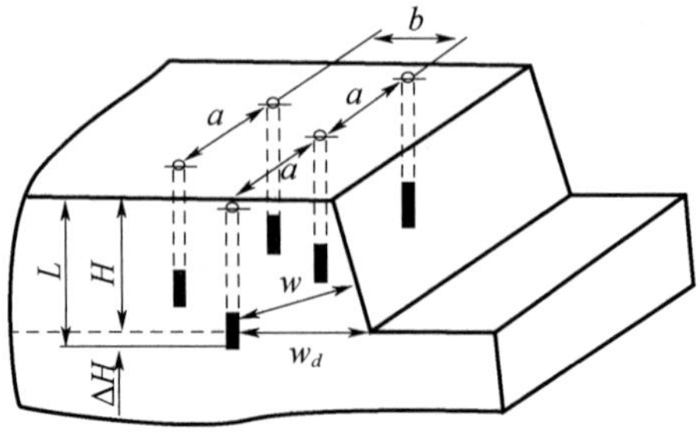

图1-7-18　浅孔梯段爆破炮孔布置示意图

在一个爆区内，可根据台阶高度和开挖深度分成数级台阶，每级台阶沿其长度方向分成数个工作段。工作段长度由生产能力及循环作业周期确定。工作段宽度即台阶宽度，由炮孔排数确定，为保证爆破效果，炮孔排数一般不超过3～4排。在平面上，炮孔可采用矩形或梅花形布置，同排相邻孔中心间距称为孔距，相邻两排孔中线间距称为排距。

主要爆破参数：最小抵抗线W、梯段高度H、炮孔深度L、炮孔孔距a和排距b、底盘抵抗线W_d、堵塞长度L_1、单个药包的用药量为Q等。

2. 深孔爆破

深孔爆破是指孔深大于5m，孔径大于75mm的爆破。大方量石方开挖，采用深孔爆破对基岩和边坡的破坏影响比较少，如配合预裂爆破或光面爆破技术，还可以避免超爆，使边坡平整稳定。

深孔爆破梯段要素示意图如图1-7-19所示。深孔爆破根据地形、地质情况可分别采用垂直炮孔和倾斜炮孔。

主要爆破参数：梯段高度H、钻孔直径d、底盘抵抗线W_d、超钻深度、炮孔长L、堵塞长度L_1、单孔用药量Q等。

改善深孔爆破效果的主要措施有合理利用或创造人工自由面、改善装药结构、优化起爆网路、采用微差挤压爆破、保证堵塞长度和堵塞质量。

无论深孔爆破还是浅孔爆破，施工中都需形成梯段以合理布置炮孔，充分利用天然临空面或创造更多的临空面。这不仅提高爆破效果，降低成本，也便于组织钻孔、装药、爆破、出渣运输的平行流水作业，避免施工干扰，加快进度。炮孔应与岩石层面和节理正交，不宜穿过与地面贯通的裂隙，以防爆轰气体从裂缝逸出，影响爆破效果。

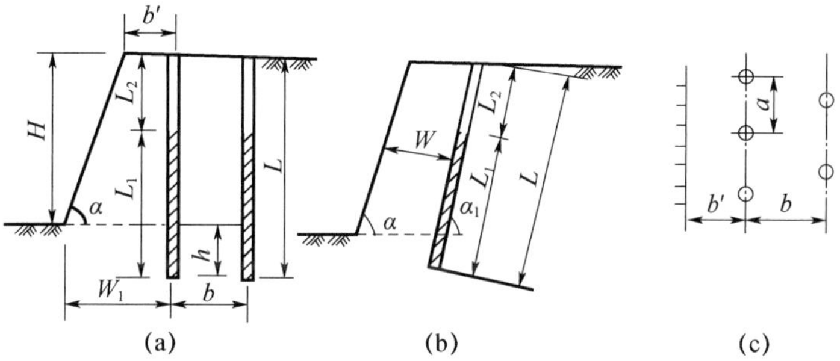

图1-7-19　深孔爆破梯段要素示意图

（a）垂直布孔；（b）倾斜布孔；（c）俯视图

3. 水利水电工程爆破试验

水工建筑物岩石地基开挖施工组织设计，必须遵循各个时期的《水工建筑物岩石基础开挖工程施工技术规范》（DL/T 5389—2007）。但是各工程均有自身的特点，如地质、地形条件、岩石特性、建筑物基础轮廓形状及设计对某些部位的特殊要求等，都必须通过本工程的爆破试验确定开挖程序、爆破方式、爆破参数及相应的安全防护标准，才能在确保基础质量和周围重要设施安全的前提下，满足工程施工进度和施工强度的要求，降低施工成本。

（二）控制爆破

控制爆破是为达到一定预期目的的爆破。例如，定向爆破、预裂爆破、光面爆破、微差控制爆破、拆除爆破等。下面仅简单介绍水利工程中常用的几种形式。

1. 定向爆破

定向爆破是一种加强抛掷爆破技术，它利用炸药爆炸能量的作用，在一定的条件下，可将一定数量的岩石经破碎后，按预定的方向，抛掷到预定地点，并形成具有一定质量和形状的建筑物。

在水利水电建设中，可以用定向爆破技术修筑土石坝、围堰、截流戗堤以及开挖渠道、溢洪道等。在一定条件下，采用定向爆破方法修建上述建筑物，较之用常规方法可缩短施工工期、节约劳力和资金。

2. 预裂爆破和光面爆破

为保证保留岩体按设计轮廓面成型并防止围岩破坏，须采用轮廓控制爆破技术。常用的轮廓控制爆破技术包括预裂爆破和光面爆破。所谓预裂爆破，就是首先起爆布置在设计轮廓线上的预裂爆破孔药包，形成一条沿设计轮廓线贯穿的裂缝，再在该人工裂缝的屏蔽下进行主体开挖部位的爆破，保证保留岩体免遭破坏；光面爆破是先爆除主体开挖部位的岩体，然后起爆布置在设计轮廓线上的周边孔药包，将光爆层炸除，形成一个平整的开挖面。

预裂爆破和光面爆破在坝基、边坡和地下洞室岩体开挖中获得了广泛应用。

3. 拆除爆破

在工程建设中，为了拆除混凝土或钢筋混凝土建筑物、构筑物，采用一种特殊控制爆破技术称为拆除爆破。由于拆除环境的复杂性，常要求爆破过程实现定向、定距、定量及减震、减冲（击波）、减飞（石）和减声（音）等控制。

四、土石方施工技术

（一）土石方开挖工程

1. 土方开挖技术

1）开挖方式

土方开挖方式包括自上而下开挖、上下结合开挖、先河槽后岸坡开挖和分期分段开挖等。

2）开挖方法

土方开挖的方法主要有机械开挖、人工开挖等。

（1）挖掘机。

① 单斗挖掘机。正铲挖掘机适用于Ⅰ～Ⅳ类土及爆破石渣的挖掘，主要挖掘停机面以上的掌子。按其与运输工具相对停留位置的不同，开挖方式有两种：正向挖土、侧向卸土；正向挖土、后方卸土。如图 1-7-20 所示。

反铲挖掘机适用于Ⅰ～Ⅲ类土，主要挖掘停机面以下的掌子，多用于开挖深度不大的基槽和水下石渣。其开挖方式分沟端开挖和沟侧开挖两种，如图 1-7-21 所示。

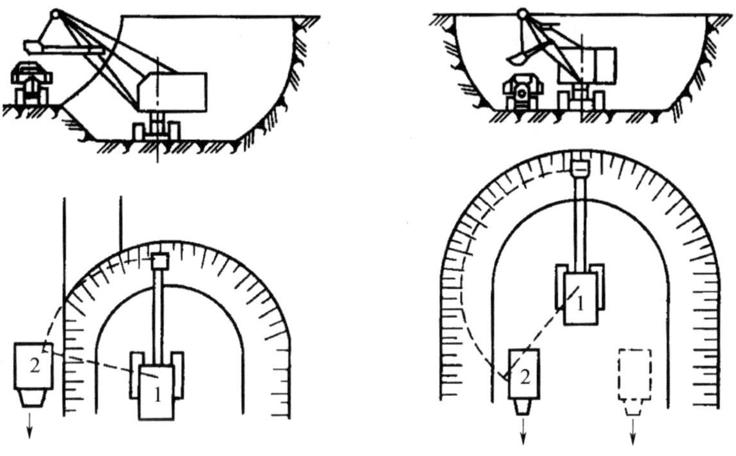

图 1-7-20 正铲挖掘机作业方式

（a）正向挖土、侧向卸土；（b）正向挖土、后方卸土

1—正铲挖掘机；2—自卸汽车

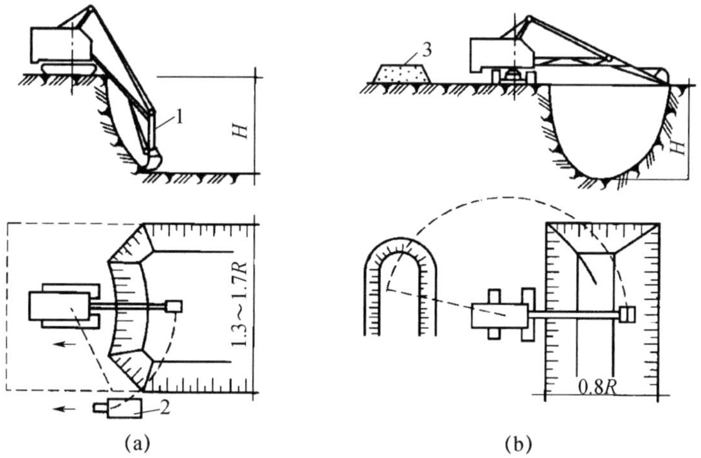

图 1-7-21 反铲挖掘机作业方式

（a）沟端开挖；（b）沟侧开挖

1—反铲挖掘机；2—自卸汽车；3—弃土堆

索铲挖掘机适宜于开挖停机面以下的掌子，其斗容量较大，多用于开挖深度较大的基槽、沟渠和水下土石。

抓铲挖掘机可以挖掘停机面以上及以下的掌子。水利水电工程中常用于开挖土质比较松软（Ⅰ～Ⅱ类土）、施工面狭窄而深的集水井、深井及挖掘深水中的物料，其挖掘深度可达 30m 以上。

② 多斗挖掘机。多斗挖掘机又称挖掘机、纵向多斗挖掘机。按工作装置分为链斗式和轮式两种。与单斗挖掘机比较，多斗式挖掘机有下列优点：挖土作业是连续的，在同样条件下生产率高；开挖单位土方量所需的能量消耗较低；开挖沟槽的底和壁较

整齐；在连续挖土的同时，能将土自动卸在沟槽一侧。

多斗式挖掘机不宜开挖坚硬的土和含水量较大的土。它适宜开挖黄土、粉质黏土等。

（2）推土机。在水利水电工程中，推土机主要用于平整场地，开挖基坑，推平填方及压实，堆积土石料及回填沟槽等作业，宜用于100m以内运距、Ⅰ～Ⅲ类土的挖运，但挖深不宜大于1.5～2.0m，填高不宜大于2～3m。

利用下述方法可提高推土机的生产效率：

① 下坡推土。借推土机自重，增大铲刀的切土深度和运土数量，以提高推土能力和缩短运土时间。一般可提高效率30%～40%。

② 并列推土。对于大面积土方工程，可用2～3台推土机并列推土。推土时，两铲刀相距15～30cm，以减少土的侧向散失，倒车时，分别按先后顺序退回。平均运距不超过50～75m时，效率最高。

③ 沟槽推土。当运距较远，挖土层较厚时，利用前次推土形成的槽推土，可大大减少土方散失，从而提高效率。此外，还可在推土板两侧附加侧板，增大推土板前的推土体积以提高推土效率。

（3）铲运机。铲运机适用于Ⅳ级以下的土壤工作，要求作业地区的土壤不含树根、大石块和过多的杂草。如用于Ⅳ级以上土壤或冻土时，必须事先预松土壤。链板装载式铲运机适用范围较大，除可装普通土壤外，还可装载砂、砂砾石和小的石渣、卵石等物料。

铲运机的经济运距与行驶道路、地面条件、坡度等有关。一般拖式铲运机（用履带式机械牵引）的经济运距在500m以内，自行式轮胎铲运机的经济运距为800～1500m。

（4）装载机。装载机是装载松散物料的工程机械。它不仅可以对堆积的松散物料进行装、运、卸作业和短距离的运土，也可以对岩石、硬土进行轻度挖掘和推土作业，还可以进行清理，刮平场地，起重、牵引等作业。配备相应的工作装置后又可完成松土，进行圆木、管状物料的挟持和装卸工作。

（5）人工开挖。在不具备采用机械开挖的条件下或在机械设备不足的情况下，可采用人工开挖。

处于河床或地下水位以下的建筑物基础开挖，应特别注意做好排水工作。施工时，应先开挖排水沟，再分层下挖。临近设计高程时，应留出0.2～0.3m的保护层暂不开挖，待上部结构施工时，再予以挖除。

对于呈线状布置的工程（如溢洪道、渠道）宜采用分段施工的平行流水作业组织方式进行开挖。分段的长度可按一个工作小组在一个工作班内能完成的挖方量来考虑。

当开挖坚实黏性土和冻土时，可采用爆破松土与人工、推土机、装载机等开挖方式配合来提高开挖效率。

2. 石方开挖技术

水利水电工程的基础石方开挖，一般包括岸坡和基坑的开挖。岸坡开挖一般不受季节限制，而基坑开挖则多在围堰的防护下施工。对于溢洪道或渠道等工程的开挖，如无特殊的要求，则可按渠首、闸室、渠身段、尾水消能段或边坡、底板等部位的石方做分项分段安排，并考虑其开挖程序的合理性。

1）开挖方式

按照破碎岩石的方法，主要有钻爆开挖和直接应用机械开挖两种施工方法。20世纪80年代初，国内外出现一种用膨胀剂作破碎岩石材料的“静态破碎法”。

（1）钻爆开挖。钻爆开挖是当前广泛采用的开挖施工方法。开挖方式有薄层开挖、分层开挖（梯段开挖）、全断面一次开挖和特高梯段开挖等。

（2）直接用机械开挖。使用带有松土器的重型推土机破碎岩石，一次破碎0.6～1.0m，该法适用于施工场地宽阔、大方量的软岩石方工程。其优点是没有钻爆作业，不需要风、水、电辅助设施，不但简化了布置，而且施工进度快，生产能力高。但不适宜破碎坚硬岩石。

（3）静态破碎法。在炮孔内装入破碎剂，利用药剂自身的膨胀力，缓慢地作用于孔壁，经过数小时达到300～500kgf/cm^{2}的压力，使介质开裂。该法适用于在设备附近、高压线下以及开挖与浇筑过渡段等特定条件下的开挖与岩石切割或拆除建筑物。其优点是安全可靠，没有爆破所产生的公害；缺点是破碎效率低，开裂时间长。对于大型的或复杂的工程，使用破碎剂时，还要考虑使用机械挖除等联合作业手段，或与控制爆破配合，才能提高效率。

2）坝基开挖

坝基开挖方式的选择主要取决于总开挖深度、具体开挖部位、开挖量、技术要求以及机械化施工因素等。

（1）薄层开挖。岩基开挖深度小于4m，采用浅孔爆破。开挖方式有劈坡开挖、大面积群孔爆破开挖、先掏槽后扩大开挖等。

（2）分层开挖。开挖深度大于4m时，一般采用分层开挖。开挖方式有自上而下逐层开挖、台阶式分层开挖、竖向分段开挖、深孔与洞室组合爆破开挖以及洞室爆破开挖等。

（3）全断面开挖和高梯段开挖。梯段高度一般大于20m，主要特点是通过钻爆使开挖面一次成型。

3）溢洪道和渠道的开挖

溢洪道、渠道的常用过水断面一般为梯形或矩形。常用开挖方式参见表1-7-1。

表1-7-1 溢洪道、渠道开挖方式

开挖方式	适用条件	施工要点
深孔分段爆破	为常规开挖施工方法，应用广泛	先中间挖槽贯通上下游，然后向两侧扩大开挖，由一端或两端同时向中间推进
扬弃爆破	用于揭露地表覆盖层或开挖渠身段	先沿轴线方向开挖平导洞，然后向两侧开挖药室，爆破后的石渣可大部分抛至开挖断面以外
小型洞室爆破	在缺少专用钻机的条件下采用	沿轴线方向布置多排竖井药室，靠近两侧边坡处布置蛇穴药室
分层分块钻爆	用于人工半机械或中小型机械施工	根据施工机械化程度确定分层厚度和分块尺寸

续表

开挖方式	适用条件	施工要点
楔形掏槽爆破	用于开挖深度小于6m的浅窄渠道	沿轴线方向进行掏槽爆破、两侧边坡钻预裂孔、底板预留保护层
定向爆破	用于浅渠开挖	爆破的石渣按预定的一侧或两侧抛至断面以外，通过爆破使渠道成型
直接用机械开挖	用于软岩开挖	利用带有松土器的重型推土机分层破碎，每层破碎深度0.5～1.0m

4）边坡开挖

在边坡稳定分析的基础上，判明影响边坡稳定的主导因素，对边坡变形破坏形式和原因做出正确的判断，并且制订可行的开挖措施，以免因工程施工影响和恶化边坡的稳定性。

不稳定岩体的开挖方式如下：

（1）一次削坡开挖。主要是开挖边坡高度较低的不稳岩体，如溢洪道或渠道边坡。其施工要点是由坡面至坡脚顺面开挖，即先降低滑体高度，再循序向里开挖。

（2）分段跳槽开挖。主要用于有支挡（如挡土墙、抗滑桩）要求的边坡开挖。其施工要点是开挖一段即支护一段。

（3）分台阶开挖。在坡高较大时，采用分层留出平台或马道以提高边坡的稳定性。台阶高度由边坡处于稳定状态下的极限滑动体高度 h_v 和极限坡高 H_v 来确定，其值由力学计算的有关算式求得。为保证施工安全，应将计算的极限值除以安全系数 K，作为允许值。

（二）土石坝施工技术

根据施工方法不同，土石坝分为干填碾压、水中填土、水力冲填（包括水坠坝）和定向爆破筑坝等类型。国内以碾压土石坝应用最多。

碾压土石坝的施工作业包括施工准备作业、基本作业、辅助作业和附加作业等。

准备作业包括“三通一平”，即平整场地、通车、通水、通电，架设通信线路，修建生产、生活福利、行政办公用房以及排水清基等工作。

基本作业包括料场土石料开采，挖、装、运、卸以及坝面铺平、压实和质检等工作。

辅助作业是保证准备及基本作业顺利进行，创造良好工作条件的作业，包括清除施工场地及料场的覆盖层，从上坝土料中剔除超径石块、杂物，坝面排水、层间刨毛和洒水等工作。

附加作业是保证坝体长期安全运行的防护及修整工作，包括坝坡修整、铺砌护面块石及种植草皮等。

1. 土石料场的规划

土石坝用料量很大，在选坝阶段需对土石料场做全面调查，施工前配合施工组织设计，对料场做深入勘测，料源选择应根据工程建设对各种天然建筑材料的数量、质量及供应强度要求，在地质勘察和试验的基础上，通过对料源的分布、储量、质量及开采运输条件的综合分析合物料平衡规划，按优质、经济、节能、就近取材等基本原则经技术经济比较选定，同时应优先利用工程开挖料。

1）料源选择

天然砂砾料场宜选择料场分布集中、级配良好、质量均一、有良好的开采条件、开采对航道和取水尚小的河滩料场。

土料场宜选择土质均一、土层较厚、质量易于控制、出料率高、土料天然含水率与填筑最优含水率接近的料源。宜优先选择工程开挖区和水库淹没区范围内的土料场。

堆石料料源宜优先利用工程开挖料。不足部分可就近选择料场开采。

过渡料宜优先利用工程洞室开挖料。反滤料或垫层料料源宜选用天然砂砾料，当工程附近缺乏合格的天然砂砾料时，可采用人工制备料。

物料平衡规划应根据施工进度计划，统筹安排各种料源的开采进度和开采强度，合理安排物料流向，宜减少物料堆存和中转。必要时可采用计算机动态仿真方法进行分析。

天然建筑材料的勘察储量应按《水利水电工程天然建筑材料勘察规程》（SL 251—2015）的要求满足设计需要量。填筑料、反滤料的适用性应根据质量技术指标、设计要求及工程经验等进行综合评价。质量技术指标宜符合下列规定：

（1）填筑料质量技术指标宜符合表 1-7-2 的规定。

表 1-7-2 填筑料质量技术指标

序号	项目	指标
1	紧密密度（g/cm³）	>2
2	含泥量（%）	<8
3	内摩擦角（击实后）（℃）	>30
4	渗透系数（击实后）（cm/s）	$>1\times10^{-3}$
注：渗透系数要大于防渗体的 50 倍。		

（2）过渡料质量技术指标宜符合表 1-7-3 的规定。

表 1-7-3 过渡料质量技术指标

序号	项目	指标
1	不均匀系数	<8
2	颗粒形状	片状颗粒和针状颗粒少
3	含泥量	≤5
4	对于塑性指数大于 20 的黏性土地基，第一层粒度 D50 的要求： 当不均匀系数 $C_u\leqslant2$ 时，D50≤5mm； 当不均匀系数为 $2\leqslant C_u\leqslant5$ 时，D50≤5～8mm。	

2）料场开采规划

料场开采规划应根据工程特性和要求、料场地形和地质等条件，综合分析比较后确定开采、运输、边坡支护及水土保持方案。

料场选用顺序，应根据工程特点，因地制宜，合理安排。宜先近后远，先水上后水下，先库区内后库区外。

土料场、天然砂砾料场及石料场应按规划开采量进行开采规划。规划开采量应按设计需要量的1.05～1.25倍确定。

受施工期洪水影响的土料场，应在洪水影响前开采受影响部位。停采期备料量应按需用量的1.2倍考虑。

天然砂砾料场开采时段和开采规划应根据料场水文特性、地形条件、天然级配分布、设计级配要求等因素确定。停采期备料量应按需用量的1.2倍考虑。

有航运要求的河段应考虑砂砾料开采对通航的影响，并采取相应处理措施。

石料场开采工作面和出料作业线应根据各时段供料强度要求确定。开采工作面宜设两个以上。

石料场开采宜采用梯段爆破法，梯段高度宜为10～15m。

料场开采料运输方案，应根据地形条件、开采方案、物料特性、运输量、运输强度、运距和运输设备配置等因素经综合比较后确定。

料场开挖边坡应保持稳定。边坡级别、抗滑稳定分析的最小安全系数标准、安全监测应按照《水利水电工程边坡设计规范（附条文说明）》（SL 386—2007）的规定执行。

在进行设计需要量计算时，各种料物自然方和压实方折算系数应根据试验成果确定。在无具体试验资料的情况下可参考表1-7-4选用。

表1-7-4　自然方和压实方折算系数表

料　种	自　然　方	压　实　方
黏土	1	0.85
堆石料	1	1.31
砂砾料	1	0.94
爆破块石料	1	1.43
土石混合料	1	0.88

坝体填筑料料场设计需要量可按公式（1-7-3）计算，均为自然方。

$$V_{需}=1.2\times[V_{B场}+V_{B场加}\times(K_2-1)+V_{B场存}\times(K_3-1)]\times K_1\times K_4\times K_5 \tag{1-7-3}$$

式中　$V_{需}$——坝体填筑料料场设计需要量，m^3；

$V_{B场}$——扣除工程开挖可利用量后的坝体填筑量，m^3；

$V_{B场存}$——来自料场的需转存的坝体填筑量，m^3；

$V_{B场加}$——来自料场的需加工的坝体填筑量，m^3；

K_1——坝面作业损耗补偿系数，按表1-7-5选取；

K_2——坝料加工损耗补偿系数，按表1-7-5选取；

K_3——转存损耗补偿系数，按表1-7-5选取；

K_4——运输损耗补偿系数，按表1-7-5选取；

K_5——开采损耗补偿系数，按表1-7-5选取。

表 1-7-5　损耗补偿系数参考表

料种	坎面作业 K_1	坝料加工 K_2	转存 K_3	运输 K_4	开采 K_5
洞挖料	1.01～1.02	1.05～1.30	1.05～1.15	1.03～1.05	1.05～1.10
明挖料	1.01～1.02	1.05～1.30	1.05～1.15	1.03～1.05	1.05～1.15
石料场开采料	1.01～1.02	1.05～1.30	1.05～1.15	1.03～1.05	1.05～1.15
土料场开采料	1.01～1.02	1.05～1.10	1.05～1.15	1.03～1.05	1.05～1.10
砂砾料场开采料	1.01～1.02	1.1～1.27	1.05～1.10	1.03～1.05	1.05～1.1（水上） 1.1～1.25（水下）

3）料场规划的基本要求

（1）料尽其用，充分利用永久和临时建筑物基础开挖渣料是土石坝料场规划的又一重要原则。为此应增加必要的施工技术组织措施，确保渣料的充分利用。若导流建筑物和永久建筑物的基础开挖时间与上坝时间不一致时，则可以调整开挖和填筑进度，或增设堆料场储备料渣，供填筑时使用。

（2）料场规划还应对主要料场和备用料场分别加以考虑。主要料场要求质好、量大、运距近，且有利于常年开采；在用料场通常在淹没区外，当主要料场被淹没或因库区水位抬高，土料过湿或其他原因中断使用时，则用备用料场保证坝体填筑不致中断。

（3）在规划料场实际可开采总量时，应考虑料场查勘的精度、料场天然密度与坝体压实密度的差异，以及开挖运输、坝面清理、返工削坡等损失。

2. 坝面作业施工组织规划

当基础开挖和基础处理基本完成后，就可进行坝体的铺填、压实施工。

坝面作业施工程序包括铺土、平土、洒水、压实（对于黏性土采用平碾，压实后尚须刨毛以保证层间结合的质量）、质检等工序。坝面作业，工作面狭窄、工种多、工序多、机械设备多，施工时须有妥善的施工组织规划。

为避免坝面施工中的干扰，延误施工进度，坝面压实宜采用流水作业施工。

流水作业施工组织应先按施工工序数目对坝面分段，然后组织相应专业施工队依次进入各工段施工。这样，对同一工段而言，各专业队按工序依次连续施工；对各专业施工队而言，依次不停地在各工段完成固定的专业工作。其结果是实现了施工专业化，有利于工人熟练程度的提高。同时，各工段都有专业队使用固定的施工机具，从而保证施工过程人、机、地三不闲，避免施工干扰，有利于坝面作业多、快、好、省、安全地进行。

设拟开展的坝面作业划分为铺土、平土洒水、压实、刨毛质检四道工序，于是将坝面至少划分成四个相互平行的工段。在同一时间内，四个工段均有一个专业队完成一道工序，各专业队依次流水作业。

正确划分工段是组织流水作业的前提，每个工段的面积取决于各施工时段的上坝强度，以及不同高程坝面面积的大小。

铺土宜平行坝轴线进行，铺土厚度要匀，超径不合格的土块应打碎，石块、杂物应剔除。进入防渗体内铺土，自卸汽车卸料宜用进占法倒退铺土，使汽车始终在松土上行驶，避免在压实土层上开行，造成超压，引起剪力破坏。汽车穿越反滤层进入防渗体，容易将反滤料带入防渗体内，造成防渗土料与反滤料混杂，影响坝体质量。因此，应在坝面每隔40～60m设专用“路口”，每填筑二三层换一次“路口”位置，既可防止不同土料混杂，又能防止超压产生剪切破坏，若在“路口”出现质量事故，也便于集中处理，不影响整个坝面作业。

按设计厚度铺土平土是保证压实质量的关键。采用带式运输机或自卸汽车上坝，卸料集中。为保证铺土均匀，需用推土机或平土机散料平土。国内不少工地采用“算方上料、定点卸料、随卸随平、定机定人、铺平把关、插杆检查”的措施，使平土工作取得良好的效果。铺填中应不使坝面起伏不平，避免降雨积水。

黏性土料含水量偏低，主要应在料场加水，若需在坝面加水，应力求“少、勤、匀”，以保证压实效果。对非黏性土料，为防止运输过程脱水过量，加水工作主要在坝面进行。石渣料和砂砾料压实前应充分加水，确保压实质量。

对于汽车上坝或光面压实机具压实的土层，应刨毛处理，以利层间结合。通常刨毛深度3～5cm，可用推土机改装的刨毛机刨毛，工效高、质量好。

3. 压实方法

土料不同，其物理力学性质也不同，因此使之密实的作用外力也不同。黏性土料粘结力是主要的，要求压实作用外力能克服粘结力；非黏性土料（砂性土料、石渣料、砾石料）内摩擦力是主要的，要求压实作用外力能克服颗粒间的内摩擦力。

根据压实作用力来划分，通常有碾压、夯击、振动压实三种机具。随着工程机械的发展，又有振动和碾压同时作用的振动碾，产生振动和夯击作用的振动夯等。常用的压实机具有以下几种：

1）羊脚碾

羊脚碾的开行方式有两种：进退错距法和圈转套压法。进退错距法操作简便，碾压、铺土和质检等工序协调，便于分段流水作业，压实质量容易保证，其开行方式如图1-7-22（a）所示；圈转套压法要求开行的工作面较大，适于多碾辊组合碾压。其优点是生产效率较高，但碾压中转弯套压交接处重压过多，易于超压。当转弯半径小时，容易引起土层扭曲，产生剪力破坏，在转弯的四角容易漏压，质量难以保证，其开行方式如图1-7-22（b）所示。国内多采用进退错距法，用这种开行方式，为避免漏压，可在碾压带的两侧先往复压够遍数后，再进行错距碾压。错距宽度b（m）按下式计算：

$$b=\frac{B}{n} \tag{1-7-4}$$

式中　B——碾滚净宽，m；

　　　n——设计碾压遍数。

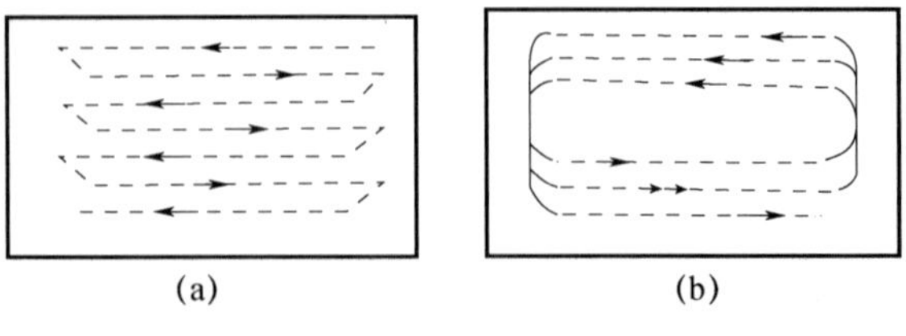

图1-7-22　碾压机械开行方式

（a）进退错距法；（b）圈转套压法

2）振动碾

振动碾是一种震动与碾压相结合的压实机械，振动功能以压力波的形式传到土体内。非黏性土料在振动作用下，土粒间的内摩擦力迅速降低，同时由于颗粒大小不均匀，质量有差异，导致惯性力存在差异，从而产生相对位移，使细颗粒填入粗颗粒间的孔隙而达到密实。然而，黏性土颗粒间的黏结力是主要的，且土粒相对比较均匀，在振动作用下，不能取得像非黏性土那样的压实效果。

由于振动作用，振动碾的压实影响深度比一般碾压机械大1～3倍，可达1m以上。它的碾压面积比振动夯、振动器压实面积大，生产率很高。振动碾压实效果好，使非黏性土料的相对密度大大提高，坝体的沉陷量大幅度降低，稳定性明显增强，使土工建筑物的抗振性能大大改善。故抗振规范明确规定，对有防震要求的土工建筑物必须用振动碾压实。振动碾结构简单，制作方便，成本低廉，生产率高，是压实非黏性土石料的高效压实机械。

3）气胎碾

气胎碾有单轴和双轴之分。单轴的主要构造是由装荷载重的金属车箱和装在轴上的4～6个气胎组成。碾压时在金属车箱内加载，并同时将气胎充气至设计压力。为防止气胎损坏，停工时用千斤顶将金属箱支托起来，并把胎内的气放掉。

气胎碾在碾压土料时，气胎随土体的变形而变形。随着土体压实密度的增加，气胎的变形也相应增加，从而使气胎与土体的接触面积随之增大，始终能保持较均匀的压实效果，它与刚性碾比较，气胎不仅对土体的接触压力分布均匀而且作用时间长，压实效果好，压实土料厚度大，生产效率高。

气胎碾可根据压实土料的特性调整其内压力，使气胎对土体的压力始终保持在土料的极限强度内。通常气胎的内压力，对黏性土以（5～6）$\times10^5$ Pa、非黏性土以（2～4）$\times10^5$ Pa为佳。平碾碾滚是刚性的，不能适应土体的变形，荷载过大就会使碾滚的接触应力超过土体极限强度，这就限制了这类碾朝重型方向发展。而气胎碾却随着荷载的增加，气胎与土体的接触面增大，接触应力仍不超过土体的极限强度。所以只要牵引力能满足要求，就不妨碍气胎碾朝重型高效方向发展。

4）夯板及其压实方法

夯板可以吊装在去掉土斗的挖掘机的臂杆上，借助卷扬机操纵绳索系统使夯板上升。夯击土料时将索具放松，使夯板自由下落，夯实土料，其压实铺土厚度可达1m，生产效率较高。对于大颗粒填料可用夯板夯实，其破碎率比用碾压机械压实大得多。为了提高夯实效果，适应夯实土料特性，在夯击黏性土料或略受冰冻的土料时，尚可将夯板装上羊脚，即成羊脚夯。

夯板的尺寸与铺土厚度h密切相关。在夯击作用下，土层沿垂直方向应力的分布随夯板短边b的尺寸而变化。当$b=h$时，底层应力与表层应力之比为0.965；当$b=h/n$时，底层应力与表层应力比为0.473。若夯板尺寸不变，表层和底层的应力差值，随铺土厚度增加而增加。差值越大，压实后的土层竖向密度越不均匀。故选择夯板尺寸时，尽可能使夯板的短边尺寸接近或略大于铺土厚度。

夯板工作时，机身在压实地段中部后退移动，随夯板臂杆的回转，土料被夯实的夯迹呈扇形。为避免漏夯，夯迹与夯迹之间要套夯，其重叠宽度为10～15cm，夯迹排与排之间也要搭接相同的宽度。为充分发挥夯板的工作效率，避免前后排套压过多，夯板的工作转角以不大于 80°～90°为宜。

4. 压实标准与压实参数

1）土料的压实标准

（1）土石坝的土料压实标准是根据水工设计要求和土料的物理力学特性提出来的。对黏性土用干密度 γ_d 来控制，非黏性土用相对密度 D 来控制。控制标准随建筑物的等级不同而异。近年来由于振动碾的采用，使坝体相对密度值大大提高，设计边坡更陡，设计断面更紧凑，设计工程量显著减少。对于填方，一级建筑物可取 $D=0.7\sim0.75$，二级建筑物可取 $D=0.65\sim0.7$。

（2）在现场用相对密度来控制施工质量不太方便，通常将相对密度 D 转换成对应的干密度 γ_d 来控制，其大小按非黏性土不同砾石含量，分别确定不同标准。

2）压实参数的确定

（1）土料填筑压实参数主要包括碾压机具的重量、含水量、碾压遍数及铺土厚度等，振动碾还包括振动频率及行走速率等。

（2）在确定土料压实参数前必须对土料场进行充分调查，全面掌握各料场土料的物理力学指标，在此基础上选择具有代表性的料场进行碾压试验，作为施工过程的控制参数。当所选料场土性差异较大，应分别进行碾压试验。因试验不能完全与施工条件吻合，在确定压实标准的合格率时，应略高于设计标准。

（3）选择具有代表性的料场，通过理论计算并参照已建类似工程经验，初选几种碾压机械和拟定的碾压参数进行试验。

（4）黏性土料压实含水量可取 $\omega_1=\omega_p+2\%$、$\omega_2=\omega_p$、$\omega_3=\omega_p-2\%$三种进行试验。ω_p 为土料塑限。

（5）选取试验铺土厚度和碾压遍数，并测定相应的含水量和密度，做出对应的关系曲线（图 1-7-23）；再按铺土厚度 h、压实遍数 n 和最优含水量、最大干密度，进行整理并绘制相应的曲线（图 1-7-24），根据设计干容重，从曲线上分别查出不同铺土厚度所对应的压实遍数和对应的最优含水量；最后分别计算单位压实遍数的压实厚度进行比较，以单位压实遍数的压实厚度最大的为最经济合理。

对非黏性土料的试验，只需作铺土厚度、压实遍数和干密度的关系曲线，据此便可得到与不同铺土厚度对应的压实遍数，根据试验结果选择现场施工的压实参数。

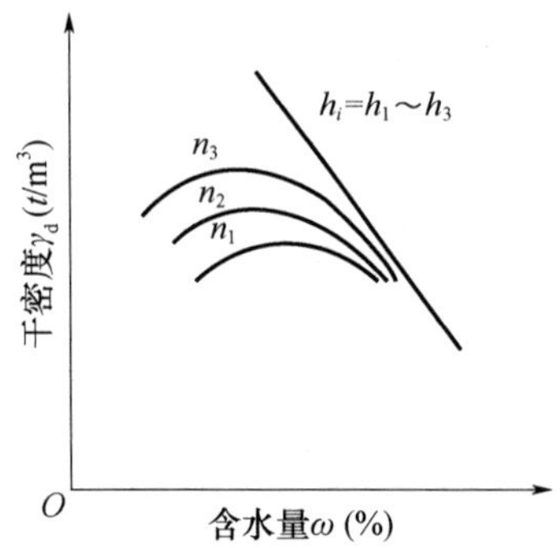

图 1-7-23　不同铺土厚度、不同压实遍数土料水量含水量和干密度的关系曲线

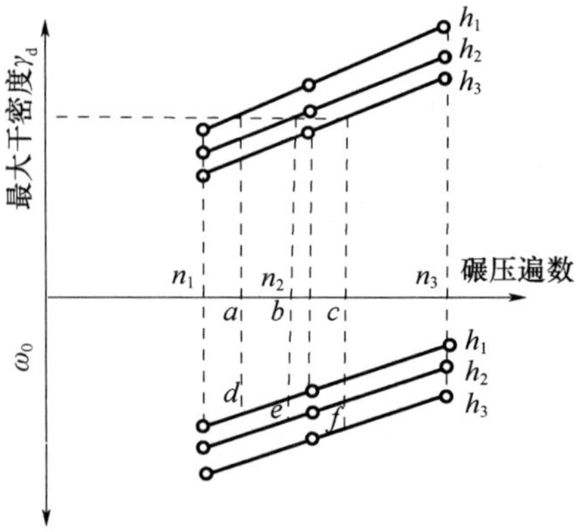

图 1-7-24　铺土厚度、压实遍数、最优含水量、最大干密度的关系曲线

5. 土石坝施工的质量控制要点

施工质量检查和控制是土石坝安全运行的重要保证，它应贯穿土石坝施工的各个环节和施工全过程。

1）料场的质量检查和控制

（1）对土料场应经常检查所取土料的土质情况、土块大小、杂质含量和含水量等。其中含水量的检查和控制尤为重要。

（2）若土料的含水量偏高，一方面应改善料场的排水条件和采取防雨措施，另一方面需将含水量偏高的土料进行翻晒处理，或采取轮换掌子面的办法，使土料含水量降低到规定范围再开挖。

（3）当土料的含水量偏低时，对于黏性土料应考虑在料场加水。料场加水的有效方法是采用分块筑畦埂，灌水浸渍，轮换取土。地形高差大也可采用喷灌机喷洒。无论哪种加水方式，都应进行现场试验。对非黏性土料可用洒水车在坝面喷洒加水，避免运输时从料场至坝上的水量损失。

（4）当土料含水量不均匀时，应考虑堆筑“土牛”（大土堆），使含水量均匀后再外运。

2）坝面的质量检查和控制

（1）在坝面作业中，应对铺土厚度、填土块度、含水量大小，压实后的干密度等进行检查，并提出质量控制措施。对黏性土，含水量的检测是关键。简单办法是“手检”，即手握土料能成团，手指撮可成碎块，则含水量合适。更精确可靠的方法是用含水量测定仪测定。为便于现场质量控制，及时掌握填土压实情况，可绘制干容重、含水量质量管理图。

干密度取样试验结果，其合格率应不小于90%，不合格干密度不得低于设计干密度的98%，且不合格样不得集中。干密度的测定，黏性土一般可用体积为200～500cm^3的环刀测定；砂可用体积为500cm^3的环刀测定；砾质土、砂砾料、反滤料用灌水法或灌砂法测定；堆石因其孔隙大，一般用灌水法测定。当砂砾料因缺乏细料而架空时，也用灌水法测定。

（2）根据地形、地质、坝料特性等因素，在施工特征部位和防渗体中，选定一些固定取样断面，沿坝高5～10m，取代表性试样（总数不宜少于30个）进行室内物理力学性能试验，作为核对设计及工程管理的根据。此外，还须对坝面、坝基、削坡、坝肩接合部、与刚性建筑物连接处以及各种土料的过渡带进行检查。对土层层间结合处是否出现光面和剪力破坏应引起足够重视，认真检查。对施工中发现的可疑问题，如上坝土料的土质、含水量不合要求，漏压或碾压遍数不够，超压或碾压遍数过多，铺土厚度不均匀及坑洼部位等应进行重点抽查，不合格的应返工。

（3）对于反滤层、过渡层、坝壳等非黏性土的填筑，主要应控制压实参数，如不符合要求，施工人员应及时纠正。在填筑排水反滤层过程中，每层在25×25m^2的面积内取样1～2个；对条形反滤层，每隔50m设一取样断面，每个取样断面每层取样不得少于4个，均匀分布在断面的不同部位，且层间取样位置应彼此对应。对于反滤层铺填的厚度、是否混有杂物、填料的质量及颗粒级配等应全面检查。通过颗粒分析，查明反滤层的层间系数（D_{50}/d_{50}）和每层的颗粒不均匀系数（d_{60}/d_{10}）是否符合设计要求。如不符合要求，应重新筛选，重新铺填。

（4）土坝的堆石棱体与堆石体的质量检查大体相同。其主要检查上坝石料的质量、风化程度、石块的质量、尺寸、形状、堆筑过程有无离析架空现象发生等。对于堆石的级配、孔隙率大小，应分层分段取样，检查是否符合规范要求。随坝体的填筑应分层埋设沉降管，对施工过程中坝体的沉陷进行定期观测，并做出沉陷随时间的变化过程线。

（5）对于填筑土料、反滤料、堆石等的质量检查记录，应及时整理，分别编号存档，编制数据库。既作为施工过程全面质量管理的依据，也作为坝体运行后进行长期观测和事故分析的佐证。

6. 土石坝防渗加固技术

土石坝防渗处理的基本原则是“上截下排”。即在上游迎水面阻截渗水；下游背水面设排水和导渗，使渗水及时排出。堤防的防渗处理与土石坝基本相同。

1）上游截渗法

（1）黏土斜墙法。黏土斜墙法是直接在上游坡面和坝端岸坡修建贴坡黏土斜墙，或维修原有黏土斜墙。这种方法主要适用于均质土坝坝体因施工质量问题造成严重渗漏；斜墙坝斜墙被水顶穿；坝端岸坡岩石节理发育、裂隙较多，或岸坡存在溶洞，产生绕坝渗流等情况。

（2）抛土和放淤法。这两种方法用于黏土铺盖、黏土斜墙等局部破坏的抢护和加固措施，或当岸坡较平坦时堵截绕坝渗漏和接触渗漏。当水库不能放空时，既可用船只装运黏土至漏水部位，从上向下均匀倒入水中，抛土形成一个防渗层封堵渗漏部位；也可在坝顶用输泥管沿坝坡放淤或输送泥浆淤积一层防渗层。

（3）灌浆法。当均质土坝或芯墙坝施工质量不好，坝体坝基渗漏严重，可采用灌浆法处理。从坝顶钻孔，分段灌浆，形成一道灌浆帷幕，阻断渗漏通道。这种方法不用放空水库，可根据实际情况选用黏土、水泥、化学材料等浆液灌浆防渗。

（4）防渗墙法。混凝土防渗墙法适用于坝体、坝基、绕坝和接触渗漏处理。三峡、小浪底等工程的上、下游围堰均采用了混凝土防渗墙进行防渗。

（5）截水墙（槽）法。根据截水墙的材料，可将其分为黏土截水墙、混凝土截水墙、砂浆板桩以及泥浆截水槽等方法。这类方法适用于土坝坝身质量较好，坝基渗漏严重，岸坡有覆盖层、风化层或砂卵石层透水严重的情况。

2）下游排水导渗法

（1）导渗沟法。在坝背水坡及其坡脚处开挖导渗沟，排走背水坡表面土体中的渗水。根据反滤沟内所填反滤料的不同，反滤导渗沟可分为两种：在导渗沟内铺设土工织物，其上回填一般的透水料，称为土工织物导渗沟；在导渗沟内填砂石料，称为砂石导渗沟。

（2）贴坡排水法。当坝身透水性较强，在高水位下浸泡时间长久，导致背水坡面渗流逸出点以下土体软化，开挖反滤导渗沟难以成型时，可在背水坡做贴坡反滤导渗。在抢护前，先将渗水边坡的杂草、杂物及松软的表土清除干净；然后按要求铺设反滤料后表面覆盖压坡体，顶部应高出渗流的逸出点。根据使用反滤料的不同，贴坡反滤导渗可以分为两种：土工织物反滤层；砂石反滤层。

（3）排渗沟法。对于因坝基渗漏造成坝后长期积水，使坝基湿软，承载力下降，坝体浸润线抬高；或由于坝基面有不太厚的弱透水层，坝后产生渗透破坏，而水库又不能降低水位或放空，在上游无法进行防渗处理时，则可在下游坝基设置排渗沟，及时排渗，以减少渗流危害。排渗沟有明沟和暗沟两种。

（三）堤防及护岸施工技术

堤防工程包括土料场选择与土料挖运、堤基处理、堤身施工、防渗工程施工、防护工程施工、堤防加固与扩建等内容。

护岸工程是指直接或间接保护河岸，并保持适当整治线的任何一种结构，它既包括用混凝土、块石或其他材料做成的直接（连续性的）护岸工程，也包括诸如用丁坝等建筑物来改变和调整河槽的间接性（非连续性的）护岸工程。

1. 堤身填筑

堤防施工的主要内容包括土料选择与土场布置、施工放样与堤基清理、铺土压实与竣工验收等。

1）土料选择

土料选择的原则：一方面要满足防渗要求，另一方面应就地取材，因地制宜。

（1）开工前，应根据设计要求、土质、天然含水量、运距及开采条件等因素选择取料区。

（2）均质土堤宜选用中壤土～亚黏土；铺盖、芯墙、斜墙等防渗体宜选用黏性较大的土；堤后盖重宜选用砂性土。

（3）淤泥土、杂质土、冻土块、膨胀土、分散性黏土等特殊土料，一般不宜用于填筑堤身。

2）土料开采

（1）地表清理。土料场地表清理包括清除表层杂质和耕作土、植物根系及表层稀软淤土。

（2）排水。土料场排水应采取截、排结合，以截为主的措施。

（3）常用挖运设备。堤防施工是挖、装、运、填的综合作业。堤防施工中常用的设备按其功能可分为挖装、运输和碾压三类，主要设备有挖掘机、铲运机、推土机、碾压设备和自卸汽车等。

（4）开采方式。土料开采主要有立面开采和平面开采两种方式。无论采用何种开采方式均应在料场对土料进行质量控制，检查土料性质及含水率是否符合设计规定，不符合规定的土料不得上堤。

3）填筑技术要求

（1）堤基清理。

① 筑堤工作开始前，必须按设计要求对堤基进行清理。

② 堤基清理范围包括堤身、铺盖和压载的基面。堤基清理边线应比设计基面边线长 30～50cm。老堤加高培厚，其清理范围包括堤顶和堤坡。

③ 堤基清理时，应将堤基范围内的淤泥、腐殖土、泥炭、不合格土及杂草、树根等清除干净。

④ 堤基内的井窖、树坑、坑塘等应按堤身要求进行分层回填处理。

⑤ 堤基清理后，应在第一层铺填前进行平整压实，压实后土体干密度应符合设计要求。

⑥ 堤基冻结后不应有明显冻夹层、冻胀现象或浸水现象。

（2）铺料作业的要求。

① 铺料前应将已压实层的压光面层刨毛，含水量应适宜，过干时要洒水湿润。

② 铺料要求均匀、平整。每层铺料厚度和土块直径的限制尺寸应通过碾压试验确定。

③ 严禁砂（砾）料或其他透水料与黏性土料混杂，上堤土料中的杂质应当清除。

④ 土料或砾质土可采用进占法或后退法卸料，砂砾料宜用后退法卸料；砂砾料或砾质土卸料时如发生颗粒分离现象，应将其拌和均匀。

⑤ 铺料至堤边时，应在设计边线外侧各超填一定余量。

⑥ 土料铺填与压实工序应连续进行，以免土料含水量变化过大影响填筑质量。

（3）压实作业的要求。

① 施工前应先做碾压试验，确定碾压参数，以保证碾压质量能达到设计干密度值。

② 碾压时必须严格控制土料含水率。土料含水率应控制在最优含水率±3%范围内。

③ 分段填筑，各段应设立标志，以防漏压、欠压和过压。上下层的分段接缝位置应错开。

④ 分段、分片碾压时，相邻作业面的搭接碾压宽度，平行堤轴线方向应不小于0.5m，垂直堤轴线方向应不小于3m。

⑤ 砂砾料压实时，洒水量宜为填筑方量的20%～40%；中细砂压实时的洒水量，应按最优含水率控制。

2. 护岸护坡

通常堤防护岸工程包括水上护坡和水下护脚两部分。水上与水下之分均以枯水施工期而言。护岸工程的原则是先护脚后护坡。堤岸防护工程一般可分为坡式护岸（平顺护岸）、坝式护岸、墙式护岸等几种。

1）坡式护岸

即顺岸坡及坡脚一定范围内覆盖抗冲材料，这种护岸形式对河床边界条件改变和对近岸水流条件的影响均较小，是一种较常采用的形式。

（1）护脚工程。下层护脚为护岸工程的根基，其稳固与否，决定着护岸工程的成败，实践中所强调的“护脚为先”就是对其重要性的经验总结。护脚工程及其建筑材料要求能抵御水流的冲刷及推移质的磨损；具有较好的整体性并能适应河床的变形；较好的水下防腐朽性能；便于水下施工并易于补充修复。经常采用的形式有抛石护脚、沉排护脚、沉枕护脚、抛石笼护脚等。

（2）护坡工程。护坡工程除受水流冲刷作用外，还要承受波浪的冲击及地下水外渗的侵蚀。其次，因处于河道水位变动区，时干时湿，这就要求其建筑材料坚硬、密实、能长期耐风化。目前，常见的护坡工程结构形式有干砌石护坡、浆砌石护坡、混凝土护坡、模袋混凝土护坡等。

2）坝式护岸

坝式护岸是指修建丁坝、顺坝，将水流挑离堤岸，以防止水流、波浪或潮汐对堤岸边坡的冲刷，这种形式多用于游荡性河流的护岸。坝式防护有丁坝、顺坝、丁顺坝、潜坝四种形式，坝体结构基本相同。

3）墙式护岸

墙式护岸是指顺堤岸修筑竖直陡坡式挡墙，这种形式多用于城区河流或海岸防护。在河道狭窄，堤外无滩且易受水冲刷，受地形条件或已建建筑物限制的重要堤段，常采用墙式护岸。

墙式防护（防洪墙）分为重力式挡土墙、扶壁式挡土墙、悬臂式挡土墙等形式。墙式护岸一般临水侧采用直立式，在满足稳定要求的前提下，断面应尽量减小，以减少工程量和少占地为原则。墙体材料可采用钢筋混凝土、混凝土和浆砌石等。墙基应嵌入堤岸护脚一定深度，以满足墙体和堤岸整体抗滑稳定和抗冲刷的要求。如冲刷深度大，还需采取抛石等护脚固基措施，以减少基础埋深。

五、混凝土施工技术

（一）钢筋工程

1. 钢筋检验

运入加工现场的钢筋，必须具有出厂质量证明书或试验报告单，每捆（盘）钢筋均应挂上标牌，标牌上应注有厂标、钢号、产品批号、规格、尺寸等项目，在运输和储存时不得损坏和遗失这些标牌。

到货钢筋应分批验收检查每批钢筋的外观质量，查看锈蚀程度及有无裂缝、结疤、麻坑、气泡、砸碰伤痕等，并应测量钢筋的直径。

到货钢筋应分批进行检验。检验时以 60t 同一炉（批）号、同一规格尺寸的钢筋为一批。随机选取 2 根经外部质量检查和直径测量合格的钢筋，各截取一个抗拉试件和一个冷弯试件进行检验，不得在同一根钢筋上取两个或两个以上同用途的试件。钢筋取样时，钢筋端部要先截去 500mm 再取试样。在拉力检验项目中，包括屈服点、抗拉强度和伸长率三个指标。如有一个指标不符合规定，即认为拉力检验项目不合格。冷弯试件弯曲后，不得有裂纹、剥落或断裂。

对钢号不明的钢筋，需经检验合格后方可使用。检验时抽取的试件不得少于 6 组。

2. 钢筋配料

钢筋加工前，应根据设计图纸按不同构件编制配料单，然后进行备料加工。为了使工作方便和不漏配钢筋，配料应有序地进行。

1）下料长度计算

下料长度计算是配料计算中的关键。钢筋弯曲时，其外壁伸长，内壁缩短，而中心线长度并不改变。但是设计图中注明的尺寸是根据外包尺寸计算的，且不包括端头弯钩长度。显然，外包尺寸大于中心线长度，它们之间存在一个差值，称为“量度差值”。因此，钢筋的下料长度如下：

钢筋下料长度＝外包尺寸＋端头弯钩长度－量度差值

箍筋下料长度＝箍筋周长＋箍筋调整值

钢筋根据需要和条件，可采用绑扎或焊接方式接长，配料时均应按规定留足相应的接头长度。

2）钢筋代换

如果在施工中供应的钢筋品种和规格与设计图纸要求不符时，允许进行代换。但代换时应征得设计单位的同意，充分了解设计意图和代换钢材的性能，严格遵守规范的各项规定。

按不同的控制方法，钢筋代换有以下三种：

（1）当结构件是按强度控制时，可按强度等同原则代换，称等强代换。

（2）当结构件按最小配筋率控制时，可按钢筋面积相等的原则代换，称等面积代换。

（3）当结构件按裂缝宽度或挠度控制时，钢筋的代换需进行裂缝宽度或挠度验算。代换后，还应满足构造方面的要求（如钢筋间距、最小直径、最少根数、锚固长度、对称性等）及设计中提出的特殊要求（如冲击韧性、抗腐蚀性等）。

3. 钢筋加工

钢筋的加工包括调直、去锈、切断、弯曲和连接等工序。

1）钢筋调直、去锈

调直直径12mm以下的钢筋，主要采用卷扬机拉直或用调直机调直。用冷拉法调直钢筋，其矫直冷拉率不得大于1%（HPB300级钢筋不得大于2%）。对于直径大于30mm的钢筋，可用弯筋机进行调直。

对于不需要调直的钢筋表面的鳞锈，应用风砂枪或除锈机，也可手工锤敲去锈或用钢丝刷清除，以免影响钢筋与混凝土的粘结。对于一般浮锈可不必清除。

2）钢筋切断

切断钢筋可用钢筋切断机完成。对于直径为22～40mm的钢筋，一般采用单根切断；对于直径在22mm以下的钢筋，则可一次切断数根。对于直径大于40mm的钢筋要用砂轮锯、氧气切割或电弧切割。

3）钢筋弯曲

一般弯筋工作在钢筋弯曲机上进行。水利工程中的大弧度环形钢筋的弯制可用弧形样板制作。样板弯曲直径应比环形钢筋弯曲直径小20%～40%，使弯制的钢筋回弹后正好符合要求。样板弯曲直径可由试验确定。

4）钢筋连接

钢筋连接常用的连接方法有焊接连接、机械连接和绑扎连接。

（1）钢筋焊接连接。钢筋的焊接质量与钢材的可焊性、焊接工艺有关。常用的焊接方法有闪光对焊、电弧焊、电渣压力焊和电阻点焊等。

（2）钢筋机械连接。钢筋机械连接是通过连接件的机械咬合作用或钢筋端面的承压作用，将一根钢筋中的受力传递至另一根钢筋的连接方法。在确保钢筋接头质量、改善施工环境、提高工作效率、保证工程进度方面具有明显优势。钢筋接头机械连接的种类很多，如钢筋套筒挤压连接、直螺纹套筒连接、精轧大螺旋钢筋套筒连接、热熔剂充填套筒连接、平面承压对接等。

5）钢筋的冷加工处理

钢筋冷加工是指在常温下对钢筋施加一个大于屈服点强度而小于极限强度的外力使钢筋产生变形；当外力去除后，钢筋因改变了内部晶体结构的排列产生永久变形；

经过一段时间之后，钢筋的强度得到较大的提高。钢筋冷加工的方法有三类：冷拉、冷拔和冷轧。

4. 钢筋安装

钢筋的安装可采用散装和整装两种方式。

1）散装

散装是将加工成型的单根钢筋运到工作面，按设计图纸绑扎或焊接成型。

2）整装

整装是将加工成型的钢筋，在焊接车间用点焊焊接交叉结点，用对焊接长，形成钢筋网和钢筋骨架。整装件由运输机械成批运至现场，用起重机具吊运入仓就位，按图拼合成型。

无论整装或散装，钢筋应避免油污，安装的位置、间距、保护层及各个部位的型号、规格都应符合设计要求。

（二）模板工程

模板工程是混凝土浇筑时使之成型的模具及其支承体系的工程，模板工程量大，材料和劳动力消耗多。因此，正确选择材料组成和合理组织施工，直接关系结构物的工程质量和造价。模板面板材料宜选用钢材、胶合板等，模板支架材料应优先选用钢材，少用木材。

1. 模板的基本类型

（1）按制作材料，模板可分为木模板、钢模板、混凝土和钢筋混凝土预制模板。

（2）按模板形状可分为平面模板和曲面模板。

（3）按受力条件模板可分为承重模板和侧面模板。侧面模板按其支撑受力方式，又分为简支模板、悬臂模板和半悬臂模板。

（4）按架立和工作特征，模板可分为固定式、拆移式、移动式和滑动式。固定式模板多用于起伏的基础部位或特殊的异形结构如蜗壳或扭曲面，因大小不等、形状各异，难以重复使用。拆移式、移动式和滑动式模板可重复或连续在形状一致或变化不大的结构上使用，有利于实现标准化和系列化。

2. 模板应符合下列要求

（1）保证混凝土浇筑后结构及构件各部分形状、尺寸与相互位置满足设计要求。

（2）具有足够的稳定性、刚度和强度。

（3）宜做到标准化、系列化，装拆方便，周转次数高。

（4）模板表面光洁、平整，拼缝严密，不漏浆。

3. 模板荷载

模板及其支撑结构应具有足够的强度、刚度和稳定性，必须能承受施工中可能出现的各种荷载的最不利组合，其结构变形应在允许范围内。

模板设计时应考虑下列荷载的组合：

1）模板自身重力。

模板自重标准值，应根据模板设计图纸确定。肋形楼板及无梁楼板模板的自重标准值，可按表 1-7-6 采用。

表 1-7-6　楼板模板自重标准值（kN/m^2）

项次	模板及构件的种类	定型组合模板	木模板
1	平板的模板及楞木	0.5	0.3
2	楼板模板（其中包括梁的模板）	0.75	0.5
3	楼板模板（楼层高度 4m 以下）	1.1	0.75

2）新浇混凝土的重力

新浇混凝土自重标准值，对普通混凝土可采用 $24kN/m^3$，对其他混凝土可根据实际表观密度确定。

3）钢筋和预埋件的重力

钢筋自重标准值，应根据设计图纸确定。对一般梁板结构，每 m^3 钢筋混凝土的钢筋自重标准值可采用下列数值：楼板，1.1kN；梁，1.5kN。

4）工作人员及仓面机具的重力

施工人员和设备荷载标准值应按下列规定取值：

（1）计算模板及直接支承模板的小楞时，对均布荷载取 $2.5kN/m^2$，另应以集中荷载 2.5kN 进行验算，比较两者所取得的弯矩值，按其中较大的采用。

（2）计算直接支承小楞结构构件时，均布荷载取 $1.5kN/m^2$。

（3）计算支架立柱及其他支承结构构件时，均布荷载取 $1.0kN/m^2$。

对大型浇筑设备上料平台、混凝土输送泵等按实际情况计算。混凝土骨料高度超过 100mm 以上的按实际高度计算。模板单块宽度小于 150mm 时，集中荷载可分布在相邻的两块板上。

5）振捣混凝土时产生的荷载

振捣混凝土时产生的荷载标准值，对水平面模板可采用 $2.0kN/m^2$，对垂直面摸板可采用 $4.0kN/m^2$（作用范围在新浇混凝土侧压力的有效压头高度之内）。

6）新浇混凝土的侧压力

新浇混凝土对模板侧面的压力标准值应按下列规定取值：

采用内部振捣器时，最大侧压力可按式 1-7-5 和式 1-7-6 计算，并取两式中的较小值。

$$F = 0.22\gamma_c t_0 \beta_1 \beta_2 v^{1/2} \tag{1-7-5}$$

$$F = \gamma_c H \tag{1-7-6}$$

式中　F——新浇混凝土对模板的最大侧压力，kN/m^2；

γ_c——混凝土的表观密度，kNm^3；

t_0——新浇混凝土的初凝时间，可按实测确定，当缺乏实验资料时，可采用 $t_0 = 200 (T+5)$ 计算（T 为混凝土的浇筑温度℃），℃；

v——混凝土的浇筑速度，m/h；

H——混凝土侧压力计算位置处至新浇混凝土顶面的总高度，m；

β_1——外加剂影响修正系数，当不掺外加剂时取 1.0，当掺具有缓凝作用的外加剂时取 1.2；

β_2——混凝土坍落度影响修正系数，当坍落度小于 30mm 时，取 0.85；当坍落度为 30～90mm 时，取 1.0；当坍落度大于 90mm 时，取 1.15。

混凝土侧压力的计算分布图，薄壁混凝土侧压力分布图如图 1-7-25 所示；大体积混凝土侧压力分布图如图 1-7-26 所示。图中 h 为有效压头高度，$h=F/\gamma_c$（m）。

重要部位的模板承受新浇混凝土的侧压力，应通过实测确定。

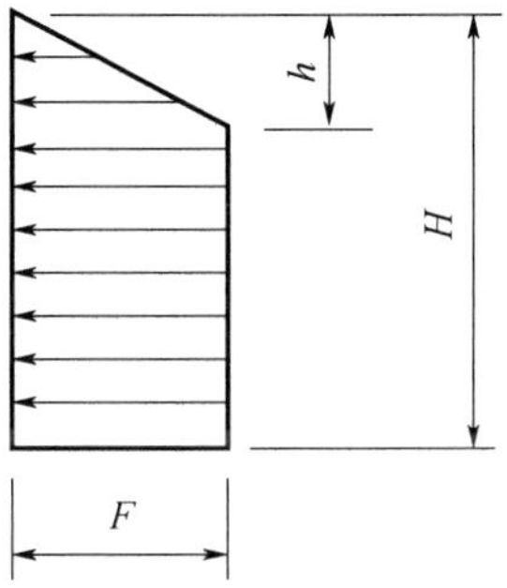

图 1-7-25　薄壁混凝土侧压力分布图

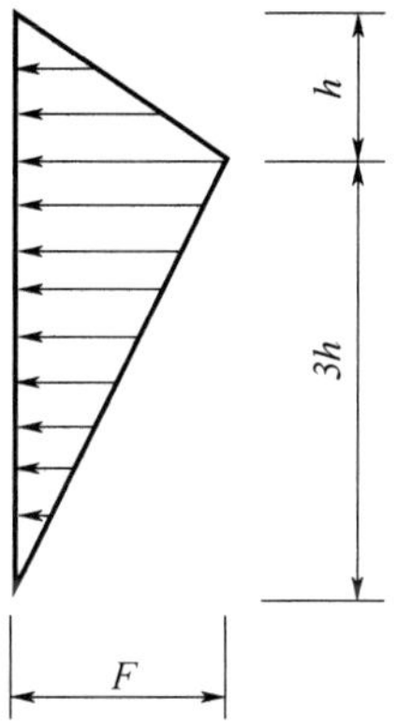

图 1-7-26　大体积混凝土侧压力分布图

7）新浇混凝土的浮托力

新浇筑混凝土的浮托力应由试验确定。当没有试验资料时，可采用模板受浮面水平投影面积 15kN/m² 进行估算。

8）混凝土卸料时产生的荷载

混凝土卸料时对模板产生的冲击荷载，应通过实测确定。当没有试验资料时，对垂直面模板产生的水平荷载标准值可参考《水工混凝土施工规范》（SL 677—2014）的有关规定。

9）风荷载

垂直于建筑物表面上的风荷载标准值按下述规定计算，其基本风压与相关系数取值见《建筑结构荷载规范》（GB 50009－2012）的有关规定。

当计算主要承重结构时：

$$W_k = \beta_Z \mu_s \mu_z \omega_0 \tag{1-7-7}$$

式中　W_k——风荷载标准值，kN/m²；

β_Z——高度 Z 处的风振系数；

μ_s——风荷载体型系数；

μ_z——风压高度变化系数；

ω_0——基本风压，kN/m²。

当计算围护结构时

$$W_k = \beta_{gZ} \mu_s \mu_z \omega_0 \tag{1-7-8}$$

式中　β_{gZ}——高度 Z 处的阵风系数。

10）其他荷载

4. 模板验算

1）荷载分项系数

计算模板的荷载设计值，应采用荷载标准值乘以相应的荷载分项系数求得。荷载分项系数见表 1-7-7。

表 1-7-7　荷载分项系数

项　　次	荷 载 类 别	荷载分项系数
1	模板自重	1.2
2	新浇混凝土自重	
3	钢筋自重	
4	施工人员及施工设备荷载	1.4
5	振捣混凝土时产生的荷载	
6	振捣混凝土对模板侧面的压力	1.2
7	混凝土卸料时产生的荷载	1.4

2）荷载组合

计算模板的刚度和强度时，应根据模板种类及施工具体情况，按表 1-7-8 的荷载组合进行计算（特殊荷载按可能发生的情况计算）。

表 1-7-8　常用模板的荷载组合

项次	模板种类	基本荷载组合	
		设计强度	验算刚度（表中数字为模板荷载前的编号）
1	薄板、薄壳的底模板	(1)+(2)+(3)+(4)	(1)+(2)+(3)+(4)
2	厚板、梁和拱的底模板	(1)+(2)+(3)+(4)+(5)	(1)+(2)+(3)+(4)+(5)
3	梁、拱、柱（边长≤300mm）、墙（厚≤400mm）的侧面垂直模板	(5) + (6)	(6)
4	大体积结构、柱（边长>300mm）、墙（厚>400mm）的侧面垂直模板	(6) + (8)	(6) + (8)
5	悬臂模板	(1)+(2)+(3)+(4)+(5)+(8)	(1)+(2)+(3)+(4)+(5)+(8)
6	隧洞衬砌模板台车	(1)+(2)+(3)+(4)+(5)+(6)+(7)	(1)+(2)+(3)+(4)+(5)+(6)+(7)

注：1. 当模板承受倾倒混凝土产生的荷载对模板的承载能力和变形有较大影响时，考虑荷载 8。

2. 根据工程实践情况，合理考虑荷载 9 和荷载 10。

3）稳定验算

(1) 刚度验算。验算模板刚度时，其最大变形不应超过下列允许值：

① 结构外露面模板为模板构件计算跨度的 1/400。

② 结构隐蔽面模板为模板构件计算跨度的 1/250。

③ 支架的压缩变形值或弹性挠度值为相应的结构计算跨度的 1/1000。

(2) 抗倾稳定验算。承重模板结构的抗倾稳定性，应按下列要求核算：

① 倾覆力矩，应采用下列三项中的最大值：

风荷载，按 GB 50009 确定。

实际可能发生的最大水平作用力。

作用于承重模板边缘 1500N/m 的水平力。

② 稳定力矩：

模板自重折减系敞为 0.8；如同时安装制筋，应包括钢筋的重量。活荷载按其对抗倾覆稳定最不利的分布计算。

抗倾稳定系数：应大于 1.4。

除悬臂模板外，竖向模板与内倾模板应设置撑杆或拉杆，以保证模板的稳定性。

梁跨大于 4m 时，设计应规定承重模板的预拱值。

多层结构物上层结构的模板支承在下层结构上时，应验算下层结构的实际强度和承载能力。

模板锚固件应避开结构受力钢筋，模板附件的安全系数根据《水工混凝土施工规范》(SL 677—2014) 的规定确定。

5. 模板的制作

模板制作的允许偏差，应不超过表 1-7-9 的规定。

钢模面板及活动部分应涂防锈油脂，但面板油脂不应影响混凝土表面颜色。其他部分应涂防锈漆。

表 1-7-9 模板制作允许偏差 (mm)

项次	偏差名称	允许偏差
一、钢模、胶合模板及竹胶合模板		
1	小型模板：长和宽	±2
2	大型模板（长、宽大于 3m）：长和宽	+1，−2
3	大型模板对角线	±3
4	相邻梁板高差	1
5	两块模板间的拼缝宽度	1
6	模板侧面不平整度	1.5
7	模板面局部不平（用 2m 直尺检查）	2
8	连接配件的孔眼位置	±1
二、木模		
1	小型模板：长和宽	±3
2	大型模板（长、宽大于 3m）：长和宽	±5
3	大型模板对角线	±5
4	相邻梁板高差	1
5	局部不平（用 2m 直尺检查）	5
6	板面缝隙	2

注：异型模板（蜗壳、尾水管等）、滑动模板、移置模板、永久性模板等特种模板，其制作允许偏差，按有关规定和要求执行。

6. 模板的安装

模板安装前，应按设计图纸测量放样，重要结构应多设控制点，以利检查校正。支架应支承在坚实的地基或旧混凝土上，并应有足够的支承面积，斜撑应防止滑动。竖向模板和支架安装在基土上时应加设垫板，且基土应坚实并有排水措施。湿陷性黄土应有防水措施；冻胀性土应有防冻融措施。

现浇钢筋混凝土梁、板和孔洞顶部模板，跨度不小于4m时，模板应设置预拱，当结构设计无具体要求时，预拱高度宜为全跨长度的1/1000～3/1000。

模板的钢拉杆不应弯曲，拉杆直径宜大于8mm。拉杆与锚固头应连接牢固。预埋在下层混凝土中的锚固件（螺栓、钢筋环等），承受荷载时，应有足够的锚固强度。

模板与混凝土接触的面板，以及各块模板接缝处，应平整、密合，防止漏浆，保证混凝土表面的平整度和混凝土的密实性。建筑物分层施工时，应逐层校正下层偏差，模板下端应紧贴混凝土面。

模板与混凝土的接触面应涂刷脱模剂，并避免脱模剂污染或侵蚀钢筋和混凝土，不应采用影响结构性能或妨碍安装工程施工的脱模剂。

模板安装的允许偏差，应根据结构物的安全、运行条件、经济和美观等要求确定。

模板安装好后，要进行质量检查；检查合格后，才能进行下一道工序。应经常保持足够的固定设施，以防模板倾覆。水工建筑物混凝土模板安装的允许偏差，应根据结构物的安全、运行条件、经济和美观要求确定，大体积混凝土模板安装的允许偏差见表1-7-10；大体积混凝土以外现浇结构和预制构件的模板安装允许偏差分别见表1-7-11和表1-7-12。

高速水流区、流态复杂部位、机电设备安装部位的模板，应符合有关设计要求。

永久性模板、滑动模板、移置模板等特种模板的安装允许误差，按结构设计要求和模板设计要求执行。

表1-7-10　大体积混凝土模板安装的允许偏差（mm）

项次	偏差项目		混凝土结构的部位	
			外露表面	隐蔽内面
1	平板平整度	相邻两面板高差	钢模：2 木模：3	5
2		局部不平（用2m直尺检查）	钢模：3 木模：5	10
3	板面缝隙		2	2
4	结构物边线与设计边线		内模板：－10～0 外模板：0～10	15
5	结构物水平截面内部尺寸		±20	
6	承重模板标高		0～＋5	
7	预留孔、洞	中心线位置	±10	
		截面内部尺寸	－10	

表 1-7-11　现浇结构模板安装的允许偏差（mm）

项　次	偏差项目		允许偏差
1	轴线位置		5
	底模上表面标高		+5，0
2	截面内部尺寸	基础	±10
		柱、梁、墙	+4，−5
3	局部垂直	全高≤5m	6
		全高>5m	8
4	相邻两板高差		2
	表面局部不平（用 2m 支持检查）		5

表 1-7-12　预制构件模板安装的允许偏差（mm）

项　次	偏差项目		允许偏差
1	长度	板、梁	±5
		柱	0，−10
		墙板	0，−5
2	宽度	板、墙板	0，−5
		梁、柱	+2，−5
3	高度	板	+2，−3
		墙板	0，−5
		梁、柱	+2，−5
4	板的对角线		7
	墙板的对角线		5
	相邻两板高差		1
	板的表面平整（2m 长度上）		3
	横向弯曲	梁、柱、板	L/1000 且≤15
		墙板	L/1500 且≤15

注：L 为构件长度。

7. 模板的拆除

拆模的迟早直接影响混凝土质量和模板使用的周转率。施工规范规定，非承重侧面模板，混凝土强度应达到 2.5MPa 以上，其表面和棱角不因拆模而损坏时方可拆除。混凝土表面质量要求高的部位，拆模时间宜晚些。而钢筋混凝土结构的承重模板，要求达到下列规定值（按混凝土设计强度等级的百分率计算）时才能拆模。

（1）悬臂板、梁：跨度≤2m，75%；跨度>2m，100%。

（2）其他梁、板、拱：跨度≤2m，50%；跨度 2～8m，75%；跨度>8m，100%。

拆除芯模或预留的内模时，应在混凝土强度能保证不发生塌陷和裂缝时，方可拆除。

拆模的程序和方法：在同一浇筑仓的模板，按“先装的后拆、后装的先拆，先拆非承重模板、后拆承重的模板”的原则，按次序、有步骤地进行，不能乱撬。拆模时，应尽量减少对模板的损坏，以提高模板的周转次数。要注意防止大片模板坠落；高处拆组合钢模板，应使用绳索逐块下放，模板连接件、支撑件及时清理，收检归堆。

（三）骨料的生产加工

1. 混凝土骨料质量要求

混凝土由 90%的砂石料构成，每立方米混凝土需近 1.5m^3 松散砂石料。

骨料的选用应遵循优质、经济、就地取材的原则。可选用天然骨料、人工骨料，或两者互为补充。选用人工骨料时，宜优先选用石灰岩质的料源。水利水电工程中骨料来源分为以下三种：

天然骨料：天然砂、砾石经筛分、冲洗而制成的混凝土骨料；

人工骨料：开采的石料经过破碎、筛分、冲洗而制成的混凝土骨料；

组合骨料：以天然骨料为主，人工骨料为辅，配合使用的混凝土骨料。

混凝土骨料料源可选择工程开挖料、天然砂砾料、石料场的开采料或外购料。应优先选拌工程开挖料作为料源；天然砂砾料储量丰富，剥采比较小、级配和开采条件较好时也可作为优选用料源；无合适的天然砂砾料时，可就近选择石料场开采料。

混凝土人工骨料宜选用线膨胀系数小、破碎后粒形好且硬度适中的岩石作为料源，宜优先选用石灰岩质料源。采用节理裂隙发育，特别是隐节理发育的石料，应进行试验论证。

同一建筑物的混凝土宜采用同一类别的骨料料源，若采用不同类别的骨料料源，应通过试验验证。

混凝土骨料料源应进行骨料碱活性试验。骨料碱活性试验方法的选择与判定标准应符合《水利水电工程天然建筑材料勘察工程》（SL 251—2015）的规定。未经专门论证，不应使用碱活性骨料。

混凝土骨料的适用性应根据质量技术指标、设计要求及工程经验等进行综合评价，质量技术指标宜符合有关规定，混凝土细骨料应质地坚硬、清洁、级配良好；人工砂的细度模数宜在 2.4～2.8，天然砂的细度模数宜在 2.2～3.0。使用山砂、海砂及粗砂、特细砂应经试验论证。细骨料的表面含水率不宜超过 6%，并保持稳定，必要时应采取加速脱水措施。混凝土细骨料质量技术指标宜符合表 1-7-13 和图 1-7-27 的规定。

表 1-7-13　混凝土细骨料质量技术指标

序　号	项　　目	指　　标	备　　注
1	表观密度（g/cm^3）	＞2.50	
2	堆积密度（g/cm^3）	＞1.50	
3	云母含量（%）	＜2.0	
4	含泥量（%）	＜3.0	不存在黏土块、黏土薄膜
5	碱活性	不具有潜在危害性反应	使用碱活性骨料时，应专门论证

续表

序　号	项　　目		指　　标	备　　注
6	硫酸盐及硫化物含量（换算成 SO_3）（%）		<1.0	
7	有机质含量		浅于标准色	
8	轻物质含量（%）		<1.0	
9	坚固性（%）	有抗冻要求的混凝土	≤8.0	
		无抗冻要求的混凝土	≤10.0	
10	细度	细度模数	2.0～3.0	
		平均粒径（mm）	0.29～0.43	

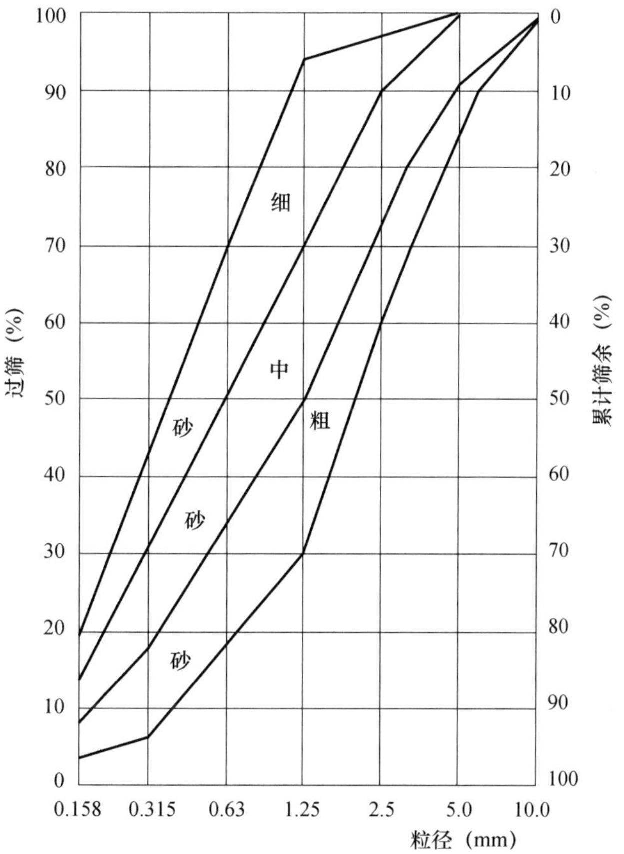

图 1-7-27　砂级配曲线图

混凝土粗骨料应质地坚硬、清洁、级配良好，如有裹粉、裹泥或污染等应清除。

粗骨料的分级：粗骨料宜分为小石、中石、大石和特大石四级，粒径分别为 5～20mm、20～40mm、40～80mm 和 80～150（120）mm，用符号分别表示为 D20、D40、D80、D150（D120）。应控制各级骨料的超径、逊径含量。以原孔筛检验时，其控制标准：超径不大于 5%，逊径不大于 10%。当以超、逊径筛（方孔）检验时，其控制标准：超径为 0，逊径不大于 2%。

各级骨料应避免分离。D20、D40、D80和D150（D120）分别采用孔径为10mm、30mm、60mm和115（100）mm的中径筛（方孔）检验，中径筛余率宜在40%～70%范围内。混凝土粗骨料质量技术指标宜符合表1-7-14的规定。

表1-7-14　混凝土粗骨料质量技术指标

序　号	项　目		指　标	备　注
1	表观密度（g/cm^3）		>2.60	
2	混合堆积密度（g/cm^3）		>1.60	
3	吸水率（%）	有抗冻要求的混凝土	≤1.5	
		无抗冻要求的混凝土	≤2.5	
4	针片状颗粒含量（%）		<15	
5	软弱颗粒含量（%）		<5	
6	含泥量（%）		<1.0	不存在黏土块、黏土薄膜
7	碱活性		不具有潜在危害性反应	使用碱活性骨料时，应专门论证
8	硫酸盐及硫化物含量（换算成SO_3）（%）		<1	
9	有机质含量		浅于标准色	
10	轻物质含量（%）		不存在	
11	坚固性（%）	有抗冻要求的混凝土	≤5.0	
12		无抗冻要求的混凝土	≤12.0	
13	压碎指标（%）		≤14	
14	粒度模数		6.25～8.30	

胶凝砂砾石坝所需砂砾石料的质量技术指标应符合《胶结颗料筑坝技术导则》（SL 678—2014）的规定。

2. 料场的规划

料场的规划需考虑料场的分布、高程、骨料的质量、储量、天然级配、开采条件、加工要求、弃料多少、运输方式、运输距离、生产成本等多种因素。骨料料场的规划、优选，应通过全面技术经济论证。

应根据骨料需求总量、分期需求量进行技术经济比较，制定合理的开采规划和使用平衡计划，尽量减少弃料。覆盖层剥离应有专门弃渣场地，并采取必要的防护和恢复措施，防止水土流失。

当采用天然骨料时，应确定砂砾料的开采量。由于砂砾料的天然级配与混凝土骨料需要的级配往往不一致，因此，不仅砂砾料开采总量要满足要求，而且每一级骨料的开采量也要满足相应的要求。

混凝土骨料料场原料设计需要量可按式1-7-9计算，均为自然方。

$$V_{H需}=1.2\times[V_{场}+V_{H存}\times(K_3-1)]\times K_4\times K_5 \quad (1\text{-}7\text{-}9)$$

式中　$V_{H需}$——混凝土骨料料场原料设计需要量，m^3；

$V_{场}$——扣除工程开挖可利用量后的加工混凝土骨料所需原料，m^3；

$V_{H存}$——来自料场的需转存的混凝土骨料原料量，m^3。

3. 砂石骨料的储存

骨料堆场的任务是储备一定数量的砂石料，以适应骨料生产与需求之间的不平衡，即解决骨料的供求矛盾。

骨料堆场的种类分毛料堆存、半成品料堆存和成品料堆存。

骨料堆存方式分台阶式料仓、堆料机料仓。

骨料储量多少，主要取决于生产强度和管理水平。一般可按高峰月平均值的50%～80%考虑，汛期、冰冻期停采时须按停采期骨料需要量外加20%裕度校核。

成品砂石料应有3d以上的堆存时间，以利脱水。故成品堆场的容量，还应满足砂石料自然脱水要求。

4. 骨料加工

骨料加工的工艺流程、设备选型应合理可靠，生产能力合料仓储量应保证混凝土施工需要。骨料生产的废水应按国家有关规定进行处理。

从料场开采的混合砂砾料或块石，通过破碎、筛分、冲洗等加工过程，制成符合级配、除去杂质的各级粗、细骨料。

1）破碎

为了将开采的石料破碎到规定的粒径，往往需要经过几次破碎才能完成。因此，通常将骨料破碎过程分为粗碎（将原石料破碎到300～70mm）、中碎（破碎到70～20mm）和细碎（20～1mm）三种。

常用的破碎设备有颚式破碎机、旋回破碎机、圆锥破碎机、反击式破碎机和立轴式冲击破碎机。

2）骨料筛分

分级方法有水力筛分和机械筛分两种。水力筛分利用骨料颗粒大小不同、水力粗度各异的特点进行分级，适用于细骨料；机械筛分利用机械力作用经不同孔眼尺寸的筛网对骨料进行分级，适用于粗骨料。

常用的筛分设备有偏心振动筛、惯性振动筛、高效振动筛分机。

3）洗砂

洗砂常用的设备是螺旋式洗砂机，它是一个倾斜安放的半圆形洗砂槽，槽内装有1～2根附有螺旋叶片的旋转主轴。

4）骨料加工厂

大规模的骨料加工，常将加工机械设备按工艺流程布置成骨料加工工厂。

以筛分作业为主的加工厂称为筛分楼，其布置常用皮带机送料上楼，经两道振动筛筛分出五种级配骨料，砂料则经沉砂箱和洗砂机清洗成成品砂料，各级骨料由皮带机送至成品料堆堆存。骨料加工厂宜尽可能靠近混凝土系统，以便共用成品堆料场。

5）骨料的堆存和运输

骨料的运输和堆存应遵守下列规定：

① 堆存场地应有良好的排水设施，宜设遮阳防雨棚。

② 各级骨料仓之间应采取设置隔墙等措施，不应混料和混入泥土等杂物。

③ 储料仓应有足够的容积，堆料厚度不宜小于6m。细骨料仓的数量和容积应满足脱水要求。

④ 减少转运次数。粒径大于40mm骨料的卸料自由落差大于3m时，应设置缓降设施。

⑤ 在粗骨料成品堆场取料时，同一级料应在料堆不同部位同时取料。

（四）混凝土的制备

1. 混凝土配料

混凝土制备的过程包括储料、供料、配料和拌和。配料是按混凝土配合比要求，称准每次拌和的各种材料用量。配料的精度直接影响混凝土质量。

混凝土配料要求采用重量配料法，即将砂、石、水泥、掺合料按重量计量，水和外加剂溶液按重量折算成体积计量。施工规范对配料精度（按重量百分比计）的要求是水泥、掺合料、水、外加剂溶液为±1%，砂石料为±2%。

设计配合比中的加水量根据水灰比计算确定，并以饱和面干状态的砂子为标准。由于水灰比对混凝土强度和耐久性影响极大，绝不能任意变更。施工采用的砂子，其含水量往往较高，在配料时采用的加水量，应扣除砂子表面含水量及外加剂中的水量。

给料设备的工作机构常与称量设备相连，当需要给料时，控制电路开通，进行给料。当计量达到要求时，即断电停止给料。常用的给料设备有皮带给料机、电磁振动给料机、叶轮给料机和螺旋给料机。

混凝土配料称量的设备称为配料器，按所称料物的不同，可分为骨料配料器、水泥配料器和量水器等。骨料配料器主要有简易称量（地磅）、电动磅称、自动配料杠杆秤、电子秤。

2. 混凝土的拌和

1）拌和方式

混凝土拌和必须按照试验部门签发并经审核的混凝土配料单进行配料，严禁擅自更改。

（1）一次投料法（常用方法），将砂、石、水、水泥同时加入搅拌筒中进行搅拌。

（2）二次投料法可分为预拌水泥砂浆及预拌水泥净浆法。与一次投料法相比，混凝土强度可提高15%，也可节约水泥15%～20%。

（3）水泥裹砂法。

① 砂子先经砂处理机，使表面含水率保持在2%左右。

② 向拌和机加入砂和石子，加入一部分拌和水。

③ 加入水泥，开始拌和，在砂石表面裹上一层水泥浆膜，其水胶比控制在0.15～0.35范围内。

④ 最后加入剩余的拌和水和高效减水剂，直至拌和成均匀混凝土。

与一次投料法相比，强度可提高20%～30%，混凝土不易产生离析现象，泌水少，工作性能好。

2）拌和设备生产能力的确定

拌和设备生产能力主要取决于设备容量、台数与生产率等因素。

（1）每台拌和机的小时生产率可用每台拌和机每小时平均拌和次数与拌和机出料容量的乘积来计算确定。

（2）拌和设备的小时生产能力可按混凝土月高峰强度计算确定。

（3）确定混凝土拌和设备容量和台数，还应满足如下要求：

① 能满足同时拌制不同强度等级的混凝土。

② 拌和机的容量与骨料最大粒径相适应。

③ 考虑拌和、加水和掺合料以及生产干硬性或低坍落度混凝土对生产能力的影响。

④ 拌和机的质量与运载重量和装料容器的大小相匹配。

⑤ 适应施工进度，有利于分批安装、分批投产、分批拆除转移。

（五）混凝土的运输

混凝土运输包括两个运输过程：从拌和机前到浇筑仓前，主要是水平运输；从浇筑仓前到仓内，主要是垂直运输。

1. 混凝土的运输设备

通常混凝土的水平运输设备主要有有轨运输、无轨运输和胶带运输等形式；垂直运输设备主要有门式起重机、塔式起重机、缆式起重机和履带式起重机。

使用的运输设备，应使混凝土在运输过程中不发生分离、漏浆、严重泌水、过多温度回升和坍落度损失。混凝土在运输过程中，应尽量缩短运输时间和转运次数。混凝土运输、转运、入仓、浇筑的总时间不宜超过表 1-7-15 中规定的数值。因故停歇过久，混凝土已初凝或已失去塑性时，应作废料处理。严禁在运输途中和卸料时加水。

表 1-7-15 混凝土运输时间

气温（℃）	混凝土运输时间（min）
20～30	30
10～20	45
5～10	60

2. 混凝土运输方案

大坝等建筑物的混凝土运输浇筑，主要有门、塔机运输方案，缆机运输方案以及辅助运输浇筑方案。

1）门、塔机运输方案

采用门、塔机浇筑混凝土可分为有栈桥和无栈桥方案。

所谓栈桥就是行驶起重运输机械，直接为施工服务的临时桥梁。施工栈桥一般由桥墩、梁跨结构和桥面系统三部分组成。设置栈桥的目的有两个：一是为了扩大起重机的控制范围，增加浇筑高度；二是为起重机和混凝土运输提供开行线路，使之与浇筑工作面分开，避免相互干扰。根据建筑物的外形，断面尺寸，栈桥可以平行坝轴线布置一条、二条或三条，可设同一高程，也可分设不同高程；栈桥桥墩可设于坝内，也可设在坝外；可以是贯通两岸的全线栈桥，也可以是只通一岸的栈桥。

2）缆机运输方案

缆机的塔架常安设于河谷两岸，通常布置在所浇建筑物外，故可提前安装；一次架设，在整个施工期间长期发挥作用。有时为了缩小跨度，可将坝肩岸边块提前浇好，然后敷设缆机轨道。在施工中因无须架设栈桥，故与主体工程各个部位的施工均不发生干扰。

3）辅助运输浇筑方案

通常一个混凝土坝枢纽工程，很难用单一的运输浇筑方案完成，总要辅以其他运输浇筑方案配合施工。有主有辅，相互协调。常用的辅助运输浇筑方案有履带式起重机浇筑方案、汽车运输浇筑方案、皮带运输机浇筑方案、混凝土输送泵浇筑方案等，其中，混凝土输送泵因其高性能、使用方便等优点，在混凝土坝之外的水利工程中往往作为混凝土的主要运输方案。

4）选择混凝土运输浇筑方案的原则

（1）运输效率高，成本低，转运次数少，不易分离，质量容易保证。

（2）起重设备能够控制整个建筑物的浇筑部位。

（3）主要设备型号要少，性能良好，配套设备能使主要设备的生产能力充分发挥。

（4）在保证工程质量前提下能满足高峰浇筑强度的要求。

（5）除满足混凝土浇筑要求外，同时能最大限度地承担模板、钢筋、金属结构及仓面小型机具的吊运工作。

（6）在工作范围内能连续工作，设备利用率高，不压浇筑块，或不因压块而延误浇筑工期。

（六）混凝土的浇筑与养护

1. 混凝土的浇筑

混凝土浇筑的施工过程包括浇筑前的准备作业、入仓铺料、平仓振捣三个工序。

1）浇筑前的准备工作

混凝土浇筑前准备工作的主要项目有基础面处理、施工缝处理、模板、钢筋的架设、预埋件及观测设备的埋设、浇筑前的检查验收等。

（1）基础面处理。土基应先将开挖基础时预留下来的保护层挖除，并清除杂物，然后用碎石垫底，盖上湿砂，再进行压实，并浇筑 8～12cm 厚素混凝土垫层。砂砾地基应清除杂物，整平基础面，并浇筑 10～20cm 厚素混凝土垫层。

对于岩基，一般要求清除到质地坚硬的新鲜岩面，然后进行整修。整修是用铁撬等工具去掉表面松软岩石、棱角和反坡，并用高压水冲洗，压缩空气吹扫。若岩面上有油污、灰浆及其黏结的杂物，还应采用钢丝刷反复刷洗，直至岩面清洁。最后用风吹至岩面无积水。清洗后的岩基在混凝土浇筑前应保持洁净和湿润。经检验合格，才能开仓浇筑。

（2）施工缝处理。施工缝是指浇筑块之间新旧混凝土之间的结合面。为了保证建筑物的整体性，在新混凝土浇筑前，必须将旧混凝土表面的水泥膜（又称乳皮）清除干净，并使其表面新鲜整洁、有石子半露的麻面，以利于新旧混凝土的紧密结合。但对于要进行接缝灌浆处理的纵缝面，可不凿毛，只需冲洗干净即可。

仓面清扫应在即将浇筑前进行，以清除施工缝上的垃圾、浮渣和灰尘，并用压力水冲洗干净。

（3）仓面准备。浇筑仓面的准备工作，包括机具设备、劳动组合、照明、风水电供应、所需混凝土原材料的准备等，应事先安排就绪，仓面施工的脚手架、工作平台、安全网、安全标识等应检查是否牢固，电源开关、动力线路是否符合安全规定。

(4) 模板、钢筋及预埋件检查。开仓浇筑前，必须按照设计图纸和施工规范的要求，对仓面安设的模板、钢筋及预埋件进行全面检查验收，签发合格证。

2) 混凝土入仓

(1) 自卸汽车转溜槽、溜筒入仓。自卸汽车转溜槽、溜筒入仓适用于狭窄、深坑混凝土回填。因为这种入仓方式准备工作量大，需要和易性好的混凝土，以便仓内操作，所以这种混凝土入仓方式多在特殊情况下使用。

(2) 吊罐入仓。使用起重机械吊运混凝土罐入仓是目前普遍采用的入仓方式，其优点是入仓速度快、使用方便灵活、准备工作量少、混凝土质量易保证。

(3) 汽车直接入仓。自卸汽车开进仓内卸料，它具有设备简单、工效高、施工费用较低等优点。在混凝土起吊运输设备不足，或施工初期尚未具备安装起重机条件的情况下，可使用这种方法。这种方法适用于浇筑铺盖、护坦、海漫和闸底板以及大坝、厂房的基础等部位的混凝土。常用的方式有端进法和端退法。

3) 混凝土铺料

混凝土入仓铺料多采用平层浇筑法，逐层连续铺填。由于设备能力所限，可采用斜层浇筑和阶梯浇筑。

无论采用哪一种浇筑方法，都应保持混凝土浇筑的连续性。如相邻两层浇筑的间歇时间超过混凝土的初凝时间，将出现冷缝，造成质量事故。此时应停止浇筑，并按施工缝处理。

4) 平仓

平仓就是把卸入仓内成堆的混凝土铺平到要求的均匀厚度。

(1) 人工平仓。人工平仓的适用范围如下：

① 在靠近模板和钢筋较密的地方，用人工平仓、使石子分布均匀。

② 水平止水、止浆片底部要用人工送料填满，严禁料罐直接下料，以免止水、止浆片卷曲和底部混凝土架空。

③ 门槽、机组埋件等二期混凝土。

④ 各种预埋仪器周围用人工平仓，防止仪器位移和损坏。

(2) 振捣器平仓。振捣器平仓工作量，主要根据铺料厚度、混凝土坍落度和级配等因素而定。一般情况下，振捣器平仓与振捣的时间相比，大约为 1∶3，但平仓不能代替振捣。

(3) 机械平仓。大体积混凝土施工采用机械平仓较好，以节省人力和提高混凝土施工质量。

5) 振捣

振捣的目的是使混凝土密实，并使混凝土与模板、钢筋及预埋件紧密结合，从而保证混凝土的最大密实性。

混凝土振捣主要采用振捣器进行。

混凝土振捣器的类型，按振捣方式的不同，分为插入式、外部式、表面式和振动台等。插入式振捣器在水利水电工程混凝土施工中使用最多；外部式振捣器只适用于柱、墙等结构尺寸小且钢筋密的构件；表面式振捣器只适用于薄层混凝土的捣实（如渠道衬砌、道路、薄板等）；振动台多用于实验室。

用振捣器振捣混凝土，应在仓面上按一定顺序和间距逐点插入进行振捣。每个插入点振捣时间一般需要20～30s。实际操作时的振实标准可按以下一些现象来判断：混凝土表面不再显著下沉，不出现气泡，并在表面出现一层薄而均匀的水泥浆。如振捣时间不够，则达不到振实要求；过振则骨料下沉、砂浆上翻，产生离析。

振捣器的有效振动范围用振动作用半径 R 表示。R 值的大小与混凝土坍落度和振捣器性能有关，可经试验确定，一般为30～50cm。

为了避免漏振，插入点之间的距离不能过大。要求相邻插入点间距应不大于其影响半径的1.5～1.75倍。在布置振捣器插入点位置时，还应注意不要碰到钢筋和模板；但离模板的距离也不能大于20～30cm，以免因漏振而使混凝土表面出现蜂窝麻面。

在每个插入点进行振捣时，振捣器要垂直插入，快插慢拔，并插入下层混凝土5～10cm，以保证上、下层混凝土的结合。

混凝土平仓振捣机是一种能同时进行混凝土平仓和振捣两项作业的新型混凝土施工机械。采用平仓振捣机，能代替繁重的劳动、提高振实效果和生产率，适用于大体积混凝土机械化施工。但要求仓面大、无模板拉条、履带压力小，还需要起重机吊运入仓。根据行走底盘的型式，平仓振捣机主要有履带推土机式和液压臂式两种基本类型。

2. 混凝土的养护

混凝土浇筑完毕后，在一个相当长的时间内，应保持其适当的温度和足够的湿度，以造成混凝土良好的硬化条件。这样既可以防止其表面因干燥过快而产生干缩裂缝，又可促使其强度不断增长。

在常温下的养护方法：混凝土水平面可用水、湿麻袋、湿草袋、湿砂、锯末等覆盖；垂直面可进行人工洒水，或用带孔的水管定时洒水，以维持混凝土表面潮湿。近年来出现的喷膜养护法，是在混凝土初凝后，在混凝土表面喷1～2次养护剂，以形成一层薄膜，可阻止混凝土内部水分的蒸发，达到养护的目的。

混凝土养护一般是从浇筑后12～18h开始。养护时间的长短取决于当地气温、水泥品种和结构物的重要性。如用普通水泥、硅酸盐水泥拌制的混凝土，养护时间不少于14d；用大坝水泥、火山灰质硅酸盐水泥、矿渣水泥拌制的混凝土，养护时间不少于21d；重要部位和利用后期强度的混凝土，养护时间不少于28d。冬季和夏季施工的混凝土，养护时间按设计要求进行。冬季应采取保温措施，减少洒水次数，气温低于5℃时，应停止洒水养护。

（七）大体积混凝土的温度控制

1. 温度裂缝

混凝土的温度变化必然引起体积的膨胀和收缩，若膨胀和收缩变形受到约束，势必产生温度应力。由于混凝土的抗压强度远高于抗拉强度，在温度压应力作用下不致破坏的混凝土，当受到温度拉应力作用时，常因抗拉强度不足而产生裂缝。随着约束情况的不同，大体积混凝土温度裂缝有如下两种。

1）表面裂缝

当表层温度拉应力超过混凝土的允许抗拉强度时，将产生裂缝，形成表面裂缝。这种裂缝多发生在浇筑块侧壁，方向不定，数量较多。由于初浇的混凝土塑性大，弹性模量小，限制了拉应力的增长，因此这种裂缝短而浅，随着混凝土内部温度下降，外部气温回升，有重新闭合的可能。

2）贯穿裂缝和深层裂缝

新浇筑的浇筑块其内温高于基础或旧混凝土温度，且呈均匀分布，由于温升过程时间不长，升温过程浇筑块尚处于塑性状态，变形自由，因此无温度应力发生。事实上只有降温结硬的混凝土在接近基础面部分才受到刚性基础的双向约束，难以变形。冷却收缩时浇筑块对基础产生挤压，基础对混凝土则产生大小相等、方向相反的拉应力，当此拉应力大于混凝土的抗拉强度，则将引起裂缝。由于这种裂缝自基础面向上开展，严重时可能贯穿整个坝段，因此又称为贯穿裂缝（图1-7-28）。此种裂缝切割的深度可达3～5m以上，故又称为深层裂缝。裂缝的宽度可达1～3mm，且大多垂直基面向上延伸，既可能平行纵缝贯穿，也可能沿流向贯穿，对坝体造成很大危害。

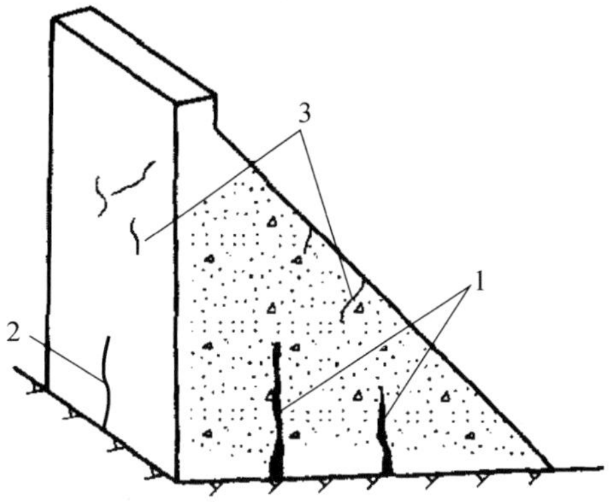

图1-7-28 混凝土坝温度裂缝

1—贯穿裂缝；2—深层裂缝；3—表面裂缝

大体积混凝土紧靠基础产生的贯穿裂缝，无论对坝的整体受力还是对防渗效果的影响比浅层表面裂缝的危害都大得多。表面裂缝虽然可能成为深层裂缝的诱发因素，对坝的抗风化能力和耐久性有一定影响，但毕竟其深度浅，长度短，一般不形成危害坝体安全的决定因素。

2. 大体积混凝土温度控制的任务

大体积混凝土温度控制的首要任务是通过控制混凝土的拌和温度来控制混凝土的入仓温度；通过一期冷却降低混凝土内部的水化热温升，从而降低混凝土内部的最高温升，使温差降低到允许范围。

其次，大体积混凝土温控的另一任务是通过二期冷却，使坝体温度从最高温度降到接近稳定温度，以便在达到灌浆温度后及时进行纵缝灌浆。众所周知，为了施工方便和温控散热要求坝体所设的纵缝，在坝体完建时应通过接缝灌浆使之结合成为整体，方能蓄水安全运行。若坝体内部的温度未达到稳定温度就进行灌浆，灌浆后坝体温度进一步下降，又会将胶结的缝重新拉开。

温度控制实质上就是将大体积混凝土内部和基础之间的温差控制在基础约束应力小于混凝土允许抗拉强度以内。考虑到下层降温冷却结硬的旧混凝土对上层新浇混凝土的约束作用，通常需要对上、下层混凝土的温差进行控制，要求上、下层温差值不大于15℃～20℃。这样才能防止上层新浇筑的混凝土在硬化的过程中产生贯穿性裂缝。

3. 大体积混凝土的温度控制措施

大体积混凝土的温度控制，常从减少混凝土的发热量、降低混凝土的入仓温度和加速混凝土散热三方面着手。

1）减少混凝土的发热量

（1）减少每立方米混凝土的水泥用量。其主要措施有如下：

① 根据坝体的应力场对坝体进行分区，对于不同分区采用不同标号的混凝土。

② 采用低流态或无坍落度干硬性贫混凝土。

③ 改善骨料级配，增大骨料粒径，对少筋混凝土可埋放大块石，以减少每立方米

混凝土的水泥用量。

④ 大量掺粉煤灰，掺合料的用量可达水泥用量的25%～40%。

⑤ 采用高效外加减水剂不仅能节约水泥用量约20%，还可使28d龄期混凝土的发热量减少25%～30%，且能提高混凝土早期强度和极限拉伸值。常用的减水剂有酪木素、糖蜜、MF复合剂等。

（2）采用低发热量的水泥。过去采用的低热硅酸盐水泥，因早期强度低，成本高，已被逐步淘汰。当前多用中热水泥。近年来已开始生产低热微膨胀水泥，它不仅水化热低，且有微膨胀作用，对降温收缩还可以起到补偿作用，减小收缩引起的拉应力，有利于防止裂缝的发生。

2）降低混凝土的入仓温度

（1）合理安排浇筑时间。在施工组织上安排春、秋季多浇，夏季早晚浇，正午不浇，这是经济有效降低入仓温度的措施。

（2）采用加冰或加冰水拌和。混凝土拌和时，将部分拌和水改为冰屑，利用冰的低温和冰融解时吸收潜热的作用，这样，最大限度可将混凝土温度降低约20℃。规范规定加冰量不大于拌和用水量的80%。加冰拌和，冰与拌和材料直接作用，冷量利用率高，降温效果显著。但加冰越多，拌和时间有所增长，相应会影响生产能力。若采用冰水拌和或地下低温水拌和，则可避免这个问题。

（3）对骨料进行预冷。当加冰拌和不能满足要求时，通常采取骨料预冷的办法。

① 水冷。使粗骨料浸入循环冷却水中30～45min，或在通入拌和楼料仓的皮带机廊道、地弄或隧洞中装设喷洒冷却水的水管。喷洒冷却水皮带段的长度，由降温要求和皮带机运行速度而定。

② 风冷。可在拌和楼料仓下部通入冷气，冷风经粗骨料的空隙，由风管返回制冷厂再冷。细骨料难以采用冰冷，若用风冷，又由于砂的空隙小，效果不显著，故只有采用专门的风冷装置吹冷。

③ 真空气化冷却。利用真空气化吸热原理，将放入密闭容器的骨料，利用真空装置抽气并保持真空状态约30min，使骨料气化降温冷却。

以上预冷措施，需要设备多，费用高。不具备预冷设备的工地，宜采用一些简易的预冷措施，如在浇筑仓面上搭凉棚，料堆顶上搭凉棚，限制堆料高度，由底层经地垅取低温料，采用地下水拌和，北方地区尚可利用冰窖储冰，以备夏季混凝土拌和使用等。

3）加速混凝土散热

（1）采用自然散热冷却降温。采用低块薄层浇筑可增加散热面，并适当延长散热时间，即适当增长间歇时间。在高温季节已采用预冷措施时，则应采用厚块浇筑，缩短间歇时间，防止因气温过高而热量倒流，以保持预冷效果。

（2）在混凝土内预埋水管通水冷却。在混凝土内预埋蛇形冷却水管，通循环冷水进行降温冷却。水管通常采用直径20～25mm的薄钢管或薄铝管，每盘管长约200mm。为了节约金属材料，可用塑料软管充气埋入混凝土内，待混凝土初凝后再放气拔出，清洗后以备重复利用。冷却水管布置，平面上呈蛇形，断面上呈梅花形，也可布置成棋盘形。

一期通水冷却目的在于削减温升高峰，减小最大温差，防止贯穿裂缝发生。一期通水冷却通常在混凝土浇后几小时便开始，持续10～15d，达到预定降温值后停止。

二期通水冷却可以充分利用一期冷却系统。二期冷却时间的长短，既取决于实际最大温差，又受到降温速率应不大于1.5℃/d的影响，且与通水流量大小、冷却水温高低密切相关。通常二期冷却应保证至少有10℃～15℃的温降，使接缝张开度有0.5mm以上，以满足接缝灌浆对灌缝宽度的要求。冷却用水应尽可能利用低温地下水和库内低温水，只有当采用天然水不符合要求时，才辅以人工冷却水。通水冷却应自下而上分区进行，通水方向可以一昼夜调换一次，以使坝体均匀降温。

（八）混凝土的冬夏季施工

1. 混凝土的冬季施工

混凝土凝固过程与周围的温度和湿度有密切关系，低温时，水化作用明显减缓，强度增长受阻。实践证明，当气温在－3℃以下时，混凝土易受早期冻害，其内部水分开始冻结成冰，使混凝土疏松，强度和防渗性能降低，甚至会丧失承载能力。因此，规范规定："当日平均气温连续5d稳定在5℃以下或最低气温连续5d稳定在－3℃以下时，应按低温季节进行混凝土施工。"

试验表明，塑性混凝土料受冰冻影响，强度发展有如下变化规律：如果混凝土在浇筑后初凝前立即受冻，水泥的水化反应刚开始便停止，若在正温中融解并重新硬结时，强度可继续增长并达到与未受冻的混凝土基本相同的强度，没有多少强度损失；如果混凝土是在浇筑完初凝后遭受冻结，混凝土的强度损失很大，并且冻结温度越高，强度损失越大。不少工程因偶然事故时混凝土受冻，甚至早期受冻，当恢复加热养护后强度继续增长，其28d强度仍接近标准养护强度。

1）混凝土允许受冻的标准

根据《水利水电工程施工组织设计规范》（SL 303—2017）的规定，混凝土允许受冻的成熟度应不小于1800℃·h。所谓成熟度，是指混凝土养护温度与养护时间的乘积。

2）混凝土冬季作业的措施

混凝土冬季作业通常采取如下措施：

（1）施工组织上合理安排。将混凝土浇筑安排在有利的时期进行，保证混凝土的成熟度达到1800℃·h后再受冻。

（2）调整配合比和掺外加剂。冬季作业中采用高热或快凝水泥（大体积混凝土除外），采用较低的水灰比，加速凝剂和塑化剂，加速凝固，增加发热量，以提高混凝土的早期强度。

（3）原材料加热拌和。当气温在3℃～5℃以下时可加热水拌和，但水温不宜高于60℃，超过60℃时应改变拌和加料顺序，将骨料与水先拌和，然后加水泥，否则会使混凝土产生假凝。若加热水尚不能满足要求，再加热干砂和石子。加热后的温度，砂子不能超过60℃，石子不能高于40℃。水泥只是在使用前1～2d置于暖房内预热，升温不宜过高。骨料通常采用蒸汽加热。有用蒸汽管预热的，也有直接将蒸汽喷入料仓的骨料中。这时蒸汽所含水量应从拌和加水量中扣除。但在现场实施中难以控制，故一般不宜采用蒸汽直接预热骨料或水浸预热骨料。预热料仓与露天料堆预热相比，具有热量损耗小、防雨雪条件好、预热效果好的优点。但土建工程量较大，工期长，投资多，只有在最低月平均气温在－10℃以下的严寒地区，混凝土出机口温度要求高时才采用料仓预热方式。而最低月平均气温在－10℃以上的一般寒冷地区，采用露天料堆预热已能基本满足要求。

（4）增加混凝土拌和时间。冬季作业混凝土的拌和时间一般应为常温的1.5倍。

（5）减少拌和、运输、浇筑中的热量损失。应采取措施尽量缩短运输时间，减少转运次数。装料设备应加盖，侧壁应保温。配料、卸料、转运及皮带机廊道各处应增加保温措施。

3）混凝土冬季养护方法

冬季混凝土可采用以下几种养护方法：

（1）蓄热法。将浇筑好的混凝土在养护期间用保温材料加以覆盖，尽可能将混凝土内部水化热积蓄起来，保证混凝土在结硬过程中强度不断增长。常用的方法有铺膜养护、喷膜养护及采用锯末、稻草、芦席或保温模板养护。

蓄热法是一种简单而经济的方法，应优先采用，尤其对大体积混凝土更为有效。用蓄热法不合要求时，才增加其他养护措施。

（2）暖棚法。对体积不大、施工集中的部位可搭建暖棚，棚内安设蒸气管路或暖气包加温，使棚内温度保持在20℃以上。搭建暖棚费用很高，包括采暖费，可使混凝土单价提高50%以上，故规范规定，只有“当日平均气温低于－10℃时”，才必须在暖棚内浇筑。

（3）电热法。在浇筑块内插上电极，利用交流电通电到混凝土内部，以混凝土自身作为电阻，把电能转变成加热混凝土的热能。当采用外部加热时可用电炉或电热片，在混凝土表面铺一层被盐水浸泡的锯末，并在其中通电加热。因电热法耗电量大，故只有当电价低廉时在小构件混凝土冬季作业中使用。

（4）蒸汽法。采用蒸气养护，适宜的温度和湿度可使混凝土的强度迅速增长，甚至1～3d后即可拆模。蒸气养护成本较高，一般只适用于预制构件的养护。

2. 混凝土的夏季作业

在混凝土凝结过程中，水泥水化作用进行的速度与环境温度呈正比。夏季气温较高，如气温超过30℃，若不采取冷却降温措施，便会对混凝土质量产生不良影响。若气温骤降或水分蒸发过快，易引起表面裂缝。浇筑块体冷却收缩时因基础约束会引起贯穿裂缝，破坏坝的整体性和防渗性能。混凝土的夏季作业，应采取一系列的预冷降温、加速散热以及充分利用低温时刻浇筑等措施。

（九）分缝与止水施工

为了适应地基的不均匀沉降和伸缩变形，在水闸、涵洞等水工结构设计中均设置温度缝与沉降缝，并常用沉陷缝取代温度缝作用。缝有铅直和水平两种，缝宽一般为1.0～2.5cm。缝中填料及止水设施，在施工中应按设计要求确保质量。

1. 填料的施工

沉降缝的填充材料，常用的有沥青油毛毡、沥青杉木板及泡沫板等多种。其安装方法有先装法和后装法两种。

（1）先装法是将填充材料用铁钉固定在模板内侧后，再浇筑混凝土，这样拆模后填充材料即可贴在混凝土上，然后立沉陷缝的另一侧模板和浇筑混凝土，具体过程如图1-7-29所示。如果沉降缝两侧的结构需要同时浇灌，则沉降缝的填充材料在安装时要竖立平直，浇筑时沉降缝两侧流态混凝土的上升高度要一致。

（2）后装法是先在缝的一侧立模浇筑混凝土，并在模板内侧预先钉好安装填充材料的长铁钉数排，并使铁钉的 1/3 留在混凝土外面，然后安装填料、敲弯铁尖，使填料固定在混凝土面上，再立另一侧模板和浇筑混凝土，具体过程如图 1-7-30 所示。

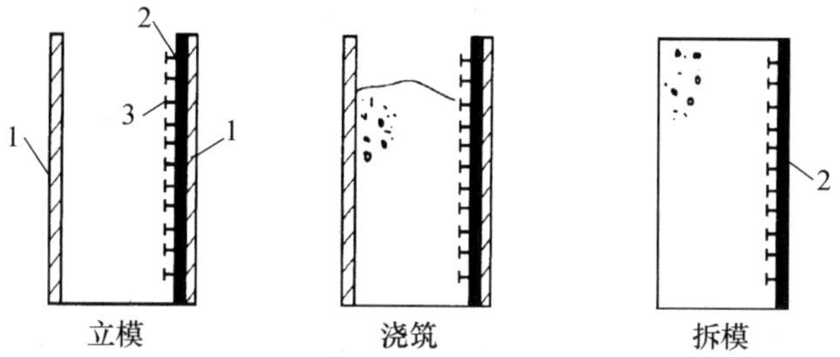

图 1-7-29　先装法施工

1—模板；2—填料；3—铁钉

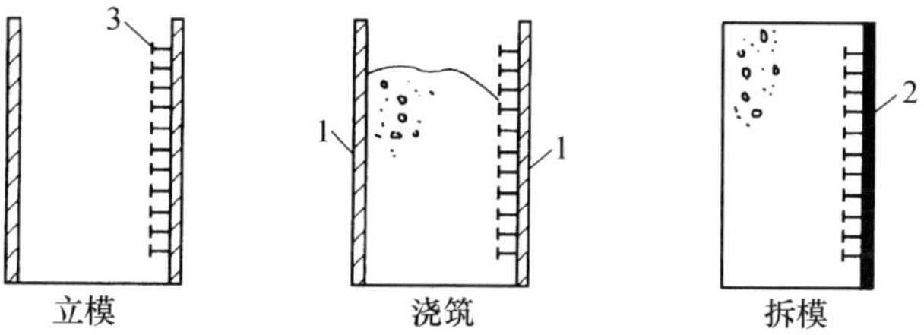

图 1-7-30　后装法施工

1—模板；2—填料；3—铁钉

2. 止水的施工

凡是位于防渗范围内的缝，都有止水设施，止水包括水平止水和垂直止水。

1）水平止水

水平止水形式如图 1-7-31 所示。水平止水大多采用塑料（或橡胶）止水带，其安装与填料的安装方法一样，具体如图 1-7-32 所示。

2）垂直止水

常用的垂直止水构造如图 1-7-33 所示。

止水部分的金属片，重要部分用紫铜片，一般用铝片、镀锌铁皮或镀铜铁皮等。

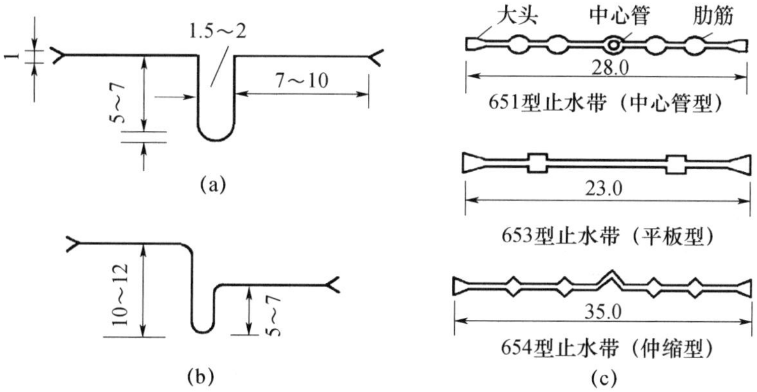

图 1-7-31　水平止水片与塑料止水带（单位：cm）

（a），（b）金属止水片；（c）塑料止水带

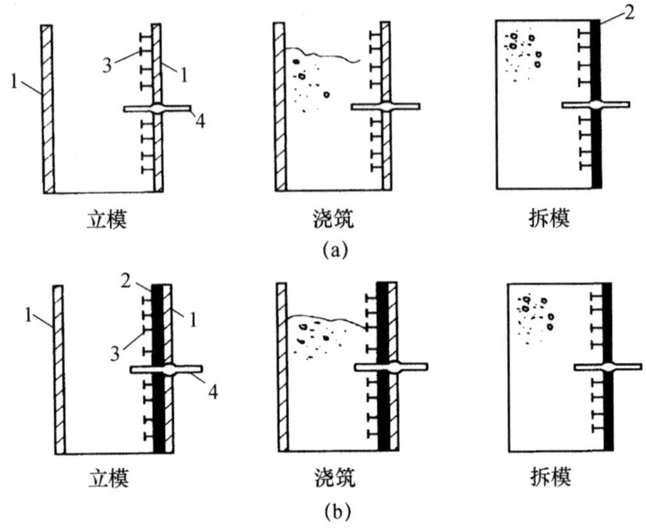

图 1-7-32　水平止水安装示意图

（a）后装法；（b）先装法

1—模板；2—填料；3—嵌钉；4—止水带

对于需灌注沥青的结构形式（图 1-7-33），可按照沥青井的形状预制混凝土槽板，每节长度可为 0.3～0.5m，与流态混凝土的接触面应凿毛，以利结合。安装时需涂抹水泥砂浆，随缝的上升分段接高，沥青井的沥青可一次灌注，也可分段灌注。止水片接头进行焊接。

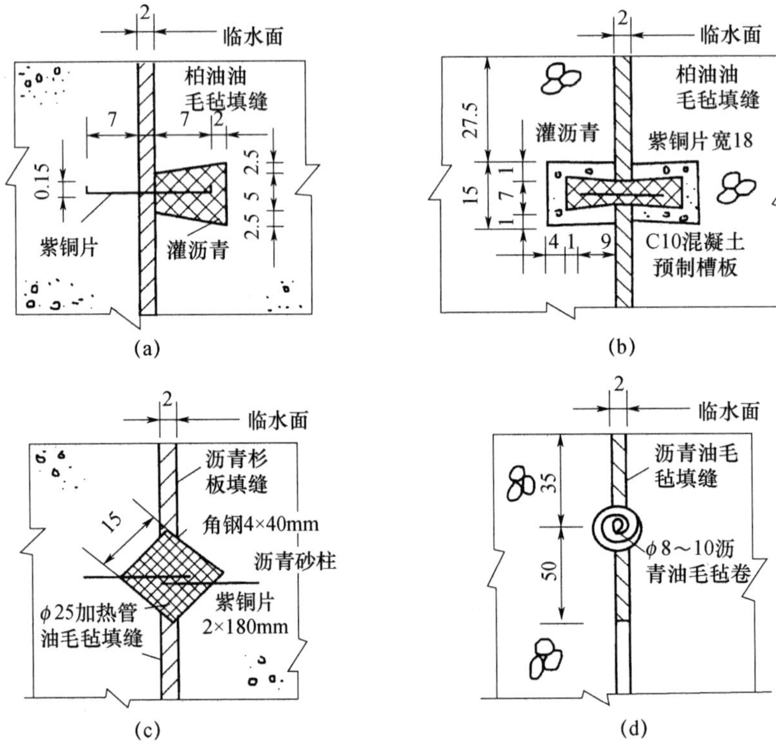

图 1-7-33　垂直止水构造图（单位：cm）

3）接缝交叉的处理

止水交叉有两类：一是铅直交叉，二是水平交叉。交叉处止水片的连接方式也可分为两种：一种是柔性连接，即将金属止水片的接头部分埋在沥青块体中；另一种是刚性连接，即将金属止水片剪裁后焊接成整体。在实际工程中可根据交叉类型及施工条件决定连接方式，铅直交叉常用柔性连接，而水平交叉则多用刚性连接。

3. 止水缝部位的混凝土浇筑

浇筑止水缝部位混凝土的注意事项如下：

（1）水平止水片应在浇筑层的中间，在止水片高程处，不得设置施工缝。

（2）浇筑混凝土时，不得冲撞止水片，当混凝土将要淹没止水片时，应再次清除其表面污垢。

（3）振捣器不得触及止水片。

（4）嵌固止水片的模板应适当推迟拆模时间。

4. 混凝土面板堆石坝中的混凝土面板分缝及止水施工

混凝土面板纵缝的间距决定了面板的宽度，由于面板通常采用滑模连续浇筑，因此，面板的宽度决定了混凝土浇筑能力，也决定了钢模的尺寸及其提升设备的能力。面板通常有宽、窄块之分。应根据坝体变形及施工条件进行面板分缝分块。垂直缝的间距可为 12～18m。垂直缝砂浆条一般 50cm 宽，是控制面板体型的关键。一般采用人工抹平，其平整度要求较高，砂浆铺设完成后，再在其上铺设止水，架立侧模。

接缝止水结构是面板堆石坝安全运行的关键问题之一，面板坝接缝包括趾板缝、周边缝、垂直缝（张性和压性缝）、防浪墙体缝、防浪墙底缝以及施工缝（水平缝）等，接缝止水材料包括金属止水片、塑料止水带、缝面嵌缝材料及保护膜等。所用止水材料，其性能应符合国家标准或行业标准，暂无标准的，由设计提出性能要求。

5. 混凝土坝分缝及止水施工

混凝土坝的分缝分块，首先是沿坝轴线方向，将坝的全长划分为 15～24m 的若干坝段。坝段之间的缝称为横缝。重力坝的横缝一般是不需要进行接缝灌浆的，故称为永久缝，如图 1-7-34 所示。拱坝的横缝由于有传递应力的要求，需要进行接缝灌浆处理，称为临时缝。其次，每个坝段还需要根据施工条件，用纵缝（包括竖缝、斜缝、错缝等形式），将一个坝段划分成若干坝块，或者整个坝段不再分缝而进行通仓浇筑；如图 1-7-35 所示。

坝体的分缝分块，一般是根据坝高、坝型、结构要求、施工条件、环境温度等因素进行布置。

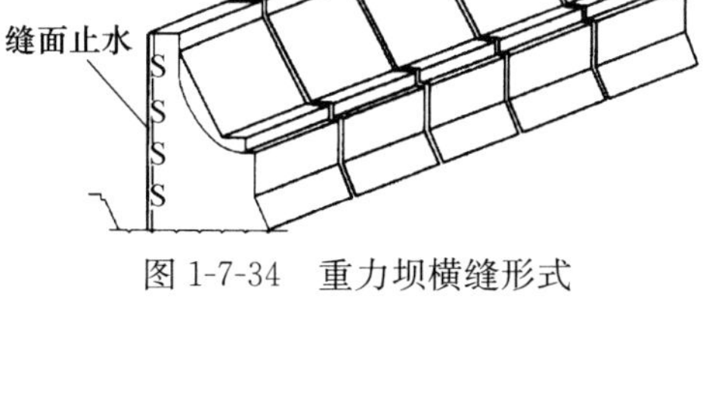

图 1-7-34　重力坝横缝形式

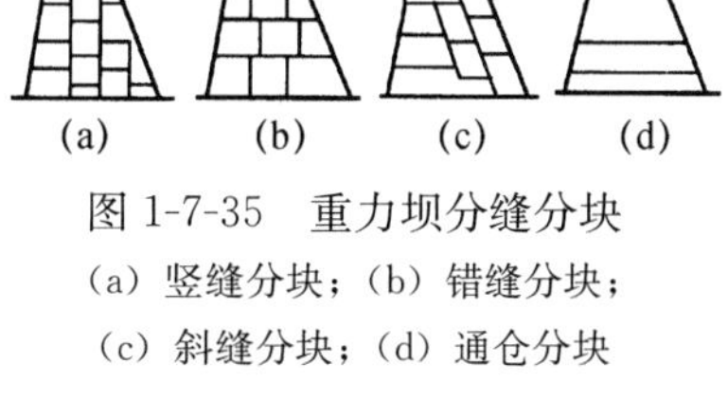

图 1-7-35　重力坝分缝分块

（a）竖缝分块；（b）错缝分块；

（c）斜缝分块；（d）通仓分块

1）分缝的形式

（1）横缝形式。横缝按缝面形式分主要有三种，即缝面不设键槽、不灌浆；缝面设竖向键槽和灌浆系统；缝面设键槽，但不进行灌浆。

（2）纵缝的形式。纵缝形式主要有竖缝、斜缝及错缝等。

2）分缝的特点

（1）横缝分段。

① 横缝一般是自地基垂直贯穿至坝顶，在上、下游坝面附近设置止水系统。

② 有灌浆要求的横缝，缝面一般设置竖向梯形键槽。

③ 不灌浆的横缝，接缝之间通常采用沥青杉木板、泡沫塑料板或沥青填充。

（2）竖缝分块。

① 竖缝分块，是用平行于坝轴线的铅直纵缝，把坝段分成若干柱状体进行浇筑，又称柱状分块。施工中一般从上游到下游将一个坝段的几个柱状块体依次编号。

② 为了恢复因纵缝而破坏的坝体整体性，纵缝须设置键槽，并进行接缝灌浆处理，或设置宽缝回填膨胀混凝土。

③ 在施工中为了避免冷缝，块体大小必须与混凝土制备、运输和浇筑的生产能力相适应，即要保证在混凝土初凝时间内所浇筑的混凝土方量，必须等于或大于块体的一个浇筑层的混凝土方量。

④ 采用竖缝分块时，纵缝间距越大，块体水平断面越大，则纵缝数目和缝的总面积越小。接缝灌浆及模板作业的工作量也就越少，但要求温控越严，否则可能引起裂缝。

⑤ 浇块高度一般在 3m 以内。

（3）斜缝分块。

① 斜缝分块，是大致沿坝体两组主应力之一的轨迹面设置斜缝。

② 斜缝分块的缝面上出现的剪应力很小，使坝体能保持较好的整体性，因此，斜缝可以不进行接缝灌浆。

③ 斜缝不能直通到坝的上游面，以避免库水渗入缝内。在斜缝的终止处，应采取并缝措施，如布置骑缝钢筋，或设置并缝廊道，以免因应力集中导致斜缝沿缝尖端向上发展裂缝而贯穿。

④ 斜缝分块，施工中要注意均匀上升和控制相邻块的高差。高差过大将导致两块温差过大，容易在后浇块的接触面上产生不利的拉应力而出现裂缝。遇特殊情况，如做临时断面挡水，下游块进度赶不上而出现过大高差时，则应在下游块采取较严的温控措施，减少两块温差，避免裂缝，保持坝体整体性。

⑤ 斜缝分块，坝块浇筑的先后程序，有一定的限制，必须是上游块先浇，下游块后浇，不如纵缝分块在浇筑先后程序上的机动灵活。

（4）错缝分块。

① 坝体尺寸较小，一般长 8～14m，分层厚度 1～4m。

② 缝面一般不灌浆，但在重要部位如水轮机蜗壳等需要骑缝钢筋，垂直缝和水平施工缝上必要时需设置键槽。

③ 水平缝的搭接部分一般为层厚的 1/3～1/2，且搭接部分的水平缝要求抹平，以

减少坝块两端的约束。块体浇筑的先后次序，需按一定规律排列，对施工进度影响较大。

（十）混凝土工程加固技术

混凝土工程普遍存在的质量问题主要有混凝土表层损坏、混凝土裂缝、混凝土、结构失稳等。

1. 混凝土表层损坏

1）混凝土表层损坏的原因

(1) 施工质量缺陷。混凝土表面有蜂窝、麻面、骨料外露、接缝不平等。

(2) 混凝土表面碳化、气蚀破坏、水流冲刷、撞击等。

(3) 冻胀、侵蚀性水的化学侵蚀。

2）混凝土表层损坏的危害

混凝土表层损坏造成的危害有表层混凝土强度降低、局部剥蚀、钢筋锈蚀等。如任其发展，势必向内部深入，缩短建筑物的使用年限甚至直接导致建筑物失稳和破坏。

3）混凝土表层损坏的加固

在混凝土表层损坏的加固之前，无论采用什么办法，都应先凿除已损坏的混凝土，并对修补面进行凿毛和清洗，然后进行修补加固。

凿除的方法，主要包括人工凿除、人工结合风镐凿除、小型爆破为主结合人工凿除、机械切割凿除等。在清除表面混凝土时，既要保证不破坏下层完好混凝土、钢筋、管道及观测设备等埋件，又要保证破坏区域附近的机械设备和建筑物的安全。

混凝土表层加固，有以下几种常用方法：

(1) 水泥砂浆修补法。对凿毛、清洗过的湿润表面，用铁抹子将拌制好的砂浆抹到修补部位，反复压光、养护。当修补深度较大时，可掺适量砾料，以增强砂浆强度和减少砂浆干缩。砂浆强度不得低于原混凝土强度，以相同为宜。

(2) 预缩砂浆修补法。修补处于高流速区的表层缺陷，为保证强度和平整度，减少砂浆干缩，可采用预缩砂浆修补法。预缩砂浆，是经拌和后再归堆放置30～90min才使用的干硬性砂浆。预缩砂浆配置时，水胶比为0.3～0.34，灰砂比为1∶2～1∶2.5，并掺入水泥质量1/1000的加气剂，以提高砂浆的流动性。修补时，对凿毛、清洗过的湿润表面，先涂一层水泥浆，然后填入预缩砂浆，分层以木锤捣实，直至表面出现浆液为止。每次铺料层4～5cm厚，捣实后为2～3cm，层与层之间用硬刷刷毛，最后一层表面必须用铁抹子反复压实抹光，并与原混凝土接头平顺密实。施工完成4～8h内进行养护。

(3) 喷浆修补法。喷浆修补法，有干料法和湿料法两种。湿料法是将水泥、砂、水按一定比例拌和后，利用高压空气喷射至修补部位；干料法是把水泥和砂的混合物，通过压缩空气的作用，在喷头中与水混合喷射。工程中一般多用干料法。

喷浆修补法，按其结构特点，又可分为刚性网喷浆、柔性网喷浆、无筋素喷浆三种。刚性网喷浆，指喷浆层有承受结构中全部或部分应力的金属网；柔性网指金属网只起加固连接作用，不承担结构应力；无筋素喷浆，多用于浅层缺陷的修补。

当喷浆层较厚时，应分层喷射，每次喷射厚度，应根据喷射条件而定，仰喷为20～30mm，侧喷为30～40mm，俯喷为50～60mm。层间间歇时间为2～3h。每次喷射前先洒水，已凝固的应刷毛，保证层间结合牢固。

喷浆修补工效快、强度大、密实性好、耐久性高，但由于水泥用量多、层薄、不均匀等因素，喷浆层易产生裂缝，影响使用寿命，因此使用上受到了一定限制。

（4）喷混凝土修补法。喷混凝土与普通混凝土相比，具有密实性大、快速、高效、不用模板以及把运输、浇筑、振捣结合在一起的优点，因此得到广泛应用。

喷混凝土的工作原理、施工方法、养护要求与喷浆基本相同。一次喷射层厚，一般不宜超过最大骨料粒径（一般不大于 25mm）的 1.5 倍。为防止混凝土因自重而脱落，可掺用适量速凝剂。

（5）钢纤维喷射混凝土修补法。钢纤维混凝土是用一定量乱向分布的钢纤维增强的以水泥为粘结料的混凝土，属于一种新型的复合材料，其抗裂性特强、韧性很大、抗冲击与耐疲劳强度高、抗拉与抗弯强度高。

搅拌是保证钢纤维在混凝土中均匀分布的重要环节。由于钢纤维混凝土在拌制过程中容易结团而影响混凝土性能，故在拌制过程中要采取合理的投料顺序以及正确的拌制方法。在施工中采用以下投料顺序：砂、石、钢纤维、水泥、外加剂、水。采用强制式搅拌机拌和：先加砂、石、钢纤维干拌，钢纤维逐渐洒散加入，再加入胶凝材料和外加剂干拌，最后加水湿拌。加料时不允许直接将钢纤维加入胶凝材料中，以防结团。

（6）压浆混凝土修补法。压浆混凝土，是将有一定级配的洁净骨料预先埋入模板内，并埋入灌浆管，然后通过灌浆管用泵把水泥砂浆压入粗骨料的孔隙中，通过胶结而形成密实的混凝土。压浆混凝土与普通混凝土相比，具有收缩率小，拌和工作量小，可用于水下加固等优点。同时对于钢筋稠密、埋件复杂不易振捣或埋件底部难以密实的部位，也能满足质量要求。

（7）环氧材料修补法。环氧树脂是含有环氧基的树脂的总称。它具有强度高、粘结力大、收缩性小、抗冲性、耐磨性、抗渗性和化学稳定性好的特点。对金属和非金属有很强的粘合力，俗称万能胶，但它有毒、易燃且价格高。用于混凝土表面修补的有环氧基液、环氧石英膏、环氧砂浆和环氧混凝土等。

2. 混凝土裂缝

1）混凝土工程裂缝的类型

按产生原因不同，混凝土工程裂缝有以下五类：沉降缝、干缩缝、温度缝、应力缝和施工缝（竖向为主）。

2）裂缝处理的目的和一般要求：

（1）裂缝处理的目的。混凝土坝裂缝处理的目的，主要是为了恢复其整体性，保持混凝土的强度、耐久性和抗渗性。

（2）裂缝处理的一般要求：

① 一般裂缝宜在低水头或地下水位较低时修补，而且要在适宜修补材料凝固的温度或干燥条件下进行。

② 水下裂缝如果必须在水下修补时，应选用相应的材料和方法。

③ 对受气温影响的裂缝，宜在低温季节裂缝开度较大的情况下修补；对不受气温影响的裂缝，宜在裂缝已经稳定的情况下选择适当的方法修补。

3）裂缝修补的方法

（1）龟裂缝或开度小于0.5mm的裂缝，可用表面涂抹环氧砂浆或表面贴条状砂浆，有些缝可以表面凿槽嵌补或喷浆处理。

（2）渗漏裂缝，可视情节轻重在渗水出口处进行表面凿槽嵌补水泥砂浆或环氧材料，有些需要进行钻孔灌浆处理。

（3）沉降缝和温度缝的处理，可用环氧砂浆贴橡皮等柔性材料修补，也可用钻孔灌浆或表面凿槽嵌补沥青砂浆或环氧砂浆等方法。

（4）施工（冷）缝，一般采用钻孔灌浆处理，也可采用喷浆或表面凿槽嵌补。

3. 混凝土结构失稳

混凝土结构失稳的加固方法有外粘钢板加固法、粘贴纤维复合材加固法等，与结构加固方法配合使用的技术有植筋（锚栓）技术。

1）外粘钢板加固法

（1）外粘钢板的施工环境应符合下列要求：

① 现场的环境温度应符合胶粘剂产品使用说明书的规定。若未做具体规定，应按不低于15℃进行控制。

② 作业场地应无粉尘，且不受日晒、雨淋和化学介质污染。

（2）粘贴钢板部位的混凝土，其表层含水率应不大于4%。对含水率超限的混凝土和浇筑不满90d的混凝土应进行人工干燥处理。

（3）混凝土粘合面上胶前，应进行喷砂糙化或砂轮打磨处理，角部应打磨成圆弧状，糙化或打磨的纹路应均匀，且应尽量垂直于受力方向。

（4）钢板粘合面上胶前，应进行除锈、糙化和展平。打磨后的表面应显露出金属光泽；糙化的纹路应尽量垂直于钢板受力方向；展平后的钢板与混凝土表面应平整服帖，且轮廓尺寸与划线基本吻合。

（5）拌和好的胶粘剂应依次反复刮压在钢板和混凝土粘合面上，胶层厚度1～3mm。俯贴时，胶层宜中间厚、边沿薄；竖贴时，胶层宜上厚下薄；仰贴时，胶液的下垂度应不大于3mm。经检查胶粘剂无漏抹后即可将钢板与混凝土粘贴。

（6）钢板粘贴应均匀加压，顺序由钢板的一端向另一端加压，或由钢板中间向两端加压，不得由钢板两端向中间加压。

（7）混凝土与钢板粘结的养护温度和固化时间按产品使用说明书的规定执行，若未做具体规定，一般不低于15℃时，固化24h后即可卸除夹具或支撑；72h后可进入下一工序。养护温度低于15℃时，应适当延长养护时间。养护温度低于5℃时，应采取人工升温措施。

2）粘贴纤维复合材加固法

（1）粘贴纤维复合材的施工环境应符合下列要求：

① 现场的环境温度应符合胶粘剂产品使用说明书的规定。若未做具体规定，应按不低于15℃进行控制。

② 作业场地应无粉尘，且不受日晒、雨淋和化学介质污染。

（2）纤维材料应为连续纤维，禁止在承重结构上使用单位面积质量大于$300g/m^2$的碳纤维织物或预浸法生产的碳纤维织物。

（3）裁剪好的碳纤维布不应折叠，应成卷状妥善保管；裁剪好的碳纤维板应平直存放，避免产生翘曲、变形。不得粘染上灰尘或油污。

（4）已粘贴纤维增强复合材料的构件周围，不得有持续1000℃以上的高温，严禁在粘贴表面焊接施工。

（5）经清理、修整后的混凝土结构、构件，其粘贴部位若有局部缺陷和裂缝应按设计要求进行灌缝或封闭处理；对有高差、错台及内转角的部位应打磨或抹成平滑的曲面；然后对粘贴表面进行打磨和糙化处理。

（6）沿纤维方向应使用特制滚筒在已贴好纤维的面上多次滚压，使胶液充分浸渍纤维织物，并使织物的铺层均匀压实，无气泡发生；多层粘贴纤维织物时，应在纤维织物表面所浸渍的胶液达到指干状态时立即粘贴下一层。若延误时间超过1h，则应等待12h后，方可重复上述步骤继续进行粘贴，但粘贴前应重新将织物粘合面上的灰尘擦拭干净。

（7）碳纤维布沿纤维受力方向的搭接长度应不小于100mm。当采用多条或多层碳纤维布加固时，各条或各层碳纤维布的搭接位置宜相互错开。

3）植筋（锚栓）技术

（1）采用植筋锚固时，其锚固部位经凿除处理后混凝土面不应有缺陷；当有局部缺陷时，应先进行补强或加固处理后再植筋。

（2）钻孔植筋或锚栓前，应在植筋部位放线定位，避开受力主筋，在钻孔过程中遇到钢筋或预埋件时应立即停钻，并适当调整钻孔位置。

施工中钻出的废孔，应采用高于结构混凝土一个强度等级的水泥砂浆、树脂水泥砂浆或锚固胶粘剂进行填实。

（3）当植筋时，应使用热轧带肋钢筋，不得使用光圆钢筋；当锚固件为钢螺杆时，应采用全螺纹的螺杆，不得采用锚入部位无螺纹的螺杆。

（4）锚孔应先用硬毛刷清孔，然后用洁净的压缩空气将孔内粉屑清除干净。孔壁的干湿程度应符合产品使用说明书的要求。

植入孔内部分钢筋上的锈迹、油污应打磨清除干净。

（5）清孔后，当未能在规定时间内安装锚栓时，应随即暂时封闭锚孔，防止尘土、碎屑、油污和水分等落入孔内影响锚固质量。

（6）注入胶粘剂时，应使用专门的灌注器进行灌注，灌注量应保证在植入钢筋后有少许胶粘剂溢出。

（7）植筋应在胶粘剂初凝前完成，否则，应拔掉钢筋立即清除失效的胶粘剂，按原步骤重新植筋。

（8）化学植筋的安装应根据锚固胶施用形态（管装式、机械注入式、现场配制式）和方向（向上、向下、水平）的不同采用相应的方法。化学植筋的焊接，应考虑焊高温对胶的不良影响，采取有效的降温措施，离开基面的钢筋预留长度应不小于20d，且不小于200mm。

（9）化学锚栓在固化完成前，应按安装要求进行养护，固化期间禁止扰动。固化后不得进行焊接。

（十一）碾压混凝土施工

采用碾压土坝的施工方法修建混凝土坝，是混凝土坝施工技术的重大变革。我国是推广采用碾压混凝土较快的国家之一，1986 年 5 月建成了我国第一座碾压混凝土坝——高为 56.8m 的福建大田坑口重力坝。之后，碾压混凝土坝在我国获得迅速发展，碾压混凝土筑坝技术已处于世界先进行列。

1. 碾压混凝土的施工特点

碾压混凝土坝通常的施工程序是先在下层快铺砂浆，汽车运输入仓，平仓机平仓，振动压实机压实，在拟切缝位置拉线，机械对位，在振动切缝机的刀片上装铁皮并切缝至设计深度，拔出刀片，铁皮则留在混凝土中，切完缝再沿缝无振碾压两遍。这种施工工艺在国内具有普遍性，其主要过程如图 1-7-36 所示。

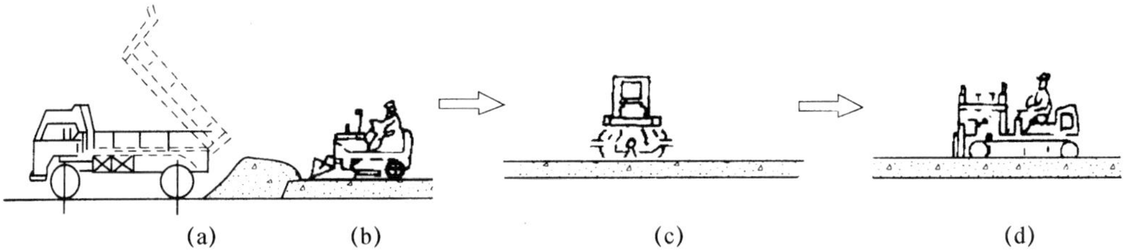

图 1-7-36　碾压混凝土坝施工工艺流程

（a）自卸汽车供料；（b）平仓机平仓；（c）振动碾压实；（d）切缝机切缝

2. 碾压混凝土的运输方式

与常态混凝土相似，碾压混凝土入仓方式也分为水平运输和垂直运输。但碾压混凝土运输的特点是要有连续性，要求速度快，所以常采用自卸汽车和胶带机，也可用负压溜管转运混凝土入仓。

3. 碾压混凝土施工的质量控制

碾压混凝土施工时，主要有原材料、新拌碾压混凝土、现场质量检测与控制等。铺筑时 Vc（振动压实指标）值检测每 2h 一次，现场 Vc 值允许偏差 5s。具体可按水工碾压混凝土施工规范和要求进行质量控制。施工时须特别注意以下几点：

（1）碾压混凝土含水量较少，在运输及碾压过程中，易失水（尤其表层）产生表面裂缝或因层间结合薄弱而形成层间渗漏。

（2）立模与不立模的选择技术。立模板容易保证建筑物的外形平整，但限制了施工进度；不立模不易控制建筑物的外形尺寸和表面质量。

（3）采用“金包银式碾压混凝土重力坝”坝型时，常态混凝土与碾压混凝土的结合部位，因不易施工而成为薄弱环节。

（十二）变态混凝土施工

在碾压混凝土拌合物摊铺层中铺洒水泥净浆或水泥粉煤灰净浆，使该处的碾压混凝土具有坍落度，再用插入式振捣器振实，拆模后得到内部密实、外观理想的混凝土结构物。此法不仅能有效解决靠近模板部位的碾压混凝土碾压操作不便的问题，而且具有良好防渗效果。

1. 施工特点

近年来，变态混凝土已越来越多地替代了原来采用常态混凝土的部位，应用范围从大坝上、下游模板内侧，上、下游止水材料埋设处，推广到电梯井和廊道周边、大坝岸坡基础等部位。其施工特点如下：

（1）在碾压混凝土坝施工过程中，可减少拌合楼变换所拌制混凝土的品种，提高生产效率。

（2）避免原来碾压混凝土与常态混凝土施工所产生的时间间隔，有利于保证混凝土浇筑同步上升，较好解决异种混凝土结合处产生薄弱面的问题。

（3）简化施工工艺和减少施工干扰，加快碾压混凝土施工进度。

2. 施工工艺

水泥浆一般采取集中拌制法，如在坝头设置制浆站等。用装载车或改装的运浆车运送到施工部位。加浆量应根据试验确定，一般为施工部位碾压混凝土体积的4%～10%。

加浆方式主要有底部加浆和顶部加浆。工程多采用顶部加浆，即在摊铺好的碾压混凝土面上铺洒水泥浆，然后用插入式振捣器（或平仓振捣机）进行振捣，使浆液向下渗透。

一些工程对加浆工艺进行改进，设计插孔器及加浆系统，有效控制施工质量。

在变态混凝土的注浆前，先将其相邻部位的碾压混凝土压实。变态混凝土振捣完成后，用大型振动碾将变态混凝土与碾压混凝土搭接部位碾平。碾压时可采用条带搭接法，条带长15～20m，条带端部搭接长度为100cm左右。

（十三）预填骨料压浆混凝土施工

预填骨料压浆混凝土也称为压浆混凝土，又称分部浇筑法。此种混凝土是将粗骨料事先密实地填设在模板体内，用配制好的砂浆通过输浆管压入粗骨料空隙，胶结硬化而成的混凝土。压浆混凝土适用于结构钢筋密布、预埋件复杂的部位；不便采用导管法的水下混凝土浇筑；修补加固混凝土和钢筋混凝土结构物以及其他不易浇筑和捣实的部位。

压浆混凝土对材料有一定的要求：所用的粗骨料，其最小粒径应不小于2cm，以免空隙过小，影响砂浆压入；粗骨料应按设计级配填放密实，尽量减少空隙率以节省砂浆；所用细骨料，其粒径超过2.5mm的应予筛除，以免砂浆压入困难；砂浆中应掺混合材料及有关外加剂，使其具有良好的流动性，以期在较低压力下能压入粗骨料空隙中；砂浆中应掺入适量的膨胀剂，在初凝前略微膨胀，使混凝土更加密实。

压浆管一般竖向布置，距模板不宜小于1.0m，以免对模板造成过大侧压力，管距一般为1.5～2.0m，模板应接缝严密，防止漏浆。

砂浆用柱塞式或隔膜式砂浆泵压送，灌浆压力一般为0.2～0.5MPa，压浆应自下而上，且不得间断，浆体上升速度应保持在50～100cm/h。压浆部位应埋设观测管、排气管，以检查压浆效果。

（十四）混凝土施工质量控制

为了获得符合设计要求的混凝土，必须从原材料开始，到新拌混凝土以及硬化混凝土进行全过程的质量检测和控制。

1. 原材料的质量检测和控制

混凝土原材料的质量应满足国家颁发或部委颁发的水泥、混合材料、砂石骨料和外加剂的质量标准。必须对原材料的质量进行检测与控制，并建立一套科学的质量管理方法。对原材料进行检测的目的是检查原材料的质量是否符合标准，并根据检测结果调整混凝土配合比和改善生产工艺，评定原材料的生产控制水平。根据有关规范并参考施工经验，原材料的检测项目和抽样频数列于表 1-7-15。

表 1-7-15　原材料检测项目一览表

材料名称		检测项目	取样地点	抽样频数	检测目的	控制目标
水泥		标号、凝结时间、安定性、稠度、细度	水泥库	1/(200～400)t	检定出厂水泥质量是否符合国家标准	
		快速检定标号	拌和厂	1/浇筑块，或 1/400t	验证水泥活性	
混合材料		细度、需水量比、烧失量、密度、强度比	仓库	1/(200～400)t，1/d	检定活性，评定均匀性	
砂		表面含水率	拌和厂	1/2h	调整混凝土加水量；筛分厂生产控制，调整配合比	±0.5%
		细度模数	拌和厂，筛分厂	1/班		±0.2%
		含泥量	拌和厂，筛分厂	必要时		
石	大、中、小	超逊径	拌和厂，筛分厂	1/班	筛分厂生产控制，调整配合比	
		含泥量	拌和厂，筛分厂	必要时	筛分厂生产控制	
	中、小	表面含水率	拌和厂	1/2h	调整混凝土加水量	
外加剂		有效物含量（或密度）	拌和厂	1/班	调整加入量	

2. 拌和混凝土质量的检测与控制

混凝土质量检测与控制的重点是出拌和机后未凝固的新拌混凝土的质量，目的是及时发现施工中的失控因素，加以调整，避免造成质量事故。同时也成型一定数量的强度检测试件，用以评定混凝土质量是否满足设计要求和评定混凝土施工质量控制水平。

每盘混凝土各组成材料称量准确与否，是影响混凝土质量的重要因素。因此，应对衡器定期进行检验。水泥、砂、石和混合材料应按质量计，水和外加剂可按质量折成体积计，称量误差应不超过表 1-7-16 的规定。

表 1-7-16　混凝土各组分称量的允许偏差

材料	允许偏差（%）	材料	允许偏差（%）
水泥、混合材	±1	水、外加剂溶液	±1
砂、石	±2		

混凝土检测项目和抽样次数列于表 1-7-17。

为了使抽样能真实反映混凝土质量情况，在抽样时必须注意以下两点：

（1）检测人员应严格遵守操作规程，把试验误差控制在允许范围内，否则将因增大试验操作的变异而影响正确的统计评定。

（2）随机抽样是获得正确统计评价的首要一环。检测人员应完全避免有选择的抽样。在决定抽样方案时应把人为因素减至最低限度。目前一般多采用定时定点抽样。

表 1-7-17　混凝土检测项目和抽样次数

检测对象	检测项目	取样地点	抽样频数	检测目的
新拌混凝土	坍落度 水灰比 含气量 湿度	拌和机口	1 次/2h 1 次/2h 1 次/2h 根据需要	检测和易性 控制强度 调整剂量 冬夏季施工及温度控制
硬化混凝土	抗压强度（以 28d 龄期为主，适量 7d、90d 强度）	拌和机口	1 次/4h 或 1 次/（150～300m^3）	验收混凝土强度，评定混凝土生产控制水平

3. 浇筑过程中混凝土的检测与控制

混凝土出拌和机以后，经运输到达仓内，不同环境条件和不同运输工具对混凝土的和易性产生不同的影响。由于水泥水化作用的进行，水分的蒸发以及砂浆损失等原因，会使混凝土坍落度降低。如果坍落度降低过多，超出了所用振捣器性能范围，则不可能获得振捣密实的混凝土。因此，仓面应进行混凝土坍落度检测。每班至少 2 次，并根据检测结果，调整出机口坍落度，为坍落度损失预留余地。

混凝土振捣以后，上层混凝土覆盖以前，混凝土的性能也在不断发生变化。如果混凝土已经初凝，则会影响与上层混凝土的结合。因此，检查已浇混凝土的状况，判断其是否初凝，从而决定上层混凝土是否允许继续浇筑，是仓面质量控制的重要内容。

混凝土温度的检测也是仓面质量控制的项目，在温控要求严格的部位则尤为重要。

为了与机口取样作比较，在浇筑仓面也取一定数量的试样。

4. 硬化混凝土的检测

混凝土硬化以后，是否符合设计要求，可进行以下各项检查：

（1）用物理方法（超声波、γ射线、红外线等）检测裂缝、孔隙和弹性模量等。

（2）钻孔压水，并对芯样进行抗压、抗拉、抗渗等各种试验。

（3）大钻孔取样，1m 或更大直径的钻孔不仅可把芯样加工后进行各种试验，而且人可进入孔内检查。

（4）由坝内埋没的仪器（如温度计、测缝计、渗压计、应力应变计、钢筋计等）观测建筑物运行时各种性状的变化。

5. 混凝土施工质量评定

混凝土的施工质量好坏，最终反映在其抗压、抗拉、抗渗及抗冻性等指标上。由于其余各项指标与抗压指标均有一定联系，同时抗压强度又便于在工地试验室测定，所以评定混凝土的施工质量，统一以它的抗压强度作主要指标。

六、疏浚吹填工程

（一）疏浚和吹填工程施工

1. 疏浚与吹填工程的内容

1）疏浚工程的内容。

疏浚工程是利用机械设备进行水下开挖，达到行洪、通航、引水、排涝、清污及扩大蓄水容量、改善生态环境等目的的一种施工作业，其内容涉及以下方面：

（1）挖深、拓宽、清理水道，以提高河道的行洪能力或改善河道的通航条件。

（2）新的水道、港池、排灌沟渠、跨河、过海管道沟槽的开挖。

（3）码头、船闸、船坞、堤坝等水工建筑物基槽的开挖或地基软弱土层的清除。

（4）清除湖泊、水库、排灌沟渠内淤积的泥沙。

（5）水底矿藏覆盖层、水域内受污染底泥的清除。

2）吹填工程的内容。

吹填工程是由疏浚土的处理发展而来的，是利用机械设备自水下开挖取土，通过泥泵、排泥管线输送以达到填筑坑塘、加高地面或加固、加高堤防等目的一种施工作业。

吹填工程的内容有填塘固基、淤临淤背、堵口复堤、整治险工、加固堤防、农田改良、建设造地、备料及积肥等。

2. 疏浚与吹填工程分类

疏浚与吹填工程分类见表 1-7-18。

表 1-7-18　疏浚与吹填工程分类

名称	分类	含　义
疏浚工程	基建性	为提高防洪标准、航道等级或为新辟水道、港口、码头等而进行的具有新建、扩建、改建性质的疏浚
	维护性	为保持或恢复某一水域原有的尺度而进行的经常性的或周期性的疏浚
	临时性	为清除突发性的某一水域的淤塞而进行的具有临时性质的疏浚，如处理滑坡、崩岩等造成的水道堵塞
	环保性	为清除湖泊、河道内沉积的污物以及受污染的底泥，达到减轻水质污染、改善生态环境等目的而进行的具有环保性质的疏浚
吹填工程	基建性	为加固修复堤防、建设造地、建筑物边侧回填等目的而进行的带有基建性质的吹填。这类工程对吹填土的质量、吹填区的高程与平整度一般都有明确和较高的要求
	弃土性	充分利用疏浚弃土、提高工程的综合效益，将疏浚土吹填到一些荒废的山涧、沼泽、洼地，从而使这些土地得到重新利用。弃土性吹填由于受到疏浚弃土质量与数量的限制，吹填质量一般要求较低

（二）挖泥船疏浚工程

在一些疏浚与吹填工程中常会遇到水上方开挖，如开挖运河、船坞、切割引航道边滩等，存在抛锚、横移作业困难和高边坡坍塌安全等问题，坍塌土过多不仅会掩埋机具，还会产生不利的冲击波，造成破坏。

施工中采取的主要技术措施如下：

（1）水上方超过 4m 时，应先采取措施降低其高度，然后开挖，以保证安全。常用的方法有：① 陆上机械开挖降低高度；② 松动爆破预先塌方降低高度。

（2）开挖分层的厚度要合理，在保证挖泥船吃水与最小挖深的情况下，尽量减少第一层的开挖厚度。

（3）挖泥船每次前移距离与开挖厚度要小于正常值，通过减少前移距离和开挖厚度的方式，以减小土体的坍塌量。

（4）变通条开挖为短条开挖，以减少两侧土体坍塌对挖泥船造成的冲击，并减小横移拉力。

（5）在受潮位影响的区域施工，要利用高潮位时开挖上层，低潮位时再开挖下层；上层开挖要尽量安排在白天通视条件较好时进行。

（6）应加强船头与岸上的观察，掌握土体的坍塌规律，发现问题，及时采取避让措施。

（三）水力冲挖机组施工

水力冲挖机组是由高压泵冲水系统、泥浆泵输泥系统和配电系统三部分组成。其工作原理是借助水力的作用来进行挖土、输土和填土，水流经过高压水泵产生压力，通过水枪喷出一股密实的高压、高速水柱，切割、粉碎土体，使之湿化、崩解，形成泥浆和泥块的混合物，再由泥浆泵及输泥管道吸送到吹填区，泥浆脱水固结成型。

施工方法大体分为顺向冲土法、逆向冲土法、侧向三角削坡法、直接送土法和接力送土法等，现分述如下。

1. 顺向冲土法

施工土层较薄、土质松软或搬移废土堆等大多采用此法。将泥浆泵置于土下方，水枪对着泥浆泵方向冲刷土体。泥浆和土块的混合物借助水力和水流的作用，顺向流入泥浆泵吸运到弃泥地点。

2. 逆向冲土法

施工土层较厚，平地开河挖塘一般采用此法。在开挖断面的中间或一侧安置泥浆泵，接好电源和输泥管道后，用水枪在泥浆泵周围冲塘，边冲边向四周扩展，当泥浆泵浮体下降到预定深度（2m 左右），这时泥浆泵周围的塘已扩展到直径 5m 以上，再进行水平横向挖土，持水枪者背对泥浆泵面对土体，用水枪冲刷土体底部，使之自然崩塌破碎，移动水枪再进行加工切割粉碎，在水的作用下，拌和成泥浆和土块的混合物，借住水流作用由泥浆泵吸运到弃泥地点。这种方法泥浆浓度大，工效高。但在施工中要注意安全，人和机要距工作面的挖土高度 1 倍以上，以免土体崩塌时砸伤人和机组。

3. 侧向三角削坡法

持水枪贴近坡冲击三角土体，逐渐推进，一次成型，此法适用于松软质坡面开挖，能有效地控制坡面不倒。

4. 直接送土法和接力送土法

在排泥距离不超过 250m、扬程（即排高）不超过 5m 时，一般一次直接送土，泥浆泵直接将泥浆吸运到泥场地。如需要将废土送到较运的地方，直接送土无法满足要求时，可采取接力送土法。即在第一台输泥管道的出口处加接一台泥浆泵，将第一台送出来的泥浆再吸运继续运送，直至弃泥地点。此法还可根据需要多接力，送土更远。

（四）排泥区及吹填施工

1. 吹填施工方法分类

吹填施工方法分类见表 1-7-19

表 1-7-19　吹填施工方法分类

施工方法		方法要点	方法特点	适用范围
管道直输型	单船直输型	吹填土的开挖和输送由绞吸式挖泥船直接完成	开挖、输送、填筑三道工序连续进行，生产效率高、成本低	土源距吹填区较近，运距在绞吸船的正常有效排距之内的工程
	船泵直输型	在排泥管线上装设接力泵，由绞吸船开挖取土，输送则由接力泵辅助完成		土源距吹填区较远，运距超过了绞吸船的正常有效排距，且水上运距不太长（小于 1km）的工程
组合输送型		先由斗式挖泥船开挖取土，再由驳船运送到集砂池，最后由绞吸船（或吹泥船、泵站）输送到吹填区	开挖、输送、填筑三道工序由多套设备组合完成，工序重复，生产效率低，成本较高	土源距吹填区较远，且水上运距较长的工程

2. 施工顺序

吹填工程一般设有多个吹填区，需要对吹填顺序进行合理安排。吹填顺序一般可参考表 1-7-20 进行。

表 1-7-20　吹填顺序选择

施工方法	吹填顺序	适用范围	目　　的
多区吹填	从最远的区开始，依次退管吹填	吹填区相互独立的工程，在现场条件许可时	充分发挥设备的功率
	先从离退水口最远的区开始，依次进管吹填	多个吹填区共用一个退水口的工程	增加泥浆流程，减少细颗粒土的流失
	两个或两个以上排泥区轮流交替吹填	吹填细粒土且在排泥主管道上安装带闸阀的三通时	加速沉淀固结，减少流失
单区吹填	从离退水口较远的一侧开始	工程量较小； 吹填土料为粗颗粒	减少流失

3. 造地吹填施工方法

造地吹填施工方法见表 1-7-21。

表 1-7-21　造地吹填施工方法

吹填方式	适用范围	技术要求
一次性吹填到设计高程	围堰够高且在非超软地基上吹填的一般性工程	按常规要求进行
分层吹填	（1）围堰不够高，需要分期修筑时； （2）在淤泥等超软地基上吹填	分层不宜过厚，施工时应根据设计或试验确定，第一层高度宜高出最高水位 0.5～1.0m，其后逐层加高，每层厚度宜控制在 1.0m 左右，以避免地基出现较大的沉陷或隆起，使其能够均匀沉降、逐步密实

4. 堤防吹填工程及水工建筑物边侧吹填施工方法

（1）堤防工程吹填技术要点。堤防工程吹填分堤身两侧盖重、平台吹填和吹填筑堤工程等，其施工技术要点如下：

① 吹填区一般都较狭窄、吹填厚度也较薄，应采用敷设支管及分段、分层吹填的方法，分层厚度一般不宜超过 1.0m。

② 水面以上部分应分区、分层间歇交替进行，分层厚度应根据吹填土质确定，一般宜为 0.3～0.5m，对黏土团块可适当加大，但不宜超过 1.8m。

③ 每层吹填完成后应间歇一定时间，待吹填土初步排水固结后，才可继续进行上层吹填。

（2）水工建筑物边侧吹填。水工建筑物边侧吹填分船闸两侧吹填、码头后侧吹填、挡土墙后侧吹填。其施工技术要点如下：

① 一般情况下应在建筑物的反滤层、排水等完成后方可进行。

② 施工前必须对建筑物的结构形式、施工质量等进行充分了解，并制定出相应的施工技术措施，以确保建筑物的稳定与安全。具体施工技术措施要求：一般应采用分区、分层交替间歇的吹填方式，分区应以建筑物分缝处为界，分层厚度宜控制在 0.3～0.5m；应从靠近建筑物的一侧开始，以便使粗粒土沉淀在靠近建筑物处。排泥管口距反滤层坡脚的距离一般应不小于 5m，并需对反滤层的砂面做防冲刷处理；应先填离退水口较远处及低洼地带，排泥管出口位置应根据吹填情况及时进行调整，需要时应在出口处安装泥浆扩散器，以保证土质颗粒级配均匀，防止淤泥塘的形成；施工中应对填土高度、内外水位，以及建筑物的位移、沉降、变形等进行观测，建筑物内外水位差应控制在设计允许范围之内，必要时可采用降水措施。当发现建筑物有危险迹象时，应立即停止吹填，并及时采取有效措施进行处理。

（五）质量检查和验收

1. 疏浚工程质量控制

（1）质量控制标准。疏浚工程施工质量应按设计要求进行控制，设计未做规定的应按规范要求执行。

① 横断面。断面中心线偏移不得大于 1.0m。

断面开挖宽度和深度应符合设计要求，断面每边允许超宽值和测点允许超深值应符合表 1-7-21 的规定。

水下断面边坡按台阶形开挖时，超欠比应控制在 1～1.5。

疏浚工程原则上不允许欠挖，局部欠挖如超出下列规定时，应进行返工处理：①欠挖厚度小于设计水深的 5%，且不大于 30cm；②横向浅埂长度小于设计底宽的 5%，且不大于 2m；③浅埂长度小于 2.5m。

② 纵断面。纵断面测点间距应不大于 100m。

纵断面各测点连线形成的坡降应与水流方向一致。

纵断面上不得有连续两个欠挖点，且欠挖值不得大于 30cm。

纵断面上各测点超深值应符合有关规定。

（2）质量检测方法。对于宽阔水域（如水库、湖泊、沿海港池）开挖、清淤工程的质量控制一般根据工程施工合同要求分为断面法和平均水深法进行质量控制。断面法质量控制可根据开挖分条按照纵横断面质量控制标准进行控制，平均水深法一般采用测深仪按一定点距和行距进行检测控制。

（3）疏浚工程的质量控制方法。疏浚工程施工质量按控制目标可划分为中心线控制、挖宽控制、挖深控制和边坡控制四个方面。

2. 吹填工程质量控制

1）质量控制标准。

吹填区表面（除退水口前外）不应有面积大于 $100m^2$、深度大于 1m 的积水坑。

2）吹填工程质量控制方法。

吹填工程质量控制包括吹填总量控制、吹填高程控制、吹填区平整度控制、吹填土流失量控制等内容。

（1）吹填总量控制。按取土总量控制吹填总量。控制时应对取土区土质与吹填区的流失量进行分析，取土总量可按式（1-7-10）计算：

$$V_d = \frac{V_1 + V_2 + V_3}{1 - P_L} \tag{1-7-10}$$

式中　V_d——满足设计吹填总量要求的所需取土量，m^3；

V_1——设计平均吹填高度下的吹填量，m^3；

V_2——吹填区地基沉降量，m^3，与地基土质，地下水位高度以及吹填土密实度、厚度等因素有关；

V_3——超填量，m^3，可据施工技术与管理水平按设计允许超填量的百分比计入；

P_L——吹填土流失率，%。

吹填土流失率与吹填土粒径、吹填区形状和大小、泄水口位置与高度、吹填设备的性能与数量等因素有关，一般而言，吹填土粒径越小，流失率也就越高；吹填区面积越小、越狭窄、越浅、泄水口越低、吹填设备泥泵功率越大，流失率相应也就越高，故宜采取实地取样分析的方法求得，取样方法可参照规范进行。

（2）吹填高程控制。施工前在吹填区外适当位置设立不少于两个永久性高程控制桩并妥善保护、定期校核。

吹填区内应设置沉降杆，以观测吹填区地基沉降量，沉降杆可参照图 1-7-37 制作。

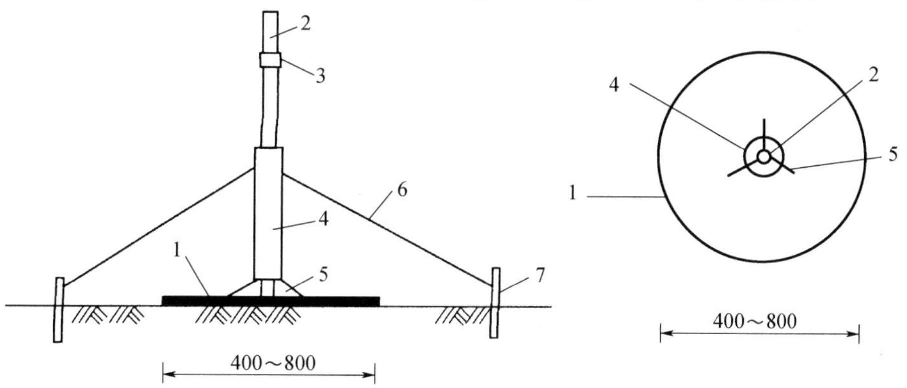

图 1-7-37　沉降杆构造

1—沉降盘；2—测杆；3—连接头；4—套杆；5—加强筋；6—拉索；7—固定桩

施工前应在吹填区内及四周围堰上设立吹填高程控制标志，数量可根据吹填土的吹填特性、吹填区形状、吹填区面积、平整度要求及设备性能等因素确定，一般可按50～100m间距布设，吹填区内可用沉降杆代替。

施工中应考虑吹填土固结与地基沉降等因素，施工控制高程可按式（1-7-11）计算：

$$H_s = H_p + h_g + h_j \tag{1-7-11}$$

式中 H_s——施工控制高程，m；

H_p——设计吹填高程，m；

h_g——施工期内为抵消吹填土固结而增加的填土高度，m；计算时应考虑吹填土特性、厚度、固结时间、排水条件等因素，一般采用试验方式确定；

h_j——施工期内为抵消地基沉降而增加的填土高度也即地基沉降深度，m；施工初期可通过试验或参考条件较接近的同类工程确定，当取得可靠的地基沉降观测数据后，应进行修正。

吹填高程应按所设标志进行控制，并随时对排泥管口的堆土高度和坡度进行测量，当堆土面达到预定吹填标高时应及时变动排泥管线。施工后期的测量密度应加大。

（3）吹填区平整度控制。应根据吹填区几何形状合理布设排泥管线路，保证吹填区内不留有死角。

排泥管出口前移距离及管线间距离应根据吹填设备性能、吹填土落淤特性等进行控制。施工过程中应随时对吹填土的实际落淤坡度进行检测，并及时调整排泥管的延伸距离和分布间隔。管线分布间隔对粉质土、粉细砂一般控制在100～150m，黏土、中粗砂宜控制在30～60m，也可按式（1-7-12）计算：

$$L_1 \leqslant H_a(m_L + m_R) \tag{1-7-12}$$

式中 L_1——两相邻排泥管线间距离，m；

H_a——设计允许平整度绝对高差值，m；

m_L、m_R——实测排泥管口左、右方吹填土平均坡度系数值。

出泥管口应离沉降杆距离不小于10m，以防止水流对沉降杆地基造成冲刷，影响测量准确性或将沉降杆埋没。

平整度要求较高的吹填工程，宜采用方格网法进行控制，方格网的边长可与排泥管干、支线布置间距相一致。

对粗砂、砾砂、高液限黏土等易在排泥管口堆积的吹填土，必要时应考虑配备陆上土方机械随时平整，以保证平整度的要求，并减少接管次数。

平整度控制应与高程控制相结合，二项控制指标应同时满足。

（4）吹填土流失量控制。施工期间应分阶段定期在泄水口取样，检测分析并计算各阶段泄水含泥浓度及土方流失量，采样应有代表性。

施工期间应加强对施工现场的巡视与检查，随时掌握土方流失和排水系统的运行情况，发现问题应及时联系并采取有效措施进行处理。

围堰沿线应备足土源、草袋或编织袋，当围堰以及泄水口受冲刷时应及时进行修复。对易受冲刷的粉质土与砂质土围堰除采取常规的抛填土袋、铺塑料膜或土工布的方法外，也可在吹填区内用土袋修筑挑流坝，以改变泥浆流向，减弱对围堰的冲刷，如图 1-7-38 所示。

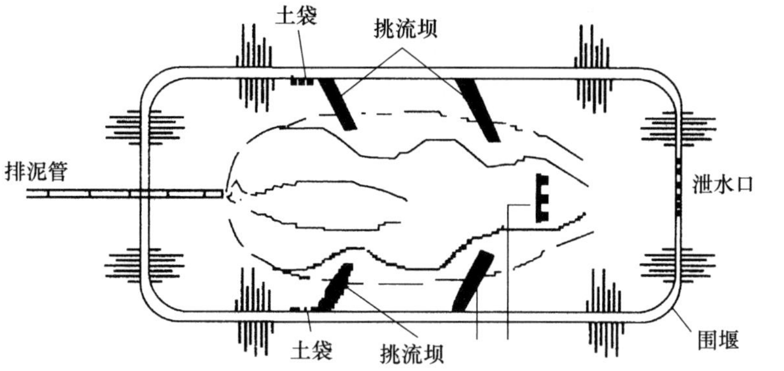

图 1-7-38 围堰防护

泄水口溢流堰顶的高度应根据吹填进度与泥浆流失情况逐步加高，以增加泥浆的沉淀时间，减少流失。

七、水利水电安全施工技术

（一）施工场区安全管理

1. 施工道路及交通

（1）施工生产区内机动车辆临时道路应符合道路纵坡不宜大于 8%，进入基坑等特殊部位的个别短距离地段最大纵坡不得超过 15%；道路最小转弯半径不得小于 15m；路面宽度不得小于施工车辆宽度的 1.5 倍，且双车道路面宽度不宜小于 7.0m，单车道不宜小于 4.0m。单车道应在可视范围内设有会车位置等要求。

（2）施工现场临时性桥梁，应根据桥梁的用途、承重荷载和相应技术规范进行设计修建，并符合宽度应不小于施工车辆最大宽度的 1.5 倍；人行道宽度应不小于 1.0m，并应设置防护栏杆等要求。

（3）施工现场架设临时性跨越沟槽的便桥和边坡栈桥，应符合以下要求：

① 基础稳固、平坦畅通。

② 人行便桥、栈桥宽度不得小于 1.2m。

③ 手推车便桥、栈桥宽度不得小于 1.5m。

④ 机动翻斗车便桥、栈桥，应根据荷载进行设计施工，其最小宽度不得小于 2.5m。

⑤ 设有防护栏杆。

（4）施工现场工作面、固定生产设备及设施处所等应设置人行通道，并符合宽度不小于 0.6m 等要求。

2. 消防

（1）根据施工生产防火安全的需要，合理布置消防通道和各种防火标志，消防通道应保持通畅，宽度不得小于 3.5m。

（2）闪点在 45℃以下的桶装、罐装易燃液体不得露天存放，存放处应有防护栅栏，通风良好。

（3）施工生产作业区与建筑物之间的防火安全距离，应遵守下列规定：

① 用火作业区距所建的建筑物和其他区域不小于25m。

② 仓库区、易燃、可燃材料堆集场距所建的建筑物和其他区域不小于20m。

③ 易燃品集中站距所建的建筑物和其他区域不小于30m。

（4）加油站、油库，应遵守下列规定：

① 独立建筑，与其他设施、建筑之间的防火安全距离应不小于50m。

② 周围应设有高度不低于2.0m的围墙、栅栏。

③ 库区内道路应为环形车道，路宽应不小于3.5m，并设有专门消防通道，保持畅通。

④ 罐体应装有呼吸阀、阻火器等防火安全装置。

⑤ 应安装覆盖库（站）区的避雷装置，且应定期检测，其接地电阻不大于10Ω。

⑥ 罐体、管道应设防静电接地装置，接地网、线用40mm×4mm扁钢或Φ10圆钢埋设，且应定期检测，其接地电阻不大于30Ω。

⑦ 主要位置应设置醒目的禁火警示标志及安全防火规定标识。

⑧ 应配备相应数量的泡沫、干粉灭火器和砂土等灭火器材。

⑨ 应使用防爆型动力和照明电气设备。

⑩ 库区内严禁一切火源、吸烟及使用手机。

⑪ 工作人员应熟悉使用灭火器材和消防常识。

⑫ 运输使用的油罐车应密封，并有防静电设施。

（5）木材加工厂（场、车间），应遵守下列规定：

① 独立建筑，与周围其他设施、建筑之间的安全防火距离不小于20m。

② 安全消防通道保持畅通。

③ 原材料、半成品、成品堆放整齐有序，并留有足够的通道，保持畅通。

④ 木屑、刨花、边角料等弃物及时清除，严禁置留在场内，保持场内整洁。

⑤ 设有$10m^3$以上的消防水池、消防栓及相应数量的灭火器材。

⑥ 作业场所内禁止使用明火和吸烟。

⑦ 明显位置设置醒目的禁火警示标志及安全防火规定标识。

3. 季节施工

昼夜平均气温低于5℃或最低气温低于−3℃时，应编制冬期施工作业计划，并应制定防寒、防毒、防滑、防冻、防火、防爆等安全措施。

4. 施工排水

（1）土方开挖应注重边坡和坑槽开挖的施工排水。坡面开挖时，应根据土质情况，间隔一定高度设置戗台，台面横向应为反向排水坡，并在坡脚设置护脚和排水沟。

（2）石方开挖工区施工排水应合理布置，选择适当的排水方法，并应符合以下要求：

① 一般建筑物基坑（槽）的排水，采用明沟或明沟与集水井排水时，应在基坑周围，或在基坑中心位置设排水沟，每隔30～40m设一个集水井，集水井应低于排水沟至少1m，井壁应做临时加固措施。

② 厂坝基坑（槽）深度较大，地下水位较高时，应在基坑边坡上设置2～3层明

沟，进行分层抽排水。

③ 大面积施工场区排水时，应在场区适当位置布置纵向深沟作为干沟，干沟沟底应低于基坑 1～2m，使四周边沟、支沟与干沟连通将水排出。

④ 岸坡或基坑开挖应设置截水沟，截水沟距离坡顶安全距离不小于 5m；明沟距道路边坡距离应不小于 1m。

⑤工作面积水、渗水的排水，应设置临时集水坑，集水坑面积宜为 2～3m^2，深 1～2m，并安装移动式水泵排水。

（3）边坡工程排水设施，应遵守下列规定：

① 周边截水沟，一般应在开挖前完成，截水沟深度及底宽不宜小于 0.5m，沟底纵坡不宜小于 0.5%；长度超过 500m 时，宜设置纵排水沟，跌水或急流槽。

②急流槽与跌水，急流槽的纵坡不宜超过 1∶1.5；急流槽过长时宜分段，每段不宜超过 10m；土质急流槽纵度较大时，应设多级跌水。

③ 边坡排水孔宜在边坡喷护之后施工，坡面上的排水孔宜上倾 10%左右，孔深 3～10m，排水管宜采用塑料花管。

④ 挡土墙宜设有排水设施，防止墙后积水形成静水压力，导致墙体坍塌。

⑤ 采用渗沟排除地下水措施时，渗沟顶部宜设封闭层，寒冷地区沟顶回填土层小于冻层厚度时，宜设保温层；渗沟施工应边开挖、边支撑、边回填，开挖深度超过 6m 时，应采用框架支撑；渗沟每隔 30～50m 或平面转折和坡度由陡变缓处宜设检查井。

（4）土质料场的排水宜采取截、排结合，以截为主的排水措施。对地表水宜在采料高程以上修截水沟加以拦截，对开采范围的地表水应挖纵横排水沟排出。

（5）基坑排水，应满足以下要求：

① 采用深井（管井）排水方法时，应符合以下要求：

a. 管井水泵的选用应根据降水设计对管井的降深要求和排水量来选择，所选择水泵的出水量与扬程应大于设计值的 20%～30%。

b. 管井宜沿基坑或沟槽一侧或两侧布置，井位距基坑边沿的距离应不小于 1.5m，管埋置的间距应为 15～20m。

②采用井点排水方法时，应满足以下要求：

a. 井点布置应选择合适方式及地点。

b. 井点管距坑壁不得小于 1.0～1.5m，间距应为 1.0～2.5m。

c. 滤管应埋在含水层内并比所挖基坑底低 0.9～1.2m。

d. 集水总管标高宜接近地下水位线，且沿抽水水流方向有 2‰～5‰的坡度。

（二）建筑安装工程施工安全技术

1. 施工用电要求

1）基本规定

（1）施工单位应编制施工用电方案及安全技术措施。

（2）从事电气作业的人员，应持证上岗；非电工及无证人员禁止从事电气作业。

（3）从事电气安装、维修作业的人员应掌握安全用电基本知识和所用设备的性能，按规定穿戴和配备相应的劳动防护用品，定期进行体检。

（4）在建工程（含脚手架）的外侧边缘与外电架空线路的边线间应保持安全操作

距离。最小安全操作距离应不小于表 1-7-22 的规定。

表 1-7-22 在建工程（含脚手架）的外侧边缘与外电架空线路的边线间最小安全操作距离

外电线路电压（kV）	＜1	1～10	35～110	154～220	330～500
最小安全操作距离（m）	4	6	8	10	15

注：上、下脚手架的斜道严禁搭设在有外电线路的一侧。

（5）施工现场的机动车道与外电架空线路交叉时，架空线路的最低点与路面的垂直距离应不小于表 1-7-23 的规定。

表 1-7-23 施工现场的机动车道与外电架空线路交叉时的最小垂直距离

外电线路电压（kV）	＜1	1～10	35
最小垂直距离（m）	6	7	7

（6）机械如在高压线下进行工作或通过时，其最高点与高压线之间的最小垂直距离不得小于表 1-7-24 的规定。

表 1-7-24 机械最高点与高压线间的最小垂直距离

线路电压（kV）	＜1	1～20	35～110	154	220	330
机械最高点与线路间的垂直距离（m）	1.5	2	4	5	6	7

（7）旋转臂架式起重机的任何部位或被吊物边沿与 10kV 以下的架空线路边线最小水平距离不得小于 2m。

（8）施工现场开挖非热管道沟槽的边沿与埋地外电缆沟槽边沿之间的距离不得小于 0.5m。

（9）对达不到规定的最小距离的部位，应采取停电作业或增设屏障、遮拦、围栏、保护网等安全防护措施，并悬挂醒目的警示标志牌。

（10）用电场所电气灭火应选择适用于电气的灭火器材，不得使用泡沫灭火器。

2）现场临时变压器安装

施工用的 10kV 及以下变压器装于地面时，应有 0.5m 的高台，高台的周围应装设栅栏，其高度不低于 1.7m，栅栏与变压器外廓的距离不得小于 1m，杆上变压器安装的高度应不低于 2.5m，并挂“止步、高压危险”的警示标志。变压器的引线应采用绝缘导线。

3）施工照明

（1）现场照明宜采用高光效、长寿命的照明光源。对需要大面积照明的场所，宜采用高压汞灯、高压钠灯或混光用的卤钨灯。照明器具选择应遵守下列规定：

① 正常湿度时，选用开启式照明器。

② 潮湿或特别潮湿的场所，应选用密闭型防水防尘照明器或配有防水灯头的开启式照明器。

③ 含有大量尘埃但无爆炸和火灾危险的场所，应采用防尘型照明器。

④ 对有爆炸和火灾危险的场所，应按危险场所等级选择相应的防爆型照明器。

⑤ 在振动较大的场所，应选用防振型照明器。

⑥ 对有酸碱等强腐蚀的场所，应采用耐酸碱型照明器。

⑦ 照明器具和器材的质量均应符合有关标准、规范的规定，不得使用绝缘老化或破损的器具和器材。

(2) 一般场所宜选用额定电压为220V的照明器，对下列特殊场所应使用安全电压照明器：

① 地下工程，有高温、导电灰尘，且灯具离地面高度低于2.5m等场所的照明，电源电压应不大于36V。

② 在潮湿和易触及带电体场所的照明电源电压不得大于24V。

③ 在特别潮湿的场所、导电良好的地面、锅炉或金属容器内工作的照明电源电压不得大于12V。

(3) 使用行灯应遵守下列规定：

① 电源电压不超过36V。

② 灯体与手柄连接坚固、绝缘良好并耐热耐潮湿。

③ 灯头与灯体结合牢固，灯头无开关。

④ 灯泡外部有金属保护网。

⑤ 金属网、反光罩、悬吊挂钩固定在灯具的绝缘部位上。

(4) 照明变压器应使用双绕组型，严禁使用自耦变压器。

(5) 地下工程作业、夜间施工或自然采光差等场所，应设一般照明、局部照明或混合照明，并应装设自备电源的应急照明。

2. 高处作业要求

1) 高处作业的标准

(1) 凡在坠落高度基准面2m和2m以上有可能坠落的高处进行作业，均称为高处作业。高处作业的级别：高度在2～5m时，称为一级高处作业；高度在5～15m时，称为二级高处作业；高度在15～30m时，称为三级高处作业；高度在30m以上时，称为特级高处作业。

(2) 高处作业的种类分为一般高处作业和特殊高处作业两种。其中特殊高处作业又分为强风高处作业、异温高处作业、雪天高处作业、雨天高处作业、夜间高处作业、带电高处作业、悬空高处作业、抢救高处作业。一般高处作业是指特殊高处作业以外的高处作业。

2) 安全防护措施

(1) 高处作业下方或附近有煤气、烟尘及其他有害气体，应采取排除或隔离等措施，否则不得施工。

(2) 高处作业前，应检查排架、脚手板、通道、马道、梯子和防护设施，符合安全要求方可作业。高处作业使用的脚手架平台，应铺设固定脚手板，临空边缘应设高度不低于1.2m的防护栏杆。

(3) 在坝顶、陡坡、屋顶、悬崖、杆塔、吊桥、脚手架以及其他危险边沿进行悬空高处作业时，临空面应搭设安全网或防护栏杆。

（4）安全网应随着建筑物的升高而升高，安全网距离工作面的最大高度不超过3m。安全网搭设外侧比内侧高0.5m，长面拉直拴牢在固定的架子或固定环上。

（5）在带电体附近进行高处作业时，距带电体的最小安全距离，应满足表1-7-25的规定，如遇特殊情况，应采取可靠的安全措施。

表1-7-25　高处作业时与带电体的安全距离

电压等级（kV）	10及以下	20～35	44	60～110	154	220	330
工器具、安装构件、接地线等与带电体的距离（m）	2.0	3.5	3.5	4.0	5.0	5.0	6.0
工作人员的活动范围与带电体的距离（m）	1.7	2.0	2.2	2.5	3.0	4.0	5.0
整体组立杆塔与带电体的距离（m）	应大于倒杆距离（自杆塔边缘到带电体的最近侧为塔高）						

（6）在2m以下高度进行作业时，可使用牢固的梯子、高凳或设置临时小平台，禁止站在不牢固的物件（如箱子、铁桶、砖堆等物）上进行作业。

（7）从事高处作业时，作业人员应系安全带。高处作业的下方，应设置警戒线或隔离防护棚等安全措施。

（8）上下脚手架、攀登高层构筑物，应走斜马道或梯子，不得沿绳、立杆或栏杆攀爬。

（9）高处作业时，不得坐在平台、孔洞、井口边缘，不得骑坐在脚手架栏杆、躺在脚手板上或安全网内休息，不得站在栏杆外的探头板上作业和凭借栏杆起吊物件。

（10）特殊高处作业，应有专人监护，并有与地面联系信号或可靠的通信装置。

（11）在石棉瓦、木板条等轻型或简易结构上施工及进行修补、拆装作业时，应采取可靠的防止滑倒、踩空或因材料折断而坠落的防护措施。

（12）高处作业周围的沟道、孔洞井口等，应用固定盖板盖牢或设围栏。

（13）遇有六级及以上的大风，禁止从事高处作业。

（14）进行三级、特级、悬空高处作业时，应事先制定专项安全技术措施。施工前，应向所有施工人员进行技术交底。

3）脚手架

（1）脚手架应根据施工荷载经设计确定，施工常规负荷量不得超过3.0kPa。脚手架搭成后，须经施工及使用单位技术、质检、安全部门按设计和规范检查验收合格，方准投入使用。

（2）高度超过25m和特殊部位使用的脚手架，应专门设计并报建设单位（监理）审核、批准，并进行技术交底后，方可搭设和使用。

（3）钢管材料脚手架应符合下列要求：

① 钢管外径应为48～51mm，壁厚3～3.5mm，有严重锈蚀、弯曲或裂纹的钢管不得使用；

② 扣件应有出厂合格证明，脆裂、气孔、变形滑丝的扣件不得使用。

（4）脚手架安装搭设应严格按设计图纸实施，遵循自下而上、逐层搭设、逐层加固、逐层上升的原则，并应符合下列要求：

① 脚手架底脚扫地杆、水平横杆离地面距离为20～30cm。

② 脚手架各节点应连接可靠，拧紧，各杆件连接处相互伸出的端头长度要大于10cm，以防杆件滑脱。

③ 外侧及每隔2～3道横杆设剪刀撑，排架基础以上12m范围内每排横杆均应设置剪刀撑。

④ 剪刀撑、斜撑等整体拉结件和连墙件与脚手架应同步设置，剪刀撑的斜杆与水平面的交角宜在45°～60°，水平投影宽度应不小于2跨或4m和不大于4跨或8m。

⑤ 脚手架与边坡相连处应设置连墙杆，每18m设一个点，且连墙杆的竖向间距应≤4m。连墙杆采用钢管横杆，与墙体预埋锚筋相连，以增加整体稳定性。

⑥ 脚手架相邻立杆和上下相邻平杆的接头应相互错开，应置于不同的框架格内。搭接杆接头长度，扣件式钢管排架应≥1.0m。

⑦ 钢管立杆、大横杆的接头应错开，搭接长度不小于50cm，承插式的管接头不得小于8cm，水平承插或接头应穿销，并用扣件连接，拧紧螺栓，不得用铁丝绑扎。

⑧ 脚手架的两端，转角处以及每隔6～7根立杆，应设剪刀撑及支杆，剪刀撑和支杆与地面的角度应不大于60°，支杆的底端埋入地下深度应不小于30cm。架子高度在7m以上或无法设支杆时，竖向每隔4m，水平每隔7m，应使脚手架牢固地连接在建筑物上。

（5）脚手架的立杆、大横杆及小横杆的间距不得大于表1-7-26的规定。

表1-7-26　脚手架各杆的间距（m）

脚手架类别	立杆	大横杆	小横杆
钢脚手架	2.0	1.2	1.5

（6）脚手架的外侧、斜道和平台，应搭设防护栏杆、挡脚板或防护立网。在洞口、牛腿、挑檐等悬臂结构搭设挑架（外伸脚手架）时，斜面与墙面夹角不宜大于30°，并应支撑在建筑物的牢固部分，不得支撑在窗台板、窗檐、线脚等地方。

（7）斜道板、跳板的坡度不得大于1∶3，宽度不得小于1.5m，防滑条的间距不得大于0.3m。

（8）井架、门架和烟囱、水塔等的脚手架，凡高度为10～15m的要设一组缆风绳（4～6根），每增高10m加设一组。在搭设时应先设临时缆风绳，待固定缆风绳设置稳妥后，再拆除临时缆风绳。缆风绳与地面的角度应为45°～60°，要单独牢固地拴在地锚上，并用花篮螺栓调节松紧，调节时应对角交错进行。缆风绳禁止拴在树木或电杆等物上。

（9）平台脚手板铺设，应遵守下列规定：

① 脚手板应满铺，与墙面距离不得大于20cm，不得有空隙和探头板。

② 脚手板搭接长度不得小于20cm。

③ 对头搭接时，应架设双排小横杆，其间距不大于20cm，不得在跨度间搭接。

④ 在架子的拐弯处，脚手板应交叉搭接。

⑤ 脚手板的铺设应平稳，绑牢或钉牢，脚手板垫木应用木块，并且钉牢。

（10）拆除架子前，应将电气设备和其他管（线）路、机械设备等拆除或加以保护。

（11）拆除架子时，应统一指挥，按顺序自上而下地进行，严禁上下层同时拆除或自下而上地进行。严禁用将整个脚手架推倒的方法进行拆除。

（12）拆下的材料，禁止往下抛掷，应用绳索捆牢，用卷扬等方法慢慢放下，集中堆放在指定地点。

（13）三级、特级及悬空高处作业使用的脚手架拆除时，应事先制定出安全可靠的措施才能进行拆除。

（14）拆除脚手架的区域内，无关人员禁止逗留和通过，在交通要道应设专人警戒。

4）常用安全工具

（1）安全帽、安全带、安全网等施工生产使用的安全防护用具，应符合国家规定的质量标准，具有厂家安全生产许可证、产品合格证和安全鉴定合格证书，否则不得采购、发放和使用。

（2）常用安全防护用具应经常检查和定期试验，其检查试验的要求和周期见表 1-7-27。

表 1-7-27　常用安全防护用具的检验标准与试验周期

名称	检查与试验质量标准要求	检查试验周期
塑料安全帽	（1）外表完整、光洁； （2）帽内缓冲带、帽带齐全无损； （3）耐 40～120℃高温不变形； （4）耐水、油、化学腐蚀性良好	一年一次
安全带	检查： （1）绳索无脆裂，断脱现象； （2）皮带各部接口完整、牢固，无霉朽和虫蛀现象； （3）销口性能良好 试验： （1）静荷：使用 255kg 重物悬吊 5min 无损伤； （2）动荷：将质量为 120kg 的重物从 2～2.8m 高架上冲击安全带，各部件无损伤	（1）每次使用前均应检查； （2）新带使用一年后抽样试验； （3）旧带每隔 6 个月抽查试验一次
安全网	（1）绳芯结构和网筋边绳结构符合要求； （2）两件各 120kg 的重物同时由 4.5m 高处坠落冲击完好无损	每年一次，每次使用前进行外表检查

（3）高处临空作业应按规定架设安全网，作业人员使用的安全带，应挂在牢固的物体上或可靠的安全绳上，安全带严禁低挂高用。拴安全带用的安全绳，不宜超过 3m。

（4）在有毒有害气体可能泄漏的作业场所，应配置必要的防毒护具，以备急用，并及时检查、维修、更换，保证其处在良好待用状态。

（5）电气操作人员应根据工作条件选用适当的安全电工用具和防护用品，电工用具应符合安全技术标准并定期检查，凡不符合技术标准要求的绝缘安全用具、登高作业安全工具、携带式电压和电流指示器以及检修中的临时接地线等，均不得使用。

3. 爆破作业

1）爆破器材的运输

（1）气温低于10℃运输易冻的硝化甘油炸药时，应采取防冻措施；气温低于15℃运输难冻硝化甘油炸药时，也应采取防冻措施。

（2）禁止用翻斗车、自卸汽车、拖车、机动三轮车、人力三轮车、摩托车和自行车等运输爆破器材。

（3）运输炸药雷管时，装车高度要低于车厢10cm。车厢、船底应加软垫。雷管箱不许倒放或立放，层间也应垫软垫。

（4）水路运输爆破器材，停泊地点距岸上建筑物不得小于250m。

（5）汽车运输爆破器材，汽车的排气管宜设在车前下侧，并应设置防火罩装置；汽车在视线良好的情况下行驶时，时速不得超过20km/h（工区内不得超过15km）；在弯多坡陡、路面狭窄的山区行驶，时速应保持在5km/h以内。行车间距：平坦道路应大于50m，上下坡应大于300m。

2）爆破

（1）明挖爆破音响信号规定如下：

① 预告信号：间断鸣3次长声，即鸣30s、停、鸣30s、停、鸣30s；此时现场停止作业，人员迅速撤离。

② 准备信号：在预告信号20min后发布，间断鸣一长、一短3次，即鸣20s、鸣10s、停鸣20s、鸣10s、停鸣20s、鸣10s。

③ 起爆信号：准备信号10min后发出，连续三短声，即鸣10s、停、鸣10s、停、鸣10s。

④ 解除信号：应根据爆破器材的性质及爆破方式，确定炮响后到检查人员进入现场所需等待的时间。检查人员确认安全后，由爆破作业负责人通知警报房发出解除信号：一次长声，即鸣60s；在特殊情况下，如准备工作尚未结束，应由爆破负责人通知警报房拖后发布起爆信号，并用广播器通知现场全体人员。

（2）装药和堵塞应使用木、竹制作的炮棍。严禁使用金属棍棒装填。

（3）地下相向开挖的两端在相距30m以内时，装炮前应通知另一端暂停工作，退到安全地点。当相向开挖的两端相距15m时，一端应停止掘进，单头贯通。斜井相向开挖，除遵守上述规定外，并应对距贯通尚有5m长地段自上端向下打通。

（4）电力起爆，应遵守下列规定：

① 用于同一爆破网路内的电雷管，电阻值应相同。康铜桥丝雷管的电阻极差不得超过0.25Ω，镍铬桥丝雷管的电阻极差不得超过0.5Ω。

② 网路中的支线、区域线和母线彼此连接之前各自的两端应短路、绝缘。

③ 装炮前工作面的一切电源应切除，照明至少设于距工作面30m以外，只有确认炮区无漏电、感应电后，才可装炮。

④ 雷雨天严禁采用电爆网路。

⑤ 供给每个电雷管的实际电流应大于准爆电流，具体要求如下：

直流电源：一般爆破不小于2.5A；对于洞室爆破或大规模爆破不小于3A。

交流电源：一般爆破不小于 3A；对于洞室爆破或大规模爆破不小于 4A。

⑥ 网路中全部导线应绝缘。有水时导线应架空。各接头应用绝缘胶布包好，两条线的搭接口禁止重叠，至少应错开 0.1m。

⑦ 测量电阻只许使用经过检查的专用爆破测试仪表或线路电桥。严禁使用其他电气仪表进行量测。

⑧ 通电后若发生拒爆，应立即断开母线电源，将母线两端拧在一起，锁上电源开关箱进行检查。进行检查的时间：对于即发电雷管，至少在 10min 以后；对于延发电雷管，至少在 15min 以后。

第二章　水利工程造价构成

水利工程基本建设与其他部门的基本建设相比有一定的特殊性，涉及不同的流域（或区域），需要根据流域（或区域）的水资源条件和防洪要求以及国家长远计划对项目区水利建设发展要求，提出该流域（或区域）水资源开发和综合利用方案及预防或消除水害的方案，同时工程规模大小不等，资金来源渠道不一，需要根据国家规定的管理权限向上级主管部门申报审批，因此涉及不同的审批机构从而导致采用的造价编制规定与依据不同，其中报送水利部、流域机构审批的大中型水利项目，需要按照水利部发布的《水利工程设计概（估）算编制规定》执行；对于山东省水利工程项目，结合自身行业特点，编制和审批需要依据《山东省水利水电工程设计概（估）算编制办法》执行。

针对上述情况，本章主要按照《山东省水利水电工程设计概（估）算编制办法》简要介绍水利工程造价构成，水利部发布的《水利工程设计概（估）算编制规定》与其主要不同点。

第一节　水利工程分类及工程总投资组成

一、水利工程分类

水利工程按照工程性质划分为枢纽工程和其他水利工程两大类。

（1）枢纽工程包括水库、水电站、大型独立泵站、大型拦河水闸、其他大型独立建筑物。

（2）其他水利工程包括引、调水工程（含灌溉骨干工程），堤防工程，河湖整治工程，灌溉田间工程，其他工程。

以上两大类工程由于性质不同，因此所对应的工程造价编制标准是有差别的。对于造价专业来说必须准确对工程性质进行分类，分类的主要依据是设计报告中工程任务和规模及建筑物级别等相关章节。

二、水利工程总投资组成

水利工程总投资项目划分由工程部分投资、专项部分投资两部分构成。

（1）工程部分投资：包括：建筑工程投资、机电设备及安装工程投资、金属结构设备及安装工程投资、施工临时工程投资、独立费用、预备费用。

（2）专项部分投资：包括：建设征地移民补偿、水土保持工程投资、环境保护工程投资及其他投资。其他可根据需要计列，如水文设施工程投资，采用其他行业定额编制的供电设施工程投资，穿越铁路、公路等专项工程投资。

专项部分的项目划分执行水利工程的建设征地移民补偿概（估）算编制规定、环境保护工程概（估）算编制规定、水土保持工程概（估）算编制规定以及其他专项设施工程的相应行业编制规定，将结果汇总到工程总投资中。

第二节　工程部分项目组成和项目划分

一、水利工程项目组成

（一）建筑工程

1. 枢纽工程

枢纽工程是指水利枢纽建筑物、大型泵站、大型拦河水闸和其他大型独立建筑物。枢纽工程包括挡水及提水工程、泄洪工程、引水工程、发电厂及升压变电站工程、航运工程、交通工程、房屋建筑工程、供电设施工程和其他建筑工程。

（1）挡水工程。挡水工程包括挡水的各类坝、闸工程等。

（2）泄洪工程。泄洪工程包括溢洪道、溢洪闸、泄洪洞、放水洞等工程。

（3）引水工程。引水工程包括发电引水明渠、进水口、隧洞、调压井、高压管道等工程。

（4）发电厂（泵站）及升压变电站工程。包括地面、地下各类发电厂（泵站），升压变电站，开关站等工程。

（5）航运工程。航运工程包括上下游引航道、船闸、升船机等工程。

（6）交通工程。交通工程包括上坝、进厂（场）等场内外永久性交通道路，运行管理维护道路，桥涵，码头等工程。

（7）房屋建筑工程。房屋建筑工程包括为生产运行服务的永久性辅助生产建筑、仓库、办公、值班宿舍及文化福利建筑等工程和室外工程。

（8）供电设施工程。供电设施工程是指为工程生产运行供电需要架设的输电线路及变配电设施工程。

（9）其他建筑工程。其他建筑工程包括安全监测设施工程，照明线路、通信线路、厂坝（闸、泵站）区及生活区供水、供热、排水等公用设施工程，劳动安全与工业卫生设施，水文、泥沙监测设施，水情自动测报工程，附属管理设施及其他工程。

2. 其他水利工程

其他水利工程是指引水工程、堤防及河湖整治工程、灌溉田间工程。其他水利工程包括引调水工程、灌溉骨干工程、堤防及河湖整治工程、田间渠（管）道工程、交通工程、房屋建筑工程、供电设施工程及其他建筑工程。

（1）引水工程。

引水工程包括渠（管）道工程和附属建筑物工程。

渠（管）道工程：包括明渠、管道工程，排水沟（渠）工程等。

建筑物工程：指调蓄工程、渠系建筑物工程和交叉建筑物工程。建筑物工程包括水库、泵站、水闸、隧洞、渡槽、倒虹吸、箱涵、跌水、道路交叉（穿越）建筑物等工程。

(2) 堤防及河湖整治工程。

堤防及河湖整治工程：包括堤防修建及加固、河道治理、河湖清淤疏浚工程。

建筑物工程：包括水闸、泵站、涵洞、倒虹吸等工程。

(3) 灌溉田间工程。

田间渠（管）道工程：包括明渠、管道、排水沟（渠）工程、田间土地平整等。

建筑物工程：包括泵站、涵洞、水闸、田间机井、田间灌溉塘坝等工程。

(4) 交通工程：指永久性对外交通道路、运行管理维护道路等工程。

(5) 房屋建筑工程：包括为生产运行服务的永久性辅助生产建筑、仓库、办公、值班宿舍及文化福利建筑等工程和室外工程。

(6) 供电设施工程：指为工程生产运行供电需要架设的输电线路及变配电设施工程。

(7) 其他建筑工程：包括安全监测设施工程，照明线路、通信线路、厂坝（闸、泵站）区及生活区供水、供热、排水等公用设施工程，劳动安全与工业卫生设施，水文、泥沙监测设施，水情自动测报工程，附属管理设施及其他工程。

（二）机电设备及安装工程

1. 枢纽工程

枢纽工程是指构成枢纽工程固定资产的全部机电设备及安装工程。本部分由发电设备及安装工程、升压变电设备及安装工程、泵站设备及安装工程、水闸设备及安装工程和公用设备及安装工程组成。

(1) 发电设备及安装工程：包括水轮机、发电机、主阀、起重机、水力机械辅助设备、电气设备等设备及安装工程。

(2) 升压变电设备及安装工程：包括主变压器、高压电气设备、一次拉线等设备及安装工程。

(3) 泵站设备及安装工程：包括水泵、电动机、主阀、起重设备、水力机械辅助设备、电气设备等设备及安装工程。

(4) 水闸设备及安装工程：包括电气一次、二次设备安装工程。

(5) 公用设备及安装工程：包括通信设备，通风采暖设备，机修设备，计算机监控系统，管理自动化系统，全厂接地及保护网、电梯、坝区馈电设备，厂坝区及生活区供水，排水，供热设备，水文，泥沙监测设备，水情自动测报系统设备，安全监测设备，消防设备，劳动安全与工业卫生设备，交通设备等设备及安装工程。

2. 其他水利工程

其他水利工程是指构成该工程固定资产的全部机电设备及安装工程。其他水利工程包括泵站设备及安装工程、闸（涵）设备安装工程、灌溉渠首和田间灌水设施及安装工程、供变电工程和公用设备及安装工程。

(1) 泵站设备及安装工程：包括水泵、电动机、主阀、起重设备、水力机械辅助设备、电气设备等设备及安装工程。

(2) 闸（涵）设备及安装工程：包括电气一次、二次设备及安装工程。

(3) 灌溉渠首和田间灌水设施及安装工程：包括渠首的过滤、施肥、控制调节、计量设备及安装工程和田间灌水设施及安装工程。

（4）供变电工程：包括供电、高压变配电设备及安装工程。

（5）公用设备及安装工程：包括通信设备，通风采暖设备，机修设备，计算机监控系统，管理自动化系统，全厂接地及保护网，电梯，坝区馈电设备，厂坝区及生活区供水、排水、供热设备，水文、泥沙监测设备，水情自动测报系统设备，外部观测设备，消防设备，交通设备和劳动安全与工业卫生设备等设备及安装工程。

（三）金属结构设备及安装工程

金属结构设备及安装工程是指构成枢纽工程和其他水利工程固定资产的全部金属结构设备及安装工程。其包括闸门、启闭机、拦污设备、升船机等设备及安装工程，水电站（泵站等）压力钢管制作及安装工程和其他金属结构设备及安装工程。

金属结构设备及安装工程一级项目要与建筑工程项目相对应。

（四）施工临时工程

施工临时工程是指为辅助主体工程施工所必需修建的生产和生活用临时性工程。施工临时工程包括导流工程、施工交通工程、施工场外供电工程、施工房屋建筑工程、其他施工临时工程。主要组成内容如下：

1. 导流工程

导流工程包括导流明渠、导流洞、施工围堰、蓄水期与施工期下游断流补偿设施、金属结构设备及安装工程等。

2. 施工交通工程

施工交通工程包括施工场内外为工程建设服务的临时交通工程，如道路、桥梁、施工支洞、码头、转运站等。

3. 施工场外供电工程

施工场外供电工程包括从现有电网向施工现场供电的高压输电线路（10kV 及以上等级）和施工变（配）电设施工程。

4. 施工房屋建筑工程

施工房屋建筑工程是指工程在建设过程中建造的临时房屋，包括施工仓库，办公、生活及文化福利建筑与所需的配套设施工程。

5. 其他施工临时工程

其他施工临时工程是指除施工导流、施工交通、施工场外供电、施工房屋建筑以外的施工临时工程。其他施工临时工程主要包括施工供水（大型泵房及干管）、混凝土拌和浇筑系统、大型机械安装拆卸、防汛、防冰、施工排水、施工通信、临时度汛措施等工程。根据工程实际情况可在其他施工临时工程中单独列示施工临时支护（包括隧洞临时支撑，渡槽、桥梁的临时支撑）、缆机平台、混凝土防渗墙导向槽工程等项目。

施工排水指基坑排水、河道降水等，包括排水工程建设及运行费。

（五）独立费用

本部分由建设单位管理费、经济技术服务费、工程建设监理费、联合试运转费、生产准备费、科研勘测设计费和其他七项组成。

（1）建设管理费。

（2）经济技术服务费。

（3）工程建设监理费。

（4）联合试运转费。

（5）生产准备费。生产准备费包括生产及管理单位提前进厂费、生产职工培训费、管理用具购置费、工器具及生产家具购置费。

（6）科研勘测设计费。科研勘测设计费包括工程科学研究试验费和工程勘测设计费。

（7）其他。其他包括工程质量检测费、工程保险费、其他税费。

二、水利工程项目划分

根据水利工程性质，工程项目下设一、二、三级项目。

（1）一级项目，相当于单项工程。是具有独立的设计文件，竣工后可以独立发挥生产能力或效益的工程。编制工程造价时视工程具体情况设置项目，一般应按项目划分的规定，不宜合并。

（2）二级项目，相当于单位工程。如枢纽工程一级项目中的挡水工程，其二级项目划分为混凝土坝（闸）工程、土（石）坝工程。其他水利工程引水渠（道）工程一级项目中的建筑物工程，其二级项目划分为泵站工程（扬水站），水闸工程，隧洞工程，渡槽工程，倒虹工程，箱涵（暗涵）工程，调蓄水库工程，排水、排洪、涵（槽）、公路铁路交叉、穿越工程，其他建筑物工程等。

（3）三级项目，相当于分部分项工程。如上述二级项目下设的三级项目为土方开挖、石方开挖、土石方回填、砌石、混凝土、钢筋、模板、防渗墙、灌浆、锚固、启闭机室、温控措施、细部结构工程等。三级项目要按照施工组织设计提出的施工方法结合专业定额进行单价分析。

编制工程造价时，二、三级项目可根据水利工程不同阶段编制规程的工作深度要求和工程情况增减划分。

三、水利工程项目划分应注意的问题

（1）为便于进行工程单价分析，三级项目的设置应与所采用的定额相适应。

（2）注意不同设计专业、不同设计人员的习惯与工程项目划分的差异问题。目前山东省大多数设计单位都是分水工、机电、金属结构等专业提供土建工程量或设备安装工程量，造价专业人员要将其提供的所有资料加以整理归纳，使其符合项目划分的规定，避免遗漏或重复，切忌直接套用以免造成造价编制成果的混乱。

第三节　工程部分费用构成

一、概述

水利工程工程部分费用组成内容有建筑及安装工程费、设备费独立费用、预备费、建设期融资利息。其中工程费包括建筑及安装工程费与设备费。

（一）建筑及安装工程费

由直接费、间接费、利润、未计价（装置性）材料费、材料价差和税金组成。

（1）直接费。

① 基本直接费。

② 其他直接费。

（2）间接费

①规费。

②企业管理费。

（3）利润。

（4）未计价（装置性）材料费。

（5）材料价差。

（6）税金。

（二）设备费

由设备原价、运杂费、运输保险费、采购及保管费组成。

（1）设备原价。

（2）运杂费。

（3）运输保险费。

（4）采购及保管费。

（三）独立费用

由建设单位管理费、经济技术服务费、工程建设监理费、联合试运转费、生产准备费、科研勘测设计费和其他七项组成。

（1）建设管理费。

（2）经济技术服务费。

（3）工程建设监理费。

（4）联合试运转费。

（5）生产准备费。

① 生产及管理单位提前进厂费。

② 生产职工培训费。

③ 管理用具购置费。

④ 工器具及生产家具购置费。

（6）科研勘测设计费。

① 工程科学研究试验费。

②工程勘测设计费。

（7）其他。

①工程质量检测费。

②工程保险费。

③其他税费。

（四）预备费

（1）基本预备费。

（2）价差预备费。

（五）建设期融资利息

二、建筑及安装工程费

建筑及安装工程费由直接费、间接费、利润、材料价差、未计价（装置性）材料费和税金组成。

（一）直接费

直接费指建筑安装工程施工过程中直接消耗在工程项目上的活劳动和物化劳动，由基本直接费和其他直接费组成。

基本直接费包括人工费、材料费、施工机械使用费。

其他直接费包括冬雨期施工增加费、夜间施工增加费、临时设施费、安全文明生产措施费和其他费用组成。

1. 基本直接费

1）人工费

人工费是指直接支付给从事建筑安装工程施工的生产工人的各项费用。包括以下内容：

（1）基本工资。由岗位工资和年应工作天数内非作业天数的工资组成。

① 岗位工资：指按照职工所在岗位各项劳动要素测评结果确定的工资。

② 生产工人年应工作天数内非作业天数的工资，包括生产工人开会学习、培训期间的工资，调动工作、探亲假期间的工资，因气候影响的停工工资，女工哺乳期间的工资，病假在六个月以内的工资及产假、婚假、丧假的工资。

（2）辅助工资：是指在基本工资之外，以其他形式支付给生产工人的工资性收入，包括根据国家有关规定属于工资性质的各种津贴；主要包括施工津贴、夜餐津贴、节假日加班津贴等。

2）材料费

材料费是指建筑安装工程项目上的耗费性材料、装置性材料和周转性材料摊销费。材料费包括定额工作内容规定应计入的未计价材料和计价材料。

材料预算价格一般包括以下内容：

（1）材料原价：指材料指定交货地点的价格。

（2）运杂费：指材料自指定交货地点运至工地仓库或指定堆放地点所发生的全部费用。运杂费包括运输费、装卸费、运输保险费及其他杂费。

（3）采购及保管费：指材料采购、供应和保管过程中所需要的各项费用。采购及保管费主要包括材料的采购和保管人员的工资、五险一金等辅助工资，职工福利工资；仓储费和工地保管费；材料在运输、保管过程中发生的不可避免的损耗。

3）施工机械使用费

施工机械使用费指消耗在建筑安装工程项目上的机械磨损、维修和动力燃料费用等。施工机械使用费包括折旧费、修理费及替换设备费、安拆费及场外运费、机上人工费、动力燃料费和税费等。

（1）折旧费：指施工机械在规定的使用年限内，陆续收回其原值的台班折旧摊销费用。

（2）修理费及替换设备费。

修理费是指施工机械使用过程中为使机械保持正常功能而进行修理和保养所需的摊销费用和保障机械正常运转及日常保养所需的润滑油料等费用，以及保管机械所需费用。

替换设备费指保障机械正常运转所需耗用的替换设备与随机配备工具附具的摊销费用。

（3）安拆费及场外运费。安拆费指施工机械（大型机械除外）进出工地的安装、拆卸、试运转费用以及场内转移及辅助设施的摊销费用。部分大型施工机械的安装拆卸不列入其施工机械使用费中，包含在其他施工临时工程中。

（4）机上人工费：指施工机械使用时机上操作人员的人工费用。

（5）动力燃料费：指施工机械正常运转时所耗用的风、水、电、油和煤等费用。

（6）税费：指施工机械按照国家规定应缴纳的车船使用税、保险费及年检费等。

2. 其他直接费

（1）冬雨期施工增加费：指在冬雨期施工期间为保证工程质量和安全生产所需增加的费用。其包括增加施工工序，增设防雨、保温、排水等设施增耗的动力、燃料、材料以及因人工、机械效率降低而增加的费用。

（2）夜间施工增加费：指施工场地和公用施工道路夜间施工照明费用。照明线路工程费用包括在“临时设施费”中；施工附属企业系统、加工厂、车间的照明费用列入相应的产品中，均不包括在本项费用之内。

（3）临时设施费：指施工企业为进行建筑安装工程施工所必需的但又未被划入施工临时工程的临时建筑物、构筑物和各种临时设施的建设、维修、拆除、摊销等。例如，供风、供水（支线）、供电（场内）、供热系统及通信支线，土石料场，小型混凝土拌和浇筑系统，木工、钢筋、机修等辅助加工厂，混凝土预制构件厂，脚手架工程，场内施工排水，场地平整，道路养护及其他小型临时设施等。

（4）安全文明施工措施费：指为保证施工现场安全作业环境及施工安全、文明施工的需要，在独立列项的支护工程费、定额所含措施费之外的安全生产相关费用。

该项费用应当按照以下范围使用：

① 完善、改造和维护安全防护设施设备支出，包括施工现场临时用电系统，洞口、临边、机械设备、高处作业防护，交叉作业防护，防火、防爆、防尘、防毒、防雷、防台风，防地质灾害，地下工程有害气体监测，通风、临时安全防护等设施设备支出。

② 配备、维护、保养应急救援器材、设备支出和应急演练支出。

③ 开展重大危险源和事故隐患评估、监控和整改支出。

④ 安全生产检查、评价（不包括新建、改建、扩建项目安全评价）、咨询和标准化建设支出。

⑤ 配备和更新现场作业人员安全防护用品支出。

⑥ 安全生产宣传、教育、培训支出。

⑦ 安全生产适用的新技术、新标准、新工艺、新装备的推广应用支出。

⑧ 安全设施及特种设备检测检验支出。

⑨ 其他与安全生产直接相关的支出。

(5) 其他费用：包括已完工程及设备保护费，施工工具用具使用费，检验试验费，工程定位复测及施工控制网测设、工程点交、竣工场地清理、工程项目及设备仪表移交生产前的维护观察费等。其中：

已完工程及设备保护费，是指竣工验收前，对已完工程和设备进行保护所需费用。

施工工具用具使用费，指施工生产所需，但不属于固定资产的生产工具，检验、试验用具等的购置、摊销和维护费。

检验试验费，指对建筑材料、构件和建筑安装物进行一般鉴定、检查所发生的费用，包括自设实验室所耗用的材料和化学药品费用，以及技术革新和研究试验费，不包括新结构、新材料的试验费和建设单位要求对具有出厂合格证明的材料进行试验、对构件进行破坏性试验，以及其他特殊检验试验的费用。

（二）间接费

间接费指施工企业为建筑安装工程施工而进行组织与经营管理所发生的构成产品成本的各项费用。由规费和企业管理费组成。

1. 规费

规费指政府和有关部门规定必须缴纳的有关费用。规费包括以下几项：

(1) 社会保险费：

① 养老保险费：指企业按照国家规定标准为职工缴纳的基本养老保险费。

② 失业保险费：指企业按照国家规定标准为职工缴纳的失业保险费。

③ 医疗保险费：指企业按照国家规定标准为职工缴纳的基本医疗保险费。

④ 工伤保险费：指企业按照国家规定标准为职工缴纳的工伤保险费。

⑤ 生育保险费：指企业按照国家规定标准为职工缴纳的生育保险费。

(2) 住房公积金：指企业按照规定标准为职工缴纳的住房公积金。

2. 企业管理费

企业管理费是指建筑安装企业组织施工生产和经营管理所需的费用。企业管理费包括以下内容：

(1) 管理人员工资：是指按规定支付给管理人员的基本工资、辅助工资。

(2) 办公费：是指企业管理办公用的文具、纸张、账表、印刷、邮电、书报、办公软件、现场监控、会议、水电、烧水和集体取暖、降温（包括现场临时宿舍取暖降温）等费用。

(3) 差旅交通费：是指企业管理人员因公出差、调动工作的差旅费，市内交通费和误餐补助费，职工探亲路费，劳动力招募费，职工离退休、退职一次性路费，工伤人员就医路费，工地转移费，交通工具的油料、燃料等费用。

(4) 固定资产使用费：是指企业管理和试验部门及附属生产单位使用的属于固定资产的房屋、设备、仪器等的折旧、大修、维修或租赁费等。

(5) 工具用具使用费：是指企业管理使用的不属于固定资产的工具、用具、家具、交通工具和检验、试验、测绘、消防用具等的购置、维修和摊销费。

（6）职工福利费：是指由企业按照国家规定支出的职工福利费、按规定支付给离退休职工的异地安家补助费、职工退职金、六个月以上的病假人员工资、按规定支付给离休干部的各项经费。职工发生工伤时企业依法在工伤保险之外支付的费用，其他在社会保险基金之外依法由企业支付给职工的费用。

（7）劳动保护费：是企业按国家有关部门规定发放的劳动保护用品的购置及修理费、保健费、防暑降温、取暖补贴、高空作业及进洞补贴、技术安全措施及生活用水的燃料费等。

（8）工会经费：是指企业按《中华人民共和国工会法》的规定，按职工工资总额计提的工会经费。

（9）职工教育经费：指企业为职工学习先进技术和提高文化水平按职工工资总额计提的费用。

（10）保险费：是指企业财产保险、管理用车辆等保险费用，高空、井下、洞内、水下、水上作业等特殊工种安全保险费，危险作业意外伤害保险费等。

（11）财务费用：是指施工企业为筹集资金而发生的各项财务费用，以及投标和承包工程所发生的保函手续费等。

（12）税金：是指企业按规定缴纳的房产税、管理用车辆使用税、印花税等。

（13）其他费用：包括技术转让费、企业定额测定费、施工企业进退场费、施工企业承担的施工辅助工程设计费、投标报价费、工程图纸资料费以及工程摄影费、技术开发费、业务招待费、绿化费、公证费、法律顾问费、审计费、咨询费等。

（三）利润

利润指按规定应计入建筑安装工程费用中的利润。

（四）未计价（装置性）材料费

未计价（装置性）材料费指建筑定额或设备安装定额中未计价的装置性材料，其费用只计取税金，不作为其他直接费、间接费、利润的计算基数。

（五）材料价差

材料价差指根据材料预算价格与基价之间的差额以及材料消耗量计算的价差金额。基价是指进入工程单价参加取费的主要材料的限制价格。

（六）税金

建筑安装工程费用中的税金是指按照国家税法规定应计入建筑安装工程造价内的增值税。

三、设备费

设备费包括设备原价、运杂费、运输保险费和采购及保管费。

（一）设备原价

（1）国产设备，其原价指出厂价。

（2）进口设备，以到岸价和进口征收的税金、手续费、商检费及港口费等各项费用之和为原价。

（3）大型机组、金属结构等设备分块运至工地后的拼装费用包括在设备原价内。

（4）非标准设备的设计费和设备必须的备品备件费用计入设备费中。

（二）运杂费

运杂费指设备由厂家运至工地现场所发生的一切运杂费用。运杂费包括运输费、装卸费、包装绑扎费、大型变压器充氮费及可能发生的其他杂费。

（三）运输保险费

运输保险费指设备在运输过程中的保险费用。

（四）采购及保管费

采购及保管费指建设单位和施工企业在负责设备的采购、保管过程中发生的各项费用。采购及保管费主要包括以下内容：

（1）采购保管部门工作人员的基本工资、辅助工资、职工福利费、劳动保护费、养老保险费、失业保险费、医疗保险费、工伤保险费、生育保险费、住房公积金、教育经费、办公费、差旅交通费、工具用具使用费等。

（2）仓库、转运站等设施的运行费、维修费、固定资产折旧费、技术安全措施费和设备的检验、试验费等。

四、独立费用

独立费用由建设单位管理费、经济技术服务费、工程建设监理费、联合试运转费、生产准备费、科研勘测设计费和其他费用共七项组成。

（一）建设单位管理费

建设单位管理费指建设单位在工程项目筹建和建设期间进行管理工作所需的费用，由建设单位开办费、建设单位人员经常费和项目管理费三项组成。

1. 建设单位开办费

建设单位开办费指新组建的工程建设单位，为开展工作所必需购置的办公设施、交通工具等，以及其他用于开办工作的费用。

2. 建设单位人员经常费

建设单位人员经常费指建设单位从批准组建之日起至完成该工程建设管理任务之日止，需开支的建设单位人员费用。其主要包括工作人员的基本工资、辅助工资、职工福利费、劳动保护费、养老保险费、失业保险费、医疗保险费、工伤保险费、生育保险费、住房公积金等。

3. 项目管理费

项目管理费指建设单位从筹建到竣工期间所发生的各种管理费用。其包括以下内容：

（1）工程建设过程中用于资金筹措、召开董事（股东）会议、视察工程建设所发生的会议和差旅等费用。

（2）建设单位进行项目管理所发生的土地使用税、房产税、印花税、合同公证费等。

（3）工程宣传费。

（4）审计费。

（5）施工期所需的水情、水文、泥沙、气象监测费和报汛费。

（6）工程验收费。

（7）在工程建设过程中，派驻工地的公安、消防部门的补贴费以及其他工程管理费用。

（8）建设单位人员的教育经费、办公费、差旅交通费、会议费、交通车辆使用费、技术图书资料费、固定资产折旧费、零星固定资产购置费、低值易耗品摊销费、工具用具使用费、修理费、水电费、采暖费等。

（9）其他管理性开支。

（二）经济技术服务费

经济技术服务费由招标业务费和经济技术咨询费组成。

1. 招标业务费

指建设单位组织项目招标业务所发生的费用。其中，包括建设单位委托招标代理，组织工程设计招标、监理招标、施工招标、设备采购招标及其他招标的代理费用，组织招标设计评审等业务及相关环节的费用。

2. 经济技术咨询费

指建设单位根据国家有关规定和项目建设管理的需要，委托具备相应资质的机构或聘请专家对项目建设的安全性、可靠性、先进性、经济性等有关工程技术、经济和法律等方面进行专项报告编制、咨询、评审和评估所发生的费用。其包括勘测设计成果咨询、评审和评估费，工程安全鉴定、验收技术鉴定、节能与安全专项评价费，劳动安全和工业卫生专项评价、测试与评审费，建设期造价咨询费，防洪影响评价费，水资源专题论证、社会稳定风险分析评估与评审、地震安全性评价等专项工作的编制、咨询、评审和评估所发生的费用。

（三）工程建设监理费

工程建设监理费指在工程建设过程中监理单位对工程的质量、进度、安全和投资进行监理所发生的全部费用。

（四）联合试运转费

联合试运转费指水利工程的发电机组、水泵等设备安装完毕，在竣工验收前，进行整套设备带负荷联合试运转期间所需的各项费用。其主要包括联合试运转期间所消耗的燃料、动力、材料及机械使用费，工具用具购置费，施工单位参加联合试运转人员的工资等。

（五）生产准备费

生产准备费指水利水电建设项目的生产、管理单位为准备正常的生产运行或管理发生的费用。生产准备费包括生产及管理单位提前进厂费、生产职工培训费、管理用具购置费和工器具及生产家具购置费。

1. 生产及管理单位提前进厂费

生产及管理单位提前进厂费指在工程完工之前，生产、管理单位有一部分工人、技术人员和管理人员提前进场进行生产筹备工作所需的各项费用。其内容包括提前进场人员的基本工资、辅助工资、职工福利费、劳动保护费、养老保险费、失业保险费、医疗保险费、工伤保险费、生育保险费、住房公积金、教育经费、办公费、差旅交通费、会议费、技术图书资料费、零星固定资产购置费、低值易耗品摊销费、工具用具使用费、修理费、水电费、采暖费等，以及其他属于生产筹建期间应开支的费用。

2. 生产职工培训费

生产职工培训费指工程在竣工验收之前，生产及管理单位为保证生产、管理工作能顺利进行，需对工人、技术人员和管理人员进行培训所发生的费用。

3. 管理用具购置费

管理用具购置费指为保证新建项目的正常生产和管理所必需购置的办公和生活用具等费用。包括办公室、会议室、资料档案室、阅览室、文娱室、医务室等公用设施需要配置的家具器具等费用。

4. 工器具及生产家具购置费

工器具及生产家具购置费指按设计规定，为保证初期生产正常运行所必需购置的不属于固定资产标准的生产工具、器具、仪表、生产家具等的购置费。不包括设备价格中已包括的专用工具等费用。

（六）科研勘测设计费

科研勘测设计费指为工程建设所需的科研、勘测和设计等费用。科研勘测设计费包括工程科学研究试验费和工程勘测设计费。

1. 工程科学研究试验费

工程科学研究试验费指为解决工程建设技术问题，而进行必要的科学研究试验所需的费用。

2. 工程勘测设计费

工程勘测设计费指工程从项目建议书开始至以后各设计阶段发生的勘测费、设计费和相关试验研究费。不包括专项部分的工程建设移民征地与移民安置设计、环境保护设计、水土保持设计及其他专项工程各设计阶段发生的勘测设计费。有施工图预算编制要求的，可单独计列施工图预算编制费。

（七）其他费用

1. 工程质量检测费

工程质量检测费指工程建设期间，为检验工程质量，在施工单位自检、监理单位检测的基础上，由建设单位委托具有相应资质的检测机构进行质量检测，在相关工程费用和监理费用之外发生的检测费用，包括验收阶段发生的质量检测费用等。

2. 工程保险费

工程保险费指工程建设期间，为使工程能在遭受水灾、火灾等自然灾害和意外事故造成损失后得到经济补偿，而对工程进行投保所发生的保险费用。

3. 其他税费

其他税费指按国家规定应缴纳的与工程建设有关的税费。

五、预备费及建设期融资利息

（一）预备费

预备费包括基本预备费和价差预备费。

1. 基本预备费

主要为解决在工程建设过程中，设计变更和有关技术标准调整增加的投资以及工程遭受一般自然灾害所造成的损失和为预防自然灾害所采取的措施费用。

2. 价差预备费

主要为解决在工程项目建设过程中，因人工工资、材料和设备价格上涨以及费用标准调整而增加的投资。

（二）建设期融资利息

根据国家财政金融政策规定，工程在建设期内需偿还并应计入工程总投资的融资利息。

第四节　水利部发布的《水利工程设计概（估）算编制规定》与《山东省水利水电工程设计概（估）算编制办法》的主要不同点

鉴于水利工程基本建设投资管理的需要和水利工程编制和审批的特殊性，决定了水利工程编制依据的差异性，水利部《水利工程设计概（估）算编制规定》在项目划分、费用构成上与《山东省水利水电工程设计概（估）算编制办法》相比其主要不同点如下：

一、水利工程分类

水利工程按工程性质划分为三大类，具体划分如下：

（1）枢纽工程：包括水库、水电站、大型泵站、大型拦河水闸、其他大型独立建筑物。

（2）引水工程：包括供水工程、灌溉工程（1）。

（3）河道工程：堤防工程、河湖整治工程、灌溉工程（2）。

大型泵站、大型拦河水闸的工程等级划分标准参考《水利水电工程等级划分及洪水标准》。

灌溉工程（1）指设计流量≥5m^3/s的灌溉工程［工程等级标准参考《灌溉与排水工程设计标准》（GB/50288—2018）］，灌溉工程（2）指设计流量＜5m^3/s的灌溉工程和田间工程。

二、水利工程总投资构成

水利工程概算项目划分为工程部分概算、建设征地移民补偿、环境保护工程概算、水土保持工程概算四部分。各部分概算下设一级项目、二级项目、三级项目，建设征地移民补偿、环境保护工程概算、水土保持工程概算应分别执行相应编制规定，并将结果汇总到工程总概算中，与《山东省水利水电工程设计概（估）算编制办法》相比在说法上略有不同。

三、水利工程项目组成

（一）建筑工程

1. 枢纽工程

枢纽工程指水利枢纽建筑物、大型泵站、大型拦河水闸和其他大型独立建筑物

（含引水工程的水源工程）。枢纽工程包括挡水工程、泄洪工程、引水工程、发电厂（泵站）工程、升压变电站工程、航运工程、鱼道工程、交通工程、房屋建筑工程、供电设施工程和其他建筑工程。其中挡水工程等前七项为主体建筑工程。

（1）挡水工程。挡水工程包括挡水的各类坝（闸）工程。

（2）泄洪工程。泄洪工程包括溢洪道、泄洪洞、冲沙孔（洞）、放空洞、泄洪闸等工程。

（3）引水工程。引水工程包括发电引水明渠、进水口、隧洞、调压井、高压管道等工程。

（4）发电厂（泵站）工程。发电厂（泵站）工程包括地面、地下各类发电厂（泵站）工程。

（5）升压变电站工程。升压变电站工程包括升压变电站、开关站等工程。

（6）航运工程。航运工程包括上下游引航道、船闸、升船机等工程。

（7）鱼道工程。根据枢纽建筑物布置情况，可独立列项。与拦河坝相结合的，也可作为拦河坝工程的组成部分。

（8）交通工程。交通工程包括上坝、进厂、对外等场内外永久公路，以及桥梁、交通隧洞、铁路、码头等工程。

（9）房屋建筑工程。房屋建筑工程包括为生产运行服务的永久性辅助生产建筑、仓库、办公、值班宿舍及文化福利建筑等房屋建筑工程和室外工程。

（10）供电设施工程。供电设施工程指工程生产运行供电需要架设的输电线路及变配电设施工程。

（11）其他建筑工程。其他建筑工程包括安全监测设施工程，照明线路工程，通信线路工程，厂坝（闸、泵站）区供水、供热、排水等公用设施工程，劳动安全与工业卫生设施工程，水文、泥沙监测设施工程，水情自动测报系统工程及其他工程。

2. 引水工程

引水工程指供水工程、调水工程和灌溉工程（1）。引水工程包括渠（管）道工程、建筑物工程、交通工程、房屋建筑工程、供电设施工程和其他建筑工程。

（1）渠（管）道工程。渠（管）道工程包括明渠、输水管道工程，以及渠（管）道附属小型建筑物（如观测测量设施、调压减压设施、检修设施）工程等。

（2）建筑物工程。建筑物工程指渠系建筑物、交叉建筑物工程，包括泵站、水闸、渡槽、隧洞、箱涵（暗渠）、倒虹吸、跌水、动能回收电站、调蓄水库、排水涵（槽）、公路（铁路）交叉（穿越）建筑物工程等。

建筑物类别根据工程设计确定。工程规模较大的建筑物可以作为一级项目单独列示。

（3）交通工程。交通工程指永久性对外公路、运行管理维护道路等工程。

（4）房屋建筑工程。房屋建筑工程包括为生产运行服务的永久性辅助生产建筑、仓库、办公用房、值班宿舍及文化福利建筑等房屋建筑工程和室外工程。

（5）供电设施工程。供电设施工程指工程生产运行供电需要架设的输电线路及变配电设施工程。

（6）其他建筑工程。其他建筑工程包括安全监测设施工程，照明线路，通信线路，厂坝（闸、泵站）区供水、供热、排水等公用设施工程，劳动安全与工业卫生设施工程，水文、泥沙监测设施工程，水情自动测报系统工程及其他工程。

3. 河道工程

河道工程指堤防修建与加固工程、河湖整治工程以及灌溉工程（2）。河道工程包括河湖整治与堤防工程、灌溉及田间渠（管）道工程、建筑物工程、交通工程、房屋建筑工程、供电设施工程和其他建筑工程。

（1）河湖整治与堤防工程。河湖整治与堤防工程包括堤防工程、河道整治工程、清淤疏浚工程等。

（2）灌溉及田间渠（管）道工程。灌溉及田间渠（管）道工程包括明渠、输配水管道、排水沟（渠、管）工程，渠（管）道附属小型建筑物（如观测测量设施、调压减压设施、检修设施）工程、田间土地平整工程等。

（3）建筑物工程。建筑物工程包括水闸、泵站工程，田间工程机井、灌溉塘坝工程等。

（4）交通工程。交通工程指永久性对外公路、运行管理维护道路等工程。

（5）房屋建筑工程。房屋建筑工程包括为生产运行服务的永久性辅助生产建筑、仓库、办公用房、值班宿舍及文化福利建筑等房屋建筑工程和室外工程。

（6）供电设施工程。供电设施工程指工程生产运行供电需要架设的输电线路及变配电设施工程。

（7）其他建筑工程。其他建筑工程包括安全监测设施工程，照明线路工程，通信线路工程，厂坝（闸、泵站）区供水、供热、排水等公用设施工程，劳动安全与工业卫生设施工程，水文、泥沙监测设施工程及其他工程。

（二）机电设备及安装工程

1. 枢纽工程

枢纽工程指构成枢纽工程固定资产的全部机电设备及安装工程。本部分由发电设备及安装工程、升压变电设备及安装工程和公用设备及安装工程三项组成。大型泵站和大型拦河水闸的机电设备及安装工程项目划分参考引水工程及河道工程划分方法。

（1）发电设备及安装工程。发电设备及安装工程包括水轮机、发电机、主阀、起重机、水力机械辅助设备、电气设备等设备及安装工程。

（2）升压变电设备及安装工程。升压变电设备及安装工程包括主变压器、高压电气设备、一次拉线等设备及安装工程。

（3）公用设备及安装工程。公用设备及安装工程包括通信设备、通风采暖设备、机修设备、计算机监控系统、工业电视系统、管理自动化系统、全厂接地及保护网系统；电梯工程；坝区馈电设备；厂坝区供水、排水、供热设备；水文、泥沙监测设备；水情自动测报系统设备；视频安防监控设备；安全监测设备；消防设备；劳动安全与工业卫生设备；交通设备等设备及安装工程。

2. 引水工程及河道工程

引水工程及河道工程指构成该工程固定资产的全部机电设备及安装工程。一般包括泵站设备及安装工程、水闸设备及安装工程、电站设备及安装工程、供变电设备及安装工程和公用设备及安装工程四项组成。

（1）泵站设备及安装工程。泵站设备及安装工程包括水泵、电动机、主阀、起重设备、水力机械辅助设备、电气设备等设备及安装工程。

（2）水闸设备及安装工程。水闸设备及安装工程包括电气一次设备及电气二次设备及安装工程。

（3）电站设备及安装工程。电站设备及安装工程的组成内容可参照枢纽工程的发电设备及安装工程和升压变电设备及安装工程。

（4）供变电设备及安装工程。供变电设备及安装工程包括供电、变配电设备及安装工程。

（5）公用设备及安装工程。公用设备及安装工程包括通信设备、通风采暖设备、机修设备、计算机监控系统、工业电视系统、管理自动化系统、全厂接地及保护网系统，厂坝（闸、泵站）区供水、排水、供热设备，水文、泥沙监测设备，水情自动测报系统设备，视频安防监控设备，安全监测设备，消防设备，劳动安全与工业卫生设备，交通设备等设备及安装工程。

灌溉田间工程还包括首部设备及安装工程、田间灌水设施及安装工程等。

（1）首部设备及安装工程。首部设备及安装工程包括过滤、施肥、控制调节、计量等设备及安装工程等。

（2）田间灌水设施及安装工程。田间灌水设施及安装工程包括田间喷灌、微灌等全部灌水设施及安装工程。

（三）金属结构设备及安装工程

金属结构设备及安装工程指构成枢纽工程、引水工程和河道工程固定资产的全部金属结构设备及安装工程。金属结构设备及安装工程包括闸门、启闭机、拦污设备、升船机等设备及安装工程，水电站（泵站等）压力钢管制作及安装工程和其他金属结构设备及安装工程。

金属结构设备及安装工程的一级项目应与建筑工程的一级项目相对应。

（四）施工临时工程

施工临时工程指为辅助主体工程施工所必须需建的生产和生活用临时性工程。本部分组成内容如下：

（1）导流工程。导流工程包括导流明渠、导流洞、施工围堰、蓄水期下游断流补偿设施、金属结构设备及安装工程等。

（2）施工交通工程。施工交通工程包括施工现场内外为工程建设服务的临时交通工程，如公路、铁路、桥梁、施工支洞、码头、转运站工程等。

（3）施工场外供电工程。施工场外供电工程包括从现有电网向施工现场供电的高压输电线路（枢纽工程 35kV 及以上等级；引水工程、河道工程 10kV 及以上等级；掘进机施工专用供电线路）、施工变（配）电设施设备（场内除外）工程。

（4）施工房屋建筑工程。施工房屋建筑工程指工程在建设过程中建造的临时房屋，包括施工仓库，办公及生活、文化福利建筑及所需的配套设施工程。

（5）其他施工临时工程。其他施工临时工程指除施工导流、施工交通、施工场外供电、施工房屋建筑、缆机平台、掘进机泥水处理系统和管片预制系统土建设施以外的施工临时工程。其他施工临时工程主要包括施工供水（大型泵房及干管）、砂石料系统、混凝土拌和浇筑系统、大型机械安装拆卸、防汛、防冰、施工排水、施工通信等工程。

根据工程实际情况可单独列示缆机平台、掘进机泥水处理系统和管片预制系统土建设施等项目。

施工排水指基坑排水、河道降水等，包括排水工程建设及运行费。

（五）独立费用

本部分由建设管理费、工程建设监理费、联合试运转费、生产准备费、科研勘测设计费和其他费用等六项组成。

（1）建设管理费。

（2）工程建设监理费。

（3）联合试运转费。

（4）生产准备费。生产准备费包括生产及管理单位提前进厂费、生产职工培训费、管理用具购置费、备品备件购置费、工器具及生产家具购置费。

（5）科研勘测设计费。科研勘测设计费包括工程科学研究试验费和工程勘测设计费。

（6）其他费用。其他包括工程保险费、其他税费。

独立费用项目组成与《山东省水利水电工程设计概（估）算编制办法》相比，主要有两点不同：一是没有单独计列经济技术服务费；二是在独立费用其他中没有包含工程质量检测费。

四、水利工程费用构成

水利工程工程部分费用组成内容有工程费、独立费用、预备费、建设期融资利息。其中工程费包括建筑及安装工程费与设备费。与《山东省水利水电工程设计概（估）算编制办法》中不一致的地方均在独立费用中，主要有两点：一是水利部《水利工程设计概（估）算编制规定》中的建设管理费基本涵盖了《山东省水利水电工程设计概（估）算编制办法》中的建设单位管理费和经济技术服务费，但构成内容略有不同；二是在独立费用中没有单独计列工程质量检测费，使用不同的编制规定时需要特别注意。

第五节　建设征地移民补偿项目组成及费用构成

一、征地移民补偿项目组成

征地移民补偿投资由农村部分、城（集）镇部分、工业企业、专业项目、防护工程、库底清理、其他费用以及预备费和有关税费九大部分组成，其中农村部分、城（集）镇部分、工业企业、专业项目、防护工程、库底清理、其他费用等，应根据具体工程情况分别设置一级、二级、三级、四级、五级项目。

（一）农村部分

农村部分包括征地补偿补助，房屋及附属建筑物补偿，居民点新址征地及基础设施建设费用，农副业设施补偿，小型水利水电设施补偿，农村工商企业补偿，文化、教育、医疗卫生等单位迁建补偿，搬迁补助，其他补偿补助，过渡期补助。

（二）城（集）镇部分

城（集）镇部分包括房屋及附属建筑物补偿，新址征地及基础设施建设费用，搬迁补助，工商企业补偿，机关事业单位迁建补偿，其他补偿补助等。

（三）工业企业

工业企业迁建补偿包括用地补偿和场地平整费用，房屋及附属建筑物补偿，基础设施和生产设施补偿，设备搬迁补偿，搬迁补助，停产损失，零星林（果）木补偿等。

（四）专业项目

专业项目恢复改建补偿包括铁路工程、公路工程、库周交通工程、航运工程、输变电工程、电信工程、广播电视工程、水利水电工程、国有农（林、牧、渔）场及文物古迹和其他项目等。

（五）防护工程

防护工程包括建筑工程、机电设备及安装工程、金属结构设备及安装工程、临时工程、独立费用和基本预备费。其具体内容可以参考枢纽工程部分（或其他水利工程部分）。

（六）库底清理

库底清理包括建（构）筑物清理、林木清理、易漂浮物清理、卫生清理、固体废弃物清理等。

（七）其他费用

其他费用包括前期工作费、综合勘测设计科研费、实施管理费、实施机构开办费、技术培训费、监督评估费等。

（八）预备费

预备费包括基本预备费和价差预备费。

（九）有关税费

有关税费包括与征地有关的国家规定的税费，如耕地占用税、耕地开垦费、森林植被恢复费和草原植被恢复费等。

二、征地移民补偿费用组成

建设征地移民安置补偿费用由补偿补助费、工程建设费、其他费用、预备费、有关税费等构成。

（一）补偿补助费

补偿补助费包括征收土地补偿和安置补助费、征用土地补偿费、房屋及附属建筑物补偿费、房屋装修补助费、青苗补偿费、林地与园地的林木补偿费、零星林（果）

木补偿费、鱼塘设施补偿费、农副业设施补偿费、小型水利水电设施补偿费、工商企业设施设备补偿费、文化教育和医疗卫生等单位设施设备补偿费、行政事业等单位设备设施补偿费、工业企业设施设备补偿费、停产损失费用、搬迁补助费、坟墓补偿费等。此外，还有贫困移民建房补助、文教卫生增容补助和过渡期补助等费用。

（二）工程建设费

工程建设费包括基础设施工程、专业项目工程、防护工程和库底清理等项目的建筑工程费，机电设备及安装工程费，金属结构设备及安装工程费，临时工程费等，按项目类型和规模，根据相应行业和地区的有关规定计列费用。

（三）其他费用

其他费用包括前期工作费、综合勘测设计科研费、实施管理费、实施机构开办费、技术培训费、监督评估费等费用。

（1）前期工作费。在水利水电工程项目建议书阶段和可行性研究报告阶段开展建设征地移民安置前期工作所发生的各种费用。前期工作费主要包括前期勘测设计、移民安置规划大纲编制、移民安置规划配合工作所发生的费用。

（2）综合勘测设计科研费。为初步设计和技施设计阶段征地移民设计工作所需要的综合勘测设计科研费用。综合勘测设计科研费主要包括两阶段设计单位承担的实物复核，农村、城（集）镇、工业企业及专业项目处理综合勘测规划设计发生的费用和地方政府必要的配合费用。

（3）实施管理费。实施管理费包括地方政府实施管理费和建设单位实施管理费。

（4）实施机构开办费。实施机构开办费包括征地移民实施机构为开展工作所必需购置的办公及生活设施、交通工具等，以及其他用于开办工作的费用。

（5）技术培训费。用于农村移民生产技能、移民干部管理水平的培训所发生的费用。

（6）监督评估费。监督评估费包括实施移民监督评估所需费用。

（四）预备费

预备费包括基本预备费和价差预备费两项费用。

（1）基本预备费主要是指在建设征地移民安置设计及补偿费用概（估）算内难以预料的项目费用。费用内容包括经批准的变更增加的费用，一般自然灾害造成的损失、预防自然灾害所采取的措施费用，以及其他难以预料的项目费用。

（2）价差预备费是指建设项目在建设期间，由于人工工资、材料和设备价格上涨以及费用标准调整而增加的投资。

（五）有关税费

有关税费包括耕地占用税、耕地开垦费、森林植被恢复费、草原植被恢复费等。

（1）耕地占用税是指耕地占用税的纳税人依照《中华人民共和国耕地占用税法》的规定缴纳的耕地占用税。根据《中华人民共和国耕地占用税法》的规定，耕地占用税的纳税人是指在中华人民共和国境内占用耕地建设建筑物、构筑物或者从事非农业建设的单位和个人。

（2）耕地开垦费是指根据《中华人民共和国土地管理法》的规定，按照“占多少、垦多少”的原则，由占用耕地的单位负责开垦与所占用耕地的数量和质量相当的耕地，对没条件开垦或开垦不符合要求的，应当按各省（自治区、直辖市）的有关规定缴纳耕地开垦费。

（3）森林植被恢复费是指根据《中华人民共和国森林法》第十八条规定，进行工程勘查、开采矿藏和各项工程建设，应当不占或少占林地，必须占用或征收、征用林地的，用地单位应依照有关规定缴纳森林植被恢复费。

（4）草原植被恢复费是指根据《中华人民共和国草原法》第三十九条规定，因工程建设征收、征用或者使用草原的，应当缴纳草原植被恢复费。

第六节 环境保护工程项目组成

环境保护工程投资包括环境保护措施、环境监测设施、环境保护仪器设备及安装、环境保护临时措施和环境保护独立费用，以及这五部分之外的环境保护预备费，是因工程兴建对环境造成的不利影响而需投入的资金。

一、环境保护措施

环境保护措施指防止、减免或减缓工程项目对环境不利影响和满足工程环境功能要求而兴建的环境保护措施。环境保护措施包括水环境（水质、水温）保护、土壤环境保护、陆生植物保护、陆生动物保护、水生生物保护、景观保护及绿化、人群健康保护、生态需水以及其他等。

二、环境监测设施

施工期环境监测措施包括水质监测、大气监测、噪声监测、卫生防疫监测、生态监测等。运行期环境监测措施包括监测站（点）等环境监测设施。

三、环境保护仪器设备及安装

环境保护仪器设备及安装指为了保护环境和开展监测工作所需的仪器设备及其安装，包括环境保护设备、环境监测仪器设备及安装。环境保护设备包括污水处理，噪声防治，粉尘防治，垃圾收集、处理及卫生防疫等设备；环境监测仪器设备包括水环境监测、大气监测、噪声监测、卫生防疫监测、生态监测等仪器设备。

四、环境保护临时措施

环境保护临时措施指工程施工过程中，为保护施工区及其周围环境和人群健康所采取的临时措施。环境保护临时措施包括废（污）水处理、噪声防治、固体废物处置、环境空气质量控制、人群健康保护等临时措施。

五、环境保护独立费用

环境保护独立费用包括建设管理费、环境监理费、科研勘测设计咨询费和工程质量监督费等。

第七节　水土保持工程项目组成

水土保持工程分为开发建设项目水土保持工程、水土保持生态建设工程两大类。

一、开发建设项目水土保持工程

开发建设项目水土保持工程由工程措施、植物措施、施工临时工程和独立费用，以及预备费和建设期融资利息组成。

1. 工程措施

工程措施指为减轻或避免因开发建设造成植被破坏和水土流失而兴建的永久性水土保持工程。通常包括拦渣工程、护坡工程、土地整治工程、防洪工程、机械固沙工程、泥石流防治工程、设备及安装工程等。

2. 植物措施

植物措施指为防治水土流失而采取的植物防护工程、植物恢复工程及绿化美化工程等。

3. 施工临时工程

施工临时工程包括临时防护工程和其他临时工程。

（1）临时防护工程指为防止施工期水上流失而采取的各项临时防护措施。

（2）其他临时工程指施工期的临时仓库、生活用房、架设输电线路、施工道路等。

4. 独立费用

独立费用包括建设管理费、工程建设监理费、科研勘测设计费、水土流失监测费等。

二、水土保持生态建设工程

水土保持生态建设工程由工程措施、林草措施、封育治理措施和独立费用组成。

1. 工程措施

工程措施包括梯田工程，谷坊、水窖、蓄水池工程，小型蓄排、引水工程，治沟骨干工程，机械固沙工程，设备及安装工程，其他工程七项。

2. 林草措施

林草措施包括水土保持造林工程、水土保持种草工程、苗圃工程三项。

3. 封育治理措施

封育治理措施包括拦护设施工程、补植补种工程两项。

4. 独立费用

独立费用包括建设管理费、工程建设监理费、科研勘测设计费、征地及淹没补偿费、水土流失监测费等。

第八节　水文设施工程项目组成

水文设施包括两部分：水文基础设施与水文技术装备。其中水文基础设施是为满足水文生产所必需建设的设施。水文技术装备是指水文测站及测站以上水文机构为满足生产需要配置的仪器、设备、工具及各种应用软件的总称。项目组成如下：

一、建筑工程

建筑工程指水文设施建筑物。建筑工程包括测验河段基础设施工程、水位观测设施工程、流量与泥沙测验设施工程、降水与蒸发观测设施工程、水环境监测设施工程、实时水文图像监控设施工程、生产生活用房工程、供电供水与通信设施工程及其他设施工程等。

（1）测验河段基础设施工程包括断面标志、水准点、断面界桩、保护标志牌、测验码头、观测道路、护岸、护坡工程等。

（2）水位观测设施工程包括水尺、水位自记平台、仪器室、地下水监测井等。

（3）流量与泥沙测验设施工程包括水文测验缆道、浮标投掷器基础、缆道机房、浮标房、测流堰槽、水文测桥、流速仪检定槽、泥沙处理分析平台等。

（4）降水与蒸发观测设施工程包括降水观测场和蒸发观测场。

（5）水环境监测设施工程包括监测断面、自动监测站及水化分析设施等。

（6）实时水文图像监控设施工程主要指监控设备支架及支架基础。

（7）生产生活用房工程包括巡测基地、水情（分）中心、水文数据（分）中心、水环境监测（分）中心和水文测站的办公室、水位观测房、泥沙处理室、水质分析室、水情报汛室、水情值班室、职工宿舍、食堂、车库、仓库等。

（8）供电、给排水、取暖与通信设施工程：

供电设施工程包括供电线路、配电室等；

给排水设施工程包括水片、水塔（池）、供水管道以及排水管道或排水沟渠等；

取暖设施工程指在符合国家规定取暖地区的驻测站、巡测基地等应建的取暖设施，包括供暖用房、供暖管道等；

通信设施工程指为满足水情中心、分中心和水文测站水情信息传输需要而建的通信设施，包括专用电话线路、通信塔基础及防雷接地沟槽等。

（9）其他设施工程包括测站标志、围墙、大门、道路、站院硬化绿化以及消防、防盗设施等。

二、仪器设备及安装工程

仪器设备及安装工程指构成水文设施工程固定资产的全部仪器设备及安装工程。仪器设备及安装工程包括各种水文信息采集传输和处理仪器设备、实时水文图像监控设备、测绘仪器以及其他设备的购置和安装调试工程等。

（1）水位信息采集仪器设备及安装工程。水位信息采集仪器设备及安装工程包括超声波水位计、气泡式水位计、压力式水位计、浮子式水位计、电子水尺等水位计的购置及安装调试工程。

（2）流量、泥沙信息采集仪器设备及安装工程。流量、泥沙信息采集仪器设备及安装工程包括水文测验缆道设备（缆道支架、缆索、水文绞车、测验控制系统、吊箱、铅鱼、浮标投掷器等）的安装调试，水文巡测设备、水文测船，以及流量、泥沙信息采集、处理、分析仪器和防雷接地设备等仪器设备的购置及安装调试工程。

（3）降水、蒸发等气象信息采集仪器设备及安装工程。降水、蒸发等气象信息采集仪器设备及安装工程包括蒸发皿、蒸发器、遥测蒸发器、雨量器、雨量计、雨（雪）量遥测采集系统等仪器设备的购置及安装调试工程。

（4）水环境监测分析仪器设备及安装工程包括水质监测分析仪器设备、水质自动监测站仪器设备、水质移动监测分析车仪器设备等的购置和安装调试工程。

（5）实时水文图像监控设备及安装工程。实时水文图像监控设备及安装工程包括视频捕获单元设备、视频信号传输单元设备、视频编码单元设备、云台控制设备等的购置和安装调试工程。

（6）通信与水文信息传输设备及安装工程。通信与水文信息传输设备及安装工程包括计算机及其外围设备、程控电话、传输设备、无线对讲机（基地台）、电台、中继站、网络信设备、GSM终端、数据采集终端、防雷接地设备等的购置和安装调试。

（7）其他设备及安装工程。其他设备及安装工程包括供水供电设备、降温取暖设备、交通及安全设备等的购置及安装调试。

三、施工临时工程

施工临时工程指为辅助主体工程施工所必需修建的生产和生活用临时性工程。其组成内容如下：

（1）施工围堰工程。施工围堰工程指为水尺基础、水位计台基础、测验断面整治、测验码头等水下施工而修建的临时工程。

（2）施工交通工程。施工交通工程指施工现场内为工程建设服务的临时交通工程，包括施工道路、简易码头等。

（3）施工房屋建筑工程。施工房屋建筑工程指工程在建设过程中建造的临时房屋，包括施工仓库及施工单位住房等。

（4）其他施工临时工程。其他施工临时工程主要包括施工给排水、场外供电、施工通信、水文缆道、跨越架架设等工程。

四、独立费用

独立费用包括建设管理费、生产准备费、工程勘察设计费、其他费用。

（1）建设管理费。建设管理费包括项目建设管理费、工程建设监理费。

（2）生产准备费。生产准备费包括生产及管理单位提前进场费、水文比测费、生产职工培训费、管理用具购置费、备品备件购置费和工器具及生产家具购置费。

（3）工程勘察设计费。工程勘察设计费包括现场勘察费和设计费。

（4）建设及施工场地征用费。建设及施工场地征用费包括永久和临时征地所发生的费用。

（5）其他费用。其他包括工程保险费、环境影响评价费等。

第三章　水利工程计量与计价

第一节　水利工程设计工程量计算

一、工程量的含义

工程量计算是工程计价活动的重要环节，是指水利工程项目以工程设计图纸、施工组织设计或施工方案及有关技术经济文件为依据，按照相关的计算规则、计算规定等要求，进行工程数量的计算活动，在工程建设中简称工程计量。

工程量是工程计量的结果，是指按一定规则并以物理计量单位或自然计量单位所表示的水利工程各分项工程的数量。物理计量单位是指以公制度量表示的长度、面积、体积和质量等计量单位。如模板以“平方米（m^2）”为计量单位，混凝土以“立方米（m^3）”为计量单位，钢筋以“吨（t）”为计量单位等。自然计量单位指表现在自然状态下的简单点数所表示的个、台、面等计量单位。如启闭设备以“台”为计量单位，电源屏以“面”为计量单位等。

准确计算工程量是工程计价活动中最基本的工作，一般来说工程量有以下作用：

（1）工程量是工程设计的重要数据，是确定工程造价的重要依据。只有准确计算工程量，才能正确计算工程相关费用，合理确定工程造价。水利工程各设计阶段的工程量，对准确预测各设计阶段的工程投资、水利工程的决策、优选设计方案非常重要。如在可行性研究阶段，工程量的准确程度与投资估算的准确性密不可分，可行性研究阶段的工程量是进行造价文件编制的重要基础，是反映工程规模、工程范围、设计标准的重要数据，是项目正确决策的重要依据。在初步设计阶段，工程量是设计概算的基础，一般来说，初步设计概算反映了初步设计阶段某一水利建设项目所需建设经费的总额，因而概算投资额在建设期间不能任意突破。概算编制准确，基本建设投资规模就容易控制，有利于工程项目的顺利进行；反之，如果工程量计算误差太大，概算编制不准确，工程实施中投资就会超概算或者结余过多，不利于工程项目的控制，或延误工期，或影响工程质量，降低投资效果。

（2）工程量是建设单位管理工程建设的重要依据。工程量是建设单位进行决策，控制工程投资规模，编制建设计划，筹集资金，编制工程招标文件、工程量清单、工程预算，安排工程价款的拨付和结算，进行投资控制的重要依据。

（3）工程量是承包单位生产经营管理的重要依据。工程量是承包单位进行投标报价，编制项目管理规划，安排工程施工进度，编制材料供应计划，进行工料分析，确定人工、材料、机械需要量，进行工程统计和经济核算的重要依据，也是向建设单位结算工程价款的重要依据。

二、工程量计算的基本要求及依据

（一）水利工程工程计量的标准规范

计算水利工程工程量时，应按照相关标准规范规定的工程量计算规则进行。工程量计算规则是工程计量的主要依据之一，是工程量数值的取定方法。采用的标准或规范不同，工程量计算规则也不相同。我国现行的关于水利工程工程量计算规则的标准规范主要有：

（1）《水利水电工程设计工程量计算规定》（SL328—2005）。为统一和完善设计工程量的计算工作，水利部批准发布了《水利水电工程设计工程量计算规定》（SL328—2005），该标准适用于大型、中型水利水电工程的项目建议书、可行性研究和初步设计阶段的设计工程量计算，招标设计阶段的工程量可参照初步设计阶段的工程量计算规定计算，阶段系数可参照初步设计阶段的系数并适当缩小。施工图设计阶段的工程量参照初步设计阶段和相关行业的工程量计算规定计算。其他工程的设计工程量计算可以参照执行。采用该计算规定计算的设计工程量不含施工中允许的超挖、超填量，合理的施工附加量及施工操作损耗，不同设计阶段的工程量要根据规定中相应的阶段系数进行计算。

（2）《水利工程工程量清单计价规范》（GB 50501—2007）。为规范水利工程工程量清单计价行为，统一水利工程工程量清单的编制和计价方法，建设部批准发布了《水利工程工程量清单计价规范》（GB 50501—2007），该规范适用于水利枢纽、水力发电、引（调）水、供水、灌溉、河湖整治、堤防等新建、扩建、改建、加固工程的招标投标工程量清单编制和计价活动。采用该规范计算的工程量不包含有效工程量以外的超挖、超填量，施工附加量，加工、运输损耗量等。

（二）工程量计算的基本要求

按现行规定，尽可能杜绝工程量计算错漏等问题。工程量计算应符合下述基本要求：

（1）工程量计量单位的单位名称、单位符号，应符合《量和单位》（GB 3100～3102—1993）的有关规定。

（2）项目建议书、可行性研究、初步设计阶段工程量的计算应该符合《水利水电工程设计工程量计算规定》（SL328—2005）的规定，其中选取的阶段系数，应与设计阶段相符。招标设计和施工图设计阶段可以参照其中初步设计阶段的规定和其他相关规定计算。工程量计算单位应与定额的计算单位一致。

（3）招标投标阶段的工程量清单编制应执行《水利工程工程量清单计价规范》（GB 50501—2007）的规定，工程量计算单位应与其规定的计量单位一致。

（4）除定额另有规定外，工程量计算不得包括材料在建筑安装施工过程中的损耗量；计算安装工程中的装置性材料（如电线、电缆）时，另按规定的损耗率计入工程单价。

（5）工程量计算凡涉及材料的体积、密度、容重、比热换算，均参照国家标准，如未规定可参考厂家合格证书或产品说明书。

（三）工程量计算的依据

工程量的计算需要根据设计图纸及其相关说明，技术规范、标准、定额，有关的图集，有关的计算规定等，按照一定的工程量计算规则逐项进行。主要依据如下：

（1）国家、行业发布的工程量清单计价规范、工程量计算规定与国家、地方和行业发布的概预算定额。

（2）设计图纸及其说明。设计图纸全面反映水利工程的结构构造、安装布置、各部位的尺寸及工程做法，是工程量计算的基础资料和基本依据。除了设计图纸及其说明外，还应配合有关的设计规范和施工规范进行工程量计算。

（3）经审查通过的项目建议书、可行性研究报告、初步设计等各设计阶段的施工组织设计和相关报告。设计图纸主要表现拟建工程的实体项目，分项工程的具体施工方法及措施应按施工组织设计或施工方案确定。

（4）其他有关技术经济文件。如工程施工合同、招标文件的商务及技术条款等。

三、水利工程工程量计算规定

水利部批准发布的《水利水电工程设计工程量计算规定》（SL328—2005）包括正文、附录、标准用词说明和条文说明四部分。

（一）正文

正文部分包括总则、永久工程建筑工程量、施工临时工程工程量和金属结构工程量。

总则对设计工程量计算规定的适用范围、设计工程量计算的相关要求和原则、引用的规程和规定、工程量阶段系数等做了简要说明和规定。

永久工程建筑工程量、施工临时工程工程量和金属结构工程量，对水利工程设计工程量计算做了详细的规定。

1. 工程量计算阶段系数

根据规定，各设计阶段按规定计算的图纸工程量乘以表 3-1-1 所列相应的阶段系数后，作为提供给造价专业编制工程造价的设计工程量。

阶段系数表中只列出主要工程项目的阶段系数，对其他工程项目，可依据与主要工程项目的关系参照选取。招标设计阶段的工程量阶段系数，可参考初步设计阶段选取。施工图设计阶段的工程量阶段系数为 1。

阶段系数为变幅值，可根据工程地质条件和建筑物结构复杂程度等因素选取，复杂的取大值，简单的取小值。

2. 永久工程建筑工程量

（1）土石方开挖工程量。不同岩土分类级别和开挖方式有不同施工方法，工程单价也不相同，划分清楚，工程量与投资才能计算准确。因此土石方开挖工程量应按岩土分类分别计算，并将明挖、暗挖分开。明挖宜分一般、坑槽、基础、坡面等；暗挖宜分平洞、斜井、竖井和地下厂房等。

表 3-1-1　水利水电工程设计工程量阶段系数

类别	设计阶段	土石方开挖工程量（万 m^3）				混凝土工程量（万 m^3）			
		＞500	500～200	200～50	＜50	＞300	300～100	100～50	＜50
永久工程或建筑物	项目建议书	1.03～1.05	1.05～1.07	1.07～1.09	1.09～1.11	1.03～1.05	1.05～1.07	1.07～1.09	1.09～1.11
	可行性研究	1.02～1.03	1.03～1.04	1.04～1.06	1.06～1.08	1.02～1.03	1.03～1.04	1.04～1.06	1.06～1.08
	初步设计	1.01～1.02	1.02～1.03	1.03～1.04	1.04～1.05	1.01～1.02	1.02～1.03	1.03～1.04	1.04～1.05
施工临时工程	项目建议书	1.05～1.07	1.07～1.10	1.10～1.12	1.12～1.15	1.05～1.07	1.07～1.10	1.10～1.12	1.12～1.15
	可行性研究	1.04～1.06	1.06～1.08	1.08～1.10	1.10～1.13	1.04～1.06	1.06～1.08	1.08～1.10	1.10～1.13
	初步设计	1.02～1.04	1.04～1.06	1.06～1.08	1.08～1.10	1.02～1.04	1.04～1.06	1.06～1.08	1.08～1.10
金属结构工程	项目建议书								
	可行性研究								
	初步设计								

类别	设计阶段	土石方填筑砌石工程量（万 m^3）				钢筋	钢材	模板	灌浆
		＞500	500～200	200～50	＜50				
永久工程或建筑物	项目建议书	1.03～1.05	1.05～1.07	1.07～1.09	1.09～1.11	1.08	1.06	1.11	1.16
	可行性研究	1.02～1.03	1.03～1.04	1.04～1.06	1.06～1.08	1.06	1.05	1.08	1.15
	初步设计	1.01～1.02	1.02～1.03	1.03～1.04	1.04～1.05	1.03	1.03	1.05	1.10
施工临时工程	项目建议书	1.05～1.07	1.07～1.10	1.10～1.12	1.12～1.15	1.10	1.10	1.12	1.18
	可行性研究	1.04～1.06	1.06～1.08	1.08～1.10	1.10～1.13	1.08	1.08	1.09	1.17
	初步设计	1.02～1.04	1.04～1.06	1.06～1.08	1.08～1.10	1.05	1.05	1.06	1.12
金属结构工程	项目建议书						1.17		
	可行性研究						1.15		
	初步设计						1.10		

注：1. 若采用混凝土立模面系数乘以混凝土工程量计算模板工程量时，不再考虑模板阶段系数。

2. 若采用混凝土含钢率或含钢量乘以混凝土工程量计算钢筋工程量时，不再考虑钢筋阶段系数。

3. 截流工程的工程量阶段系数可取 1.25～1.35。

4. 表中工程量是工程总工程量

（2）土石方填（砌）筑工程的工程量。

不同部位不同填筑材料意味着施工方法和料场可能都不相同，工程单价也不相同，因此土石方填筑工程的工程量应根据建筑物设计断面中不同部位、不同填筑材料的设计要求分别计算。以建筑物实体方计量。

砌筑工程的工程量按不同砌筑材料、砌筑方式（干砌、浆砌等）和砌筑部位分别计算，如砌筑材料有块石、条料石、混凝土块等，砌筑部位有护坡、护底、挡土墙等。以建筑物砌体方计量。

（3）疏浚与吹填工程的工程量。

疏浚工程超挖及回淤量已在定额中考虑，因此疏浚工程的工程量的计算不应计入开挖过程中的超挖及回淤量。宜按设计水下方计量。

吹填工程的工程量计算，除考虑吹填区填筑量，还应考虑吹填土层固结沉降、吹填区地基沉降和施工期泥沙流失等因素。计量单位为水下方。

（4）土工合成材料工程量。

定额中已包括材料搭接及各种形式嵌固的用量，因此土工合成材料工程量的计算不应计入材料搭接及各种形式嵌固的用量。宜按设计铺设面积或长度计算。

（5）混凝土工程量。

计算应以成品实体方计量。

项目建议书阶段混凝土工程量宜按工程各建筑物分项、分强度、分级配计算。可行性研究和初步设计阶段混凝土工程量应根据设计图纸分部位、分强度、分级配计算。

碾压混凝土宜提出工法，沥青混凝土宜提出开级配或密级配。

钢筋混凝土的钢筋可按含钢率或含钢量计算。混凝土结构中的钢衬工程量应单独列出。

（6）模板工程量。

根据国外和相关行业经验，为了准确计算投资，模板和混凝土分别计算工程量。模板工程量一般由施工组织设计人员计算，需要根据建筑物的类型、施工分缝要求和浇筑程序具体计算并按钢模板、木模板、平面模板、曲面模板等类型分别列出。

项目建议书和可行性研究阶段可参考《山东省水利水电建筑工程预算定额》中“五一16 混凝土建筑物立模面系数参考表”计算，初步设计阶段可根据工程设计立模面积计算。

（7）钻孔灌浆工程量。

基础固结灌浆与帷幕灌浆工程量，自起灌基面算起，钻孔长度自实际孔顶高程算起。基础帷幕灌浆采用孔口封闭的，还应计算灌注孔口管的工程量，根据不同孔口管长度以孔为单位计算。地下工程的固结灌浆，其钻孔和灌浆工程量根据设计要求以长度计。

回填灌浆工程量按设计的回填接触面积计算，包括隧洞和高压管道两种类型。

接触灌浆和接缝灌浆的工程量，按设计所需面积计算。

（8）混凝土地下连续墙的成槽和混凝土浇筑工程量。

混凝土地下连续墙的成槽和混凝土浇筑工程量应分别计算。成槽工程量按不同墙厚、孔深和地层以面积计算。混凝土浇筑工程量，按不同墙厚和地层以成墙面积计算，成墙面积即阻水面积，混凝土浇筑和运输的工程量在定额中已进行换算。

（9）锚固工程量。

锚杆支护工程量，按锚杆类型、长度、直径和支护部位及相应岩石级别以根数计算。锚杆类型有砂浆锚杆、药卷锚杆等。支护部位一般按地面、地下等区分。

预应力锚索的工程量按不同预应力等级、长度、形式及锚固对象以束计算。预应力锚索形式有无粘结型、有粘结型。

（10）喷混凝土工程量。

喷混凝土工程量应按喷射厚度、部位及有无钢筋以体积计，回弹量不应计入。部位指地面护坡、平洞支护、斜井支护等。

喷浆工程量应根据喷射对象以面积计。

（11）混凝土灌注桩钻孔和灌筑混凝土工程量。

混凝土灌注桩钻孔和灌筑混凝土工程量应分别计算。钻孔工程量按不同地层类别以钻孔长度计。

灌筑混凝土工程量按不同桩径以桩长度计，不同桩径单位长度所需混凝土工程量在定额中已进行换算。

（12）其他工程。

枢纽工程对外公路工程量，项目建议书和可行性研究阶段可根据 1∶50000～1∶10000的地形图按设计推荐（或选定）的线路，分公路等级以长度计算工程量。初步设计阶段应根据不小于 1∶5000 的地形图按设计确定的公路等级提出长度或具体工程量。

场内永久公路中主要交通道路，项目建议书和可行性研究阶段应根据 1∶10000～1∶5000的施工总平面布置图按设计确定的公路等级以长度计算工程量。初步设计阶段应根据 1∶5000～1∶2000 的施工总平面布置图，按设计要求提出长度或具体工程量。

引（供）水、灌溉等工程的永久公路工程量可参照上述要求计算。

桥梁、涵洞按工程等级分别计算，提出延米或具体工程量。

永久供电线路工程量，按电压等级、回路数以长度计算。

3. 施工临时工程工程量

施工导流工程、施工支洞工程以及大型施工设施及施工机械布置所需土建工程的工程量，计算要求与永久水工建筑物计算要求相同。由于施工临时工程在设计精度、运行使用等方面与永久水工建筑物有区别，因此其阶段系数按施工临时工程计取。

施工临时公路的工程量可根据相应设计阶段施工总平面布置图或设计提出的运输线路分等级计算公路长度或具体工程量。

施工临时供电线路工程量可按设计的线路走向、电压等级和回路数计算。

4. 金属结构工程量

水工建筑物的各种钢闸门和拦污栅工程量以吨计，项目建议书可按已建工程类比确定；可行性研究阶段可根据初选方案确定的类型和主要尺寸计算；初步设计阶段应根据选定方案的设计尺寸和参数计算。

各种闸门和拦污栅的埋件工程量计算均应与其主设备工程量计算精度一致。

启闭设备工程量计算，宜与闸门和拦污栅工程量计算精度相适应。由于设备质量决定其安装单价，因此应分别列出设备质量（吨）和数量（台、套）。

由于压力钢管形式、直径和壁厚不同，制作与安装单价也不同，因此工程量应按钢管形式（一般、叉管）、直径和壁厚分别计算。以吨为计量单位。由于定额中已考虑钢管制作与安装的操作损耗量，因此，工程量计算时不应计入钢管制作与安装的操作损耗量。

（二）附录

附录对项目划分原则和项目划分进行了规定。

1. 项目划分原则

根据水利水电工程性质，其项目分别按枢纽工程、引水工程及河道工程划分，工程各部分下设一级、二级、三级项目。

二级、三级项目中，仅列示了代表性子目，编制概（估）算时，二级、三级项目可根据水利水电工程项目建议书、可行性研究报告、初步设计报告编制规程的工作深度要求和工程实际情况增减或再划分，如（以三级项目为例）：

土方开挖工程，应将土方开挖与砂砾石开挖分列；

石方开挖工程，应将明挖与暗挖，平洞与斜井、竖井分列；

土石方回填工程，应将土方回填与石方回填分列；

混凝土工程，应将不同工程部位、不同强度等级、不同级配的混凝土分列；

模板工程，应将不同规格形状和材质的模板分列；

砌石工程，应将干砌石、浆砌石、抛石、铅丝（钢筋）笼块石等分列；

钻孔工程，应按使用不同钻孔机械及钻孔的不同用途分列；

灌浆工程，应按不同灌浆种类分列；

机电、金属结构设备及安装工程，应根据设计提供的设备清单，按分项要求逐一列出；

钢管制作及安装工程，应将不同管径的一般钢管、叉管分列。

2. 项目划分

针对山东省水利工程特点，其项目分别按照枢纽工程和其他水利工程划分，下设一级、二级、三级项目，在第二章第二节中有详细介绍，此处不再赘述。

（三）条文说明

条文说明包括总则、永久工程建筑工程量、施工临时工程工程量和金属结构工程量。

条文说明是对正文条款的说明。

总则对设计工程量计算规定的适用范围、设计工程量计算的相关要求和工程量阶段系数等做了进一步说明和规定。

永久工程建筑工程量、施工临时工程工程量和金属结构工程量对正文的相应条款做了说明和补充。

四、水利工程工程量分类及造价中的处理

水利水电工程各设计阶段的设计工程量，是设计工作的重要成果和编制工程概（估）算的主要依据。工程量计算的准确性是衡量工程造价编制质量好坏的重要标准之

一。因此，工程造价专业人员除应掌握本专业的知识外，还应具有一定程度的水工、施工、机电等专业知识，应掌握工程量计算的基本要求、计算方法、计算规则。按照概（估）算编制有关规定，正确处理各类工程量。

1. 设计工程量

设计工程量由图纸工程量和设计阶段扩大工程量组成。

（1）图纸工程量。图纸工程量指按设计图纸计算出的工程量。对于各种水工建筑物，也就是按照设计的几何轮廓尺寸计算出的工程量。对于钻孔灌浆工程，就是按设计参数（孔距、排距、孔深等）求得的工程量。

（2）设计阶段扩大工程量。设计阶段扩大工程量是指由于项目建议书、可行性研究阶段和初步设计阶段勘测、设计工作的深度有限，有一定的误差，为留有一定的余地而增加的工程量，即提供给造价专业编制造价的工程量是图纸工程量乘以工程量阶段系数；工程量阶段系数前面已详述，此处不再赘述。

工程量的计算应与采用的定额相衔接，山东省现行预算定额为山东省水利厅鲁水建字〔2015〕3号文颁发的《山东省水利水电工程设计概（估）算编制办法》及配套定额，如无特殊说明，现行预算定额均指以上定额。

2. 施工超挖、超填工程量及施工附加量

为保证建筑物的安全，施工开挖一般不允许欠挖，以保证建筑物的设计尺寸，施工超挖自然不可避免。影响施工超挖工程量的因素主要有施工方法、施工技术及管理水平、地质条件等。

施工附加量是指为完成本项目工程必须增加的工程量。例如，小断面圆形隧洞为满足交通需要扩挖下部而增加的工程量；隧洞工程为满足交通、放炮的需要设置洞内错车道、避炮洞所增加的工程量；为固定钢筋网而增加的固定筋工程量等。

施工超填工程量是指由施工超挖量、施工附加量相应增加的回填工程量。

现行预算定额不包括施工中允许的超挖、超填量及合理的施工附加量，因此使用预算定额时，应另行按有关规定及工程实际资料计算施工中超挖、超填量和施工附加量。

鉴于概算定额尚未颁布，工程概算单价应采用预算定额编制，考虑概算工作的深度和精度以及施工中允许的超挖、超填量，合理的施工附加量等的合理消耗，单价乘以5%扩大系数。故编制概（估）算时，工程量计算中一般不应再计入这三项工程量。

3. 施工损失量

（1）体积变化损失量。如土石方填筑工程中的施工期沉陷而增加的工程量，混凝土体积收缩而增加的工程量等。

（2）运输及操作损耗量。如混凝土、土石方在运输、操作过程中的损耗，以及围垦工程、堵坝抛填工程的冲损等。

（3）其他损耗量。如土石方填筑工程施工后，按设计边坡要求的削坡损失工程量，接缝削坡损失工程量，黏土心（斜）墙及土坝的雨后坝面清理损失工程量，混凝土防渗墙一、二期墙槽接头孔重复造孔及混凝土浇筑增加的工程量。

现行预算定额的总说明及章、节说明中对施工损失量均有相关规定，编制预算时应根据不同情况具体考虑，编制概算时因已经乘以1.05的单价扩大系数，故不再考虑。

4. 质量检查工程量

（1）基础处理工程检查量。基础处理工程大多采用钻一定数量检查孔的方法进行质量检查。现行预算定额中钻孔灌浆定额不包括检查孔钻孔、灌浆工程量，采用预算定额时，应按灌浆方法和灌浆后的吕荣值（L_u）值，选用相应定额计算检查孔的费用。

（2）其他检查工程量。如土石方填筑工程通常采用的挖试验坑的方法来检查其填筑成品方的干密度。现行预算定额已计入了一定数量的土石坝填筑质量检测所需的试验坑，故采用预算定额时不应计列试验坑的工程量。

现行预算定额的总说明及章、节说明中对质量检查工程量均有相关规定，编制预算时应根据不同情况具体考虑，编制概算时因已经乘以 1.05 的单价扩大系数，故不再考虑。

第二节　水利工程定额分类、适用范围及作用

一、水利工程定额分类、适用范围

在水利水电工程项目建设过程中，需要消耗大量的人力、物力和财力，水利工程定额就是对这些单位产品所需生产要素的标准消耗量进行规定，即在社会平均合理生产力水平、正常施工条件、合理的施工组织设计所提供的合格产品所需要的生产要素消耗的具体额度。

（一）山东省水利工程现行定额体系

山东省水利工程现行定额体系包括《山东省水利水电建筑工程预算定额》《山东省水利水电设备安装工程预算定额》《山东省水利水电工程施工机械台班费定额》以及《山东省水利水电工程设计概（估）算编制办法》。

1.《山东省水利水电建筑工程预算定额》

建筑工程预算定额包括土方工程、石方工程、砌筑工程、混凝土工程、模板工程、疏浚工程、钻孔灌浆及锚固工程、生态绿化工程、管道工程、其他工程共十章及附录。

2.《山东省水利水电设备安装工程预算定额》

设备安装工程预算定额包括水轮机、调速系统、水轮发电机、进水阀、水泵机组、水力机械辅助设备、电气设备、变配电设备、通信自动化控制设备、通风空调设备、起重设备、闸门、压力钢管共十三章及附录。

3.《山东省水利水电工程施工机械台班费定额》

该定额适用于山东省水利水电建筑安装工程，包括土石方机械、混凝土机械、运输机械、起重机械、钻孔灌浆机械、工程船舶、动力机械及其他机械共八类。

4.《山东省水利水电工程设计概（估）算编制办法》

该编制办法是编制和审批山东省水利水电工程设计估算、概算、预算的依据，也是编制山东省水利水电工程标底和投标报价的指导性标准。适用于山东省的大中型水利水电工程；小型水电工程可参照本标准编制。该办法是工程部分投资的编制办法。

（二）水利部现行定额体系

水利部现行定额体系包括《水利建筑工程概算定额》《水利建筑工程预算定额》

《水利水电设备安装工程概算定额》《水利水电设备安装工程预算定额》《水利工程施工机械台时费定额》《水利工程概预算补充定额》以及与之配套使用的《水利工程设计概（估）算编制规定》。

1.《水利建筑工程概算定额》

该定额包括土方开挖工程、石方开挖工程、土石填筑工程、混凝土工程、模板工程、砂石备料工程、钻孔灌浆及锚固工程、疏浚工程、其他工程共九章及附录。

2.《水利建筑工程预算定额》

该定额包括土方工程、石方工程、砌石工程、混凝土工程、模板工程、砂石备料工程、钻孔灌浆及锚固工程、疏浚工程、其他工程共九章及附录。

3.《水利水电设备安装工程概算定额》

该定额包括水轮机安装、水轮发电机安装、大型水泵安装、进水阀安装、水力机械辅助设备安装、电气设备安装、变电站设备安装、通信设备安装、起重设备安装、闸门安装、压力钢管制作及安装共十一章以及附录。

4.《水利水电设备安装工程预算定额》

该定额包括水轮机安装、调速系统安装、水轮发电机安装、大型水泵安装、进水阀安装、水力机械辅助设备安装、电气设备安装、变电站设备安装、通信设备安装、电气调整、起重设备安装、闸门安装、压力钢管制作及安装、设备工地运输共十四章以及附录。

5.《水利工程施工机械台时费定额》

该定额适用于水利建筑安装工程，包括土石方机械、混凝土机械、运输机械、起重机械、砂石料加工机械、钻孔灌浆机械、工程船舶、动力机械及其他机械共九类。

6.《水利工程概预算补充定额》

该补充定额主要补充了近年来工程中经常使用但原定额中没有的定额子目，其编制原则、表现形式、定额水平与部颁系列定额保持一致。

7.《水利工程设计概（估）算编制规定》

本规定主要用于在前期工作阶段确定水利工程投资，是编制和审批水利工程设计概（估）算的依据，是对水利工程实行静态控制、动态管理的基础。建设实施阶段，本规定是编制工程标底、投标报价文件的参考标准，施工企业编制投标文件时可根据企业管理水平，结合市场情况调整相关费用标准。

本规定适用于大型水利项目和报送水利部、流域机构审批的中型水利项目，其他项目可参照执行。

修改定额主要对个别定额的适用范围、人工和机械的效率、材料消耗量等进行了复核，经过复核，界定了定额的适用范围，提高了人工和机械的效率，降低了材料消耗量，使定额更加符合工程实际。

部颁系列定额的总说明、章说明适用于修改定额和补充定额。

二、定额的使用

水利部的概预算定额和山东省水利水电工程预算定额在定额的使用上基本一致，现以山东省水利水电工程预算定额使用为例进行分析。

使用预算定额，首先，要学习定额各部分说明、附注和附录，对说明中有关编制原则、适用范围、已考虑因素或未考虑因素、有关问题的说明和使用方法等都要熟悉掌握。其次，对常用项目包括的工作内容、计量单位与定额项目隐含的工艺做法要理解其含义。最后，精通工程量计算规则与方法。要正确理解设计文件要求和施工做法是否与定额一致，只有对设计文件和施工要求有深刻地了解，才能正确使用预算定额，防止错套、重套和漏套。预算定额的使用一般有直接套用、调整换算后套用或补充新定额项目等方法。

1. 预算定额的直接套用

当工程项目的设计要求、做法说明、技术特征和施工方法等与定额内容完全相符，可以直接套用预算定额。套用预算定额时应注意以下几点。

（1）根据施工图纸、设计说明、标准图做法说明，选择预算定额项目。

（2）对每个分项工程的内容、技术特征、施工方法进行仔细核对，确定与之相对应的预算定额项目。

（3）每个分项工程的名称、工作内容、计量单位应与定额项目一致（若单位不一致，注意工程量的处理）。

2. 预算定额的换算

当工程做法要求与定额内容不完全符合，而定额又规定允许调整换算的项目，应根据不同情况进行调整换算。预算定额在编制时，对那些设计和施工中变化多，影响工程量和价格较大的项目，定额均留有余地，允许根据实际情况进行调整和换算。调整换算必须按定额规定进行。

预算定额的调整换算可以分为用量换算、乘系数换算、厚度换算、配合比换算、材料换算、运距换算等。

（1）用量换算。在预算定额中，由于施工条件和方法不同，某些定额可以对人材机消耗量进行换算。

例如，某工程需浇筑混凝土墙工程，人工入仓，厚度 60cm，选用定额 40059，由于定额 40059 按混凝土泵入仓拟定，因此需要增加人工，并取消混凝土泵定额。

（2）乘系数换算。在预算定额中，由于施工条件和方法不同，某些项目可以乘以系数进行换算。

例如，某工程需铺筑砂垫层，坡面铺筑，选用定额 30001，由于定额 30001 按水平铺筑拟定，因此人工定额需乘以 1.10 系数。

（3）厚度换算。预算定额中，以面积为工程量的项目，由于不同工程厚度的不同，人材机消耗量大多允许调整其厚度，这种基本厚度加附加厚度的方法，在大量减少了定额项目的同时，也提高了计算的精度。

例如，某工程地基需回填水泥土，厚度 12cm，水泥用量按使用土料干容重的 10% 考虑，选用定额 10515，由于定额 10515 对应厚度 10cm 的水泥土回填压实，因此定额 10515 人材机消耗量还需要加上定额 10516 乘以 2 的人材机消耗量。

（4）配合比换算。预算定额中混凝土材料配合比表是按粗砂设计的，如改用中砂或细砂，按定额附录调整。

例如，某工程拟定的砂料场的砂评定为中砂，根据附录 6 内容，所有混凝土材料配合比采用定额混凝土材料配合比时需乘以系数，其中水泥和水的换算系数为 1.07，砂和碎石的换算系数为0.98。

（5）材料换算。当预算定额中的材料与设计要求不同时，定额规定可以换算的，换算前后材料的消耗量是一致的，只是价格不同。

例如，某工程需铺设混凝土预制块人行道，选用定额100020，由于定额100020按铺设水泥地砖编制，因此需要将水泥地砖换为混凝土预制块，但消耗量不能变。

（6）运距换算。在预算定额中，各种项目运输定额，一般分为基础定额和增加定额，即超过基本运距时，另行计算，其换算方法与厚度换算基本一致。

例如，某工程土质类别为Ⅱ类土，拟采用 $1m^3$ 挖掘机开挖，8t自卸车运输6km，因此选用定额10259，由于定额10259为运输5km的，因此定额消耗量还需要加上定额10260。

3. 补充新定额项目

当设计中的项目，在定额中没有时，可以做临时性的补充。补充的方法有以下两种：

一种是采用部颁定额或其他行业定额。使用时，需仔细研究所用定额的工作内容、施工方法、适用条件、定额单位等，合理确定换算系数，保证定额的精确性，也为以后新编定额项目做准备。

另一种是定额编制法。材料用量按照图纸的构造做法及相应的计算公式计算，并加入规定的损耗量。人工及机械台班使用量，可按劳动定额、机械台班定额计算确定。

第三节　水利工程造价文件类型及作用

一、基本建设程序

（一）概念

建设项目建设程序是指建设项目从策划、选择、评估、决策、设计、施工到竣工验收、投入生产或交付使用的整个建设过程中，各项工作必须遵循的先后工作次序。建设项目建设程序是工程建设客观规律的反映，是工程项目科学决策和顺利进行的重要保证。

世界上各个国家和国际组织在工程项目建设程序上可能存在某些差异，但是按照工程建设项目发展的内在规律，投资建设一个工程项目都要经过投资决策和建设实施两个发展时期。这两个时期又可分为若干个阶段，它们之间存在着严格的先后次序，可以进行合理的交叉，但不能任意颠倒次序。

根据我国现行规定，一般大中型及限额以上项目的建设程序可以分为以下几个阶段：

（1）根据国民经济和社会发展长远规划，结合行业和地区发展规划的要求，提出项目建议书。

（2）在勘察、试验、调查研究及详细技术经济论证的基础上编制可行性研究报告。

（3）根据咨询评估情况，对工程项目进行决策。

(4) 根据可行性研究报告，编制初步设计文件。

(5) 初步设计经批准后，做好施工前的各项准备工作。

(6) 组织施工，并根据施工进度，做好生产或使用前的准备工作。

(7) 项目按批准的设计内容完成，经验收合格后正式投产交付使用。

(8) 生产运营一段时间（一般为1年）后，进行项目后评价。

基本建设的特点是投资多，建设周期长，涉及的专业和部门多，工作环节复杂。为了保证工程建设顺利进行，达到预期的目的，在基本建设的实践中，逐渐总结出一套大家共同遵守的工作顺序，这就是基本建设程序。基本建设程序是基本建设全过程中各项工作的先后顺序和工作内容及要求。基本建设程序是客观存在的规律性反映，不按基本建设程序办事，就会受到客观规律的惩罚，给国民经济造成严重损失。严格遵守基本建设程序是进行基本建设工作的一项重要原则。

（二）基本建设程序各阶段工作内容

鉴于水利工程基本建设较其他部门的基本建设有一定的特殊性，工程失败后危害性也比较大，因此水利工程基本建设程序审核较其他部门更为严格。现以水利系统为例简单介绍基本建设程序。

1. 流域规划（或区域规划）阶段

流域规划（或区域规划）就是根据流域（或区域）的水资源条件和防洪状况以及国家长远计划对该地区水利建设发展的要求，提出该流域（或区域）水资源的梯级开发和综合利用的方案及消除水害的方案。因此，进行流域（或区域）规划必须对流域（或区域）的自然地理、经济状况等进行全面系统的调查研究，初步确定流域（或区域）内可能的工程位置和工程规模，并进行多方案的分析比较，选定合理的建设方案，并推荐近期建设的工程项目。

2. 项目建议书阶段

项目建议书是在流域（或区域）规划的基础上，由主管部门（或投资者）对准备建设的项目做出大体轮廓性设想和建议，为确定拟建项目是否有必要建设、是否具备建设的基本条件、是否值得投入资金和人力、是否需要再做进一步的研究论证工作提供依据。

项目建议书编制一般委托有相应资质的单位承担，并按国家现行规定权限向上级主管部门申报审批。项目建议书被批准后，由政府向社会公布，若有投资建设意向，应及时组建项目法人筹备机构，开展下一建设程序工作。

3. 可行性研究阶段

这一阶段主要是对项目进行方案比较，在技术上和经济上是否可行进行综合的、科学的分析和论证。可行性研究应对项目在技术上是否先进、适用、可靠，在经济上是否合理可行，在财务上是否盈利做出多方案比较，提出评价意见，推荐最佳方案。可行性研究报告是建设项目立项决策的依据，也是项目办理资金筹措、签订合作协议、进行初步设计等工作的依据和基础。

可行性研究报告，按国家现行规定的审批权限报批。申请项目可行性研究报告，必须同时提出项目法人组建方案及运行机制、资金筹措方案、资金结构及回收资金办法，并依照有关规定附具有管辖权的水行政主管部门或流域机构签署的规划同意书，对取水许可申请的书面审查意见，审批部门要委托有项目相应资质的工程咨询机构对可行性研究报告进行评估，并综合行业归口主管部门、投资机构（公司）、项目法人（或项目法人筹备机构）等方面的意见进行审批。项目可行性研究报告批准后，应正式成立项目法人，并按项目法人责任制进行管理。

4. 设计阶段

可行性研究报告批准以后，项目法人应择优选择有项目相应资质的勘测设计单位进行勘测设计。

承担设计的单位在进行设计前，要认真研究可行性研究报告，并进行勘测、调查和试验研究工作。对水利工程来说，要全面收集建设地区的工农业生产、社会经济、自然条件，包括水文、地质、气象等资料；要对坝址、库区的地形、地质进行勘测、勘探；对岩土地基进行分析试验；对于建设区的建筑材料的分布、储量、运输方式、单价等要调查、勘测。总之，设计是复杂的综合性很强的技术经济工作，是建立在全面准确的勘测、调查工作之上。不仅设计前要有大量的勘测、调查、试验工作，在设计中以及施工中也要有相当细致的勘测、调查、试验工作。

设计工作是分阶段进行的，一般采用两阶段进行，即初步设计与施工图设计。对于某些大型工程和重要的中型工程一般采用三阶段设计，即初步设计、招标设计及施工图设计。

（1）初步设计。它是解决建设项目的技术可靠性和经济合理性问题。因此，初步设计具有一定程度的规划性质，是建设项目的“纲要”设计。初步设计要提出设计报告、设计概算和经济评价三项资料。其主要内容包括工程的总体规划布置、结构形式和尺寸，主要建筑物的施工方法，施工导流方案，消防设施，环境保护、水土保持、水库淹没、工程占地、水利工程管理机构等。对灌区工程来说，不仅要确定灌区的范围，主要干支渠道的规划布置，渠道的初步定线，断面设计和土石方量的估计等，还应包括各种建筑材料的用量，主要技术经济指标，建设工期、设计总概算等。对大中型水利工程中一些水工、施工中的重大问题，如新坝型、泄洪方式、施工导流、截流等，应进行相应深度的科学研究，必要时，应有模型试验成果的论证。初步设计报批前，一般由项目法人委托有相应资质的工程咨询机构或组织行业各方面（包括管理、设计、施工、咨询等方面）专家，对初步设计中的重大问题进行咨询论证。设计单位根据咨询论证意见，对初步设计文件进行补充、修改和优化。初步设计由项目法人组织审查后，按国家现行规定权限向主管部门申报审批。

（2）招标设计。水利工程招标均在初步设计批准以后进行，但初步设计文件尚不能满足招标需要，为此要进行招标设计，招标设计后签订施工合同，然后按照施工图纸进行施工。

（3）施工图设计。它是在初步设计和招标设计的基础上，根据建筑安装工作的需要，针对各项工程的具体施工，绘制施工详图。施工图纸一般包括施工总平面图，建筑物的平面、立面、剖面图，结构详图（包括配筋图），设备安装详图，各种材料、设备明细表，施工说明书等。

设计文件编好后，必须按规定进行审核和批准。施工图设计文件是已定方案的具体化，由设计单位负责完成。根据现场需要，设计人员应到现场进行技术交底。并可以根据项目法人、施工单位及监理单位提出合理化建议进行局部设计修改。

5. 施工准备阶段

项目施工准备阶段的工作较多，涉及面较广，主要内容包括申请列入固定资产投资计划；编制建设项目的实施计划；组织招标设计以及设备、物资采购等服务；组织工程建设监理和施工招标投标；开展征地、拆迁、完成施工用水、电、通信、路和场地平整工作；组织和建设必需的生产、生活临时建筑工程等。这一阶段的各项工作，对保证项目开工后能否顺利进行具有决定性作用。

施工准备工作开始前，项目法人或其代理机构，须依照有关规定，向水行政主管部门办理报建手续，项目报建须交验工程建设项目的有关批准文件。工程项目进行项目报建登记后，方可进行施工准备工作。

6. 建设实施阶段

当开工准备基本就绪后，应由项目法人提出申请开工报告，经主管部门严格审批，才能开工兴建。

施工是把设计变为具有使用价值的建设实体，必须严格按照设计图纸进行，如有修改变动，要征得设计单位的同意。施工单位要严格履行合同，要与建设、设计单位和监理工程师密切配合。在施工过程中，各个环节要相互协调，要加强科学管理，确保工程质量，全面按期完成施工任务，要按设计和施工验收规范验收，对地下工程，特别是基础和结构的关键部位，一定要在验收合格后，才能进行下一道工序施工，并做好原始记录。

7. 生产准备阶段

在施工过程中，建设单位应当根据建设项目的生产技术特点，按时组成专门班子，有计划有步骤地做好各项生产准备，为竣工后投产创造条件。生产准备工作主要有生产组织准备、招收和培训人员、生产技术准备、生产物资准备、正常的生活福利设施准备、制定必要的管理制度和安全生产操作规程等。

8. 竣工验收阶段

水利工程按照设计文件所规定的内容建成以后，在办理竣工验收以前，必须进行试运行。例如，对灌溉渠道来说，要进行放水试验；对水电站、泵站来说，要进行试运转和试生产，检查考核是否达到设计标准和施工验收中的质量要求。如工程质量不合格，应返工或加固。

竣工验收的目的是全面考核建设成果，检查设计和施工质量；及时解决影响投产的问题；办理移交手续，交付使用。

竣工验收程序，一般分两个阶段：单项工程验收和整个工程项目的全部验收。对于大型工程，因建设时间长或建设过程中逐步投产，应分批组织验收。验收前，项目法人要组织设计、施工等单位进行初验并向主管部门提交验收申请，根据国家和部颁验收规程，组织验收。

9. 后评估阶段

后评估是工程交付生产运行后一段时间内，一般经过1～2年生产运行后，对项目的立项决策、设计、施工、竣工验收、生产运行等全过程进行系统评估的一种技术经济活动，是基本建设程序的最后一环。通过后评估达到肯定成绩、总结经验、研究问题、提高项目决策水平和投资效果的目的。评估的主要包括以下内容：

（1）影响评价。通过项目建成投入生产后对社会、经济、政治、技术和环境等方面所产生的影响来评估项目决策的正确性。如项目建成后，达到决策时的目标或背弃了决策目标，均应进行投资分析，如有问题加以改进。

（2）经济效益评价。通过项目建成投产后所产生的实际效益的分析，来评价项目投资是否合理，经营管理是否得当，并与可行性研究阶段的评价结果进行比较，找出两者之间的差异及原因，提出改进措施。

（3）过程评价。前述两种评价是从项目投产后运行结果来分析评价的。过程评价是从立项决策、设计、施工、竣工投产等全过程进行系统分析，找出失败的原因。

上述九项内容基本上反映了水利工程基本建设工作的全过程，从国内外的基本建设经验来看，前期工作最重要，一般占整个过程的50％～60％的时间。前期工作搞好了，其后各阶段的工作就容易顺利完成。

二、水利工程造价文件类型及作用

对应于基本建设程序，水利工程造价文件可分为投资估算、设计概算、招标概算、施工图预算、投标报价、竣工决算等。

（一）投资估算

投资估算是指在项目建议书阶段、可行性研究阶段对建设工程造价的预测，它应考虑多种可能的需要、风险、价格上涨等因素，要打足投资、不留缺口，适当留有余地。它是设计文件的重要组成部分，是编制基本建设计划，实行基本建设投资大包干，控制建设拨款、贷款的依据；也是考核设计方案和建设成本是否合理的依据。它是可行性报告的重要组成部分，是业主为选定近期开发项目、做出科学决策和进行初步设计的重要依据。投资估算是工程造价全过程管理的“龙头”，抓好这个“龙头”具有十分重要的意义。

投资估算是建设单位向国家或主管部门申请基本建设投资时，为确定建设项目投资总额而编制的技术经济文件，它是国家或主管部门确定基本建设投资计划的重要文件。投资估算控制初步设计概算，是工程投资的最高限额。

可行性研究是基本建设程序的一个重要组成部分，也是进行基本建设的一项重要工作。在可行性研究阶段需要提出可行性研究报告，对工程规模、坝址、基本坝型、枢纽布置方式等提出初步方案并进行论证；估算工程总投资及总工期；对工程兴建的必要性及经济合理性提出评价。在可行性研究报告中，投资估算是一项重要内容，它是国家选定水利建设近期开发项目和批准进行工程初步设计的重要依据，其准确性直接影响对项目的决策。投资估算应对建设项目总造价起控制作用。可行性研究报告一经批准，其投资估算就成为该建设项目初步设计概算静态总投资的最高限额，不得任意突破。

（二）设计概算

设计概算是指在初步设计阶段，设计单位为确定拟建基本建设项目所需的投资额或费用而编制的工程造价文件，是初步设计报告的重要组成文件。由于初步设计阶段对建筑物的布置、结构形式、主要尺寸以及机电设备型号、规格等均已确定，因此设计概算是对建设工程造价有定位性质的造价测算，设计概算不得突破投资估算。经批准的设计概算是国家确定和控制工程建设投资规模，政府有关部门对工程项目造价进行审计和监督，项目法人筹措工程建设资金和管理工程项目造价的依据，也是编制建设计划，编制招标控制价，考核工程造价和完工结算、竣工决算以及项目法人向银行贷款的依据。设计概算经批准后，若设计方案发生重大调整或国家政策及物资水平发生较大变化时，工程项目法人应委托设计单位对设计概算进行重编，并报原审查单位审批。建设项目实施过程中，由于某些原因造成工程投资突破批准设计概算投资的，项目法人可以要求编制调整概算。

（三）招标概算

招标概算是在招标设计阶段，设计单位为确定拟建基本建设项目所需的投资额或费用而编制的工程造价文件，招标概算总体水平应控制在批准的设计概算以内。招标概算是招标人控制投资、确定招标工程造价的重要手段，在计算时要求科学合理、计算准确。招标概算应当参考水利工程造价计价办法和计价依据以及其他有关规定，根据市场价格信息进行编制。

（四）施工图预算

施工图预算是以施工图设计文件为依据，按照规定的程序、方法和依据，在工程施工前对工程项目的工程费用进行的预测与计算。施工图预算是设计阶段控制工程造价的重要环节，是控制工程投资不突破设计概算的重要措施；是设计单位决定是否实施或修正完成的设计方案的重要依据；是项目法人筹集建设资金，合理安排建设资金计划，确保建设资金的有效使用的重要依据；是监督、检查定额标准执行情况、测算造价指数的重要依据；是有关调解、仲裁、司法机关按照法律程序处理、解决问题的依据。

（五）投标报价

报价计算必须根据招标文件先计算或复核工程量，再根据现场勘查结果，提出基础价格；按照选用的施工方案与工期要求，提出工程单价分析表及总价承包项目的价格，将计算结果与招标文件采用的合同计价方式相协调，提出投标的“常规报价”。该“常规报价”经过报价技巧的加工，按照投标策略的要求，最终形成投标报价。

（六）竣工决算

竣工决算是指施工企业按照合同规定的内容完成全部所承包的工程，经验收质量合格，并符合合同要求之后，向发包单位进行的最终工程价款结算。完工结算与竣工决算的主要区别有两点：一是范围，完工结算的范围只是承包工程项目，是基本建设项目的局部，而竣工决算的范围是基本建设项目的整体；二是成本内容，完工结算只是承包合同范围内的预算成本，而竣工决算是完整的预算成本，它还要计入工程建设的其他费用开支，水库淹没处理、水土保持及环境保护工程费用和建设期融资利息等工程成本和费用。由此可见，完工结算是竣工决算的基础，只有先办完工结算，才有条件编制竣工决算。

第四节 水利工程概、估算文件编制

水利工程概、估算是设计文件的重要组成部分，是指由设计单位根据设计图纸、水利工程定额或单位工程造价指标、各项费用取费标准、技术经济条件和机械设备、材料预算价格等资料，编制和确定建设项目从筹建到竣工交付使用所需要的全部费用的文件。水利部颁发的定额体系与山东省水利工程定额体系在概、估算文件编制上基本一致，区别主要在人工工资标准、主要材料基价、其他直接费与间接费的费率标准与配套使用定额上，具体使用过程中需要注意编制规定（或编制办法）与其配套使用的定额要统一。

下面以山东省水利工程定额体系编制概算文件为例进行说明。

一、基础单价编制

（一）人工预算单价

人工预算单价是指直接从事建筑安装工程施工的生产工人在每个法定工作日的工资、津贴及奖金等。根据国家有关规定和山东省最低工资标准，并结合水利工程特点，确定人工预算单价为72元/工日。

（二）材料预算价格

1. 主要材料预算价格

对于用量多、影响工程投资大的主要材料，如钢材、水泥、粉煤灰、炸药、油料、砂石料等，一般需编制材料预算价格。

计算公式如下：

材料预算价格＝（材料原价＋运杂费）×（1＋采购及保管费率）

（1）材料原价。按工程所在地区就近的大型物资供应公司、材料交易中心的市场成交价或设计选定的生产厂家的出厂价计算。

（2）运杂费。铁路运输按现行《铁路货物运价规则》及有关规定计算其运杂费。

公路及水路运输，按山东省有关部门现行规定或市场价计算。

（3）采购及保管费。按材料运到工地仓库价格的2.5%计算。

2. 其他材料预算价格

可参考工程所在地区的工业与民用建筑安装工程材料预算价格或信息价格。

3. 材料预算价格基价

水泥、钢筋、柴油、汽油、炸药等主要材料和砂石料与商品混凝土采用基价的计算方法。若主要材料和砂石料等价格低于基价表3-4-1规定的材料基价时，按材料预算价格进入单价；若高于基价表规定的材料基价时，按基价进入工程单价，超出部分以价差的形式计入单价表中“材料价差”项，并按规定计取税金。

表 3-4-1　材料预算价格基价表

材料名称	单位	基价（元）
水泥	t	260
钢筋	t	2600
柴油	t	3000
汽油	t	3100
砂石料	m^3	70
炸药	t	6000
商品混凝土	m^3	260

计算施工电、风、水价格时，按预算价参与计算。

（三）施工电、风、水预算价格

1. 施工用电价格

施工用电价格由基本电价、电能损耗摊销费和供电设施维修摊销费组成，根据施工组织设计确定的供电方式以及不同电源的电量所占比例，按国家或各省规定的工程所在地电网电价和规定的加价进行计算。

电价计算公式：

电网供电价格＝基本电价÷（1－高压输电线路损耗率）÷（1－变配电设备及配电线路损耗率）＋供电设施维修摊销费

柴油发电机供电价格（采用自设水泵供给冷却水）＝（柴油发电机组（台）班总费用＋水泵组（台）班总费用）÷［柴油发动机额定容量之和×8h×K×（1－厂用电率）］÷（1－变配电设备及配电线路损耗率）＋供电设施维修摊销费

柴油发电机供电如采用循环冷却水，不用水泵，电价计算公式如下：

柴油发电机供电价格＝柴油发电机组（台）班总费用÷［柴油发动机额定容量之和×8h×K×（1－厂用电率）］÷（1－变配电设备及配电线路损耗率）＋单位循环冷却水费＋供电设施维修摊销费

式中　K——发电机出力系数，一般取 0.8～0.85；厂用电率取 3%～5%；高压输电线路损耗率取 3%～5%；变配电设备及配电线路损耗率取 4%～7%，线路短、用电负荷集中的取小值，反之取大值；供电设施维修摊销费取 0.04～0.05 元/（kW·h）；单位循环冷却水费取 0.05～0.07 元/（kW·h）。

例：施工用电价格计算。

根据某水利工程初步设计报告中施工组织设计方案，施工用电采用 10kV 电网及柴油发电机两种方式供电，其中电网供电比例为85%，自发电比例为15%。

电网销售电价表（工商业及其他用电）见表3-4-2，电网基本电价采用单一制单价中的平段电价（电价均按除税价）；自发电采用固定式柴油发电机，额定容量160kW，采用循环冷却水，不用水泵，发电机台班费为1671.99元。

表3-4-2　电网销售电价表（工商业及其他用电）

用电分类		电压等级	电度电价（元/千瓦时）				基本电价	
							最大需量	变压器容量
			尖峰电价	高峰电价	平段电价	低谷电价	元（千瓦·月）	元（千伏安·月）
工商业及其他用电	单一制电价	不满1kV	1.0394	0.9203	0.6226	0.3249		
		1～10kV	1.0161	0.8998	0.6089	0.3180		
		35kV及以上	0.9927	0.8791	0.5951	0.3111		
	两部制电价	1～10kV	1.0289	0.9113	0.6172	0.3232	38	28
		35～110kV以下	1.0034	0.8888	0.6022	0.3157	38	28
		110～220kV以下	0.9779	0.8663	0.5872	0.3082	38	28
		220kV及以上	0.9524	0.8438	0.5722	0.3007	38	28

电价计算公式如下：

电网供电价格＝基本电价÷（1－高压输电线路损耗率）÷
（1－变配电设备及配电线路损耗率）＋
供电设施维修摊销费

柴油发电机供电价格＝柴油发电机组（台）班总费用÷
［柴油发动机额定容量之和×8h×K×
（1－厂用电率）］÷
（1－变配电设备及配电线路损耗率）＋
单位循环冷却水费＋供电设施维修摊销费

该工程编制概算采用的各项数据：人工预算单价为72元/工日，发电机出力系数K取0.80，厂用电率取5%，高压输电线路损耗率取5%，变配电设备及配电线路损耗率取7%，供电设施维修摊销费取0.05元（kW·h），单位循环冷却水费取0.05元（kW·h）。

根据以上资料试计算该工程的施工用电综合电价。

以上计算结果均保留两位小数。

解：该工程电网基本电价选择单一制单价中的1～10kV平段电价为0.6089元（kW·h），发电机出力系数K取0.80，厂用电率取5%，高压输电线路损耗率取5%，变配电设备及配电线路损耗率取7%，供电设施维修摊销费取0.05元（kW·h），单位循环冷却水费取0.05元（kW·h）。

电网供电价格＝0.6089÷（1－5%）÷（1－7%）＋0.05＝0.74［元（kW·h）］

柴油发电机供电价格＝1671.99÷［160×8×0.8×（1－5%）］÷（1－7%）＋0.05＋0.05＝1.95［元（kW·h）］

施工用电综合电价＝0.74×85%＋1.95×15%＝0.92［元（kW·h）］

2. 施工用水价格

施工用水价格由基本水价、供水损耗和供水设施维修摊销费组成，根据施工组织设计所配置的供水系统设备组（台）班总费用和组（台）班总有效供水量计算。水价计算公式如下：

施工用水价格＝水泵组（台）班总费用÷
[水泵额定容量之和×8h×K×
(1－供水损耗率)]
＋供水设施维修摊销费

式中　K——能量利用系数，取 0.75～0.85；供水损耗率取 6%～10%；供水设施维修摊销费取 0.05 元/m^3。

例如，施工用水价格计算。

根据某水利工程初步设计报告中施工组织设计方案，施工用水采用 2 台单级 30kW 离心水泵，该水泵在设计扬程下的额定容量为 100m^3/h。

施工用水价格＝水泵组（台）班总费用÷
[水泵额定容量之和×8h×K×
(1－供水损耗率)] ＋
供水设施维修摊销费

其中单级 30kW 离心水泵台班费中一类费用（已考虑增值税为 9%所应调整的施工机械一类费用）29.43 元，二类费用中人工消耗量为 1 个工日，耗电量 137kW・h，施工供电价格为 1.00 元（kW・h)，能量利用系数 K 取 0.80，供水损耗率取 8%，供水设施维修摊销费取 0.05 元/m^3。

根据以上资料试计算该工程的施工用水预算价格。

以上计算结果均保留两位小数。

解：水泵台班费＝29.43＋1×72＋137×1.00＝238.43（元/台班）

水泵组（台）班总费用＝238.43×2＝476.86（元）

水泵额定容量之和＝100×2＝200（m^3/h）

施工用水预算价格＝476.86÷［200×8×0.8×（1－8%)］＋0.05＝0.45（元/m^3）

3. 施工用风价格

施工用风价格由基本风价、供风损耗和供风设施维修摊销费组成，根据施工组织设计所配置的空气压缩机系统设备组（台）班总费用和组（台）班总有效供风量计算。风价计算公式如下：

施工用风价格＝(空气压缩机组（台）班总费用＋水泵组（台）班总费用）÷
[空气压缩机额定容量之和×8h×60min×K×
(1－供风损耗率)] ＋供风设施维修摊销费

空气压缩机系统如采用循环冷却水，不用水泵，则风价计算公式如下：

施工用风价格＝空气压缩机组（台）班总费用÷
[空气压缩机额定容量之和×8h×60min×K×
(1－供风损耗率)] ＋单位循环冷却水费＋
供风设施维修摊销费

式中 K——能量利用系数，取0.70～0.85；供风损耗率取6%～10%；单位循环冷却水费取0.007元/m^3；供风设施维修摊销费取0.005元/m^3。

例：施工用风价格计算。

根据某水利工程初步设计报告中施工组织设计方案，施工供风系统总容量是27m^3/min，采用3台电动移动式空气压缩机（9.0m^3/min）。空气压缩机系统采用循环冷却水，不用水泵。

风价计算公式如下：

施工用风价格＝空气压缩机组（台）班总费用÷［空气压缩机额定容量之和×8h×60min×K×（1－供风损耗率）］＋单位循环冷却水费＋供风设施维修摊销费

其中，电动移动式空压机（9.0m^3/min）台班费中一类费用（已考虑增值税为9%所应调整的施工机械一类费用）69.69元，二类费用中人工消耗量为1个工日，耗电量295.10kW·h，施工供电价格为1.00元（kW·h），能量利用系数K取0.80，供风损耗率取8%，单位循环冷却水费取0.007元/m^3，供风设施维修摊销费取0.005元/m^3。

根据以上资料试计算该工程的施工用风预算价格。

以上计算结果均保留两位小数。

解：空气压缩机台班费＝69.69＋1×72＋295.10×1.00＝436.79（元/台班）

空气压缩机组（台）班总费用＝436.79×3＝1310.37（元）

空气压缩机额定容量之和＝9×3＝27（m^3/min）

施工用风预算价格＝1310.37÷［27×8×60×0.8×（1－8%）］＋0.007＋0.005＝0.15（元/m^3）

（四）施工机械使用费

施工机械使用费应根据《山东省水利水电工程施工机械台班费定额》及有关规定计算。对于定额缺项的施工机械，可补充编制台班费定额。

（五）混凝土材料单价

根据设计确定的不同工程部位的混凝土强度等级、级配和龄期，分别计算出每立方米混凝土材料单价，计入相应的混凝土工程概算单价内。其混凝土配合比的各项材料用量，应根据工程试验提供的资料计算，若无试验资料时，也可参照定额附录（混凝土材料配合表）计算。

二、建筑、安装工程单价编制

（一）建筑工程单价

1. 直接费

直接费＝基本直接费＋其他直接费

（1）基本直接费。

人工费＝定额劳动量（工日）×人工预算单价（元/工日）

材料费＝定额材料用量×材料预算单价（或材料基价）

机械使用费＝定额机械使用量（台班）×施工机械台班费（元/台班）

（2）其他直接费。

其他直接费＝基本直接费×其他直接费费率

2. 间接费

间接费＝直接费×间接费费率

3. 利润

利润＝（直接费＋间接费）×利润率

4. 材料价差

材料价差＝∑［定额材料消耗量×（材料预算价格－材料基价）］

5. 未计价材料费

未计价材料费＝∑（定额未计价材料用量×材料预算价格）

6. 税金

税金＝（直接费＋间接费＋利润＋材料价差＋未计价材料费）×税率

7. 建筑工程单价

建筑工程单价＝直接费＋间接费＋利润＋材料价差＋未计价材料费＋税金

（二）安装工程单价

1. 实物量形式的安装单价

1）直接费

直接费＝基本直接费＋其他直接费

（1）基本直接费。

人工费＝定额劳动量（工日）×人工预算单价（元/工日）

材料费＝定额材料用量×材料预算单价

机械使用费＝定额机械使用量（台班）×施工机械台班费（元/台班）

（2）其他直接费。

其他直接费＝基本直接费×其他直接费费率

2）间接费

间接费＝人工费×间接费费率

3）利润

利润＝（直接费＋间接费）×利润率

4）材料价差

材料价差＝∑［定额材料消耗用量×（材料预算价格－材料基价）］

5）未计价装置性材料费

未计价装置性材料费＝∑（未计价装置性材料用量×材料预算单价）

6）税金

税金＝（直接费＋间接费＋利润＋材料价差＋未计价装置性材料费）×税率

7）安装工程单价

安装工程单价＝直接费＋间接费＋利润＋材料价差＋
未计价装置性材料费＋税金

2. 费率形式的安装单价

1）直接费（％）

（1）基本直接费（%）。

人工费（%）=定额人工费（%）

材料费（%）=定额材料费（%）

装置性材料费（%）=定额装置性材料费（%）

机械使用费（%）=定额机械使用费（%）

（2）其他直接费（%）。

其他直接费（%）=基本直接费（%）×其他直接费费率之和（%）

2）间接费（%）

间接费（%）=人工费（%）×间接费费率（%）

3）利润（%）

利润（%）=［直接费（%）+间接费（%）］×利润率（%）

4）税金（%）

税金（%）=［直接费（%）+间接费（%）+利润（%）］×税率（%）

5）安装工程单价

安装工程单价费率（%）=直接费（%）+间接费（%）+利润（%）+税金（%）

安装工程单价=设备原价×安装工程单价费率（%）

（三）其他直接费

1. 冬雨期施工增加费

按基本直接费的1.0%计算。

2. 夜间施工增加费

按基本直接费的百分率计算，建筑工程为0.4%，安装工程为0.6%。

3. 临时设施费

按基本直接费的2.5%计算。

4. 安全文明生产措施费

按基本直接费的2.0%计算。

5. 其他

建筑工程按基本直接费的1.0%计算，安装工程按基本直接费的1.5%计算。

综上所述，建筑工程按基本直接费的6.9%，安装工程按基本直接费的7.6%。

（四）间接费

间接费费率见表3-4-3。

表3-4-3 间接费费率表

序号	项目名称	单位	计算基础	费率
1	土石方工程	%	直接费	10.5
2	砌筑工程	%	直接费	13.5
3	模板及混凝土工程	%	直接费	11.5
4	钻孔灌浆及锚固工程	%	直接费	10.5

续表

序号	项目名称	单位	计算基础	费率
5	疏浚工程	%	直接费	9.5
6	绿化工程	%	直接费	9.5
7	管道工程	%	直接费	13
8	其他工程	%	直接费	10.5
9	设备安装工程	%	人工费	70

间接费执行不同的工程类别，费率标准不同，划分说明如下：

（1）土石方工程：包括土方开挖与填筑工程、石方开挖与填筑工程等。

（2）砌筑工程：包括砌石、抛石、砌砖工程等。

（3）模板及混凝土工程：包括现浇混凝土时制作及安装的各类模板、现浇和预制各种混凝土、伸缩缝、止水、防水层及温控措施、钢筋、钢筋网制作与安装工程等。

（4）钻孔灌浆及锚固工程：包括各种类型的钻孔灌浆、防渗墙、喷混凝土（浆）、灌注桩、锚杆、预应力锚索（筋）工程等。

（5）疏浚工程：指用挖泥船、水利冲挖机组等机械疏浚江河、湖泊等工程。

（6）绿化工程：包括植树、种草、整地等。

（7）管道工程：包括各种输水管道的敷设、安装等。

（8）其他工程：指除表中所列工程以外的其他工程。

（五）利润

利润按直接费和间接费之和的7%计算。

（六）税金

税金按直接费、间接费、利润、材料价差、未计价装置性材料费之和的9%计算。

（七）单价扩大系数

鉴于山东省水利工程概算定额尚未颁布，工程概算单价应采用预算定额编制，考虑到概算工作的深度和精度以及施工中允许的超挖、超填量，合理的施工附加量等的合理消耗量，单价乘以5%扩大系数。

例：建筑工程单价分析。

某河道工程进行初步设计，其中河道清淤有大量弃土，根据施工组织设计已知土质类别为Ⅰ、Ⅱ类，弃渣场距离为5km，采用$2m^3$液压单斗挖掘机挖装土配15t自卸汽车运输，根据《山东省水利水电工程设计概（估）算编制办法》和配套定额已知条件：人工预算单价为72元/工日，其他直接费费率为6.9%，间接费费率标准见表3-4-4，利润为7%，增值税为9%。

工程所用的汽油、柴油的预算价格（不含增值税进项税额）及基价分别为7700元/t、6810元/t，3100元/t、3000元/t。

施工机械台班费定额（已考虑增值税为9%所应调整的施工机械一类费用）见表3-4-5。

$2m^3$挖掘机挖装土自卸汽车运输定额见表3-4-6。

根据以上资料，试计算 2m³ 挖掘机挖装土配 15t 自卸汽车运输 5km 的工程单价，并完成表 3-4-7。

以上计算结果均保留两位小数。

表 3-4-4　间接费费率表

序　　号	项 目 名 称	计 算 基 础	费率（%）
1	土石方工程	直接费	10.50%
2	砌筑工程	直接费	13.50%
3	模板及混凝土工程	直接费	11.50%
4	钻孔灌浆及锚固工程	直接费	10.50%
5	疏浚工程	直接费	9.50%
6	绿化工程	直接费	9.50%
7	管道敷设工程	直接费	13.00%
8	其他工程	直接费	10.50%

表 3-4-5　施工机械台班费定额

定额编号	机械名称及规格	一类费用（元）	二类费用定额数量			三类车船使用税、保险费及年检费（元）
			人工（工日）	汽油（kg）	柴油（kg）	
1003	单斗挖掘机液压 1m³	408.45	2		63.00	
1005	单斗挖掘机液压 2m³	842.10	2		143.50	
1015	推土机 59kW	122.17	2		41.80	
3013	自卸汽车 5t	83.79	1		40.00	17.30
3014	自卸汽车 8t	175.05	1		46.00	19.05
3015	自卸汽车 10t	228.61	1		51.50	20.79
3016	自卸汽车 12t	244.38	1		60.00	22.54
3017	自卸汽车 15t	273.70	1		68.50	25.15

适用范围：露天作业。

工作内容：挖装、运输、卸除、空回。

（1）Ⅰ、Ⅱ类土

表 3-4-6　2m³ 挖掘机挖装土自卸汽车运输定额（100m³）

项目		单位	运距（km）						每增运 1km
			≤0.5	1	2	3	4	5	
人工		工日	0.56	0.56	0.56	0.56	0.56	0.56	
材料	零星材料费	%	4	4	4	4	4	4	

续表

项目		单位	运距（km）						每增运1km
			≤0.5	1	2	3	4	5	
机械	挖掘机　$2m^3$	台班	0.10	0.10	0.10	0.10	0.10	0.10	
	推土机　59kW	台班	0.05	0.05	0.05	0.05	0.05	0.05	
	自卸汽车　8t	台班	0.83	0.98	1.29	1.57	1.84	2.09	0.18
	10t	台班	0.76	0.89	1.16	1.39	1.62	1.84	0.15
	12t	台班	0.70	0.81	1.04	1.25	1.45	1.63	0.13
	15t	台班	0.58	0.67	0.86	1.02	1.17	1.32	0.10
	18t	台班	0.54	0.61	0.76	0.90	1.04	1.16	0.09
	20t	台班	0.50	0.56	0.71	0.84	0.96	1.06	0.08
编号		10275	10276	10277	10278	10279	10280	10281	

表 3-4-7　建筑工程单价表

名　称	$2m^3$ 挖掘机挖装土自卸汽车运输 5km（Ⅰ、Ⅱ类）		编　号	001	
定额编号	10259		定额单位	$100m^3$	
工作内容：挖装、运输、卸除、空回					
编　号	名称及规格	单　位	数　量	单价（元）	合计（元）
一	直接费				
（一）	基本直接费				
1	人工费				
	人工	工日			
2	材料费				
	零星材料费	%			
3	施工机械费				
	单斗挖掘机液压 $2m^3$	台班			
	推土机 59kW	台班			
	自卸汽车 15t	台班			
（二）	其他直接费	%			
二	间接费	%			
三	利润	%			
四	材料价差				
	柴油	kg			
五	税金	%			
六	概算扩大	%			
	合计				

解：根据题目内容选择10280定额和自卸汽车15t，其中汽油、柴油按照基价计算施工机械台班费。

单斗2m³液压挖掘机的施工机械台班费：一类费用842.10元，二类人工费用72（元/工日）×2（工日）=144（元），燃料动力费143.5（kg/台班）×3.0（元/kg）=430.5（元/台班），施工机械台时费合计为842.10+（144+430.5）=1416.60（元/台班）。

推土机59kW的施工机械台班费：一类费用122.17元，二类人工费用72（元/工日）×2（工日）=144（元），燃料动力费41.8（kg/台班）×3.0（元/kg）=125.40（元/台班），施工机械台时费合计为122.17+（144+125.40）=391.57（元/台班）。

自卸汽车15t的施工机械台班费：一类费用273.70元，二类人工费用72（元/工日）×1（工日）=72（元），燃料动力费68.5（kg/台班）×3.0（元/kg）=205.5（元/台班），三类费用车船使用税、保险费及年检费为25.15元，施工机械台时费合计为273.7+（72+205.5）+25.15=576.35（元/台班）。

1. 直接费

直接费=基本直接费+其他直接费

（1）基本直接费

人工费=定额劳动量（工日）×人工预算单价（元/工日）

人工费合计：0.56×72=40.32（元）

材料费=定额材料用量×材料预算单价（或材料基价）

零星材料费=（人工费+施工机械费）×费率

零星材料费=（40.32+922.02）×4.0%=38.49（元）

机械使用费=定额机械使用量（台班）×施工机械台班费（元/台班）

机械使用费=0.1×1416.60+0.05×391.57+1.32×576.35=922.02（元）

基本直接费=人工费+材料费+机械使用费

基本直接费=40.32+38.49+922.02=1000.83（元）

（2）其他直接费。

其他直接费=基本直接费×其他直接费费率

其他直接费=1000.83×6.9%=69.06（元）

（3）直接费。

直接费=基本直接费+其他直接费

直接费=1000.83+69.06=1069.89（元）

2. 间接费

间接费=直接费×间接费费率

间接费=1069.89×10.5%=112.34（元）

3. 利润

利润=（直接费+间接费）×利润率

利润=（1069.89+112.34）×7.0%=82.76（元）

4. 材料价差

材料价差=Σ［定额材料消耗量×（材料预算价格−材料基价）］

挖掘机 $2m^3$ 定额消耗柴油的数量为 143.5（kg/台班）×0.1（台班）=14.35（kg）

推土机 59kW 定额消耗柴油的数量为 41.8（kg/台班）×0.05（台班）=2.09（kg）

自卸汽车 15t 定额消耗柴油的数量为 68.5（kg/台班）×1.32（台班）=90.42（kg）

柴油合计数量=14.35+2.09+90.42=106.86（kg）

材料价差=106.86×（6.81−3.0）=407.14（元）

5. 未计价材料费

未计价材料费=∑（定额未计价材料用量×材料预算价格）

本例没发生未计价材料费。

6. 税金

税金=（直接费+间接费+利润+材料价差+未计价材料费）×税率

税金=（1069.89+112.34+82.76+407.14）×9.0%=150.49（元）

7. 概算扩大

概算扩大=（直接费+间接费+利润+材料价差+未计价材料费+税金）×概算单价扩大系数（%）

概算扩大=（1069.89+112.34+82.76+407.14+150.49）×5.0%=91.13（元）

8. 建筑工程单价

建筑工程单价=直接费+间接费+利润+材料价差+未计价材料费+税金+概算扩大

建筑工程单价=1069.89+112.34+82.76+407.14+150.49+91.13=1913.75（元）

综上所述，$2m^3$ 挖掘机挖装土配 15t 自卸汽车运输 5km 的单价为 1913.75÷100=19.14（元/m^3）

计算结果见表 3-4-8。

表 3-4-8 建筑工程单价

名 称	$2m^3$ 挖掘机挖装土自卸汽车运输 5km（Ⅰ、Ⅱ类）			编 号	1020
定额编号	10259			定额单位	$100m^3$
工作内容：挖装、运输、卸除、空回。					
编 号	名称及规格	单 位	数 量	单价（元）	合计（元）
一	直接费				1069.89
（一）	基本直接费				1000.83
1	人工费				40.32
	人工	工日	0.56	72.00	40.32
2	材料费				38.49
	零星材料费	%	4.00%	962.34	38.49
3	施工机械费				922.02
	单斗挖掘机液压 $2m^3$	台班	0.10	1416.60	141.66

续表

名　称	2m³ 挖掘机挖装土自卸汽车运输 5km（Ⅰ、Ⅱ类）		编　号	1020	
	推土机 59kW	台班	0.05	391.57	19.58
	自卸汽车 8t	台班	1.32	576.35	760.78
（二）	其他直接费	%	6.90%	1000.83	69.06
二	间接费	%	10.50%	1069.89	112.34
三	利润	%	7.00%	1182.23	82.76
四	材料价差				407.14
	柴油	kg	106.86	3.81	407.14
五	税金	%	9.00%	1672.13	150.49
六	概算扩大	%	5.00%	1822.62	91.13
	合计				1913.75

例：以费率形式计算的安装工程单价。

某泵站工程需要配备计算机监控系统，根据可行性研究设计方案，某计算机监控设备原价（设备出厂价）为 2.0 万元/套（含增值税），设备单价为 2.10 万元/套，根据《山东省水利水电工程设计概（估）算编制办法》和配套定额已知条件：其他直接费为 7.6%，间接费为 70%，利润为 7.0%，增值税取 9.0%，计算机监控系统及电气试验设备安装定额见表 3-4-9。

表 3-4-9　计算机监控系统及电气试验设备安装

编号	项目	单位	安装费（%）			
			合计	人工费	材料费	机械使用费
07048	计算机监控系统	项	3.39	2.48	0.42	0.49
07049	电气试验设备	项	2.65	1.32	1.08	0.25

根据山东省水利厅鲁水建字〔2016〕5 号文“山东省水利厅关于发布山东省水利水电工程营业税改征增值税计价依据调整办法的通知”与山东省水利厅鲁水建函字〔2019〕33 号“关于调整山东省水利水电工程计价依据增值税计算标准的通知”，以费率形式表示的安装工程定额，其人工费费率不变，材料费费率除以 1.03 调整系数，机械使用费费率除以 1.10 调整系数。

根据以上资料，试完成安装工程单价表 3-4-10，并计算该设备的安装单价（计算结果均保留两位小数）。

表 3-4-10　安装工程单价表

名称	计算机监控系统设备安装	编号	001
定额编号	07048	定额单位	%

续表

名称	计算机监控系统设备安装		编号	001	
编号	名称及规格	单位	数量	单价	合计
一	直接费				
（一）	基本直接费				
	人工费	%	2.48%		
	材料费	%	0.42%		
	施工机械费	%	0.49%		
（二）	其他直接费	%	7.60%		
二	间接费	%	70.00%		
三	利润	%	7.00%		
四	税金	%	9.00%		
五	概算扩大	%	5.00%		
	合计				

解：以费率形式的安装单价的计算，按题目内容选择编号 07048 定额。

1. 直接费（%）

（1）基本直接费（%）。

人工费（%）＝定额人工费（%）

材料费（%）＝定额材料费（%）

装置性材料费（%）＝定额装置性材料费（%）

机械使用费（%）＝定额机械使用费（%）

基本直接费（%）＝2.48%＋0.42%÷1.03＋0.49%÷1.10＝2.48%＋0.41%＋0.45%＝3.34%

（2）其他直接费（%）。

其他直接费（%）＝基本直接费（%）×其他直接费费率之和（%）

其他直接费（%）＝3.34%×7.6%＝0.25%

（3）直接费。

直接费＝基本直接费＋其他直接费

直接费（%）＝3.34%＋0.25%＝3.59%

2. 间接费（%）

间接费（%）＝人工费（%）×间接费费率（%）

间接费（%）＝2.48%×70%＝1.74%

3. 利润（%）

利润（%）＝［直接费（%）＋间接费（%）］×利润率（%）

利润（%）＝（3.59%＋1.74%）×7.0%＝0.37%

4. 税金（%）

税金（%）＝［直接费（%）＋间接费（%）＋利润（%）］×税率（%）

税金（%）＝（3.59%＋1.74%＋0.37%）×9%＝0.51%

5. 概算扩大费率（%）

概算扩大费率（%）=[直接费（%）+间接费（%）+利润（%）+税金（%）]×概算单价扩大系数（%）

概算扩大费率（%）=（3.59%+1.74%+0.37%+0.51%）×5%=0.31%

6. 安装工程单价费率

安装工程单价费率（%）=直接费（%）+间接费（%）+利润（%）+税金（%）+概算扩大费率（%）

安装工程单价费率（%）=3.59%+1.74%+0.37%+0.51%+0.31%=6.52%

7. 安装工程单价

安装工程单价=设备原价×安装工程单价费率（%）

安装工程单价=20000×6.52%=1304.00（元）

计算结果见表3-4-11。

表 3-4-11　安装工程单价

名称	计算机监控系统设备安装		编号	001	
定额编号	07048		定额单位	%	
编号	名称及规格	单位	数量	单价（元）	合计（元）
一	直接费				3.59%
（一）	基本直接费				3.34%
	人工费	%	2.48%	1.00	2.48%
	材料费	%	0.42%	0.97	0.41%
	施工机械费	%	0.49%	0.91	0.45%
（二）	其他直接费	%	7.60%	3.33%	0.25%
二	间接费	%	70.00%	2.48%	1.74%
三	利润	%	7.00%	5.33%	0.37%
四	税金	%	9.00%	5.70%	0.51%
五	概算扩大	%	5.00%	6.21%	0.31%
	合计				6.52%

三、分部工程概算编制

（一）建筑工程

建筑工程按主体建筑工程、交通工程、房屋建筑工程、供电设施工程、其他建筑工程分别采用不同的方法编制。

1. 主体建筑工程

（1）主体建筑工程概算按设计工程量乘以工程单价进行编制。

（2）主体建筑工程量应遵照《水利水电工程设计工程量计算规定》（SL 328—2005）

的规定，按项目划分要求，计算到三级项目。

(3) 当设计对混凝土施工有温控要求时，应根据温控措施设计，计算温控措施费用，也可以经过分析确定指标后，按建筑物混凝土方量进行计算。

(4) 细部结构工程。参照水工建筑工程细部结构指标确定。

注意：综合指标包括多孔混凝土排水管、止水工程（面板堆石坝除外）、伸缩缝工程、接缝灌浆管路、冷却水管路、栏杆、照明工程、爬梯、通气管道、排水渗井钻孔及反滤料、坝坡踏步、孔洞钢盖板、厂房内上下水工程、防潮层及其他细部结构工程。

表中综合指标仅包括基本直接费内容。编制工程概算时，应按建筑工程单价编制办法计取相应的间接费、利润、税金。

改扩建及加固工程根据设计确定细部结构工程的工程量计算。

2. 交通工程

交通工程投资既按设计工程量乘以单价进行计算，也可根据工程所在地区造价指标或有关实际资料，采用扩大单位指标编制。

3. 房屋建筑工程

(1) 永久房屋建筑。

① 水利工程的永久房屋建筑面积，用于生产和管理办公的房屋建筑面积由设计单位按有关规定，结合工程规模确定；单位造价指标参考工程所在地区房屋造价指标确定。

② 值班宿舍及文化福利建筑的投资按主体建筑工程投资的百分率计算。

枢纽工程 0.5%～1.0%；

引水及河道工程 0.3%～0.5%；

投资小或工程位置偏远的取大值，反之取小值；灌溉田间工程原则上不计取该费用。

(2) 室外工程投资。一般按房屋建筑工程投资的15%～20%计算。

4. 供电设施工程

根据设计的电压等级、线路架设长度及所需配备的变配电设施要求，采用工程所在地区造价指标或有关实际资料计算。

5. 其他建筑工程

(1) 安全监测设施工程，指属于建筑工程性质的内外部观测工程。安全监测设施工程项目投资应按设计资料计算。如无设计资料时，可根据坝型或其他工程形式，按照主体建筑工程投资的百分率计算。

当地材料坝 0.9%～1.1%；

混凝土坝 1.1%～1.3%；

引水式电站、泵站（引水建筑物）1.1%～1.3%；

堤防工程 0.2%～0.3%。

(2) 动力线路、照明线路、通信线路等三项工程投资按设计工程量乘以单价或采用扩大单位指标编制。

(3) 其余各项按设计要求分析计算。

例：房屋建筑工程、其他建筑工程及建筑工程投资计算。

某水库枢纽土石坝工程及其入库泵站工程、放水洞工程的建筑工程投资为12000万元，交通工程200万元，供电设施工程为1500万元，按运行管理要求规定进行工程管理机构设置，设计专业为此提供了生产及办公设施用房面积，其中生产用房面积为500m²，办公用房面积为300m²，其单位造价指标分别为2000元/m²和2500元/m²，值班宿舍及文化福利建筑的投资按主体建筑工程投资的1.0%计取，室外工程投资按房屋建筑工程的15%计取，其他建筑工程按照主体建筑工程投资的3%计取。试求该枢纽工程的房屋建筑工程投资和第一部分建筑工程投资合计值（计算结果均保留两位小数）。

解：房屋建筑工程投资由三部分组成：生产及办公设施用房投资、值班宿舍及文化福利建筑工程投资、室外工程投资。

生产及办公设施用房投资＝(500×2000＋300×2500）/10000＝175.00（万元）

值班宿舍及文化福利建筑工程投资＝主体建筑工程投资×1.0%＝12000×1.0%＝120.00（万元）

室外工程投资＝(生产及办公设施用房投资＋值班宿舍及文化福利建筑工程投资）×15%＝（175＋120）×15%＝44.25（万元）

房屋建筑工程投资＝175＋120＋44.25＝339.25（万元）

其他建筑工程投资＝主体建筑工程投资×3%＝12000×3%＝360（万元）

建筑工程投资包括主体建筑工程、交通工程、房屋建筑工程、供电设施工程、其他建筑工程投资。

建筑工程投资＝12000＋200＋339.25＋1500＋360＝14399.25（万元）

（二）机电设备及安装工程

机电设备及安装工程投资由设备费和安装工程费两部分组成。

1. 设备费

设备费由设备原价、运杂费、运输保险费和采购保管费组成。

（1）设备原价。以出厂价或设计单位分析论证后的询价为设备原价。

（2）运杂费。设备运杂费按设备原价的4%计算。

（3）运输保险费。按有关规定计算。

（4）采购及保管费。采购及保管费按设备原价、运杂费之和的0.7%计算。

运杂综合费率按下式计算

运杂综合费率＝运杂费率＋（1＋运杂费率）×采购及保管费率＋运输保险费率。

上述运杂综合费率，适用于计算国产设备运杂费。国产设备运杂综合费率乘以相应国产设备原价占进口设备原价的比例系数，即为进口设备的国内段运杂综合费率。

例：设备费计算。

某加压泵站工程需要购买5台套水泵机组，已知该水泵机组来自国内某水泵厂家，出厂价为1200万元/台套，设备运杂费为4%，运输保险费为1.0%，采购及保管费为0.7%，试求该水泵机组的设备费。

解：设备费由设备原价、运杂费、运输保险费和采购保管费组成。

设备运杂综合费率为4%+（1+4%）×0.7%+1.0%=5.728%

水泵机组设备费为1200×5×（1+5.728%）=6343.68（万元）

（6）交通工具购置费：指工程竣工后，为保证建设项目初期生产管理单位正常运行必须配备车辆和船只。灌溉田间工程一般不计此项费用。

计算方法：交通工具数量由设计单位按照有关规定结合工程规模确定，设备价格按照市场价格确定。

2. 安装工程费

安装工程费按设计提供的设备数量乘以安装单价进行计算。

（三）金属结构设备及安装工程

编制方法同第二部分机电设备及安装工程。

（四）施工临时工程

1. 导流工程

同主体建筑工程，按设计工程量乘以工程单价进行计算。

2. 施工交通工程

按设计工程量乘以单价进行计算，也可根据工程所在地区造价指标或有关实际资料，采用扩大单位指标编制。

3. 施工场外供电工程

根据设计的电压等级、线路架设长度及所需配备的变配电设施要求，采用工程所在地区造价指标或有关实际资料计算。

4. 施工房屋建筑工程

施工房屋建筑工程包括施工仓库和办公、生活及文化福利建筑两部分。施工仓库，指为工程施工而临时兴建的设备、材料、工器具等仓库；办公、生活及文化福利建筑，指施工单位、建设单位、监理单位及设计代表在工程建设期所需的办公室、宿舍、招待所和其他文化福利设施等房屋建筑工程。

不包括列入临时设施和其他施工临时工程项目内的电、风、水，通信系统，混凝土拌和及浇筑系统，木工、钢筋、机修等辅助加工厂，混凝土预制构件厂，混凝土制冷、供热系统，施工排水等生产用房。

（1）施工仓库。建筑面积由施工组织设计确定，单位造价指标根据当地相应建筑的造价水平确定。

（2）办公、生活及文化福利建筑。按第一至第四部分建筑安装工作量（不含办公、生活及文化福利建筑和其他施工临时工程投资）的1.5%～2.0%计算。投资额小的工程取大值；投资额大的工程取小值。

5. 其他施工临时工程

按工程第一至第四部分建筑安装工作量（不包括其他施工临时工程）之和的百分率计算。

（1）枢纽工程为3.0%。

（2）其他水利工程为1.0%～3.0%，其中排水量小的、建筑物、数量较少的河湖治理及引调水渠道、管道工程、灌溉田间工程取下限，建筑物数量较多的、排水量较大的河湖治理及引调水等工程取大值。

例：施工临时工程投资计算。

某水库枢纽工程第一至第三部分建筑安装工程费与设备费分别为 15000 万元、2000 万元，根据施工组织设计所确定的导流方案、施工对内对外交通方案、施工场外供电工程和施工仓库布置计算的相应投资分别是 150 万元、200 万元、100 万元、50 万元，办公、生活及文化福利建筑，其他施工临时工程分别按照工程第一至第四部分建筑安装工作量的 1.5%和 3.0%计取。试简述施工临时工程包含的内容，并求该枢纽工程的施工临时工程投资（计算结果均保留两位小数）。

解：施工临时工程指为辅助主体工程施工所必须修建的生产和生活用临时性工程。其包括导流工程、施工交通工程、施工场外供电工程、施工房屋建筑工程、其他施工临时工程。

施工房屋建筑工程包括施工仓库和办公、生活及文化福利建筑两部分。

其中施工仓库工程投资为 50 万元，办公、生活及文化福利建筑投资为工程第一至第四部分建筑安装工作量的 1.5%计算，即（15000＋150＋200＋100＋50）×1.5%＝232.50（万元），施工房屋建筑工程投资合计为 50＋232.50＝282.50（万元）。

其他施工临时工程按工程一至四部分建筑安装工作量（不包括其他施工临时工程）之和的 3.0%计算，即（15000＋150＋200＋100＋282.50）×3.0%＝471.98（万元）

施工临时工程投资合计为 150＋200＋100＋282.50＋471.98＝1204.48（万元）

注意：办公、生活及文化福利建筑的计算基础不包括临时房屋和其他施工临时工程投资。

（五）独立费用

1. 建设单位管理费

建设单位管理费包括建设单位开办费、建设单位人员经常费和项目管理费。

建设单位管理费以第一至第四部分建安工作量为计算基数，按照表 3-4-12 所列费率，以超额累进方法计算。

表 3-4-12　建设单位管理费费率表

序号	一至四部分建安工作量（万元）	超额累进费率	辅助参数(万元)
一	枢纽工程及引调水工程		
1	5000 以内	3.50%	
2	5000～10000	3.20%	15.00
3	10000～50000	3.00%	35.00
4	50000 以上	2.50%	285.00
二	其他水利工程		
1	5000 以内	3.00%	
2	5000～10000	2.80%	10.00
3	10000～50000	2.50%	40.00
4	50000 以上	2.30%	140.00

简化计算公式：一至四部分建筑安装工作量×该档超额累进费率＋辅助参数。

例：建设单位管理费的计算

某水库工程一至四部分建筑安装工程费为15000万元，设备费为1500万元，求其建设单管理费。

解：水库工程按枢纽工程标准取费，建设单位管理费的计算基数是一至四部分建安工程费，按超额累计方法其收费区间在10000～50000万元，超额累进费率为3.0%，所以建设管理费为15000×3.0%＋35＝485（万元）。

2. 项目经济技术服务费

项目经济技术服务费按工程一至四部分投资作为计算基数，按照表3-4-13费率的差额定率累进法计算。

表3-4-13　项目经济技术服务费费率表

序　号	一至四部分投资（万元）	费率（%）
1	5000以内	1.5～1.2
2	5000～10000	1.2～1.0
3	10000～50000	1.0～0.8
4	50000～100000	0.8～0.5
5	100000以上	0.5

例：项目经济技术服务费的计算。

某水库工程一至四部分建筑安装工程费为15000万元，设备费为1500万元，求其项目经济技术服务费，有收费区间的，其费率标准均按下限标准。

解：项目经济技术服务费的计算基数是一至四部分投资合计，按差额定率累进方法。

一至四部分投资合计值为15000＋1500＝16500（万元），按不同的收费区间计取。

5000以内：5000×1.2%＝60（万元）

5000～10000：（10000－5000）×1.0%＝50（万元）

10000～50000：（16500－10000）×0.8%＝52（万元）

所以项目经济技术服务费合计为60＋50＋52＝162（万元）。

3. 工程建设监理费

参照国家发改委发改价格〔2007〕670号文颁发的“建设工程监理与相关服务收费管理规定”及其他相关规定计取。

4. 联合试运转费

费用指标见表3-4-14。

表3-4-14　联合试运转费费用指标表

水电站	单机容量（kw）	≤100	≤150	≤200	≤300	≤500	≤1000
	费用（万元/台）	0.5	1.0	1.5	2.0	2.5	3
泵站装机容量		35～40元/kW					

5. 生产准备费

（1）生产及管理单位提前进厂费：按一至四部分建筑安装工程量的0.1%～0.3%计算；改扩建与加固工程、河道堤防及疏浚工程原则上不计此项费用。

（2）生产职工培训费：按一至四部分建筑安装工作量的0.3%～0.5%计算；枢纽及引水工程取大值，其他工程取小值。

（3）管理用具购置费：按工程一至四部分建筑安装工作量的0.05%～0.08%计算；枢纽及引水工程取大值，其他水利工程取中值或低值。

（4）工器具及生产家具购置费：按占设备费的0.1%～0.2%计算。枢纽及引水工程取下限，其他工程取中限、上限。

6. 科研勘测设计费

（1）工程科学研究试验费。按建筑安装工作量的百分率计算。其中，枢纽和引水工程取0.5%；河道工程取0.3%，灌区田间工程不计取。

（2）工程勘测设计费。项目建议书、可行性研究等前期阶段的勘察费、设计费参照国家发改委、建设部关于印发《水利、水电、电力建设项目前期工作工程勘察收费暂行规定》（发改价格〔2006〕1352号）执行。

初步设计、招标设计和施工图设计三阶段的勘察费、设计费按照国家计委、建设部计价〔2002〕10号文件规定执行。

7. 其他

（1）工程质量检测费。按建筑安装工作量的0.5%～1.0%计算。投资额小的工程及独立建筑物工程取上限，投资额大的工程取下限。

（2）工程保险费。按工程一至四部分投资合计的4.5‰～5.0‰计算。

（3）其他税费。按国家有关规定计取。

四、分年度投资及资金流量

（一）分年度投资

分年度投资是根据施工组织设计确定的施工进度和合理工期而计算出的工程各年度预计完成的投资额。

1. 建筑工程

（1）建筑工程分年度投资表应根据施工进度的安排，对主要工程按各单项工程分年度完成的工程量和相应的工程单价计算。对于次要的和其他工程，可根据施工进度，按各年所占完成投资的比例，摊入分年度投资表。

（2）建筑工程分年度投资的编制至少应按二级项目中的主要工程项目分别反映各自的建筑工程量。

2. 设备及安装工程

设备及安装工程分年度投资应根据施工组织设计确定的设备安装进度计算各年度预计完成的设备费和安装费。

3. 费用

根据费用的性质和费用发生的时段，按相应年度分别进行计算。

（二）资金流量

资金流量是为满足工程项目在建设过程中各时段的资金需求，按工程建设所需资金投入时间计算的各年度使用的资金量。资金流量表的编制以分年度投资表为依据，按建筑安装工程、永久设备购置费和独立费用三种类型分别计算。资金流量计算办法参考有关规定，主要用于初步设计概算。

五、总概算编制

（一）预备费

1. 基本预备费

计算方法：根据工程规模、施工年限和地质条件等不同情况，按工程一至五部分投资合计（依据分年度投资表）的百分率计算。

初步设计阶段为5.0％～6.0％。

技术复杂、建设难度大的工程取大值；其他工程取中小值。

例：基本预备费的计算。

某水库工程一至四部分建筑安装工程费为15000万元，设备费为1500万元，独立费用为3000万元，基本预备费费率为6.0％，求其基本预备费。

解：基本预备费的取费基数为一至五部分投资合计值，即（15000＋1500＋3000）×6％＝1170（万元）。

2. 价差预备费

计算方法：根据施工年限，以资金流量表的静态投资为计算基数。

按照国家发改委根据物价变动形势，适时调整和发布的年物价指数计算。计算公式如下：

$$E=\sum_{n=1}^{N}F_n[(1+P)^n-1]$$

式中　E——价差预备费；

N——合理建设工期；

n——施工年度；

F_n——建设期间资金流量表内第n年的投资；

p——年物价指数。

（二）建设期融资利息

计算公式为

$$S=\sum_{n=1}^{N}\left[\left(\sum_{m=1}^{n}F_mb_m-\frac{1}{2}F_nb_n\right)+\sum_{m=0}^{n-1}S_m\right]i$$

式中　S——建设期融资利息；

N——合理建设工期；

n——施工年度；

m——还息年度；

F_n、F_m——在建设期资金流量表内的第n、m年的投资；

b_n、b_m——各施工年份融资额占当年投资比例；

i——建设期融资利率；

S_m——第 m 年的付息额度。

例：建设期融资利息计算。

某水库工程一至四部分建筑安装工程费为 15000 万元，设备费为 1500 万元，独立费用为 3000 万元，基本预备费 1170 万元，建设工期为 3 年，政府投资为 80%，其余为贷款，年贷款利率为 6%，按年计息，建设期间只计息不支付，各年度投资比例分别为 30%、50%、20%，求其建设期融资利息（计算结果均保留两位小数）。

解：建设期融资利息的计算按当年借款在年中支付考虑，即当年贷款按半年计息，上年贷款按全年计息。各年应计利息=（年初借款本息累计+当年借款额/2）×年利率。

工程静态总投资为 15000+1500+3000+1170=20670（万元），总贷款额度为 20670×20%=4134（万元）。

第一年贷款额度为 4134×30%=1240.20（万元）

第二年贷款额度为 4134×50%=2067（万元）

第三年贷款额度为 4134×20%=826.80（万元）

第一年融资利息为 1240.20/2×6%=37.21（万元）

第二年融资利息为（1240.20+37.21+2067/2）×6%=138.65（万元）

第三年融资利息为(1240.20+37.21+2067+138.65+826.80/2）×6%=233.79（万元）

建设期融资利息合计为 37.21+138.65+233.79=409.65（万元）

（三）静态总投资

工程一至五部分投资与基本预备费之和构成工程部分静态总投资。编制工程部分总概算表时。在第五部分独立费用之后，应顺序计列以下项目：一至五部分投资合计；基本预备费；静态投资。

工程部分、建设征地移民补偿、环境保护工程、水土保持工程和其他专项工程的静态投资之和构成静态总投资。

（四）总投资

静态总投资、价差预备费、建设期融资利息之和构成总投资。

编制工程概算总表时，在工程投资总计中应顺序计列以下项目：静态总投资（汇总各部分静态投资）；价差预备费；建设期融资利息；总投资。

例：静态总投资与总投资计算。

某河道工程概算一至五部分投资合计为 20000 万元，基本预备费 1000 万元，建设征地移民补偿、环境保护工程、水土保持工程静态投资分别为 1000 万元、300 万元、200 万元，价差预备费为 400 万元，建设期融资利息为 600 万元，分别计算本工程项目的静态总投资和总投资。

解：工程部分、建设征地移民补偿、环境保护工程、水土保持工程的静态投资之和构成静态总投资。

工程部分静态投资为 20000+1000=21000（万元）；

静态总投资为21000＋1000＋300＋200＝22500（万元）；

静态总投资、价差预备费、建设期融资利息之和构成总投资。

总投资为22500＋400＋600＝23500（万元）。

六、投资估算编制

（一）概述

投资估算是项目建议书和可行性研究报告的重要组成部分。

投资估算与初步设计概算在组成内容、项目划分和费用构成上基本相同，但两者设计深度不同，投资估算可根据《水利水电工程项目建议书编制规程》（SL 617—2013）或《水利水电工程可行性研究报告编制规程》（SL 618—2013）的有关规定，对初步设计概算编制规定中部分内容进行适当简化、合并或调整。

设计阶段和设计深度决定了两者编制方法有所不同。

（二）编制方法及计算标准

1. 基础单价

基础单价编制与概算相同。

2. 建筑、安装工程单价

投资估算主要建筑、安装工程单价编制与初步设计概算单价相同，一般均采用概算定额，鉴于概算定额尚未颁布，工程单价采用预算定额编制，考虑到投资估算工作深度和精度，以及施工中允许的超挖量、超填量、合理的施工附加量等的合理消耗量，应乘以1.1的扩大系数。

3. 分部工程估算编制

（1）建筑工程。主体建筑工程、交通工程、房屋建筑工程编制方法基本与概算相同。其他建筑工程可视工程具体情况和规模按主体建筑工程投资的1%～3%计算。

（2）机电设备及安装工程。主要机电设备及安装工程编制方法基本与概算相同。其他机电设备及安装工程原则上根据工程项目计算投资，若设计深度不满足要求，可根据装机规模按占主要机电设备费的百分率或单位千瓦指标计算。

（3）金属结构设备安装工程。编制方法基本与概算相同。

（4）施工临时工程。编制方法基本与概算相同。

（5）独立费用。编制方法基本与概算相同。

4. 分年度投资及资金流量

投资估算由于工作深度仅计算分年度投资而不计算资金流量。

5. 预备费、建设期融资利息、静态总投资、总投资

可行性研究投资估算基本预备费费率取10%；项目建议书阶段基本预备费费率取15%。价差预备费等同初步设计概算。

第五节 水利工程工程量清单编制

建设部批准发布的《水利工程工程量清单计价规范》（GB 50501—2007），结合水

利工程建设的特点，充分考虑了水利工程建设的特殊性，总结了长期以来我国水利工程在招标投标中编制工程量计价清单和施工合同管理中计量支付工作的经验，对规范水利工程工程量清单计价行为，统一水利工程工程量清单的编制和计价方法起到了重要作用。

工程量清单计价规范包括总则、术语、工程量清单编制、工程量清单计价、工程量清单及其计价格式、附录A、附录B、规范用词说明等部分。

本节根据附录A水利建筑工程工程量清单项目及计算规则和附录B水利安装工程工程量清单项目及计算规则，介绍水利工程的工程量清单项目及工程量计算规则。

一、水利建筑工程工程量清单项目及计算规则

（一）土方开挖工程

土方开挖工程的清单项目包括场地平整、一般土方开挖、渠道土方开挖、沟槽土方开挖、坑土方开挖、砂砾石开挖、平洞土方开挖、斜洞土方开挖、竖井土方开挖、其他土方开挖工程。

（1）除场地平整按招标设计图示场地平整面积计量外，其他项目都按招标设计图示轮廓尺寸计算的有效自然方体积计量。施工过程中增加的超挖量和施工附加量所发生的费用，应摊入有效工程量的工程单价中。

（2）夹有孤石的土方开挖，大于0.7m^3的孤石按石方开挖计量。

（3）土方开挖工程清单项目均包括弃土运输的工作内容，开挖与运输不在同一标段的工程，应分别选取开挖和运输的工作内容计量。

（二）石方开挖工程

石方开挖工程的清单项目包括一般石方开挖、坡面石方开挖、渠道石方开挖、沟槽石方开挖、坑石方开挖、保护层石方开挖、平洞石方开挖、斜洞石方开挖、竖井石方开挖、洞室石方开挖、窑洞石方开挖、预裂爆破、其他石方开挖工程。

（1）除预裂爆破按招标设计图示尺寸计算的面积计量外，其他项目都按招标设计图示轮廓尺寸计算的有效自然方体积计量。施工过程中增加的超挖量和施工附加量所发生的费用，应摊入有效工程量的工程单价中。

（2）石方开挖均包括弃渣运输的工作内容，开挖与运输不在同一标段的工程，应分别选取开挖与运输的工作内容计量。

（三）土石方填筑工程

土石方填筑工程清单项目包括一般土方填筑、黏土料填筑、人工掺合料填筑、防渗风化料填筑、反滤料填筑、过渡层料填筑、垫层料填筑、堆石料填筑、石渣料填筑、石料抛投、钢筋笼块石抛投、混凝土块抛投、袋装土方填筑、土工合成材料铺设、水下土石填筑体拆除、其他土石方填筑工程。

（1）石料抛投、钢筋笼块石抛投、混凝土块抛投，按招标设计文件要求，以抛投体积计量；袋装土方填筑，按招标设计图示尺寸计算的填筑体有效体积计量；土工合成材料铺设，按招标设计图示尺寸计算的有效面积计量；水下土石填筑体拆除，按招标设计文件要求，以拆除前后水下地形变化计算的体积计量；其他项目按招标设计图

示尺寸计算的填筑体有效压实方体积计量。施工过程中增加的超填量、施工附加量、填筑体及基础的沉陷损失、填筑操作损耗等所发生的费用，应摊入有效工程量的工程单价中。

（2）钢筋笼块石的钢筋笼加工，按招标设计文件要求和钢筋、钢构件加工及安装工程的计量计价规则计算，摊入钢筋笼块石抛投有效工程量的工程单价中。

（四）疏浚和吹填工程

疏浚和吹填工程清单项目包括船舶疏浚、其他机械疏浚、船舶吹填、其他机械吹填、其他疏浚和吹填工程。

（1）在江河、水库、港湾、湖泊等处的疏浚工程（包括排泥于水中或陆地），按招标设计图示轮廓尺寸计算的水下有效自然方体积计量。施工过程中疏浚设计断面以外增加的超挖量、施工期自然回淤量、开工展布与收工集合、避险与防干扰措施、排泥管安拆移动以及使用辅助船只等所发生的费用，应摊入有效工程量的工程单价中。辅助工程（如浚前扫床和障碍物清除，排泥区围堰、隔埂、退水口及排水渠等项目）另行计量计价。

（2）吹填工程按招标设计图示轮廓尺寸计算（扣除吹填区围堰、隔埂等的体积）的有效吹填体积计量。施工过程中吹填土体沉陷量、原地基因上部吹填荷载而产生的沉降量和泥沙流失量、对吹填区平整度要求较高的工程配备的陆上土方机械等所发生的费用，应摊入有效工程量的工程单价中。辅助工程（如浚前扫床和障碍物清除、排泥区围堰、隔埂、退水口及排水渠等项目）另行计量计价。

（3）利用疏浚工程排泥进行吹填的工程，疏浚和吹填价格分别按招标设计文件的规定执行。

（五）砌筑工程

砌筑工程清单项目包括干砌块石、钢筋（铅丝）石笼、浆砌块石、浆砌卵石、浆砌条（料）石、砌砖、干砌混凝土预制块、浆砌混凝土预制块、砌体拆除、砌体砂浆抹面、其他砌筑工程。

（1）砌体拆除按招标设计图示尺寸计算的拆除体积计量，砌体砂浆抹面按招标设计图示尺寸计算的有效抹面面积计量，其他项目按招标设计图示尺寸计算的有效砌筑体积计量。施工过程中的超砌量、施工附加量、砌筑操作损耗等所发生的费用，应摊入有效工程量的工程单价中。

（2）钢筋（铅丝）石笼笼体加工和砌筑体拉结筋，按招标设计图示要求和钢筋、钢构件加工及安装工程的计量计价规则计算，分别摊入钢筋（铅丝）石笼和埋有拉结筋砌筑体的有效工程量的工程单价中。

（六）喷锚支护工程

喷锚支护工程清单项目包括注浆黏结锚杆、水泥卷锚杆、普通树脂锚杆、加强锚杆束、预应力锚杆、其他黏结锚杆、单锚头预应力锚索、双锚头预应力锚索、岩石面喷浆、混凝土面喷浆、岩石面喷混凝土、钢支撑加工、钢支撑安装、钢筋格构架加工、钢筋格构架安装、木支撑安装、其他锚喷支护工程。

（1）锚杆（包括系统锚杆和随机锚杆）按招标设计图示尺寸计算的有效根（或束）

数计量。钻孔、锚杆或锚杆束、附件、加工及安装过程中操作损耗等所发生的费用，应摊入有效工程量的工程单价中。

（2）锚索按招标设计图示尺寸计算的有效束数计量。钻孔、锚索、附件、加工及安装过程中操作损耗等所发生的费用，应摊入有效工程量的工程单价中。

（3）喷浆按招标设计图示范围的有效面积计量，喷混凝土按招标设计图示范围的有效实体方体积计量。由于被喷表面超挖等原因引起的超喷量、施喷回弹损耗量、操作损耗等所发生的费用，应摊入有效工程量的工程单价中。

（4）钢支撑加工、钢支撑安装、钢筋格构架加工、钢筋格构架安装，按招标设计图示尺寸计算的钢支撑或钢筋格构架及附件的有效质量（含两榀钢支撑或钢筋格构架间连接钢材、钢筋等的用量）计量。计算钢支撑或钢筋格构架质量时，不扣除孔眼的质量，也不增加电焊条、铆钉、螺栓的质量。一般情况下钢支撑或钢筋格构架不拆除，如需拆除，招标人应另外支付拆除费用。

（5）木支撑安装按耗用木材体积计量。

（6）其他说明。喷浆和喷混凝土工程中如设有钢筋网，按钢筋、钢构件加工及安装工程的计量计价规则另行计量计价。

（七）钻孔和灌浆工程

钻孔和灌浆工程清单项目包括砂砾石层帷幕灌浆（含钻孔）、土坝（堤）劈裂灌浆（含钻孔）、岩石层钻孔、混凝土层钻孔、岩石层帷幕灌浆、岩石层固结灌浆、回填灌浆（含钻孔）、检查孔钻孔、检查孔压水试验、检查孔灌浆、接缝灌浆、接触灌浆、排水孔、化学灌浆、其他钻孔和灌浆工程。

（1）砂砾石层帷幕灌浆、土坝坝体劈裂灌浆，按招标设计图示尺寸计算的有效灌浆长度计量。钻孔、检查孔钻孔灌浆、浆液废弃、钻孔灌浆操作损耗等所发生的费用，应摊入砂砾石层帷幕灌浆、土坝坝体劈裂灌浆有效工程量的工程单价中。

（2）岩石层钻孔、混凝土层钻孔，按招标设计图示尺寸计算的有效钻孔进尺，按用途和孔径分别计量。有效钻孔进尺按钻机钻进工作面的位置开始计算。先导孔或观测孔取芯、灌浆孔取芯和扫孔等所发生的费用，应摊入岩石层钻孔、混凝土层钻孔有效工程量的工程单价中。

（3）直接用于灌浆的水泥或掺合料的干耗量按设计净耗灰量计量。

（4）岩石层帷幕灌浆、岩石层固结灌浆，按招标设计图示尺寸计算的有效灌浆长度或设计净干耗灰量（水泥或掺合料的注入量）计量。补强灌浆、浆液废弃、灌浆操作损耗等所发生的费用，应摊入岩石层帷幕灌浆、岩石层固结灌浆有效工程量的工程单价中。

（5）隧洞回填灌浆按招标设计图示尺寸规定的计量角度，计算设计衬砌外缘弧长与灌浆段长度乘积的有效灌浆面积计量。混凝土层钻孔、预埋灌浆管路、预留灌浆孔的检查和处理、检查孔钻孔和压浆封堵、浆液废弃、灌浆操作损耗等所发生的费用，应摊入有效工程量的工程单价中。

（6）高压钢管回填灌浆按招标设计图示衬砌钢板外缘全周长乘以回填灌浆钢板衬砌段长度计算的有效灌浆面积计量。连接灌浆管、检查孔回填灌浆、浆液废弃、灌浆操作损耗等所发生的费用，应摊入有效工程量的工程单价中。钢板预留灌浆孔封堵不属于回填灌浆的工作内容，应计入压力钢管的安装费中。

(7) 检查孔钻孔、检查孔压水试验、检查孔灌浆分别按招标设计要求计算的有效钻孔进尺、压水试验的试段数、有效灌浆长度计量，一般适用于坝(堰)基岩石帷幕、固结灌浆效果检查，混凝土浇筑质量检查。

(8) 接缝灌浆、接触灌浆，按招标设计图示尺寸计算的混凝土施工缝(或混凝土坝体与坝基、岸坡岩体的接触缝)有效灌浆面积计量。灌浆管路、灌浆盒及止浆片的制作、埋设、检查和处理，钻混凝土孔、灌浆操作损耗等所发生的费用，应摊入接缝灌浆、接触灌浆有效工程量的工程单价中。

(9) 排水孔按招标设计图示尺寸计算的有效钻孔进尺计量。

(10) 化学灌浆按招标设计图示化学灌浆区域需要各种化学灌浆材料的有效总质量计量。化学灌浆试验、灌浆过程中操作损耗等所发生的费用，应摊入有效工程量的工程单价中。

(11) 其他说明。钻孔和灌浆工程清单项目的工作内容不包括招标文件规定按总价报价的钻孔取芯样的检验试验费和灌浆试验费。

(八) 基础防渗和地基加固工程

基础防渗和地基加固工程清单项目包括混凝土地下连续墙、高压喷射注浆连续防渗墙、高压喷射水泥搅拌桩、混凝土灌注桩(泥浆护壁钻孔灌注桩、锤击或振动沉管灌注桩)、钢筋混凝土预制桩、振冲桩加固地基、钢筋混凝土沉井、钢制沉井、其他基础防渗和地基加固工程。

(1) 混凝土地下连续墙、高压喷射注浆连续防渗墙，按招标设计图示尺寸计算不同墙厚的有效连续墙体截水面积计量；高压喷射水泥搅拌桩，按招标设计图示尺寸计算的有效成孔长度计量。造(钻)孔、灌注槽孔混凝土(灰浆)、操作损耗等发生的费用，应摊入有效工程量的工程单价中。混凝土地下连续墙与帷幕灌浆结合的墙体内预埋灌浆管、墙体内观测仪器(观测仪器的埋设、率定、下设桁架等)及钢筋笼下设(指保护预埋灌浆管的钢筋笼的加工、运输、垂直下设及孔口对接等)，另行计量计价。

(2) 地下连续墙施工的导向槽、施工平台，另行计量计价。

(3) 混凝土灌注桩按招标设计图示尺寸计算的钻孔(沉管)灌注桩灌注混凝土的有效体积(不含灌注于桩顶设计高程以上需要挖去的混凝土)计量。检验试验、灌注于桩顶设计高程以上需要挖去的混凝土、钻孔(沉管)灌注混凝土的操作损耗等所发生的费用和周转使用沉管的费用，应摊入有效工程量的工程单价中。钢筋笼按钢筋、钢构件加工及安装工程的计量计价规则另行计量计价。

(4) 钢筋混凝土预制桩按招标设计图示桩径、桩长，以有效根数计量。地质复勘，检验试验，预制桩制作(或购置)，运桩、打桩和接桩过程中的操作损耗等所发生的费用，应摊入有效工程量的工程单价中。

(5) 振冲桩加固地基按招标设计图示尺寸计算的有效振冲成孔长度计量。振冲试验、振冲桩体密实度和承载力等的检验、填料及在振冲造孔填料振密过程中的操作损耗等所发生的费用，应摊入有效工程量的工程单价中。

(6) 沉井按符合招标设计图示尺寸需要形成的水面(或地面)以下有效空间体积计量。地质复勘、检验试验和沉井制作、运输、清基或水中筑岛、沉放、封底、操作损耗等所发生的费用，应摊入有效工程量的工程单价中。

（九）混凝土工程

混凝土工程清单项目包括普通混凝土、碾压混凝土、水下浇筑混凝土、膜袋混凝土、预应力混凝土、二期混凝土、沥青混凝土、止水工程、伸缩缝、混凝土凿除、其他混凝土工程。

（1）普通混凝土按招标设计图示尺寸计算的有效实体方体积计量。体积小于 $0.1m^3$ 的圆角或斜角，钢筋和金属件占用的空间体积小于 $0.1m^3$ 或截面面积小于 $0.1m^2$ 的孔洞、排水管、预埋管和凹槽等的工程量不予扣除。按设计要求对上述孔洞所回填的混凝土也不重复计量。施工过程中由于超挖引起的超填量，冲（凿）毛、拌和、运输和浇筑过程中的操作损耗所发生的费用（不包括以总价承包的混凝土配合比试验费），应摊入有效工程量的工程单价中。

（2）温控混凝土与普通混凝土的工程量计算规则相同，温控措施费应摊入相应温控混凝土的工程单价中。

（3）混凝土冬期施工中对原材料（如砂石料）加温、热水拌和、成品混凝土的保温等措施所发生的冬期施工增加费应包含在相应混凝土的工程单价中。

（4）碾压混凝土按招标设计图示尺寸计算的有效实体方体积计量。施工过程中由于超挖引起的超填量，冲（刷）毛、拌和、运输和碾压过程中的操作损耗所发生的费用（不包括配合比试验和生产性碾压试验的费用），应摊入有效工程量中的工程单价中。

（5）水下浇筑混凝土按招标设计图示浇筑前后水下地形变化计算的有效体积计量。拌和、运输和浇筑过程中的操作损耗所发生的费用，应摊入有效工程量的工程单价中。

（6）膜袋混凝土、预应力混凝土按招标设计图示尺寸计算的有效实体方体积计量。预应力混凝土中钢筋、锚索、钢管、钢构件、埋件等所占用的空间体积不予扣除。锚索及其附件的加工、运输、安装、张拉、注浆封闭、混凝土浇筑过程中操作损耗等所发生的费用，应摊入有效工程量的工程单价中。

（7）二期混凝土按招标设计图示尺寸计算的有效实体方体积计量。钢筋和埋件等所占用的空间不予扣除。拌和、运输和浇筑过程中的操作损耗所发生的费用，应摊入有效工程量的工程单价中。

（8）沥青混凝土按招标设计防渗心墙及防渗面板的防渗层、整平胶结层和加厚层沥青混凝土图示尺寸计算的有效体积计量；封闭层按招标设计图示尺寸计算的有效面积计量。施工过程中由于超挖引起的超填量及拌和、运输和摊铺碾压过程中的操作损耗所发生的费用（不包括室内试验、现场试验和生产性试验的费用），应摊入有效工程量的工程单价中。

（9）止水工程按招标设计图示尺寸计算的有效长度计量。止水片的搭接长度、加工及安装过程中操作损耗等所发生的费用，应摊入有效工程量的工程单价中。

（10）伸缩缝按招标设计图示尺寸计算的有效面积计量。缝中填料及其在加工及安装过程中操作损耗等所发生的费用，应摊入有效工程量的工程单价中。

（11）混凝土凿除按招标设计图示凿除范围内的实体方体积计量。

（12）混凝土工程中的小型钢构件，如温控需要的冷却水管、预应力混凝土中固定锚索位置的钢管等所发生的费用，应分别摊入相应混凝土有效工程量的工程单价中。

(13) 其他说明。

混凝土拌和与浇筑分属两个投标人时，价格分界点按招标文件的规定执行。

当开挖与混凝土浇筑分属两个投标人时，混凝土工程按开挖实测断面计算工程量，相应由于超挖引起的超填量所发生的费用，不摊入混凝土有效工程量的工程单价中。

招标人如要求将模板使用费摊入混凝土工程单价中，各摊入模板使用费的混凝土工程单价应包括模板周转使用摊销费。

(十) 模板工程

模板工程清单项目包括普通模板、滑动模板、移置模板、其他模板工程。

(1) 立模面积为混凝土与模板的接触面积，坝体纵、横缝键槽模板的立模面积按各立模面在竖直面上的投影面积计算（即与无键槽的纵、横缝立模面积计算相同）。

(2) 模板工程中的普通模板包括平面模板、曲面模板、异型模板、预制混凝土模板等；其他模板包括装饰模板等。

(3) 模板按招标设计图示混凝土建筑物（包括碾压混凝土和沥青混凝土）结构体形、浇筑分块和跳块顺序要求所需有效立模面积计量。不与混凝土面接触的模板面积不予计量。模板面板和支撑构件的制作、组装、运输、安装、埋设、拆卸及修理过程中操作损耗等所发生的费用，应摊入有效工程量的工程单价中。

(4) 不构成混凝土永久结构、作为模板周转使用的预制混凝土模板，应计入吊运、吊装的费用。构成永久结构的预制混凝土模板，按预制混凝土构件计算。

(5) 模板制作安装中所用钢筋、小型钢构件，应摊入相应模板有效工程量的工程单价中。

(6) 模板工程结算的工程量，按实际完成周转使用的有效立模面积计算。

(十一) 钢筋、钢构件加工及安装工程

钢筋、钢构件加工及安装工程清单项目包括钢筋加工及安装、钢构件加工及安装。

(1) 钢筋加工及安装按招标设计图示计算的有效质量计量。施工架立筋、搭接、焊接、套筒连接、加工及安装过程中操作损耗等所发生的费用，应摊入有效工程量的工程单价中。

(2) 钢构件加工及安装，指用钢材（如型材、管材、板材、钢筋等）制成的构件、埋件，按招标设计图示钢构件的有效质量计量。有效质量中不扣减切肢、切边和孔眼的质量，不增加电焊条、铆钉和螺栓的质量。施工架立件、搭接、焊接、套筒连接、加工及安装过程中的操作损耗等所发生的费用，应摊入有效工程量的工程单价中。

(十二) 预制混凝土工程

预制混凝土工程清单项目包括预制混凝土构件、预制混凝土模板、预制预应力混凝土构件、预应力钢筒混凝土（PCCP）输水管道安装、混凝土预制件吊装、其他预制混凝土工程。

(1) 预制混凝土构件、预制混凝土模板、预制预应力混凝土构件按招标设计图示尺寸计算的有效实体方体积计量。预应力钢筒混凝土（PCCP）输水管道安装按招标设计图示尺寸计算的有效安装长度计量。计算有效体积时，不扣除埋设于构件体内的埋件、钢筋、预应力锚索及附件等所占体积。预制混凝土价格包括预制、预制场内吊装、堆存等所发生的全部费用。

（2）混凝土预制件吊装按招标设计要求，以安装预制件的体积计量。

（3）构成永久结构混凝土工程有效实体、不周转使用的预制混凝土模板，按预制混凝土构件计量。

（4）预制混凝土工程中的模板、钢筋、埋件、预应力锚索及附件、加工及安装过程中操作损耗等所发生的费用，应摊入有效工程量的工程单价中。

（十三）其他建筑工程

其他建筑工程包括其他永久建筑工程、其他临时建筑工程。

（1）其他建筑工程是指上述工程未涵盖的其他建筑工程项目，如厂房装修工程，水土保持、环境保护工程中的林草工程等，按其他建筑工程编码。

（2）其他建筑工程可按项为单位计量。

二、水利安装工程工程量清单项目及计算规则

（一）机电设备安装工程

机电设备安装工程清单项目包括水轮机设备安装，水泵一水轮机设备安装，大型泵站水泵设备安装，调速器及油压装置设备安装，发电机设备安装，发电机一电动机设备安装，大型泵站电动机设备安装，励磁系统设备安装，主阀设备安装，桥式起重机设备安装，轨道安装，滑触线安装，水力机械辅助设备安装，发电电压设备安装，发电机一电动机静止变频启动装置（SFC）安装，厂用电系统设备安装，照明系统安装，电缆安装及敷设，发电电压母线安装，接地装置安装，主变压器设备安装，高压电气设备安装，一次拉线安装，控制、保护、测量及信号系统设备安装，计算机监控系统设备安装，直流系统设备安装，工业电视系统设备安装，通信系统设备安装，电工实验室设备安装，消防系统设备安装，通风、空调、采暖及其监控设备安装，机修设备安装，电梯设备安装，其他机电设备安装工程。

（1）机电主要设备安装工程项目组成包括水轮机（水泵一水轮机）、大型泵站水泵、调速器及油压装置、发电机（发电机一电动机）、大型泵站电动机、励磁系统、主阀、桥式起重机、主变压器等设备，均由设备本体和附属设备及埋件组成，按招标设计图示的数量计量。

（2）机电其他设备安装工程项目组成如下：

① 轨道安装。轨道安装包括起重设备、变压器设备等所用轨道。按招标设计图示尺寸计算的有效长度计量。

② 滑触线安装。包括各类移动式起重机设备滑触线。按招标设计图示尺寸计算的有效长度计量。

③ 水力机械辅助设备安装。包括全厂油、水、气系统的透平油、绝缘油、技术供水、水力测量、消防用水、设备检测排水、渗漏排水、上库及压力钢管充水、低压压气和高压压气等系统设备和管路。按招标设计图示的数量计量。

④ 发电电压设备安装。包括发电机中性点设备、发电机定子主引出线至主变压器低压套管间的电气设备、分支线电气设备、断路器、隔离开关、电流互感器、电压互

感器、避雷器、电抗器、电气制动开关等，抽水蓄能电站与启动回路器有关的断路器和隔离开关等设备。按招标设计图示的数量计量。

⑤ 发电机一电动机静止变频启动装置（SFC）安装。包括抽水蓄能电站机组和大型泵站机组静止变频启动装置的输入及输出变压器、整流及逆变器、交流电抗器、直流电抗器、过电压保护装置及控制保护设备等。按招标设计图示的数量计量。

⑥ 厂用电系统设备安装。包括厂用电和厂坝区用电系统的厂用变压器、配电变压器、柴油发电机组、高低压开关柜（屏）、配电盘、动力箱、启动器、照明屏等设备。按招标设计图示的数量计量。

⑦ 照明系统安装。包括照明灯具、开关、插座、分电箱、接线盒、线槽板、管线等器具和附件。按招标设计图示的数量计量。

⑧ 电缆安装及敷设。包括 35kV 及以下高压电缆、动力电缆、控制电缆和光缆及其附件、电缆支架、电缆桥架、电缆管等。

⑨ 发电电压母线安装。包括发电电压主母线、分支母线及发电机中性点母线、套管、绝缘子及金具等。

⑩ 接地装置安装。包括全厂公用和分散设备的接地网的接地极、接地母线、避雷针等。

⑪ 高压电气设备安装。包括高压组合电器（GIS）、六氟化硫断路器、少油断路器、空气断路器、隔离开关、互感器、避雷器、高频阻波器、耦合电容器、结合滤波器、绝缘子、母线、110kV 及以上高压电缆、高压管道母线等设备及配件。

⑫ 一次拉线安装。包括变电站母线、母线引下线、设备连接线、架空地线、绝缘子和金具。

⑬ 控制、保护、测量及信号系统设备安装。包括发电厂和变电站控制、保护、操作、计量，继电保护信息管理，安全自动装置等的屏、台、柜、箱及其他二次屏（台）等设备。

⑭ 计算机监控系统设备安装。包括全厂计算机监控系统的主机、工作站、服务器、网络、现地控制单元（LCU）、不间断电源（UPS）、全球卫星定位系统（GPS）等。

⑮ 直流系统设备安装。包括蓄电池组、充电设备、浮充电设备、直流配电屏（柜）等。

⑯ 工业电视系统设备安装。包括主控站、分控站、转换站、前端等设备及光缆、视频电缆、控制电缆、电源电缆（线）等设备。

⑰ 通信系统设备安装。包括载波通信、程控通信、生产调度通信、生产管理通信、卫星通信、光纤通信、信息管理系统等设备及通信线路等。

⑱ 电工实验室设备安装。包括为电气试验而设置的各种设备、仪器、表计等。

⑲ 消防系统设备安装。包括火灾报警及其控制系统、水喷雾及气体灭火装置、消防电话广播系统、消防器材及消防管路等设备。

⑳ 通风、空调、采暖及其监控设备安装。包括全厂制冷（热）机组及水泵、风机、空调器、通风空调监控系统、采暖设备、风管及管路、调节阀和风口等。

㉑ 机修设备安装。包括为机组、金属结构及其他机械设备的检修所设置的车、刨、铣、锯、磨、插、钻等机床，以及电焊机、空气锤等机修设备。

㉒ 电梯设备安装。包括工作电梯、观光电梯等电梯设备及电梯电气设备。

㉓ 其他机电设备安装。包括小型起重设备、保护网、铁构件、轨道阻进器等。

（3）以长度或质量计算的机电设备装置性材料，如电缆、母线、轨道等，按招标设计图示尺寸计算的有效长度或质量计量。运输、加工及安装过程中的操作损耗所发生的费用，应摊入有效工程量的工程单价中。

（4）机电设备安装工程费。包括设备安装前的开箱检查、清扫、验收、仓储保管、防腐、油漆、安装现场运输，主体设备及随机成套供应的管路与附件安装，现场试验、调试、试运行及移交生产前的维护、保养等工作所发生的费用。

（二）金属结构设备安装工程

金属结构设备安装工程清单项目包括门式起重机设备安装、油压启闭机设备安装、卷扬式启闭机设备安装、升船机设备安装、闸门设备安装、拦污栅设备安装、一期埋件安装、压力钢管安装、其他金属结构设备安装工程。

（1）金属结构设备安装工程项目组成内容如下：

① 启闭机、闸门、拦污栅设备，均由设备本体和附属设备及埋件组成。

② 升船机设备。升船机设备包括各型垂直升船机、斜面升船机、桥式平移及吊杆式升船机等设备本体和附属设备及埋件等。

③ 其他金属结构设备。其他金属结构设备包括电动葫芦、清污机、储门库、闸门压重物、浮式系船柱及小型金属结构构件等。

（2）起重机、启闭机、升船机按招标设计图示的数量计量。

（3）以质量为单位计算工程量的金属结构设备或装置性材料，如闸门、拦污栅、埋件、高压钢管等，按招标图示尺寸计算的有效质量计量。运输、加工及安装过程中的操作损耗所发生的费用，应摊入有效工程量的工程单价中。

（4）金属结构设备安装工程费。包括设备及附属设备验收、接货、涂装、仓储保管，焊缝检查及处理，安装现场运输，设备本体和附件及埋件安装、设备安装调试、试运行，质量检查和验收、完工验收前的维护等工作内容所发生的费用。

（三）安全监测设备采购及安装工程

安全监测设备采购及安装工程清单项目包括工程变形监测控制网设备采购及安装，变形监测设备采购及安装，应力、应变及温度监测设备采购及安装，渗流监测设备采购及安装，环境量监测设备采购及安装，水力学监测设备采购及安装，结构振动监测设备采购及安装，结构强振监测设备采购及安装，其他专项监测设备采购及安装，工程安全监测自动化采集系统设备采购及安装，工程安全监测信息管理系统设备采购及安装，特殊监测设备采购及安装，施工期观测、设备维护、资料整理分析。

（1）安全监测工程中的建筑分类工程项目执行水利建筑工程工程量清单项目及计算规则，安全监测设备采购及安装工程包括设备费和安装工程费，在分类分项工程量清单中的单价或合价可分别以设备费、安装费分列表示。

（2）安全监测设备采购及安装工程工程量清单项目的工程量计算规则，按招标设计文件列示安全监测项目的各种仪器设备的数量计量。施工过程中仪表设备损耗、备品备件等所发生的费用，应摊入有效工程量中的工程单价中。

（3）施工期观测、设备维护、资料整理分析按招标文件规定的项目计量。

三、措施项目清单、其他项目清单与零星工作项目清单编制

措施项目清单，应根据招标工程的具体情况，参照表3-5-1中项目列项。出现表中未列项目时，根据招标工程的规模、涵盖的内容等具体情况，编制人可补充。

表3-5-1　措施项目一览表

序号	项目名称
1	环境保护措施
2	文明施工措施
3	安全防护措施
4	小型临时工程
5	施工企业进退场费
6	大型施工设备安拆费
⋮	⋮

措施项目清单的金额，应根据招标文件的要求以及工程的施工方案，以每一项措施项目为单位，按项计价。

其他项目清单，暂列预留金一项，编制人可根据招标工程具体规定进行补充，一般由招标人按估算金额确定。

零星工作项目清单，编制人应根据招标工程具体情况，对工程实施过程中可能发生的变更或新增加的零星项目，列出人工（按工种）、材料（按名称和规格）、机械（按名称和型号规格）的计量单位，并随工程量清单发至招标人，其单价由投标人确定。

第六节　水利工程投标报价编制

一、投标报价的原则

投标报价的编制主要是投标人对承建招标工程所要发生的各种费用的计算。在进行投标计算时，有必要根据招标文件进行工程量复核或计算。作为投标计算的必要条件，应预先确定施工方案和施工进度，此外，投标计算还必须与采用的合同形式相协调。报价是投标的关键性工作，报价是否合理直接关系投标的成败。

（1）以招标文件中设定的发承包双方责任划分，作为考虑投标报价费用项目和费用计算的基础；根据工程发承包模式考虑投标报价的费用内容和计算深度。

（2）以施工方案、技术措施等作为投标报价计算的基本依据。

（3）以反映企业技术和管理水平的企业定额作为计算人工、材料和机械台班消耗量的基本依据。

（4）充分利用现场考察、调研成果、市场价格信息和行情资料编制投标报价。

（5）报价计算方法要科学严谨、简明适用。

二、投标报价的计算依据

（1）招标人提供的招标文件。

（2）招标人提供的设计图纸、工程量清单及有关的技术说明书等。

（3）国家及地区颁发的现行建筑安装工程预算定额及与之相配套执行的各种费用定额及规定等。

（4）地方现行材料预算价格、采购地点及供应方式等。

（5）招标文件补充、答疑材料。

（6）企业内部制定的有关定额、取费、价格等标准。

（7）其他与报价计算有关的各项政策、规定及调整系数等。

（8）在报价的计算过程中，对于不可预见费用的计算必须慎重考虑，不要遗漏。

三、投标报价的编制方法

投标报价的编制方法是以定额法为主、实物量法和其他方法为辅、多种方法并用的综合分析法。

执行《水利工程工程量清单计价规范》（GB 50501—2007）的工程项目，在计算投标报价时，投标人填入工程量清单中的单价应包括直接费（人工费、材料费、机械使用费和季节、夜间、高原、风沙等原因增加的直接费）、施工管理费、企业利润和税金，并考虑风险因素等的全部费用。投标报价表包括封面、投标总价、工程项目总价表、分类分项工程量清单计价表、措施项目清单计价表、其他项目清单计价表、零星工作项目清单计价表，以及其他辅助表格。

填报分类分项工程量清单计价表时应重点注意以下问题：

（1）项目主要特征。应特别注意项目名称栏对应的项目主要特征，如规格、部位、类型等，这些特征将直接导致施工企业采用不同的施工方法，从而导致单价的不同。

（2）主要工作内容。必须确保所报的单价已经涵盖了该项目所要求的所有工作内容，否则，投标人很可能在施工时由于单价不完整而遭受损失。

（3）拟采用的施工方法。采用工程量清单计价，招标人所提供的工程数量是施工完成后的净值，而施工中的各种损耗和需要增加的工程量包含在投标人的报价中。采用不同的施工方法就会产生不同的损耗和工程量增加，从而导致单价的不同。

（4）投标人类似工程的经验数据。采用工程量清单计价，投标报价的形成是投标人自主决定的，反映投标人的自身实力，因此对类似工程经验数据的使用显得尤为重要，投标人必须事先对从事的不同类型的工程历史数据进行加工和整理，使经验数据与规范的项目设置规则有良好的接口，以提高报价的速度和准确性。

（5）对各生产要素的询价。由于市场价格尤其是人、材、机等重要生产要素的市场价格总是在不断变化，投标人必须能够充分把握现行的市场价格及其可能的发展趋势。主要的方法包括向有长期业务联系的供应商或制造商询价；从咨询公司购买价格信息；自行进行市场调查或信函询价；利用有关政府部门公布的信息资料等。

（6）风险预测。采用工程量清单计价，投标人对其投标的价格承担风险责任，因此投标人有必要在投标时对可能存在的风险做出预测，估计其对投标价格可能带来的影响，从而确定合理的风险费用，形成投标价格。

四、投标报价的编制程序

无论采用何种投标报价方法，一般都包括以下计算过程：

（1）复核工程量。投标价格计算之前，宜对工程量进行复核。复核主要是投标报价策略的需要。工程量存在漏量的项目，单价可以略微调高一些；反之，应该调低一些。漏项的内容，在投标报价中不予考虑，待将来索赔中计取。

（2）确定单价，计算合价。复核各个分类分项工程的工程量以后，就需要确定每一个分部分项工程的单价，并按照招标文件中工程量表的格式填写报价，一般是按照分类分项工程量内容和项目名称填写单价与合价。一般来说，投标人应建立自己的标准价格数据库，并据此计算工程的投标价格。在应用单价数据库针对某一具体工程进行投标报价时，需要对选用的单价进行审核评价与调整，使之符合拟投标工程的实际情况，反映市场价格的变化。

（3）确定工程分包费。来自分包人的工程分包费用是投标价格的一个重要组成部分，有时总承包人投标价格中的相当部分来自分包工程费。因此，在编制投标价格时需要有一个合适的价格来衡量分包人的价格，需要熟悉分包工程的范围，对分包人的能力进行评估。

（4）确定利润。利润指的是投标人的预期利润，确定利润取值的目标是考虑既可以获得最大的可能利润，又要保证投标价格具有一定的竞争性。投标报价时投标人应根据市场竞争情况确定该工程的利润率。

（5）确定风险费。风险费对投标人来说是一个未知数，如果预计的风险没有全部发生，则可能预计的风险费有剩余，这部分剩余加上预期利润就是盈余；如果风险费估计不足，则由利润来补贴。在投标时应该根据该工程规模及工程所在地的实际情况，由有经验的专业人员对可能的风险因素进行逐项分析后确定一个比较合理的费用比率。

（6）确定投标价格。将所有的合价汇总后就可以得到工程的总价，但是这样计算的工程总价还不能作为投标价格，因为计算出来的价格有些项目有可能重复也有可能漏算，还有可能某些费用的预估有偏差等，所以必须对计算出来的工程总价做某些必要的调整。调整投标价格应当建立在对工程盈亏分析的基础上，盈亏预测应用多种方法从多角度进行，找出计算中的问题以及分析采取哪些措施降低成本、增加盈利，确定最后投标报价。

五、投标报价的策略

投标报价策略是指投标人在投标竞争中的系统工作部署及其参与投标竞争的方式和手段。投标报价策略作为投标取胜的方式、手段和艺术，贯穿投标竞争的始终，内容十分丰富。常用的投标报价策略主要有以下几种方法。

（一）根据招标项目的不同特点采用不同报价

投标报价时，既要考虑自身优势和劣势，也要分析招标项目的特点。按照工程项目的不同特点、类别、施工条件等选择报价策略。

1. 遇到如下情况报价可高一些

施工条件差的工程；专业要求高的技术密集型工程，而投标人在这方面又有专长，声望也较高；总价低的小型工程，以及自己不愿做、又不方便不投标的工程；特殊的工程，如港口码头、地下开挖工程等；工期要求急的工程；投标对手少的工程；支付条件不理想的工程。

2. 遇到如下情况报价可低一些

施工条件好的工程；工作简单、工程量大而其他投标人都可以做的工程；投标人急于打入某一市场、某一地区，或在该地区面临工程结束，机械设备等无工地转移时；投标人在附近有工程，而本项目又可利用该工程的设备、劳务，或有条件短期内突击完成的工程；投标对手多，竞争激烈的工程；非急需工程；支付条件好的工程。

（二）不平衡报价法

不平衡报价法是指一个工程项目总报价基本确定后，通过调整内部各个项目的报价，以期既不提高总报价、不影响中标，又能在结算时得到更理想的经济效益。一般可考虑在以下几方面采用不平衡报价：

（1）能够早日结账收款的项目（如临时设施费、基础工程、土方开挖、桩基等）可适当提高单价。

（2）预计今后工程量会增加的项目，单价适当提高，这样在最终结算时可多盈利；将工程量可能减少的项目单价降低，工程结算时损失不大。

上述两种情况要统筹考虑，即对于工程量有错误的早期工程，如果实际工程量可能小于工程量表中的数量，则不能盲目抬高单价，要具体分析后再定。

（3）设计图纸不明确，估计修改后工程量要增加的，可以提高单价；而工程内容说明不清楚的，则可适当降低单价，待澄清后可再要求提价。

（4）暂定项目，对这类项目要具体分析。因为这类项目要在开工后再由招标人研究决定是否实施，以及由哪家投标人实施。如果工程不分标，不会由另一家投标人施工，则其中肯定要做的单价可高些，不一定做的则应低些。如果工程分标，该暂定项目也可能由其他投标人施工时，则不宜报高价，以免抬高总报价。

采用不平衡报价一定要建立在对工程量表中工程量仔细核对分析的基础上，特别是对报低单价的项目，如执行时工程量增多将造成投标人的重大损失；不平衡报价过多和过于明显，可能会引起招标人反对，甚至导致废标。

（三）计日工单价的报价

如果是单纯报计日工单价，而且不计入总价中，可以报高些，以便在招标人额外用工或使用施工机械时可多盈利。但如果计日工单价要计入总报价时，则需分析是否报高价，以免抬高总报价。总之，要分析招标人在开工后可能使用的计日工数量，再来确定报价方针。

（四）可供选择的项目的报价

有些工程项目的分项工程，招标人可能要求按某一方案报价，再提供几种可供选择方案的比较报价。投标时，应对不同规格情况下的价格进行调查，对于将来有可能被选择使用的规格应适当提高报价；对于技术难度大或其他原因导致的难以实现的规格，可将价格有意抬高一些，以阻挠招标人选用。但是，所谓“可供选择项目”并非由投标人任意选择，而是招标人才有权进行选择。因此，虽然适当提高了可供选择项目的报价，并不意味着肯定可以取得较高的利润，只是提供了一种可能性，一旦招标人今后选用，投标人即可得到额外加价的利益。

（五）暂定工程量的报价

暂定工程量有以下三种：

（1）招标人规定了暂定工程量的分项内容和暂定总价款，并规定所有投标人都必须在总报价中加入这笔固定金额，但由于分项工程量不准确，允许将来按投标人所报单价和实际完成的工程量付款。投标时应当对暂定工程量的单价适当提高。

（2）招标人列出了暂定工程量的项目的数量，但并没有限制这些工程量的估价总价款，要求投标人既列出单价，也应按暂定项目的数量计算总价，当将来结算付款时可按实际完成的工程量和所报单价支付。这种情况，投标人必须慎重考虑。如果单价定得过高，与其他工程量计价一样，将会抬高总报价，影响投标报价的竞争力；如果单价定得过低，将来这类工程量增大，将会影响收益。一般来说，这类工程量可以采用正常价格。如果投标人估计今后实际工程量肯定会增大，则可适当提高单价，使将来可增加额外收益。

（3）只有暂定工程的一笔固定总金额，将来这笔金额做什么用，由招标人确定。这种情况对投标竞争没有实际意义，按招标文件要求将规定的暂定款列入总报价即可。

（六）多方案报价法

对于一些招标文件，如果发现工程范围不明确，条款不清楚或不公正，或技术规范要求过于苛刻时，则要在充分估计投标风险的基础上，按多方案报价法处理。即按原招标文件报一个价，然后提出，如某条款变动，报价可降低，由此可报出一个较低的价。这样可以降低总价，吸引招标人。

（七）增加建议方案

有时招标文件中规定，可以提一个建议方案，即可以修改原设计方案，提出投标人的方案。投标人这时应抓住机会，组织一批有经验的设计和施工工程师，对原招标文件的设计和施工方案仔细研究，提出更合理的方案以吸引招标人，促成自己的方案中标。这种新建议方案可以降低总造价或缩短工期，或使工程运用更合理。但要注意对原招标方案一定也要报价。建议方案不要写得太具体，要保留方案的技术关键，防止招标人将此方案交给其他投标人。同时要强调的是，建议方案一定要比较成熟，有很好的可操作性。

（八）分包商报价的采用

总承包商通常应在投标前先取得分包商的报价，并增加总承包商摊入的一定的管理费，而后作为自己投标总价的一个组成部分，一并列入报价单中。应当注意，分包商在投标前可能同意接受总承包商压低其报价的要求，但总承包商中标后，他们常以种种理由要求提高分包价格，这将使总承包商处于十分被动的地位。解决的办法是，总承包商在投标前找2～3家分包商分别报价，而后选择其中一家信誉较好、实力较强而报价合理的分包商签订协议，同意该分包商作为本分包工程的唯一合作者，并将分包商的姓名列入投标文件中，但要求该分包商相应地提交投标保函。如果该分包商认为总承包商确实有可能中标，也许愿意接受这一条件。这种把分包商的利益与投标人捆在一起的做法，不但可以防止分包商事后反悔和涨价，还可能迫使分包时报出较合理的价格，以便共同中标。

（九）无利润报价

缺乏竞争优势的承包商，在不得已的情况下，只好在报价时根本不考虑利润而去夺标。这种办法一般是处于以下条件时采用：

（1）有可能在中标后，将大部分工程分包给索价较低的一些分包商。

（2）对于分期建设的项目，先以低价获得首期工程，而后赢得机会创造第二期工程中的竞争优势，并在以后的实施中盈利。

（3）较长时期内，投标人没有在建的工程项目，如果再不中标，就难以维持生存。因些，虽然本工程无利可图，但只要能有一定的管理费维持公司的日常运转，就可设法渡过暂时性的困难，以图将来东山再起。

第四章　水利工程合同价款管理

第一节　合同价类型及适用条件

根据《建筑工程施工发包与承包计价管理办法》（住房和城乡建设部令第16号，2013）规定：

招标人与中标人应当根据中标价订立合同。不实行招标投标的工程由发承包双方协商订立合同。合同价款的有关事项由发承包双方约定，一般包括合同价款约定方式，预付工程款、工程进度款、工程竣工价款的支付和结算方式，以及合同价款的调整情形等。

发承包双方在确定合同价款时，应当考虑市场环境和生产要素价格变化对合同价款的影响。实行工程量清单计价的建筑工程，鼓励发承包双方采用单价方式确定合同价款。建设规模较小、技术难度较低、工期较短的建筑工程，发承包双方可以采用总价方式确定合同价款。紧急抢险、救灾以及施工技术特别复杂的建筑工程，发承包双方可以采用成本加酬金方式确定合同价款。

第二节　计量与支付

一、工程计量

对承包人已经完成的合格工程进行计量并予以确认，是发包人支付工程价款的前提工作。因此，工程计量不仅是发包人控制施工阶段工程造价的关键环节，也是约束承包人履行合同义务的重要手段。

（一）工程计量的原则与范围

1. 工程计量的概念

所谓工程计量，就是发承包双方根据合同约定，对承包人完成合同工程的数量进行计算和确认。具体地说，就是双方根据设计图纸、技术规范以及施工合同约定的计量方式和计算方法，对承包人已经完成的质量合格的工程实体数量进行测量与计算，并以物理计量单位或自然计量单位进行标识、确认的过程。

招标工程量清单中所列的数量，通常是根据设计图纸计算的数量，是对合同工程的估计工程量。工程施工过程中，通常会因一些原因导致承包人实际完成工程量与工程量清单中所列工程量不一致，如招标工程量清单项目特征描述与实际不符、工程变更、现场施工条件的变化、现场签证、暂估价中的专业工程发包等。因此，在工程合同价款结算前，必须对承包人履行合同义务所完成的实际工程进行准确计量。

2. 工程计量的原则

工程计量的原则包括下列三个方面：

（1）不符合合同文件要求的工程不予计量。即工程必须满足设计图纸、技术规范等合同文件对其在工程质量方面的要求，同时有关的工程质量验收资料齐全、手续完备，满足合同文件对其在工程管理方面的要求。

（2）按合同文件所规定的方法、范围、内容和单位计量。工程计量的方法、范围、内容和单位受合同文件所约束，其中工程量清单（说明）、技术规范、合同条款均会从不同角度、不同侧面涉及这方面的内容。在计量中要严格遵循这些文件的规定，并且一定要结合起来使用。

（3）因承包人原因造成的超出合同工程范围施工或返工的工程量，发包人不予计量。

3. 工程计量的范围与依据

（1）工程计量的范围。工程计量的范围包括工程量清单及工程变更所修订的工程量清单的内容、合同文件中规定的各种费用支付项目，如费用索赔、各种预付款、价格调整、违约金等。

（2）工程计量的依据。工程计量的依据包括工程量清单及说明、合同图纸、工程变更令及其修订的工程量清单、合同条件、技术规范、有关计量的补充协议、质量合格证书等。

（二）工程计量的方法

计量采用国家法定的计量单位。工程量清单中的工程量计算规则应按有关国家标准、行业标准的规定，并在合同中约定执行。一般情况下，工程量必须按照现行的《水利工程工程量清单计价规范》（GB 50501—2007）中规定的工程量计算规则计算。工程计量可选择按月或按工程形象进度分段计量，具体计量周期在合同中约定。水利工程项目除专用合同条款另有约定外，单价子目已完成工程量按月计量，总价子目的计量周期按批准的支付分解报告确定。因承包人原因造成的超出合同工程范围施工或返工的工程量，发包人不予计量。通常区分单价合同和总价合同规定不同的计量方法，若是成本加酬金合同按照单价合同的计量规定进行计量。

除专用合同条款另有约定外，单价子目已完成工程量按月计量，总价子目的计量周期按批准的支付分解报告确定。

1. 单价子目的计量

（1）已标价工程量清单中的单价子目工程量为估算工程量。结算工程量是承包人实际完成的，并按合同约定的计量方法进行计量的工程量。

（2）承包人对已完成的工程进行计量，向监理人提交进度付款申请单、已完工程量报表和有关计量资料。

（3）监理人对承包人提交的工程量报表进行复核，以确定实际完成的工程量。对数量有异议的，可要求承包人进行共同复核和抽样复测。承包人应协助监理工程师进行复核并按监理工程师要求提供补充计量资料。承包人未按监理人要求参加复核的，监理工程师复核或修正的工程量视为承包人实际完成的工程量。

（4）监理工程师认为有必要时，可通知承包人共同进行联合测量、计量，承包人应遵照执行。

（5）承包人完成工程量清单中每个子目的工程量后，监理工程师应要求承包人派员共同对每个子目的历次计量报表进行汇总，以核实最终结算的工程量。监理工程师可要求承包人提供补充计量资料，以确定最后一次进度付款的准确工程量。承包人未按监理工程师要求派员参加的，监理工程师最终核实的工程量视为承包人完成该子目的准确工程量。

（6）监理工程师应在收到承包人提交的工程量报表后的7d内进行复核，监理工程师未在约定时间内复核的，承包人提交的工程量报表中的工程量视为承包人实际完成的工程量，据此计算工程价款。

2. 总价子目的计量

（1）总价子目的计量和支付应以总价为基础，不因“物价波动引起的价格调整”条款中的因素而进行调整。承包人实际完成的工程量，是进行工程目标管理和控制进度支付的依据。

（2）承包人应按工程量清单的要求对总价子目进行分解，并在签订协议书后的28d内将各子目的总价支付分解表提交监理工程师审批。分解表应标明其所属子目和分阶段需支付的金额。承包人应按批准的各总价子目支付周期，对已完成的总价子目进行计量，确定分项的应付金额列入进度付款申请单中。

（3）监理工程师对承包人提交的上述资料进行复核，以确定分阶段实际完成的工程量和工程形象目标。对其有异议的，可要求承包人进行共同复核和抽样复测。

（4）除按照合同约定的变更外，总价子目的工程量是承包人用于结算的最终工程量。

3. 补充说明

结算工程量应按工程量清单中约定的方法计量。

总价子目的分解和计量按照下述约定进行：

（1）总价子目的计量和支付应以总价为基础，不因物价变动因素而进行调整。承包人实际完成的工程量，是进行工程目标管理和控制进度付款的依据。

（2）承包人应按工程量清单中的要求对总价子目进行分解，并在签订协议书后的28d内将各子目的总价支付分解表提交监理工程师审批。分解表应标明其所属子目和分阶段需支付的金额。承包人在按批准的各总价子目支付周期内，对已完成的总价子目进行计量，确定分项的应付金额列入进度付款申请单中。

（3）监理工程师对承包人提交的上述资料进行复核，以确定分阶段实际完成的工程量和工程形象目标。对其有异议的，可要求承包人按合同约定进行共同复核和抽样复测。

（4）除按照合同约定的变更外，总价子目的工程量是承包人用于结算的最终工程量。

二、工程预付款

工程预付款是由发包人按照合同约定，在正式开工前由发包人预先支付给承包人，用于承包人为合同工程施工购置材料、工程设备、施工设备、修建临时设施以及组织施工队伍进场等。预付款分为工程预付款和工程材料预付款。预付款必须专项用于合同工程。预付款的额度和预付办法在专用合同条款中约定。

（一）工程预付款保函

除专用合同条款另有约定外，承包人应在收到预付款的同时向发包人提交预付款保函，预付款保函的担保金额应与预付款金额相同。保函的担保金额可根据预付款扣回的金额相应递减。

承包人应在收到第一次工程预付款的同时向发包人提交工程预付款担保，担保金额应与第一次工程预付款金额相同，工程预付款担保在第一次工程预付款被发包人扣回前一直有效。工程材料预付款的担保在专用合同条款中约定。

（二）工程预付款的额度与分期比例

工程预付款额度，各地区、各部门的规定不完全相同，主要是保证施工所需材料和构件的正常储备。工程预付款额度一般是根据施工工期、建筑安装工程量、主要材料和构件费用占建筑安装工程费的比例以及材料储备周期等因素经测算确定。

1. 百分比法

发包人根据工程的特点、工期长短、市场行情、供求规律等因素，招标时在合同条件中约定工程预付款的百分比。包工包料工程的预付款的支付比例不得低于签约合同价（扣除暂列金额）的10%，不宜高于签约合同价（扣除暂列金额）的30%。

2. 预付款计算

公式计算法是根据主要材料（含结构件等）占年度承包工程总价的比重、材料储备定额天数和年度施工天数等因素，通过公式计算预付款额度的一种方法。

其计算公式：

$$\text{工程预付款数额} = \frac{\text{年度工程总价} \times \text{材料比例}(\%)}{\text{年度施工天数}} \times \text{材料储备定额天数} \tag{4-2-1}$$

式中，年度施工天数按365d日历天计算；材料储备定额天数由当地材料供应的在途天数、加工天数、整理天数、供应间隔天数、保险天数等因素决定。

工程预付款分两次支付给承包人，第一次预付款的金额应不低于工程预付款的40%。工程预付款总金额的额度和分次付款比例在专用条款中规定。工程预付款专项用于本合同工程。

（三）工程预付款的支付

1. 第一次预付款支付

第一次预付款应在协议书签订后21d内，由承包人向发包人提交经发包人认可的预付款保函，并经监理工程师出具付款凭证书报送发包人批准后予以支付。工程预付款保函在预付款被发包人扣回前一直有效，保函金额为本次预付款金额，但可根据以后预付款扣回的金额相应递减。

2. 第二次预付款支付

第二次预付款需待承包人主要设备进入工地后，其估算值已达到本次预付款金额时，由承包人提出书面申请，经监理工程师核实后出具付款证书报给发包人，发包人收到监理工程师出具的付款证书后14d内支付给承包人。

（四）工程预付款的扣回

发包人支付给承包人的工程预付款属于预支性质，随着工程的逐步实施，原已支付的预付款应以充抵工程价款的方式陆续扣回，抵扣方式应由双方当事人在合同中明确约定。扣款的方法主要有以下两种：

1. 按合同约定扣款

预付款的扣款方法由发包人和承包人通过洽商后在合同中予以确定，一般是在承包人完成金额累计达到合同总价的一定比例后，由承包人开始向发包人还款，发包人从每次应付给承包人的金额中扣回工程预付款，发包人至少在合同规定的完工期前将工程预付款的总金额逐次扣回。国际工程中的扣款方法一般为：当工程进度款累计金额超过合同价格的10%～20%时开始起扣，每月从进度款中按一定比例扣回。

工程预付款由发包人从月进度款中扣回。在合同累积完成金额达到专用合同条款规定的数额时开始扣款，直至合同累积完成金额达到专用合同条款规定的数额时全部扣清。在每次进度付款时，累积扣回的金额按下式计算：

$$R=\frac{A(C-F_1S)}{(F_2-F_1)S} \tag{4-2-2}$$

式中　R——每次进度付款中累积扣回的金额；

A——工程预付款总金额

S——合同价格；

C——合同累积完成金额；

F_1——按专用合同条款规定开始扣款时合同累积完成金额达到合同价格的比例；

F_2——按专用合同条款规定全部扣清时合同累积完成金额达到合同价格的比例。

上述合同累积完成金额均指价格调整前且未扣保留金的金额。

2. 起扣点计算法

从未施工工程尚需的主要材料及构件的价值相当于工程预付款数额时起扣，此后每次结算工程价款时，按材料所占比重扣减工程价款，至工程竣工前全部扣清。起扣点的计算公式如下：

$$T=P-\frac{M}{N} \tag{4-2-3}$$

式中　T——起扣点（即工程预付款开始扣回时）的累计完成工程金额；

P——承包工程合同总额；

M——工程预付款总额；

N——主要材料及构件所占比重。

该方法对承包人比较有利，最大限度地占用了发包人的流动资金，但是，显然不利于发包人资金使用。

（五）预付款的还清

预付款在进度付款中扣回，扣回与还清办法在专用合同条款中约定。在颁发合同工程完工证书前，由于不可抗力或其他原因解除合同时，尚未扣清的预付款余额应作为承包人的到期应付款。

三、工程材料预付款

专用合同条款规定的主要材料到达工地并满足以下条件后，承包人可向监理工程师提交材料预付款支付申请单，要求给予材料预付款。

（1）材料的质量和储存条件符合《技术条款》的要求。

（2）材料已到达工地，且承包人和监理工程师已共同验点入库。

（3）承包人应按监理工程师的要求提交材料的订货单、收据或价格证明文件。

（4）到达工地的材料应由承包人保管，若发生损坏、遗失或变质，应由承包人负责。

预付款金额为监理工程师审核后的实际材料价格的90%，在月进度付款中支付。

预付款从付款月后的6个月内在月进度付款中每月按该预付款金额的1/6平均扣还。

四、工程进度款支付

1. 承包人支付申请

承包人应在每个付款周期末，按监理工程师批准的格式和专用合同条款约定的份数，向监理工程师提交进度付款申请单，并附相应的支持性证明文件。除专用合同条款另有约定外，进度付款申请单应包括下列内容：

（1）截至本次付款周期末已实施工程的价款。

（2）根据合同约定应增加和扣减的变更金额。

（3）根据合同约定应增加和扣减的索赔金额。

（4）根据合同约定应支付的预付款和扣减的返还预付款。

（5）根据合同约定应扣减的质量保证金。

（6）根据合同约定应增加和扣减的其他金额。

2. 监理工程师审核

监理工程师在收到承包人进度付款申请单以及相应的支持性证明文件后的14d内完成核查，提出发包人到期应支付给承包人的金额以及相应的支持性材料，经发包人审查同意后，由监理工程师向承包人出具经发包人签认的进度付款证书。监理工程师有权扣发承包人未能按照合同要求履行任何工作或义务的相应金额。监理工程师出具进度付款证书，不应视为监理工程师已同意、批准或接受了承包人完成的该部分工作。

3. 发包人支付

发包人应在监理工程师收到进度付款申请单后的28d内，将进度应付款支付给承包人。发包人不按期支付的，按专用合同条款的约定支付逾期付款违约金。

进度付款涉及政府投资资金的，按照国库集中支付等国家相关规定和专用合同条款的约定办理。

五、完工结算

水利工程竣工结算也称为完工结算。工程结算是指水利工程施工企业按照承包合同、已完工程量和规定程序向建设单位（项目法人）办理工程价清算的一项经济活动。

工程竣工结算是指工程项目完工并经竣工验收合格后，发承包双方按照施工合同的约定对所完成的工程项目进行的合同价款的计算、调整和确认。工程竣工结算分为单位工程竣工结算、单项工程竣工结算和建设项目竣工总结算，其中，单位工程竣工结算和单项工程竣工结算也可看成是分阶段结算。

（一）工程竣工结算编制

单位工程竣工结算由承包人编制，发包人审查；实行总承包的工程，由具体承包人编制，在总包人审查的基础上，发包人审查。单项工程竣工结算或建设项目竣工总结算由总（承）包人编制，发包人可直接进行审查，也可以委托具有相应资质的工程造价咨询机构进行审查。政府投资项目，由同级财政部门审查。单项工程竣工结算或建设项目竣工总结算经发承包人签字盖章后有效。承包人应在合同约定期限内完成项目竣工结算编制工作，未在规定期限内完成的并且提不出正当理由延期的，责任自负。

1. 竣工结算（完工结算）编制依据

工程竣工结算由承包人或受其委托具有相应资质的工程造价咨询人编制，由发包人或受其委托具有相应资质的工程造价咨询人核对。工程竣工结算编制的主要依据有以下几点：

（1）工程合同。

（2）发承包双方实施过程中已确认的工程量及其结算的合同价款。

（3）发承包双方实施过程中已确认调整后追加（减）的合同价款。

（4）投标文件。

（5）工程设计文件及相关资料。

（6）《水利工程工程量清单计价规范》（GB 50501—2007）。

（7）其他依据。

2. 竣工结算（完工结算）的计价原则

在采用工程量清单计价的方式下，工程竣工结算的编制应当规定的计价原则如下：

（1）分类分项工程和措施项目中的单价项目应依据双方确认的工程量与已标价工程量的综合单价计算；如发生调整的，以发承包双方确认调整的综合单价计算。

（2）措施项目中的总价项目应依据合同约定的项目和金额计算；如发生调整的，以发承包双方确认调整的金额计算，其中安全文明施工费必须按照国家或省级、行业建设主管部门的规定计算。

（3）其他项目应按下列规定计价：

① 计日工应按发包人实际签证确认的事项计算。

② 暂估价应按发承包双方依据《水利工程工程量清单计价规范》（GB 50501—2007）的相关规定计算。

③ 总承包服务费应依据合同约定金额计算，如发生调整的，以发承包双方确认调整的金额计算。

④ 施工索赔费用应依据发承包双方确认的索赔事项和金额计算。

⑤ 现场签证费用应依据发承包双方签证资料确认的金额计算。

⑥ 暂列金额应减去工程价款调整（包括索赔、现场签证）金额计算，如有余额归发包人。

（4）税金应按照国家或省级、行业建设主管部门的规定计算。工程排污费应按工程所在地环境保护部门规定标准缴纳后按实际列入。

此外，发承包双方在合同工程实施过程中已经确认的工程计量结果和合同价款，在竣工结算办理中应直接进入结算。

采用总价合同的，在合同总价基础上，对合同约定能调整的内容及超过合同约定范围的风险因素进行调整；采用单价合同的，合同约定风险范围内的综合单价应固定不变，并应按合同约定进行计量，且应按实际完成的工程量进行计量。

3. 质量争议工程的竣（完）工结算

发包人对工程质量有异议，拒绝办理工程完工结算的：

（1）已经完工验收或已竣工未验收但实际投入使用的工程，其质量争议按该工程保修合同执行，完工结算按合同约定办理。

（2）已竣工未验收且未实际投入使用的工程以及停工、停建工程的质量争议，双方应就有争议的部分委托有资质的检测鉴定机构进行检测，根据检测结果确定解决方案，或按工程质量监督机构的处理决定执行后办理完工结算，无争议部分的完工结算按合同约定办理。

（二）竣工结算（完工结算）书的编制

单位工程或工程项目竣工验收后，承包商应及时整理竣工技术资料，绘制主要工程竣工图，编制完工结算书。

1. 完工结算资料：

完工结算资料包括以下几部分：

（1）工程竣工报告及工程竣工验收单。

（2）承包商与项目法人签订的工程合同或协议书。

（3）施工图纸、设计变更通知书、现场变更签证及现场记录。

（4）采用的预算定额、材料价格、基础单价及其他费用标准。

（5）施工图预算。

（6）其他有关资料。

2. 完工结算书的编制

（1）以单位工程为基础，根据现场施工情况，对施工预算的主要内容逐项核对和计算，尤其应注意以下几方面：

① 工程量清单的单价子目，按实际完成工程量调整施工预算工程量。其中包括设计修改和增漏项而需要增减的工程量，应根据设计修改通知单进行调整；现场工程的变更；施工方法发生某些更改等应根据现场记录按合同规定调整；施工预算发生的某些错误，应做调整。

② 工程量清单的总价子目，除合同约定的变更外，清单工程量就是承包人用于结算的最终工程量。

③ 物价波动、法律变化引起的价格调整，根据合同约定进行调整。其中包括人工工资、材料价格发生较大变动产生的价差；因材料供应或其他原因发生材料短缺时，需以大代小、以优代劣，这部分代用材料产生的材料价差等。

④ 核对工程量清单项目单价、变更项目的单价，并计算总价。

⑤ 核对并计算索赔费用。

⑥ 核对并计算合同约定的其他费用。

（2）将各单位工程结算进行汇总，编制全部合同工程的完工结算书；编写完工结算说明，其中包括编制依据、编制范围及其他情况。

工程完工结算书编制完成后，报送监理工程师等审批，并与项目法人办理完工结算。

（三）竣工结算款（完工结算）的支付

工程竣工结算文件经发承包双方签字确认的，应当作为工程结算的依据，未经对方同意，另一方不得就已生效的竣工结算文件委托工程造价咨询企业重复审核。发包人应当按竣工结算文件及时支付竣工结算款。

（1）承包人应在合同工程完工证书颁发后 28d 内，按专用合同条款约定的份数向监理工程师提交完工付款申请单，并提供相关证明材料。完工付款申请单应包括完工结算合同总价、发包人已支付承包人的工程价款、应扣留的质量保证金、应支付的完工付款金额。

（2）监理工程师对完工付款申请单有异议的，有权要求承包人进行修正和提供补充资料。经监理工程师和承包人协商后，由承包人向监理工程师提交修正后的完工付款申请单。

（3）监理工程师在收到承包人提交的完工付款申请单后的 14d 内完成核查，提出发包人到期应支付给承包人的价款送发包人审核并抄送承包人。发包人应在收到后 14d 内审核完毕，由监理工程师向承包人出具经发包人签认的完工付款证书。监理工程师未在约定时间内核查，又未提出具体意见的，视为承包人提交的完工付款申请单已经监理工程师核查同意。发包人未在约定时间内审核又未提出具体意见的，监理工程师提出发包人到期应支付给承包人的价款视为已经发包人同意。

（4）发包人应在监理工程师出具完工付款证书后的 14d 内，将应付款支付给承包人。发包人不按期支付的，按合同约定将逾期付款违约金支付给承包人。

（5）承包人对发包人签认的完工付款证书有异议的，发包人可出具完工付款申请单中承包人已同意部分的临时付款证书。存在争议的部分，按合同约定的争议解决方式处理。

（6）完工付款涉及政府投资资金的，按照国库集中支付等国家相关规定和专用合同条款的约定办理。

（四）合同解除的价款结算与支付

发承包双方协商一致解除合同的，按照达成的协议办理结算和支付合同价款。

1. 不可抗力解除合同

由于不可抗力解除合同的，发包人除应向承包人支付合同解除之日前已完工程但尚未支付的合同价款，还应支付下列金额。

（1）合同中约定应由发包人承担的费用。

（2）已实施或部分实施的措施项目应付价款。

（3）承包人为合同工程合理订购且已交付的材料和工程设备货款。发包人一经支付此项货款，该材料和工程设备即为发包人的财产。

（4）承包人撤离现场所需的合理费用，包括员工遣送费和临时工程拆除、施工设备运离现场的费用。

（5）承包人为完成合同工程而预期开支的任何合理费用，且该项费用未包括在本款其他各项支付之内。

发承包双方办理结算合同价款时，应扣除合同解除之日前发包人应向承包人收回的价款。当发包人应扣除的金额超过了应支付的金额，则承包人应在合同解除后的56d内将其差额退还给发包人。

2. 违约解除合同

（1）承包人违约。因承包人违约解除合同的，发包人应暂停向承包人支付任何价款。

发包人应在合同解除后规定时间内核实合同解除时承包人已完成的全部合同价款以及按施工进度计划已运至现场的材料和工程设备货款，按合同约定核算承包人应支付的违约金以及造成损失的索赔金额，并将结果通知承包人。发承包双方应在规定时间内予以确认或提出意见，并办理合同价款结算。如果发包人应扣除的金额超过了应支付的金额，则承包人应在合同解除后的规定时间内将其差额退还给发包人。发承包双方不能就解除合同后的结算达成一致的，按照合同约定的争议解决方式处理。

（2）发包人违约。因发包人违约解除合同的，发包人除应按照有关不可抗力解除合同的规定向承包人支付各项价款外，还需按合同约定计算发包人应支付的违约金以及给承包人造成损失或损害的索赔金额费用。该笔费用由承包人提出，发包人核实后在与承包人协商确定的规定时间内向承包人签发支付证书。协商不能达成一致的，按照合同约定的争议解决方式处理。

3. 最终结清

所谓最终结清，是指合同约定的缺陷责任期终止后，承包人已按合同规定完成全部剩余工作且质量合格的，发包人与承包人结清全部剩余款项的活动。

（1）最终结清申请单。缺陷责任期终止后，承包人已按合同规定完成全部剩余工作且质量合格的，发包人签发缺陷责任期终止证书，承包人可按合同约定的份数和期限向发包人提交最终结清申请单，并提供相关证明材料，详细说明承包人根据合同规定已经完成的全部工程价款金额以及承包人认为根据合同规定应进一步支付的其他款项。发包人对最终结清申请单内容有异议的，有权要求承包人进行修正并提供补充资料，由承包人向发包人提交修正后的最终结清申请单。

（2）最终支付证书。发包人在收到承包人提交的最终结清申请单后的规定时间内予以核实，向承包人签发最终支付证书。发包人未在约定时间内核实，又未提出具体意见的，视为承包人提交的最终结清申请单已被发包人认可。

（3）最终结清付款。发包人应在签发最终结清支付证书后的规定时间内，按照最终结清支付证书列明的金额向承包人支付最终结清款。承包人按合同约定接受了竣工结算支付证书后，应被认为已无权再提出在合同工程接收证书颁发前所发生的任何索赔。承包人在提交的最终结清申请中，只限于提出工程接收证书颁发后发生的索赔。提出索赔的期限自接受最终支付证书时终止。发包人未按期支付的，承包人可催告发包人在合理的期限内支付，并有权获得延迟支付的利息。

最终结清时，如果承包人被扣留的质量保证金不足以抵减工程缺陷修复费用的，承包人应承担不足部分的补偿责任。

最终结清付款涉及政府投资资金的，按照国库集中支付等国家相关规定和专用合同条款的约定办理。

承包人对发包人支付的最终结清款有异议的，按照合同约定的争议解决方式处理。

（五）竣工结算（完工结算）的审核

（1）国有资金投资建设工程的发包人，应当委托具有相应资质的工程造价咨询企业对竣工结算文件进行审核，并在收到竣工结算文件后的约定期限内向承包人提出由工程造价咨询企业出具的竣工结算文件审核意见；逾期未答复的，按照合同约定处理，合同没有约定的，竣工结算文件视为已被认可。

（2）非国有资金投资的建筑工程发包人，应当在收到竣工结算文件后的约定期限内予以答复，逾期未答复的，按照合同约定处理，合同没有约定的，竣工结算文件视为已被认可。发包人对竣工结算文件有异议的，应当在答复期内向承包人提出，并可以在提出异议之日起的约定期限内与承包人协商；发包人在协商期内未与承包人协商或者经协商未能与承包人达成协议的，应当委托工程造价咨询企业进行竣工结算审核，并在协商期满后的约定期限内向承包人提出由工程造价咨询企业出具的竣工结算文件审核意见。

（3）发包人委托工程造价咨询机构核对竣工结算的，工程造价咨询机构应在规定期限内核对完毕，核对结论与承包人竣工结算文件不一致的，应提交给承包人复核，承包人应在规定期限内将同意核对结论或不同意见的说明提交工程造价咨询机构。工程造价咨询机构收到承包人提出的异议后，应再次复核，复核无异议的，发承包双方应在规定期限内在竣工结算文件上签字确认，竣工结算办理完毕；复核后仍有异议的，对于无异议部分办理不完全竣工结算；有异议部分由发承包双方协商解决，协商不成的，按照合同约定的争议解决方式处理。

承包人逾期未提出书面异议的，视为工程造价咨询机构核对的竣工结算文件已经被承包人认可。

（4）接受委托的工程造价咨询机构从事竣工结算审核工作通常应包括下列三个阶段：

① 准备阶段。准备阶段应包括收集、整理竣工结算、审核项目的依据资料，做好送审资料的交验、核实、签收工作，并应对资料的缺陷向委托方提出书面意见及要求。

② 审核阶段。应包括现场踏勘核实，召开审核会议，澄清问题，提出补充依据性资料和必要的弥补性措施，形成会商纪要，进行计量、计价审核与确定工作，完成初步审核报告。

③ 审定阶段。应包括就竣工结算审核意见与承包人和发包人沟通，召开协调会议，处理分歧事项，形成竣工结算审核成果文件，签认竣工结算审定签署表，提交竣工结算审核报告等工作。

（5）竣工结算审核的成果文件应包括竣工结算审核书封面、签署页、竣工结算审核报告、竣工结算审定签署表、竣工结算审核汇总对比表、单项工程竣工结算审核汇总对比表、单位工程竣工结算审核汇总对比表等。

(6) 竣工结算审核应采用全面审核法，除委托咨询合同另有约定外，不得采用重点审核法、抽样审核法或类比审核法等其他方法。

六、质量保证金

（一）缺陷责任期的概念和期限

1. 缺陷责任期与保修期的概念区别

(1) 缺陷责任期。缺陷是指建设工程质量不符合工程建设强制标准、设计文件、以及承包合同的约定。缺陷责任期是指承包人对已交付使用的合同工程承担合同约定的缺陷修复责任的期限。

2. 保修期。建设工程保修期是指在正常使用条件下，建设工程的最低保修期限。合同当事人根据有关法律规定，在专用合同条款中约定工程质量保修范围、期限和责任。保修期自实际竣工日期起计算。在全部工程竣工验收前，已经发包人提前验收的单位工程，其保修期的起算日期相应提前。

根据《标准施工招标文件》，水利工程中缺陷责任期与保修期概念相同。

3. 缺陷责任期（工程质量保修期）的起算时间

水利工程除专用合同条款另有约定外，缺陷责任期（工程质量保修期）从工程通过合同工程完工验收后开始计算。在合同工程完工验收前，已经发包人提前验收的单位工程或部分工程，若未投入使用，其缺陷责任期（工程质量保修期）也从工程通过合同工程完工验收后开始计算。若已投入使用，其缺陷责任期（工程质量保修期）从通过单位工程或部分工程验收后投入使用开始计算。缺陷责任期（工程质量保修期）的期限在专用合同条款中约定。

由于承包人原因导致工程无法按规定期限进行竣工验收的，缺陷责任期从实际通过竣工验收之日起计。由于发包人原因导致工程无法按规定期限进行竣工验收的，在承包人提交竣工验收报告 90d 后，工程自动进入缺陷责任期。

由于承包人原因造成某项缺陷或损坏使某项工程或工程设备不能按原定目标使用而需要再次检查、检验和修复的，发包人有权要求承包人相应延长缺陷责任期，但缺陷责任期最长不超过 2 年。

4. 缺陷责任与费用

(1) 承包人应在缺陷责任期内对已交付使用的工程承担缺陷责任。

(2) 缺陷责任期内，发包人对已接收使用的工程负责日常维护工作。发包人在使用过程中，发现已接收的工程存在新的缺陷或已修复的缺陷部位或部件又遭损坏的，承包人应负责修复，直至检验合格为止。

(3) 监理工程师和承包人应共同查清缺陷和（或）损坏的原因。经查明属承包人原因造成的，应由承包人承担修复和查验的费用。经查验属发包人原因造成的，应由发包人承担修复和查验的费用，并支付承包人合理利润。

(4) 承包人不能在合理时间内修复缺陷的，发包人可自行修复或委托其他人修复，所需费用和利润的承担，按第 (3) 项约定办理。

任何一项缺陷或损坏修复后，经检查证明其影响了工程或工程设备的使用性能，承包人应重新进行合同约定的试验和试运行，试验和试运行的全部费用应由责任方承担。

5. 缺陷责任期终止证书（工程质量保修责任终止证书）

合同工程完工验收或投入使用验收后，发包人与承包人应办理工程交接手续，承包人应向发包人递交工程质量保修书。

缺陷责任期（工程质量保修期）满后30个工作日内，发包人应向承包人颁发工程质量保修责任终止证书，并退还剩余的质量保证金，但保修责任范围内的质量缺陷未处理完成的应除外。

（二）质量保证金的使用及返还

1. 质量保证金的含义

质量保证金（或称保留金）指按《标准施工招标文件》约定用于保证在缺陷责任期内履行缺陷修复义务的金额。

根据《建设工程质量保证金管理办法》（建质〔2017〕138号）的规定，建设工程质量保证金（简称质量保证金）是指发包人与承包人在建设工程承包合同中约定，从应付的工程款中预留，用以保证承包人在缺陷责任期内对建设工程出现的缺陷进行维修的资金。

2. 质量保证金预留及管理

（1）质量保证金的预留。监理工程师应从第一个工程进度付款周期开始，在发包人的进度付款中，按专用合同条款约定扣留质量保证金，直至扣留的质量保证金总额达到专用合同条款约定的金额或比例为止。质量保证金的计算额度不包括预付款的支付与扣回金额。发包人应按照合同约定方式预留质量保证金，质量保证金总预留比例不得高于工程价款结算总额的3%。合同约定由承包人以银行保函替代预留质量保证金的，保函金额不得高于工程价款结算总额的3%。在工程项目竣工前，已经缴纳履约保证金的，发包人不得同时预留工程质量保证金。采用工程质量保证担保、工程质量保险等其他方式的，发包人不得再预留质量保证金。

（2）缺陷责任期内，实行国库集中支付的政府投资项目，质量保证金的管理应按照国库集中支付的有关规定执行。其他政府投资项目，质量保证金可以预留在财政部门或发包方。缺陷责任期内，如发包方被撤销，质量保证金随交付使用资产一并移交使用单位，由使用单位代行发包人职责。社会投资项目采用预留质量保证金方式的，发承包双方可以约定将保证金交由第三方金融机构托管。

（3）质量保证金的使用。缺陷责任期内，由承包人原因造成的缺陷，承包人应负责维修，并承担鉴定及维修费用。如承包人不维修也不承担费用，发包人可按合同约定从质量保证金或银行保函中扣除，费用超出质量保证金额的，发包人可按合同约定向承包人进行索赔。承包人维修并承担相应费用后，不免除对工程损失的赔偿责任。由他人及不可抗力原因造成的缺陷，发包人负责组织维修，承包人不承担费用，且发包人不得从质量保证金中扣除费用。发承包双方就缺陷责任有争议时，可以请有资质的单位进行鉴定，责任方承担鉴定费用并承担维修费用。

3. 质量保证金返还

缺陷责任期内，承包人认真履行合同约定的责任，在合同工程完工证书颁发后14d内，发包人将质量保证金总额的1/2支付给承包人。在约定的缺陷责任期（工程质量保修期）满时，发包人将在30个工作日内会同承包人按照合同约定的内容核实承包人是否完成保修责任。如无异议，发包人应当在核实后将剩余的质量保证金支付给承包人。

在约定的缺陷责任期满时，承包人没有完成缺陷责任的，发包人有权扣留与未履行责任剩余工作所需金额相应的质量保证金余额，并有权根据缺陷责任期延长的约定要求延长缺陷责任期，直至完成剩余工作为止。

对返还期限没有约定或者约定不明确的，发包人应当在核实后14d内将保证金返还承包人，逾期未返还的，依法承担违约责任。发包人在接到承包人返还保证金申请后14d内不予答复，经催告后14d内仍不予答复，视同认可承包人的返还保证金申请。

七、索赔费用

（一）索赔费用的组成

对于不同原因引起的索赔，承包人可索赔的具体费用是不完全一样的。但归纳起来，索赔费用的要素与工程造价的构成基本类似，索赔费用一般可包括以下内容：

（1）人工费。人工费包括增加工作内容的人工费、停工损失费和工作效率降低的损失费等累计，其中增加工作内容的人工费应按照计日工费计算，而停工损失费和工作效率降低的损失费按窝工费计算。

（2）设备费。设备费可采用机械台班费、机械折旧费、设备租赁费等几种形式计算。

当工作内容增加引起设备费索赔时，设备费的标准按照机械台班费计算。因窝工引起的设备费索赔，当施工机械属于施工企业自有时，按照机械折旧费计算索赔费用。当施工机械是施工企业从外部租赁时，索赔费用的标准按照设备租赁费计算。

（3）材料费。

（4）保函手续费。工程延期时，保函手续费相应增加；反之，取消部分工程且发包人与承包人达成提前竣工协议时，承包人的保函金额相应折减，则计入合同价内的保函手续费也应扣减。

（5）贷款利息。

（6）保险费。

（7）管理费。此项又可分为现场管理费和公司管理费两部分。

（8）利润。不同的索赔事件可索赔的费用是不同的，应根据索赔事件的实际情况进行索赔计算。

（二）索赔费用的计算

索赔费用的计算应以赔偿实际损失为原则，包括直接损失和间接损失。索赔费用的计算方法通常有三种，即实际费用法、总费用法和修正的总费用法。

（1）实际费用法。实际费用法又称分项法，即根据索赔事件所造成的损失或成本增加，按费用项目逐项进行分析、计算索赔金额的方法。这种方法比较复杂，但能客观地反映施工单位的实际损失，比较合理，易于被当事人接受，在国际工程中被广泛采用。

由于索赔费用组成的多样化，不同原因引起的索赔，承包人可索赔的具体费用内容有所不同，必须具体问题具体分析。由于实际费用法所依据的是实际发生的成本记录或单据，因此在施工过程中，系统而准确地积累记录资料是非常重要的。

（2）总费用法。总费用法，也称总成本法，就是当发生多次索赔事件后，重新计算工程的实际总费用，再从该实际总费用中减去投标报价时的估算总费用，即为索赔金额。总费用法计算索赔金额的公式如下：

索赔金额＝实际总费用－投标报价估算总费用

但是，在总费用法的计算方法中，没有考虑实际总费用中可能包括由于承包人的原因（如施工组织不善）而增加的费用，投标报价估算总费用也可能由于承包人为谋取中标而导致过低的报价，因此，总费用法并不十分科学。只有在难以精确地确定某些索赔事件导致的各项费用增加额时，总费用法才采用。

（3）修正的总费用法。修正的总费用法是对总费用法的改进，即在总费用计算的原则上，去掉一些不合理的因素，使其更为合理。修正的内容如下：

① 将计算索赔款的时段局限于受索赔事件影响的时段，而不是整个施工期。

② 只计算受索赔事件影响时段内的某项工作所受影响的损失，而不是计算该时段内所有施工工作的损失。

③ 与该项工作无关的费用不列入总费用中。

④ 对投标报价费用重新进行核算，即按受影响时段内该项工作的实际单价进行核算，乘以实际完成的该项工作的工程量，得出调整后的报价费用。

按修正后的总费用计算索赔金额的公式如下：

索赔金额＝某项工作调整后的实际总费用－该项工作的报价费用

修正的总费用法和总费用法相比，有了实质性改进，它的准确程度已接近于实际费用法。

第三节 合同价格调整

在国家发改委等九部委联合编制的《中华人民共和国标准施工招标资格预审文件》基础上，水利部以水建管〔2009〕629 号文发布了《水利水电工程标准施工招标资格预审文件》《水利水电工程标准施工招标文件》（2009 年版）和《水利水电工程标准施工招标文件补充文本》（2015 年版），凡列入国家或地方投资计划的大中型水利水电工程使用该标准，小型水利水电工程可参照使用。

发承包双方应当在合同中约定，发生下列情形时合同价款的调整方法：①法律、法规、规章或者国家有关政策变化影响合同价款的；②工程造价管理机构发布价格调整信息的；③经批准变更设计的；④发包方更改经审定批准的施工组织设计造成费用增加的；⑤双方约定的其他因素。

出现合同价款调增事项（不含工程量偏差、计日工、现场签证、索赔）后，在合同约定时间内承包人应向发包人提交合同价款调增报告并附上相关资料；承包人在合同约定时间内未提交合同价款调增报告的，应视为承包人对该事项不存在调整价款请求。

出现合同价款调减事项（不含工程量偏差、索赔）后，在合同约定时间内发包人应向承包人提交合同价款调减报告并附相关资料；发包人在合同约定时间内未提交合同价款调减报告的，应视为发包人对该事项不存在调整价款请求。

发（承）包人应在收到承（发）包人合同价款调增（减）报告及相关资料之日起在合同约定时间内对其核实，予以确认的应书面通知承（发）包人。当有疑问时，应向承（发）包人提出协商意见。发（承）包人在收到合同价款调增（减）报告之日起，合同约定时间内未确认也未提出协商意见的，应视为承（发）包人提交的合同价款调增（减）报告已被发（承）包人认可。发（承）包人提出协商意见的，承（发）包人应在收到协商意见后的合同约定时间内对其核实，予以确认的应书面通知发（承）包人。承（发）包人在收到发（承）包人的协商意见后，合同约定时间内既不确认也未提出不同意见的，应视为发（承）包人提出的意见已被承（发）包人认可。

发包人与承包人对合同价款调整的不同意见不能达成一致的，只要对发承包双方履约不产生实质影响，双方应继续履行合同义务，直到其按照合同约定的争议解决方式得到处理。

经发承包双方确认调整的合同价款，作为追加（减）合同价款，应与工程进度款或结算款同期支付。

一、法律变化合同价款调整

在基准日后，因法律变化导致承包人在合同履行中所需的工程费用发生除物价波动引起的价格调整以外的增减时，监理工程师应根据法律、国家或省、自治区、直辖市有关部门的规定，按商定方式确定需调整的合同价款。

招标工程以投标截止日前28d、非招标工程以合同签订前28d为基准日，其后因国家的法律、法规、规章和政策发生变化，导致承包人在合同履行中所需要的工程费用发生除合同约定的物价波动引起的价格调整以外的增减时，发承包双方应按照合同约定和水利行政主管部门或其授权的工程造价管理机构据此发布的规定，商定或确定需调整的合同价款。

因承包人原因导致工期延误的，按照规定的调整时间，在合同工程原定竣工时间之后，合同价款调增的不予调整，合同价款调减的予以调整。

二、工程变更合同价款调整

（一）工程变更

1. 需进行工程变更的情形

如合同无约定，在履行合同中发生以下情形之一，应进行工程变更。

（1）取消合同中任何一项工作，但被取消工作不能转由发包人或其他人实施。

（2）改变或补充合同中任何一项工作的技术标准和要求（合同技术条款）。

（3）改变合同工程的基线、标高、位置或尺寸。

（4）改变合同中任何一项工作的施工时间或改变已批准的施工工艺或顺序。

（5）为完成工程需要追加的额外工作。

（6）增加或减少合同约定的关键项目工程量超过合同约定的幅度。

上述变更内容引起工程施工组织和进度计划发生实质性变动和影响其原定价格时才予调整该项目的单价。

2. 工程量调整的规定

因工程变更引起已标价工程量清单项目发生变化时，应按照下列规定调整。

(1) 已标价工程量清单中有适于变更工程项目的，应采用该项目的单价；但当工程变更导致该清单项目的工程数量发生变化，且工程量偏差超过合同约定的幅度时，该项目单价应按照合同约定予以调整。

(2) 已标价工程量清单中没有适用但有类似于变更工程项目的，可在合理范围内参照类似项目单价。

(3) 已标价工程量清单中没有适用也没有类似于变更工程项目的，可按照成本加利润的原则，由承包人根据变更工程资料、计量规则、计价办法和通过市场调查等取得有合法依据的市场价格提出变更工程项目的单价，报发包人确认后调整。

3. 工程项目费调整的规定

工程变更引起施工方案改变并使一般项目和（或）其他项目发生变化时，承包人提出调整一般项目费和（或）其他项目费的，应事先将拟实施的方案提交发包人确认，并应详细说明与原方案相比的变化情况。拟实施的方案经发承包双方确认后执行，并应按照下列规定调整费用。

(1) 采用单价计算的一般项目费和（或）其他项目费，应根据发承包双方确认的方案，按如下方式确定单价：

① 已标价工程量清单中有适于变更工程项目的，应采用该项目的单价；但当工程变更导致该清单项目的工程数量发生变化，且工程量偏差超过合同约定的幅度时，该项目单价应按照合同约定予以调整。

② 已标价工程量清单中没有适用但有类似于变更工程项目的，可在合理范围内参照类似项目单价。

③ 已标价工程量清单中没有适用也没有类似于变更工程项目的，可按照成本加利润的原则，由承包人根据变更工程资料、计量规则、计价办法和通过市场调查等取得有合法依据的市场价格提出变更工程项目的单价，报发包人确认后调整。

(2) 按总价（或系数）计算的一般项目费和（或）其他项目费，按照发承包双方确认的方案调整。

(3) 如果承包人未事先将拟实施的方案提交给发包人确认，则应视为工程变更不引起一般项目费和（或）其他项目费的调整或承包人放弃调整的权利。如果工程变更引起一般项目费和（或）其他项目费减少，承发包双方应按照合同约定或友好协商确定一般项目费和（或）其他项目费。

(4) 当发包人提出的工程变更因非承包人原因取消了合同中的某项工作或工程，致使承包人发生的费用或（和）得到的收益不能被包括在其他已支付或应支付的项目中，也未被包含在任何替代的工作或工程中时，承包人有权提出并应得到合理的费用及利润补偿。

（二）项目主要特征不符

发包人在招标文件中对项目主要特征的描述，应是准确和全面的，并且与实际施工条件和要求相符合。承包人应按照发包人提供的招标文件，根据项目主要特征描述的内容和有关要求实施合同工程，直至项目被改变为止。

承包人应按照发包人提供的设计文件实施合同工程，若在合同履行期间出现设计文件（包括设计变更）与招标文件中项目主要特征的描述不符，且该变化引起该项目工程造价增减变化的，应按照实际施工的项目主要特征，按工程变更相关规定重新确定相应工程量清单的综合单价，并调整合同价款。

（三）工程量清单缺项

合同履行期间，由于招标工程量清单中缺项，新增分部分项工程清单项目的，应按照工程变更引起已标价工程量清单项目发生变化时的规定调整单价，并调整合同价款。

新增分部分项工程清单项目后，引起一般项目和（或）其他项目发生变化的，承发包双方应按照合同约定或友好协商确定。

由于招标工程量清单中一般项目和（或）其他项目缺项，承包人应将新增一般项目和（或）其他项目实施方案提交发包人批准后，按照上述相关说明调整合同价款。

（四）工程量偏差

合同履行期间，当应予以计算的实际工程量与招标工程量清单出现偏差，单价项目的工程量增加超过合同约定幅度时，增加部分工程量的综合单价宜予调低；工程量减少超过合同约定幅度时，减少后剩余部分工程量的综合单价宜予调高，发承包双方应调整合同价款。若上述变化引起相关一般项目和（或）其他项目相应发生变化，且一般项目费和（或）其他项目费有变化的，按合同计价原则调整一般项目费和（或）其他项目费时，发承包双方应调整合同价款。

（五）计日工

发包人通知承包人以计日工方式实施的零星工作，承包人应予执行。

采用计日工计价的任何一项工作，承包人应在该项的实施过程中，按合同约定提交以下报表和有关凭证送发包人复核：

（1）工作名称、内容和数量。

（2）投入该工作所有人员的姓名、工种、级别和耗用工时。

（3）投入该工作的材料名称、类别和数量。

（4）投入该工作的施工设备型号、台数和耗用台时（班）。

（5）发包人要求提交的其他资料和凭证。

发包人在收到承包人提交现场签证报告后应在合同约定时间内予以确认，作为计价和支付的依据。发包人逾期未确认也未提出修改意见的，应视为承包人提交的现场签证报告已被发包人认可。

计日工项目支付金额应按照确认的计日工现场签证和合同约定的计日工单价计算；合同中没有该类计日工单价的，由发承包双方按工程变更的规定商定计日工单价计算。

每个支付期末，承包人应按照进度款的规定向发包人提交本期间所有计日工记录的签证汇总表，并应说明本期间自己认为有权得到的计日工金额，调整合同价款，列入进度款支付。

三、物价波动引起的价格调整

合同履行期间，因人工、材料、工程设备、施工机械台时价格波动超出合同约定幅度时，应根据合同约定，可按物价变化合同价款调整的方法调整合同价款。

由于物价波动原因引起合同价格需要调整的，其价格调整方式在专用合同条款中约定。除专用合同条款另有约定外，因物价波动引起的价格调整按照本款约定处理。

（一）采用价格指数调整价格差额

1. 价格调整计算

因人工、材料和设备等价格波动影响合同价格时，根据投标函附录中的价格指数和权重表约定的数据，按以下公式计算差额并调整合同价格。

$$\Delta P = P_0\left[A + \left(B_1 \times \frac{F_{t1}}{F_{01}} + B_2 \times \frac{F_{t2}}{F_{02}} + B_3 \times \frac{F_{t3}}{F_{03}} + \cdots + B_n \times \frac{F_{tn}}{F_{0n}}\right) - 1\right] \tag{4-3-1}$$

式中　ΔP——需调整的价格差额；

P_0——约定的付款证书中承包人应得到的已完成工程量的金额。此项金额应不包括价格调整、不计质量保证金的扣留和支付、预付款的支付和扣回。约定的变更及其他金额已按现行价格计价的，也不计在内；

A——定值权重（即不调部分的权重）；

B_1，B_2，B_3，…，B_n——各可调因子的变值权重（即可调部分的权重）为各可调因子在投标函投标总报价中所占的比例。

F_{t1}，F_{t2}，F_{t3}，…，F_{tn}——各可调因子的现行价格指数，指合同约定的付款证书相关周期最后1d的前42d的各可调因子的价格指数；

F_{01}，F_{02}，F_{03}，…，F_{0n}——各可调因子的基本价格指数，指基准日期的各可调因子的价格指数。

以上价格调整公式中的各可调因子、定值和变值权重，以及基本价格指数及其来源在投标函附录价格指数和权重表中约定。价格指数应首先采用有关部门提供的价格指数，缺乏上述价格指数时，可采用有关部门提供的价格代替。

2. 暂时确定调整差额

在计算调整差额时得不到现行价格指数的，可暂用上一次价格指数计算，并在以后的付款中再按实际价格指数进行调整。

3. 权重的调整

按合同约定的变更导致原定合同中的权重不合理时，由监理工程师与承包人和发包人协商后进行调整。

4. 承包人工期延误后的价格调整

由于承包人原因未在约定的工期内竣工的，则对原约定竣工日期后继续施工的工程，在使用合同价格调整公式时，应采用原约定竣工日期与实际竣工日期的两个价格指数中较低的一个作为现行价格指数。

（二）采用造价信息调整价格差额

施工期内，因人工、材料、设备和机械台班价格波动影响合同价格时，人工、机械使用费按照国家或省、自治区、直辖市建设行政管理部门、行业建设管理部门或其授权的工程造价管理机构发布的人工成本信息、机械台班单价或机械使用费系数进行调整；需要进行价格调整的材料，其单价和采购数应由监理工程师复核，监理工程师确认需调整的材料单价及数量，作为调整工程合同价格差额的依据。

四、工程索赔合同价款调整

（一）不可抗力

因不可抗力事件导致的人员伤亡、财产损失及其费用增加，发承包双方应按下列原则分别承担并调整合同价款和工期。

（1）合同工程本身的损害、因工程损害造成的第三方人员伤亡和财产损失以及运至施工现场用于施工的材料和待安装设备的损害，应由发包人承担。

（2）发包人和承包人各自承担其人员伤亡和其他财产损失及其相关费用。

（3）承包人设备的损坏由承包人承担。

（4）承包人的停工损失由承包人承担，但停工期间应发包人要求照管工程和清理、修复工程的费用由发包人承担。

（5）不能按期竣工的，应合理延长工期，承包人不需支付逾期竣工违约金。发包人要求赶工的，承包人应采取赶工措施，赶工费用由发包人承担。

（二）误期赔偿

在履行合同过程中，由于发包人的下列原因造成合同工期延误的，承包人有权要求发包人延长工期和（或）增加费用，并支付合理利润。

（1）增加合同工作内容。

（2）改变合同中任何一项工作的质量要求或其他特性。

（3）发包人迟延提供材料、工程设备或变更交货地点的。

（4）因发包人原因导致的暂停施工。

（5）提供图纸延误。

（6）未按合同约定及时支付预付款、进度款。

（7）发包人造成工期延误的其他原因。

由于承包人原因造成合同工期延误，承包人应赔偿发包人由此造成的损失，并应按照合同约定向发包人支付误期赔偿费。即使承包人支付误期赔偿费，也不能免除承包人按照合同约定应承担的任何责任和应履行的任何义务。

发承包双方应在合同中约定误期赔偿费，并应明确每日历天应赔额度。误期赔偿费应列入竣工结算文件中，并应在结算款中扣除。

在工程竣工之前，合同工程内的某单项（位）工程已通过竣工验收，且该单项（位）工程接收证书中表明的竣工日期并未延误，而是合同工程的其他部分产生了工期延误时，误期赔偿费应按照已颁发工程接收证书的单项（位）工程造价占合同价款的比例幅度予以扣减。

五、其他合同价款调整

（一）现场签证

承包人应发包人要求完成合同以外的零星项目、非承包人责任事件等工作的，发包人应及时以书面形式向承包人发出指令，并应提供所需的相关资料；承包人在收到指令后，应及时向发包人提出现场签证要求。

承包人应在收到发包人指令后的合同约定时间内向发包人提交现场签证申请报告，发包人应在收到现场签证申请报告后的合同约定时间内对报告内容进行核实，予以确认或提出修改意见。发包人在收到承包人现场签证申请报告后的合同约定时间内未确认也未提出修改意见的，应视为承包人提交的现场签证申请报告已被发包人认可。

现场签证的工作如已有相应的计日工单价，现场签证中应列明完成该类项目所需的人工、材料、工程设备和施工机械台时（班）的数量。如现场签证的工作没有相应的计日工单价，应在现场签证申请报告中列明完成该签证工作所需的人工、材料设备和施工机械台时（班）的数量及单价。

合同工程发生现场签证事项，未经发包人签证确认，承包人便擅自施工的，除非征得发包人书面同意，否则发生的费用应由承包人承担。

现场签证工作完成后 7d 内，承包人应按照现场签证内容计算价款，报送发包人确认后，作为增加合同价款，与进度款同期支付。

在施工过程中，当发现合同工程内容因场地条件、地质水文、发包人要求等不一致时，承包人应提供所需的相关资料，并提交发包人签证认可，作为合同价款调整的依据。

（二）暂列金额

已签约合同价中的暂列金额应由发包人掌握使用。

发包人按照合同约定完成全部支付后，暂列金额余额应归发包人所有。

参考文献

[1] 山东省水利厅．山东省水利水电工程设计概（估）算编制办法：鲁水建字〔2015〕3号及其配套定额．
[2] 水利部水利水总〔2014〕429号《水利工程设计概（估）算编制规定》（工程部分）及其配套定额．
[3] 中华人民共和国水利部．水利水电工程设计工程量计算规定：SL 328—2005 [S]．北京：中国水利水电出版社，2005.
[4] 中华人民共和国建设部．水利工程工程量清单计价规范：GB 50501—2017 [S]．北京：中国标准出版社，2007.
[5] 水利部水总〔2014〕429号《水利工程设计概（估）算编制规定》（建设征地移民补偿）．
[6] 水利部水总〔2003〕67号《水土保持工程概（估）算编制规定和定额》．
[7] 中华人民共和国水利部．水利水电工程环境保护概估算编制规程：SL 359—2006．北京：中国水利水电出版社，2007.
[8] 水利部水总〔2006〕140号《水利工程概算补充定额（水文设施工程专项）》．
[9] 林继镛．水工建筑物 [M]．5版．北京：中国水利水电出版社，2009.
[10] 刘启钊，胡明．水电站 [M]．4版．北京：中国水利水电出版社，2017.
[11] 冯卫民．水泵及水泵站 [M]．5版．北京：中国水利水电出版社，2016.
[12] 中国水利工程协会，北京海测工程咨询有限公司．水利工程施工技术与计量 [M]．北京：中国水利水电出版社，2019.
[13] 中国水利工程协会，北京海测工程咨询有限公司．水利工程造价案例分析 [M]．北京：中国水利水电出版社，2019.
[14] 中国水利工程协会，北京海测工程咨询有限公司．水利工程计价 [M]．北京：中国水利水电出版社，2019.
[15] 中国水利工程协会，北京海测工程咨询有限公司．水利工程造价管理 [M]．北京：中国水利水电出版社，2019.
[16] 蒋林君．怎样当好水利水电工程造价员 [M]．北京：中国水利水电出版社，2013.
[17] 中国水利水电勘测设计协会．建设工程技术与计量（水利工程）[M]．郑州：黄河水利出版社，2019.
[18] 李志国．建设工程计量与计价实务（土木建筑工程）[M]．北京：中国建筑工业出版社，2019.
[19] 袁光裕，胡志根．水利工程施工 [M]．6版．北京：中国水利水电出版社，2016.

[20] 张家驹．水利水电工程造价师一本通［M］．北京：中国建材工业出版社，2011.

[21] 丁士昭．水利水电工程管理与实务［M］．北京：中国建筑工业出版社，2019.

[22] 全国一级造价师执业资格考试用书编写委员会．水利水电工程管理与实务［M］．北京：中国建筑工业出版社，2018.

[23] 中水东北勘测设计研究有限责任公司．水利水电工程施工组织设计规范：SL 303—2017［S］．北京：中国水利水电出版社，2017.